Ingela Jöns/Walter Bungard (Hrsg.)

Feedbackinstrumente im Unternehmen

Ingela Jöns/Walter Bungard (Hrsg.)

Feedbackinstrumente im Unternehmen

Grundlagen, Gestaltungshinweise, Erfahrungsberichte

GABLER

Bibliografische Information Der Deutschen Bibliothek
Die Deutsche Bibliothek verzeichnet diese Publikation in der Deutschen Nationalbibliografie;
detaillierte bibliografische Daten sind im Internet über <http://dnb.ddb.de> abrufbar.

1. Auflage 2005

Alle Rechte vorbehalten
© Betriebswirtschaftlicher Verlag Dr. Th. Gabler/GWV Fachverlage GmbH, Wiesbaden 2005

Lektorat: Ulrike M. Vetter

Der Gabler Verlag ist ein Unternehmen von Springer Science+Business Media.
www.gabler.de

Umschlaggestaltung: Nina Faber de.sign, Wiesbaden
Druck und buchbinderische Verarbeitung: Wilhelm & Adam, Heusenstamm
Gedruckt auf säurefreiem und chlorfrei gebleichtem Papier
Printed in Germany

ISBN 3-409-12738-0

Vorwort

In meinem fast 30-jährigen Berufsleben als Personalmanager, aber auch als Linienmanager wurde ich immer wieder mit dem Thema Feedback konfrontiert: In den 70er Jahren war es die Auseinandersetzung mit persönlichem Verhaltensfeedback sowohl im Rahmen von Führungskräftetrainings als auch bezogen auf die eigene Person, in den 80er Jahren war es die Nutzung des Handwerkszeuges der Kulturdiagnose für das Setzen kulturpolitischer Impulse. Anfang der 90er Jahre konzentrierte sich meine Beschäftigung mit Feedback auf Feedback-Prozesse im Zusammenhang mit Mergers und Akquisitionen. Mitte der 90er Jahre war es die großflächige Nutzung von Mitarbeiter-Surveys zur Erfassung, aber auch Impulssetzung für die Förderung von Mitarbeiterzufriedenheit und -commitment. Diese Arbeit führte auch zu der so fruchtbaren Zusammenarbeit mit Professor Walter Bungard und seinem Team. Die Nutzung dieses Instrumentes über Jahre hinweg ermöglichte meinem Führungsteam und mir, insbesondere nachdem ich dann für über 20 000 Mitarbeiter und Mitarbeiterinnen im Kunden- und Servicegeschäft verantwortlich war, die Weiterentwicklung von Motivation und Einsatzfreude dieser erfolgskritischen Beschäftigtengruppe. Denn hier war nicht nur als Glaubensbekenntnis, sondern in täglicher Erlebbarkeit sichtbar, dass Mitarbeiter-Commitment auch Kundenzufriedenheit schafft. Die spätere konsequente Ausweitung des Feedbackmanagements auf die gesamten kundenwirksamen Prozesse und dabei insbesondere die so genannten „Moments of Truths", bei denen Mitarbeiter und Kunde sich Auge in Auge gegenüber stehen, gab der Feedbackthematik zusätzliche geschäftsgetriebene Dynamik. In meiner neuen Verantwortung bei Continental AG war es mir selbstverständlich eine Freude, wieder mit Professor Bungard und seinem Team zusammenzuarbeiten, um die weltweite Mitarbeiterbefragung – basierend auf unseren Unternehmensleitsätzen BASICS – zu konzipieren und zu begleiten. Deswegen habe ich spontan dem Schreiben dieses Vorwortes zugestimmt. Denn das Thema verdient eine umfassende Bestandsaufnahme und Aufarbeitung. Es ist daher sehr verdienstvoll, dass sich Frau Dr. Jöns und Herr Professor Bungard dieser Aufgabe angenommen haben und namhafte Vertreter aus Forschung und Praxis für diese fundierte Bestandsaufnahme gewinnen konnten.

In den letzten Jahren wurden zahlreiche Arbeiten zu einzelnen Feedbackinstrumenten wie z. B. Mitarbeiterbefragungen, Vorgesetztenbeurteilung oder Kundenanalysen veröffentlicht. Aber es fehlte bisher eine zusammenfassende Publikation unter der gemeinsamen Klammer des Feedbackaspektes. Mit diesem Sammelband wird diese Lücke geschlossen. Es wird dem Leser deutlich vor Augen geführt, dass Unternehmen nur dann mittelfristig Erfolg haben können, wenn sie über effiziente Rückkopplungsmechanismen bzw. funktionsfähige Feedbackprozesse verfügen. Die strategische Bedeutung resultiert dabei aus der Synchronisation der einzelnen Informationen. In den verschiedenen Beiträgen wird vor allem herausgearbeitet, dass nicht die Existenz von Feedbackinstrumenten als solche entscheidend ist, sondern es kommt darauf an, die Feedbackinstrumente zur Ableitung und Umsetzung von Maßnahmen zu nutzen, um in einem nachfolgenden Prozess wiederum anhand von Feedbackschleifen die Effizienz der Aktionen evaluieren zu können. Dieser Aspekt betrifft wohl ein zentrales Problem in unserer Arbeitswelt: Ideen bzw. Rezepte gibt es genug, es hapert allzu oft an der konsequenten Realisierung von Projekten.

Wir sind oft genug Wissensriesen und Realisierungszwerge. Feedback ist im wahrsten Sinne des Wortes „Breakfast for Champions" für Individuen wie für Organisationen. Gut eingesetzt und genutzt werden Frühwarnsignale statt Beerdigungskerzen angezündet, breitflächige Handlungsleitplanken aufgezeigt, Steuerungshilfen bei der Umsetzung gegeben und Reflexionsraum für Veränderungsprozesse geschaffen: also im wahrsten Sinne des Wortes ein Check & Balance für gehaltvolle Weiterentwicklung der Unternehmenskultur und Arbeitswelt. Dieses Buch liefert insofern einen wichtigen Beitrag zur Lösung dieser allgemeinen Herausforderung der Handlungsorientierung.

Thomas Sattelberger
Personalvorstand Continental AG, Hannover

Inhaltsverzeichnis

Einleitung

I.   Grundsatzfragen zu Feedback in Organisationen

II.   Typische Feedbackinstrumente

III.   Gestaltungsaspekte und Problemfelder

IV.   Erfahrungsberichte zu Feedbackinstrumenten

Ingela Jöns & Walter Bungard

Feedbackinstrumente und -prozesse in Unternehmen: Einführung und Überblick

Auf den ersten Blick scheint eine Publikation zum Thema „Feedbackinstrumente und -prozesse in Unternehmen" nicht gerade eine Thematik aufzugreifen, die in dem gegenwärtigen turbulenten Umfeld der Unternehmen höchste Aktualität besitzt.

In Zeiten des allgemeinen Kostensparens, der rasanten Verlagerung von Arbeitsplätzen ins Ausland und des drastischen Personalabbaus durch Konzentration auf das Kerngeschäft bleibt wenig Platz und „Verständnis" für Feedback. Es kommt der Verdacht auf, dass Feedbackprozesse wahrscheinlich auch Kosten verursachen, also kann und will man sich nicht den Luxus leisten, sich mit einer Fragestellung auseinander zu setzen, die irgendwie an sozialromantische Phasen in der Arbeitswelt in den 80er bzw. 90er Jahren erinnert. Derartige überholte organisationstheoretische Hausmannskost eröffnet wohl kaum neue Perspektiven für die Bewältigung der heutigen geschweige denn für zukünftige Herausforderungen in der Arbeitswelt.

Wir hätten dieses Buch sicherlich nicht herausgegeben, wenn wir diesen vielleicht etwas überzogenen Formulierungen zustimmen würden. Ganz im Gegenteil: Wir sind davon überzeugt, dass viele äußerst brisante Probleme gerade daraus resultieren, dass Feedbackprozesse häufig in Organisationen nicht funktionieren, teilweise sogar gar nicht stattfinden. Die dramatische Reduzierung strategischen Denkens auf reine Kostenersparnispotenziale hat offenbar den Blick darauf versperrt, dass Systeme und damit auch Organisationen nur dann existenzfähig sind, wenn die Rückkopplungsschleifen aus der „Umwelt" funktionstüchtig sind. Bei Organisationen heißt das konkret, dass z. B. das Feedback von Kunden aufgegriffen und verarbeitet werden muss. Auch die internen Kunden, nämlich u. a. die Mitarbeiter müssen zu Wort kommen, um Prozesse zu optimieren. Führungskräfte brauchen Feedback, um sich weiterentwickeln zu können usw.

Wenn man sich die wichtigsten Probleme vor Augen führt, die als Grund für die derzeitigen Schwierigkeiten identifiziert wurden, dann wird man schnell feststellen, dass sich dahinter oft massive Feedbacklücken verbergen. Insofern ist dieses Buch trotz des harmlosen Titels durchaus „zeitgemäß".

Gerade in stürmischen Zeiten, in denen Planungen immer schwerer werden und immer wieder von Veränderungen außerhalb und innerhalb der Unternehmen eingeholt werden, werden schnelle Rückmeldungen immer wichtiger, um das Unternehmen in die Zukunft steuern zu können. Um die Verhaltensweisen und -reaktionen der Kunden und Mitarbeiter systematisch zu erfassen, werden seit langem Kunden- und Mitarbeiterbefragungen durchgeführt. Aber erst wenn diese Daten an die entsprechenden Gruppen auch wieder zurückgemeldet und gemeinsam Verbesserungsprozesse eingeleitet werden, werden sie zu Feedbackinstrumenten für die Unternehmen. Diese Perspektive des Einsatzes von Feedbackinstrumenten mit dem Blick auf die anschließenden Feedbackprozesse, um die (Dienst-)Leistungsprozesse der Unternehmen zu optimieren, steht im Mittelpunkt dieses Buches.

Im ersten Teil werden grundlegende Fragen und Ansätze zu Feedback in Organisationen vorgestellt, die in die spezifische Feedbackperspektive einführen sollen. Die Organisation als Gesamtsystem steht im Mittelpunkt der systemtheoretischen Diskussion der Bedeutung von Feedback im ersten Beitrag von *Bungard*. Nach den allgemeinen Überlegungen werden die Einsatzfelder und Wirkungen der verschiedenen Feedbackinstrumente für die Organisation aufgezeigt. Im zweiten Beitrag von *Jöns* steht das Individuum mit seinem Feedbackverhalten im Rahmen der interpersonellen Feedbackprozesse im Vordergrund. Nach der Darstellung psychologischer Grundlagen werden die relevanten Einflussfaktoren und Verhaltensweisen in einem Rahmenmodell zu Survey-Feedback-Prozessen zusammengefasst. Die Gruppe bildet die Betrachtungsebene von *Comelli*, der Teamentwicklung als Prozess experimentellen Lernens erörtert, in dem Feedback eine zentrale Rolle spielt. Die Grundlagen und Erfahrungen mit verschiedenen Feedbackinstrumenten und -prozessen zwischen den Teammitgliedern und ihrem Vorgesetzten werden ebenso erläutert wie die Rolle des Trainers bis hin zum Feedback an den Auftraggeber.

Nach diesen Grundlagen schließt sich *im zweiten Teil* die Darstellung der verschiedenen Feedbackinstrumente an. Die Reihenfolge orientiert sich an den Feedbackempfängern. Am Anfang steht der Mitarbeiter, der seit jeher eine Rückmeldung zu seiner Leistung von seinem Vorgesetzten erhält. Auf das Instrument der Leistungsbeurteilung und dessen Einbettung in Zielvereinbarungsprozesse und Mitarbeitergespräche gehen *Schuler und Klingner* in ihrem Beitrag ein. Anschließend wird das Instrument für die umgekehrte Richtung der Rückmeldung, die Vorgesetztenbeurteilung, von *Nerdinger* erläutert, bevor *Scherm und Kaufel* auf das um die vielen anderen Richtungen ergänzte 360-Grad-Feedback eingehen. Neben oder zusammen mit diesen beiden Feedbackinstrumenten für Vorgesetzte bietet das Coaching einen wichtigen Ansatz, um Führungskräfte bei ihrer Entwicklung zu unterstützen. Nach den Grundlagen zum Coaching arbeiten *Böhnke und von Rosenstiel* die Bedeutung der Feedback-Schleifen in ihrem Beitrag auf. Auf der Guppen-ebene setzt das Teamfeedback an, zu dem verschiedene Instrumente von *Kauffeld* vorgestellt werden. Anschließend wird der Einsatz und die Gestaltung von Mitarbeiterbefragungen als Instrument eines modernen Managements zur Initiierung und Steuerung von Verbesserungsprozessen auf der Ebene der Gesamtorganisation von *Bungard* erörtert. An der Schnittstelle zum Markt setzen Erhebungen und Analysen zur Kundenzufriedenheit als Feedbackinstrumente für die Organisation an, deren Grundlagen und Anwendungen im letzten Kapitel von *Winter* dargestellt werden.

Mit der Gestaltung und dem Einsatz der Feedbackinstrumente in Unternehmen sind vielfältige Fragen und Problemfelder verbunden. *Im dritten Teil* werden ausgewählte Aspekte und Probleme diskutiert, die strategische, methodische und rechtliche Fragen betreffen. Werden Mitarbeiterbefragungen als organisationsweites Entwicklungsinstrument für alle einzelnen Einheiten eingesetzt, wie sie oft im Zusammenhang mit der Organisationsentwicklung diskutiert werden, oder dienen die Ergebnisse als Informationsgrundlage für die strategische Unternehmensführung, dann sind sie durchaus anders zu gestalten, wie *Trost und Hagmeister* in ihrem Beitrag aufzeigen. Mit der konkreten Gestaltungsfrage – papierbasierten oder internetgestützten Befragungen – beschäftigen sich anschließend *Liebig und Müller,* die sowohl auf die praktische Realisierung der Erhebung als auch auf die methodische Vergleichbarkeit der Daten eingehen. Ebenso mit der Vergleichbarkeit befasst sich der anschließende Beitrag von *Waldmann*, der die Generalisierbarkeit der Beurteilungen durch verschiedene Beurteiler im Rahmen des 360-Grad-Feedback erörtert. Noch einen Schritt weiter geht der vierte Beitrag von *Müller und Reinmuth*, der die Problematik der Erfassung und Vergleich-barkeit von Mitarbeitereinstellungen im multinationalen Kontext behandelt. Nachdem die Fragen der Datenerhebung und -interpretation behandelt wurden, schließt sich der Beitrag von *Jöns* zur Rückmeldung der Ergebnisse an. Erörtert werden vor allem die Frage der Moderation von Feedbackgesprächen und -workshops sowie die Maßnahmenableitung und –umsetzung. Auf die Rolle von Feedback im Vorschlagswesen geht anschließend *von Bismarck* ein. Feedbackprozesse in Unternehmen sind zwar auf den ersten Blick keine juristischen Themen, doch bei ihrer konkreten Gestaltung ergeben sich durchaus relevante Rechtsfragen, die von *Böhm* zusammengefasst werden. In seinem Beitrag geht er sowohl auf die Rechte der Mitarbeiter als auch auf die Mit-bestimmung des Betriebsrats ein. Dabei wird die Problematik unter dem Blickwinkel der Befragung und Überwachung von Mitarbeitern betrachtet, bevor auch auf Kunden-befragungen im Hinblick auf die hiermit verbundenen spezifischen Rechtsfragen für Mitarbeiter und Betriebsrat eingegangen wird.

Nachdem die theoretischen Grundlagen, die einzelnen Instrumente und spezifische Problemfelder aufgezeigt wurden, finden sich **im vierten Teil** Erfahrungsberichte zu den verschiedenen Feedbackinstrumenten, wiederum vom einzelnen Mitarbeiter über die Führungskräfte und Gruppen als Feedbackempfänger bis hin zu Mitarbeiterbefragungen als umfassendes Instrument. Den Einstieg bietet eine Expertenbefragung zur Feedbackkultur in deutschen Unternehmen von *Bungard und Steimer*. Als Erstes werden dann Erfahrungen mit Mitarbeitergesprächen in den zwei Beiträgen von *Zempel, Alberternst und Moser* sowie von *Bungard und Liebig* berichtet, die sich beide auf den öffentlichen Dienst beziehen. In dem Beitrag von *Sarges und Stracke* werden Erfahrungen mit dem Lernpotenzial-Assessment Center berichtet, in dem Feedback während des Verfahrens eine zentrale Rolle und Bedeutung erhält, wie sie für Assessment Center sonst eher unüblich ist. Erfahrungen mit Feedbackinstrumenten für Führungskräfte werden in zwei Beiträgen vorgestellt. *Kunstmann und Bock* berichten von der Konzeption und Durchführung der Vorgesetztenbeurteilung im Knorr-Bremse-Konzern. *Staufenbiel und Dries* fassen eine Studie zur Übereinstimmung der Urteile und zur Einstellung bezüglich des 360-Grad-Feedbacks zusammen, das für Ärzte und Pflegeleitungen in zwei Klinikbereichen durchgeführt wurde. Über den Einsatz des Gruppencheck als Feedbackinstrument für selbstregulierte Arbeitsgruppen, der in einem Montagebereich der Heidelberger

Druckmaschinen AG entwickelt wurde, berichten *Erke, Racky, Jöns und Boelter*. Feedback für Projektgruppen zur Steuerung der Veränderungen steht anschließend im Beitrag von *Freudling und Schultze-Willebrand* über Erfahrungen bei der ZF Friedrichshafen AG im Mittelpunkt. Das organisationsumfassende Instrument der Mitarbeiterbefragung, das in der Praxis dann mit verschiedenen Zielen und in unterschiedlichen Formen zur Anwendung kommt, wird in mehreren Beiträgen behandelt. Über Projekterfahrungen bei der Deutschen Lufthansa AG berichten *Bungard und Koop*. Das spezifische Konzept der Continental AG stellt *Dahms* vor. Mit Blick auf die Entwicklung der Mitarbeiterbefragung selbst erörtert *Njå* die Erfahrungen bei SAP Nordic, während bei *Birk, Bednarek und Jöns* die Rahmenbedingungen als Einflussfaktor auf die Veränderungen bei der BMW Group im Mittelpunkt stehen. Zu der konkreten Gestaltungsfrage der klassischen oder internetbasierten Befragung folgt eine Studie von *Ahlemeyer, Grimm und Rudiferia*. Den Abschluss bildet eine Diskussion der Integration der Mitarbeiter- und Patientenperspektive im Krankenhaus von *Jonas-Klemm und Niethammer*.

Am Ende dieser Einleitung darf ein *herzlicher Dank* nicht fehlen. Als Erstes danken wir allen *Autorinnen und Autoren* aus den verschiedenen Unternehmen und Instituten, die durch ihre Mitwirkung, ihre kreativen Ideen und Anregungen zum Gelingen dieses Buches beitrugen. Ebenso gilt unser Dank unserer Mitarbeiterin *Kristin Weschke*, welche die Aufgaben der Koordination und Fertigstellung des Buches nicht nur mit der notwendigen Sorgfalt, sondern auch mit dem erforderlichen Nachdruck bei uns als Herausgebern forcierte. Nicht zuletzt richtet sich unser Dank an *Ulrike M. Vetter* vom Gabler Verlag für die ausgezeichnete Betreuung.

Ingela Jöns und Walter Bungard   Mannheim, im Februar 2005

I. Grundsatzfragen zu Feedback in Organisationen

Walter Bungard

Feedback in Organisationen:
Stellenwert, Instrumente und Erfolgsfaktoren

1 Einleitende Bemerkungen

Das Wort „Feedback" gehört genauso wie Stress oder Frustration seit Jahren zur deutschen Alltagsprache. Im Unterschied zu vielen anderen ursprünglich aus der Psychologie stammenden Begriffen wird dieser auf der individuellen Ebene in der Regel richtig verwendet. Feedback besteht aus der Kombination von „feed" (füttern) und „back" (zurück) und wird meistens mit „Rückmeldung" oder „Rückkopplung" übersetzt. „Gib mir Feedback!" wird unmissverständlich als Aufforderung interpretiert, irgendetwas zu kommentieren bzw. zu bewerten, das der Fragende getan und/oder gesagt hat. Er möchte eine Rückmeldung haben, was immer er damit bewirken möchte: Er will dazulernen, gelobt werden, sicherstellen, dass man ihn beachtet hat, vielleicht möchte er bestraft werden, ein Gespräch beginnen, den anderen aus der Reserve locken usw. Bei gruppendynamischen (Trainings-)Veranstaltungen erhält Feedback eine wichtige strategische Bedeutung. Dort werden derartige Rückmeldungen z. B. als Ausgangspunkt für kognitive Prozesse gesehen, die letztlich zu einer Erhöhung der sozialen Intelligenz führen können, indem die Sensibilität für Interaktionssituationen gefördert wird (Comelli, 1985). In anderen Fällen soll das Feedback zur Reifung der Persönlichkeit dienen u. v. m. Damit diese therapeutischen Effekte eintreten, muss das Feedback möglichst optimal gestaltet werden. Hierzu wurden entsprechende Feedbackregeln aufgestellt, die man sinnvollerweise zu Beginn von Feedbackrunden kundtut und auf deren Einhaltung man alle Diskussionsteilnehmer einschwört.

Feedback in diesem individualistisch-interaktionistischen Sinne kann es in jedem beliebigen Kontext geben: So z. B. zwischen Ehepartnern, zwischen dem Trainer und den Spielern einer Mannschaftssportart, zwischen Autor und Lesern eines wissenschaftlichen Artikels, zwischen dem Moderator einer Fernsehsendung und dem Kommentar der Zuschauer per Anruf oder Mail.

Und natürlich findet tagtäglich Feedback in Organisationen statt, wenn ein Vorgesetzter seinen Mitarbeiter kritisiert oder lobt, wobei Letzteres wohl eher selten vorkommt. Oder ein Kunde beschwert sich bei der Hotline über ein Produkt und droht mit einem Markenwechsel. Auch das ist ein hoffentlich ernst genommenes Feedback für den Mitarbeiter, der sich die verbalen, oft zudem auch emotionsgeladenen Reaktionen anhören muss.

Neben dieser interaktionistischen Vorstellung gibt es aber auch noch ein anderes Verständnis von Feedback, das aus der Systemtheorie stammt. In diesem Fall funktioniert Feedback als zentrales Regulativ innerhalb von Systemen, um die Existenz eines Systems zu sichern. Da Organisationen als offene Systeme interpretiert werden können – und insbesondere die Arbeits- und Organisationspsychologie von einem solchen Verständnis ausgeht – ist es sinnvoll zu unterstellen, dass auch Organisationen in irgendeiner Form Feedbackmechanismen besitzen müssen, um zu überleben. Man spricht dann entsprechend von organisationalem Feedback. Das wiederum wird in der Alltagssprache eher nicht verstanden. Denn allein schon der im 17. Jahrhundert aus dem Französischen übernommene, aus der Biologie stammende Begriff „Organisation" als Fachausdruck ist nicht allen geläufig bzw. es werden sehr unterschiedliche Dinge damit verbunden. Der

Begriff Feedback in diesem systemtheoretischen Sinne ist ebenfalls nicht allzu weit verbreitet. Und in der Kombination werden diese beiden schwer verständlichen Begriffe insgesamt gesehen auch nicht leichter verständlich. Dies darf aber nicht darüber hinwegtäuschen, dass sich dahinter ein Aspekt verbirgt, der für jedes Unternehmen von immenser Bedeutung ist: Feedback als einer der wichtigsten Erfolgsfaktoren überhaupt. Oder negativ ausgedrückt: Unternehmen mit nicht funktionierenden Feedbacksystemen sind mittelfristig nicht überlebensfähig.

Es gibt auch gute Gründe für die Annahme, dass die gegenwärtige wirtschaftliche Krise in zahlreichen Branchen in Deutschland etwas damit zu tun hat, dass strukturell bedingt eben diese Rückmeldeschleifen nicht funktionieren. Wenn z. B. in Dienstleistungsbereichen kritisiert wird, dass man die Kritik der Kunden offenbar nicht immer genau kennt, oder wenn so manchem Vorstand vorgeworfen wird, dass der Kontakt zur Mitarbeiterbasis fehle, dann sind das nichts anderes als Umschreibungen eines Fehlens organisationalen Feedbacks.

An dieser Stelle setzt die Zielsetzung des vorliegenden Beitrags an. Im *zweiten* Abschnitt soll zunächst der systemtheoretische Begriff des organisationalen Feedbacks näher erläutert werden. Im *dritten* Abschnitt wird ein kurzer Überblick über verschiedene organisationale Feedbackinstrumente gegeben: Externe und interne Kundenbefragungen sowie Mitarbeiterbefragungen und Vorgesetztenbeurteilungen. Abgesehen von den externen Kundenbefragungen spielen in den anderen Fällen anonyme Erhebungen eine große Rolle, denn erhebliche Probleme resultieren grundsätzlich aus dem hierarchischen Aufbau von Organisationen: In Hierarchien, wo es um Macht und Ansehen geht, funktioniert traditionell das berühmte Feedback von oben nach unten, aber das entgegengesetzte Feedback von unten nach oben und teilweise auch das horizontale Feedback (zwischen Abteilungen) erfolgen quasi systemimmanent nur unzulänglich oder überhaupt nicht. Es ist sozusagen systemfremd und damit nicht vorgesehen bzw. nicht institutionalisiert. Und genau in diesem Fall beginnen die Schwierigkeiten und damit Gefährdungen für eine Organisation, die es zu erörtern gilt.

Im *vierten* Abschnitt erfolgt ein abschließender Überblick über Effizienzkriterien bezüglich der Gestaltung von Feedback in Organisationen, soweit dies auf der Basis von Forschungsergebnissen möglich ist.

2 Feedback in Systemen

2.1 Feedback in kybernetischen Modellen

In der arbeits- und organisationspsychologischen Literatur hat es immer wieder den Versuch gegeben, mit Hilfe von Metaphern den Begriff der Organisation zu erklären bzw. dem Leser die Funktionsweisen eines Unternehmens durch eingängige Bilder oder Analogieschlüsse verständlich zu machen.

So hat man z. B. schon sehr früh eine Fabrik mit einem Uhrwerk verglichen, in dem ein Rädchen mit dem nächsten verbunden ist. Mit so einem Bild lässt sich, so glaubte man zumindest, der moralische Druck auf jeden Mitarbeiter legitimieren, sich für das Gesamtunternehmen einzusetzen, weil die Uhr eben nicht mehr funktioniert, wenn auch nur ein einziges Rädchen – sprich ein Mitarbeiter – ausfällt.

Solche und andere Metaphern mögen in Lehrbüchern aus didaktischen Gründen heraus lehrreich sein und die Phantasie anregen, weitere Parallelen zu entdecken, aber sie sind theoretisch eher wertlos, weil sie primär eine heuristische, aber keine erklärende Funktion haben.

Die Ausgangssituation ist eine andere, wenn man Organisationen aus dem Blickwinkel einer völlig anderen wissenschaftlichen Disziplin betrachtet, die ihrerseits auf Theorien und entsprechender empirischer Forschung basiert.

Als besonders fruchtbar haben sich dabei „Anleihen" bei den so genannten Allgemeinen Systemtheorien erwiesen. Bei diesen handelt es sich um eine Art Wissenschaftssprache, die die Kommunikation zwischen Wissenschaftsdisziplinen durch gemeinsame Grundbegriffe vereinfacht (Greif, 1983). Im Zentrum steht der Systembegriff, definiert als eine Menge von Elementen bzw. Objekten, zusammen mit den Beziehungen zwischen den Elementen und den Merkmalen der Elemente (Hall & Fagen, 1971).

Der Begriff Feedback wurde in diesem Zusammenhang von dem Kybernetiker Wiener (1950) verwendet. Die Kybernetik als Lehre von den Regelungsprozessen betrachtet Feedbackschleifen als Informationskanäle, die die Messung des Outputs eines Systems in ein Signal übersetzen, das daraufhin den Input oder den Transformationsprozess kontrollieren kann (Fengler, 1995). Feedback ist also die Veränderung eines Systemzustandes durch die Rückkopplung der Effekte vorhergegangener Systemaktionen durch einen Regler, der den gemeldeten Ist-Wert mit einem vorgegebenen Soll-Wert vergleicht. Kommt es zu einer Ist-Soll-Diskrepanz, werden am „Stellort" spezifische Stelloperationen in Gang gesetzt, die die Angleichung des Ist- an den Soll-Wert bewirken, so dass das Gleichgewicht wieder hergestellt ist (Ashby, 1974). Aus der kybernetisch-maschinellen Perspektive dient Feedback also primär der „Fehlerkorrektur".

Für unsere Fragestellung ist es wichtig festzuhalten, dass die entscheidende „Schaltstelle" für das Funktionieren des Systems die implementierte Feedbackschleife ist. Wenn diese nicht richtig agiert, wird die Steuerung des Systems zusammenbrechen, was mittelfristig das Ende des Gesamtsystems bedeutet.

In diesem kybernetischen Modell als einem geschlossenen Regelkreis kann man weiterhin präzisieren, unter welchen Bedingungen eine solche Feedbackschleife funktionieren kann (Sbandi, 1981):
– gegenseitige Abhängigkeit zwischen den Elementen des zu kontrollierenden Systems
– die Möglichkeit, einen Soll-Wert zu bestimmen
– Messbarkeit des Ist-Werts
– Irrtümer oder Abweichungen als Auslöser
– große Reaktionsgeschwindigkeit, um größere Systemschwankungen zu vermeiden

Die Grundidee dieses Modell kann anhand eines einfachen Beispiels illustriert werden: Ein Kücheneisschrank lässt sich beispielsweise als ein typisches kybernetisches Modell beschreiben. In der Außenwelt herrscht eine bestimmte Temperatur. Innerhalb des Eisschranks soll eine festgelegte, in Zweifelsfällen niedrigere Temperatur konstant gehalten werden, damit die Lebensmittel nicht verderben. Geregelt wird das System über einen Thermostat, der die Innentemperatur ständig überprüft. Sobald die Temperatur einen kritischen Punkt überschreitet, wird der Kühlmotor so lange angestellt, bis der gewünschte Wert wieder erreicht ist. Der letztbeschriebene Vorgang entspricht der Feedbackschleife in Systemen. Der Ist-Wert lässt sich genau messen, der Soll-Wert ist festgelegt worden. Temporäre Abweichungen werden ins System zurückgemeldet, es erfolgt ein Feedback über Ist-Soll-Differenzen, es werden Maßnahmen, hier Kühlaktionen, eingeleitet, bis ebenfalls über eine Feedbackschleife eine Entwarnung signalisiert wird. Dieser Regelkreis garantiert das Funktionieren des Kühlschranks. Ist der Thermostat defekt, d. h. erfolgt kein oder falsches Feedback, dann wird der Eisschrankbenutzer beim Öffnen der Tür so manche Überraschung erleben.

In der Systemtheorie wurden in der Folgezeit andere Systemarten differenziert, so z. B. die Vorstellung des biologischen Organismus, bei dem das Zusammenwirken von Organen im Vordergrund steht. Im Unterschied zu einem „lebendigen" Organismus müssen Organisationen als offene Systeme einen natürlichen Zerfallsprozess („Entropie") aufhalten, der sonst zum natürlichen „Tod" des Systems führen würde. Auch hier spielen Feedbackschleifen vor allem mit Hilfe von Sinnesorganen eine zentrale Rolle.

Besonders einflussreich waren weiterhin die Arbeiten von Luhmann (1984) über soziale Systeme, die dadurch gekennzeichnet sind, dass die Realitäten in solchen Systemen von Menschen per Interpretation erst definiert werden müssen. Insofern ist Feedback im sozialen Bereich stärker prozessorientiert als in der Kybernetik, denn es geht nur bedingt um objektivierbare Variablen. Im Vordergrund steht vielmehr die Wirkung, die das eigene Verhalten und das anderer nach außen hat. Diese Wirkungen werden dabei durch das Wahrnehmungssystem der Beteiligten gefiltert bzw. interpretiert (Sader, 1991).

2.2   Organisationen als offene Systeme

Wenn man nun Organisationen als Systeme auffasst, dann hat dies den Vorteil, dass man über die am Anfang erwähnten Metaphern hinaus tatsächlich auf theoretisch fundierte Ansätze zurückgreift. Allerdings besteht auch hier ein erheblicher Interpretationsspielraum: Welchen Systemansatz soll man zu Grunde legen? Welches sind die definierbaren Elemente, welche Beziehungen bestehen zwischen diesen? Entscheidend ist letztlich, ob die Übernahme einer systemtheoretischen Perspektive zum tieferen Verständnis der Prozesse in Unternehmen beiträgt und eventuell die Generierung von Hypothesen induziert, die dann ihrerseits im organisationalen Kontext überprüft werden müssen. Welche Variante der verschiedenen Systemtheorien man aussucht, hängt in erster Linie von der Fragestellung ab, mit der man sich beschäftigen möchte.

In diesem Beitrag geht es um Feedback in Organisationen. In diesem Falle kann direkt an das kybernetische Ausgangsmodell von Wiener angeknüpft werden, zumal in den anderen systemtheoretischen Ansätzen die zentrale Funktion von Feedbackprozessen entsprechend adaptiert integriert worden ist (Katz & Kahn, 1966).

Wie kann man sich also eine Organisation als ein derartiges System mit Rückkopplungsprozessen vorstellen? Zunächst sind Organisationen im Gegensatz zu dem geschlossenen Modell der kybernetisch-mechanistischen Vorstellung in der Regel offene Systeme, d. h. sie sind Bestandteil einer Gesellschaft bzw. Kultur. Zum Beispiel rekrutieren sich die Mitarbeiter einer in Deutschland agierenden Organisation aus den Mitgliedern dieser Gesellschaft. Insofern werden durch diese „Öffnung" Werte, Einstellungen bzw. Erwartungshaltungen in die Organisationen hineingetragen.

Organisationen nehmen also als „Input" Menschen und Objekte (Energien, Informationen...) aus dem Umfeld auf, um diesen Input in einem Transformationsprozess innerhalb der Organisation zu verarbeiten, und geben das Ergebnis als „Output" an die Umgebung wieder ab.

Aus der Organisation werden also in die Gesellschaft bzw. in die Außenwelt hinein Produkte und Dienstleistungen exportiert, wo sie von den Kunden empfangen und konsumiert oder weiterverkauft werden. Innerhalb der Organisation laufen bestimmte Prozesse im Rahmen der funktionalen Arbeitsteilung ab, indem z. B. unterschiedliche Bereiche sich um Produktion, Entwicklung, Absatz oder Marketing kümmern.

Organisationen besitzen demnach eine formale Struktur als ein System von legitimierten Regeln, mit deren Hilfe die Aktivitäten der Organisationsmitglieder reguliert bzw. kontrolliert werden. Teilweise unabhängig davon hat jede Organisation auch eine Sozialstruktur, die sich auf die beobachtbaren Interaktionen auf der Basis des tatsächlichen Verhaltens der Mitglieder auswirkt. Die Zusammenarbeit innerhalb der Bereiche und zwischen den Bereichen sollte möglichst reibungslos klappen, um hohe Qualität zu garantieren. Gesteuert werden die Prozesse durch ein mehr oder weniger hierarchisch aufgebautes Führungssystem mit festgelegten Befugnissen und Sanktionspotenzialen.

Hinzu kommt noch als „Herzstück" die Verarbeitung von Informationen über Abweichungen von den Sollwerten des Systems, also ein möglichst gut funktionierendes Feedbacksystem. Jedes System bzw. jede Organisation muss dabei über einen Mechanismus zur Selektion und Verarbeitung der unzähligen Signale verfügen, d. h. es muss ein diesbezügliches Kodierungsprinzip etablieren. Letztendlich dienen alle diese Aspekte zur Erreichung der Ziele, deretwegen die Organisation entstanden ist.

Dabei wird die Effizienz einer Organisation als das Verhältnis von Nutzen und Kosten bzw. von Ergebnissen und Aufwand bestimmt. Oder anders ausgedrückt: Es geht um den Umfang des notwendigen Inputs, um eine erwünschte Menge an Output zu realisieren. Die Effektivität einer Organisation ist nach Katz und Kahn (1966) die übergeordnete, eher langfristige Zielsetzung als Maximierung des Ertrags der Organisation durch Mittel.

2.3   Feedback von Kunden

Wenn man sich konkret eine zentrale Zielsetzung einer Organisation vor Augen führt, die z. B. bei einem Dienstleistungsunternehmen darin besteht, einen vom Kunden gewünschten Service anzubieten, dann ist unmittelbar einleuchtend, dass das Überleben der Organisation davon abhängt, ob es Kunden gibt, die tatsächlich diese Nachfrage haben und entsprechend bereit sind, dafür Geld auszugeben. Wird etwas angeboten, was keiner haben will, oder wird etwas qualitativ Schlechtes oder zu Teures im Vergleich zu anderen Wettbewerbern auf den Markt gebracht, dann wird dem Unternehmen die Existenzberechtigung unter den Füßen weggezogen. Diese simple Logik ergibt sich zwangsläufig aus den üblichen Marktgesetzen, es sei denn, diese Rahmenbedingungen werden durch Zwangsmaßnahmen, Pflichtkonsumaktionen oder sonstige Druckmittel aufgehoben. So einfach dieser Sachverhalt ist, so schwer scheint für einige der „Sprung" in die nächste logische Konsequenz zu sein, dass man nämlich zwingend notwendig Feedbackprozesse auf der Grundlage der Kodierungsprozesse darüber benötigt, wie der Kunde auf den Output der Organisation reagiert, bzw. welche Wünsche der Kunde heute hat und vor allem wahrscheinlich morgen haben wird. Wenn dieser „Kunden-Thermostat" fehlt oder falsche Signale sendet, wird die Organisation mittelfristig scheitern, weil die lebensnotwendigen Ist-Soll-Abgleiche nicht stattfinden. Das kybernetische Modell besagt weiterhin, dass die Regelgrößen gemessen werden müssen und dass Abweichungen wirksame Aktionen auslösen müssen, um dann in einem fortlaufenden (Mess-)Prozess verfolgen zu können, wann die Kurskorrektur erfolgreich abgeschlossen wird. Übertragen auf die Organisation impliziert dies, dass erstens die Kundenreaktionen gemessen werden müssen und zweitens, dass die Ergebnisse der Messung im Falle einer Diskrepanz zu Aktionen führen müssen, deren Erfolg wiederum durch Messwiederholungen verifiziert wird. Das kontinuierliche Wechselspiel von Messung – Aktion – Messung ist damit die Basis für die Organisation, um ihre Existenz zu sichern. Kontrastiert man diese an sich eher banale Kundenfeedback-Spirale mit der Realität, so müsste man eigentlich hochgradig irritiert sein. Denn die Wirklichkeit an der „Kundenfront" sieht bisheriger Erfahrung nach anders aus:

- Es werden zwar immer häufiger Kundenzufriedenheitsanalysen durchgeführt. Man schätzt den Prozentsatz auf ca. 50 Prozent aller Dienstleistungsunternehmen, d. h. dass die anderen 50 Prozent (noch) keine derartigen Erhebungen veranlassen.

- Die Analysen als solche sind teilweise als Feedback-Instrumente ungeeignet (Bungard & Hamm, 2002).

- Es werden die Ergebnisse nur wenigen Mitarbeitern bzw. Abteilungen rückgemeldet, so dass sich das Feedback nicht auf die gesamte Organisation ausbreitet, was aber im Sinne der TQM-Philosophie dringend erforderlich wäre.

- Aus dem Feedback werden nur bedingt konkrete Maßnahmen abgeleitet, geschweige denn deren Effizienz durch nachfolgende Messungen überprüft.

- Die Nichtberücksichtigung der Feedback-Informationen hat für die verantwortlichen Führungskräfte so gut wie keine Konsequenzen. Entsprechende Parameter finden sich nur sehr selten in den Incentive-Verträgen.

Mit anderen Worten: In vielen Unternehmen befragt irgendeine Abteilung die Kunden, aber die vollständige Feedbackschleife als solche ist nicht institutionalisiert, sie ist nicht Bestandteil der Organisationskultur. Der erste Schritt wird halbherzig formal gemacht, die weiteren Schritte versickern irgendwie im Organisationslabyrinth. Die eigentlich doch existenzgarantierende Feedbackschleife degeneriert zu einer Arbeitsbeschaffungs-maßnahme für eine Handvoll Marketing-Experten in einer vor sich hin werkelnden Abteilung. Es drängt sich aber in weiten Bereichen der deutschen Wirtschaft nicht der Eindruck auf, als ob die hier thematisierte Kunden-Feedback-Bedeutung auch nur annähernd den Status innehält, den sie haben müsste. Der Kunde ist König, der Kunde ist Mittelpunkt usw., diese salbungsvoll formulierten Sätze in den Goldrand-Broschüren der Unternehmen, in denen die Visionen oder Leitsätze festgehalten werden, suggerieren etwas völlig anderes. Die institutionelle Missachtung des Kunden-Feedbacks lässt den König zum Bettler werden, er stört im Mittelpunkt. In der Psychologie versteht man unter Visionen Wahnvorstellungen, insofern gehören solche Sätze durchaus in die proklamierten Firmenvisionen.

Soweit eine erste, eher ernüchternde Bilanz zum Thema Feedback in Organisationen bezüglich der Kundenreaktionen. Über den Umgang mit Beschwerden in Organisationen als einem äußerst wertvollen Schatz an Feedback seitens der Kunden soll hier nicht gesprochen werden, da die Feedback-Bilanz dadurch sicherlich noch deutlich trostloser ausfallen würde.

2.4   Horizontales Feedback zwischen internen Kunden und internen Lieferanten

Die zuvor erörterte Feedbackschleife zum Kunden ist keineswegs die einzige, die das Überleben einer Organisation absichert.

Organisationen bestehen als Gesamtsysteme aus einer Vielzahl miteinander verschachtelter Subsysteme, wie am Anfang dieses Abschnittes bereits gesagt wurde. Die Grunderkenntnis des TQM-Ansatzes, der bislang niemand ernsthaft widersprochen hat, besteht in der Vorstellung, dass eine Organisation aus einer (Wertschöpfungs-)Kette von Abteilungen besteht. Dabei ist eine Abteilung jeweils Lieferant für Produkte oder Dienstleistungen für die nachfolgende Abteilung, die diese als interner Kunde unter Umständen weiterverarbeitet und dann ihrerseits in der Rolle des Lieferanten an den nächsten internen Kunden weitergibt.

Für das Verhältnis zwischen internen Lieferanten und internen Kunden gilt im Prinzip das Gleiche, was oben bereits ausgeführt wurde: Die Subsysteme interner Lieferanten müssen anhand von Feedback-Informationen seitens des internen Kunden ihre Prozesse optimieren. Erst wenn die gesamte Lieferanten-Kunden-Kette anhand der Teil-Feedback-Schleifen verbessert wird, kann man berechtigterweise hoffen, dass auch die Endqualität beim Kunden optimiert wird.

Zum gegenwärtigen Zeitpunkt kann man nicht davon ausgehen, dass dieses Konzept des internen Lieferanten-Kunden-Verhältnisses in der Mehrzahl der Unternehmen bekannt ist oder gar strategisch wirklich ernst genommen wird. Insofern müssen konsequent durchgeführte interne Kundenbefragungen Seltenheitswert haben, weil sozusagen die systemimmanenten Voraussetzungen fehlen. Wie gut muss es vielen Firmen gehen, dass sie sich heute noch den Luxus erlauben können, auf diese Feedback-Mechanismen zwischen den Subsystemen verzichten zu können. Es funktioniert wahrscheinlich deshalb halbwegs, weil im Alltag natürlich bei Problemen zwischen zwei Abteilungen auf individueller Ebene durchaus Feedback verteilt wird. Diese Art von Rückkopplung ist allerdings meistens nicht institutionalisiert und erfolgt deshalb zwangsläufig eher unsystematisch, kasuistisch, selektiv, reaktiv statt proaktiv und selten auf der Basis von Messungen, tendenziell eher emotional, kurzum wenig professionell und damit ineffizient.

2.5 Feedback von oben nach unten

Wenn man das Feedback zwischen Abteilungen als eine Art horizontale Rückmeldung ansieht, dann kann man diese Überlegungen um die vertikale Perspektive in Organisationen erweitern, also Feedback von oben nach unten und umgekehrt von unten nach oben innerhalb der Hierarchie. Was den ersten Fall betrifft, so kann an dieser Stelle zur Abwechslung zumindest auf den ersten Blick etwas Positives berichtet werden: In den meisten Organisationen erfolgt das Feedback von oben herunter in bestimmten Themenbereichen durchaus in geregelten Bahnen.

Dazu gehören z. B. Verlautbarungen des Vorstands zur Geschäftslage, Weihnachtsansprachen der Führungskräfte, Androhungen von potenziellen Entlassungen oder Verlegungen von Standorten ins Ausland. Ob das Feedback wirklich zum richtigen Zeitpunkt kommt, ob es immer die Informationen sind, die man sich wünscht oder erwartet, sei dahin gestellt. Forschungsergebnisse hierzu zeigen außerdem eindeutig, dass Mitarbeiter im Arbeitsalltag in der Regel auf der einen Seite zu selten Rückmeldungen über ihre Arbeit insbesondere von ihren Vorgesetzten erhalten (Fedor, Buckley & Eder, 1990) und auf der anderen Seite direkte und prompte Rückmeldungen nur dann erfolgen, wenn Fehler aufgetreten sind. Das heißt, Feedback ist im Arbeitsalltag zumeist negativ (Hillman, Schwandt & Bartz, 1990; Hofmann & Schmitz, 1994; Hunt, 1995; Jöns, 1997; Levy & Steelman, 1997).

Folgende Gründe können z. B. bei Vorgesetzten dazu führen, dass kein Feedback gegeben wird (Hillman, Schwandt & Bartz 1990; Hunt 1995):

- Sie glauben nicht, dass Feedback nützlich oder gar notwendig ist („no news is good news"),

- sie glauben, über andere nicht urteilen zu können und empfinden es als unangemessen, wenn ein Erwachsener das Verhalten oder die Leistung eines anderen beurteilt,

- sie befürchten negative Reaktionen von ihren Mitarbeitern,

- sie fühlen sich beim Geben von Feedback unwohl, besonders bei positivem Feedback,

- sie befürchten, dass positives Feedback von den Mitarbeitern im Rahmen formaler Beurteilungen oder bei Gehaltsverhandlungen als Argumentationsgrundlage eingesetzt werden kann.

Fakt ist also, dass Feedback von oben nach unten im System vorgesehen ist, dass sich dies aber auf ausgewählte Anlässe reduziert. Institutionalisiert ist in diesem Zusammenhang das Feedback an Mitarbeiter im Rahmen der regelmäßig stattfindenden Mitarbeiter- bzw. Leistungsbeurteilungen anhand entsprechender Formulare und standardisierter Prozeduren (Schuler, 2004a; Hofmann & Bungard, 1996; vgl. hierzu Schuler & Klingner in diesem Band). Das Feedback bei diesen Beurteilungskriterien wird meistens mit Leistungszulagen gekoppelt. Die Wirkung dieser Vorgehensweise wird in der Praxis kontrovers diskutiert. Ein zusammenfassender Überblick findet sich bei Hey (1999).

Sehr effektiv ist nach den vorliegenden Studien Feedback an Personen oder Gruppen über ihre Leistung im Rahmen von Zielvereinbarungskonzepten (Kohnke & Bungard, 2004). Der Effekt von Feedback auf Leistung gilt als eines der am besten bestätigten Ergebnisse der arbeits- und organisationspsychologischen Forschung sowohl anhand von Labor- als auch Feldexperimenten (Kapelmann, 1986; Guzzo, Jette & Katzell, 1985). Feedback von oben nach unten, insbesondere bezogen auf Leistungsdaten, ist also in Organisationen alltäglich und in der Regel erfolgreich.

2.6   Feedback von unten nach oben

Der umgekehrte Fall, Feedback von unten nach oben, ist in hierarchischen Strukturen nur bedingt möglich, in vielen Situationen sogar unerwünscht. Das hängt, wie bereits im ersten Abschnitt gesagt, mit den Grundmerkmalen von Hierarchien zusammen, weil nämlich nach oben gerichtetes Feedback prinzipiell Kritik-Potenziale eröffnet, die den asymmetrischen Machtstrukturen zuwider laufen. Anders ausgedrückt: Kritik von unten ist ein partiell systemfremdes Element in klassischen hierarchischen Strukturen.

Zur Risikominimierung wird Feedback von unten in ausgewählter und abgestimmter Form kanalisiert. Willkommen sind z. B. Verbesserungsvorschläge der Belegschaft zur Produktivitätssteigerung im Rahmen des betrieblichen Vorschlagswesens. Die feierliche Überreichung der Höchstprämie suggeriert den engen Kontakt zur Basis und verfestigt symbolisch den Mythos vom großzügigen und dankbaren Management für herausragende Leistungen engagierter Mitarbeiter, aber sie hat eben nicht den unangenehmen Geruch von „Basisdemokratie".

Wie aber soll man in hierarchischen Strukturen damit umgehen, wenn Mitarbeiter massive Kritik an bestimmten Situationen oder an einzelnen Führungskräften, vielleicht sogar an Vorstandsmitgliedern äußern?

Wer die geheimen Spielregeln in Organisationen nicht kennt, kann da sehr schnell ins berühmte offene Messer laufen. Denn in der offiziellen Unternehmenssprache wird selbstverständlich vom mündigen Mitarbeiter geredet, der im Mittelpunkt steht – wo bereits der Kunde als Störfaktor lokalisiert wurde – und dessen Feedback gewünscht wird. Nur der naive Mitarbeiter hat unten (noch) nicht gelernt, dass bei seinem Feedback nach oben selektiv nur die Rosinen weitergereicht werden dürfen. Erfolgs- und Vollzugsmeldungen sind erwünscht, Hiobsbotschaften, Hinweise auf Missstände und sonstige Kritiken sollen gefälligst nur sehr behutsam und tendenziell entschärft kolportiert werden. Die betriebliche Dynamik bei derartigen Feedbackschleifen über mehrere Etagen hinweg besteht darin, dass ganz im Sinne des „Stille-Post-Effekts" oben eine andere Realität ankommt, als sie tatsächlich ist. Die mikropolitisch bewirkte Verzerrungseskalation führt das Feedbackprinzip ad absurdum. Werden dann auch noch auf der Basis der falschen Informationen bestimmte Entscheidungen gefällt und nach unten bekannt gegeben, dann müssen solche realitätsfremden Aktionen als Indiz für die Unfähigkeit des Managements interpretiert werden, weil es die Vorstellungskraft jedes Einzelnen übersteigt, richtig abzuschätzen, in welchem Ausmaß in Kommunikationsketten Beschönigungseffekte sich sukzessive addieren und „oben" monströse Fantasieprodukte hervorbringen.

Das Verhängnisvolle an dieser systematischen Aushöhlung des vertikalen Feedbackprinzips von unten nach oben besteht darin, dass damit höchst relevante Verbesserungspotenziale nicht genutzt werden. Eine Organisation kann auf die Dauer nicht optimal funktionieren, wenn man kein Feedback bei den Entscheidungsträgern über die Realität an der Wertschöpfungsfront erhält. Da man zur Steuerung von Organisationen wahrscheinlich immer klare Führungsstrukturen braucht, muss man als Korrektiv zur Gefährdung von Feedbackprozessen aus den oben genannten systemimmanenten Gründen Sorge dafür tragen, dass solche Informationen dennoch hierarchiefrei weitergeleitet werden, indem z. B. Mitarbeiter anonym über alle Führungsebenen hinweg ihre Meinung manifestieren können.

Genauso wie nur die externen Kunden valide zu bestimmten Aspekten authentisch Stellung beziehen können, gibt es innerhalb der Betriebe zahlreiche Aspekte, die nur von den Mitarbeitern (als interne Kunden) relativ gut beurteilt werden können. Wer seine Mitarbeiter als Feedbackgeber für innerbetriebliche Prozesse nicht zu Wort kommen lässt, macht den gleichen gravierenden Fehler, den er begeht, wenn er sich nicht um seine Kunden als Feedbackgeber für außerbetriebliche Prozesse kümmert.

Dass man die Meinung der Kunden einholen sollte, scheint den meisten einleuchtend – obwohl wie gesagt eher selten ernsthafte Taten folgen. Dass man interne Kunden ebenfalls kontinuierlich kontaktieren müsste, ist schwerer nachvollziehbar, weil allein schon der Begriff „interne Kunden" für viele unverständlich ist. Dass man aber auch das Feedback der Mitarbeiter gerade mit ihrer Fachkenntnis der Prozesse vor Ort bitter nötig hat, um situationsangemessen das Organisationsschiff navigieren zu können, stößt vielerorts auf Unverständnis. Mitarbeiterbefragungen sind sinnvoll, so die oft zu hörenden Parolen, damit man weiß, ob die Belegschaft zufrieden ist. Die Obrigkeit duldet unter Umständen kurzfristig das Dampfablassen der Werker, damit durch den erhofften Katharsiseffekt die Arbeit wieder besser läuft. Es macht ja auch einen guten Eindruck, jemanden anzuhören, weil die Befragungsprozedur als solche bereits motivierend wirkt, der kleine Mann fühlt sich ernst genommen. Aber dass das kontinuierlich prozessbezogene Feedback der Mitarbeiter und die Initiierung von Veränderungsprozessen mit anschließendem Prozesscontrolling im Sinne des zu Anfang dargestellten kybernetischen Modells von zentraler strategischer Relevanz ist, wird nur von wenigen mit all seinen Konsequenzen erkannt und entsprechend umgesetzt.

Zusammenfassend ergibt sich folgendes Bild: Organisationen sind Weltmeister im Strukturieren, Planen, Regeln, Kontrollieren, Standardisieren usw., aber sie sind offenbar Amateure, wenn es um die entscheidenden Überlebensmechanismen von Systemen geht, nämlich um die Feedbackschleifen zur Steuerung der Systeme.

2.7   Arbeits- und interpersonelles Feedback in Organisationen

Am Anfang dieses Beitrags wurde die Unterscheidung zwischen individuellem interpersonellem und organisationalem Feedback vorgenommen. Natürlich gibt es hierbei fließende Übergänge und im Übrigen findet interpersonelles Feedback, wie bereits gesagt, tagtäglich auch in Organisationen statt und hat dort eine wichtige „organisationale" Funktion.

Schein (1987) hat in seinem Model of Process Consultation die beiden Feedbackarten einander gegenübergestellt (vgl. Tabelle 1), wobei er in seiner Terminologie von einem arbeitsbezogenen Feedback spricht und damit auf einen Teilaspekt des organisationalen Feedbacks eingeht.

Tabelle 1: Unterscheidung der Feedbackarten nach Schein (1987)

	arbeitsbezogen	interpersonell
Inhalt	Formale Aufgaben und Ziele	Gestaltung der Beziehungen zwischen den Gruppenmitgliedern **(Who ist doing what to whom?)**
Prozess	Herangehensweise bei der Aufgabenerledigung	Prozesse der Kommunikation, Kooperation etc.
Struktur	Wiederkehrende Prozesse, Standardprozeduren	Wiederkehrende interpersonelle Beziehungen, Rollen

Dabei differenziert Schein die arbeitsbezogenen und interpersonellen Feedbackarten nach Inhalt, Prozess und Struktur.

In Anlehnung an dieses Modell kann abschließend festgehalten werden, dass in Organisationen das arbeitsbezogene Feedback sowohl bezüglich der Ziele und Arbeitsprozesse als auch der Standardprozeduren in der Regel nicht durchgängig effizient gestaltet wird. Es dominiert z. B. einseitig das (negative) Feedback von oben nach unten. Das interpersonelle Feedback scheint im Übrigen gerade in Organisationen auch eher unterdurchschnittlich gut zu funktionieren – ein Aspekt, der in diesem Artikel nicht weiter erörtert wird –, aber es wäre sicherlich reizvoll zu analysieren, ob es hierbei wechselseitige Einflüsse gibt. Kann eine Führungskraft die Wiedergabe von organisationalem Feedback richtig ermessen, wenn sie selber im interpersonellen Bereich ein „Feedbacklaie" ist?

Im Übrigen ist offenes Feedback in unserer Gesellschaft allgemein eher unüblich und problembehaftet. Viele Menschen fühlen sich beim Geben und Empfangen von Feedback unwohl (London, 1997). In ihrer Erziehung lernen sie eher, Beziehungen dadurch nicht zu gefährden, dass sie kein bewertendes Feedback geben. Diese gesellschaftliche Norm spielt auch in der Arbeitswelt sicherlich eine große Rolle. Mitarbeiter haben Angst vor (negativem) interpersonalem Feedback, sie haben nicht gelernt, damit umzugehen. Führungskräfte sind ebenfalls nicht darauf vorbereitet, interpersonales Feedback zu geben, geschweige denn zu erhalten. Feedback funktioniert daher vorwiegend aus dem Rollenverständnis als Führungskraft heraus und das impliziert arbeitsbezogenes, meistens negatives, möglichst unpersönliches Feedback.

3 Feedback-Instrumente in Organisationen

Nachdem im vorigen Abschnitt eindringlich ein Plädoyer für die (Überlebens-) Notwendigkeit von Feedbackmechanismen in Organisationen gehalten wurde, soll in diesem Abschnitt ein Überblick über konkrete Feedbackinstrumente in der Praxis gegeben werden. Es geht dabei um allgemeine Hinweise zu den einzelnen Erhebungstools, Details finden sich in den einzelnen Beiträgen dieses Bandes.

3.1 Qualitative versus quantitative Verfahren

Bevor mit den verschiedenen Feedbackbereichen begonnen wird, ist es sinnvoll, einige methodische Vorbemerkungen zu machen. Man muss grundsätzlich beim Einsatz empirischer Erhebungstechniken zwischen qualitativen und quantitativen Messungen unterscheiden. Es gibt diesbezüglich in den Sozialwissenschaften seit vielen Jahrzehnten eine heftige wissenschaftstheoretische bzw. methodologische Grundsatzdiskussion, die dem Leser an dieser Stelle erspart werden soll (Bungard, 2004). In den angewandten Disziplinen, insbesondere z. B. im Marketing und der Arbeits- und Organisationspsychologie, werden beide Verfahren, also qualitative und quantitative, je nach Zielsetzung eingesetzt, wobei insgesamt ein deutliches Übergewicht der quantitativen Methoden beobachtbar ist. Die entscheidende Frage bei der Auswahl eines Verfahrens lautet: Wie ist der vorhandene Kenntnisstand bezüglich des zu analysierenden Sachverhalts? Liegen nur wenige Informationen bzw. nur vage Vermutungen vor, ist der Zusammenhang zwischen verschiedenen Faktoren unklar, kennt man die Sprache der Zielpersonen nur unzureichend, dann sollte man qualitative Verfahren einsetzen. Wenn man in einer qualitativen Erhebungsphase die relevanten Parameter identifiziert hat und aufgrund der Befunde in der Lage ist, die Faktoren geeignet zu operationalisieren, also quantitativ messbar zu machen, dann ist es sinnvoll, quantitative Verfahren zu verwenden. Anhand der quantitativen Erhebungen können dann Aussagen über die Häufigkeit bezüglich einzelner Größen gemacht werden. Durch Messwiederholung lassen sich vor allem Entwicklungen analysieren, sie erlauben ein so genanntes Prozess-Controlling.

Aus diesen Überlegungen lässt sich ableiten, dass qualitative Verfahren in der Regel unentbehrlich sind, es sei denn, der Untersuchungsbereich ist aus früheren Studien ausreichend bekannt und hat sich seitdem nicht verändert. Quantitative Verfahren ohne qualitative Vorphasen laufen Gefahr, an der Realität haarscharf vorbeizuforschen. Es werden nur Variablen analysiert, von denen der Datenerheber glaubt, dass sie relevant seien, ein verbreiteter Irrglaube, der häufig die persönliche Arroganz der so genannten Fachleute und die bereichsspezifische Überheblichkeit von Expertenabteilungen widerspiegelt. Vor dem Hintergrund dieser Unterscheidung können nun im Folgenden die verschiedenen Feedback-Instrumente klassifiziert und den unterschiedlichen Zielgruppen zugeordnet werden.

3.2   Feedbackgeber und -empfänger

Wenn man zwischen Feedbackgebern und Feedbackempfängern unterscheidet und zusätzlich jeweils verschiedene Personenbereiche differenziert, dann resultiert daraus eine Fülle von Kombinationsmöglichkeiten, die sich einzelnen Feedbackinstrumenten zuordnen lassen.

Sattelberger hat diesen komplexen Sachverhalt anschaulich dargestellt (Abbildung 1). Wie man der Abbildung entnehmen kann gibt es im organisationalen Kontext auf verschiedenen Ebenen unterschiedliche potenzielle Feedbackgeber, die wiederum ihr Feedback auf einer Vielzahl von Ebenen adressieren können, sei es z. B. bezogen auf ein Individuum, ein Team, einen Bereich usw.

Im Folgenden werden aus der Fülle der verschiedenen Kombinationsmöglichkeiten einige wichtige Beispiele aus dem breiten Spektrum der Feedbackpraxis beschrieben.

3.3   Kunden-Feedback-Instrumente

Beginnen wir analog zur Reihenfolge im zweiten Abschnitt mit dem externen Kunden als Adressat der Feedback-Instrumente bzw. als potenziellem Feedbackgeber für Organisationen.

Wenn ein Unternehmen wissen möchte, was seine Kunden denken, sagen, wünschen, in der Zukunft erwarten, was sie kritisieren, immer dann ist das Gebot der Stunde der Einsatz qualitativer Verfahren. Das Grundprinzip besteht dabei darin, dem Kunden zuzuhören. Es werden so genannte offene Fragen gestellt, aber der Reaktionsspielraum für den Kunden muss möglichst groß sein, damit er von sich aus Punkte thematisieren kann. In der Praxis bedeutet dies konkret die Durchführung qualitativer Einzel- und/oder auch Gruppeninterviews anhand eines Leitfadens. Die Gespräche können persönlich in einem Geschäft, auf der Straße oder in einem zu diesem Zweck geeigneten parkenden Bus stattfinden, sie lassen sich aber auch per Telefon oder Videokonferenz bewerkstelligen (nähere Einzelheiten hierzu finden sich im Beitrag von Winter in diesem Band).

Besonders erfolgversprechend sind solche Gespräche dann, wenn sie parallel zur Interaktionssituation zwischen Kunden und einem Organisationsmitglied (also z. B. einem Verkäufer) durchgeführt werden können. Diese als Shadowing bezeichnete Methode sieht konkret so aus, dass man z. B. einen Kunden während des Besuchs in einem Kaufhaus begleitet und jeweils zu sinnvollen Punkten Fragen stellt: Was wollen Sie kaufen? Erkennen Sie einen Verkäufer? Unmittelbar nach dem Kauf: War der Verkäufer freundlich? Kompetent? Man erfasst ohne Zeitverzug die direkten Reaktionen und Bewertungen an der „Kundenfront".

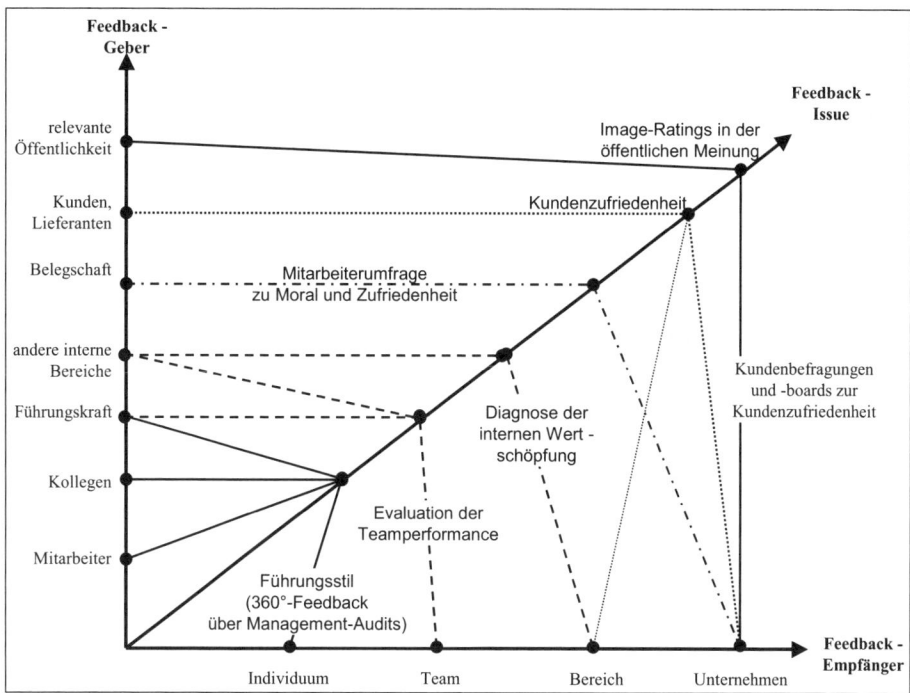

Abbildung 1: Feedback-Prozesse (in Anlehnung an Sattelberger, 1996, S. 75)

Wenn die Verantwortlichen die zentralen Einflussfaktoren kennen, wenn man also die Wünsche und Bedürfnisse und vor allem die Kritikpunkte der Kunden kennt, dann kann ein brauchbarer Fragebogen entwickelt werden, der für quantitative Erhebungen einge-setzt wird. In der Regel brauchen die Befragten nur die gegeben Antwortkategorien bei den geschlossenen Fragen anzukreuzen. Der Fragebogen kann vor Ort in Geschäften oder zu Hause bei postalischer Zusendung ausgefüllt werden. Besonders beliebt sind zurzeit Online-Befragungen (Liebig, Müller & Bungard, 2003).

Die Auswertung der Daten erlaubt die Beschreibung des Status quo, bei Messwiederho-lungen können Veränderungen dargestellt werden. Ein weiterer Vorteil besteht darin, dass Organisationseinheiten miteinander verglichen werden können. Eine klassische Frage hierzu: In welcher Filiale wird das Personal am besten beurteilt?

Werden auf der Basis der qualitativen und quantitativen Ergebnisse Maßnahmen geplant und umgesetzt, so kann das Resultat im Zeitverlauf bei kontinuierlichen Messwiederho-lungen anhand geeigneter statistischer Auswertungsverfahren beurteilt werden.

Neben den verschiedenen Befragungsvarianten als Feedback-Instrumente gibt es eine Vielzahl weiterer Quellen, wie zum Beispiel das Beschwerdemanagement (Stauss & Seidel, 2003).

3.4   Interne Kundenanalyse

Die Situation ist im Grunde genommen die gleiche, wenn es gilt, innerhalb einer Organisation internes Kundenfeedback einzuholen.

Wen die Sorgen der internen Kunden wirklich interessieren, der sollte seine Kunden vor Ort besuchen und geduldig anhören, wie sie aus ihrer Sicht den internen Lieferanten beurteilen. So einfach dieser Vorschlag klingt, in der Praxis scheint es unüberwindbare Hürden auf diesem Wege zu geben. Wie im zweiten Abschnitt bereits gesagt, ist das Konzept als solches in den Köpfen oft nicht präsent, außerdem scheinen die Grenzen zwischen den Bereichen aufgrund der funktionalen Arbeitsteilung der Organisationen stark ausgeprägt zu sein. Verhängnisvoll ist zudem der häufig zu beobachtende Schulterschluss zwischen oberen Führungskräften, die mangels anderer Informationen auf ihrer Ebene die Kooperation als vorbildlich einstufen und deshalb überhaupt keinen Bedarf für irgendwelche Feedback-Schleifen sehen. Auch hier könnte ein innerbetriebliches Shadowing so manche Überraschung an die Oberfläche bringen.

Analog zur Kundenthematik können mit den gleichen Begründungen quantitative Befragungen appliziert werden.

Werden auf der Basis der qualitativen Befunde und eventuell anschließenden „Konfrontationstreffen" Maßnahmen zur Optimierung der Kooperation ergriffen, kann deren Effizienz durch Messwiederholungen überprüft werden. Für solche Erhebungen eignet sich innerhalb der Organisation das Intranet als Kommunikationsmedium.

3.5   Mitarbeiterbefragungen

Von zentraler Bedeutung beim Thema Feedback sind die vertikalen Rückkopplungen der Mitarbeiter als „intime" Kenner innerbetrieblicher Prozesse. Bei diesen „Geschäftsberichten von unten" spielen die hierarchischen Spielregeln eine große Rolle, wie bereits im zweiten Abschnitt dargelegt. In der Praxis gilt es deshalb, diese mikropolitischen Hürden im Sinn der Offenlegung des Meinungsspektrums zu überwinden.

Wenn man die Meinung der Mitarbeiter erfahren möchte, dann muss man sie eben fragen und zuhören, so der simple Hinweis, wie er bereits bezüglich der Kunden gegeben wurde. Wenn die Argumente und zentralen Auswertungsdimension nicht bereits bekannt sind, folgt daraus weiterhin, dass die Erhebung qualitativ durchgeführt werden sollte. Das Problem bei solchen Einzel- oder Gruppeninterviews besteht darin, die Betroffenen dazu zu bringen, ungefiltert, quasi ungeschützt und ohne Angst vor Sanktionen der Vorgesetzten ihre tatsächliche Meinung zu äußern. Der Hinweis auf die Anonymität der Erhebung ist aus der Sicht des Befragten grotesk, wenn man dem Interviewer „persönlich" in einem Raum gegenüber sitzt. Entscheidend ist das Vertrauen in die „Verschwiegenheit" des Fragestellers und gerade das dürfte nach langjährigen Erfahrungen gegenüber jeglichen internen Organisationsmitgliedern eher gering sein. Eine humorvolle Variante liegt dann vor, wenn Vertreter des Personalbereichs solche vertraulichen Gespräche führen, die bekanntermaßen für Personalauswahl, Personalentwicklung und eventuell auch Entlassungen (mit-)verantwortlich sind. Was soll angesichts einer derartigen Rollenkonfundierung anderes herauskommen als eine Selbstdarstellung des Mitarbeiters im Sinne des idealen, motivierten, loyalen Angestellten. Die durch die Hierarchie bewirkte Reaktivität des Messvorgangs verzerrt die Daten derartig, dass ihre Feedbackfunktion nahezu unbrauchbar ist.

Erfolgversprechender ist der Einsatz eines neutralen Dritten als Interviewer, der selber nicht zur Organisation der Befragten gehört, der also nicht Teil des zu analysierenden Systems ist. Dies entspricht dem Bild, dass bei Konflikten innerhalb einer Familie Gespräche zur Analyse der Situation von einer Person übernommen werden sollten, die keinerlei familiäre oder auch nur freundschaftliche Verbindungen zu diesem betreffenden „System" hat. Der Interviewer sollte die Kompetenz haben, solche offenen Interviews durchführen und auswerten zu können. Er sollte insgesamt das organisationale Umfeld der Befragten einigermaßen kennen, um den Mitarbeiter rasch verstehen zu können. Außerdem muss er für die Person vertrauenswürdig zu sein. Das ist zum einen eine Frage des persönlichen Auftretens des Interviewers, wichtig ist darüber hinaus aber auch die wahrgenommene und glaubhaft neutrale Position der Organisation, als deren Mitglied sich der Interviewer vorstellt. Unternehmensberatungen, die ein ausgeprägtes Image dahingehend haben, dass sie gewaltige Reorganisationsprozesse begleitet von massivem Personalabbau in Gang setzen, haben es da harmlos formuliert nicht ganz einfach. Gewisse Vorteile haben in diesem Zusammenhang universitäre Forschungsinstitute – was soll der Autor dieses Beitrags anderes sagen. Der Nachteil ist, dass die Befragten den Verdacht haben, dass sich auf Grund der Befragungen nichts verändern wird, weil die Ergebnisse in wissenschaftlichen Zirkeln zerredet werden.

Alles in allem sind qualitative Untersuchungen in Unternehmen für die Mitarbeiter immer mit einem gewissen Risiko verbunden, dass kritische Bemerkungen zum Nachteil des Feedbackgebers ausgelegt werden könnten. Es dominiert letztendlich die Selbstpräsentation im Sinne der Darstellung der eigenen Funktionstüchtigkeit, orientiert an entsprechenden offiziellen Vorgaben der Organisation. Anders als bei Kundenbefragungen und teilweise auch den horizontalen internen Erhebungen spielen deshalb beim Mitarbeiterfeedback anonyme Verfahren eine zentrale Rolle. Das können auch mal schriftliche Kommentare auf offene Fragen sein, bei denen der „Autor" nicht namentlich bekannt ist und auch nicht durch seine Wortwahl oder aufgrund des Abgaberituals identifizierbar ist. Zum anderen eignen sich schriftliche anonyme Fragebogenaktionen mit vorgegebenen Antwortkategorien als Feedbackinstrument für die Erfassung der Mitarbeitermeinungen. Folgende Voraussetzungen müssen dabei gesichert sein:

Erstens: Durch vorhergehende qualitative Verfahren müssen die relevanten Faktoren identifiziert worden sein, für die auf Basis der Fragen aus der qualitativen Befragung kontinuierliche Indices operationalisiert werden.

Zweitens: Die Anonymität muss oberstes Gebot beim Befragungsprozess sein. Das bedeutet:
- keine Angaben zur Person (wie z. B. Geschlecht oder Betriebszugehörigkeit) – Variablen, die oft reflexartig miterhoben werden, obwohl sie selten ausgewertet werden oder, wenn in die Analyse einbezogen, zu falschen oder irreführenden Befunden führen

– keine Auswertung auf Abteilungsebene bei einem Rücklauf von unter fünf Befragten
– außerdem ist auf Anonymität sichernde Abgabe der ausgefüllten Fragebögen zu achten usw.

Es soll an dieser Stelle nicht näher auf die schriftliche Mitarbeiterbefragung in allen ihren Varianten – wie z. B. Paper-Pencil versus Online-Erhebungen – eingegangen werden, da die Thematik in verschiedenen Beiträgen dieses Readers ausführlich erörtert wird. Es bleibt hier festzuhalten, dass bei Mitarbeiterfeedback solche anonymen Instrumente die Methode der Wahl sind. Bei allen euphorisch-romantischen Plädoyers für offene, ehrliche Kommunikation in Organisationen wird die anonyme MAB solange der Königsweg des Mitarbeiterfeedbacks bleiben, wie es Führungsstrukturen in Organisationen gibt. Die Anonymität ist das zwangsläufige Korrektiv für vorprogrammierte Verzerrungen in Informationsflüssen von „unten nach oben", wie stark auch immer diese hierarchische Differenzierung ausgeprägt sein mag. Weil aber unverzerrtes Feedback gerade aus der operativen „Arbeitsfront" überlebensnotwendig ist, folgt daraus – um es nochmals mit aller Deutlichkeit zu wiederholen –, dass der Einsatz von MAB genauso wie Kundenbefragungen essentiell ist.

3.6   Survey-Feedback-Ansatz im Rahmen von Organisations-Entwicklungs-Prozessen

Abgesehen von einer eher statischen, funktionalistischen Perspektive im Sinne von Mitarbeiterfeedback zur Verbesserung von Arbeitsprozessen spielen Mitarbeiterbefragungen (MAB) eine zentrale Rolle bei längerfristigen Change-Management- bzw. Organisations-Entwicklungs-Prozessen.

Das zentrale Ziel solcher OE-Projekte, die auf den Ansatz Lewins zurückgehen, ist die Veränderung von Elementen, Strukturen und Abläufen in Organisationen zur Erhöhung ihrer ökonomischen und sozialen Effizienz (Reinecke 1983). Beckhard (1972 a, zit. nach Reinecke, 1983, S. 38f.) definiert OE als:
– „die geplante,
– von der Organisationsleitung unterstützte,
– unter Berücksichtigung wirtschafts- und sozialwissenschaftlicher Erkenntnisse erfolgte
– Konzeption und Durchführung von Maßnahmen
– zur Veränderung von Personen, Verhalten und interpersonalen Beziehungen und/oder von Strukturen und Prozessen
– innerhalb der Organisation und/oder in den organisationalen Beziehungen zur Umwelt
– im Hinblick auf die Erhöhung der ökonomischen und/oder sozialen Effizienz der Organisation."

Ein wichtiges Instrument bei allen OE-Projekten sind Mitarbeiterbefragungen in Form des so genannten Survey-Feedbacks. Es handelt sich dabei um ein Verfahren der Organisationsdiagnose, das auch als „Survey Guided Feedback" oder „Survey Research" bezeichnet wird. Es hat seine Wurzeln im gruppendynamischen Ansatz und in der Aktionsforschung als einem sozialwissenschaftlichen, prozessorientierten Forschungsansatz

(Brandstätter, 1977; Kühlmann & Franke, 1989; French & Bell, 1990; Büssing, 1995; Bungard, Holling & Schulz-Gambard, 1996).

Der Survey-Feedback-Methode liegt das Phasenmodell der Einstellungsänderung von Lewin (zitiert nach Walz, 1995) zugrunde. Lewin unterscheidet die Phasen „unfreezing" (auftauen), „change" (verändern), und „refreezing" (wieder einfrieren, festigen). Um den Prozess der Einstellungsänderung in Gang zu setzen (unfreezing), bedarf es Energie. Bei der Survey-Feedback-Methode wird dazu in einem ersten Schritt eine Ist-Analyse zum Status quo durchgeführt (Survey). Nach der Datenauswertung erfolgt die Rückmeldung (Feedback) der Ergebnisse an die Datenlieferanten in der Organisation. Es kommt zu emotionalen Reaktionen wie z. B. Freude, Überraschung, Verärgerung, Schock. Die betroffenen Personen, z. B. Vorgesetzter und Mitarbeiter, diskutieren gemeinsam die Ergebnisse. Damit werden die Befragungsergebnisse zum Gesprächsgegenstand und schaffen somit die Grundlage für eine weitere Bearbeitung, beispielsweise in Workshops. Die Betroffenen werden auf diese Weise zu Beteiligten gemacht. Sie definieren und gestalten zusammen den Veränderungsprozess (change). Es wird ein Maßnahmenplan zur Veränderung aufgestellt, der einen ersten Abschluss des Prozesses darstellt (French & Bell, 1990; Krings & Ruhnau, 1995).

4   Effizienzkriterien

Im letzten Abschnitt sind exemplarisch einige typische Feedbackinstrumente vorstellt worden, nähere Beschreibungen finden sich in den anschließenden Beiträgen in diesem Band.

Welche Effekte bewirken nun diese Instrumente, welche Effizienzkriterien lassen sich ausfindig machen?

Zusammenfassend betrachtet ergeben sich die Potenziale der Rückkopplungsprozesse aus dem zu Beginn dargestellten systemtheoretischen Bezugsrahmen: Die verschiedenen Rückkopplungsdaten ermöglichen die Steuerung des Gesamtsystems. Es werden Zielabweichungen festgestellt, um anhand von Interventionen Kurskorrekturen vornehmen zu können. Man kann diese Oberziele weiter auffächern: Feedbackinstrumente haben eine
– Diagnose-,
– Kommunikations-,
– Evaluations-,
– Aktivierungs- und Motivations-,
– Steuerungs- und
– Sozialisationsfunktion.

Sie alle dienen letztlich der Steigerung der Effizienz des Systems bzw. sichern die Existenz eines Unternehmens. Beim Einsatz der Instrumente handelt es sich um eine grundlegende strategische Entscheidung, die nur mittel- bis langfristig bezüglich ihres Erfolgs beurteilt werden kann. Eine genaue Bemessung des Nutzens ist angesichts der Komple-

xität der Systeme und der Wechselwirkung mit anderen Interventionen bzw. Einflussfaktoren äußerst schwierig.

Dennoch gibt es genügend Belege für die positiven Auswirkungen einzelner Tools, in
den verschiedenen Beiträgen dieses Bandes wird dieser Aspekt jeweils aufgegriffen.

Vergleichsweise einfach ist die kurzfristige Kalkulation der Kosten. Jedes Feedback-
instrument verursacht nämlich
– Sachkosten (Intranet, Telefon, Fragebogen-Druck),
– Lohnkosten (Arbeitszeit für das Ausfüllen der Fragebögen, Feedbacksitzungen),
– Verfahrenskosten (Arbeitszeit der Projektgruppen, der Vorgesetzten) und
– Beratungskosten (Berater, Trainer, Lizenzen).

Die Summation der kurzfristig ökonomisch berechenbaren Kosten für alle Feedback-
instrumente muss bei einer Return of Investment-Analyse dem eher längerfristigen, nur
vage einschätzbaren, nicht immer quantifizierbaren Nutzen gegenübergestellt werden,
eine schieflastige Bilanz, bei der so mancher Controller ins Grübeln gerät und mangels
(Effizienz-)Beweisen auf die Kostenbremse tritt. Eine gerade in konjunkturell ange-
spannten Zeiten häufig praktizierte Kurzschluss-Reaktion, die strategisch fatale Folgen
haben kann. Die Organisation manövriert ohne Navigationssystem – sprich Feedback-
instrumente – extrem kostengünstig auf den Konkurs zu, ohne es frühzeitig merken zu
können.

Abgesehen von diesen Kosten-Nutzen-Analysen, die bekanntlich bei allen Personal- und
Organisationsentwicklungsprojekten immer wieder neu mit den alten Argumenten entfacht werden, stellt sich die für die Praxis relevante Frage, unter welchen (Rahmen-)
Bedingungen Feedbackinstrumente besonders effektiv sind. Hierzu gibt es aus ganz
unterschiedlichen Forschungsbereichen eine Fülle an empirischen Befunden, die die
Ableitung konkreter Handlungsanweisungen erlauben. Zum Abschluss dieses Beitrags
sollen die wichtigsten empirisch nachweisbaren Effizienzkriterien zusammenfassend
aufgeführt werden, die mehr oder weniger für alle zuvor dargestellten Feedbackinstrumente mit entsprechenden Adaptationen Gültigkeit haben. Die Kriterien beziehen sich
dabei sowohl auf interpersonales als auch auf organisationales Feedback, da die Einflussfaktoren in den meisten Fällen beide Prozesse determinieren.

• Effektives Feedback hängt von den *Eigenschaften des Feedbackempfängers* ab (vgl.
  Jöns in diesem Band). Dazu gehören eine ausreichende Informationsverarbeitungs-
  kapazität, soziale Selbstsicherheit und vorangegangene Erfahrungen mit Feedback
  (Smith & Sarason, 1975). Jüngere Menschen nehmen in der Regel eher Feedback an,
  da mit zunehmendem Alter die eigene Erfahrung wächst und man sich eher auf intene
  als auf externe Quellen verlässt.

• Wichtig ist vor allem die *Akzeptanz* von Feedback. Diese hängt primär von der Glaubwürdigkeit der Quelle ab. Wird der Feedbackinhalt aufgrund der Kompetenz des
  Bewerters richtig beurteilt? Bei Mitarbeiterbefragungen, Vorgesetztenbeurteilungen
  und Kundenbefragungen muss die Kompetenz des Datenerhebers bzw. Entwicklers
  der Instrumente sichergestellt sein. Bei Abwärtsbewertungen z. B. ist es wichtig, dass

der Vorgesetzte die Tätigkeit des Mitarbeiters und seine Leistung auch richtig beurteilen kann. In diesem Zusammenhang ist das Feedback von Kollegen oft glaubwürdiger (Levy & Steelman, 1997).

- Mitarbeiter prüfen sehr genau die *Fairness* organisationaler Feedbacksysteme und machen davon ihre Akzeptanz abhängig (Taylor, Fisher & Ilgen, 1990; Levy & Steelman, 1997).

- Bei den *Inhalten* des Feedbacks kann man zwischen Ergebnis- und Prozessfeedback unterscheiden. Ergebnisfeedback sind Rückmeldungen über Leistungsergebnisse, Prozessfeedback dagegen liefert deskriptive Informationen darüber, wie eine Aufgabe ausgeführt wurde und wie eine Leistung verbessert werden könnte. Prozessfeedback wird daher oft als „Lernfeedback" bezeichnet. Den vorliegenden Untersuchungen zufolge ist Ergebnisfeedback bei komplexen und ungewissen Aufgaben wenig effektiv, es kann sogar zu schädlichen Effekten kommen (Korsgaard & Diddams, 1996). Prozessfeedback ist in der Regel effektiver, weil es konstruktiver und damit eher akzeptabel ist. Es liefert mehr Informationen über die Ursachen einer Leistung und ist damit spezifizierbar.

- Bezüglich der *Valenz* von Feedback wird allgemein zwischen positivem und negativem Feedback unterschieden. Aufgrund einer Fülle von vorteilhaften Effekten wird in der Literatur die Bedeutung von positivem Feedback hervorgehoben: Es wird als glaubwürdiger eingeschätzt und hat stärkeren Einfluss auf das Verhalten, fördert die Leistung und schafft ein Klima der Offenheit und des Vertrauens (Barr & Conlon, 1994; Schwäbisch & Siems, 1974).
Zahlreiche Studien (London, 1995, 1997; Hillmann, Schwandt & Bartz, 1990) zeigen außerdem, dass positives Feedback im betrieblichen Kontext selten gegeben wird, nach der vielzitierten Devise: „Nichts gesagt ist genug gelobt." Organisationen sind offensichtlich institutionell auf negatives Feedback geradezu funktionalisiert, wie bereits zuvor erörtert.
Andererseits darf aber negatives Feedback auch nicht fehlen, da nur so Fehler aufgezeigt und Missverständnisse offen gelegt werden können (Levy & Steelman, 1997). Es kommt also auf eine „gesunde" Mischung an.

- Die Wirkung von Feedback hängt von seiner *Spezifität* ab, also dem Grad, in dem sich Feedbackinformationen auf tatsächliche Sachverhalte beziehen. In der Praxis bedeutet dies, dass sich Feedback möglichst an Fakten und konkreten Beispielen orientieren sollte. Aussagen müssen prinzipiell nachprüfbar sein (Domsch & Ladwig, 1995; Jeserich, 1995; Blickensderfer, Cannon-Bowers & Salas, 1997). Die Spezifität wird davon erhöht, dass eine Beziehung zu Standards oder Zielen gesetzt wird und damit verglichen werden kann (Schuler, 1991; Latham & Yukl, 1975).

- Feedback ist effizienter, wenn es *direkt*, also nicht über Dritte erfolgt. Von daher sollten Führungskräfte selber die Ergebnispräsentationen vornehmen bzw. moderieren und keine neutrale Person in Gestalt eines externen Unternehmensberaters oder Vertreters der Personalabteilung hinzuziehen.

- In gewissem Sinne ist die *Partizipation* der Betroffenen ein wichtiges Erfolgskriterium analog zum Konzept der sozialen Validität des Assessment Centers (Schuler, 1991): Mitarbeiter und Führungskräfte sollten bei der Entwicklung und Implementation formaler Feedbackverfahren eingebunden werden. Ziele müssen dabei transparent gemacht, mit den Betroffenen diskutiert und von ihnen akzeptiert werden. Die Art und Weise der partizipativen Einführung eines Feedbackinstruments ist erfahrungsgemäß oft wichtiger als die Gestaltung des Systems selbst. Eine derartige partizipative Vorgehensweise ist zwar mühsamer als das Überstülpen eines importierten Standardinstruments, aber dafür werden spätere Widerstände und Ungereimtheiten frühzeitig unterbunden.

- Zu beachten ist die *zeitliche Dimension*. Feedback sollte in angemessener *Häufigkeit* stattfinden, sodass einerseits genug Zeit zur Durchführung von Maßnahmen bleibt, andererseits der Prozesscharakter nicht durch zu große Abstände verloren geht.
  Das heißt also, dass durch eine Inflation von Feedback die Informationsaufnahme und Verarbeitungskapazität der Rezipienten nicht überfordert werden darf. Auf der anderen Seite muss die Wechselwirkung zwischen Feedback – Kurskorrektur – Feedback für die Akteure sichtbar bleiben. Feedback sollte vor allem regelmäßig stattfinden, damit sich Mitarbeiter und Führungskraft an das Geben und Empfangen von Feedback gewöhnen können und so sukzessive eine Feedback-Kultur entwickeln. Bei Mitarbeiterbefragungen und Vorgesetztenbeurteilungen haben sich vor dem Hintergrund dieser Überlegungen jährliche Erhebungen am besten bewährt (Bungard & Jöns, 1997a).

- Einigkeit besteht darüber, dass das Feedback möglichst *schnell*, also unmittelbar erfolgt. Je größer der zeitliche Abstand zwischen Verhalten bzw. Sachverhalt und Feedback ist, desto geringer ist der Effekt, da die Kontingenzen zwischen Ursache und Wirkung immer schwerer zu rekonstruieren sind.
  Bei Mitarbeiterbefragungen bedeutet dies z. B., dass die Ergebnisse spätestens zwei bis drei Wochen nach Erhebungsende zurückgespiegelt werden sollten.

Soweit einige Hinweise zur konkreten Gestaltung und Handhabung von Feedback-Instrumenten. Bleibt zum Abschluss noch zu sagen, dass die Einführung von solchen Rückkopplungsmechanismen im Rahmen feedbackfeindlicher Organisationskulturen einen langjährigen Lernprozess bei allen Beteiligten impliziert, bei dem viel Geduld und Ausdauer erforderlich ist. Ein Praktiker hat einmal gesagt, dass dieser Vorgang etwa so viele Jahre benötigt, wie das jeweilige Unternehmen Hierarchieebenen zählt. So falsch ist diese Aussage nach den bisherigen Erfahrungen nicht, wenn man das diesbezügliche Feedback aus den Unternehmen richtig interpretiert.

Ingela Jöns

Feedbackprozesse in Organisationen:
Psychologische Grundmodelle und Forschungsbefunde

1   Einleitung

Im Anschluss an die systemtheoretischen Ausführungen zu Feedback in Organisationen und an den Überblick über die verschiedenen Feedbackinstrumente und -prozesse in Organisationen in dem Beitrag von Bungard werden im Folgenden Modelle und Befunde psychologischer Feedbackforschung im Hinblick auf den Einsatz von Feedbackinstrumenten im Arbeits- und Organisationskontext zusammengefasst (vgl. auch Jöns, 2000). Dabei werden Ansätze und Erkenntnisse zur Teamentwicklung nur am Rande behandelt, da Comelli hierauf in diesem Band anschließend ausführlich eingeht.

In den Mittelpunkt der folgenden Grundlagen wird interpersonelles Feedback im engeren Sinne, „die beabsichtigte, verbale Mitteilung an eine Person, wie ihr Verhalten oder die Auswirkung ihres Verhaltens wahrgenommen oder erlebt worden sind" (Oberhoff, 1978, S. 6), aus zwei Gründen gestellt. Erstens ist das individuelle oder auch kollektive Verhalten sowie dessen Auswirkungen Gegenstand der Mitarbeitergespräche, Vorgesetztenbeurteilungen und Mitarbeiterbefragungen. Zweitens interessieren in diesem Buch nicht nur diese Feedbackinstrumente, sondern vor allem die durch ihren Einsatz ausgelösten gemeinsamen Reflexions- und Lernprozesse, die letztlich zu einer Verbesserung im interpersonellen und kollektiven Verhalten führen sollen. Unberücksichtigt bleiben damit Ansätze, die sich mit arbeitsbezogenen Rückmeldungen in Form von objektiven Leistungsdaten bzw. Kennzahlen befassen und häufig im Zusammenhang mit Zielvereinbarungsprozessen diskutiert werden (vgl. Bungard & Kohnke, 2002).

2   Psychologische Grundlagen zu interpersonellem Feedback

Im Anschluss an Wiener (1948, 1972), der die Bedeutsamkeit des aus der Kybernetik stammenden Regelkreiskonzeptes für menschliches Lernen erkannte, ist dieses Feedbackkonzept in vielen Bereichen aufgegriffen worden. Die anfängliche Rezeption bezog sich hauptsächlich auf Modelle des motorischen, verbalen und programmierten Lernens. Wenngleich sich diese Forschungen nicht auf interpersonelles Feedback übertragen lassen, so sind sie deshalb zu erwähnen, weil in Abgrenzung hierzu die Ansätze zu interpersonellem Feedback entwickelt wurden, die als Erstes herangezogen werden sollen, um Merkmale von Feedbackprozessen zu beschreiben.

2.1   Merkmale von interpersonellen Feedbackprozessen

Anhand der Ansätze zu interpersonellem Feedback und sozialem Lernen lassen sich die spezifischen Merkmale von interpersonellen Feedbackprozessen aufzeigen (vgl. im Folgenden Oberhoff, 1978). Die Besonderheiten resultieren daraus,
- dass es sich um interpersonelle Kommunikationssituationen handelt,
- in denen eine Person (Empfänger)
- Rückmeldungen zu ihrem Verhalten (Feedback-Inhalt)
- durch andere Personen (Sender) erhält.

Kennzeichnend für Rückmeldungen in interpersonellen Kommunikationssituationen und für soziales Lernen sind vier Problemfelder:

1. Die Informationsinhalte können nicht „objektiv" übermittelt werden, sondern werden von einem „Rauschen" begleitet (Johnson & Johnson, 1975). Rauschen entsteht z. B. durch die Einstellungen, Gefühle oder Ausdrucksvermögen auf Seiten des Empfängers und Senders. Hierin liegt ein Grund für die Schwierigkeit, eindeutige Kommunikationen zu senden bzw. gesendete Kommunikationen richtig zu entschlüsseln.

2. Beim sozialen Lernen ist ein irrtumsfreier Soll-Ist-Vergleich aufgrund von vagen Zielgrößen, weiten Interpretationsspielräume bzw. unklaren Bezugssystemen und minderwertigen Skalierungsformen (nominal oder ordinal) von interpersonellen Rückmeldungen im Vergleich zu exakten Messwerten kaum möglich.

3. Weiterhin ist die Akzeptanz von interpersonellem Feedback im Allgemeinen nicht unbedingt gegeben. Abgesehen vom Inhalt des Feedbacks wird davon ausgegangen, dass die Akzeptanz durch die Form des Feedbacks beeinflusst wird und zudem von Merkmalen der beteiligten Personen abhängt. Die hierzu vorliegenden Forschungsbefunde werden weiter unten im Einzelnen zusammengefasst.

4. Schließlich sind Kontextvariablen anzuführen, die aber traditionell im Rahmen der Laborforschung nicht berücksichtigt bzw. kontrolliert werden, weshalb hierauf erst im Zusammenhang mit den Ansätzen im Arbeits- und Organisationskontext eingegangen werden kann.

Wenn man nach der Funktion von Feedback fragt, dann ist nach Lehmenkühler, Roscher und Theis (1976) zwischen drei Zielgruppen zu unterscheiden:

1. Für den Empfänger bedeutet das Feedback, dass er Informationen darüber erhält, wie er bzw. sein Verhalten von anderen wahrgenommen wird, die zur Verhaltenssteuerung und -änderung genutzt werden können (vgl. Benne, Bradfort & Lippitt, 1964).

2. Für den Geber bietet Feedback die Möglichkeit, perönliche Gefühle auszudrücken, den Interaktionspartner zu beeinflussen oder für Verständnis für die eigenen Reaktionen zu werben.

3. Zudem kommt Feedback in einer Dyade oder Gruppe die Funktion zu, die interpersonellen Wirkungen und Strukturen sowie den Gruppenprozess offen zu legen. Feedback bietet Ansatzpunkte für Lösung von Problemen und Konflikten und somit für die Selbst- und Fremdorganisation des Systems Gruppe (auch Becker-Beck & Schneider, 2003).

Abgesehen davon, dass die Gruppenebene bislang kaum untersucht wurde, steht insgesamt der Feedbackempfänger im Mittelpunkt. Dabei wird in den empirischen Forschungsansätzen von einer klaren Rollenteilung zwischen Sender und Empfänger ausgegangen, was bei Feedbackprojekten und -instrumenten in der Praxis – wenn überhaupt – nur phasenweise gilt. Daher interessieren vor allem Ansätze zur interpersonellen Interaktion. Auf das Modell der sozialen Fertigkeiten von Argyle (1972, 1967) wird kurz eingegangen, durch das nicht nur interpersonelles Feedback in Form von Rückmeldeschleifen durch kognitiv-emotionale Verarbeitung beim Empfänger integrierbar ist, sondern das auch Ansatzpunkte für das Geben von Feedback sowie für die Entwicklung von kollekti-ven Interaktionsbeziehungen liefert.

Ausgangspunkt im Modell von Argyle bilden die Ziele einer Person A, die sie bezüglich des Verhaltens einer Person B hat und zu deren Erreichung sie soziale Techniken ein-setzt. Unter sozialen Techniken wird all jenes Verhalten verstanden, das darauf gerichtet ist, andere zu beeinflussen. Die Steuerung der sozialen Techniken erfolgt aufgrund der Rückmeldungen über Wahrnehmungs- und Verarbeitungsprozesse, die analog zur hie-rarchisch-sequenziellen Handlungsregulation bei motorischen Fertigkeiten beschrieben werden. Die soziale Interaktionssituation bedeutet nach Argyle aber mehr als eine Rück-kopplung für soziale Fertigkeiten. Vielmehr geht Argyle von einem Gleichgewichts-system zwischen den Reaktionen von A und B aus, das durch bestimmte Merkmale und Prozesse in der Interaktionssituation aufgebaut und erhalten werden muss. Erweitert man die Perspektive um die Person B und geht von dauerhaften Beziehungen aus, dann wer-den in den Organisationen gemeinsame soziale Kompetenzen entwickelt, die für das Funktionieren der sozialer Interaktionsprozesse erforderlich sind, aber als hemmende Mechanismen auch den gemeinsamen Lern- und Veränderungsprozessen entgegenstehen können.

Eine weitere wichtige Grundlage zur Analyse von interpersonellen Feedbackprozessen stellen sozialpsychologische Selbsttheorien dar, die zusammenfassend von folgenden Annahmen ausgehen (vgl. hierzu Oberhoff, 1978):

- Menschen entwickeln ihr Selbstbild und Selbstwertgefühl durch sukzessive Auf-nahme von Fremdbewertungen und Kategorienbildung (Klassenzugehörigkeit, Rol-len; z. B. Argyle, 1972) und Vergleich mit anderen Menschen (Festinger, 1954).

- Menschliches Verhalten ist von dem Ziel geleitet, positive Reaktionen von anderen Personen zu erhalten, um den eigenen Selbstwert zu erhöhen und positive Selbstwert-gefühle zu erreichen. Sie haben ein „Bedürfnis nach Selbstwert" (Rogers, 1951).

- Die Angemessenheit der eigenen Handlungen wird über Selbstbewertungsprozesse vor dem Hintergrund von Reaktionen der Umwelt und Fremdbewertungen ein-geschätzt (Kanfer, 1973).

- Menschen wenden verschiedene Strategien an, um ein kongruentes und positives Selbstbild zu erhalten (Selbstdarstellungsverhalten; Goffman, 1959) bzw. bei Störun-gen durch diskrepante Informationen oder Fremdbewertungen aufrecht-zuerhalten (verzerrte/selektive Wahrnehmung und Bewertung von Informationen; Festinger, 1954; Secord & Backman, 1964).

Abgesehen von der Ableitung von Motiven der Feedbacksuche lassen sich auf dieser Basis selektive Wahrnehmungs- und Verarbeitungsprozesse erklären, die zur Annahme oder Ablehnung von Rückmeldungen führen, sowie Verhaltensstrategien, die nicht nur zur Erhaltung, sondern auch zur Störung der Interaktionsbeziehung führen können.

Als mögliche Rahmenmodelle zur theoretischen Fundierung von Feedbackprozessen diskutieren Becker-Beck & Schneider (2003) noch kontrolltheoretische und kognitive

Modelle, die allerdings ebenso auf das individuelle Verhalten fokussieren und für den interpersonellen Bereich noch nicht konzipiert wurden. Unter Anwendungsüberlegungen interessant ist die Diskussion der Zielsetzungstheorie (Locke & Latham, 1990; Locke, 2001), die von Ryschka (2000) zur Beurteilung von Verhalten in Teams herangezogen wird. Hieran anschließend ist die Bedeutung der konkreten Ziele im Vorfeld von Feedbackinstrumenten hervorzuheben. In Beurteilungs- und Befragungsprojekten erfolgt die Vorgabe von Verhaltenszielen zumeist implizit über die Fragebenogenitems, die erwünschtes oder auch nicht erwünschtes Verhalten vermitteln. Allerdings kann nicht bestätigt werden, dass allein die Verhaltensvorgabe per Fragebogen reicht, sondern es müssen sich Feedbackprozesse anschließen (vgl. auch Becker-Beck & Schneider, 2003).

Im Zusammenhang mit der Funktion von Feedbackinterventionen sei noch angemerkt, dass aufgrund unzureichender und mehrdeutiger Rückmeldungen in der sozialen Interaktion viele blinde Flecken bezüglich des eigenen Verhaltens und dessen Wirkungen bestehen. Durch direktes, verbales Feedback der Interaktionspartner – oder häufig von Trainern oder Therapeuten – soll eine Verbesserung der Wahrnehmung und damit der Regulation des eigenen Verhaltens erreicht werden. Derartige blinde Flecken bestehen ebenso bei den kollektiven Interaktionsmustern in Gruppen, sei es weil sie nicht oder nicht mehr bekannt sind. Hierin liegt ein Hauptargument für den Einsatz externer Moderatoren bei den spezifischen Feedbackworkshops und anderen Entwicklungsmaßnahmen.

2.2   Akzeptanz von interpersonellem Feedback

Als ein zentrales Problemfeld ist im vorherigen Abschnitt die Akzeptanz von interpersonellem Feedback angeführt worden. Die hierzu vorliegenden Forschungsbefunde werden im Folgenden zusammengefasst.

In den überwiegend im Labor und mit Studenten durchgeführten Untersuchungen wurden in den meisten Fällen jeweils einzelne Aspekte des Feedbackprozesses als unabhängige Variablen der Wahrnehmung und Akzeptanz untersucht. Die Tabelle 1 gibt einen Überblick über die wichtigsten Aspekte, die sich für die Akzeptanz des Feedbacks als bedeutsam erwiesen haben. Sie sind den verschiedenen Merkmalsträgern zugeordnet.

Feedback wird vom Empfänger vor allem dann positiv beurteilt, wenn es kognitiv als glaubwürdig eingestuft wird, emotionale Betroffenheit auslöst und als bedeutsam erlebt wird. Als wichtige Merkmale auf Seiten der Quelle sind im Anschluss an McGuire (1969) die Macht aufgrund der hierarchischen Position, die Attraktivität aufgrund der Ähnlichkeit, Sympathie, Vertrautheit u. Ä. und die Glaubwürdigkeit aufgrund der Kompetenz, des Status und Prestiges identifiziert worden. Darüber hinaus spielen Aspekte des (Therapeuten-)Verhaltens in der Feedbacksituation eine Rolle, von denen im Anschluss an Rogers (1951) vor allem Wertschätzung gegenüber dem Klienten, empathisches Verstehen und Kongruenz (Echtheit) im Verhalten gegenüber dem Klienten sowie weitere soziale (Gesprächs-)Techniken in der Gesprächstherapieforschung untersucht wurden.

Tabelle 1: Akzeptanzrelevante Variablen des interpersonellen Feedbackprozesses
       (Jöns, 2000)

Merkmale der Quelle/Sender	Art des Feedbacks	Merkmale des Empfängers
(Urteils-) Kompetenz	positiv – negativ	Selbstwertgefühl
Macht (Position)	informativ (verhaltensbezogen) – bewertend (emotional)	Kontrollorientierung (locus of control)
Attraktivität	allgemein – spezifisch	Selbstschema (elaboriert)
Status, Prestige	direkt – indirekt	
	öffentlich – anonym	
Merkmale des Prozesses		
Wertschätzung, Wärme	zeitlicher Abstand	situative Befindlichkeit
Empathie, Echtheit	Häufigkeit	
Beurteilung des Feedbacks		
Konsistenz des Fremdbilds	Glaubwürdigkeit	Konsistenz Selbst-/ Fremdbild
	Betroffenheit	
	Bedeutsamkeit	

Grundlage für die Identifikation von relevanten Merkmalen auf Seiten des Empfängers bilden insbesondere Selbsttheorien. Aus dem Bedürfnis nach Selbstwert wird eine generelle Motivation im Sinne der Feedbacksuche abgeleitet. Aufgrund der unterschiedlichen Befundlage werden heutzutage zumeist integrierte Ansätze überprüft, unter welchen Bedingungen welche Motive von Bedeutung sind (vgl. Sedikides & Strube, 1997).

Als eine weitere Persönlichkeitsvariable auf Seiten des Empfängers wird die internale oder externale Kontrollorientierung nach Rotter (1966) untersucht, für die aber bislang keine eindeutigen Befunde zur Akzeptanz ermittelt werden konnten.

Im Anschluss an die neueren Untersuchungen ist in der Tabelle 1 zudem das Selbstschema angeführt, von dessen Elaborationsgrad sowie vom Motiv zu dessen Veränderung die Informationsverarbeitung bzw. die affektive und kognitive Reaktion auf selbstkonzeptrelevante Informationen abhängt. Allerdings gilt dies nicht für die Informationssuche. Nach den Annahmen der Selbsterkenntnistheorie ist das Interesse an zusätzlichen Informationen gering ausgeprägt, wenn die Personen bereits über genügend Kenntnisse in einem Bereich verfügen und eine Veränderung der realen Selbstrepräsentation nicht angestrebt wird (Dauenheimer, 1996).

Zur Diskrepanz von Selbst- und Fremdbild ist anzumerken, dass eine gewisse Diskrepanz erforderlich ist, um überhaupt soziale Lernprozesse auszulösen. Werden diese Diskrepanzen allerdings als zu groß empfunden, kommt es zu Abwehrreaktionen. Neben dem Vergleich mit der Selbstbewertung werden verschiedene Fremdbewertungen von einer oder mehreren Quellen vom Empfänger miteinander verglichen. Die Konsistenz der Fremdbewertungen beeinflusst die Glaubwürdigkeit des Feedbacks und Diskrepanzen ermöglichen Selektionsprozesse zur Erhaltung des Selbstbilds.

Die wichtigsten Forschungsergebnisse zur Akzeptanz und Effektivität in Abhängigkeit von der Art des Feedbacks können wie folgt zusammengefasst werden (vgl. insbesondere die Untersuchungen von Jacobs et al., 1973 a,b, 1974; Landy, Barnes-Farrell & Cleveland, 1980; Oberhoff, 1978):

- Positives Feedback wird als wünschenswerter angesehen, exakter wahrgenommen und führt eher zu Verhaltensänderungen und zu höherer Gruppenkohäsion (Wir-Gefühl). Negatives Feedback führt hingegen eher zu defensiven Reaktionen.

- Positives Feedback wird als glaubwürdiger eingeschätzt als negatives. Dabei wird positives Feedback, wenn es maximal bewertend ist, am glaubwürdigsten eingestuft, während negatives Feedback glaubwürdiger eingeschätzt wird, wenn es minimal bewertend und maximal informativ ist.

- Dabei wird bewertendes Feedback unterschiedlich beurteilt, wenn es anonym gegeben wird. Bei Anonymität wird positiv bewertendes Feedback am wenigsten glaubwürdig, während von den negativen Bedingungen das bewertende Feedback am glaubwürdigsten eingestuft wird.

- Bei direktem Feedback und je spezifischer und konkreter die Informationen sind, um so eher werden die gewünschten Verhaltensänderungen gezeigt.

Im Hinblick auf die Interpretation und Übertragbarkeit der Ergebnisse auf Feedbackprozesse in Organisationen ist anzumerken, dass neben den Laborbedingungen zumeist von einer Therapeut-Klient-Situation und von Verhaltensproblemen aufgrund der Persönlichkeitseigenschaften des Feedbackempfängers ausgegangen wird. Das Feedback wird fast ausschließlich mündlich und sehr problemspezifisch gegeben.

Bei Feedback-Instrumenten und -Projekten in Organisationen erfolgt das Feedback hingegen in bestehenden Beziehungen und zielt auf das konkrete Führungs- bzw. Zusammenarbeitsverhalten und nicht auf generelle Persönlichkeitseigenschaften ab. Neben der Art des Feedbacks bieten die Variablen der Macht und Kompetenz des Feedbackgebers als Einflussfaktoren auf die Glaubwürdigkeit und Bedeutsamkeit des Feedbacks sowie die Kontrollorientierung des Feedbackempfängers als Einflussfaktor auf die Verhaltensänderung wichtige Anknüpfungspunkte für interpersonelles Feedback zwischen Mitarbeitern und Vorgesetzten. Hinsichtlich der Merkmale des Prozesses gilt für Feedback in Organisationen zumeist, dass der zeitliche Abstand und die Häufigkeit für die Beteiligten vorgegeben sind und eine gänzlich andere Dimension haben.

3   Feedbacksuche und -reaktion im Arbeits- und Organisationskontext

Nach den Befunden der Grundlagenforschung werden im Folgenden die Erkenntnisse zum Feedbackverhalten im Arbeits- und Organisationskontext erörtert. Dabei werden zwei Dimensionen des individuellen Feedbackverhaltens in Organisationen unterschieden: die Suche nach Feedback und die Reaktion auf Feedback. Der Fokus liegt zunächst auf Individuen als (aktiver oder reaktiver) Empfänger von Feedback. Mit Blick auf interpersonelles Feedbackverhalten in Organisationen ist zudem das Verhalten des Senders von Feedback von Interesse: das (aktive oder passive) Geben von Feedback und die Reaktion auf die Feedbackreaktion.

Darüber hinaus wird zwischen informellen und formellen Feedbackprozessen zu unterschieden. Unter formellen Prozessen wird die bewusste, zielorientierte Übermittlung von Feedback durch andere Personen oder Instrumente an Mitarbeiter untersucht, während unter informellen Prozessen das aktive Verhalten von Mitarbeitern zur Gewinnung von Feedbackinformationen im Arbeitsalltag analysiert wird. Becker-Beck und Schneider (2003) betonen, dass bei instrumentiertem Feedback dem Instrument selbst, mit dem das Feedback gegeben wird, bislang zu wenig Aufmerksamkeit geschenkt wird. Darüber hinaus betrachten bisherige Studien zu verhaltensbezogenem Feedback kaum Prozesse, in denen Feedback an Gruppen als Ganzes rückgemeldet werden.

3.1   Merkmale von Feedbackprozessen in Organisationen

Zum Forschungsstand zu Feedbackprozessen in Organisationen ist Folgendes anzumerken: Erstens liegen die meisten Arbeiten zu Feedback- und Lernprozessen bezogen auf das Arbeitsverhalten bzw. die Arbeitsleistungen von Mitarbeitern vor. Zweitens beschäftigen sie sich größtenteils mit den Auswirkungen von Feedback auf das individuelle Arbeitsverhalten, wobei der Mitarbeiter als relativ passiver Empfänger von Leistungsfeedback betrachtet wird. Diese Forschungsperspektive erfuhr eine wesentliche Erweiterung durch die Betrachtung des Arbeitsumfelds als Informationsumgebung (Hanser & Muchinsky, 1978), wonach Mitarbeiter auch aktiv nach relevanten Informationen im Umfeld suchen oder diese sogar durch ihr Einwirken auf ihr Umfeld selbst produzieren.

Auf der Basis dieses Konzepts des Arbeitsumfelds als Informationsumgebung systematisiert Farr (1991, 1993) die Merkmale von Feedbackprozessen in Organisationen, wobei der Schwerpunkt auf dem arbeitsbezogenen Leistungsfeedback liegt. Ausgangspunkt bildet die Annahme, dass Mitarbeiter bei ihrer Arbeit einer Vielzahl von Informationen gegenüberstehen, aus denen sie die für ihre eigenen Ziele relevanten (Feedback-) Informationen gewinnen.

Unter Betrachtung der Arbeits- und Interaktionsprozesse werden die *Ziele der Feedbacksuche* entsprechend weit gefasst (vgl. Ashford & Cummings, 1983):
- Korrektur von Fehlern in der Arbeit
- Reduktion von Unsicherheit bezüglich
  - der Angemessenheit des Arbeitsverhaltens

- der Wahrnehmung und Beurteilung der eigenen Arbeitsleistung durch andere Personen
– Entwicklung/Erhaltung von Gefühlen eigener Kompetenz in Bezug auf die Arbeitsleistung

Die Beschreibung der *Dimensionen des Feedbackgeschehens* in Organisationen knüpft prinzipiell an der Unterscheidung von Empfänger, Art/Inhalt und Quelle/Sender an.

Folgende *Arten der Feedbackinformation* werden unterschieden (vgl. Farr 1991, 1993):

- Anforderungsfeedback liefert Informationen darüber, welches Verhalten für erfolgreiche Leistungen erforderlich ist, und dient vor allem der Reduktion von Unsicherheit bezüglich der Angemessenheit des Arbeitsverhaltens.

- Bewertungsfeedback informiert den Mitarbeiter, inwieweit er erfolgreich bei seiner Arbeit ist. Es ist zur Fehlerkorrektur, zur Reduzierung der Unsicherheit und zur Verbesserung der Selbstwahrnehmung erforderlich.

- Prozessinformationen beziehen sich auf die Art der Arbeitsausführung und liefern genauere Informationen zur Veränderung von Verhaltensstrategien.

- Ergebnisinformationen betreffen die Ziele bzw. das Resultat der Leistungen und sind vor allem unter motivationalen Aspekten von Bedeutung.

Diese Informationen können im Arbeits- und Organisationskontext *aus verschiedenen Quellen* gewonnen werden. Die personalen Quellen lassen sich aufgrund ihrer hierarchischen Position voneinander abgrenzen, d. h. insbesondere übergeordnete (Organisation und Vorgesetzte) gegenüber gleich-/nachgeordneten (Kollegen, Mitarbeitern und Kunden) Quellen. Hingegen wird zwischen Aufgabe und eigener Person als Quelle nicht unterschieden, da die Informationen aus der individuellen Arbeitsausführung entstehen und oft untrennbar konfundiert sind.

Hinsichtlich der *psychologischen Faktoren*, welche auf Seiten der Quelle den Feedbackprozess beeinflussen, werden neben den Konzepten
– „Glaubwürdigkeit" (Kompetenz, Vertrauenswürdigkeit, Verlässlichkeit bzw. Genauigkeit aufgrund der Konsistenz der Rückmeldungen einer bzw. mehrerer Quellen)
– und Macht (als wahrgenommenes und tatsächliches EinflussPotenzial auf das Erreichen der angestrebten Arbeitsziele)
– zusätzlich die „psychologische Nähe" diskutiert, die vor allem eine Funktion der Ähnlichkeit von Werten, Überzeugungen und Einstellungen sein dürfte.
Dabei lassen sich nicht nur für die psychologische Nähe, sondern letztlich für alle drei Hauptkategorien keine eindeutigen Einstufungen oder Rangreihen aufgrund der organisationalen Beziehung zwischen Empfänger und Quelle ableiten.

Die paradigmatische Erweiterung der Betrachtung des Feedbackgeschehens besteht in der Differenzierung der *Informationsaufnahme durch den Mitarbeiter*, der nicht mehr nur als passiver Feedbackempfänger, sondern auch als aktiver Feedbacksucher analysiert wird.

3.2   Feedbacksuche in Organisationen

Die *Arten der Feedbacksuche* lassen sich danach unterscheiden,
– ob Mitarbeiter Informationen aus der Beobachtung des Umfelds erschließen oder
– ob sie aktiv andere Personen direkt oder indirekt befragen oder
– durch neue Verhaltensweisen Rückmeldungen hervorrufen (Farr, 1993).

Ob und in welcher Art Mitarbeiter nach Feedback suchen, unterliegt nach Ashford und Cummings (1983) Kosten-Nutzen-Kalkülen. Drei *Kostenarten* werden unterschieden (vgl. Farr, 1993):

1. Gesichtsverluste: Hierunter werden die sozialen Kosten, die (negativen) Wirkungen der Feedbacksuche auf das Umfeld zusammengefasst. Nach den eigenen Leistungen zu fragen, kann peinlich sein, als Unsicherheit, als Taktik des Einschmeichelns etc. interpretiert werden. Diese Kosten sind beim Nachfragen am größten, bei der Beobachtung am geringsten.

2. Selbstkonzeptbedrohung: Diese Kosten entstehen aufgrund negativer Rückmeldungen, welche die Selbstwertgefühle belasten. Diesbezüglich werden hohe interindividuelle Differenzen bezüglich der Feedbacksuche – unabhängig von der Quelle – angenommen.

3. Fehlschlüsse: Kosten aufgrund von Fehlschlüssen beziehen sich auf die Fehler bei der Interpretation von Informationen bzw. auf die Konsequenzen des abgeleiteten Verhaltens. Sie sind bei der Beobachtung am größten, bei der Befragung am geringsten.

Diese Risiken werden gegeneinander abgewogen und dem erwarteten Nutzen der Information gegenübergestellt.

Zum Verständnis der Entwicklung und Verarbeitung von leistungsbezogenen Informationen bis hin zur Reaktion werden verschiedene psychologische Ansätze herangezogen, insbesondere Konzepte des sozialen Vergleichs (Ashford & Cummings, 1983), attributionstheoretische Konzepte (Farr, 1991) und kontrolltheoretische Konzepte (Taylor, Fisher & Ilgen, 1990). Ohne hierauf im Einzelnen einzugehen, sind folgende Aspekte hervorzuheben:

• Die aktive Feedbacksuche erfolgt nicht nur bewusst, sondern auch unbewusst. Bei unbewussten Prozessen entspricht die Interpretation und Verarbeitung der Informationen mehr den eigenen Vorstellungen als den „objektiven" Rückmeldungen (Taylor, Fisher & Ilgen,1990).

• Die Wahrnehmung und Verarbeitung von Umwelthinweisen erfolgt auf der Basis persönlicher (impliziter) Theorien über den Zusammenhang zwischen der eigenen Leistung und den Reaktionen anderer Personen. Je geringer die individuelle Überzeugung über den Zusammenhang ist, um so deutlicher müssen die Feedbackinformationen sein, um überhaupt wahrgenommen zu werden. Darüber hinaus enthalten diese persönlichen Theorien inhaltliche Kausalmodelle über den diagnostischen Wert der einzelnen Reaktionen und Quellen bezogen auf verschiedene Verhaltensweisen oder -bereiche.

- Die Interpretation von Hinweisen aus dem Informationsumfeld erfolgt im Vergleich zu (internalisierten) Standards, im Vergleich zur Information an Kollegen (Konsensus), im Zeitvergleich bei gleichem und verändertem Verhalten (Konsistenz und Distinktheit).

Die Ergebnisse empirischer Untersuchungen (Ashford & Cummings, 1985; Herold & Parsons,1985), die aufgrund ihres spezifischen Bezugs zum Arbeitsverhalten nicht näher behandelt werden, stützen die zentrale Annahme, dass Mitarbeiter aktiv nach Feedback in ihrem Arbeitsumfeld suchen.

3.1   Feedbackreaktionen in Organisationen

Die Annahmen und Ergebnisse zu individuellen Reaktionen auf Feedback im Organisationskontext, werden im Anschluss an Taylor, Fischer und Ilgen (1984, 1990) drei Bereichen zugeordnet.

- *Affektive Reaktionen*:
  Die affektiven Reaktionen werden im Wesentlichen durch das Vorzeichen des Feedbacks beeinflusst und durch die subjektive Bewertung der Quelle moderiert. Menschen reagieren im Allgemeinen mit positiven/negativen Gefühlen auf günstige/ungünstige Rückmeldungen. Das Ausmaß der emotionalen Reaktion variiert insbesondere bei negativem Feedback und reicht von Ängstlichkeit bis hin zu Ärger.

- *Kognitive Reaktionen*:
  Bezüglich der kognitiven Reaktionen spielen die Attributionsprozesse eine zentrale Rolle, die sich auf die Motive der Quelle und auf die Gründe der eigenen Leistung beziehen.
  - Attributionen bezüglich der Motive der Quelle werden durch die Glaubwürdigkeit, die Genauigkeit und Konsistenz des Feedbacks beeinflusst und wirken sich auf die zukünftige Bewertung der Quelle und Information sowie auf die verhaltensbezogene Reaktion aus.
  - Attributionen bezüglich der Gründe für die eigene Leistung und die Implikationen für die verhaltensbezogenen Reaktionen werden im Anschluss an das Konzept der stabilen versus variablen, der internalen versus externalen Attributionen nach Weiner et al. (1971) diskutiert.
  - Als eine weitere kognitive Reaktion auf Feedback ist die Festlegung eigener Standards und Ziele anzuführen, die sich letztlich als Produkt subjektiver und organisationaler Verhaltenserwartungen entwickeln.
  - Im Prinzip lassen sich die kognitiven Reaktionen neben ihrer aktuellen Relevanz für die direkte Verhaltensreaktion dahingehend zusammenfassen, dass hierdurch die persönlichen (impliziten) Theorien und Standards entwickelt, stabilisiert und (nur noch schwer) verändert werden.

- *Verhaltensbezogene Reaktionen – bezüglich des Arbeitsverhaltens*:
  Hinsichtlich des Arbeitsverhaltens, auf das sich das Feedback eigentlich bezieht, werden quantitative und qualitative Reaktionen unterschieden, die grundsätzlich mehrfach determiniert sind.

- Quantitativ betrifft die Intensität des Verhaltens, d. h. Mitarbeiter können mehr, gleich viel oder auch weniger arbeiten als vor dem Feedback.
- Qualitative Reaktionen betreffen die Richtung und Art der Verhaltensstrategien bei der Arbeitsausführung.

Neben den genannten Einflüssen der affektiven und kognitiven Reaktionen beeinflusst zudem das Ausmaß der Direktheit und Spezifität des Feedbacks die qualitative Verhaltensänderung.

- *Verhaltensbezogene Reaktionen – bezüglich des Feedbacksystems*:
  Im Hinblick auf Feedbackprozesse bei Befragungsprojekten ist die verhaltensbezogene Reaktion, die Taylor et al. (1984) als Verhalten gegen das Feedbacksystem bezeichnen, von besonderem Interesse. Hierunter fallen Argumente und defensive Bemerkungen gegen die Feedbackquelle, aber auch Verweigerung gegenüber Autoritäten sowie reaktantes Verhalten, um die Kontrolle über sich selbst zu erhalten. Derartige Reaktionen werden dann häufiger auftreten, wenn das Beurteilungssystem als ungerecht angesehen wird, wenn wichtige Belohnungen hiermit verbunden sind, die Beurteilung im Tenor negativ ist und nicht lösungsorientiert motiviert.

3.3   Verhalten von Feedbackgebern in Organisationen

An die verhaltensbezogenen Reaktionen – insbesondere gegen die Feedbackquelle – schließen sich die Überlegungen zur Reaktion der Feedbackgeber an. Diese werden im Modell von Larson (1984) berücksichtigt.

Informelles Feedback durch Vorgesetzte wird neben situativen Bedingungen von der Auffälligkeit der Mitarbeiterleistung beeinflusst. Der Vorgesetzte muss erst auf die Leistung aufmerksam werden. Anschließend hängt das Feedbackverhalten des Vorgesetzten ebenso vom Vorzeichen des Feedbacks, von damit verbundenen Affekten gegenüber der Übermittlung, von der affektiven Beziehung zum Mitarbeiter, von Attributionen und Theorien über die Ursachen der Leistung und der Reaktion des Mitarbeiters auf das Feedback ab. Hinsichtlich der individuellen Standards zum Feedbackverhalten wird davon ausgegangen, dass diesbezügliche Normen in der Organisation sowie das Vorleben von höheren Vorgesetzten eine Rolle spielen.

Diese affektiven und kognitiven Variablen auf Seiten des Vorgesetzten als Feedbackgeber werden durch die Reaktionen des Mitarbeiters verändert. So wird im Anschluss an die Feedbackübermittlung dem Mitarbeiterverhalten erhöhte Aufmerksamkeit geschenkt und entsprechend intensiver verarbeitet. Von zentraler Bedeutung ist, dass – analog zu den kognitiven Prozessen der Feedbackempfänger – die Reaktionen des Mitarbeiters auf die affektiven Einstellungen und impliziten Theorien über Feedbackeffekte auf Seiten des Vorgesetzten rückwirken, d. h. durch diese entwickelt, stabilisiert und (nur schwer) verändert werden können.

Zusammenfassend beziehen sich die bisherigen Modellentwicklungen und Forschungsarbeiten auf leistungsbezogenes Feedback und Arbeitsverhalten, wobei zumeist die Feedbackprozesse zwischen Vorgesetzten und Mitarbeitern betrachtet werden. Andere

Feedbackinhalte (z. B. das soziale Verhalten eines Mitarbeiters), andere Feedbackquellen (z. B. Kollegen), und andere Feedbackempfänger (insbesondere Arbeitsgruppen), werden bislang kaum berücksichtigt (zu Arbeitsgruppen vgl. Blickensderfer, Cannon-Bowers & Salas, 1997; Hey et al., 1999). Entsprechende, vergleichsweise theoretisch und empirisch fundierte Modelle zu Feedbackprozessen bezogen auf das Führungsverhalten aus Sicht von Mitarbeitern oder Gruppen als Feedbackgeber und von Führungskräften als Feedbackempfänger liegen bislang nicht vor (vgl. auch Becker-Beck & Schneider, 2003).

Zur Vorgesetztenbeurteilung im Führungsalltag merkt Reinecke (1983, S. 137) an, dass Mitarbeiter zwar implizit ihren Vorgesetzten ständig beurteilen, dass dieses Feedback aber nur selten offen vorgebracht wird, weshalb es meist aus versteckten Andeutungen, Gesten oder dem Verhalten der Mitarbeiter erschlossen werden müsste. Die direktere Form der informellen Feedbacksuche durch offene Aussprachen zwischen Vorgesetzten und einzelnen Mitarbeitern über wechselseitige Einschätzungen, die in der Praxis nicht selten stattfinde, erfordere aber in hohem Maße Selbstsicherheit und „Zivilcourage" auf Seiten des Mitarbeiters sowie ein offenes und akzeptierendes Verhalten des Vorgesetzten auf der Basis gegenseitigen Vertrauens. Ebenso würden die Mitarbeiter als Gruppen zu offenen Rückmeldungen im Rahmen von Mitarbeiterbesprechungen nur dann bereit sein, wenn die Führungssituation durch ein derartig offenes, vertrauensvolles Klima geprägt sei, wie es in der organisationalen Realität selten gegeben sei. Deshalb sei der Einsatz formaler bzw. anonymer Instrumente erforderlich.

Dabei bezieht sich Reinecke insbesondere auf die Studie von Dyer (1974), die sich mit informellem Feedback der Mitarbeiter an ihren Vorgesetzten befasst. Neben Ergebnissen zur Problematik einer offenen Rückmeldung in direkten Gesprächen stellte Dyer in seiner Untersuchung fest, dass sich Mitarbeiter, deren Feedback vom Vorgesetzten (unbewusst) falsch behandelt wird, innerlich zurückziehen. Die Akzeptanz und Reaktion des Vorgesetzten auf die Beurteilungsergebnisse nehmen Einfluss auf die zukünftige Einstellung der Mitarbeiter zu ihrem Vorgesetzten und „ [...] this reaction usually determines whether such feedback will be given again" (1974, S. 45). Dieser Befund unterstreicht die Bedeutung der Vorerfahrung mit interpersonellem Feedback.

Auch wenn die vorgestellten Konzepte zu informellen Feedbackprozessen sich im Wesentlichen auf Individuen als Empfänger bzw. auf dyadische Beziehungen zwischen Geber und Empfänger beziehen, bei denen der Geber hierarchisch höher gestellt ist, so können doch die grundlegenden Annahmen zu den verschiedenen Merkmalen und Prozessen als Rahmen für die Analyse der verschiedenen Feedbackprozesse in Organisationen herangezogen werden.

4   Feedbackprozesse bei Befragungsprojekten

Bevor die psychologischen Grundlagen im Hinblick auf die Feedbackprozesse im Anschluss an Befragungen zusammengefasst werden, sollen noch einige Anmerkungen zum Forschungsstand zu den anderen Feedbackinstrumenten angeführt werden.

Der Anfang der wissenschaftlichen Auseinandersetzung und empirischen Forschung zu Befragungen als praktischen Instrumenten liegt mit Ausnahme einzelner Vorläufer im deutschsprachigen Raum zu Beginn der 80er Jahre (z. B. die Dissertationen von Reinecke, 1983 zur Vorgesetztenbeurteilung; von Leupold, 1983 zur Mitarbeiterbefragung und von Jochum, 1987 zur Gleichgestelltenbeurteilung). Sieht man von Arbeiten zur methodischen Güte der Instrumente und zu verschiedenen Beurteilern sowie von allgemeinen Umfragen zum Einsatz und zur Akzeptanz der Instrumente ab, dann liegen auch bis heute insgesamt nur wenige empirische Studien vor (vgl. Hofmann et al., 1995; Smither et al., 1995; auch Jöns, 2000; Hey, 2001; Kauffeld, 2004). Zudem wird abgesehen von Beurteilungstendenzen und Akzeptanzfaktoren selten das Feedbackverhalten explizit analysiert.

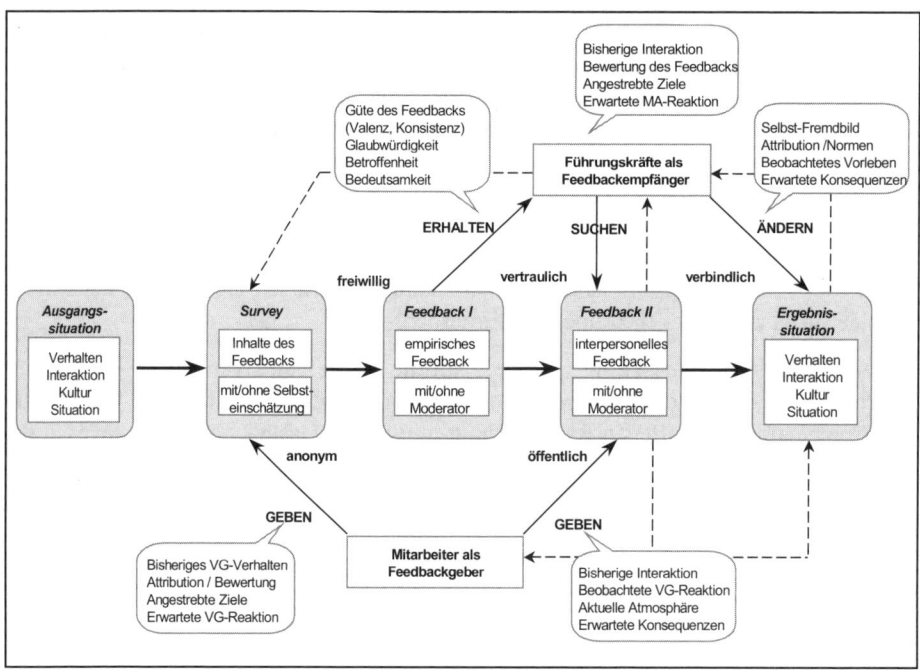

Abbildung 1: Merkmale der Feedbackprozesse bei Befragungsprojekten (Jöns, 2000)
(VG= Vorgesetzter, MA= Mitarbeiter)

Auf die Befunde zu den einzelnen Feedbackinstrumenten wird in den jeweiligen Kapiteln dieses Buches eingegangen. Daher werden an dieser Stelle die Merkmale der Feedbackprozesse entlang des Ablaufs von Befragungsprojekten aufgezeigt, um einen Rahmen für weitere Analysen und Diskussionen der verschiedenen Instrumente aus der Perspektive der Feedbackforschung anzubieten. Hierzu sind in der Abbildung 1 die wesentlichen Aspekte und Phasen eines Befragungsprojektes im Sinne eines Survey-Feedback-Prozesses von der Ausgangs- bis zur Ergebnissituation aufgeführt. Vereinfachend sind die Rahmenbedingungen der Befragungsprojekte und der Organisation nicht aufgeführt, sondern die Darstellung konzentriert sich auf die Prozesse in einzelnen Gruppen und orientiert sich an den Rollen beim Aufwärtsfeedback, d. h. der Mitarbeiter als Feedbackgeber und Führungskräfte als Feedbackempfänger.

Von den angeführten Merkmalen in der *Ausgangs- und Ergebnissituation* kommt den strukturellen Merkmalen eher eine untergeordnete Bedeutung zu, weil sie erstens nur am Rande selbst Gegenstand von Beurteilungsprozessen sind und weil sie zweitens nur vermittelt über Interpretations- und Interaktionspozesse auf die Feedbacksituationen wirken. Beim Aufwärtsfeedback steht das Vorgesetztenverhalten im Rahmen der Interaktionssituation im Mittelpunkt. Zudem spielen vor allem bei Mitarbeiterbefragungen zusätzlich zur Führungskultur auch andere Kulturmerkmale, zum Beispiel die Wettbewerbs- und Kundenorientierung, eine Rolle.

Hinsichtlich der *Art des Feedbacks* ist zwischen den beiden Phasen zu unterscheiden: Im Rahmen der Befragung geben die Mitarbeiter ein anonymes Feedback, das die Führungskräfte in Form eines schriftlichen Ergebnisberichts erhalten (Feedback I). Dieses wird in Abgrenzung zum interpersonellen Feedback, das öffentlich im Rahmen direkter persönlicher Kommunikation im Feedbackgespräch gegeben wird (Feedback II), als empirisches Feedback bezeichnet (vgl. Weinert, 1998). Die *inhaltliche Ausprägung* (informativ-bewertend und allgemein-spezifisch) wird beim empirischen Feedback durch den Fragebogen vorgegeben, der aufgrund seines breiten Einsatzes eher allgemein gehalten ist und zumeist sowohl verhaltensbezogene Items als auch Zufriedenheitsfragen umfasst. Beim interpersonellen Feedbackgespräch hängen diese Ausprägungen vom Verhalten der Beteiligten ab, wobei generell als Ziel der Gespräche eine Konkretisierung angestrebt wird. Als Varianten der Projektdurchführung, die den Verlauf bzw. die Qualität des Feedbackprozesses beeinflussen, sind die Durchführung von *Selbsteinschätzungen* und der Einsatz von *Moderatoren* aufgeführt.

Für das Verhalten der *Mitarbeiter als Feedbackgeber* spielt beim anonymen Feedback vor allem das bisherige Vorgesetztenverhalten eine Rolle, wie dieses attribuiert und bewertet wird. Bezüglich der Ziele und Erwartungen der Mitarbeiter sind zudem die bisherigen Erfahrungen mit vergleichbaren Instrumenten von Bedeutung. Beim öffentlichen Feedback ist zum einen die bisherige Erfahrung in vergleichbaren Interaktionssituationen und die Qualität der Beziehungen (insbesondere Vertrauen, Offenheit) relevant. Zum anderen treten die aktuellen Beobachtungen und Bedingungen im Feedbackgespräch in den Vordergrund, die von der Valenz des Feedbacks und den sozialen Kompetenzen abhängen. Da keine Anonymität mehr gegeben ist, gewinnen die erwarteten Konsequenzen eine stärkere Bedeutung. In gewisser Weise könnte man auch argumentieren, dass die Mitarbeiter in den Gesprächen ein Feedback darüber suchen, wie ihr anonymes Feedback beim Vorgesetzten angekommen ist. Insofern ist in der Gesprächssituation ein permanenter Wechsel von Geben und Suchen von Feedback anzunehmen.

Bei den *Führungskräften als Feedbackempfänger* sind die akzeptanzrelevanten Variablen aufgeführt. Bezüglich der Glaubwürdigkeit, die insbesondere von den Mitarbeitern als Feedbackquelle abhängt, lassen sich keine generellen Aussagen treffen. Allerdings kann angeführt werden, dass die Macht der Quelle und die Bedeutsamkeit für die Vorgesetzten davon abhängt, wie das Management zu den Befragungsprojekten steht und welche Konsequenzen hiermit verbunden werden. Bei einer *freiwilligen* Durchführung von Aufwärtsfeedback, die in manchen Organisationen praktiziert wird, kann eine generelle Akzeptanz auf Seiten der Führungskräfte vorausgesetzt werden, wie sie bei einer verpflichtenden Teilnahme nicht anzunehmen ist. Daneben ist die zugesicherte *Vertraulichkeit* der Ergebnisse als Bedingungsvariable von Bedeutung. Einerseits wird damit eine höhere Akzeptanz des Instruments bei den Führungskräften erreicht, andererseits wird die organisationale Bedeutsamkeit dadurch geringer.

Es kann an dieser Stelle offen bleiben, ob Akzeptanz des Feedbacks erforderlich ist, um letztlich Verhaltensänderungen zu bewirken. Betrachtet man aber die Feedbacksuche als entscheidende Reaktion der Vorgesetzten in der zweiten Feedbackphase, dann setzt diese ein Mindestmaß an Akzeptanz voraus, es sei denn die Durchführung von Feedbackgesprächen ist *verbindlich* vorgegeben. Bezüglich der Feedbacksuche ist neben der Bewertung des erhaltenen Feedbacks sowie den Erfahrungen und Erwartungen hinsichtlich des Mitarbeiterverhaltens (Befürchtung von Gesichtsverlust und Selbstkonzeptbedrohung) die angesprochene Bedeutsamkeit insofern besonders relevant, als hiervon die Kosten von Fehlschlüssen abhängen. Zieht man das Kriterium der Gefahr von Fehlschlüssen heran, dann spielt die Unsicherheit hinsichtlich der „richtigen" Interpretation des empirischen Feedbacks eine Rolle, inwieweit Führungskräfte das Gespräch mit den Mitarbeitern suchen.

Bezüglich der Verhaltensänderungen seitens des Vorgesetzten sind neben den Selbst-Fremdbild-Vergleichen, deren Bedeutung bislang nicht geklärt werden konnte, die organisationalen Normen und das Vorleben durch höhere Vorgesetzte von Bedeutung, weil die jeweiligen Führungskräfte sich nicht nur an dem Feedback oder den Erwartungen der Mitarbeiter, sondern insbesondere an den für sie übergeordneten Instanzen orientieren.

Soweit die Charakterisierung von Feedbackprozessen im Anschluss an Befragungsprojekte mit Aufwärtsfeedback. Die schematische Darstellung der Phasen und Merkmale lassen sich entsprechend für Prozesse auf Gruppen übertragen – oder umkehren, wenn wir die klassischen top down Beurteilungsprozesse vor Augen haben. Die Ausführungen sollten vor allem verdeutlicht haben, dass die Diskussion von Feedbackinstrumenten zusammen mit der oft auf Einzelaspekte reduzierten Betrachtung des Feedbackgebers (z. B. Urteilstendenzen) sowie des Feedbackempfängers (z. B. Akzeptanz) viel zu kurz greift. Wichtig ist die Berücksichtigung der wechselseitigen Feedbackprozesse mit wechselnden Rollen des Gebens und Suchens, des Empfangens und Reagierens, der Bedeutung und Wirkung auf der interpersonellen Beziehungsebene sowie die Einbettung in den systemischen Kontext.

Gerhard Comelli

Feedbackprozesse bei Teamentwicklung

1 Einleitung

Teamentwicklungstrainings, verkürzt meist als Teamentwicklung (TE) bezeichnet, zählen zu den wohl populärsten Interventionen im Rahmen von Organisationsentwicklung (OE). Sie können aber ebenso als punktuelle Maßnahmen und ohne Einbindung in ein OE-Projekt durchgeführt werden. Der nachfolgende Beitrag begründet zunächst kurz, warum der Trend zur Zusammenarbeit im Team zweifellos mehr ist als eine sozialromantische Modeerscheinung. Anschließend wird das Konzept der Teamentwicklung von der klassischen Schulung, dem Training, unterschieden und der Ablauf eines TE-Prozesses als „rollierender Prozess des Lernens am eigenen Leib" sowie als Lernen anhand konkreter betrieblicher Ereignisse bzw. Vorgänge beschrieben. Da ohne Feedback kein Lernen möglich ist, werden das Geben und das Annehmen von Feedback als sehr zentrale Prozesse bei TE herausgestellt. Dabei kommt einer ausreichend tragfähigen Vertrauensbasis zwischen den Beteiligten eine entscheidende Bedeutung zu. Die unterschiedlichen Feedback-Situationen bei TE sowie die Vielschichtigkeit der Feedbackprozesse zwischen Einzelnen und/oder Gruppen werden ausgeleuchtet. Außerdem wird das auf den Gruppenprozess bezogene Feedback thematisiert. Verschiedene Instrumente zum Erheben von Feedback im Rahmen von Teamentwicklung werden vorgestellt. Da sich Organisationsentwicklung ausdrücklich als partizipatives Veränderungskonzept versteht, gelten grundsätzlich die Aussagen dieses Beitrages auch auf der Ebene der Organisation bzw. bei OE-Prozessen.

2 Teamarbeit ist keine Sozialromantik

„Der Einzelne, der nicht auf dem Teppich des Konsens herumsteht, stört die Gemütlichkeit im Team" und: „Einzelarbeit überzeugt durch Ergebnisse, das Team dagegen stützt sich auf Hoffnung und Glaube". Zwei Zitate des Chefs eines renommierten Managementinstituts in der Schweiz. Es wird derzeit (wieder einmal) modisch, die Teamarbeit bezüglich ihres Sinns wie auch hinsichtlich ihrer Effizienz in Zweifel zu ziehen. Wenn dann als Alternative im gleichen Atemzug der entschlossene und durchsetzungsfähige „Einzelkämpfer" mystifiziert wird, darf man wohl darauf schließen, dass es hier eher um die Verkündigung von Ideologie als um den Austausch von Sachargumenten geht. Dabei sprechen mindestens drei Aspekte für Teamarbeit, d. h. für die koordinierte Bündelung von Anstrengungen einzelner auf Teambasis:

1. Zunächst wird wohl niemand leugnen, dass der Mensch ein soziales, d. h. ein Gruppenwesen ist. Er ist von Natur aus auf Interaktion, auf Kommunikation mit Anderen angelegt. Insofern besitzen Gruppen, und das gilt auch für Arbeitsgruppen, einen sozialen Dienstleistungscharakter für den Einzelnen. Allein das wäre bereits ein hinreichendes Argument für eine entsprechende Gestaltung von Arbeit.

2. Gruppen haben instrumentalen Charakter. Man kann sie verstehen als „Vehikel" zur gemeinsamen Befriedigung individueller Bedürfnisse. Das bezieht sich allerdings nicht allein auf die Befriedigung sozialer Bedürfnisse im eigentlichen Sinn. Vielmehr hat der Mensch über die Jahrtausende seiner Entwicklung hinweg erfahren, dass er

sich ständig mit Aufgabenstellungen oder Problemen konfrontiert sieht, die er auf-grund ihrer Komplexität oder aufgrund ihres Umfangs niemals allein bewältigen kann, sondern nur zusammen mit anderen. Von daher diktiert schlicht die Art der Problem- bzw. Aufgabenstellung, ob und wann Teamarbeit angebracht ist. Schon vor fast fünf Jahrzehnten hat beispielsweise ein amerikanischer Autor – ich meine, es war der Führungsforscher Mason Haire – erläutert, wie eigentlich Führung „entsteht": Weil jemand mehr zu tun hat, als er alleine schaffen kann. Wenn ein „Führer" die ihm vorgegebenen Ziele erreichen will, benötigt er Mitarbeiter. Der Vorgesetzte und seine Mitarbeiter bilden eine Arbeitsgruppe, ein Team. Gemeinsam wird versucht, ein ge-setztes und akzeptiertes Leistungsziel zu realisieren. Im Idealfall soll dabei durch möglichst optimale Nutzung der individuellen Potenziale, Kenntnisse, Fähigkeiten und Fertigkeiten im Ergebnis mehr erreicht werden, als es die „Addition der Einzel-nen" hätte erwarten lassen.

3. Schließlich ist noch ein dritter Aspekt ein nicht zu unterschätzendes Argument für Teamarbeit. Vor dem Hintergrund der in den letzten Jahrzehnten festzustellenden Emanzipation von Mitarbeitern und mit dem damit einhergehenden gewandelten An-spruch an die Qualität der Führung, beinhaltet Teamarbeit für jeden Mitwirkenden auch eine Partizipationsmöglichkeit. Die Wirkung solcher Partizipation ist in der Re-gel eine höhere Identifikation der Beteiligten mit dem erzielten Ergebnis sowie die Verringerung von Durchsetzungswiderständen bei der Umsetzung von Plänen oder getroffenen Entscheidungen. In einem Umfeld, in dem die Bereitschaft zum Wandel mehr denn je gefordert ist, ist es schon fast leichtsinnig, diesen Aspekt zu unterschät-zen.

Bei sinnvoller und gelungener Teamarbeit wirken alle drei genannten Aspekte zusam-men. Allerdings soll hier nun keinesfalls die Anwendung von Teamarbeit unreflektiert glorifiziert werden. Wer das Instrument, die Methode der Teamarbeit einsetzt, sollte um die Risiken wissen. Jeder kennt z. B. die so genannten „innerbetrieblichen Harmonieve-reine", die bei hoher Zufriedenheit aller ihrer Mitglieder und mit vielseitigst gepflegten Aktivitäten zur Festigung des Gruppenzusammenhalts nicht im geringsten darunter lei-den, *nicht* effizient zu sein. Außerdem soll nicht verheimlicht werden, dass es wohl kaum eine bessere Möglichkeit gibt, sich vor eigener Leistungsanstrengung zu bewahren und/oder sich mit fremden Federn (= Beiträge anderer Gruppenmitglieder) zu schmü-cken, als in der Dynamik der Gruppe einfach mit zu schwimmen, die Interaktionsvielfalt der Gruppe bei Bedarf als Deckung zu nutzen und sich sogar im geeigneten Moment durch Wiederholung oder Zusammenfassung von längst Gesagtem auch noch geschickt zu positionieren. Genau für, besser: gegen solche Gruppentrittbrettfahrer ist übrigens eine Teamarbeitsregel festgelegt worden: „Sorge dafür, dass niemand mit leeren Händen in eine Gruppenarbeit kommt!" Teamarbeit und Einzelarbeit sind nicht als sich gegensei-tig ausschließende Alternativen zu betrachten; sie ergänzen sich. Alles und jedes immer nur im Team bewältigen zu wollen, mag für die Beteiligten vielleicht unterhaltsam und abwechslungsreich sein, ist aber schlicht Unfug. Sich andererseits alles Gute und vor allem Effizienz allein von Einzelarbeit zu versprechen, ist – gelinde gesagt – realitäts-fern.

3 Der Begriff „Team"

Das Wort „Team" wird hergeleitet von dem mittelhochdeutschen Wort „Zoum" (= Zaumzeug). Im Altenglischen stand der Begriff für ein Gespann von Zugtieren, meist ein Ochsengespann. Und wenn ein einzelner Ochse es nicht schaffte, den Karren zu ziehen, musste eben ein „team of oxen" vorgespannt werden. Um die gewünschte Richtung zu halten, war dann ein „Teamleader" notwendig, der mit Hilfe von Zaumzeug und Lenkriemen dafür sorgte, dass die Rindviecher nicht in verschiedene Richtungen loszogen. Viel später fand der Teambegriff Eingang in den Mannschaftssport. Von daher wurde er schließlich in die Arbeitswelt übernommen. Seitdem der Begriff in der Welt des Sports verwendet wird, schwingt in seiner Wortbedeutung eine gewisse herausfordernde Komponente mit, die nun bei der Anwendung des Teambegriffs in der Arbeitswelt ausgesprochen erwünschte Assoziationen zu Vorstellungen wie Wettbewerbsgeist, Leistungserleben und Erfolg sowie Spaß an Leistung schafft.

In der Arbeitswelt bezieht sich der Begriff Team inzwischen längst nicht mehr nur auf die kleine und überschaubare Arbeitsgruppe. So stellt der Vorstandsvorsitzende einer Aktiengesellschaft in einer Betriebsversammlung die erzielten Erfolge heraus und verkündet: „Wir sind ein tolles Team" und meint damit natürlich die ganze „Mannschaft". Als Team möchte auch gerne der Bereichsleiter seinen aus zahlreichen Abteilungen und Gruppen bestehenden Bereich verstehen, ebenso wie der Inhaber eines mittleren Betriebes seine vielleicht zwei- oder dreihundert Beschäftigten als „sein Team" bezeichnet. Nachfolgend werden die Begriffe „Team" und „Gruppe" übrigens synonym verwendet und ausdrücklich eingegrenzt auf Arbeits- bzw. Projektgruppen, deren typische Kennzeichen eine gemeinsame Zielsetzung bzw. eine gemeinsame Aufgabenstellung sowie die daraus resultierenden direkten und unmittelbaren Kommunikationsbeziehungen sind.

4 Teamentwicklung – was ist das?

Ein funktionierendes und effizientes Team entsteht nicht einfach dadurch, dass man ein paar Leute zusammentrommelt, sie zu einer Gruppe ernennt und ihnen eine Zielvorgabe gibt. Es reicht auch nicht, dass alle Beteiligten für Teamarbeit motiviert sind. Wirklich effektive Teamarbeit hängt von fünf Voraussetzungen ab:

- Die *Aufgabenstellung* muss für Teamarbeit geeignet sein;

- die *Rahmenbedingungen* müssen Teamarbeit möglich machen (besser noch: fördern);

- die Beteiligten müssen die für Teamarbeit erforderlichen *Arbeitstechniken* beherrschen;

- es müssen von allen akzeptierte normierende *Spielregeln für die Zusammenarbeit* existieren und praktiziert werden; und vor allem:

- die Gruppenmitglieder müssen miteinander „*funktionieren*" und *teamfähig* sein, d. h. sie müssen – über die „handwerklichen" Fähigkeiten (z. B. Arbeitstechniken) hinaus –

die für Teamarbeit notwendigen sozialen und vor allem kommunikativen Fähigkeiten mitbringen.

Ein leistungsfähiges und auch für seine Mitglieder motivierendes Team steht in der Regel erst am Ende einer gemeinsamen Gruppenentwicklung sowie eines nicht selten auch harten Lernprozesses. Diesen quasi naturgegebenen und gruppendynamisch notwendigen Prozess kann man so, wie es sich gerade ergibt, passieren lassen oder aber man kann ihn auch gezielt initiieren und systematisch betreiben. Dafür haben sich die Begriffe *Teamentwicklung (TE)* bzw. Teamentwicklungstraining (verkürzt auch: Teamtraining) eingebürgert. Hierbei macht man nichts anderes als das, was im Bereich des Sports eine unbestrittene Selbstverständlichkeit ist: Will dort eine Mannschaft Höchstleistungen erzielen, geht es nur, indem alle Teammitglieder zusammen mit ihrem bzw. einem Trainer hart, intensiv und regelmäßig daran arbeiten, das Zusammenspiel zu verbessern, erkannte Fehler auszumerzen, den Mannschaftsgeist zu festigen und die Leistungsmotivation zu fördern. Es hat allerdings einige Zeit gedauert, bis es auch in Unternehmen als sinnvoll erkannt wurde, dass betriebliche „Mannschaften" (Arbeitsgruppen, Teams) mit exakt den gleichen Zielsetzungen zusammen in ein Training gehen.

Im Bereich der Wirtschaft gehören Angebote zur Teamentwicklung in vielen Unternehmen längst zu den Standardmaßnahmen im Rahmen der betrieblichen Bildungsaktivitäten. Und zunehmend sind unter Mitarbeitern wie Vorgesetzten auch jene Stimmen verstummt, die TE-Trainingsgruppen anfangs gerne noch als „therapeutische Fälle" stigmatisiert und abgetan haben („Die haben's wohl nötig!"). Wie eingeschränkt eine solche Sichtweise ist, zeigt noch einmal die Parallele zum Sport: Hier muss eine Mannschaft ja auch nicht erst zusammenbrechen, ehe sie sich ein Training „verdient" hat. Entsprechend muss eine Gruppe nicht erst „krank" werden und es muss nicht „knirschen und krachen", bevor eine Teamentwicklungsmaßnahme angezeigt ist.

In letzter Zeit lässt sich eine regelrechte Inflationierung des Begriffes Teamentwicklung beobachten. Viele traditionelle Seminarmaßnahmen, speziell allgemeine Trainings zur Entwicklung sozialer Fähigkeiten und Fertigkeiten (die unbestritten für Teamarbeit notwendig sind), werden von vielen Trainern inzwischen gerne mit dem gut vermarktbaren Begriff Teamentwicklung etikettiert. Doch Teamentwicklung sollte nicht mit der klassischen Schulung in Seminarform (Training) verwechselt werden. Die Gegenüberstellung in Tabelle 1 (Comelli & von Ronsenstiel, 2003) zeigt die typischen Unterschiede.

Bei der traditionellen Schulung finden sich also üblicherweise Personen aus verschiedenen Unternehmensbereichen (wenn nicht sogar aus verschiedenen Firmen) zusammen, um einen vorgegebenen „Stoff" (Theorie) zu erarbeiten bzw. zu absolvieren. Die Stoffdarbietung wird in der Regel unterstützt und bereichert durch Übungen, Planspiele, Rollenspiele, vielleicht auch durch Simulationen. Ein Teamentwicklungstraining hingegen unterscheidet sich davon vor allem in zwei Punkten:

1. Die Trainingsgruppe besteht aus Personen, die auch im betrieblichen Alltag wirklich und unmittelbar zusammenarbeiten bzw. zusammenarbeiten sollen.

2. Gelernt wird anhand von konkreten (und damit echten!) betrieblichen Vorgängen, Vorkommnissen und Ereignissen, bei denen die Trainingsteilnehmer Betroffene bzw. Beteiligte sind.

Tabelle 1: Differenzierende Merkmale von Teamentwicklung im Vergleich zur traditionellen Schulung

	Teamentwicklung (TE)	**Traditionelle Schulung**
WER?	Echte „Organisationsfamilien" (organizational families), also kleine Organisationseinheiten wie – Arbeitsgruppen – Projektgruppen	Teilnehmer aus verschiedenen Bereichen einer Organisation (oder sogar aus mehreren Organisationen), die in der Regel nicht ständig und nicht unmittelbar miteinander zu tun haben
WAS?	Konkrete Probleme der täglichen und auch zukünftigen Zusammenarbeit in und/oder zwischen Gruppen – Sachprobleme – Kommunikationsprobleme – Kooperationsprobleme	Ein bestimmter, vorgegebener Lernstoff; Schwerpunkt: Vermittlung von theoretischem Wissen
WIE?	Aktive und transparente Aktivierung der unmittelbar Beteiligten / Betroffenen für einen moderierten Problemlöse- bzw. Optimierungsprozess	Absolvieren eines vorstrukturierten Lehrplans bestehend aus verschiedenen Fachlektionen und aus (je nach verfügbarer Zeit) einzelnen Übungen, Fallbeispielen, evtl. auch Simulationen
WANN?	Mehrere Durchgänge – rollierender Prozess experimentellen Lernens	Punktuelle, oft nur einmalige Maßnahme oder aber eine Kette von mehreren Veranstaltungen, bis der gesamte Stoff vermittelt ist
WO?	Beginnend am Arbeitsplatz, danach auch extern als Klausur (Workshop)	Extern in einem Seminarhotel oder in einer Bildungseinrichtung
WARUM?	(a) Zur Steigerung der Leistungsfähigkeit von Gruppen bei der Erreichung ihrer Ziele und bei der Bewältigung ihrer Probleme und (b) zur Verbesserung der Arbeitsqualität für die Gruppenmitglieder	Aufbau von notwendigem Wissen und Kenntnissen; in begrenztem Maße auch Erwerb und erstes Einüben von bestimmten Fertigkeiten

Die traditionelle Schulung soll und kann durch Teamentwicklung nicht ersetzt werden. Sie hat nach wie vor ihre Berechtigung, z. B. um Grundkenntnisse zu vermitteln, organisationsweit eine gemeinsame Sprachregelung und Begriffsbildung herzustellen oder aber auch um notwendige Verhaltensweisen und Fertigkeiten zunächst einmal relativ risikolos auf dem „exterritorialen Gebiet" einer Bildungseinrichtung oder eines Seminarhotels einzuüben. Bestimmte Seminare sind sogar eine willkommene, nicht selten sogar notwendige Grundlage, auf der Teamentwicklung bestens und ergänzend aufbauen kann.

Eigentlich ist es das Normalste der Welt, wenn echte „Organisationsfamilien" (in der englischen Literatur werden Arbeitsgruppen treffend als „family groups" bezeichnet) in einen gemeinsamen Lernprozess einsteigen. Im Sport beispielsweise würde kein verantwortlicher Trainer darauf verzichten, die ihm anvertraute Mannschaft ständig (!) zu trainieren. Wo liegt der Unterschied, wenn ein Vorgesetzter mit seinen Mitarbeitern ins Trainingslager geht? Für beide Fälle gilt: Spitzenleistungen sind kein Geschenk des Himmels, sondern das Resultat der gemeinsamen Anstrengungen eines eingespielten Teams. Auch würde kein vernünftiger Autofahrer seinen Wagen mit krachendem Getriebe noch eine längere Strecke weiterfahren. Da kann es nur heißen: Schnellstmöglich in die Werkstatt und nachsehen lassen, was los ist. Bei Arbeits- und Projektgruppen, von denen mit großer Selbstverständlichkeit unentwegt Spitzenleistungen gefordert werden, wird oft viel zu lange nichts unternommen, obwohl bei denen das Getriebe schon seit Wochen, Monaten oder noch länger kracht ...

Typisch für Teamtrainings ist, dass – statt „Stoff" oder „Theorie" – vorrangig die Behandlung echter betrieblicher Vorgänge, Vorkommnisse und Ereignisse (life-items) Gegenstand des Trainings und damit des Lernens ist. Nur bei Bedarf werden gelegentlich auch theoretische Inputs gegeben, etwa zum besseren Verständnis von Zusammenhängen bzw. von ablaufenden Prozessen oder aber zum Erlernen von notwendigen Prozeduren bzw. von (Arbeits-)Techniken. Weiterhin kann selbstverständlich auch die Vorbereitung der Beteiligten auf zukünftige betriebliche Problemstellungen oder Situationen auf der Agenda stehen.

Ein ziemlich detaillierter Katalog von Teamproblemen der unterschiedlichsten Art findet sich in Form einer umfangreichen Symptomliste bei Comelli (2003). Davon ausgehend leitet er zusammenfassend fünf typische Problemfelder ab, aus denen sich vorrangig die Ziele von TE-Maßnahmen ergeben (die Reihenfolge bedeutet keine Rangreihe):

- Bestimmte Arbeitstechniken und Vorgehensweisen, die für effiziente Teamarbeit notwendig sind, werden nicht oder nicht ausreichend beherrscht (z. B. Moderation, Metaplantechnik, Problemlösesystematik, Entscheidungstechnik, Techniken der Ideenfindung).

- Notwendige normierende Regeln zur Strukturierung der Gruppe sowie zur Organisation und Optimierung der Zusammenarbeit sind unbekannt bzw. bekannte Regeln werden nicht praktiziert (z. B. eindeutige Rollenverteilung bzw. -zuordnung, Zielklärung, Normen für den Umgang miteinander bzw. zur Aufrechterhaltung der Gruppendisziplin, Besprechungsregeln).

- Gestörte Beziehungen zwischen einzelnen Personen und/oder Gruppen führen zu Kommunikationsproblemen oder sogar zu Konflikten, die eine reibungslose Zusammenarbeit und eine effiziente Zielerreichung behindern (z. B. Blockierung oder Verweigerung der Kommunikation, Vorenthalten von Informationen, desintegratives Verhalten, „Spielchen" zwischen einzelnen Personen, „Auflaufen-lassen").

- Ein Mangel an sozialen Fähigkeiten bzw. Fertigkeiten bei einzelnen oder mehreren Teammitgliedern belastet die Kommunikation und provoziert Missverständnisse und Konflikte (z. B. sich verständlich ausdrücken können, Zuhörfähigkeit, eigene Wirkung kalkulieren können, offene und direkte Kommunikation statt „verdeckte Botschaften", aktive und passive Feedbackfähigkeit).

- Die Gruppe wird „Opfer" bestimmter gruppendynamischer Prozesse, die sie entweder nicht kennt und/oder nicht wahrnimmt und demzufolge dann auch nicht steuern bzw. beeinflussen kann (z. B. Konformitätsdruck, Nivellierungseffekt, Gruppeneuphorie, Unterschätzen von Risiken oder Gefahrensignalen).

Zwischen diesen fünf Problemfeldern bestehen selbstverständlich Wechselwirkungen. Die jeweilige Problemlage, aber auch die für die einzelne TE-Maßnahme zur Verfügung stehende Zeit entscheiden darüber, welche konkreten Ziele aus den Basisbereichen „soziale Fähigkeiten", „Arbeitstechniken" und „Gruppendynamik" mit den Beteiligten schlussendlich für ein spezielles Teamtraining vereinbart werden. Für das Vereinbaren der Ziele gilt das alte gruppendynamische Leitprinzip „Du musst jeden dort abholen, wo er steht". Das gilt ganz besonders für das Erlernen sozialer Fähigkeiten – für einzelne ebenso wie für die Systemeinheit einer Gruppe oder für eine ganze Organisation.

Bei Teamentwicklung gehen also echte organisatorische Einheiten (inkl. ihres/ihrer Vorgesetzten) in ein Training und bearbeiten dort konkrete (Vor-)Fälle ihrer laufenden Zusammenarbeit. Aufgrund der Behandlung von „life-items" ist unmittelbare Praxisbezogenheit gegeben, was eine hohe Lern- und Transferchance bietet. Es soll aber auch ausdrücklich darauf hingewiesen werden, dass gerade dadurch der Grad der persönlichen Betroffenheit auf Seiten der Teilnehmer ungleich höher ausfällt als in einem „normalen" Seminar. Aussagen (vielleicht auch Schutzbehauptungen) wie: „Das ist bei uns in der Firma alles ganz anders" oder: „Da müssten Sie mal meinen Chef kennen, der würde jetzt ..." entfallen schlichtweg. Denn: In einem Teamtraining geht es um eine allen Beteiligten bekannte betriebliche Realität, der Lernprozess dreht sich um konkrete Praxisereignisse oder -probleme und Betroffene bzw. Beteiligte sind anwesend. Außerdem muss in einem solchen Szenario jeder Teilnehmer damit rechnen, dass seine im Rahmen des Trainingsprozesses produzierten Verhaltensreaktionen zum Gegenstand der Diskussion und damit des Lernens gemacht werden. Dies alles kann den Teilnehmern gelegentlich beträchtlich unter die Haut gehen und ihre Feedback-Fähigkeit sehr fordern. Genau dies aber ist ein außerordentlich lohnendes Lernziel. So referiert Sonnentag (2000) in einer Studie (bei Beschäftigten in der Softwareentwicklung) über typische Unterschiede zwischen „excellent performers" im Vergleich zu „moderate performers" u. a. folgende Ergebnisse: „Excellent performers" erwiesen sich als kommunikationsfreudiger, sie bewiesen eine größere Bereitschaft, ihre Teamkollegen zu unterstützen und sie signalisierten gegenüber ihrem Umfeld ständig ihre Bereitschaft und Offenheit für Feedback. Gute Teamentwicklungstrainings sind genau auf diesem Weg.

Aus den vorstehend beschriebenen Gründen werden Teamentwicklungstrainings übrigens fast ausschließlich mit einem externen Trainer durchgeführt. Bei sehr großen Unternehmen kann dieser „Externe" auch ein für solche Maßnahmen qualifizierter interner Trainer sein, vorausgesetzt diese Person wird von den betroffenen Trainingsteilnehmern als ausreichend unabhängig erlebt und akzeptiert. Letzteres sollte sich (spätestens) beim ersten Kontakt mit den Beteiligten im Rahmen der Vorbereitung für das Teamtraining herausstellen.

Teamentwicklungsmaßnahmen im ursprünglichen Sinn beziehen sich entweder auf ständig bestehende Arbeitsgruppen einer Organisation oder auf Projektgruppen, die für die Dauer eines Projektes bzw. einer bestimmten Aufgabenstellung zusammenarbeiten und sich dann wieder auflösen. Wird gleich bei Gründung einer neuen Arbeits- oder Projektgruppe eine TE-Maßnahme durchgeführt, um das betreffende Team von Beginn an mit dem wichtigsten Basisrüstzeug für ein möglichst reibungsloses und effizientes Funktionieren auszustatten, dann spricht man gelegentlich auch von „Teambuilding". Inzwischen wird der Begriff Teamentwicklung aber nicht nur auf das Training von Einzelteams bezogen, sondern auch bei der Bearbeitung von Problemen der gruppenübergreifenden Zusammenarbeit angewendet. In einem solchen Fall rekrutieren sich die Teilnehmer eines Teamtrainings aus mehreren organisatorischen Gruppen, beispielsweise wenn es um die Optimierung der abteilungs- bzw. bereichsübergreifenden Kooperation geht. Gemeinsames Merkmal der beteiligten Teilgruppen ist immer, dass sie durch gemeinsame Zielsetzungen bzw. -vorgaben miteinander verbunden sind.

5   Ablauf eines TE-Prozesses

Teamentwicklung ist keine Einzelmaßnahme, sondern stets ein sich über längere Zeit erstreckender Prozess. In der Vorgehensweise folgt Teamentwicklung dabei dem Ansatz der so genannten Aktionsforschung (Fengler, 1978, Moser, 1978) und wird von daher gerne als „rollierender Prozess experimentellen Lernens" bezeichnet. In der Abbildung 2 ist dieser aktionsforscherische Ansatz dargestellt, der durch einen ständigen Wechsel zwischen „Datenerhebung" (= Forschung) und „Aktion" (= Maßnahmen, Aktivitäten) gekennzeichnet ist.

In der Abbildung 1 wird deutlich, dass mit Beginn des TE-Prozesses nach jedem Workshop eine Feedback-Schleife vorgesehen ist. Es erfolgt grundsätzlich eine Evaluation der vereinbarten Maßnahmen, meist verbunden mit zusätzlicher Informationsbeschaffung. Dies stellt den Daten-Input für den nächsten Schritt dar. Auf diese Weise entsteht ein längerfristiger Lernprozess, bei dem ständig auf drei Ebenen gelernt wird bzw. gelernt werden kann: auf individueller Ebene (Gruppenmitglieder), auf Ebene der involvierten Gruppe(n) und auf Organisationsebene, denn keine betriebliche Gruppe lebt und agiert ohne Vernetzung in ihrem organisatorischen Umfeld.

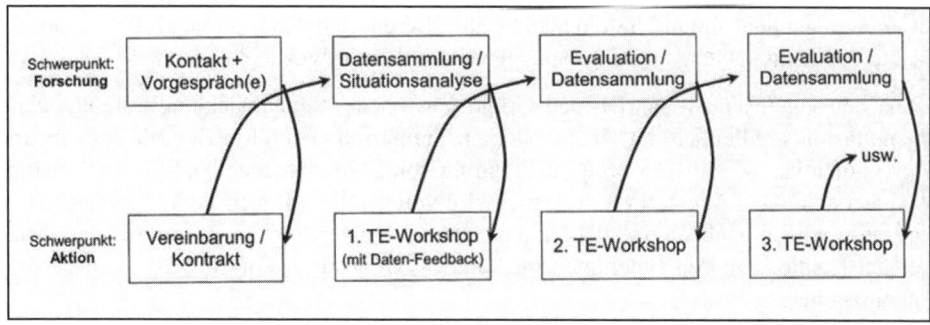

Abbildung 1: Teamentwicklung als rollierender Prozess experimentellen Lernens

Die Praxis lehrt, dass der Erfolg von TE-Maßnahmen meist erst nach dem zweiten oder dritten Workshop nachhaltiger in die betriebliche Praxis hineinwirkt und auch für Nicht-Beteiligte spürbar wird. Um den Prozess nicht erlahmen zu lassen, wird empfohlen, den zeitlichen Abstand zwischen den einzelnen Workshops nicht über ein halbes Jahr hinaus auszudehnen. Die Workshops bieten übrigens neuen Teammitgliedern angesichts des in allen Organisationen unvermeidbaren „Wechsels von Köpfen" eine hervorragende Chance, sich über den Lernprozess in die Gruppe zu integrieren.

Der Versuch einer Definition von Teamentwicklung könnte zusammenfassend wie folgt lauten: Teamentwicklung ist ein moderierter Prozess gemeinsamen Lernens, der von den Mitgliedern einer Arbeits- bzw. Projektgruppe (Team) mit dem Ziel absolviert wird, durch die gecoachte Bearbeitung echter und konkreter Zusammenarbeits- bzw. Teamprobleme die Effektivität des Teams bei der Lösung seiner aktuellen und/oder zukünftigen Probleme sowie bei der Erreichung der gemeinsamen Ziele zu steigern.

Nachfolgend soll der Einstieg in einen TE-Prozess noch etwas genauer geschildert werden (umfassender bei Comelli, 1999): Teamentwicklung beginnt grundsätzlich mit einer Kontaktphase zwischen (a) dem Trainer und dem Teamleiter, d. h. dem Vorgesetzten bzw. dem Projektleiter, und (b) zwischen dem Trainer und der Gruppe, d. h. den Teammitgliedern. Dabei handelt es sich um zwei getrennte Schritte.

Im *Gespräch mit dem Vorgesetzten* wird u. a. geklärt, ob aufgrund der situativen Rahmenbedingungen sowie der skizzierten Problemlage ein Teamtraining überhaupt sinnvoll erscheint, welchen persönlichen Beitrag der Vorgesetzte zum Erfolg des Teamtrainings liefern muss, welche Rolle dabei der Trainer übernimmt (Prozessmoderator) und welche „Spielregeln" gelten (z. B. absolute Vertraulichkeit). Der Trainer wird den Vorgesetzten nicht darüber im Unklaren lassen, was in einem Teamtraining auf ihn zukommen kann: Unter allen Beteiligten geht er quasi das höchste Risiko ein, indem er sich den anderen sowohl als Person wie auch in seiner Funktion bzw. in seinem Führungs- und Leistungsverhalten zur Kritik stellt. In dem Gespräch mit dem Vorgesetzten ist es für den Trainer außerordentlich wichtig, einen einigermaßen zutreffenden Eindruck von der Kritikfähigkeit des Vorgesetzten zu gewinnen. Die Selbsteinschätzung des Vorgesetzten, dass er „Kritik gut vertragen kann", ist hierbei nicht unbedingt eine verlässliche Entscheidungsgrundlage. Falls der Vorgesetzte vor allem in Bezug auf seine Fähigkeit, Kritik zu nehmen, nicht gewisse Mindestanforderungen erfüllen kann, sollte der Trainer dem Vorgesetzten lieber (erst einmal) ein individuelles Coaching anbieten, ehe er dessen Mitarbeiter in einem Teamtraining zu offener Kommunikation auffordert und sie dabei unter Umständen in eine „kommunikative Falle" (des Hierarchen) laufen lässt.

In dem *Gespräch mit den Teammitgliedern* wird diesen u. a. zunächst erläutert, was man überhaupt unter Teamentwicklung versteht, wie ein TE-Prozess konkret abläuft, was dabei auf sie als Teilnehmer zukommt (z. B. eigenes Verhalten wird Gegenstand des Lernens und damit von Feedback) und welche „Spielregeln" gelten (z. B. Offenheit, Vertraulichkeit etc.). Selbstverständlich wird auch hier die Rolle des Trainers geklärt.

Ein weiteres Ziel der Vorgespräche ist es, den potenziellen Trainingsteilnehmern die Chance zu geben, den vorgesehenen Trainer vorab zu erleben und ein wenig kennen zu lernen. Anschließend sollen alle Beteiligten, d. h. der Vorgesetzte, die Mitarbeiter, aber auch der Trainer, prüfen, ob ihrer Meinung nach eine ausreichend tragfähige Vertrauensbasis vorliegt, um gemeinsam in ein Teamtraining einzusteigen. Falls ja, kommt es zu einer entsprechenden Vereinbarung (Kontrakt), die in der Regel schriftlich fixiert wird.

Wie die Abbildung 2 ausweist, folgt nach der Grundsatzentscheidung für ein Training im nächsten Schritt wieder „Forschung": eine intensive und umfangreiche Situationsanalyse. Dafür steht ein umfangreiches Instrumentarium zur Verfügung, auf das hier im Einzelnen nicht besonders eingegangen werden kann. Im Regelfall sind meiner Meinung nach aber Einzelinterviews mit allen Trainingsteilnehmern unverzichtbar. Während dieser so genannten Diagnosephase sammelt der Trainer möglichst umfassend alle nur verfügbaren Fakten und Hintergrundinformationen, die ihn in die Lage versetzen,
- die aktuelle Situation und Problemlage zu verstehen,
- die Wahrnehmung des Vorgesetzten durch die Gruppe besser einzuschätzen,
- ein tieferes Verständnis für das Beziehungsgeflecht innerhalb der Gruppe zu entwickeln,
- Kenntnisse zu haben über relevante Vorgeschichten (Historie), die sich in der Trainingssituation auswirken könnten,
- zur Formulierung adäquater und realisierbarer Trainingsziele beizutragen.

Eine intensive Situationsanalyse ist für den Trainer unabdingbar, damit er die im Teamtraining ablaufenden Gruppenprozesse hinreichend sicher einschätzen, die Reaktionen von Einzelnen oder von der ganzen Gruppe besser verstehen sowie sein persönliches Feedback-Verhalten möglichst sensibel steuern kann.

Wie ein Teamentwicklungstraining konkret aufgebaut wird, hängt natürlich ab von der zu behandelnden Problemlage, von den daraus abgeleiteten Zielsetzungen des Trainings sowie von dem Grad der in der betreffenden Gruppe vorhandenen Vorkenntnisse und Erfahrungen bzgl. Teamarbeit. In der Mehrzahl der Fälle folgen Teamtrainings in ihrem Ablauf der inneren Logik eines Problemlöseprozesses. Die Abbildung 2 zeigt das Standarddesign eines solchen Trainings.

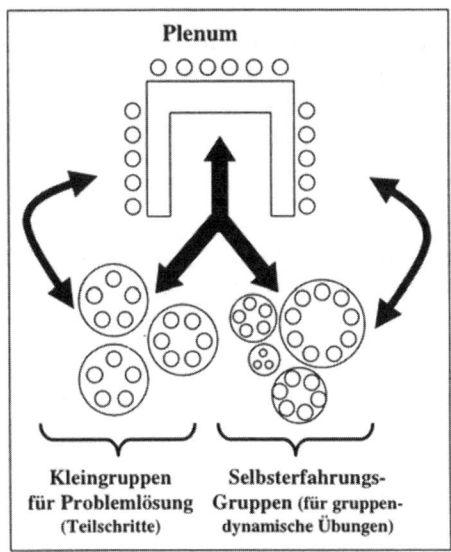

Abbildung 2: Standarddesign eines Teamentwicklungstrainings

Das zentrale Arbeitsfeld ist die Gesamtgruppe, das *Plenum*. Hier finden die grundsätzlichen Abstimmungen und Diskussionen statt, hier wird in der Regel der überwiegende Teil der gemeinsamen Problemlösearbeit geleistet, hier werden die Ergebnisse von Teilgruppenarbeiten präsentiert und besprochen, und hier erfolgt – soweit die Sachlage oder der Prozess es erfordern – auch die allgemeine Wissensvermittlung. In bestimmten Phasen eines Problemlöseprozesses können nach Bedarf *Kleingruppen* gebildet werden. Diese arbeiten entweder parallel an gleichen Teilaspekten einer Aufgabe oder sie übernehmen im Rahmen des Problemlöseprozesses jeweils unterschiedliche Aufgaben (Stafetten-System). Man kann auch Untergruppen entsprechend den unterschiedlichen Interessenlagen bilden. Diese Teilgruppen erarbeiten dann ihre individuelle Problemsicht oder ihre jeweiligen Standpunkte. Zur gegenseitigen Präsentation sowie zur Diskussion und Aufarbeitung trifft man sich wieder im Plenum. Ein drittes Trainingsfeld ist die Arbeit in *Selbsterfahrungsgruppen*. Diese werden spontan und ad-hoc gebildet. Sie sind der Ort für gruppendynamische Übungen, deren Notwendigkeit sich aus dem Trainingsverlauf ergibt. Mit Hilfe entsprechender Übungen können und sollen den Teilnehmern bestimmte Erfahrungen über und/oder an sich selbst vermittelt werden. In der Literatur (z. B. bei Antons, 1998) findet sich ein umfassendes Arsenal an Übungen für die verschiedensten Lernziele, z. B. zu Themen wie: Kommunikation, Konkurrenz und Wettbewerb, soziale Wahrnehmung, Aufbau von Vertrauen, verdeckte Ziele, Beeinflussungsprozesse in Gruppen usw.

6   Verschiedene Feedback-Situationen

Ohne Feedback ist kein Lernen möglich. In einem Teamtraining, das darauf abzielt, die Effizienz einer Gruppe bei der Erreichung ihrer Ziele und Lösung ihrer Probleme zu verbessern, geht es – selbst bei der Vermittlung rein handwerklicher Fähigkeiten für effizientes Arbeiten – bei jedem einzelnen Teilnehmer wie auch bei der ganzen Trainingsgruppe stets um Kommunikation über gezeigtes bzw. erwünschtes Verhalten sowie über zwischenmenschliche Wechselwirkungen. Mit Hilfe möglichst unverzüglicher Rückmeldungen (instant feedback) sollen hierbei folgende Trainingsziele erreicht werden:

– die Bekräftigung effizienten und gruppendienlichen Verhaltens,
– die Korrektur von gezeigten störenden, die Effizienz behindernden oder sogar desintegrativen Verhaltensweisen und
– der Aufbau bzw. der Erwerb von neuen, förderlichen Verhaltensweisen.

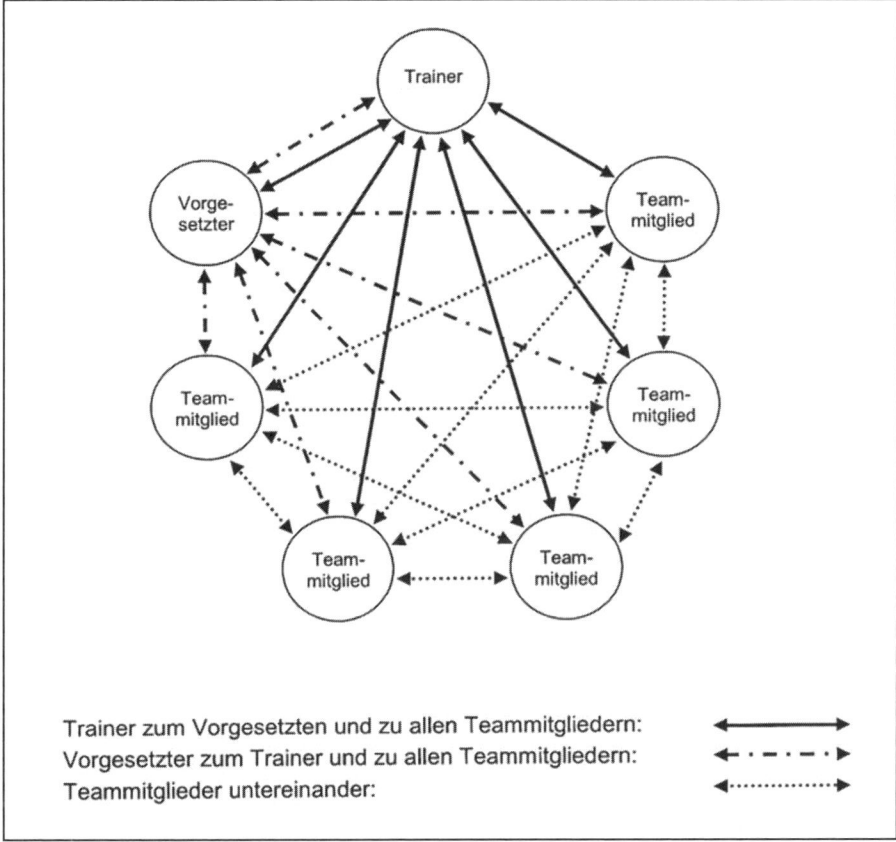

Trainer zum Vorgesetzten und zu allen Teammitgliedern:
Vorgesetzter zum Trainer und zu allen Teammitgliedern:
Teammitglieder untereinander:

Abbildung 3: Drei Ebenen interpersoneller Feedbackprozesse beim Training einer „family group"

Zum Erreichen dieser Ziele ist gezieltes, maßgeschneidertes Feedback unabdingbar, wobei in diesem Prozess des gemeinsamen Lernens jeder Beteiligte sowohl Feedback-Geber als auch Feedback-Nehmer sein kann. Dadurch ergeben sich vielfältige Feedbackprozesse auf unterschiedlichen Ebenen. Die Abbildung 3 stellt dar, wie viele potenzielle Möglichkeiten des wechselseitigen Gebens und Empfangens von Feedback sich bereits beim Training einer kleinen „family group" ergeben.

Die in der Abbildung 4 gezeigte Trainingssituation ist noch etwas komplexer; hier wird ein gruppenübergreifendes Teamtraining visualisiert. Obwohl in dieser Darstellung aus Gründen der Übersichtlichkeit gar nicht alle Kombinationsmöglichkeiten dargestellt sind, wird augenfällig, dass noch weitere Feedbackprozesse hinzutreten, u. a. die zwischen den beiden Teilgruppen sowie die zwischen dem Trainer und den beiden Teilgruppen. Beides sind Prozesse, die beträchtliche Eigendynamik entwickeln können.

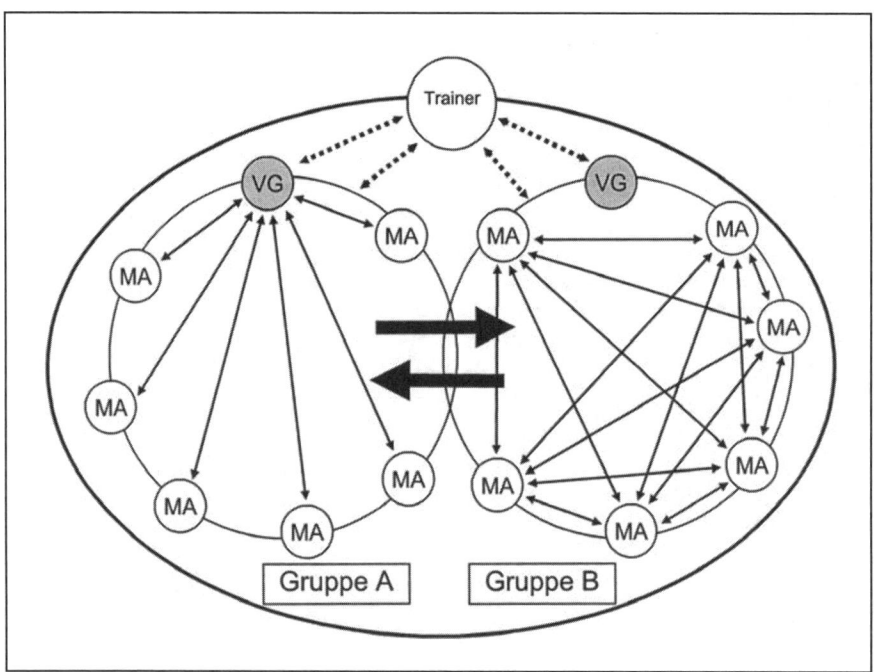

Abbildung 4: Verschiedene Feedbackprozesse in einem gruppenübergreifenden Training[1]

In Abbildung 3 wie in Abbildung 4 sind die Verbindungslinien zwischen den Beteiligten mit Pfeilspitzen ausgestattet. So soll ausdrücklich symbolisiert werden, dass es sich

---

[1] Der besseren Überschaubarkeit wegen sind in der Gruppe A nur die Feedbacklinien zwischen dem Vorgesetzten (VG) und seinen Mitarbeitern (MA) und in der Gruppe B nur die Feedbacklinien zwischen den Mitarbeitern dargestellt. Außerdem sind keine Feedbacklinien zwischen dem Trainer und jedem einzelnen Teilnehmer eingezeichnet.

überall um wechselseitige Kommunikationsbeziehungen handelt. Feedback ist keine Einbahnstraße. Dies gilt selbstverständlich auch für den Trainer. Auch er ist nicht nur Feedback-Geber, sondern er kann in jedem Moment des Trainings – wie alle anderen auch – zum Gegenstand, zum Adressaten eines Feedbacks werden.

In beiden Darstellungen ist außerdem eine weitere relevante Feedbackbeziehung ausgespart und zwar die zwischen dem Trainer und dem Auftraggeber. Die Besonderheiten dieser Konstellation werden am Ende dieses Beitrags in einem separaten Abschnitt thematisiert.

7   Vertrauen als Basis

Grundsätzlich gilt: Ohne eine hinreichend tragfähige Vertrauensbasis gibt es keine offene Kommunikation zwischen Kommunikationspartnern. Mangelnde Offenheit wiederum be- bzw. verhindert freimütigen Meinungsaustausch und konstruktive Auseinandersetzung. Damit ist auch jeglicher konstruktiver Konfliktlösung der Weg verbaut. Schlussendlich belastet ein Defizit an Offenheit die Arbeitsatmosphäre in einer Gruppe und blockiert ihre Effizienz.

Jemand hat einmal Vertrauen wie folgt operationalisiert: Einem anderen etwas von mir in die Hand geben (= anvertrauen), mit dem er mich „in die Pfanne hauen" könnte, wenn er wollte. Im Umkehrschluss ist damit auch trefflich beschrieben, wie Misstrauen aussieht: Höchste Kontrolle über alles, was ich von mir „herauslasse", abschotten, mauern oder tricksen. Wenn man in einem Gespräch mit (einem) anderen jedes Wort auf die Goldwaage legen muss, aus Furcht, es könnte im nächsten Zug gegen einen verwendet werden, dann ist Kommunikation ziemlich blockiert. Entweder wird dann gar nichts mehr gesagt, oder aber man äußert sich nur noch in Form abgesicherter, wohl abgewogener, vielleicht taktischer, auf jeden Fall aber blutleerer Statements.

Für Feedbacksituationen gilt dies alles natürlich in ganz besonderem Maß. Ohne ausreichende Vertrauensbasis wird sich spontanes, offenes und direktes Feedback nicht einstellen. Nicht, dass es dann grundsätzlich kein Feedback gäbe, aber es kommt dann entweder „verdeckt" oder als „Wink mit dem Zaunpfahl" oder auch „verkleidet" als Ironisierung oder als Aggression – durchweg aber als „kommunikatives Kreuzworträtsel".

Vertrauen ist nicht plötzlich da, sondern der Aufbau von Vertrauen ist ein Prozess und eine kommunikative Gemeinschaftsleistung der beteiligten Personen. Bei TE-Maßnahmen werden die ersten Grundsteine dafür in den Vorgesprächen mit dem Vorgesetzten sowie mit den Teammitgliedern gelegt. Von da ab ist es wichtig, dass bei den nachfolgenden Aktivitäten von allen Beteiligten immer wieder die Tragfähigkeit der aufgebauten „Vertrauensbrücke" erlebt und erfahren wird. Auf diese Weise verstärkt sich das Vertrauen und baut sich weiter auf. Zugleich aber muss sich der erworbene Vertrauenskredit immer wieder bewähren. Kommt es hingegen durch irgendeinen Umstand oder durch eine Person zum Vertrauensbruch, kann das Teamentwicklungstraining in der bisherigen Konstellation nicht mehr fortgesetzt werden (zumindest nicht ohne eine spezielle Intervention zur Aufarbeitung dieses Problems). Grundsätzlich bin ich übrigens davon überzeugt, dass – und das gilt wohl nicht nur für Teamtrainings – beim Aufbau einer Atmosphäre von Vertrauen die Personenwirkung des Trainers, und damit sind sein Auftreten und sein Verhalten gemeint, einen höchst erfolgskritischen Faktor darstellt.

8   Feedback lernen

Es gibt kein Teamtraining, in dem das Thema „Feedback" nicht schon nach kurzer Zeit auf den Tisch kommt. Dazu muss die Verbesserung der sozialen Fähigkeiten gar nicht explizit als Lernziel auf der Agenda stehen. In jeder Teamsituation kommt es automatisch und sehr oft gefördert durch die Situationsdynamik zum Austausch darüber, wie jemand von (einem) anderen verstanden, wahrgenommen oder erlebt wurde. Dann ist Feedbackfähigkeit gefordert, wobei vorliegende Defizite schnell offenkundig werden. Das Training von Feedbackfähigkeit bezieht sich jedoch immer auf *zwei* Aspekte dieser für das Gelingen von Kommunikation wichtigen sozialen Fähigkeit. Der erste Aspekt heißt:

1. Es müssen die Regeln vermittelt und eingeübt werden, wie man „sozial intelligent" (einem) anderen *Feedback gibt.*

Jemand, der diesen Part beherrscht, kann und darf nun allerdings nicht damit rechnen, dass alle Menschen seiner Umgebung nun gleichfalls über diese Fähigkeiten in ihrem Verhaltensrepertoire verfügen und dass ihm ihr Feedback grundsätzlich „nach den Regeln der Kunst" übermittelt wird. Vielmehr muss er damit leben, dass er immer wieder, vielleicht sogar mehrheitlich, Feedback von Kommunikationspartnern bekommt, die in dieser Hinsicht hilflos, nicht sonderlich trainiert, vielleicht sogar böswillig sind. Das Feedback solcher Leute ist keinesfalls getragen von dem Bemühen um den Feedback-Nehmer. Es wirkt sehr oft hart, irritierend oder sogar verletzend. Aus diesem Grund gehört zur Feedbackfähigkeit auch noch ein zweiter Aspekt:

2. Es müssen die Regeln vermittelt und entsprechende Verhaltensreaktionen trainiert werden, wie man „sozial intelligent" *auf ein Feedback reagiert.* Das bezieht sich ganz besonders auf den Umgang mit ungeschicktem, verletzendem oder auch unfairem Feedback, denn: *Jedes* Feedback kann eine Lernchance sein.

Ich verzichte an dieser Stelle darauf, vertiefend auf die diversen Regeln für das Geben und Annehmen von Feedback einzugehen, und verweise stattdessen auf umfangreiche Literatur z. B. bei Antons (1998) und Fittkau et al. (1994) oder Schrader et al. (1984).

In jedem Teamtraining ist es die Aufgabe des Trainers, nicht nur seinerseits Feedback zu geben, sondern geradezu unermüdlich die sich einstellenden Feedbackprozesse zu coachen und zugleich die Teilnehmer auch immer wieder zu Feedback aufzufordern. Auf diese Weise werden ständig Übungsbeispiele generiert, und zugleich dient es natürlich der Steuerung des Gruppenprozesses. Mit wachsender Feedbackfähigkeit der Teilnehmer gewinnt eine Gruppe an Reife und erhöht damit ihr Leistungspotenzial. Offenheit für

Feedback gilt als typisches Merkmal für eine gesunde Organisation. Gleiches gilt selbstverständlich auch für den Mikrokosmos einer Gruppe.

9   Feedback durch den Trainer

Im Rahmen eines Teamtrainings agiert der Trainer auf Grund seiner Rolle in mindestens fünf verschiedenen Konstellationen als Feedback-Geber:

Trainer ↔ Vorgesetzter (im Plenum)

Trainer ↔ Vorgesetzter (unter vier Augen)

Trainer ↔ Trainingsgruppe

Trainer ↔ Einzelteilnehmer (im Plenum)

Trainer ↔ Einzelteilnehmer (unter vier Augen)

Deshalb hat der Trainer stets zu beachten, in welchem situativen Rahmen welches Feedback angebracht ist. Weiterhin muss der Trainer sich vergegenwärtigen, dass er mit seinem Kommunikationsverhalten in jedem Moment Lernmodell (Vorbild) für die Teilnehmer ist; dies übrigens gleich in doppelter Hinsicht: In keinem Training agiert der Trainer allein als Feedback-Geber. Der Gruppenprozess schließt nämlich ein, dass auch von Seiten der Teilnehmer in vielfacher Weise Feedback an den Trainer erfolgt. Gerade in dem sensiblen Bereich der Kommunikation gilt, wer Feedback initiiert und bei anderen anstößt, muss auch selber feedbackfähig sein (i. S. v. Feedback annehmen). Also auch im Umgang mit erhaltenem Feedback muss sich der Trainer seiner Vorbildfunktion gegenüber den Teilnehmern bewusst sein.

Umgang mit dem Vorgesetzten. Schon beim ersten Kontakt im Vorgespräch muss sich zeigen, ob zwischen dem Vorgesetzten und dem ins Auge gefassten Teamentwickler erstes Vertrauen aufkommt. Stimmt die „Biochemie" nicht, findet man keinen „Draht" zueinander, gibt es nur eine Entscheidung: Ende des Kontaktes; eventuell neuer Versuch mit einem anderen Trainer. Ist hingegen eine ausreichende Vertrauensbasis gegeben, so dass ein Teamtraining ins Auge gefasst wird, sollten mindestens vier Punkte mit dem Vorgesetzten vereinbart werden:

1. Er muss motiviert sein, als Modell (Vorbild) für seine Mitarbeiter zu agieren. Das bedeutet keine Forderung nach fehlerlosem Verhalten. Aber auf ihn wird sich die besondere Aufmerksamkeit der Teilnehmer konzentrieren. Von ihm wird erwartet, dass er sich (mit allen persönlichen Risiken) in den Lernprozess hineinbegibt und dass er sich dabei auch bemüht, beim Lernen (z. B. Umgang mit Feedback, Akzeptieren von Fehlern und daraus lernen) nach besten Kräften voranzugehen.

2. Es kann vor allem in der Anfangsphase vorkommen, dass er als „Hierarch" die Kommunikation dergestalt belastet, dass sich die Teilnehmer nicht so recht trauen, den Mund aufzumachen. In einem solchen Fall muss er – auf Wunsch des Trainers oder

aufgrund des Ergebnisses einer verdeckten Abfrage – bereit sein, ein (limitiertes) „time out" zu nehmen.

3. Er verpflichtet sich, alle vereinbarten Vertraulichkeitsregeln zu akzeptieren und strikt einzuhalten.

4. Er verzichtet ausdrücklich darauf, in dem Training gemachte kritische Erfahrungen mit einzelnen Mitarbeitern zu einem späteren Zeitpunkt gegen diese zu verwenden. Denn sollte so etwas jemals offenkundig werden, wird er für zukünftige Teamtrainings keinen Vertrauenskredit mehr bekommen. Außerdem: Falls es sich bei den im Training gesammelten Erfahrungen wirklich um relevantes Verhalten handelt, wird er das bei dem oder den Betreffenden früher oder später auch in der betrieblichen Realität beobachten können. Nur auf solche Beobachtungen kann und sollte er sich dann berufen.

Ansonsten wird der Vorgesetzte in einem Teamtraining nicht anders behandelt als die übrigen Teilnehmer, außer er wird – wenn dies einmal für den Prozess nötig ist – ausdrücklich in seiner betrieblichen Funktion angesprochen.

Umgang mit der Gruppe. Hier kommt es im Wesentlichen darauf an, eine stabile Vertrauensbasis aufzubauen und diese fortlaufend zu festigen. Schon bald wird zu beobachten sein, dass die wechselseitige Kommunikation (einschließlich Feedback) stetig offener, spontaner und weniger konfliktanfällig wird. Allerdings ist es anfangs für fast alle (untrainierten) Gruppen eine interessante und wichtige gruppendynamische Erfahrung, wenn sie sozusagen „am eigenen Leib" erleben, wie schnell man als Gruppe – genau wie ein Einzelner – fast reflexartig abblockt und gerne postwendend zum Gegenangriff übergeht, wenn ein kritisches Feedback verarbeitet werden muss. Doch im Normalfall wird es für eine Trainingsgruppe kein Problem sein, das Feedback des Trainers zunehmend als Lernhilfe zu betrachten und ihn in seiner Rolle als Coach und Prozessbegleiter zu akzeptieren. Als ein ziemliches sicheres Zeichen für eine wachsende Vertrauensbasis im Training kann man deuten, wenn seitens der Gruppe auch das Feedback an den Trainer immer häufiger, schneller und direkter erfolgt.

Weiterhin muss sich der Trainer darauf einstellen, dass in fast allen Teamtrainings zwei Punkte mit einiger Sicherheit zum Thema werden:

1. Die Gruppe versucht, den Trainer als „Briefträger" zu gewinnen, der dem Vorgesetzten (oder jemand anderen in der Hierarchie) ein kritisches und von der Gruppe als heikel angesehenes Feedback „zustellen" soll. Auf keinen Fall darf sich ein Trainer dafür einspannen lassen. Hier greift die Regel: „Feedback nicht an und nicht über Dritte!" Hingegen kann der Trainer der Gruppe anbieten, gemeinsam zu prüfen, ob oder wann die Situation für ein solches Feedback günstig ist, und auf Wunsch bei der Entwicklung von Strategien behilflich sein, wie die Gruppe ihr Feedback übermitteln kann. Dies geschieht selbstverständlich in Abwesenheit des Vorgesetzten, wenn dieser selber betroffen ist.

2. Die meisten Trainingsgruppen werden sporadisch von mehr oder weniger deutlich artikulierten Zweifeln heimgesucht, ob der Trainer nicht vielleicht doch – allen Ver-

traulichkeitsbeteuerungen zum Trotz – im Vier-Augen-Gespräch mit ihrem Vorgesetzten irgendwelche Informationen (z. B. Urteile über Einzelpersonen) weitergibt. Nicht selten haben solche Zweifel ihre Wurzel und damit eine nachvollziehbare Begründung in früher gemachten eigenen oder beobachteten Erfahrungen. Hierzu gibt es nur eine Empfehlung: Das Problem offen ansprechen und (erneut) begründen, warum für einen Trainer die strikte und kompromisslose Einhaltung der vereinbarten Vertraulichkeit eine unverzichtbare Arbeitsgrundlage darstellt. In dieser Hinsicht wird keine Gruppe einem Trainer einen kommunikativen Fehltritt verzeihen.

Feedback unter vier Augen. Allgemein gilt für ein Teamtraining, dass alle Dinge, die sich innerhalb des Trainingsrahmens abspielen, Gegenstand von Feedback im Plenum werden können. Was in der Gruppe passiert, ist ein gemeinsamer Prozess und geht damit zunächst einmal alle Beteiligten etwas an. Der Regel „Feedback nur an den, den es angeht" zum Trotz können damit die Verhaltenskostproben eines jeden einzelnen jederzeit im Teamtraining thematisiert und quasi „auf dem öffentlichen Markt" diskutiert werden. Das macht für den betroffenen einzelnen das Annehmen von kritischem Feedback keinesfalls leichter. Deshalb muss der Trainer in Feedbacksituationen in jedem Moment aufs Neue entscheiden, wie weit er im Einzelfall personenbezogenes Feedback zulässt bzw. ab wann und wie er bremsend eingreift. Gleiches gilt auch für ihn selbst. Immer wieder wird es sich deshalb auch ergeben, dass er sich bei einem Teilnehmer für ein Feedback unter vier Augen entscheidet. Dies kann beispielsweise geschehen, um den Betreffenden auf ein anstehendes, vielleicht nicht ganz so leicht verkraftbares Feedback im Plenum vorzubereiten oder aber um jemanden durch ein „Privatissimum" eine zusätzliche Lernchance zu geben, die er möglicherweise gleich anschließend im Plenum nutzen kann. Für den Vorgesetzten gelten bezüglich des Vier-Augen-Feedbacks keine zusätzlichen oder besonderen Regeln. Im Vorgespräch sollte ihm allerdings deutlich gemacht werden, dass er ganz besonders beim Geben und Annehmen von Feedback eine Modellfunktion gegenüber seinen Leuten zu erfüllen hat. Er sollte auch darauf gefasst sein, dass er ggf. von dem Trainer härter als alle anderen angefasst wird. Die Teammitglieder werden nämlich sehr genau beobachten, wie angstfrei der Trainer mit ihrem Hierarchen umgeht und wie dieser darauf reagiert. Es tut nicht nur der Trainingsatmosphäre gut, wenn der Vorgesetzte im Training unter Beweis stellt, dass (auch) er mit Feedback konstruktiv umzugehen sucht und dass er dabei – gelegentlich vielleicht mühsam – Lernfortschritte macht. Das macht den Mitarbeitern Mut, ihm nachzueifern und sich mehr zu öffnen. Und dem Vorgesetzten bringt ein solches Verhalten einen Zugewinn an Anerkennung und Akzeptanz.

10 Feedback zum Prozess

Es gehört zum Konzept des „experimentellen Lernens" in einem Teamtraining, dass der Trainer im Verlauf des Trainings die Teilnehmer immer wieder um ihr Feedback zum bisherigen Ablauf, zu einer bestimmten Situation oder zu einem eingetretenen Ereignis bittet. Am Ende des Workshops wird schließlich das Abschlussfeedback stehen. Nachfolgend sind beispielhaft einige Möglichkeiten skizziert, sich Feedback zum Trainingsablauf zu verschaffen:

- *Spontane Zwischenfeedbacks.* Bei einem bestimmten Anlass oder zu einem bestimmten Zeitpunkt erfüllen diese quasi die Funktion eines direkten Messfühlers (instant feedback). So kann man beispielsweise ein so genanntes „Blitzlicht" durchführen, bei dem die Teilnehmer gebeten werden, reihum ihre momentane Stimmungs- oder Gefühlslage zu artikulieren. Die „Blitzabfrage per Kartenmethode" funktioniert im Prinzip ähnlich, nur dass die Teilnehmer ihre Äußerungen (das kann auch eine Beobachtung oder die Antwortreaktion auf eine vorgegebene Frage sein) in schriftlicher Form tätigen. Ein nicht zu unterschätzender Vorteil der schriftlichen Form besteht darin, dass hier jeder im Moment der Abfrage frei vom Einfluss anderer Meinungen bleibt.

- *Stimmungsbarometer.* Hier wird mit Statements plus Skala gearbeitet. Mit Hilfe von in den meisten Fällen spontan formulierten Aussagen (Statements) kann der Trainer gezielt Problempunkte ansprechen bzw. bestimmte Hypothesen prüfen. Die Teilnehmer verleihen bei jedem einzelnen Statement dem Grad ihrer Zustimmung bzw. Ablehnung Ausdruck, indem sie auf einer (meist fünfstufigen) Skala zwischen den Positionen „Stimme völlig zu" und „Lehne völlig ab" jeweils eine Markierung setzen. Nachfolgend einige Beispiele für solche Statements:
  - Der Workshop hat keinen Sinn; es kommt doch nichts dabei heraus.
  - Ich gebe diesem Training eine echte Chance.
  - Ich glaube, hier sagt nicht jeder, was er denkt.
  - Hier wird zu viel „unter den Teppich" gekehrt.
  - Mich stört, dass der Vorgesetzte dabei ist.
  - Ich fühle mich frei, meine Meinung zu sagen. usw.

Die Stimmungsabfrage erfolgt anonym entweder per Fragebogen oder die Statements werden per Overheadprojektor oder Beamer präsentiert und die Teilnehmer notieren ihre jeweiligen Antwortreaktionen dann auf einer Antwortkarte. Die eingesammelten Fragebögen bzw. Antwortkarten werden in Form einer Strichliste ausgewertet. Häufungen und Streuungen bei den Antworten werden anschließend im Plenum präsentiert und zur Diskussion gestellt. „Stimmungsbarometer" sind hervorragend geeignet, gleich bei der Eröffnung eines Trainings vorliegende Stimmungen „über die Oberfläche" zu holen und damit besprechbar zu machen. Außerdem kann man durch Wiederholung der gleichen oder auch einer partiell modifizierten Abfrage Stimmungsveränderungen transparent machen.

- *Tagesfeedback.* Am Ende eines Tages bzw. zu Beginn des nächsten wird strukturiert oder unstrukturiert abgefragt, wie die Teilnehmer den abgelaufenen Tag erlebt haben. Am besten geschieht dies verdeckt per Kartenmethode. Der Trainer erhält damit ohne großen zeitlichen Abstand ein Feedback zur gegenwärtigen Stimmungslage. Das Ergebnis des Tagesfeedbacks wird gleich im Plenum präsentiert, so dass Problem- oder Kritikpunkte unverzüglich angegangen und bearbeitet werden können.

- *Abschlussfeedback.* Dieses wird am besten nach dem gleichen Verfahren eingeholt wie das Tagesfeedback, nur werden die Teilnehmer jetzt um ihre Gesamtbilanz bezüglich des Trainings gebeten. Das Ergebnis sollte ebenfalls sofort im Plenum bekannt gegeben und bei Bedarf diskutiert werden.

Bei allen diesen Abfragen ist der Trainer nach der Präsentation im Plenum nicht nur als Moderator gefordert. Mit großer Sicherheit wird sich zumindest ein Teil des Feedbacks auch mit seiner Person bzw. mit seinem Verhalten beschäftigen. Fällt das Feedback positiv aus, wird er keine große Mühe haben, ein solches Feedback zu „verkraften". Falls das Feedback in Richtung Trainer jedoch mehr oder weniger kritisch, vielleicht sogar hart ausfällt, dann kann es sehr schnell für ihn zur Akzeptanzfrage werden, ob und wie er ein solches Feedback von Einzelnen oder von der ganzen Gruppe aufnimmt und wie er damit umgeht.

Für mich sind die Tagesfeedbacks sowie das Abschlussfeedback so wichtige Elemente eines Teamtrainings, dass ich sie grundsätzlich und – soweit nicht Vertraulichkeitsgründe dagegen sprechen – mit allen Einzelaussagen in die Dokumentation des Teamtrainings aufnehme.

An dieser Stelle möchte ich gerne ein kurzes Plädoyer für die Erhebung des Feedbacks per Kartenmethode (und zwar unstrukturiert und verdeckt) einschieben. Das entscheidende Argument für den Verzicht auf strukturierende Vorgaben ist für mich die Tatsache, dass die abgegebenen Feedbacks individueller ausfallen und dass mit hoher Wahrscheinlichkeit die Antwortreaktionen sowohl in Bezug auf ihre Bandbreite wie auch bezüglich ihrer Tiefe eine strukturierte Abfrage übertreffen werden. Die Anonymität einer verdeckten Feedback-Abfrage wiegt für mich allerdings lediglich in der Startphase eines Teamtrainings als Argument. Auf diese Weise können vielleicht gewisse Angstbarrieren, etwa aufgrund von persönlicher Unsicherheit oder von mangelndem Vertrauen, überwunden werden. In der Regel währt dieser Schutz aber nicht lange. Sobald ein Feedback aus einer verdeckten Abfrage im Plenum behandelt wird, ist der jeweilige Feedback-Geber meist sehr schnell aufgefordert, die Deckung der Anonymität zu verlassen. Tut er dies nicht, ist das zu akzeptieren. Allerdings hat die Gruppe dann auch sofort ein neues Problem: etwa das Problem einer nicht ausreichenden Vertrauensbasis oder der Personenwirkung eines Teilnehmers (etwa des Vorgesetzten). Das Hauptargument für eine verdeckte Abfrage scheint mir zu sein, dass zumindest für den Moment der Abfrage alle unmittelbaren wechselseitigen Beeinflussungsprozesse ausgeschaltet sind. Das vorliegende Meinungsspektrum wird zuerst auf Karten fixiert und danach erst in der Diskussion der mehr oder minder starken Dynamik von Meinungsbildungsprozessen ausgesetzt. Es wird deshalb auch nicht verwundern, dass ich aus den genannten Gründen jene vorstrukturierten Feedbackabfragen ablehne, bei denen die Teilnehmer ihr(e) Urteil(e) mit Hilfe von Klebepunkten auf einer Pinn-Wand fixieren müssen. Dabei ist es meiner Meinung nach ziemlich unerheblich, ob dies offen geschieht, d. h. unter der sozialen Kontrolle der Anwesenden, oder ob einer nach dem anderen hinter eine Pinn-Wand tritt, um dort quasi „verdeckt" seine Einschätzungen zu markieren. Vielleicht von der ersten Person abgesehen, wird nämlich auch hierbei niemand völlig frei sein von dem Einfluss der bereits abgegebenen, d. h. „geklebten" Urteile.

Eine ganz andere Form, in Teamtrainings Feedback zu praktizieren und zugleich auch zu üben, ist die so genannte *Prozessanalyse*.

Bei einer Prozessanalyse (Comelli, 1985) erhalten die Teilnehmer oder auch eine Teilgruppe davon die Aufgabe, eine bestimmte Arbeitseinheit oder Trainingspassage kritisch unter die Lupe zu nehmen. Sie analysieren gemeinsam, was während der betreffenden Zeit genau abgelaufen ist, um daraus für die zukünftige Arbeit zu lernen bzw. Verbesserungsmöglichkeiten für die Zusammenarbeit abzuleiten. Die dazu notwendige diagnostische Kompetenz muss im Training meist erst Schritt für Schritt entwickelt werden. Eine wichtige Voraussetzung ist vor allem die Fähigkeit zur Metakommunikation, d. h. die Fähigkeit, über die eigene Kommunikation zu kommunizieren und auf diese Weise sich selbst zum Gegenstand der Betrachtung zu machen. Das fällt den meisten Teilnehmern auf Anhieb nicht leicht. Nachfolgend eine kleine Auswahl typischer Fragen, die bei einer solchen Prozessanalyse zur Anwendung kommen können:
- Was ist oder klappt gut?
- Wo „hakt" es?
- Wo gibt es Störungen oder Konflikte? Warum?
- Fühle ich mich frei, meine Meinung zu äußern?
- Werden auch abweichende Meinungen konstruktiv aufgenommen?
- Gehen wir ziel- und prozedurbewusst vor?
- Wie fühle ich mich im Moment in der Gruppe?
- Wie ist für mein Empfinden zur Zeit die Stimmung in der Gruppe?
- Wie ist das Verhältnis zum Gruppenleiter/Trainer?
- Wie ist das Verhältnis der Gruppenmitglieder untereinander? usw.

Um die prozessanalytischen Fähigkeiten der Teilnehmer zu trainieren, bietet es sich – natürlich immer abhängig von der Gesamtzielsetzung des Teamtrainings – sehr oft an, die Prozessanalyse mehrmals als Gruppenaufgabe in das Programm einzuarbeiten. Beispielsweise lässt man die Teilnehmer jeweils am Ende eines Trainingstages Bilanz ziehen und eine Prozessanalyse über den absolvierten Tag anfertigen. Die Aufgabe kann auch an wechselnde Teilgruppen übertragen werden. Außerordentlich fruchtbare Diskussionen können sich weiterhin ergeben, wenn man zwei parallel arbeitende Teilgruppen mit der Anfertigung einer Prozessanalyse betraut und später die Ergebnisse vergleicht. Die Durchführung einer Prozessanalyse über einen ganzen Tag dauert erfahrungsgemäß mindestens zwei Stunden. Das Ergebnis wird dann am nächsten Morgen im Plenum präsentiert und anschließend diskutiert. Selbstverständlich eignen sich auch kleinere Trainingseinheiten für eine Prozessanalyse, beispielsweise wenn nach Abschluss einer Gruppenarbeit die Gruppenmitglieder aufgefordert werden, noch einmal zehn bis zwanzig Minuten zu investieren und in dieser Zeit den gerade abgelaufenen Prozess zu reflektieren und kritisch zu bewerten.

Prozessanalysen als spezielle Übungsbausteine in Teamtrainings stoßen gleich in dreifacher Hinsicht wichtige Lernprozesse an:

1. Die Teilnehmer schärfen ihre diagnostische Kompetenz bei der Wahrnehmung von Gruppenprozessen. Dabei erleben sie von Tag zu Tag intensiver die gemachten Lernfortschritte.

2. Sie üben im Rahmen der Präsentation der eigenen Prozessanalyse im Plenum ihr Feedback an die Gruppe oder an einzelne Gruppenmitglieder geschickt, hilfreich und akzeptabel zu formulieren.

3. Als Betroffene lernen sie, mit jenem Feedback in der Prozessanalyse, das sie und ihr persönliches Verhalten angeht, konstruktiv umzugehen.

Endziel beim Training prozessanalytischer Fähigkeiten ist es, die Teilnehmer später im betrieblichen Alltag in die Lage zu versetzen, Gruppensituationen zu erfassen und sie zutreffend einzuschätzen sowie speziell kritische Situationen durch entsprechende persönliche Interventionen möglichst konstruktiv zu beeinflussen. Sie tun damit nichts anderes als das, was sie während des Teamtrainings am Beispiel des Trainers beobachten können. Zu dessen Verantwortlichkeit gehört es, quasi als ständiger Prozessanalytiker (niemals fehlerlos!) nach Möglichkeit alle relevanten Signale aufzufangen und darauf zu reagieren. Das versetzt ihn in die Lage, das Training zielgerecht zu steuern sowie die durch das Training beabsichtigten Lernprozesse zu initiieren und fruchtbar zu gestalten.

Ein weiteres abschließendes Feedback ergibt sich aus der Abbildung 2, wo Teamentwicklung als rollierender Prozess visualisiert ist. Hierzu war bereits ausgeführt worden, dass nach jedem Workshop eine Feedback-Schleife vorgesehen ist. Unter Bezug auf den TE-Workshop und die dort vereinbarten Maßnahmen (jeder Durchgang sollte mit einem konkreten Aktionsplan enden) erfolgt mit einigem zeitlichen Abstand eine *Evaluation*.

Beispielsweise kann man nach etwa zwei, drei Monaten, also nach Abklingen der üblichen Workshop-Euphorie, die Beteiligten noch einmal „vor Ort" zusammenrufen und um eine kritische Bewertung des absolvierten Teamtrainings bitten. Bei diesem Treffen muss auch die Umsetzung der vereinbarten Maßnahmen sowie deren Auswirkungen in der betrieblichen Realität überprüft werden. Methodisch ist hier anzumerken, dass diese Form der Erfolgsüberprüfung nicht den Ansprüchen einer wissenschaftlichen Erhebung genügen muss. Vielmehr geht es darum, dass die Prozessbeteiligten gemeinsam (Zwischen-)Bilanz ziehen. Darüber hinaus ist es nicht uninteressant, unbeteiligte Dritte im Umfeld der Trainingsteilnehmer nach ihrer Wahrnehmung eventueller Veränderungen zu befragen.

11 Feedback über und zwischen Gruppen

Es kann in einem Teamtraining sehr wichtig sein, ein möglichst deutliches Bild der Gruppensituation und/oder von den betrieblichen Verhältnissen zu gewinnen und dies den Teilnehmern auch bewusst zu machen. Vor allem in der Anfangsphase eines TE-Prozesses muss man damit rechnen, dass die Beteiligten noch nicht so weit aufgetaut sind, dass sie sofort spontan und direkt möglicherweise „heiße" Informationen zur Situation oder Problemlage liefern. Hier bieten so genannte *projektive Verfahren* den Beteiligten die Möglichkeit, ihre Botschaft zunächst einmal sozusagen verpackt loszuwerden. Im Verlauf der sich daraus entwickelnden Diskussion wird dann manches leichter besprechbar. Solche projektiven Verfahren, durchweg als Gruppenaufgaben gedacht, sind beispielsweise:

- *Anfertigung von Karikaturen*. Dabei kann man entweder das Thema frei wählen lassen oder aber einen Themenvorschlag machen (z. B. Darstellung der Gruppen- oder der Betriebssituation als Maschine, als Zeltlager, als Betriebssportfest, als Olympische Spiele, als Segelschiff oder Ozeandampfer, als Entwicklungsland o. ä.). Einzige Vorgabe dabei ist, dass alle in der angesprochenen Situation verkommenden Personen in irgendeiner Form in der Karikatur erscheinen müssen.

- *Anfertigen von Collagen* oder *Herstellung einer Wandzeitung* (Material: ein großer Packen alter Illustrierter oder Zeitungen, Scheren, Klebestifte, Pinn-Wände). Vorgabe wie bei den Karikaturen.

- *Journalist spielen*, d. h. die Teilnehmer sollen – evtl. auch in Einzelarbeit – über die vorliegende Situation zugkräftige Schlagzeilen und Kurzmeldungen (etwa im Bildzeitungsstil) erfinden.

- *Sammeln* (vielleicht auch Erfinden) *von Firmenwitzen*. Beispiel: Warum sind vor dem Büro von Herrn X Zebrastreifen auf den Flur gemalt worden? Antwort: Damit die Kriecher nicht von den Radfahrern überfahren werden ...

- *Sammeln* von im Betrieb verwendeten *Spitznamen* oder *Assoziationen bilden* (z. B. spontane Zuordnung von Tiernamen, Farben, Berufen, Gegenständen o. ä. zu bestimmten Personen).

Projektive Aufgaben bieten sich ganz besonders auch für gruppenübergreifende Teamtrainings an. So kann man gegenseitig Gruppenbeschreibungen anfertigen lassen und die Ergebnisse anschließend als so genanntes „verpacktes Feedback" austauschen. Im Umgang mit den Ergebnissen von projektiven Aufgaben ist jedoch sehr große Vorsicht geboten. Man darf sich durch die oft sehr humoristische oder witzige Form nicht darüber hinwegtäuschen lassen, dass sich in der lockeren Verpackung nicht selten ein sehr hartes Feedback befindet. Beim Bilden von Assoziationen zu Personen oder beim Sammeln von Spitznamen ist dies leicht vorstellbar. Aber auch Karikaturen können es „in sich" haben. Als Beispiel soll die Abbildung 5 dienen. Hier hat eine Gruppe die betriebliche Situation als Betriebssportfest dargestellt. Es gibt Oberschiedsrichter, es gibt einen Kampf um die Leiter nach oben, es gibt einen Flaschenaufzug, jemand hat den längsten Arm, andere arbeiten sich selber hoch (um den erfolgreichen Korbwurf zu tätigen), es gibt Hauen und Stechen beim Kampf um die Leiter und das Ganze spielt sich auf dem Rücken der „fleißigen Kriechtiere" ab ...

Abbildung 5: Projektive Gruppenarbeit (Darstellung der betrieblichen Verhältnisse als Betriebssportfest)

Es ist leicht vorstellbar, dass eine solche Grafik wie in Abbildung 6, die schließlich real vorhandene Personen abbildet, einiges an Sprengstoff beinhaltet. Gleiches gilt z. B. auch für gefundene Spitznamen bzw. „kreative" Assoziationen zu Personen. Bei Außenstehenden, die am Prozess nicht beteiligt waren, können solche Inhalte leicht noch brisanter wirken. Aus diesem Grunde empfehle ich durchweg, die Ergebnisse projektiver Gruppenarbeiten nicht in die Dokumentation eines Teamtrainings aufzunehmen. Ich habe bislang keinen Fall erlebt, in dem die Gruppe dieser Empfehlung nicht gefolgt ist.

In der Regel weniger brisant, weitaus konkreter und besonders für gruppenübergreifende Teamtrainings geeignet sind die nachfolgenden Verfahren:

- *Sensing meetings.* Bei solchen „Sensibilisierungstreffen" bilden einige Vertreter der im Training vorhandenen hierarchischen Ebenen bzw. Teilgruppen eine Tischrunde. Jeder Teilnehmer spricht dabei stellvertretend für seine Ebene bzw. Gruppe. Die Regieanweisung lautet: „Stellen Sie sich vor, Sie sitzen mittags in der Kantine und sprechen darüber, was die Leute so beschäftigt, was sie denken und worüber sie reden, was sie aufregt, was ihnen Sorgen macht und was man ihrer Meinung nach besser machen könnte (und wie)". Im Training wird diese Szene als Fishbowl-Situation durchgeführt, d. h. die restlichen Teilnehmer sitzen als Beobachter um den „Kantinentisch" herum.

- *Mirroring.* Bei diesem gegenseitigen Spiegeln von Gruppenwahrnehmungen sollen Selbstbild-Fremdbild-Diskrepanzen aufgedeckt werden. In der Basisversion dieser Aufgabe erhält jede Teilgruppe die Aufgabe, eine Präsentation zu den beiden Frage-komplexen anzufertigen (a) Wie sehen wir uns? Wie sind wir? (Stärken, Schwächen, Probleme etc.) und (b) Wie sehen wir die andere Gruppe? Welches Image hat sie bei uns? (Stärken, Schwächen, Probleme etc.). Nach erfolgter gegenseitiger Präsentation der Ergebnisse darf nachgefragt und ergänzende bzw. erläuternde Information eingeholt werden. Rechtfertigungen, Erklärungen oder Anschuldigungen sind nicht erlaubt. Stattdessen sollen anschließend beide Gruppen (wiederum getrennt) nach Gründen für die festgestellten Selbstbild-Fremdbild-Differenzen suchen. Auf diese Weise entsteht der Input für die nächste Plenumsrunde. Man kann die Aufgaben-stellung auch noch weiter differenzieren (und komplizieren), indem man in die Auf-gabenstellung noch weitere Fragen aufnimmt, etwa: Wie möchten die anderen wohl gerne gesehen werden? Wie werden wir vermutlich von den anderen gesehen? Wie möchten wir gerne gesehen werden? usw.

- *Prozessoptimierung.* Bei dieser Aufgabe wird entweder parallel in Teilgruppen eine Präsentation erarbeitet oder die Aufgabe wird in mündlicher Form als „Fishbowl" durchgeführt. Bei der Fishbowl-Version diskutiert zuerst eine Gruppe die vor-gegebenen Fragestellungen, während die andere Gruppe außen herum einen Beob-achtungskreis bildet; anschließend anders herum. Inhaltlich sollen sich die Teil-gruppen (jeweils aus ihrer Perspektive) mit folgenden Fragen auseinandersetzen: Was gefällt uns an der anderen Gruppe? Welche Aktivitäten der anderen Gruppe verur-sachen uns Probleme bzw. behindern uns in unserer Effektivität? Welche Dinge tun wir, die der anderen Gruppe Probleme bereiten? Was könnte die andere Gruppe bei sich ändern, um die Zusammenarbeit zu verbessern? Was können wir tun, um den An-deren die Arbeit zu erleichtern? Nach gegenseitiger Präsentation der Antworten mündet die „Prozessoptimierung" gelegentlich spontan in das Aushandeln konkreter Vereinbarungen, nach dem Motto: Wenn ihr für uns dies oder jenes tut, werden wir für euch Folgendes tun ...

12 Feedback an den Auftraggeber

In etlichen Fällen ist der Initiator eines Teamtrainings der unmittelbare Vorgesetzte der Trainingsgruppe. Damit ist er unmittelbar Beteiligter und somit informiert über Verlauf und Ergebnis der Maßnahme. In vielen Fällen geht der Anstoß zu einem TE-Prozess aber auch von einem übergeordneten Vorgesetzten oder von einer betrieblichen Funktion (z. B. Personalleitung, Personalentwicklung, Trainingsabteilung) aus, die damit in die Rolle des Auftraggebers treten. In einem solchen Fall ist die entsprechende Person bzw. betriebliche Instanz aufgrund ihrer Situationseinschätzung zu der Auffassung gelangt, dass für eine bestimmt Gruppe ein Teamtraining angebracht sei. So wird ein interner oder externer Trainer angesprochen, der nach entsprechender Vorabstimmung den Auftrag übernimmt. Dieser Trainer wird dann entsprechend der eingangs beschriebenen Vorgehensweise (Gespräch mit dem unmittelbaren Vorgesetzten, Gespräch mit den Teammitgliedern, Absicherung der Vertraulichkeit usw.) seine Arbeit aufnehmen und in den TE-Prozess einsteigen. Es ist nachvollziehbar und auch durchweg üblich, dass der nicht unmittelbar am TE-Prozess beteiligte „Auftraggeber" selbstverständlich auch ein Feedback zum abgeschlossenen Auftrag, evtl. auch zwischendurch zum Prozessverlauf erwartet (Wie ist es gelaufen? Was ist dabei herausbekommen? usw.). Damit gerät der Trainer jedoch möglicherweise in ein Dilemma, weil sich unter bestimmten Umständen ein Konflikt in Bezug auf die den Teilnehmern garantierte Vertraulichkeit ergibt.

Ich möchte drei mehr oder weniger typische Szenarien beleuchten, die sich hierbei ergeben können. Zunächst der *Normalfall*: Schon zu Beginn des Trainings sollte mit den Teilnehmern geklärt werden, dass das Teamtraining kein absolutes „closed shop" sein kann und darf. So müssen beispielsweise im Training getroffene Vereinbarungen selbstverständlich auch allen anderen bekannt gemacht werden, die entweder in irgendeiner Form tangiert sind oder später die Umsetzung der Vereinbarungen unterstützen sollen. Die Vertraulichkeit in einem Teamtraining kann sich deshalb nur auf zwei Bereiche beziehen. Streng geschützt sind zum einen alle „personenbezogenen Daten", d. h. Informationen über Teilnehmer (Verhaltenweisen, Reaktionen, Gesagtes, Gehörtes u.ä.) dürfen außerhalb des Trainings – weder positiv noch negativ – für diagnostische Zwecke zur Verfügung stehen bzw. genutzt werden. Zum anderen „bleiben im Raum" alle angesprochenen oder behandelten Informationen, die nur unter Zusicherung der Vertraulichkeit offenbart wurden, sowie alle zur Sprache gekommenen Tatbestände (Fakten, Hypothesen oder Vermutungen), bei denen der Berichtende oder ein anderes Trainingsmitglied ein persönliches Risiko oder Risiken anderer Art sieht, falls diese öffentlich gemacht werden.

Üblicherweise erstellt der Trainer nach Abschluss eines Trainingsdurchganges eine Dokumentation für die Teilnehmer. Diese Dokumentation ist kein Geheimpapier, sondern sie ist offen für interessierte Dritte. Deshalb muss während des Trainings mit den Beteiligten festgelegt werden, ob bzw. welche Inhalte ggf. vertraulich bleiben, also nicht in der Dokumentation erscheinen. Das können beispielsweise „heiße" Ergebnisse von Gruppenarbeiten sein (etwa eine entlarvende Bild-Collage) oder auch bestimmte kritische Ereignisse während des Trainings. In der Regel enthält die TE-Dokumentation:
- den Zeitplan bzw. eine Chronologie des Trainings,
- die Auflistung aller wichtigen Lerninhalte („Stoff"), ggf. mit entsprechenden Manuskriptunterlagen,
- die Ergebnisse von Abfragen (z. B. Problemkataloge, Ideensammlungen, „Stimmungsbarometer"),

- die Ergebnisse aller Gruppenarbeiten (inkl. Zwischenergebnisse bei Teilschritten),
- alle zwischen einzelnen oder innerhalb der ganze Gruppe getroffenen Vereinbarungen in wörtlicher Formulierung,
- die Ergebnisse bzw. Abschriften aller erhobenen Feedbacks (Tagesfeedbacks, Abschlussfeedback).

Somit ist festgelegt ist, was aus dem Training „herausgeht". Damit sollte zugleich das oben angesprochene Informationsbedürfnis des Auftraggebers über Verlauf und Ergebnis des Trainings hinreichend befriedigt sein. Darüber hinaus besteht ja noch die Möglichkeit, einzelne oder alle Teilnehmer nach ihren Eindrücken und Erfahrungen zu befragen, was auch praktiziert wird. In diesem Zusammenhang sollte der Trainer übrigens unbedingt in dem Training thematisieren, dass er nur für *seine* Vertraulichkeit garantieren kann und dass jeder einzelne Teilnehmer ebenfalls seinen Beitrag zur vereinbarten Vertraulichkeit zu liefern hat.

So weit der Normalfall. Weitaus brisanter ist der zweite Fall, den ich einmal *Verführung zum Vertrauensbruch* nennen möchte. Darunter verstehe ich den mehr oder weniger deutlich signalisierten Wunsch des Auftraggebers an den Trainer, vertrauliche Details aus dem Teamtraining mitzuteilen. Sehr oft geht es dabei um Fragen der Beurteilung einzelner Personen, zum Beispiel: Wie hat sich denn Herr … verhalten? Wie ist denn Ihr Eindruck von Herrn …? Aber es können auch Fragen nach (Hintergrund-) Informationen zu im Training behandelten betrieblichen Vorfällen gestellt werden: Worum ging es da eigentlich? Was ist denn da genau passiert oder wo? Wer hat das verursacht, verschuldet, getan, gesagt usw.? Wenn er sich mit solchen Fragen konfrontiert sieht, sollte ein redlicher Trainer sofort die zu Beginn getroffenen Vertraulichkeitsabsprachen in Erinnerung bringen. Zudem kann er auf die Dokumentation verweisen sowie darauf, dass jedem interessierten Unternehmen genügend einwandfreie und korrekte Wege und Verfahren zur Verfügung stehen, betriebliche Situationsanalysen zu erstellen oder Problempunkte aufzuspüren. Eine Organisation bzw. sein Management sollte nicht darauf angewiesen sein, ein unter völlig anderer Prämisse initiiertes Teamtraining für verdeckte Informationsbeschaffung zu missbrauchen.

Kein Zweifel, die überwältigende Mehrzahl der Trainer ist integer. Andererseits bin ich ziemlich sicher, dass jeder, der zumindest längere Zeit in diesem Feld arbeitet, schon (Einzel-)Fällen begegnet ist, bei denen ein Trainer sich gegenüber dem Auftraggeber willfährig gezeigt und Vertrauensbruch an „seinen" Trainingteilnehmern begangen hat. Nach meinen Erfahrungen ist allerdings keine Organisation so „wasserdicht", dass ein solcher Vertrauensbruch nicht ans Licht kommen würde. Mit hoher Wahrscheinlichkeit ist dann früher oder später ein hoher Preis zu zahlen: Nicht nur, dass die involvierten Personen wohl für immer ihren Vertrauenskredit bei den Mitarbeitern verspielt haben, sondern es wird auch die Bereitschaft der Mitarbeiter langfristig erschüttert sein, für zukünftige Projekte Vertrauenskredit zu vergeben. Speziell dem Instrument der Teamentwicklung wird von nun an der Geruch von Unlauterkeit anhängen.

Ein echtes Dilemma bedeutet das dritte Szenario, das am ehesten mit *Rollenkonflikt des Trainers* zu beschreiben ist. Angenommen, während des Trainings, vielleicht auch schon bei den Vorgesprächen im Rahmen der Situationsanalyse, gelangt der Trainer zu brisanten Kenntnissen über Personen, Verhältnisse und/oder schwebende Risiken. Diese Informationen wären von Bedeutung für Entscheidungsträger oder andere betriebliche Instanzen, weil konkretes Handeln erforderlich wäre. Doch damit gerät der Trainer in einen Konflikt zwischen seiner Trainerrolle und der damit verbundenen Vertraulichkeitsgarantie gegenüber den Trainingsteilnehmern auf der einen Seite und (s)einer Beraterrolle gegenüber seinem Auftraggeber auf der anderen. Als Teamtrainer ist er gebunden durch seine Zusage, Vertraulichkeit zu wahren. Andererseits aber müssten die besagten Informationen offenbart und sozusagen an die richtige Adresse gebracht werden, um beispielsweise (drohenden) Schaden von Mitarbeitern und/oder von dem Unternehmen abzuwenden.

Was tun? Was auch immer geschieht, es muss für Transparenz bei den Beteiligten. gesorgt sein. Es gibt deshalb keinen anderen Weg für den Trainer, als das Dilemma im Teamtraining zu thematisieren und dabei zu begründen, weshalb er bezüglich bestimmter Informationen für eine Aufhebung der Vertraulichkeitszusage plädiert. Im Idealfall wird die Gruppe zustimmen, wobei Einstimmigkeit erforderlich ist. Es kann anschließend gemeinsam darüber beschlossen werden, wie die problematischen Informationen innerbetrieblich auf den richtigen (formellen oder auch informellen) Weg zu bringen sind. Die gleiche Vorgehensweise gilt, wenn Vertraulichkeit nur (einem) einzelnen Informanten zugesagt wurde, dann jedoch nur unter Einbeziehung des/der Betroffenen. Für den Fall, dass die Freigabe der Informationen abgelehnt wird (eine Gegenstimme reicht!), sind und bleiben dem Trainer die Hände gebunden. Denn: Vertrauen zwischen Menschen kann man nicht kaufen. Vielmehr wird Vertrauen aufgebaut und erworben als Resultat der Interaktionserfahrungen zwischen den Beteiligten. Vertrauen ist also ein Prozess. Ein Vertrauensbruch bedeutet, diesen nicht selten mühseligen, auf jeden Fall kostbaren Prozess mit einem Schlag zu zerstören. – Eine letzte Möglichkeit, das beschriebene Dilemma aufzulösen, soll noch beschrieben werden, wenngleich diese mit Sicherheit kontrovers diskutiert werden kann: Es mag Situationen geben, in denen ein Trainer, nach sorgfältiger Abwägung der Schwere des Falles, dergestalt an seine äußersten Grenzen geht, dass er etwa in der Nachbesprechung zum Training seinem Auftraggeber einen Hinweis gibt, *dass* ihm im Rahmen des Projektes ein gravierendes Problem zur Kenntnis gekommen sei (aber nicht: was, wer, wo usw.). Nach einem solchen sensibilisierenden Signal sollte es einer einigermaßen gesunden Organisation möglich sein, quasi aus eigener Kraft ein brisantes Problemfeld zu identifizieren.

13 Schlussbemerkung

„Lernen ist schwimmen gegen den Strom; wer nicht schwimmt, wird abgetrieben", sagt ein chinesisches Sprichwort. Ohne Feedback ist kein Lernen möglich, wobei gerade das hilfreichste Feedback nicht selten mit Schmerzen verbunden ist. Aber ein feedbackunfähiger Mensch steht sich selbst im Weg und behindert seine eigene Fortentwicklung. Feedbackunfähigkeit in einem Team blockiert mit Sicherheit dessen Effizienz. Und eine feedbackfeindliche Organisation ist nichts anderes als todkrank.

II. Typische Feedbackinstrumente

Heinz Schuler & Yvonne Klingner

Leistungsbeurteilung, Zielsetzung und Feedback

1   Zielsetzung der Leistungsbeurteilung

Zu den wesentlichen Zielen der Organisation gehört es, die Aufgaben des „Human Resource Management" zu erfüllen, das heißt Anforderungen zu kommunizieren und Kontingenz zwischen dem Arbeitsverhalten und diesen Anforderungen herzustellen, also Anreize und Belohnungen leistungsgerecht zu gestalten. Zweck eines Beurteilungsverfahrens für die Organisation ist es darüber hinaus, Grundlagen für Entscheidungen auf Systemebene bereitzustellen, das sind beispielsweise Kriterien für die Überprüfung von Personalauswahlverfahren und von Trainingsmaßnahmen. Die Zwecke, die das Beurteilungsverfahren für die Mitarbeiter der Organisation haben kann, liegen vor allem in der Information über Anforderungen und Bewertungen, in Hinweisen, Unterstützung und Motivation zu zielgerechtem Verhalten sowie in leistungsabhängig gewährten Belohnungen.

In Tabelle 1 werden Ziele oder Funktionen einer systematischen Leistungsbeurteilung zusammengestellt (aus Schuler, 2004b, S. 4). Es verdient der Erwähnung, dass nicht alle genannten Ziele gleichermaßen untereinander kompatibel sind. Vor allem sind solche Funktionen, die auf Verbesserung gerichtet sind – personalen Verhaltens bzw. Kompetenzen, aber auch der Arbeitsbedingungen –, nicht leicht zu verknüpfen mit institutionalen Funktionen wie Aufstiegsentscheidungen oder Gehaltsbestimmung. Während erstere das offene Ansprechen von Defiziten auch seitens der Mitarbeiter erfordern, um konstruktive Maßnahmen zu begünstigen, geht das Interesse der Mitarbeiter dahin, ihre Leistung gegenüber dem beurteilenden Vorgesetzten in ein positives Licht zu setzen, um ihre Chancen auf Gratifikation zu verbessern.

Ein Weg, solche Zieldiskrepanzen zu umgehen, besteht in der zeitlichen Trennung von Beurteilungen für Entwicklungszwecke von solchen für administrative Entscheidungen. Einen anderen bietet der Einsatz unterschiedlicher Beurteilungsinstrumente. Etwa können zu Förderzwecken Methoden wie das Verhaltensrangprofil eingesetzt werden (s. u.), die auf einen Vergleich zwischen Mitarbeitern explizit verzichten und stattdessen die Anforderungen am gegebenen Arbeitsplatz mit den relativen Stärken und Schwächen einzelner Personen vergleichen, um daraus Förderungserfordernisse abzuleiten. Als Grundlage administrativer Entscheidungen empfehlen sich demgegenüber „objektive" oder ergebnisbezogene Leistungsmaße wie Produktivitäts-, Qualitäts- oder Verkaufsindikatoren.

Diese Überlegungen gelten freilich nicht nur für den Fall der Beurteilung von Mitarbeitern durch ihre Vorgesetzten. Erwartet beispielsweise ein Mitarbeiter, der das Verhalten seines Vorgesetzten beurteilt, dass seine Einschätzung zur Beförderung dieses Vorgesetzten beitragen wird, so kann sein Urteil eventuell stärker an den erwünschten Konsequenzen orientiert sein als an der zunächst intendierten Feedbackfunktion. Oder wenn die Leistung eines Teamleiters an den Erfolgen der ganzen Gruppe gemessen wird, so dürfte es in seinem Interesse sein, Indikatoren zu sammeln, die den Teamerfolg eher über- als unterschätzen. Ein Großteil der häufig beklagten Urteilstendenzen, insbesondere der Beschönigungstendenz, dürfte durch die eigene Betroffenheit des Urteilenden von seinem Urteil bedingt sein.

Tabelle 1: Funktionen der Leistungsbeurteilung

1. Leistungsverbesserung durch Verhaltenssteuerung (Feedback für die Beurteilten)
2. Planung, Auswahl und Gestaltung von Maßnahmen der Personalentwicklung
□ individuell: Maßnahmen zur Erhöhung der individuellen Bewährungswahrscheinlichkeit und Einsatzbreite (u. a. Aufgabenerweiterung, Verhaltenstraining, Fort- und Weiterbildung)
□ kollektiv: Personalentwicklungsplanung
3. Personelle Entscheidungen auf individuellem und kollektivem Niveau
□ individuell: Platzierung, Beförderung, Versetzung, Übernahme, Kündigung
□ kollektiv: Personalplanung
4. Gestaltung von Arbeitsbedingungen (Arbeitsplatz und Arbeitsumgebung), Ausgangspunkt von Organisationsdiagnose und Organisationsentwicklung
5. Gehalts- und Lohnbestimmung
6. Individuelle Beratung und Förderung von Mitarbeitern
7. Verbesserung der Führungskompetenz der Vorgesetzten
8. Evaluation von Selektionskonzepten, personellen Entscheidungen, Maßnahmen der Personalentwicklung, Programmen der Organisationsentwicklung, Anreiz- und Verstärkungssystemen
9. Artikulation von Anforderungen an Arbeitstätigkeit und soziales Verhalten (Leistungsbeurteilung als Instrument der betrieblichen Sozialisation, der Motivierung und Verhaltenssteuerung)
10. Hervorhebung der Bedeutung leistungsorientierter Personalentwicklung in der Organisation

Ein anderer Antagonismus ergibt sich zwischen dem individuellen Feedback und der qualitativen Personalplanung. Während Ersterem mit einem informellen, anlassbezogenen kurzen Gespräch am besten gedient ist, bedarf Letztere vergleichbarer und aggregationstauglicher Daten. Noch höher ist der methodische Anspruch an Leistungsdaten, der zur Evaluation von Personalauswahlverfahren zu stellen ist. In nicht wenigen Fällen sind die Auswahlverfahren von besserer Qualität als die Kriteriendaten, die als Maßstab ihrer Brauchbarkeit verwendet werden.

Als Beurteilungsmaße kommen verschiedene grundsätzliche Kategorien in Betracht. Bei Schuler (2004b) werden Tätigkeiten, Kenntnisse, Ziele, Ergebnisse, Verhalten und

Fähigkeiten/Eigenschaften genannt. Die in der Beurteilungspraxis wichtigsten Kategorien sind die drei Letztgenannten. Der Vorzug von Ergebnisdaten liegt vor allem in der Möglichkeit der engen Abstimmung mit betriebswirtschaftlichen Zielsetzungen, ihr mögliches Defizit in mangelnder Relevanz oder in Attributionsproblemen (Inwieweit hat die Person tatsächlich das Ergebnis zu verantworten?). Fähigkeits- oder Eigenschaftsbeurteilungen ermöglichen Vergleiche über unterschiedliche Arbeitsplätze hinweg und bieten sich – als „Potenzialbeurteilung" – vor allem dort an, wo Entscheidungen mit Prognosecharakter zu treffen sind; Nachteile liegen in der mangelnden Brauchbarkeit für verhaltenssteuerndes Feedback. Verhaltensbezogenen Beurteilungen schließlich ist der Vorzug für Entwicklungsziele zu geben, sie sind zumeist relativ leicht anforderungsbezogen auszugestalten; sie erfordern allerdings spezifische Kenntnisse der Verhaltens-Erfolgs-Zusammenhänge und stehen unter Umständen vor der Einschränkung, als „Verhaltensmaßregelung" erlebt zu werden. Eine detaillierte Erörterung der Vor- und Nachteile eigenschafts-, verhaltens- und ergebnisbezogener Beurteilungen sowie ihrer Einsatzdomänen findet sich bei Schuler und Marcus (2004).

Um höheren Ansprüchen an die Reliabilität und die Validität der Beurteilungen zu genügen, bedient man sich zumeist gebundener Urteilstechniken in Form von Skalierungsmethoden. Diese Skalierungsmethoden sind von den im Abschnitt 3 besprochenen Beurteilungsebenen weitgehend unabhängig; im Einzelfall legt die Methode gleichwohl nahe, sich z. B. eher auf Verhaltensweisen, auf Ergebnisse oder auch auf Eigenschaften als Einheiten zu beziehen. Über die Verbreitung formalisierter Beurteilungsverfahren generell informieren Liebel und Oechsler (1987), speziell zur internen Personalauswahl finden sich aktuelle Daten bei Hell und Schuler (in Druck).

2   Beurteilungsverfahren

Die Beurteilung beruflicher Leistung ist nicht zwingend an die Verwendung formaler Skalierungsverfahren gebunden. In vielen, vor allem kleineren Organisationen begnügt man sich mit informeller Einschätzung der Qualifikation der Mitarbeiter, die einen gewissen expliziten Charakter oft erst zu dem Zeitpunkt bekommt, zu dem Personalentscheidungen anstehen. In manchen Fällen wird auch bewusst auf formelle Beurteilungen verzichtet, weil man deren psychometrischen Anspruch scheut oder Akzeptanzprobleme fürchtet. Zumindest die psychometrischen Probleme werden durch intuitive Bildung und Verwertung des Eindrucks natürlich nicht vermieden; verhindert wird dadurch nur, dass man sie sich vor Augen führt und dass sie der Kontrolle zugänglich sind.

Was Probleme des Miteinander-Umgehens betrifft, kann allerdings die unbedachte, ungeschickte oder gar rücksichtslose Verwendung formeller Verfahren tatsächlich Schäden anrichten, die den Nutzen der Beurteilung überwiegen. Es ist wichtig, sich als Entscheidungsträger und Beurteiler vor Augen zu führen, dass der Einsatz auch des technisch ausgefeiltesten Verfahrens die Verwender nicht der Verantwortung zu fairen,

„sozial validen" Vorgehensweisen enthebt. Bei Dickinson (1993) und im Abschnitt Beurteilungsgespräche werden diese Probleme eingehender erörtert.

2.1 Objektive Leistungsmaße

Objektiven Daten als Indikatoren von Leistungsergebnissen werden verschiedene Vorzüge gegenüber anderen Beurteilungsformen zugesprochen, darunter die, geeignete Repräsentationen der Leistungsziele darzustellen, von den Unzulänglichkeiten subjektiver Einschätzung nicht beeinträchtigt zu sein und Affinität zur betriebswirtschaftlichen Nutzen/Kosten-Kalkulation aufzuweisen. Wie bereits erwähnt sind allerdings auch ihre Nachteile nicht zu übersehen, wobei vor allem Attributionsprobleme (Inwieweit ist ein Mitarbeiter tatsächlich für das Leistungsergebnis verantwortlich?), Reliabilitätsdefizite (Würde die Leistungsermittlung zu einem anderen Zeitpunkt genauso ausfallen?) und häufig unbefriedigende Relevanz (Aussagekraft) ins Auge fallen. Dessen ungeachtet kommen objektive Daten, wo erhebbar, zumindest im Sinne erstrebenswerter Multimodalität als ergänzende Leistungsinformation in Betracht.

Viswesvaran (2002) klassifiziert im Anschluss an Schmidt objektive Leistungsmaße in *Produktivitätsdaten* als direkte Maße und *Personaldaten* als indirekte Maße. Produktivitätsdaten können quantitativ (etwa Verkaufszahlen oder Anzahl produzierter Einheiten) oder qualitativ (z. B. Anzahl und Bedeutsamkeit von Fehlern) ausgeprägt sein. In manchen Fällen enthalten Produktivitätsdaten sowohl Quantitäts- als auch Qualitätsinformation, etwa als Anzahl akzeptierter Patente oder Veröffentlichungen in angesehenen (also ihrerseits nach Qualität auswählenden) Fachzeitschriften. Personaldaten sind ihrerseits keine direkten Produktivitätsmaße, sondern lassen lediglich Schlüsse auf Produktivität zu (z. B. Fehlzeiten oder Unfälle) oder sind Konsequenzen von Leistungseinschätzungen (etwa Beförderungen oder Gehalt).

Eine Studie von Sackett, Zedeck und Fogli (1988) machte auf den geringen Zusammenhang zwischen objektiven und subjektiven Leistungsmaßen sowie zwischen verschiedenen objektiven Leistungsmaßen untereinander aufmerksam. Das Interesse dieser Studie richtete sich primär auf die Übereinstimmung zwischen *maximaler* und *typischer* Leistung von Supermarktkassiererinnen (Abfertigung eines Warenkorbs nach Ankündigung bzw. ohne Ankündigung einer Bewertung). Selbst nach Reliabilitätskorrektur betrug die Korrelation in der Gruppe der Neueingestellten nur r =.16, bei den seit längerem Beschäftigten .36. Der Zusammenhang zwischen Geschwindigkeit und Genauigkeit lag zwischen r =.02 und .19. Überdies war auch die Übereinstimmung der Vorgesetztenurteile mit den objektiven Leistungsmaßen gering und betrug für die verschiedenen Kombinationen von typisch-maximal und Geschwindigkeit-Genauigkeit zwischen .01 und .36. Damit weichen die Ergebnisse von Sackett et al. (1988) nicht wesentlich vom gewichteten Durchschnittswert ab, den Heneman (1986) mit r =.27, errechnete, und belegen ein weiteres Mal das Erfordernis multimodaler Messungen, soweit das Ziel nicht in der Messung spezifischer Leistungsfacetten sondern in der „Gesamtleistung" besteht.

2.2   Freie Eindrucksschilderung

Die geringste methodische Gebundenheit liegt bei der sprachlich freien Schilderung beurteilungsrelevanter Aspekte vor. Freie Eindrucksschilderungen beziehen sich vor allem auf Eigenschafts- und Verhaltenskriterien; insbesondere Führungskräfte werden häufig auf diese Weise beurteilt. Die wichtigste Funktion freier Formulierungen dürfte in Einsatzbereichen liegen, wo es nicht entscheidend auf die Vergleichbarkeit der Beurteilungsergebnisse ankommt – vor allem im Rahmen individueller Beratung und Förderung von Mitarbeitern. Soweit die freie Eindrucksschilderung auch als „Potenzialeinschätzung" verstanden wird, also als Äußerung über die mutmaßliche Qualifikation für andere Positionen oder die Entwicklungsfähigkeit, fällt die geringe Reliabilität dieser Form der Beurteilung ins Gewicht. Um ein Mindestmaß an Beurteilerübereinstimmung zu gewährleisten, können Urteilsaspekte oder Auswahllisten als Formulierungshilfen angeboten werden. Vielfach wird bei Einsatz von Skalierungsverfahren den Beurteilern zur Ergänzung die Möglichkeit freier Schilderungen gegeben.

Ein Vorteil der freien Eindrucksschilderung wird darin gesehen, den Konstruktionsaufwand von Skalierungsverfahren zu vermeiden. Eine weitere von den Verwendern als Vorteil betrachtete Eigenheit ist die Möglichkeit, jedem Mitarbeiter durch individuelle Charakterisierung und in Betonung der für den Beurteiler bedeutsamen Urteilsaspekte gerecht werden zu können, sich nicht einem Schema vorgegebener Aspekte und Abstufungen beugen zu müssen. Ihr wichtigster Nachteil ist ihre geringe Reliabilität, u. a. ihre Abhängigkeit von der Stimmungslage des Beurteilers und der gerade erinnerten Verhaltensereignisse und Eindrücke. Auch vom Zeitaufwand und Ausdrucksvermögen des Beurteilers ist die freie Eindrucksschilderung abhängig, was die Objektivität (Übereinstimmung verschiedener Beurteiler) beeinträchtigt (vgl. Schuler, 2004c). Durch Training und Absprache zwischen den Beurteilern können diese Probleme gemindert werden.

2.3   Einstufungsverfahren

Die weitaus meisten der in Wirtschafts- und Verwaltungsorganisationen verwendeten systematischen Beurteilungsverfahren können der Kategorie der Einstufungsverfahren zugerechnet werden (Cascio, 1987). Methodisches Prinzip ist die Zuordnung – „Einstufung", engl. „rating" – von Verhaltensbeobachtungen, Ergebnis- oder Merkmalseinschätzungen zu einer mehrstufigen Skala. Die Skalenstufen sind gewöhnlich durch Zahlenwerte, Adjektive, Adverbien oder Verhaltensbeschreibungen verankert. Die Skalenlänge beträgt üblicherweise zwischen fünf und neun Stufen, was etwa der Differenzierungsfähigkeit der meisten Beurteiler entspricht und als Reliabilitätsoptimum angesehen wird (Bernardin & Beatty, 1984). Um alle wichtigen Facetten des Leistungsbereichs abzudecken werden etwa fünf bis 20 Skalen dieser Art verwendet. Einstufungsverfahren können, wie auch die meisten anderen der im Folgenden beschriebenen Methoden, prinzipiell für alle Tätigkeitsbereiche und Positionsebenen eingesetzt werden.

Ein Beispiel für eine einfache Skalenform, die so genannte *Graphische Einstufungsskala* (Bezeichnung, wie auch einige weitere Skalenbezeichnungen, nach Brandstätter, 1970), wird in Abbildung 1 gegeben.

Die verbale Verankerung der Skalenpunkte trägt zur Verringerung von Urteilstendenzen bei, wie sie bei Einstufungsskalen besonders stark auftreten (z. B. unterschiedliche Mittelwertstendenzen, also verschiedene „Strenge" oder „Milde" der Urteile; zur Definition und Illustration von Urteilstendenzen vgl. Schuler, 2004c).

Kontaktverhalten

1	2	3	4	5	6	7

vermeidet Kontakte,   geht unbefangen   findet selbst zu schwiewenn sie nicht unbe   auf andere zu   rigen Menschen leicht
dingt erforderlich sind   Kontakt

Abbildung 1:   Graphische Einstufungsskala

Eine Form der Einstufungsskala, mit der man Urteilstendenzen zu vermindern sucht, ist die *Verhaltensverankerte Einstufungsskala*. Sie geht auf Smith und Kendall (1963) zurück. Bei diesem Verfahren werden zu jedem Urteilsaspekt positive, wertneutrale und negative Verhaltensbeispiele zusammengestellt und auf relative Eindeutigkeit des Skalenwerts überprüft. Diese Verhaltensbeispiele, die gewöhnlich aus Anforderungsanalysen stammen, werden als Markierungen verschiedener Skalenpositionen vorgegeben und dienen als beispielhafte Verankerungen für das einzustufende Verhalten. Ein Beispiel wird in Abbildung 2 dargestellt, es bezieht sich auf Mitarbeiter im Bereich Forschung und Entwicklung (aus Schuler, Funke, Moser und Donat, 1995, S. 64).

Der Vorteil Verhaltensverankerter Einstufungsskalen wird vor allem in der anforderungsbezogenen Verhaltensorientierung gesehen, der sie zu einer brauchbaren Grundlage für Personalentwicklungszwecke macht. Der Konstruktionsaufwand für ein solches Verfahren ist allerdings relativ hoch (Schilderung der Konstruktion z. B. bei Domsch und Gerpott, 1985).

Einfacher aufgebaut sind *Verhaltensbeobachtungsskalen*, die von Latham und Wexley (1977) in die Literatur eingebracht wurden. Sie basieren auf dem so genannten Likert-Format und umfassen fünf Skalenstufen, deren Extremausprägungen mit adverbialen Häufigkeitsbezeichnungen markiert sind. Grundsätzlich soll bei diesem Verfahren nur beobachtbares Verhalten eingestuft werden. Die relevanten Aussagen werden auf arbeitsanalytischem Weg gewonnen, zumeist mittels der Methode der Kritischen Ereignisse nach Flanagan (1954). Die einzelnen Skalen werden nach teststatistischen Prinzipien geprüft und meist nach Leistungsdimensionen geordnet (zur Skalenentwicklung siehe Latham, Fay und Saari, 1979). Je nach Zielsetzung werden die Einzelwerte nach

Dimensionen summiert oder zu einem Gesamtwert zusammengefasst, der durch die große Auswahl von Einzelskalen (etwa 50) relativ reliabel ist. Beispielitems für Verhaltensbeobachtungsskalen sind in Abbildung 3 dargestellt (aus Schuler, Muck, Hell, Höft, Becker & Diemand, 2004, S. 137).

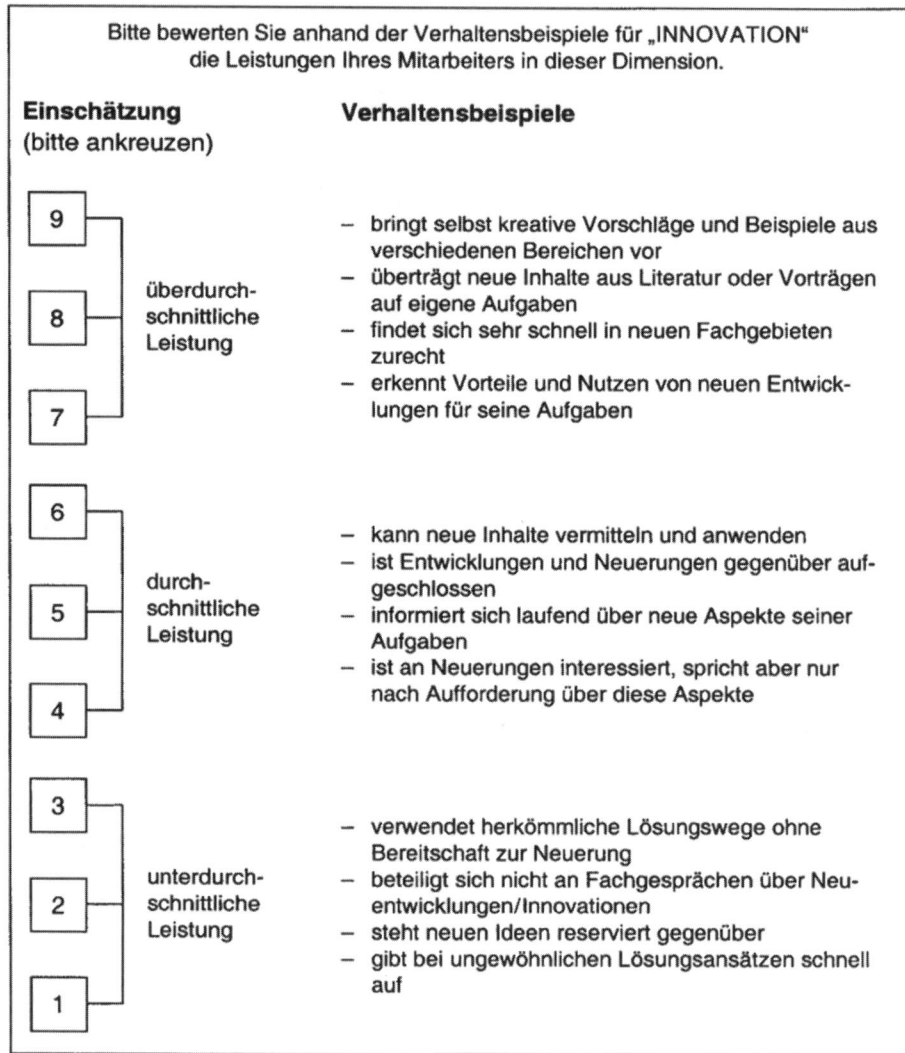

Abbildung 2: Verhaltensverankerte Einstufungsskala

Die Konstruktion von Verhaltensbeobachtungsskalen ist nicht ganz so aufwendig wie die von Verhaltensverankerten Einstufungsskalen, die Handhabung ist weniger erklärungsbedürftig. Die testtheoretische Datenqualität (Reliabilität und Validität) ist unge-

fähr die gleiche. Bezüglich der Akzeptabilität werden für Verhaltensbeobachtungsskalen positivere Werte berichtet als für Graphische Einstufungsskalen (Tziner, 1986), für
die Beurteilung des Verhaltens von Auszubildenden wurden Verhaltensbeobachtungsskalen von den Beurteilern gegenüber Verhaltensverankerten Einstufungsskalen präfe-
riert (Klingner, Schuler, Diemand & Becker, 2004).

---

1. bietet seine Hilfe an, wenn ein Kollege unter Zeitdruck einen Arbeitsvorgang durchführen
    muss

    fast nie   ①   ②   ③   ④   ⑤   fast immer

2. schlägt alternative Verhaltensmöglichkeiten vor, wenn er Kritik an Kollegen/Mitarbeitern übt

    fast nie   ①   ②   ③   ④   ⑤   fast immer

3. entwickelt gemeinsame Strategien und Vorgehensweisen mit seinen Kollegen/Mitarbeitern,
    um die Arbeit des Teams voranzubringen

    fast nie   ①   ②   ③   ④   ⑤   fast immer

4. vertritt seine Position überzeugend, wenn seine Meinung ohne triftige Argumente kritisiert
    wird

    fast nie   ①   ②   ③   ④   ⑤   fast immer

…   …

Abbildung 3: Verhaltensbeobachtungsskala

2.4 Kennzeichnungs- und Auswahlverfahren

Anders als bei den meisten Einstufungsverfahren werden bei Kennzeichnungs- und
Auswahlverfahren die Verhaltensaussagen nicht nach Beurteilungsdimensionen geordnet, sondern gemischt vorgegeben. Dadurch sollen Halo-(Überstrahlungs-)Effekte ver-
mindert werden. Auch sind den Beurteilern gewöhnlich die vorgeprüften Skalenwerte
der Einzelaussagen unbekannt, wodurch Mittelwertstendenzen verringert werden sollen.

Bei der *Gemischten Aussagenliste mit freier Wahl* (check-list) wird eine Sammlung
leistungsrelevanter Verhaltens- und Ergebnisaussagen aufgelistet. Vom Beurteiler wird
die Aussage verlangt, ob diese Einzelaussagen auf die beurteilte Person zutreffen oder
nicht. Bei vorbestimmtem Skalenwert kann aus den Kennzeichnungen ein Gesamtwert
ermittelt werden.

Die Möglichkeit, einen Index der Urteilsqualität für einzelne Beurteilungen zu bestimmen, bietet ein Verfahren dieser Art dann, wenn es wie die *Mixed Standard Scale*

(Blanz & Ghiselli, 1972) nach dem Prinzip einer hierarchisch eindeutig geordneten Skala (Guttman-Skala) aufgebaut ist. Abweichungen von der Aussagen-Hierarchie werden dann als Indikatoren für mangelhafte Urteilsqualität interpretiert.

Die *Gruppierte Aussagenliste mit Wahlzwang* (forced choice) hat vor allem zum Ziel, Beschönigung der Urteile zu vermeiden. Der Beurteiler wählt zwischen zwei oder mehreren Aussagen, die gleich günstig erscheinen, sich aber für den Arbeitserfolg als unterschiedlich bedeutsam herausgestellt haben. Bei der Auswertung ergibt sich ein Qualifikationswert aus der Gewichtung der einzelnen Aussagen.

Die Konstruktion eines Wahlzwangverfahrens, das von Wherry initiiert und von Sisson (1948) erstmalig geprüft wurde, erfolgt nach psychometrischen Prinzipien und ist relativ aufwendig. Die Einsatzmöglichkeit zur Beurteilung durch Vorgesetzte ist beschränkt aufgrund relativ geringer Akzeptanz bei Beurteilern wie Beurteilten und aufgrund der Verwendungslogik (der Beurteiler darf die Erfolgsrelevanz der beschriebenen Verhaltensweisen nicht kennen.). Für Beurteilungen durch Außenstehende (Kunden, Elternsprecher) oder für Selbstbeurteilungen könnte sich das Verfahren dagegen besser eignen.

Mit der Zielsetzung, die Objektivität von Beurteilungen zu erhöhen, indem sie an tatsächliche Vorkommnisse geknüpft werden, wurde ein Beurteilungsverfahren entwickelt, das auf Flanagans *Technik der Kritischen Ereignisse* basiert (Flanagan, 1954). Hierbei werden Verhaltensweisen beobachtet und registriert, die erkennbar zu Erfolg oder Misserfolg im Arbeitsvollzug führen. Als Beurteilungsverfahren spielt diese Methode heute allerdings keine Rolle und wird deshalb nicht näher dargestellt, wohingegen Flanagans Prinzip der Kritischen Ereignisse als Verfahren der Anforderungsanalyse große Verbreitung gefunden hat, gerade auch bei der Ausarbeitung von Beurteilungsverfahren.

2.5   Rangordnungsverfahren

Hauptintention bei der Verwendung von Rangordnungsverfahren ist die Differenzierung zwischen Personen (oder Gruppen etc.), die bei Einstufungsverfahren nicht gewährleistet ist. Auch hat sich gezeigt, dass Rangordnungen relativ reliabel sind und Gesamtbewertungen deutlich zum Ausdruck bringen. In manchen Bereichen, z. B. im Verkauf, neuerdings auch zur Bewertung von Hochschulen, werden sie als Motivationsinstrument eingesetzt.

Rangreihen können als *direkte Rangreihe* oder auf dem Wege des *Paarvergleichs* gebildet werden. Die Bildung einer Rangreihe kann prinzipiell als Gesamtbewertung oder in Aufschlüsselung nach einzelnen Leistungsdimensionen erfolgen oder sich auch nur auf einen Leistungsaspekt – wie z. B. das Verkaufsergebnis – beschränken.

Bei „subjektiven" Urteilen ist die Menge der in einer Rangreihe reliabel einzustufenden Personen auf eine überschaubare Anzahl begrenzt. Während die direkte Rangreihenbildung kein formales Verfahren vorsieht, den Vergleich jedes einzelnen Beurteilungsobjekts mit jedem anderen sicher zu stellen, bietet die Methode des *Paarvergleichs* eine solche Möglichkeit; in diesem Fall ergibt sich die Rangreihe als Ergebnis aller möglichen Paarvergleiche, was zu höherer Reliabilität der Urteile führt.

Eine weitere Variante der Bildung einer Rangordnung (Viswesvaran, 2002) ist die abwechselnde Zuweisung erster und letzter Rangplätze (alternate ranking): Aus der Gruppe der zu Beurteilenden wird die erste und letzte Person identifiziert (also die insgesamt oder hinsichtlich eines bestimmten zu beurteilenden Charakteristikums extremsten Merkmalsträger), von den verbleibenden Personen erneut die erste und letzte usw., bis eine vollständige Rangreihe erstellt ist. Es handelt sich also um eine Strukturierungshilfe zur Rangreihenbildung, die die kognitiven Anforderungen an den Beurteiler reduzieren dürfte. Gegenüber dem Paarvergleich ergibt sich eine Aufwandsersparnis. Ob diese Alternativennominierung ebenso einen Reliabilitätsvorteil gegenüber der direkten Rangreihenbildung aufweist wie der Paarvergleich, ist unbekannt.

Eine in der Praxis verbreitete Beurteilungsform ist die Einstufung mit verbindlicher Vorgabe einer Verteilung, der so genannten *Quotenvorgabe*. Hierbei handelt es sich zumeist um eine Rangordnung, deren mittlere Rangplätze mehrfach zu vergeben sind (wenn etwa eine Normalverteilung zugrunde gelegt wird). Bei größerer Anzahl und bekannter Verteilung der Merkmale kann damit unterschiedlichen Urteilsmaßstäben entgegengewirkt werden. Speziell bei geringer Anzahl zu beurteilender Personen wirkt sich allerdings der Nullsummencharakter der Methode (bei Veränderungen ist die Summe von Urteilsverbesserungen und Herabstufungen ausgeglichen) häufig in geringer Akzeptanz aus.

Mit dem Ziel, einen direkten Vergleich zwischen Arbeitsanforderungen und Personmerkmalen zu ermöglichen und gleichzeitig mangelnder Differenzierung zwischen Urteilsaspekten entgegenzuwirken, wurde das *Verhaltensrangprofil* entwickelt (Brandstätter & Schuler, 1974). Das Prinzip des Verhaltensrangprofils besteht darin, dass eine so genannte ipsative Rangordnung gebildet wird, d. h. nicht Personen in eine Rangreihe gebracht werden sondern Verhaltensweisen, Merkmale oder Ergebnisaspekte jeweils der gleichen Person. In gleicher Weise wird mit den Anforderungen des Arbeitsplatzes verfahren, um anschließend Person und Arbeitsplatz zu vergleichen. Das Prinzip wird in Tabelle 2 illustriert und ist aus Klingner et al. (2004) entnommen, wo die Verwendung von Verhaltensrangprofilen beschrieben wird, bei denen jede Dimension durch Verwendung mehrerer verhaltensbezogener Aussagen gekennzeichnet ist.

Durch den unmittelbaren Vergleich von Arbeitsplatzanforderungen und relativen Merkmalsausprägungen bei Personen eignet sich dieses Verfahren besonders zur Personalentwicklung, aber auch als Grundlage der Umgestaltung von Arbeitsplätzen entsprechend den Fähigkeiten und Interessen der Mitarbeiter. Beispielsweise kann als Zielsetzung im praktischen Einsatz formuliert werden, dass die Korrelation beider Rangreihen (als Maß für die Übereinstimmung von Fähigkeiten und Anforderungen) durch Maßnahmen der Unterstützung oder Veränderung bis zum nächsten Beurteilungszeitpunkt erhöht werden soll. Die Urteilsaspekte für das Verhaltensrangprofil werden auf arbeitsanalytischem Wege gewonnen, die Aussagenformulierungen werden auf Homogenität bezüglich sozialer Erwünschtheit geprüft.

Das Verhaltensrangprofil macht keine Angaben über die Höhe des Leistungsniveaus (bzw. es macht sie nur in dem Maße, in dem die Einzelkriterien unterschiedlichen sozialen Wert aufweisen, was zu vermeiden ist). Um diesbezügliche Vergleiche zwischen verschiedenen Personen anstellen zu können, kann dieses Verfahren z. B. durch eine Verhaltensverankerte Einstufungsskala (Schuler et al., 2004) oder eine Verhaltensbeobachtungsskala (Klingner et al., 2004) ergänzt werden. Auf diese Weise kann gleichzeitig die eingangs angesprochene Trennung zwischen der Beurteilungsgrundlage administrativer und entwicklungsbezogener Entscheidungen vorgenommen werden.

Tabelle 2: Verhaltensrangprofil

Rangreihe Arbeitsplatz	Rang	Rangreihe Person
Kundenorientierung	1	Qualitätsorientierung
Qualitätsorientierung	2	Fachkompetenz
Auftreten und Umgangsformen	3	Planung und Organisation
Initiative und Erfolgsorientierung	4	Kooperation und Teamfähigkeit
Kooperation und Teamfähigkeit	5	Kundenorientierung
Fachkompetenz	6	Initiative und Erfolgsorientierung
Soziale Belastbarkeit	7	Lernbereitschaft
Lernbereitschaft	8	Soziale Belastbarkeit
Planung und Organisation	9	Auftreten und Umgangsformen

3   Unterscheidung von Day-to-day-Feedback, Regelbeurteilung und Potenzialanalyse

Die Leistungsbeurteilung gehört zu den wirksamsten personalpsychologischen Maßnahmen. Der leistungsfördernde Effekt von Beurteilungen kann mit etwa einer halben Standardabweichung des durchschnittlichen Leistungswerts am betreffenden Arbeitsplatz geschätzt werden (Guzzo, Jette & Katzell, 1985), das bedeutet eine durchschnittliche Anhebung der individuellen Leistung von Prozentrang 50 auf etwa Prozentrang 70.

Beurteilung und Feedback setzen die Verwendung brauchbarer Instrumente voraus. Diese mögen dort entbehrlich sein, wo es sich um kleine überschaubare Gruppen handelt. Sobald vergleichbare Beurteilungen nötig sind – wie in jeder größeren Organisation – sind kontrollierte Instrumente unabdingbar. Wichtig ist es, die formelle Leistungsbeurteilung (Regelbeurteilung) zum einen von der eigenschaftsbezogenen Potenzialbeurteilung zu unterscheiden und zum anderen auf einer Basis von ausreichendem Day-to-day-Feedback aufzubauen. In Tabelle 3 werden zusammenfassend diese drei Ebenen sowie ihre Funktionen und Verfahrensweisen einander gegenübergestellt. Diese Dreiteilung wird bei Schuler (2004d) ausführlich dargestellt.

Mit *Day-to-day-Feedback* ist die unmittelbare oder zeitnah zum beobachteten Verhalten gelegene Rücksprache über Verhalten, Arbeitsausführung oder Arbeitsergebnisse gemeint. Die Rückmeldung kann anerkennender, kritischer oder auch neutral-informatorischer Art sein. Der Umfang des Feedbacks ist gering, zumeist bezieht es sich lediglich auf *einen* Sachverhalt. Die Funktion ist v.a. die der Information und des Lernens am Arbeitsplatz. Im Day-to-day-Feedback erfährt die Kontingenz von Verhalten und Ergebnissen zumeist besondere Betonung, was dem Lernen in der Arbeitstätigkeit (Training on the job) förderlich ist.

Tabelle 3: Die drei Ebenen der Beurteilung

Ebene	Funktion	Verfahrensweise
1. Ebene Day-to-day-Feedback	Verhaltenssteuerung Lernen	Informelles Gespräch Unterstützung
2. Ebene Regelbeurteilung	Leistungseinschätzung Zielsetzung	System. Beurteilung Beurteilungsgespräch
3. Ebene Potenzialbeurteilung	Fähigkeitseinschätzung Prognose	Eignungsdiagnose Assessment Center

Auf der zweiten Ebene, der *Regelbeurteilung*, wird eine aggregierte Einschätzung des Leistungsverhaltens vorgenommen und mit dem Mitarbeiter erörtert. Auch dieses Gespräch dient dem Feedback, allerdings in größerer Kalibrierung; überdies dient es der Überprüfung, inwieweit bisher vereinbarte Verhaltens- und Ergebnisziele erreicht wurden, der Besprechung geeigneter Maßnahmen sowie der Vereinbarung neuer Ziele, meist unter Verwendung eines der Skalierungsverfahren. Sie ist auf Vergleichbarkeit ausgerichtet und deshalb systematisch aufgebaut und sollte anforderungsbezogen alle wichtigen – das heißt erfolgsrelevanten – Aspekte enthalten. Die Aspekte können entweder als Ergebnisse oder als Verhaltensweisen formuliert sein, mit Einschränkungen auch als Fähigkeiten. In einer solchen Beurteilung werden viele Einzelbeobachtungen zusammengefasst (oder Gesamteindrücke durch Einzelbeobachtungen illustriert) und mit den Anforderungen der Stelle bzw. den Zielsetzungen beim vorangegangenen Beurteilungstermin verglichen. Ziel ist meist auch, die Sichtweise des Beurteilten kennen zu lernen. Im Beurteilungsgespräch orientiert man sich, soweit möglich, gern an „objektiven" Zielen, z. B. Umsatzziffern. Die Erörterung von Verhaltensweisen wird allerdings dadurch nicht entbehrlich, denn Ziele können nur über Verhalten erreicht werden, und speziell bei Ist-Soll-Diskrepanzen muss darüber gesprochen werden, welche Verhaltensänderungen zu besseren Ergebnissen führen können.

Diese zweite Beurteilungsebene hat damit zum Teil den Charakter einer Zusammenfassung und planerischen Umsetzung der vielen Interaktionen, die auf der ersten Ebene stattgefunden haben. Charakteristisch für die Regelbeurteilung ist neben dem ausgeprägten Anforderungsbezug der Verhaltens- und Ergebnisbezug, die resultierenden

Möglichkeiten der Selbststeuerung, der Abbildung typischer Leistung und konkreter Leistungsaspekte, die Verhaltenslernen begünstigen und Entwicklungsfähigkeiten erkennen lassen. Die Regelbeurteilung eignet sich auch als Grundlage von Personalentscheidungen verschiedenster Art. Ob man die Entgeltfindung daran knüpfen möchte, hängt davon ab, inwieweit gleichzeitig hiermit schwer kompatible andere Funktionen erfüllt werden sollen – vor allem Maßnahmen der Personalentwicklung, was zu einem gewissen Maße erfordert, dass der Mitarbeiter offen über Defizite spricht bzw. zumindest auf die Erwähnung eines Verbesserungsbedarfs seitens des Vorgesetzten nicht defensiv reagiert, sondern sich an der Planung von Fördermaßnahmen beteiligt. Die Gehaltsfindung wirkt demgegenüber als Anreiz für Mitarbeiter, ihre Leistung und Leistungsfähigkeit in bestem Licht erscheinen zu lassen.

Auf der dritten Ebene wird eine *Potenzialbeurteilung* oder Potenzialanalyse vorgenommen. Auch in diesem Fall kann der Vorgesetzte die beurteilende Instanz sein, vielfach wird diese Diagnose aber an Fachleute (Psychologen) oder andere Führungskräfte delegiert. Ihre Funktion ist die der Ermittlung von Fähigkeiten und anderen Eigenschaften, also relativ stabiler Merkmale, sowie der Einschätzung der weiteren Entwicklungsfähigkeit einer Person, also auch dessen, was man für die Zukunft von ihr erwartet.

Für Beurteilungen auf der Ebene des Day-to-day-Feedback benötigt man zumeist kein systematisches Verfahren der Leistungsbeurteilung; wohl aber müssen dem Beurteiler die Ziele und die zielführenden Verhaltensweisen bekannt sein. Eine Analyse der Anforderungen ist also auch in diesem Fall nicht entbehrlich. Der methodische Schwerpunkt liegt aber auf dem Training des Vorgesetzten wie des Beurteilten, leistungsrelevantes Verhalten zu erkennen und zu fördern sowie Feedback auf konstruktive Weise vorzubringen und zu verwerten.

Weit höher sind die methodischen Ansprüche an die Ebenen der Regelbeurteilung und Potenzialanalyse. Für sie gilt, dass als Grundlage leistungsgerechter personeller Entscheidungen nur Verfahrensweisen tauglich sind, die bestmöglich die jeweiligen funktionsspezifischen Anforderungen erfüllen. Nur selten wird man in der Literatur oder in anderen Unternehmen Methoden vorfinden, die genau den eigenen Tätigkeitsanforderungen und Zielsetzungen entsprechen.

Ein verbreiteter und oftmals folgenschwerer Fehler ist es, diese drei Ebenen zu vermengen oder zu glauben, das eine könne ein vollwertiger Ersatz für das andere sein. So mag es Vorgesetzte geben, die sich scheuen, unmittelbar Kritik am Verhalten eines Mitarbeiters zu üben (Ebene 1 in Tabelle 3), um dann viele Kritikpunkte im Beurteilungsgespräch nach einem Jahr zusammenzufassen (Ebene 2). Der Mitarbeiter wird überrascht sein und defensiv reagieren, wie Menschen üblicherweise mit Abwehr reagieren, wenn mehr als ein Kritikpunkt gleichzeitig ausgesprochen wird, und die Qualität der Beziehung wird gefährdet. Auch stabile Eigenschaften als Verhaltenserklärungen auf den Ebenen 1 und 2 anzusprechen (statt auf Ebene 3, wo sie hingehören), ist von geringem Nutzen, wenn unmittelbares Lernen und zielführende Verhaltensänderung bewirkt werden sollen.

Die wichtigsten Stichworte zur Beziehung der drei Beurteilungsebenen sind in Abbildung 4 (aus Schuler, 2004d, S. 30) aufgeführt. Nimmt man die Regelbeurteilung (mittlere Säule) zum Ausgangspunkt, so symbolisiert der rechte obere Pfeil, dass sie ihrerseits konkreter und stärker verhaltens- sowie alltags- und arbeitskontextbezogen ist als die Potenzialbeurteilung und dadurch dem Training und der Leistungsförderung näher steht als diese sowie in ihrer Wirkung besser überprüfbar ist. In Richtung auf das Day-to-day-Feedback (linker oberer Pfeil) nehmen Verhaltens- und Lernbezug sowie Konkretisierung und Informalität weiter zu, ebenso bietet das informelle Feedback bessere Möglichkeiten der Erläuterung, inwieweit Anforderungen und Verhalten übereinstimmen, und ist damit der Verhaltenssteuerung besonders dienlich. Durch diesen Charakter entlastet das Day-to-day-Feedback die Regelbeurteilung.

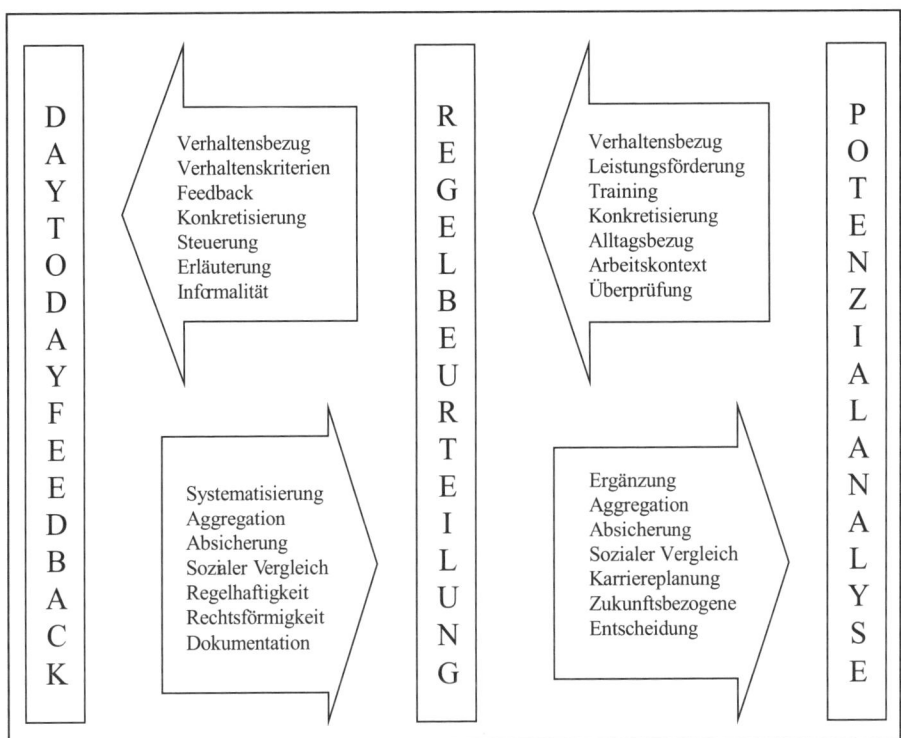

Abbildung 4: Beziehungen zwischen Day-to-day-Feedback, Regelbeurteilung und Potenzialanalyse

Der Pfeil links unten symbolisiert, dass vom Day-to-day-Feedback in Richtung Regelbeurteilung das Aggregationsniveau zunimmt, ebenso die Systematik, Regelhaftigkeit sowie Rechtsförmigkeit und Dokumentation; hiermit erhöht sich die Absicherung, was auch für den breiteren sozialen Vergleich gilt, den die Regelbeurteilung zulässt. Die weitere Erhöhung der Aggregationsebene, des sozialen Vergleichs und der Absicherung charakterisiert die Beziehung der Regelbeurteilung zur Potenzialanalyse (rechter unterer Pfeil). Als Ergänzung der beiden niedrigeren Aggregationsebenen ist deren Feld vor allem das der zukunftsbezogenen Entscheidungen, beispielsweise im Hinblick auf die Karriereplanung der beteiligten Personen.

Ein vollständiges System der Leistungsbeurteilung besteht aus allen drei Ebenen Day-to-day-Feedback, Regelbeurteilung und Potenzialanalyse, die sich zu ergänzen haben und nur in geringem Maße Ersatz füreinander sein können.

4   Zielsetzungs- und Beurteilungsgespräch

Formelle Leistungsbeurteilungen werden im Regelfall mit einem Beurteilungsgespräch abgeschlossen. Zwar verlangt das Betriebsverfassungsgesetz für arbeitgeberseitige Beurteilungen lediglich die Offenlegung gegenüber dem Beurteilten auf Verlangen, die meisten Unternehmen haben sich aber auf reguläre Gespräche eingestellt. Das ist auch insofern angemessen, als das Gespräch das geeignete Medium ist, *Ziele zu vereinbaren* und *Feedback* in der individuell angemessensten Weise zu geben. Erst im Beurteilungsgespräch wird die Trias *Zielsetzung – Beurteilung – Feedback* zu jener Einheit vervollständigt, die es ermöglicht, den in Abschnitt 1 genannten Beurteilungszielen gerecht zu werden.

Das Beurteilungsgespräch ist ein Teil der Kommunikationsbeziehung zwischen den handelnden Personen. Dementsprechend werden Beurteilungsgespräche in der Literatur verschiedentlich unter Bezugnahme auf allgemeinere Modelle zwischenmenschlicher Kommunikation erörtert (vgl. z. B. Fiege, Muck und Schuler, 2001). Unter diesen Modellen erfreut sich das der „vier Seiten einer Nachricht" von Schulz von Thun (1993) sowie das daran angelehnte „Talk-Modell" von Neuberger (1992) besonderer Beliebtheit. Kern dieser Kommunikationskonzepte ist die Vorstellung, dass es sich bei einem Gespräch nicht allein um die Übermittlung – also Sendung und Aufnahme – einer Nachricht handelt, sondern dass dabei mehrere „Ebenen" oder „Seiten" dieser Nachricht eine Rolle spielen. Bei Schulz von Thun (1993) handelt es sich bei diesen Seiten neben dem *Sachinhalt* (der Tatsachendarstellung) um die – gewollte wie unbeabsichtigte – *Selbstoffenbarung* des Senders, seinen *Appell*, also Einflussversuche gegenüber dem Empfänger und schließlich um den Ausdruck der *Beziehung* zwischen den interagierenden Personen.

Um die Reaktion des Feedback-Empfängers zu verstehen, kann man mit Farr (1991) affektive, kognitive und konative Reaktionen unterscheiden. Was die *affektive*, also gefühlsbezogene Reaktionsebene anbelangt, so lässt positives Feedback bei den meisten Personen in den meisten Fällen positive Reaktionen entstehen; Kritik löst dagegen, abhängig von der Person des Empfängers, der Bedeutung der Information und der Informationsquelle, im Grunderleben negative Gefühle aus, die aber in ihrer Streubreite von leichtem, motivierendem Missempfinden bis zu Hass und Depression reichen können. Die empfängerorientierte Übermittlung und Dosierung des Feedbacks ist deshalb besonders bei negativer Information von Bedeutung. Bei den *kognitiven* Reaktionen findet besonders die Attributionsweise Beachtung, d. h. die Erklärung der Ursache für die eigene Leistung. Wird beispielsweise ein Misserfolg vom Feedbackempfänger mangelnder eigener Anstrengung zugeschrieben, ist eher die Konsequenz, dass er in der nächsten Leistungssituation erneut Erfolg erwartet, als wenn er sich seinen Misserfolg mit mangelnder eigener Fähigkeit oder zu hoher Aufgabenschwierigkeit erklärt. Mit *konativen* Reaktionen schließlich ist das tatsächliche Verhalten gegenüber künftigen Leistungssituationen gemeint. Entsprechend der Gefühlslage und der subjektiven Erklärung (Attribution) wird sich die Person mit mehr oder weniger intensiven Bemühungen in die nächste Leistungssituation begeben – oder sie auch zu vermeiden suchen.

Tabelle 4: Übersicht über wichtige Durchführungsprinzipien des Mitarbeitergesprächs

Prinzipien der Gesprächsdurchführung
Gesprächsvorbereitung
– Frühzeitige Einladung – Konkrete Festlegung der Gesprächsziele – Erstellung eines Leitfadens – Für Störungsfreiheit / angenehme situative Umstände sorgen
Gesprächsdurchführung
– Kontaktaufnahme: Small-talk, positive Atmosphäre – Informationsphase: Gesprächsziele klären, ggf. Zeit und Ablauf erläutern – Argumentationsphase: Offenes, faires Gespräch, inhaltlicher Aus tausch,   Dialogform, kooperativ, Gesprächsanteile beachten, auf kognitive, emotionale und motivationale Reaktionen des Mitarbeiters achten – Beschlussphase: Eher Problemlösung als „Tell and Sell", Ergebnisse und weiteres Vorgehen festhalten – Abschlussphase: Positiver bzw. angenehmer Abschluss
Gesprächsnachbereitung
– Evaluation des Gesprächs – Ursachenanalyse bzgl. mangelnder Zielerreichung – Umsetzung der Beschlüsse: Handlungspläne, Aktionsprogramme – Vereinbarung weiterer Gespräche zur Evaluation der Maßnahmen – Konkrete Festlegung der Gesprächsziele – Erstellung eines Leitfadens – Für Störungsfreiheit/angenehme situative Umstände sorgen

Die Vielschichtigkeit des Gesprächs und der potenziellen Reaktionsweise des Mitarbeiters weist das Zielsetzungs- und Beurteilungsgespräch als eine höchst anspruchsvolle Führungsaufgabe aus. In aller Regel müssen die gesprächführenden Vorgesetzten durch ein sorgfältig konzipiertes und übungsintensiv durchgeführtes Training auf diese Aufgabe vorbereitet werden. Abstrakte Regeln, wie hier angeboten, können zur Vorbereitung nur geringe Hilfestellung leisten. Auf der Basis gründlicher Vorbereitung kann das grundsätzliche Schema eines Mitarbeitergesprächs (Tabelle 4), wie es von Fiege et al. (2001, S. 461) vorgeschlagen wurde, von Nutzen sein um die grobe Abfolge von Gesprächsphasen vor Augen zu führen. Dieses Schema erinnert daran, dass nicht nur der eigentlichen Gesprächsdurchführung, sondern auch ihrer Vor- und Nachbereitung genügend Aufmerksamkeit geschenkt werden sollte.

Im Rahmen der Entwicklung eines multimodalen Systems der Leistungsbeurteilung (Schuler et al., 2004) wurde ein Beurteilungsgespräch konzipiert, das in den Grundzügen der soeben aufgeführten Struktur folgt und sie dem spezifischen Zweck anpasst (vgl. auch Muck & Schuler, 2004). Es ist darauf abgestellt, anforderungsfundierte, verhaltensbezogene Beurteilungen vorzunehmen, die mit verhaltens- und ergebnisbezogenen Zielen abgestimmt bzw. direkt in diese überführt werden. Weitere Besonderheiten dieses Beurteilungsverfahrens, die sich auf den Gesprächsverlauf auswirken, sind die Verwendung zweier Beurteilungsverfahren – einer Einstufungsskala und eines Verhaltensrangprofils – sowie die Einbeziehung von Selbstbeurteilungen.

Der Ablauf dieses Beurteilungsgesprächs ist folgender:

1. Begrüßung und Einleitung

Mit der Begrüßung werden einige informelle Worte gewechselt, was im Dienste einer positiven Grundstimmung für das Gespräch steht. Einleitend zum Zielsetzungs- und Beurteilungsgespräch werden die Zielsetzung genannt, der zeitliche Rahmen abgesteckt und ein kurzer Überblick über den Ablauf gegeben. Der Vorgesetzte bietet dem Mitarbeiter eine dialogische Gesprächsführung an bzw. fordert ihn auf, ebenfalls eine aktive Rolle einzunehmen.

2. Bestandsaufnahme der Arbeitstätigkeit

Zweckmäßigerweise steht am Beginn des eigentlichen Beurteilungsgesprächs die Bestandsaufnahme der Aufgaben und Verantwortlichkeiten des Mitarbeiters. Dabei sind sowohl die Kernaufgaben wie auch mögliche Sonderaufgaben wie Projekteinsätze zu berücksichtigen. Besondere Rahmenbedingungen wie personeller Wechsel, Erkrankung, Marktsituation etc. werden angesprochen und gegebenenfalls schriftlich festgehalten.

3. Arbeitsergebnisse des vergangenen Zeitabschnitts/Erreichungsgrad vereinbarter Ziele

Ein erster Beurteilungsteil ist dadurch gekennzeichnet, dass die Arbeitsergebnisse des Mitarbeiters (und evtl. auch seines Teams, seiner Abteilung etc.) möglichst klar ermittelt und erörtert werden (wobei die Ermittlung in komplexeren Fällen bereits im Vorfeld erfolgt). Die Ergebnisse werden den Zielen gegenübergestellt, die im vorausgegangenen Zielsetzungs- und Beurteilungsgespräch vereinbart und festgelegt wurden. Die Gegenüberstellung von Zielen und Arbeitsergebnissen stellt einen direkten Soll-Ist-Vergleich dar. Selbstverständlich bedürfen Abweichungen zwischen Soll- und Ist-

Größen der Erklärung und zwar nicht nur im negativen, sondern auch im positiven Fall, um Stärken weiter auszubauen und Lehren für andere Mitarbeiter daraus zu ziehen.

4. Dimensionsbezogene Beurteilung

Neben der und ergänzend zur *ergebnis*bezogenen Beurteilung ist in den meisten Fällen eine *verhaltens*bezogene Beurteilung erforderlich – z. B. deshalb, weil Soll-Ist-Diskrepanzen gewöhnlich operationale Erklärungen auf der Verhaltensebene finden, vor allem aber zum Zwecke der Planung künftiger Verbesserungen. Verhaltensbezogene Leistungseinschätzungen sehr geringer Kalibrierung (Einzelergebnisse) finden vor allem im Rahmen des Day-to-day-Feedbacks statt. Die Regelbeurteilung ist demgegenüber der Ort der Zusammenfassung einzelner Verhaltensergebnisse zu Beurteilungs*dimensionen* (wie „Verhalten gegenüber Kunden"). Der Erläuterung entsprechender Einschätzungen vorauszugehen hat die Klärung der Dimensionen und ihrer Bedeutung für den Arbeitserfolg.

Soweit in der gegebenen Organisation eine Selbsteinschätzung vorgenommen wird, kann auch sie an dieser Stelle besprochen und der Fremdeinschätzung gegenübergestellt werden. Bei gründlicher Auseinandersetzung des Mitarbeiters mit den Beurteilungsaspekten sind erfahrungsgemäß die Abweichungen gering, besonders wenn die Beurteilung dem Zweck der Leistungsverbesserung und Personalentwicklung (im Gegensatz zu administrativen Entscheidungen) dient.

5. Vereinbarung aufgaben- und ergebnisbezogener Ziele

Auf der Basis der Einschätzungen und des Soll-Ist-Vergleichs für den vergangenen Beurteilungszeitraum können nun Ziele für die nächste Zeiteinheit (üblicherweise ein Jahr, bei unerfahrenen Mitarbeitern häufiger). Auf eine solche Zielsetzung sollte nicht verzichtet werden, stellt sie doch den Maßstab bereit, an dem nach dem nächsten Zeitabschnitt gemessen werden kann. Überdies hat die Leistungsforschung sehr klar ergeben, dass Leistungsziele vier wichtige Wirkungen auf das Verhalten haben: Ausrichtung des Handelns, Förderung der Anstrengung, Förderung der Ausdauer sowie Unterstützung bei Strategiebildung und Strategieeinsatz (Kleinbeck, 2004). Dabei gilt, dass höhere und spezifisch formulierte Ziele wirksamer sind als niedrige und unklar formulierte Ziele. Voraussetzungen der leistungsfördernden Wirkung von Zielen sind allerdings die Bindung (Verpflichtung) gegenüber diesen Zielen und das Vorliegen ausreichender Fähigkeiten und Fertigkeiten.

Ziele sollten in Inhalt (z. B. Umsatz, Fehlerquote), Ausmaß (z. B. potenzieller Zuwachs) und Zeitraum genau festgelegt werden. Um Verständnis der Ziele und Zustimmung zu ihnen (Commitment) sicher zu stellen, sind die erforderlichen Erklärungen zu geben und nach Möglichkeit Vereinbarungen zu treffen.

6. Vereinbarung verhaltensbezogener Ziele

Gleiches gilt für verhaltensbezogene Ziele, obwohl hierbei nicht in allen Fällen ebenso präzise Festlegungen möglich sind wie bei ergebnisbezogenen Zielen – beispielsweise lässt sich zwar formulieren „Bekannte Kunden sollen in allen Fällen mit ihrem Namen angesprochen werden", schwerlich aber ein exaktes Maß dafür, um welchen Betrag Kunden künftig freundlicher zu behandeln sind als bisher. Gleichwohl sollten, so weit sinnvoll, auch hierbei Inhalt, Ausmaß und Zeitraum der Zielsetzung festgelegt werden. Bezuggröße sind in diesem Fall weniger bisherige Arbeits- und Leistungsergebnisse (Punkt 3) als vielmehr die dimensionsbezogenen Beurteilungen (Punkt 4).

Bei Kießling-Sonntag (2000) werden von den *verhaltensbezogenen* Zielen die *entwicklungsbezogenen* unterschieden. Das kann zweckmäßig sein, wenn man die Teilnahme an Maßnahmen der Personalentwicklung für sich genommen als zielwürdig erachtet oder Selbstvornahmen zur eigenen Entwicklung für aussichtsreich hält. Dabei sollte allerdings nicht außer Gewahr geraten, dass die Wahrscheinlichkeit der Zielerreichung auch im Verhaltensbereich höher ist, wenn es sich um konkrete, überschaubare Einheiten handelt. Insofern dürften Verhaltens- und Entwicklungsziele häufig zusammenfallen.

Eine besonders ausgeprägte Rolle im Vergleich zu den Ergebniszielen spielen Verhaltens- und Entwicklungsziele bei Auszubildenden (vgl. Klingner et al., 2004) und Trainees.

7. Vereinbarung von Maßnahmen

Im Anschluss an Feedback und Zielsetzung erfolgt, gewissermaßen als „konstruktiver Teil" des Gesprächs, die Planung und Vereinbarung von Maßnahmen zur Leistungsverbesserung oder Sicherung des bereits guten Leistungsstandes. Hierbei kann es sich um personenbezogene Maßnahmen handeln – z. B. Verhaltensvornahmen, Arbeitsplanungen, Lernaktivitäten und andere Maßnahmen der Personalentwicklung, um Maßnahmen der Arbeitsplatzgestaltung und Arbeitsorganisation, um die Übertragung neuer Aufgaben, um Unterstützung durch den Vorgesetzten oder durch andere Personen und um vieles andere mehr. Alle Maßnahmen sollten operational formuliert werden und in ihrem Ergebnis prüfbar sein.

8. Gesprächsabschluss

Wie der Gesprächsbeginn, sollte auch der Gesprächsabschluss durch eine positive Stimmungslage gekennzeichnet sein. Die Bedeutung des sozialen Klimas wird Beurteilern dann besonders deutlich erkennbar werden, wenn sie sich selbst auch in der Rolle des Beurteilten befinden. Inhaltlich bietet der Gesprächsabschluss Gelegenheit, das Erörterte – vor allem den in die Zukunft gerichteten Anteil, also die Ziele – nochmals zusammenzufassen und, soweit noch nicht erfolgt, schriftlich festzuhalten. Wenn vor der Verabschiedung der Hinweis erfolgt, dass man sich auf die weitere Zusammenarbeit freut und weiteren Erfolgen zuversichtlich entgegensieht, wird dies der Beziehung und dem Arbeitsklima sicher zugute kommen.

Damit ist die Trias Zielsetzung – Beurteilung – Feedback abgeschlossen bzw. tritt mit den aktuell vereinbarten Zielen in einen neuen Zyklus. Erfolgreich durchgeführten Beurteilungsgesprächen kommen mehrere Funktionen zu: Sie leisten das sachlich gebotene Feedback bezüglich konsequenzenreicher Einschätzungen, was heute als selbstverständlicher Ausdruck der Fairness aufgefasst wird; sie helfen, Anforderungen klarer zu artikulieren; sie kontrastieren diese Anforderungen mit Leistungsergebnissen und Verhaltenswahrnehmungen; hiermit fördern sie die Selbsteinschätzung der Beurteilten und stehen im Dienste ihres Verhaltenslernens; sie stellen Grundlage und Ausgangspunkt von Maßnahmen der Personalentwicklung sowie von Verbesserungen der Arbeitsbedingungen, Arbeitsabläufe und Kommunikationsprozesse dar; und schließlich kommt Beurteilungsgesprächen auch die soziale Funktion zu, über die Erörterung von Leistungen und Verhaltenseindrücken zu einer generell offeneren Kommunikation und verbesserten Beziehung zu finden. Dies gilt besonders dort, wo auch das Führungsverhalten der Vorgesetzten von den Mitarbeitern eingeschätzt wird und wo Arbeitsgruppen Selbstbeurteilungen ihrer Prozesse und Ergebnisse vornehmen sowie einander gegenseitig Feedback geben.

Während sich der vorliegende Beitrag auf Beurteilung, Zielsetzung und Feedback gegenüber einzelnen Mitarbeitern beschränkt hat, bietet eine mittlerweile umfangreiche Literatur zum so genannten 360°-Feedback (z. B. Scherm, 2004) Hinweise auch zur Urteilskommunikation gegenüber Vorgesetzten. Hierfür sind einige Besonderheiten zu beachten; u. a. wird nur in den wenigsten Fällen die Einschätzung durch die Mitarbeiter direkt eröffnet, sondern es wird die Unterstützung eines Moderators in Anspruch genommen, der gemittelte Beurteilungen erläutert. Weit seltener sind echte Gruppenbeurteilungen, das heißt solche, bei denen es sich nicht um die aggregierte Beurteilung von Individuen handelt, sondern tatsächlich von Gruppenprozessen, -interaktionen und -ergebnissen (für ein Beispiel s. Muck, Schuler, Becker & Diemand, 2004). Hinweise zum Feedback eines Vorgesetzten an eine Gruppe finden sich bei London (1997), solche zum Feedback von Gruppen untereinander bei Muck und Schuler (2004).

Friedemann W. Nerdinger

Vorgesetztenbeurteilung

1   Was bedeutet Vorgesetztenbeurteilung?

Während es immer schon selbstverständlich war, dass Vorgesetzte ihre Mitarbeiter und Mitarbeiterinnen beurteilen, wurde der umgekehrte Vorgang lange Zeit tabuisiert. Erst im Zuge der intensivierten Diskussion um die Bedeutung partizipativer Führung – verbunden mit konsequenter Personalentwicklung als zentraler Führungsaufgabe – wurde diese Vorstellung „salonfähig" (Hölterhoff, 1978; Reinecke, 1983). Heute zählt die Vorgesetztenbeurteilung schon fast zu den selbstverständlichen Feedback-Instrumenten in den Organisationen der Wirtschaft.

Der Begriff der Vorgesetztenbeurteilung ist zweideutig, da Subjekt und Objekt der Beurteilung nicht klar ausgewiesen sind. Daher wird vor allem in der betriebswirtschaftlichen Literatur häufig von „Aufwärtsbeurteilung" gesprochen, wenn die Beurteilung der Vorgesetzten durch die Mitarbeiter gemeint ist. Daneben finden sich eine Reihe weiterer Begriffe wie „Vorgesetzteneinschätzung", „Führungskräftefeedback" oder „Führungsdialog" (Brinkmann, 1998), die in erster Linie die heikle Tatsache verschleiern, dass es sich dabei um eine Beurteilung des Verhaltens oder gar der Arbeitsergebnisse von Vorgesetzten durch ihre Mitarbeiter bzw. andere Bezugspersonen handelt.

Als Vorgesetztenbeurteilung kann jedes Verfahren bezeichnet werden, mit dem
– Führungskräfte – in der Regel direkte Vorgesetzte –
– in der Regel durch Organisationsmitglieder
– in vertikaler oder horizontaler Richtung
– bezüglich ihres Führungs-, Arbeits- und Sozialverhaltens oder anderer spezifischer Kriterien
– schriftlich, mündlich, offen oder anonym eingeschätzt werden (vgl. Domsch, 1992; Brinkmann, 1998).

Diese Definition ist so allgemein gehalten, dass sie die verschiedensten Formen der Beurteilung von Führungskräften umfasst, wobei sich die folgenden Ausführungen auf den Fall beschränken, in dem Mitarbeiter und Mitarbeiterinnen ihre direkten Vorgesetzten beurteilen (zum so genannten 360-Grad-Feedback, das sich gewöhnlich auch auf Führungskräfte bezieht, vgl. Neuberger, 2000; Sarges, in diesem Band).

2   Funktionen und Ziele

Eine Vorgesetztenbeurteilung kann die verschiedensten Funktionen erfüllen, wobei in den Unternehmen meistens mehrere gleichzeitig angestrebt werden. Die wichtigsten Funktionen zeigt Tabelle 1.

Je nach Unternehmensstrategie und konkreter Zielsetzung sind unterschiedliche Kombinationen geeignet (Jöns, 1995), wobei einige dieser Funktionen in der Praxis besondere Bedeutung haben (vgl. Ebner & Krell, 1991; Ladwig & Domsch, 2003). Mit Blick auf die Person der Führungskraft ist hier zunächst die *Diagnosefunktion* zu nennen: Sie ergibt sich aus dem Ziel, dem Vorgesetzten Informationen über sich selbst, sein Verhal-

Tabelle 1: Ausgewählte Funktionen von Vorgesetztenbeurteilungen
            (nach Steinhoff, 1995, S. 10)

Führungskraft	Mitarbeiter/Team	Unternehmen

– Diagnosefunktion
– Entwicklungs-
  funktion
– Kontrollfunktion
	– Motivationsfunktion
	– Leistungsfunktion
	– Dialogfunktion
	– Partizipationsfunktion
	– Steuerungsfunktion
	– Teamentwicklungs-
	  funktion
		– Partizipationsfunktion
		– Motivationsfunktion/
		  Leistungsfunktion
		– Personalentwicklung
		– Kontrollfunktion
		– Selektionsfunktion
		– Evaluationsfunktion

ten und dessen Wirkungen auf seine Mitarbeiter zu vermitteln (Reinecke, 1983). Dahinter steht die plausible Annahme über die Wirkung von Feedback, wonach Führungskräfte ihr Verhalten nur ändern können, wenn sie erfahren, wie dieses von den Mitarbeitern wahrgenommen und erlebt wird. Die Diagnosefunktion bildet also die Grundlage für die damit verfolgte *Entwicklung* der Führungskräfte.

Mit Blick auf die Mitarbeiterinnen und Mitarbeiter ist die *Partizipationsfunktion* besonders interessant. Vorgesetztenbeurteilung bietet ihnen demnach die verstärkte Möglichkeit, Einfluss auf für sie wichtige Entscheidungen zu nehmen und damit Verantwortung u. a. in Bezug auf die Gestaltung der Beziehung zu ihren Führungskräften zu übernehmen. Mit Blick auf das Unternehmen besteht die Bedeutung dieser Funktion in der Umsetzung einer partizipativen Führungsphilosophie, die selbst wiederum der Verbesserung der Leistung im Verhältnis zwischen Vorgesetzten und Mitarbeitern dienen soll. Aus diesen Funktionen lassen sich daher zusammenfassend die zwei Hauptziele der Vorgesetztenbeurteilung ableiten: Sie soll die Beziehung zum Vorgesetzten sowie die Arbeitszufriedenheit der Mitarbeiter und Mitarbeiterinnen verbessern und damit letztlich zu einer Steigerung des Leistungsverhaltens und der Leistungsergebnisse führen (Domsch, 1992).

3   Formen

Vorgesetztenbeurteilungen werden in der Praxis in den verschiedensten Formen durchgeführt (Jöns, 1995), die sich wiederum nach unterschiedlichen Kriterien systematisieren lassen. In Anlehnung an Domsch (1992) lassen sie sich nach inhaltlichen, methodischen und formalen Kriterien unterscheiden.

3.1   Inhaltliche Kriterien

Inhaltlich betrachtet unterscheiden sich Vorgesetztenbeurteilungen danach, *was* jeweils beurteilt wird. Häufig wird hier auf Führungseigenschaften zurückgegriffen, die aus den unternehmensspezifischen Leitlinien zur Führung und Zusammenarbeit abgeleitet sind. In der Regel werden verschiedene Bereiche des Führungsverhaltens wie Information,

Delegation, Entscheidung, Motivation, Zielvereinbarung usw. abgefragt. Wird die Beurteilung auch zur Verteilung materieller Ressourcen oder für Personalentscheidungen – zum Beispiel bei Aufstiegsentscheidungen – herangezogen, so werden zusätzlich auch Aspekte des Leistungsverhaltens und/oder das Potenzial der Beurteilten eingestuft.

3.2 Methodische Kriterien

Neben den allgemeinen Gütekriterien Objektivität, Reliabilität und Validität, die sich allerdings im Rahmen von Beurteilungsverfahren nur sehr schwer sichern lassen (Brandstätter, 1970; Marcus & Schuler, 2001), sind unter methodischen Gesichtspunkten verschiedene weitere Anforderungen zu beachten. Dazu zählen (vgl. Domsch, 1992, S. 262):

- *Relevanz:* Die eingeholten Informationen müssen für den Zweck der Beurteilung bedeutungsvoll sein.

- *Verständlichkeit:* Der Vorgesetzte muss die Urteile eindeutig verstehen können.

- *Verifizierbarkeit:* Die Aussagen müssen belegbar sein.

- *Beeinflussbarkeit:* Der Vorgesetzte muss die beurteilten Bereiche selbst kontrollieren und damit auch sein Verhalten in diesen Fragen ändern können.

- *Vergleichbarkeit:* Der Vorgesetzte muss seine Beurteilung in Beziehung zu vergleichbaren Kollegen setzen oder aber mit vorgegebenen Standards vergleichen können.

Durch die Sicherung solcher methodischer Kriterien unterscheidet sich die systematische Vorgesetztenbeurteilung von den alltäglichen Urteilen, die natürlich im betrieblichen Zusammenleben immer über Vorgesetzte gefällt werden.

3.3 Formale Kriterien

Unter formalen Gesichtspunkten lassen sich Vorgesetztenbeurteilungen in vielfältiger Hinsicht systematisieren, eine Auswahl zeigt Tabelle 2.

Während die *Erfassungsform* für die Gestaltung des jeweiligen Verfahrens zentral ist, hat die Frage der *Freiwilligkeit* entscheidende Bedeutung für die Durchführung und die Akzeptanz der Beurteilung. Eine Teilnahmeverpflichtung kann sowohl für die Vorgesetzten als auch die Mitarbeiter bestehen oder aber je einer bzw. beiden Gruppen ist die Teilnahme freigestellt. Durch Freiwilligkeit versucht man, den Bedenken und Ängsten auf beiden Seiten gerecht zu werden (Ebner & Krell, 1991). Dabei ist zu beachten, dass natürlich allein durch die Einführung eines solchen Verfahrens ein erheblicher sozialer Druck zur Teilnahme aufgebaut wird. Zudem wird heute von einer Führungskraft allgemein erwartet, dass sie sich dem Feedback ihrer Mitarbeiter und Mitarbeiterinnen stellt, sodass eine Verweigerung der Teilnahme auch bei zugesicherter Freiwilligkeit vermutlich das Ende der Karriere bedeuten würde.

Tabelle 2: Ausgewählte formale Systematisierungskriterien (in Anlehnung an Ladwig & Domsch, 2003, S. 506)

Formale Komponenten	Ausprägungen			
Erfassungsform	schriftlich (per Fragebogen)	mündlich (per Interview/Gespräch)		teils schriftlich/teils mündlich (z. B. Workshop mit Metaplan)
Freiwilligkeit	freiwilliger Einsatz durch VG	vom Unternehmen vorgeschrieben		freiwillig/gemeinsamer Beschluss von Beteiligten
Personenbezug	direkter VG	direkter oder nächsthöherer VG	Management insgesamt	Arbeitsgruppe/ Team
Einbindung	nur VGB	in eine umfassende Mitarbeiterbefragung integriert		Situationsanalyse (z. B. Metaplaneinsatz im Workshop)
Anonymität	vollständig anonym (ohne Namensangabe)	semi-anonym (in Gruppensitzung)		mit Namensangabe der Beteiligten
Richtung	Beurteilung durch Mitarbeiter (Fremdbild/einseitig)	Beurteilung durch Mitarbeiter und Selbsteinschätzung durch VG (Fremdbild/Selbstbild)		360-Grad-Beurteilung

Der *Personenbezug* verweist auf die Nähe des Instruments „Vorgesetztenbeurteilung" zu allgemeinen Mitarbeiterbefragungen (Nerdinger, 2001). Die Beurteilung des Managements bzw. der Arbeitsgruppe erfolgt in den meisten Mitarbeiterbefragungen standardmäßig; wird auch der direkte Vorgesetzte beurteilt, dann kann die Mitarbeiterbefragung als eine indirekte Form der Vorgesetztenbeurteilung angesehen werden (die wiederum durch eine personenbezogene Rückmeldung zu einer direkten Form wird). Diesen Aspekt verdeutlicht auch das Kriterium der *Einbindung*. Zusätzlich entsteht hier die Möglichkeit, eine Situationsanalyse der Führung z. B. im Rahmen von Teamentwicklungs-Workshops durchzuführen.

Ein weiteres, sehr intensiv diskutiertes Kriterium ist die Frage der *Anonymität*. Dahinter steht die Befürchtung, dass eine Zuordnung von Aussagen zur Person des Beurteilers oder auch des Beurteilten negative Konsequenzen nach sich zieht. Mit Blick auf die Beurteiler kann das zur Abgabe sozial erwünschter Urteile führen, die wiederum den Wert des Feedbacks schmälern. Bezogen auf die Mitarbeiterinnen und Mitarbeiter wird gewöhnlich gefordert, dass deren Anonymität unbedingt zu wahren ist (Ebner & Krell, 1991; kritisch dazu: Sprenger, 1995). Zu diesem Zweck

- darf man die Beurteilungsbögen in keiner Weise kennzeichnen;

- dürfen Beurteilungen erst ab einer Mindestanzahl von Mitarbeitern durchgeführt werden, damit sich keine Rückschlüsse auf die Beurteiler ziehen lassen (das schließt allerdings eine Aussprache über die Ergebnisse aus). Die Anonymitätsschwelle wird dabei zwischen drei und fünf Mitarbeitern angesetzt (Bartscher, Brand & Necker, 1990; Herbst & Heimbrock, 1995);

- müssen bei offenen Fragen die handschriftlichen Ausführungen von zentralen Stellen, die zur Geheimhaltung verpflichtet sind, maschinell umgewandelt werden.

Mit Bezug auf den Vorgesetzten finden sich unterschiedliche Auffassungen bezüglich der Anonymität. Auf jeden Fall sollten die Ergebnisse einer Vorgesetztenbeurteilung nicht in der Personalakte der beurteilten Führungskräfte aufbewahrt werden. Im Sinne eines Feedback-Verfahrens, das Änderungen im Verhalten intendiert, sollten nur die Vorgesetzten die Ergebnisse bekommen und mit ihren Mitarbeitern diskutieren. Das gilt auch für die Maßnahmen, die in der Folge einer solchen Aussprache beschlossen werden: Ihre Durchführung und Überwachung steht allein in der Verantwortung der Betroffenen. Nur so kann sich das Instrument positiv auf die Zusammenarbeit in der Gruppe und die Entwicklung der Führungskraft auswirken.

Schließlich verweist das Kriterium der *Richtung* darauf, dass man Vorgesetzte aus verschiedenen Perspektiven beurteilen kann. Werden sie nur von den Mitarbeitern beurteilt, dann erfordert die adäquate Einschätzung der Ergebnisse einen Vergleich mit Standards oder mit den Ergebnissen von Kollegen in vergleichbaren Positionen. Die Beurteilung kann aber auch mit dem Selbstbild kontrastiert werden oder aber es werden im Sinne der 360-Grad-Beurteilung Urteile von verschiedensten Bezugspersonen eingeholt (vgl. Neuberger, 2000; Sarges, in diesem Band).

4 Verfahren

Auch bei den Verfahren findet sich in der Praxis eine große Vielfalt, wobei Fragebogen, Workshops und Gespräche die wichtigsten sind.

4.1 Fragebogengestützte Verfahren

Am häufigsten werden bei der Vorgesetztenbeurteilung Fragebögen eingesetzt. Das hat insofern Tradition, als sich die ersten Versuche auf diesem Gebiet an der Führungsforschung und hier speziell am „Fragebogen zur Vorgesetzten-Verhaltens-Beschreibung (FVVB)" orientierten (Daniel, 1982). Da sich Unternehmen bei der Entwicklung von Fragebögen für die Durchführung von Vorgesetztenbeurteilungen häufig „am Bewährten" orientieren, liegt dieses Instrument zumindest indirekt auch heute noch einer Vielzahl von Beurteilungen zugrunde (vgl. Jöns, 1995). Aus wissenschaftlicher Sicht muss man allerdings feststellen, dass der FVVB nicht mehr geeignet ist, um das Verhalten von Führungskräften in modernen Unternehmen zu beurteilen (Hoffmeister, 2002).

Die Grundlagen der Gestaltung von Fragebogen sowie die Durchführung fragebogenge-stützter Vorgesetztenbeurteilungen sollen im Folgenden kurz diskutiert werden.

Gestaltung von Fragebögen. Da die Konstruktion eines brauchbaren Fragebogens sehr aufwendig ist, greifen die meisten Unternehmen auf bereits entwickelte Fragebögen zurück. Dies hat allerdings den Nachteil, dass kaum unternehmensspezifische Anpas-sungen möglich sind. Häufig müssen daher Dimensionen, die für das jeweilige Unter-nehmen besonders wichtig sind, neu entwickelt und dem bestehenden Instrument einge-passt werden. Diese werden bevorzugt – sofern im jeweiligen Unternehmen vorhanden – in Anlehnung an allgemeine und firmenspezifische Führungsgrundsätze entwickelt. In jedem Fall ist darauf zu achten, dass in einem Fragebogen nur solche Merkmale beurteilt werden, die von den Mitarbeitern direkt beobachtbar sind, d. h. die Merkmale müssen sich auf das *Verhalten* der Vorgesetzten beschränken (Jöns, 1995). Die Beurteilung von Persönlichkeitsmerkmalen ist völlig ungeeignet: Zum einen setzen sie immer einen Schluss vom Beobachteten (Verhalten bzw. Verhaltensergebnisse) auf die Persönlichkeit voraus, der subjektiv verzerrt ist. Zum anderen ist der Nutzen der Rückmeldung in die-sem Fall extrem eingeschränkt, da sie leicht als persönlicher Angriff erlebt wird.

Die meisten Beurteilungsbögen umfassen fünf bis zehn Dimensionen des Verhaltens, die mit jeweils drei bis sechs Items erfasst werden. Die Aussagekraft der Untersuchung kann erhöht werden, wenn zusätzlich zu den Einschätzungen des tatsächlich gezeigten Verhal-tens (Ist-Werte) auch solche für erwünschtes Verhalten (Soll-Werte) erhoben werden (Jöns, 1995). Mögliche Entwicklungsbedarfe lassen sich dadurch leichter feststellen. Eine andere Vergleichsmöglichkeit eröffnet die parallele Erfassung von Selbstbeurtei-lungen, deren Vergleich zu den Fremdurteilen zu einer größeren Akzeptanz nachfolgen-der Entscheidungen und Maßnahmen führen soll (Nerdinger, 2003).

Die Beurteilung erfolgt dann gewöhnlich anhand von Verhaltensbeobachtungsskalen, wobei die Beobachtungen auf Werten zwischen eins und fünf (oder sieben) einzustufen sind. Solche Einstufungsverfahren sind sehr beliebt, da sie sich leicht handhaben lassen, allerdings sind sie auch für jede Art von Beurteilungsfehler anfällig (Brandstätter, 1970; Nerdinger, 2001). Hierbei handelt es sich um vollstandardisierte Verfahren, die natürlich nur über die Bereiche Informationen liefern, die auch abgefragt werden. Gelegentlich wird daher empfohlen, noch offene Fragen zu stellen, damit die Befragten die Möglich-keit haben, zusätzlich ihre Meinung zu weiteren Aspekten zu äußern (Brinkmann, 1998). Allerdings wird diese Möglichkeit eher selten genutzt, zudem steht der damit verbunde-ne Aufwand in keiner Relation zu dem dadurch erzielten, gewöhnlich eher geringen Erkenntnisgewinn.

Durchführung der Untersuchung. Neben der umfangreichen Planung einer Vorgesetz-tenbeurteilung umfasst auch ihre Durchführung viele Aufgaben, die einige Fachkompe-tenz erfordern. Häufig wird daher empfohlen, externe Berater zu berücksichtigen bzw. – sofern möglich – ein Projektteam zu etablieren, in dem die wichtigsten Interessengruppen vertreten sind und in dem auch externe Berater mitarbeiten können (Ebner & Krell, 1991). In so einem Team sollten Vertreter der Mitarbeiter, der Führungskräfte, Vertreter des Personalrates sowie Fachleute aus der Personalabteilung bzw. der Personalentwicklung mitarbeiten (wobei die Mitarbeit der Personalabteilung nicht unumstritten ist; vgl. Sommerhoff, 1999).

Vor allem wenn noch wenig Erfahrung mit dem Instrument der Vorgesetztenbeurteilung besteht, hat sich eine Top-Down-Einführung als günstig erwiesen (Köhler, 1995). Das Instrument wird in diesem Fall zuerst auf den oberen hierarchischen Ebenen eingesetzt und dann auf den jeweils nächsten Hierarchieebenen durchgeführt. Die höheren Vorgesetzten üben damit ihre Vorbildfunktion aus, wodurch sich die Teilnahmebereitschaft und die Akzeptanz auf den unteren Führungsebenen erhöht. Allerdings besteht „ganz oben", d. h. im Top-Management, gewöhnlich keine Bereitschaft zur Teilnahme – was nichts über den Bedarf aussagt.

Um die notwendige Akzeptanz zu sichern, sind zudem umfangreiche *Informationsmaßnahmen* durchzuführen. Alle Beteiligten müssen genau über Ziele, Hintergründe, den Ablauf und die Maßnahmen zur Wahrung der Anonymität informiert werden (Köhler, 1995). Günstig ist es auch, wenn die Betroffenen bereits in der Planungsphase bzw. in die Entwicklung des Instruments integriert werden. Damit können auch Bedenken und Anregungen ermittelt werden, auf die wiederum im Rahmen der Information eingegangen wird. Die Art der Informationsvermittlung richtet sich dabei nach den Bedingungen und Möglichkeiten des Unternehmens und reicht von den Nachrichten am Schwarzen Brett über Betriebsversammlungen bis zum Einsatz von „Business TV".

Die Fragebögen sollten möglichst unmittelbar nach der Informationsphase verteilt werden, wobei sie gewöhnlich mit einem erläuternden Begleitschreiben und einem rückadressierten, neutralen Kuvert verschickt werden. Günstig ist es, wenn die Fragebögen an den Vorgesetzten gesendet werden, der sie dann – zum Beispiel im Rahmen einer Informationsveranstaltung – an seine Mitarbeiterinnen und Mitarbeiter verteilt (Herbst & Heimbrock, 1995; Köhler, 1995). Normalerweise orientiert man sich in der Praxis dabei an der formalen Struktur des Unternehmens, dem Organigramm.

Bei der postalischen Rücksendung können die Beurteiler selbst entscheiden, wann und wo sie den Fragebogen ausfüllen. EDV-technische Auswertung ist mittlerweile Standard (Herbst & Heimbrock, 1995). *Wer* die Auswertung vornehmen soll, darüber gibt es unterschiedliche Ansichten – von der zentralen Auswertung durch die Personalabteilung bis zur vollständigen Auslagerung der Auswertung in eine externe Einrichtung. Letzteres hat den Vorteil, dass sich eventuell bestehende Bedenken über die Datensicherheit leichter zerstreuen lassen.

Die ausgewerteten Beurteilungen liegen gewöhnlich als statistische Kenngrößen vor, die für die Rückmeldung an die Beteiligten zu interpretieren und möglichst auch zu veranschaulichen sind. Hilfreich ist es, die Ergebnisse für den Vorgesetzten in Form einer Profildarstellung aufzubereiten, d. h. für sämtliche Items werden die Mittelwerte gebildet und je Dimension zu einem Profil verdichtet (Jöns, 1995). Wurden außerdem Selbstbeurteilungen oder Soll-Werte erhoben, so können diese in die Darstellung aufgenommen werden. Zusätzliche statistische Kennwerte (Standardabweichung, Extremwerte, Median) ermöglichen nur dann eine differenziertere Analyse, wenn die Beurteilten in die entsprechenden Interpretationen eingewiesen werden. Das verweist auf das Problem der Ergebnisübermittlung – werden diese lediglich zugesandt, so erhöht sich die Gefahr von Fehlinterpretationen und Missverständnissen. Daher sollte man nach Möglichkeit jedem Vorgesetzten seine Ergebnisse persönlich übergeben und erläutern (Scheinpflug, 1995). Diese Aufgabe können Mitarbeiter der Personalabteilung oder externe Berater übernehmen (wobei natürlich auch der Aufwand zu berücksichtigen ist).

Neben der Rückmeldung an die Beurteilten sollten auch die Beurteiler über die Ergebnisse informiert werden (Hofmann, 1995b). Dafür finden sich verschiedene Varianten:
- Information einzelner Mitarbeiter oder der Mitarbeitergruppe
- Rückmeldung in Anwesenheit oder Abwesenheit des Vorgesetzten oder aber in einem zweistufigen Verfahren (zuerst ohne, dann mit der Führungskraft)
- ausschließliche Präsentation der Gesamtbeurteilung der Mitarbeiter und/oder zusätzliche Selbsteinschätzung des Vorgesetzten
- Moderation der Gespräche durch die Führungskraft selbst oder eine neutrale Person

Vorgesetztenbeurteilungen sollten nicht mit der Rückmeldung an die Beteiligten beendet sein, vielmehr gilt es, aufgrund der Ergebnisse auch Veränderungsprozesse im Unternehmen anzustoßen (vgl. Jöns, 1998).

Der Vorteil einer Vorgesetztenbeurteilung mit Fragebögen liegt in der standardisierten Erhebung, die eine Vergleichbarkeit der Ergebnisse sichert und verschiedenste statistische Auswertungen ermöglicht. Einen wesentlichen Nachteil bildet die mangelnde individuelle Abstimmung der Beurteilung. Das ermöglichen qualitative Verfahren, wie z. B. die „Führungsstilanalyse" (FSA; Jeserich & Mailahn, 1992) oder die „Qualitative Führungsstil-Analyse" (QFA) von Fennekels (vgl. Schmitz, 2002). Besonders gut geeignet sind dafür workshop-orientierte Verfahren.

4.2 Workshop-orientierte Verfahren

Sehr viel flexibler als fragebogengestützte Verfahren, die gewöhnlich unternehmensweit einheitlich durchgeführt werden, ist der Einsatz von Workshops. Im Grunde genommen kann jede Führungskraft für sich entscheiden, ob, wann und in welcher Form sie eine Vorgesetztenbeurteilung im Rahmen eines Workshops durchführen will (Günther, 1995). Wichtige Erfolgsbedingungen sind in diesem Fall eine begrenzte Teilnehmerzahl (nicht mehr als 12 bis 15 Personen), die genaue Information der Beteiligten sowie die Moderation durch einen neutralen (internen oder externen) Moderator, um Rollenkonflikte des Vorgesetzten zu vermeiden. Davon abgesehen sind die vielfältigsten Gestaltungsmöglichkeiten denkbar, sodass im Folgenden nur einige prinzipielle Anmerkungen zur Gestaltung und Durchführung solcher Workshops gemacht werden.

Gestaltung von Workshops. Auch in Workshops sollen die Mitarbeiter das Verhalten ihres Vorgesetzten beurteilen, wobei z. B. die in Führungsleitsätzen formulierten Dimensionen der Führung die Grundlage bilden können. Liegen die Beurteilungsdimensionen nicht bereits vor, können sie auch am Beginn des Workshops gemeinsam mit den Beteiligten erarbeitet werden. Außerdem ist auch in Workshops eine Selbstbeurteilung als Vergleichsdimension bzw. die zusätzliche Erhebung von Sollbewertungen zu empfehlen. Schließlich wird auch für dieses Instrument empfohlen, die Anonymität der Beurteiler zu sichern (Günther, 1995). Zu dem Zweck soll die Ergebnisrückmeldung an den Vorgesetzen in Form einer Diskussion des Gruppenergebnisses erfolgen, sodass sich kein Mitarbeiter persönlich zu seiner Einschätzung bekennen muss. Das ist allerdings kaum konsequent durchzuhalten, denn letztlich liegt der Wert der Beurteilung darin, dass der Vorgesetzte die Sicht seiner Mitarbeiter nachvollziehen kann. Das gelingt aber am besten, wenn die Mitarbeiter die eher abstrakten Beurteilungen in der Diskussion durch konkrete Beispiele des Führungsverhaltens veranschaulichen.

Durchführung von Workshops. Zum Auftakt eines in der Regel anderthalb bis zweitägigen Workshops bittet der Moderator nach einführenden Erläuterungen die Beteiligten, die Fremd- bzw. Selbstbeurteilungen vorzunehmen. Dabei hat es sich als günstig erwiesen, wenn der Vorgesetzte während dieser Zeit in einem anderen Raum bleibt und erst später mit den Fremdbeurteilern zusammentrifft. Zur Erfassung eignen sich verschiedene Verfahren, z. B. Checklisten (Bergmann, 1998), das Radar-Diagramm (Domsch, 1992) oder das Führungsbarometer (Kolb & Bergmann, 1997). Alle diese Verfahren zielen darauf ab, die Beurteilung möglichst anschaulich aufzubereiten, damit sich die nachfolgende Auswertung gemeinsam durchführen lässt.

Den Kern des Workshops bildet die Ergebnisdiskussion, die – sofern ein Änderungsbedarf sichtbar wird – zu gemeinsamen Vereinbarungen führt, in denen konkrete, möglichst messbare Veränderungsvorhaben z. B. in Form von Aktionsplänen formuliert werden. Zur Überprüfung des Erfolgs der vereinbarten Maßnahmen kann bereits zu diesem Zeitpunkt ein Folgetreffen vereinbart werden.

Der große Vorteil dieses Verfahrens liegt im unmittelbaren Dialog zwischen Vorgesetzten und Mitarbeitern, durch den die Partizipations- und Entwicklungsfunktion der Vorgesetztenbeurteilung am besten erfüllt wird. Diese Ziele stehen auch im Mittelpunkt der gesprächs-orientierten Verfahren.

4.3   Gesprächsorientierte Verfahren

Unter gesprächsorientierten Verfahren sind wechselseitige Rückmeldegespräche zu verstehen, in denen sowohl der Vorgesetzte dem Mitarbeiter Rückmeldung über sein Arbeitsverhalten als auch der Mitarbeiter dem Vorgesetzten über sein Führungsverhalten gibt (Brinkmann, 1998). In der Praxis wird dies häufig durch Erweiterung des herkömmlichen Mitarbeitergesprächs (Nerdinger, 2001) erzielt. Das Mitarbeitergespräch ist als weitgehend unstrukturierte Form der Abwärtsbeurteilung konzipiert. Sowohl in der Diskussion über die – für dieses Verfahren konstitutiven – Zielvereinbarungen als auch in der Frage der Förderung des Mitarbeiters entwickelt sich diese Form der Beurteilung schnell zu einer wechselseitigen Rückmeldung. Das wird heute in verschiedenen Unternehmen dadurch unterstützt, dass auch eine Beurteilung des Führungsverhaltens des

Vorgesetzten auf vorgegebenen Skalen zum festen Bestandteil des Verfahrens gemacht wird. Die Rückmeldung kann aber auch in offener Form erfolgen.

Diese Gespräche leben ebenfalls von der Vereinbarung von Änderungsmaßnahmen und ihrer Umsetzung. Da aber kaum eine Kontrollmöglichkeit besteht, hängt der Erfolg letztlich von den Beteiligten und – indirekt – von der Unternehmenskultur ab, die ein partizipatives Vorgehen unterstützen sollte. Der Druck auf den Vorgesetzten zur Umsetzung vereinbarter Maßnahmen kann erhöht werden, wenn es sich nicht um ein Vier-Augen-Gespräch handelt, sondern um ein Gruppengespräch mit mehreren, gewöhnlich drei bis fünf Mitarbeiterinnen und Mitarbeitern (vgl. Voigt, 2000).

Der große Vorteil gesprächsorientierter gegenüber fragebogengestützter Verfahren ist ihre Flexibilität: Der Mitarbeiter kann mit eigenen Worten seine Sicht auf das Vorgesetztenverhalten schildern, der Vorgesetzte kann auf unerwartete Hinweise Bezug nehmen und gezielt Fragen stellen, um so die Sicht seiner Mitarbeiterinnen und Mitarbeiter besser zu verstehen. Der wesentliche Nachteil ist die mangelnde Vergleichbarkeit. Aus Sicht der Organisation besteht zudem keine Möglichkeit, auf die Daten zuzugreifen und eventuelle Konsequenzen für das ganze Unternehmen zu ziehen.

5   Maßnahmen und Wirkungen

Zwar zählt die Vorgesetztenbeurteilung mittlerweile vor allem in den großen Unternehmen der Wirtschaft zu den Standardinstrumenten der Personalarbeit, über die Wirkungen liegen aber relativ wenig wissenschaftlich-akzeptable Untersuchungen vor. Die dabei überprüften Wirkungen basieren in der Regel auf den Maßnahmen, die aus Beurteilungen abgeleitet werden.

5.1   Maßnahmen

Aus der Rückmeldung der Ergebnisse von Vorgesetztenbeurteilungen an die Prozessbeteiligten ergeben sich vielfältige Interventionsmöglichkeiten. Diese lassen sich unterscheiden in

- individuelle Maßnahmen, die sich auf einzelne beteiligte Personen – gewöhnlich die Vorgesetzten – richten
- gruppen- bzw. teamorientierte Maßnahmen, die sich auf Projektteams, Abteilungen oder sonstige Arbeitsgruppen beziehen
- unternehmensbezogene Maßnahmen (vgl. Domsch, 1992)

Eine Auswahl möglicher Maßnahmen zeigt Tabelle 3. In der Praxis wird gewöhnlich eine Kombination verschiedener dieser Veränderungsmaßnahmen vorliegen. Im Zentrum stehen aber fast immer Maßnahmen zur Verbesserung des Führungsverhaltens und der Zusammenarbeit zwischen Vorgesetzten und Mitarbeitern. Am häufigsten wird ein Besuch von Führungs- und Persönlichkeitstrainings festgelegt, neuerdings wird zunehmend auch individuelles Coaching mit externen Beratern angeboten (Tzschoppe-Leckzik, 2000). Darüber hinaus bildet eine Vorgesetztenbeurteilung aber auch häufig den Beginn einer Teamentwicklungsmaßnahme. Mit Blick auf das ganze Unternehmen kann sie auch zum Ausgangspunkt für die Modifikation der Systeme zur Auswahl von Führungskräften oder der Umstrukturierung des vorhandenen Bildungsprogramms werden.

Tabelle 3: Mögliche Maßnahmen von Vorgesetztenbeurteilungen
(nach Domsch, 1992, S. 278)

Individuelle Maßnahmen	Teamorientierte Maßnahmen	Unternehmensbezogene Maßnahmen
– Änderungen des individuellen Führungsverhaltens – Durchführung individueller Coachinggespräche – Besuch verhaltensorientierter Weiterbildungsseminare – Erlernen von Selbst-Management-Techniken – Einflussnahme auf Laufbahnentscheidungen	– Durchführung von Teamentwicklung – Einführung neuer Informationsmedien – Änderung der Konflikthandhabung von und in der Gruppe – Installation von Zirkelarbeit – Überarbeitung und Aktualisierung der Stellenbeschreibung sowie Kompetenzabgrenzung	– Modifikation der Personalauswahlsysteme – Einführung des Instruments des Mitarbeitergesprächs – Veränderung der Diagnose und Entwicklung von Führungspotenzial – Einführung eines Personalcontrollings – Umstrukturierung des vorhandenen Bildungsprogramms

Bei der Festlegung von Maßnahmen sind eine Reihe von Punkten zu beachten (Jöns & Schmitt, 1998):

- Ziele und Maßnahmen müssen möglichst konkret festgelegt werden, damit ihre Umsetzung überprüfbar ist.

- Zu einzelnen Aktionen sind immer Verantwortlichkeiten und Termine zu bestimmen, um die Verbindlichkeit zu erhöhen.

- Es sollten nicht zu viele Maßnahmen festgelegt werden, da sonst die Einzelnen nicht konsequent verfolgt werden.

5.2 Wirkungen

Unter „Wirkung" wird gewöhnlich die Ergebniseffizienz im Sinne von Jöns (1998) verstanden, d. h. die Überprüfung der Frage, ob die mit der Vorgesetztenbeurteilung angestrebten Ziele erreicht wurden. Neben den vielfältigen unternehmensspezifischen Zielen sind das gewöhnlich die Veränderung des Vorgesetztenverhaltens und der Zusammenarbeit. Die meisten Versuche, die so verstandenen Wirkungen von Vorgesetztenbeurteilungen zu überprüfen, leiden an einer Vielzahl von methodischen Problemen. Es finden sich praktisch keine experimentellen und nur wenige quasiexperimentelle Untersuchungen (z. B. Atwater, Waldman, Atwater & Cartier, 2000; Heslin & Latham, 2004), bei Feldstudien wird in der Regel keine Kontrollgruppe erhoben (Hofmann, Schönsee, Blandfort & Köhler, 1995; Walker & Smithers, 1999). Dies ist insofern ein schwerer

Mangel, als in der Praxis Führungserfolg bzw. wahrgenommene Änderungen von Führungsverhalten durch verschiedenste situative und intervenierende Größen verursacht sein können. Alle Aussagen zur Wirkung von Vorgesetztenbeurteilung sind daher unter (methodischem) Vorbehalt zu treffen.

In der Untersuchung von Hofmann et al. (1995), die sich auf zwei Befragungen stützt, gaben 63 Prozent bzw. 79 Prozent der befragten Vorgesetzten an, dass sie positive Veränderungen in ihrem Verhalten als Ergebnis einer Vorgesetztenbeurteilung vermuten. Von ihren befragten Mitarbeitern sahen das sehr viel weniger so (42 Prozent bzw. 44 Prozent). Ähnliche Unterschiede zeigten sich in der Einstufung der Veränderungen in der Zusammenarbeit: Während 53 Prozent bzw. 64 Prozent der Vorgesetzten hier eine Verbesserung in Folge der Vorgesetztenbeurteilung wahrnahmen, sahen das nur 28 Prozent bzw. 23 Prozent ihrer Mitarbeiter genauso. Schließlich nahmen 25 Prozent bzw. 21 Prozent der befragten Vorgesetzten eine motivationssteigernde Wirkung der Vorgesetztenbeurteilung wahr, wogegen nur 14 Prozent bzw. 8 Prozent ihrer Mitarbeiter so etwas erlebte. In den subjektiven Wahrnehmungen zeigen sich also eher geringe Wirkungen einer Vorgesetztenbeurteilung, wobei die Vorgesetzten hier deutlich stärkere Änderungen wahrnehmen. Das kann aber psychologische Ursachen haben, da diejenigen, die sich einem solchen Verfahren unterziehen, ein gewisses Interesse daran haben, positive Änderungen wahrzunehmen und den als Konsequenz der Beurteilung vereinbarten Maßnahmen zu attribuieren (allerdings stimmen Führungskräfte allgemein dem Instrument „Vorgesetztenbeurteilung" stärker zu als Mitarbeiter; vgl. Felfe, 2000).

Smither, London, Vasilopoulos et al. (1995) haben die Ergebnisse zweier Vorgesetztenbeurteilungen verglichen, wobei im Zeitraum von sechs Monaten 238 Vorgesetzte durch ihre Mitarbeiter zweimal beurteilt wurden. Die Autoren fanden eine Verbesserung des Führungsverhaltens. Dabei profitierten diejenigen Führungskräfte besonders von der Beurteilung, die in der ersten Runde schlecht oder mittelmäßig beurteilt wurden. Diese Ergebnisse konnten Walker und Smither (1999) im Rahmen einer fünfjährigen Längsschnittstudie an Führungskräften einer Bank bestätigen. Außerdem gelang ihnen der Nachweis, dass die Mitarbeiter dann signifikante Änderungen im Verhalten wahrnahmen, wenn die Vorgesetzten die Beurteilungen im Rahmen von Feedback-Meetings mit den Mitarbeitern besprochen haben. Auch Heslin und Latham (2004) finden in ihrer quasiexperimentellen Untersuchung eine Verbesserung der Leistung sechs Monate nach einem Feedbackgespräch, dagegen konnten Atwater et al. (2000) keine Veränderungen nach einer Vorgesetztenbeurteilung nachweisen (im Gegensatz zu den anderen Studien wurden hier allerdings nicht Manager, sondern Polizeioffiziere untersucht).

Insgesamt gesehen ist der Stand der Forschung über die Wirkungen von Vorgesetztenbeurteilungen sowohl quantitativ als auch qualitativ, d. h. mit Blick auf die methodische Anlage der Untersuchungen, noch relativ unbefriedigend. Berücksichtigt man auch die vorliegenden Erkenntnisse über das 360-Grad-Feedback, das ja eine erweiterte Form der Beurteilung von Führungskräften darstellt (vgl. Sarges, in diesem Band), so finden sich immerhin einige Hinweise darauf, dass solche Verfahren in der Lage sind, Verhaltensänderungen bei Führungskräften herbeizuführen.

6 Ausblick

Wie bei so vielen personalwirtschaftlichen Instrumenten, findet sich auch bei der Vorgesetztenbeurteilung eine deutliche Diskrepanz zwischen der allgemeinen Euphorie, mit der sie „auf den Markt gebracht" wurde, und den Erfahrungen bzw. den nachweisbaren Wirkungen. Vorgesetztenbeurteilung ist nicht *das* Instrument organisationaler Demokratie bzw. *die* Methode, mit der sich partizipative Führung im Unternehmen durchsetzen lässt (Domsch, 1992). Sie hat sich aber auch nicht als bloße Modeerscheinung erwiesen, vielmehr ist es ihr gelungen, einen festen Platz im Arsenal personalwirtschaftlicher Instrumente zu besetzen. Das ist wohl darauf zurückzuführen, dass sich heute Vorgesetzte mit der Sicht ihrer Mitarbeiter auseinander setzen müssen, um von diesen akzeptiert und respektiert zu werden. Auch wenn die Wirkungen, die bislang nachgewiesen wurden, eher bescheiden sind, ist allein das Grund genug, den Ansatz weiter zu verfolgen und natürlich auch seine – möglicherweise sehr vielfältigen – Wirkungen genauer zu untersuchen.

Martin Scherm & Sven Kaufel

360-Grad-Feedback

1 Einleitung

„Continuous quality improvement, learning organizations, peer case reviews, and other managerial practices all stem from the same root: a desire to effectively give, receive, and utilize feedback." (Rubin, 1998, S. 3)

Während die gegenseitige Beurteilung von Vorgesetzten und Mitarbeitern gängige Praxis in Unternehmen ist, haben 360-Grad-Feedbacks in den vergangenen Jahren im deutschen Sprachraum ebenso positiven Zuspruch wie auch Kritik erfahren. Wenn Feedback einerseits der „Königsweg" für die Entwicklung von Menschen sein soll, wie lässt sich dann andererseits eine so skeptische Haltung fundieren, der zufolge gerade 360-Grad-Feedbacks primär einer entpersönlichten „Strategie der Disziplinierung" (Sprenger, in Druck) folgen? Und für die Praxis entscheidend: Welchen diagnostischen „Mehrwert" liefern Feedbackurteile, insbesondere ihr Abgleich mit dem Selbstbild einer Führungskraft?

2 Begriffsklärung und Bestimmungsstücke

Der Begriff des „360-Grad-Feedback" bezeichnet Ansätze zur Einschätzung oder Beurteilung von Führungskräften (zuweilen auch Experten) aus der Perspektive verschiedener Beurteilergruppen. In das Feedback wird nach Möglichkeit das gesamte berufliche Umfeld einer Fokusperson einbezogen: Die direkten Vorgesetzten, die Kollegen, die Mitarbeiter und schließlich die im Mittelpunkt stehende Fokusperson selbst (siehe Abbildung 1). Bisweilen werden auch andere Personenkreise wie Kunden, Zulieferer oder Projektpartner um eine Einschätzung gebeten. Zudem wird gelegentlich im deutschen Sprachraum auch der Begriff der „Rundum-Beurteilung" verwendet (Neuberger, 2000). Als weitere Verfahrensbezeichnungen haben sich besonders im angloamerikanischen Bereich die Begriffe des „Multisource Feedback" (MSF) und des „Multi-Rater Feedback" (MRF) etabliert (Bracken, Dalton, Jako, McCauley & Pollman, 1997; London & Smither, 1995).

Unabhängig davon, welcher Begriff jeweils verwendet wird, zeichnen sich multiperspektivische Feedback-Ansätze durch die folgenden Bestimmungsstücke aus (Brutus, Fleenor & London, 1998; Lepsinger & Lucia, 1997; Scherm & Sarges, 2002):

- Im Mittelpunkt der Beurteilung stehen die beruflichen *Kompetenzen* von Fokuspersonen, d. h. deren kriterien- und leistungsbezogenes *Verhalten* im Sinne von Fertigkeiten oder Fähigkeiten.

- Der gewünschte Effekt der Beurteilung besteht in einem gezielten *Entwicklungsanreiz* für die jeweilige Fokusperson, indem ihr ein wahrnehmungsbezogener Abgleich ihres Selbst- mit den auf ihre Person bezogenen Fremdbildern ermöglicht wird.

- Die Beurteiler stehen in regelmäßigem Kontakt zu der Fokusperson, so dass sie diese aus eigener Wahrnehmung und eigenem Erleben zuverlässig einschätzen können sollten.

- Die Einschätzung erfolgt schriftlich oder zunehmend internetbasiert anhand eines Fragebogens, der jede Kompetenzdimension mit mehreren Items und möglichst inhaltsvalide abdeckt.

- Die Ergebnisse der Befragung werden zu Mittelwerten für jede Feedbackgeber-Gruppe verrechnet und in einem Ergebnisbericht *zurückgemeldet*.

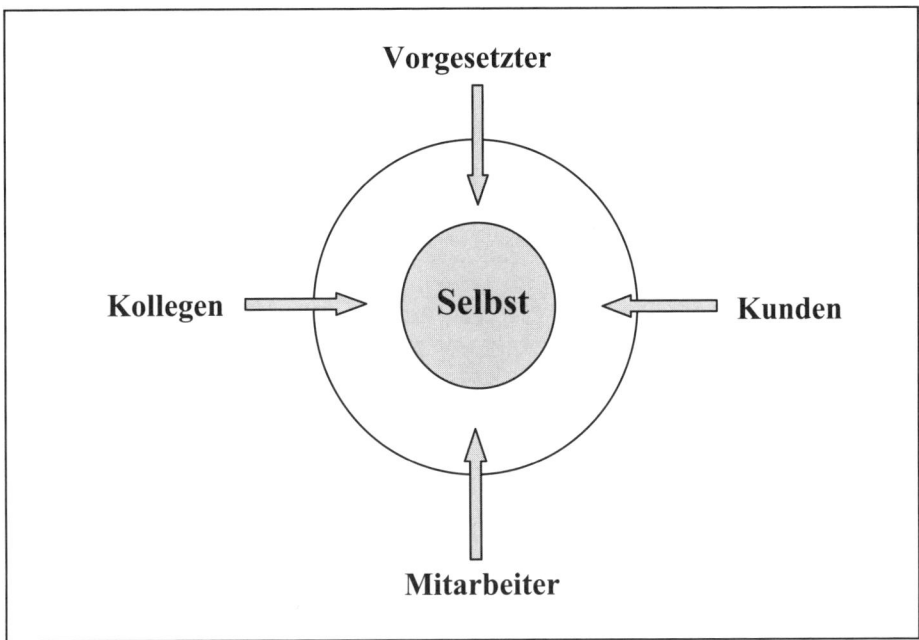

Abbildung 1: Perspektiven im 360-Grad-Feedback

Wie für andere Verfahrenskonzepte des HR-Managements gilt auch für das 360-Grad-Feedback, dass zahlreiche Varianten gepflegt werden, die den Erfordernissen vor Ort angepasst sind. So werden z. B. in der Praxis Feedbackprozesse durchgeführt, die auf eine Einschätzung durch Kollegen verzichten oder sich auf die Wahrnehmung des Führungsstils beschränken (anstatt die gesamte Breite funktionsbezogener Kompetenzen abzudecken; vgl. die Fallbeispiele bei Scherm, in Druck). Insofern liegen die zentralen Bestimmungsstücke von 360-Grad-Feedbacks darin, dass *erstens* das Verhalten einer Fokusperson aus verschiedenen Blickwinkeln eingeschätzt wird und *zweitens* die daraus gewonnenen Informationen die Selbstaufmerksamkeit für die eigenen Stärken, aber auch für die Entwicklungserfordernisse erhöhen sollen.

Ein weiteres Merkmal von 360-Grad-Feedback-Prozessen betrifft das Bedürfnis nach *Vertraulichkeit* und Datensicherheit seitens aller Prozessbeteiligten (vgl. Scherm & Sarges, 2002, S. 48). Schließlich beziehen sich die im Rahmen von Feedback-Prozessen erhobenen Daten auf das Fähigkeits-Selbstkonzept von Menschen und damit auf einen wichtigen Teil ihres „Ichs". Unabhängig davon, ob die Einschätzungen der Personalbeurteilung oder der Personalentwicklung dienen: Es handelt sich um eine Intervention, die sowohl positive als auch negative Affekte zeitigen kann. Es verwundert in diesem Zusammenhang nicht, dass die Frage der Vertraulichkeit von Feedback-Daten und ihre Verwendung in der Praxis regelmäßig Gegenstand von Diskussionen zwischen Betriebsräten und Geschäftsleitungen ist. Die Seite der Arbeitnehmervertretung möchte zumeist dafür sorgen, dass die Einschätzungen der feedbackgebenden Mitarbeiter nicht offengelegt werden, da man Repressalien fürchtet. Die Geschäftsleitung ist häufig bestrebt, Informationen aus Feedbackergebnissen abzuleiten, die Aufstiegs- oder Platzierungsentscheide fundieren sollen.

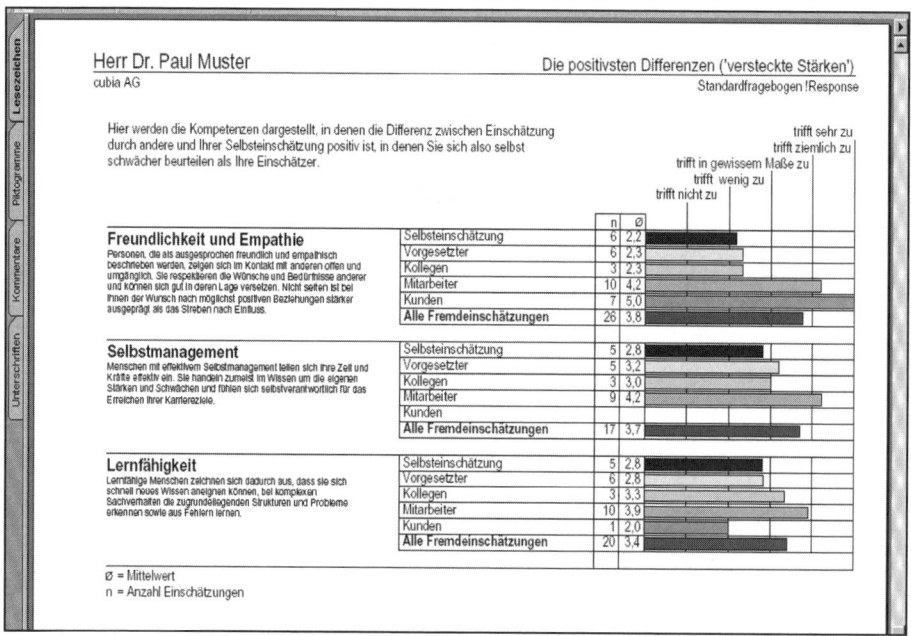

Abbildung 2: Beispiel eines Feedback-Reports (Auszug) mit nach Feedbackgeber-Gruppen getrennten Kompetenzeinschätzungen (nach Scherm, 2003)

Zwar kann nicht von Anonymität gesprochen werden, wenn die Feedbackgeber in der Regel aus einem Pool von Mitarbeitern und Kollegen ausgewählt werden, den die jeweilige Fokusperson selbst oder die betreuende HR-Abteilung zusammenstellt. Die abgegebenen Feedbacks sind insofern bestimmten Personen zurechenbar, werden jedoch im Zuge der Ergebnisermittlung zu anonymisierenden Mittelwerten verrechnet. Die Fokusperson erhält somit einen Feedback-Report (siehe den in Abbildung 2 dargestellten Ausschnitt), der die Feedbackdaten auf Kompetenzdimensionen und nach Feedbackgeber-Gruppen getrennt ausweist, ohne dass Rückschlüsse auf einen bestimmten Feedbackgeber möglich sind.

Im Sinne eines Gütekriteriums für multiperspektivische Feedback-Prozesse beinhaltet das *Vertraulichkeitsprinzip,* dass die Feedbackergebnisse zunächst nur den Fokuspersonen selbst zur Kenntnis gelangen. Darüber hinaus ist dafür zu sorgen, dass mögliche Auskunftsbegehrlichkeiten seitens der Fokuspersonen oder Dritter bezüglich des Antwortverhaltens einzelner Feedbackgeber ebenso abgewiesen werden.

3   Die Funktion von Feedbackprozessen

Multiperspektivische Feedbackprozesse können zwei Funktionen dienen: Zum einen können sie im Rahmen von *Leistungsbeurteilungen* platziert werden und unterstützen damit Selektions-, Vergütungs- oder ähnliche Entscheide. Hier ergänzen sie die Seite der vergleichsweise „harten" Leistungskriterien (wie Produktivität, Qualität der Leistungsbeiträge etc.) um die Einschätzung des leistungsrelevanten *Verhaltens.* D. h. die Feedbacks sollen Aufschluss darüber geben, inwieweit das konkrete Verhalten einer Fokusperson zum Erreichen von Zielen beiträgt. Zum anderen dienen sie der *Kompetenzentwicklung* von Führungs- oder Nachwuchskräften. Die Intention der Personalverantwortlichen sieht dabei vor, das mittels 360-Grad diagnostizierte Kompetenzniveau der Fokuspersonen entsprechend des Anforderungsprofils anzuheben.

Für beide Funktionen lassen sich eine Reihe von Argumenten anführen (zusammenfassend London, 2001, S. 369 ff.; Scherm & Sarges, 2002, S. 45 f.). Diese stellen sich wie folgt dar: Für einen Einsatz im Rahmen von Leistungsbeurteilungen spricht der im Vergleich zur Kompetenzentwicklung höhere Grad an Verbindlichkeit („accountability") des Feedbackprozesses, d. h. sowohl die Fokuspersonen als auch deren Feedbackgeber messen dem gesamten Prozess eine höhere Bedeutung bei. Der hohe Verbindlichkeitsgrad ergibt sich unmittelbar aus dem Wissen um die Folgen der Beurteilung (siehe Bracken, 1997). Vor allem Fokuspersonen mit mäßigen Kompetenzeinschätzungen werden mit den Ergebnissen arbeiten und in hohem Maße bestrebt sein, ihr Verhalten in eine wünschenswerte Richtung zu entwickeln. Für einen Einsatz im Rahmen der Kompetenzentwicklung wird gleichfalls das Verbindlichkeitsargument geltend gemacht – hier nur mit umgekehrtem Vorzeichen: Da der Verbindlichkeitsgrad (oder besser: der Bedrohlichkeitsgrad) für die Fokuspersonen bei Entwicklungsmaßnahmen geringer ausfällt, werden die Feedbacks als nicht so konsequenzreich angesehen; die Feedbackgeber gehen primär davon aus, die zu beurteilende Fokusperson mit ihren Einschätzungen zu fördern. In diesem Zusammenhang und im Gegensatz zu Leistungsbeurteilungen sind die abgegebenen Feedbacks weniger mildeverzerrt und bilden die Eindrücke der Feedbackgeber valider, d. h. angemessen kritisch ab (Greguras, Robie, Schleicher & Goff, 2003). Bezüglich des Einsatzes von 360-Grad-Feedbacks in deutschen Unternehmen gibt eine aktuelle Untersuchung von Rieder (2004) Aufschluss. Demnach geben 32 von 34 (entsprechend 94 Prozent) der 190 umsatzstärksten deutschen Unternehmen an, ihre Feedbackprozesse zur Führungskräfte-Entwicklung einzusetzen. Lediglich 10 der 34 Unternehmen (entsprechend 29 Prozent) haben die Systeme eingeführt, um die Leistung ihrer Führungskräfte zu beurteilen (Mehrfachnennungen waren möglich).

Wenn die Entwicklung der Kompetenzen im Vordergrund steht: Was rechtfertigt den beträchtlichen Aufwand von Feedback-Systemen, die in erheblichem Maße Zeit und Humankräfte binden und überdies kostspielig sind? Sind Trainingsmaßnahmen oder regelmäßiges, im geschäftlichen Alltag gegebenes Feedback nicht viel effektiver und weniger „unruhestiftend"? Dienen Feedback-Systeme der Geschäftsleitung nicht doch vorrangig dazu, die Machtkonstellationen zu zementieren? „Das alte ‚Single-Source-Assessment' durch den Chef ist eine persönliche Beurteilung, die an ein zurechenbares Individuum gebunden ist. Bei der 360°-Beurteilung handelt es sich hingegen um eine *entpersönlichte* Strategie der Disziplinierung" (Sprenger, in Druck).

Der Wert von kontinuierlichem Feedback für die Steuerung und Entwicklung von Kompetenzen ist unbestritten (Kluger & DeNisi, 1996; London & Smither, 2001; Sonntag, 2002). Andererseits muss festgestellt werden, dass gerade Führungskräfte im Tagesgeschäft oft relativ wenig Feedback aus ihrer Umgebung erhalten (Longenecker & Gioia, 1992; McCall, Lombardo & Morrison, 1988). Nicht selten ist das Feedback auch mikropolitisch eingefärbt und bezieht sich nur zu einem geringen Teil auf das tatsächlich wahrgenommene Verhalten. (Die geringe Feedbackintensität muss eigentlich verwundern, da man aufgrund des inzwischen praktizierten partizipativen Führungsstils in vielen Unternehmen annehmen sollte, dass das Ausmaß an verhaltensbezogenen Rückmeldungen zugenommen hat.) So sind die Unternehmen gehalten, den Engpass über entsprechend geeignete Instrumente zu kompensieren. Multiperspektivische Urteilszugänge verfolgen gegenüber dem ‚Single-Source-Assessment' den Anspruch, das Verhalten einer Fokusperson insgesamt umfassender und valider beurteilen zu können. Unterschiedliche Feedbackgeber-Gruppen (z. B. die der Vorgesetzten versus die der Mitarbeiter) erleben die Fokusperson in unterschiedlichen Aufgabenfeldern mit jeweils verschiedenen Anforderungen an die Verhaltenskompetenz. Parallel dazu tragen sie an die Fokusperson verschiedene Rollen- und Verhaltenserwartungen heran. Sie sollten damit insgesamt gut in der Lage sein, ein wesentliches Element von Managementpotenzial mit diagnostizieren zu können, nämlich sich in wechselnden Umgebungen mit sich ändernden Anforderungen und Erwartungen situationsgerecht verhalten zu können (vgl. Sarges, 2000).

Bei einem einzelnen Beurteiler wie etwa dem Vorgesetzten lässt sich zwar leicht die Verantwortlichkeit für die Beurteilung verorten, er bzw. sie wird jedoch mit seiner „Monoperspektive" der Komplexität der Beurteilungsaufgabe in keiner Weise gerecht. Diese Feststellung gilt unabhängig von der Funktion des Feedbacks zur Leistungsbeurteilung oder zur Kompetenzentwicklung. Inwiefern nun darüber hinaus ein Vorgesetzter mit seinem Urteil *allein* weniger disziplinierend wirken soll als *mehrere* Feedbackgeber, ist kaum nachvollziehbar. Die Frage der Disziplinierung ergibt sich weniger aus der Anzahl der Feedbackgeber oder der Tatsache, dass diese aus unterschiedlichen Hierarchiestufen stammen, sondern aus den Machtkonstellationen vor Ort und dem affektiven Vorzeichen, mit dem die Beziehung innerhalb der Vorgesetzten-Mitarbeiter-Dyade versehen ist: Beurteilung ist immer auch in einen Beziehungskontext eingebettet. Eine Dyade mit einem positiven Beziehungsklima wird im allgemeinen unkritisch auch mit Beurteilungsfragen umgehen. Man möge sich aber eine für beide Seiten belastete Interaktion vorstellen: Den Mitarbeiter würde weniger interessieren, dass das Urteil, das er be-kommt, zurechenbar ist. Viel mehr dürfte ihm daran gelegen sein, dass sein unmittelba-rer Vorgesetzter *nicht allein* über sein Fortkommen entscheidet: Er wird ein „Multi-Source-" dem „Single-Source-Assessment" vorziehen. Schließlich spricht auch die Em-pirie gegen die Disziplinierungsthese: Würden 88 Prozent der betroffenen Fokusperso-nen angeben, sie würden ein 360-Grad-Feedback wiederholen (Betz & Wienecke, in Druck), wenn sie sich vor allem diszipliniert und entpersönlicht sähen?

4   Die Bedeutung von Selbstbild-Fremdbild-Differenzen

Multiperspektivische Kompetenzurteile gewinnen ihren Entwicklungsanreiz für eine Person dadurch, dass sie dem Selbstbild ein Fremdbild gegenüberstellen. Dem Grad der Übereinstimmung der beiden Bilder wird in der Praxis des HR-Managements und auch in der Literatur zum 360-Grad-Feedback in vielerlei Hinsicht eine entscheidende Bedeu-tung zugeschrieben. Dabei werden sowohl die Auswirkungen von Selbst-/ Fremdbilddif-ferenzen auf verschiedene Berufsleistungskriterien als auch moderierende Einflüsse auf Entwicklungsmaßnahmen diskutiert.

Zunächst ist die Selbst-Fremd-Übereinstimmung lediglich ein Maß dafür, inwieweit unterschiedliche Blickwinkel hinsichtlich ein und derselben Fokusperson zur gleichen Einschätzung gelangen oder aber voneinander abweichen. Der Grad dieses „Agree-ments" liefert somit eine Aussage zur Höhe der Urteilsdifferenzen zwischen den ver-schiedenen Beobachterperspektiven. In diesem Zusammenhang sind zwei Varianten zur Darstellung der Übereinstimmung von Einschätzungen gebräuchlich: Zum einen wird die Ähnlichkeit als Korrelation von Rangfolgen der Einschätzungen verschiedener Rater zu Eigenschaften der Fokusperson untersucht (hohe Korrelation: große *Kongruenz*; nied-rige Korrelation: große *Differenz* zwischen den Urteilsperspektiven; vgl. Carless, Mann & Wearing, 1998, S. 483). Bei umfangreichen Meta-Analysen wurde festgestellt, dass die Übereinstimmung zwischen den verschiedenen Fremdbeurteilerperspektiven im allgemeinen deutlich größer ausfällt als die Korrelation zwischen Selbst- und Fremdsicht (Conway & Huffcutt, 1997; Harris & Schaubroeck, 1988; Mabe & West, 1982).

Zum anderen werden mittlere Differenzen zwischen den Einschätzungen der verschiede-nen Beurteilergruppen herangezogen. Diese ermöglichen eine wesentlich differenziertere Kategorisierung des Übereinstimmungsgrads und eröffnen die Ableitung individueller Entwicklungsprognosen. Auf diesem Wege ist eine Einteilung der Fokuspersonen in zu-mindest vier Typen möglich:

1. Schätzt sich eine Fokusperson hinsichtlich ihrer Kompetenzen *übereinstimmend* mit ihren Fremdbeobachtern auf *hohem* Niveau ein, entspricht sie dem Typ *„Konsens-Hoch"* („in-agreement/good").

2. Entsprechen sich hingegen Selbst- und Fremdbild auf *niedrigem* Niveau, ist die Rede von *„Konsens-Niedrig"* („in-agreement/poor"). Atwater und Yammarino (1997) ge-hen dann von einer Übereinstimmung aus, wenn das Selbsturteil innerhalb einer hal-ben Standardabweichung der Fremdeinschätzung(en) liegt.

3. *Übertrifft* die Selbsteinschätzung das Fremdurteil um mehr als diese halbe Standardabweichung, ist die Rede von einem *„Überschätzer"* („overrater").

4. Fällt die Selbsteinschätzung hingegen deutlich *niedriger* als die Fremdeinschätzung aus, handelt es sich bei der Fokusperson um einen *„Unterschätzer"* („underrater"; Atwater & Yammarino, 1997, S. 156 f.).

Generell ist hinsichtlich der Kategorisierung festzustellen, dass Fokuspersonen und insbesondere Führungskräfte im Mittel eher dazu neigen, sich ein höheres Kompetenzniveau zu bescheinigen als dies ihr nächstes Umfeld tut. Verantwortlich für zu milde Selbsteinschätzungen sind die Tendenz zur Selbstwerterhöhung, Eindrucksmanagement, selbstwertdienliche Verzerrungen und Attributionen sowie die Integration eigener Ideale und Standards in das Selbstbild (Ashford, 1989, S. 144 ff.; Bass & Yammarino, 1991, S. 444 f.; Beehr, Ivanitskaya, Hansen, Erofeev & Gudanowski, 2001, S. 781; Carless et al., 1998, S. 488; Furnham & Stringfield, 1998, S. 524; Mabe & West, 1982, S. 282 ff.).

Neben diesem Milde-Effekt bei Selbsteinschätzungen stimmen allerdings auch die Ratings der verschiedenen Fremdbeurteilerperspektiven nicht eins zu eins überein. Vielmehr fließen auch in die Fremdurteile, neben dem Eindruck des tatsächlichen Verhaltens der Fokusperson, unter anderem idiosynkratische Tendenzen und die unterschiedlichen hierarchischen Blickwinkel der Beobachtergruppen mit ein. Gerade die verschiedenen, hierarchisch geprägten Sichtweisen von Vorgesetzten, Kollegen und Mitarbeitern können hierbei als mehrwertstiftende Pluspunkte von 360-Grad-Feedbacks angesehen werden. In der Praxis ermöglichen sie nach Hierarchieebenen aufgefächerte Kompetenzrückmeldungen an die Fokuspersonen, die auf diesem Wege differenzierte Erkenntnisse zur Wirkung ihres eigenen Führungsverhaltens auf das jeweilige Klientel gewinnen.

Mit Blick auf tatsächliche *Leistungskriterien* ist eine nach Beurteilerperspektiven differenzierte Rückmeldung der Fremdeinschätzungen an die jeweilige Fokusperson hingegen nur bedingt sinnvoll. Erst durch die Kombination der verschiedenen Fremdurteile im Sinne eines allgemeinen Fremdbilds werden Messfehler und individuelle Neigungen aus den Urteilen herausgefiltert und genauere Informationen zum tatsächlichen Leistungsvermögen der Fokusperson gewonnen. Die Frage nach der Übereinstimmung zwischen den verschiedenen Fremdbeurteiler-Gruppen ist somit immer in Abhängigkeit des erhofften Erkenntnisgewinns zu beantworten, d. h., ob es jeweils um die Wahrnehmung des Verhaltens oder um die Einschätzung der Leistung geht (vgl. Bozeman, 1997, S. 314; Mount & Scullen, 2001, S. 170 ff.).

Im Mittelpunkt der „Agreement"-Diskussion insgesamt steht schließlich der Übereinstimmungsgrad zwischen Selbst- und gemittelten Fremdeinschätzungen. Hier interessiert also der Unterschied zwischen dem subjektiven Eigenurteil der Fokusperson, d. h. so, wie sie sich selbst in Vergangenheit, Gegenwart und Zukunft sieht, und dem relativ genauen Abbild ihres tatsächlichen Verhaltens über die Fremdeinschätzungen. Die Höhe dieser Abweichungen und somit auch ihre Zuordnung in die weiter oben beschriebenen Kategorien hängt nun von einer Vielzahl von Einflussfaktoren ab (Ferris, Yates, Gilmore & Rowland, 1985; Wohlers, Hall & London, 1993; Ostroff, Atwater & Feinberg, 2004; Tsui & O`Reilly, 1989):

- Ältere Personen tendieren dazu, sich im Vergleich zu ihrem nächsten Umfeld zu überschätzen.

- Je länger eine Person bereits Führungskraft ist, desto stärker weicht ihr Selbstbild von den Fremdbildern ab.

- Im Gegensatz hierzu steigt in der Regel mit dem Bekanntschaftsgrad zwischen dem Selbst- und dem Fremdeinschätzer auch die Übereinstimmung zwischen Selbst- und Fremdbild.

- Und schließlich: Je intelligenter und gebildeter eine Fokusperson ist, desto kongruenter sind Selbst- und Fremdsicht.

Am interessantesten für diagnostische Zwecke sind in diesem Kontext Untersuchungen zum Zusammenhang von Selbst-/Fremdbilddifferenzen und Leistungskriterien: Lässt die Ähnlichkeit von Selbst- und Fremdbild Prognosen zum allgemeinen Berufserfolg von Führungskräften zu? Im Sinne einer Statusdiagnose wird hierbei der Gruppe der Fokuspersonen „Konsens-Hoch" das beste Zeugnis ausgestellt. Diese Fokuspersonen schätzen sich übereinstimmend mit ihrem nächsten Umfeld hoch ein. Sie sind gemessen an Außenkriterien am erfolgreichsten, treffen die effektivsten berufsrelevanten Entscheidungen, haben die besten Aussichten auf Beförderungen und zudem eine im allgemeinen positive Einstellung gegenüber ihrer Tätigkeit.

Im Ranking unmittelbar dahinter stehen die Unterschätzer. Sie werden von ihrem Umfeld ebenfalls eher positiv gesehen, verschenken aber durch ihre Tendenz zur Unterschätzung der eigenen Fähigkeiten Teile ihres Potenzials. Dennoch liegen sie im Ranking noch deutlich vor der Gruppe mit der Diagnose „Konsens-Tief". Deren Selbsteinschätzung stimmt zwar mit dem Fremdbild überein, bedauerlicherweise jedoch nur auf einem sehr niedrigen Niveau. Führungskräfte diesen Typs gelten im Mittel als erfolgloser, uneffektiver und leistungsschwächer als Kandidaten der oben genannten Kategorien. Eine noch negativere Bewertung erhalten lediglich die „Überschätzer". Diese erbringen eine Leistung auf vergleichsweise niedrigem Niveau, sind sich ihrer Schwächen jedoch nicht einmal bewusst. Neben den schon bei der Kategorie „Konsens-Tief" beschriebenen negativen Eigenschaften stehen Überschätzer zusätzlich noch für ein latentes Konfliktpotenzial, zudem sind Ärger und Probleme mit Vorgesetzten, Kollegen und Mitarbeitern vorprogrammiert (siehe Yammarino & Atwater, 2001, S. 215 ff.).

Bei Berücksichtigung dieser Gesichtspunkte in Personalauswahlsituationen würde also die Entscheidung immer zu Gunsten von Konsens-Hoch-Fokuspersonen und Unterschätzern fallen. Konsens-Tief-Fokuspersonen und Überschätzer würden hingegen jeweils nicht berücksichtigt werden. Diese Generalisierung, die auf der Einteilung in die vier Gruppen beruht, ist in der Literatur zwar mittlerweile gut eingeführt, keinesfalls aber unstrittig. Vor allem die recht grobe Kategorisierung in die vier verschiedenen Typen wird der Realität bisweilen nicht gerecht. Zum Beispiel: Was ist mit einem „Überschätzer", der sich auf einem sehr hohen, von seinen Fremdeinschätzern attestierten, Leistungsniveau überschätzt? Leistet dieser tatsächlich weniger als ein „Unterschätzer" mit seinem weit unterdurchschnittlichen Selbst- und dem mittelmäßigen Fremdurteil? Als

Antwort auf diese Fragen werden bisweilen verfeinerte Einteilungen in sechs oder auch mehr Gruppen diskutiert (Fleenor, McCauley & Brutus, 1996).

Desweiteren erscheint die in Folge dieser eindimensionalen Betrachtung des Ist-Zustandes der Kompetenzen einer Führungskraft getroffene Zuordnung in Leistungsklassen zu undifferenziert. Nicht nur bei jungen Führungskräften stellt sich zusätzlich die Frage, ob derzeitige Stärken gehalten oder gar weiterentwickelt, vorhandene Schwächen im Führungsverhalten in der Zukunft beseitigt werden können. In ersten, auf multiperspektivischem Feedback basierenden Langzeitstudien erzielten gerade die Führungskräfte mit niedrigen bis mittleren Ausgangsniveaus im zeitlichen Verlauf die größten Kompetenzzuwächse (vgl. Smither, London, Vasilopoulos, Reilly, Millsap & Salvemini, 1995; Walker & Smither, 1999).

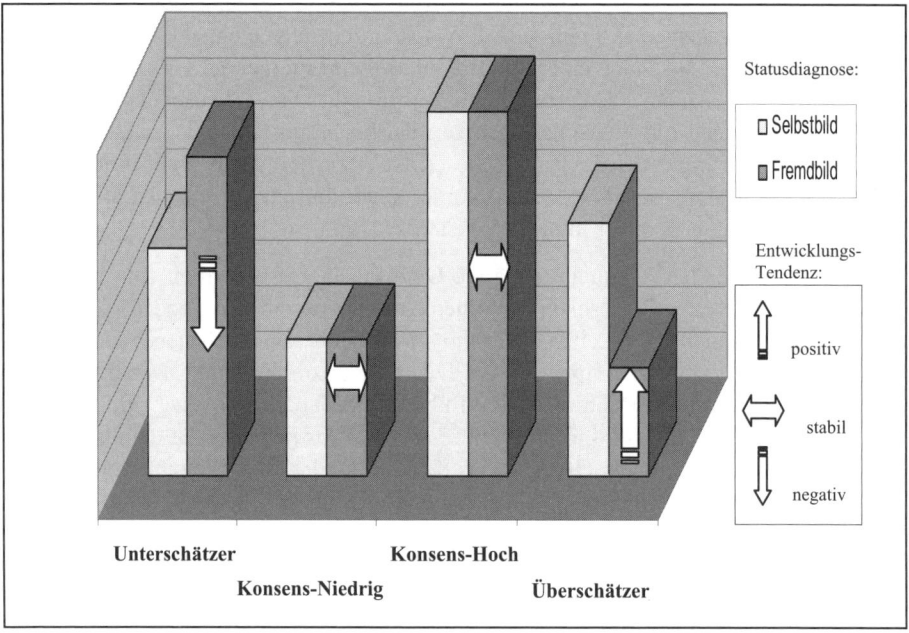

Abbildung 3: Vier „Typen" mit unterschiedlicher Selbst-Fremdbild-Konstellation und ihre Entwicklungstendenzen im 360-Grad-Feedback

Eine Erklärung für diese Ergebnisse scheint schnell gefunden: Manager mit niedrigem Ausgangsniveau können sich schlichtweg leichter und dementsprechend deutlicher weiterentwickeln als Führungskräfte, die bereits von Anfang an überzeugende Leistungen bringen. Derart einfach scheint es in der Praxis jedoch nicht zu sein. So konnte zwar mittlerweile in mehreren Langzeitstudien belegt werden, dass „Überschätzer" in Folge von Rundum-Beurteilungen die deutlichsten Kompetenzzuwächse erzielen. Das Verhalten von Konsens-Niedrig-Fokuspersonen hingegen bleibt trotz Feedback-Intervention im zeitlichen Verlauf relativ stabil (siehe Abbildung 3). Auch am anderen Ende der Skala ergeben sich durchaus überraschende Resultate. Während bei Konsens-Hoch-Fokus-personen das Verhalten trotz Feedback-Intervention weitgehend konstant blieb, zeigten sich die Kompetenzen der Unterschätzer im zeitlichen Verlauf vereinzelt gar schwächer (Atwater, Roush & Fischthal, 1995, S. 52 ff.; Johnson & Ferstl, 1999, S. 287 ff.). Die Beurteilergruppe, welcher in statusdiagnostischer Hinsicht das schlechteste Zeugnis ausgestellt wurde, weist demnach das größte Entwicklungspotenzial auf. Woran liegt das?

An dieser Stelle lohnt sich ein Blick auf die psychologischen Prozesse, die 360-Grad-Feedbacks zu Grunde liegen. Zunächst steigert das mit einer Rundum-Beurteilung verbundene Wissen um Fremdbeobachtung, verbunden mit einer Gegenüberstellung von Selbst- und Fremdbild, die Selbstaufmerksamkeit bei der jeweiligen Fokusperson. Im Zustand eines erhöhten Selbstfokus rückt der Vergleich zwischen den Fremdeinschätzungen und dem Selbsturteil in den Mittelpunkt des Interesses der Fokusperson. Weichen nun die im Rahmen der Selbsteinschätzung formulierten Standards von dem über die Fremdeinschätzung ermittelten Führungsverhalten der Fokusperson ab, nimmt diese eine Diskrepanz wahr. Diese Diskrepanz, der Unterschied zwischen zwei Wahrnehmungen zu ein und derselben Person, resultiert nun in einem als unangenehm empfundenen Zustand: Reduktionsdruck entsteht. Schließlich wird versucht, zumindest eine der beiden Komponenten zu modifizieren, um den bevorzugten Zielzustand, die Null-Diskrepanz, zu erlangen (Duval & Wicklund, 1972; Duval, Silvia & Lalwani, 2001). Überschätzern gelingt dies über eine Verbesserung ihres tatsächlichen Verhaltens und/oder eine Reduzierung ihrer Selbsteinschätzung. Unterschätzer hingegen sollten ihr Selbsturteil nach oben korrigieren und/oder ihr Verhalten der niedrigeren Selbsteinschätzung anpassen. Dies würde, neben den bereits berichteten Verhaltensmodifikationen bei den verschiedenen Gruppen, die in mehreren Untersuchungen festgestellte Absenkung von Selbsturteilen bei Überschätzern und die Erhöhung der Selbsturteile bei Unterschätzern erklären (vgl. Atwater et al., 1995; Johnson & Ferstl, 1999). Stellt die Fokusperson bei diesem Vergleich hingegen keine Diskrepanz zwischen Selbst- und Fremdsicht fest, folgen daraus weder spezifische Gefühlsreaktionen noch eine Reduktionsmotivation. Somit wird die entsprechende Fokusperson bei einer Null-Diskrepanz zwischen Selbst- und Fremdeinschätzung beziehungsweise Standards und tatsächlichem Verhalten nicht zur Regulation ihres Verhaltens animiert (vgl. Carver & Scheier, 1998).

Auf den ersten Blick wirken im Sinne einer Entwicklungsmaßnahme eingesetzte 360-Grad-Feedbacks also „bloß" bei einer, wenn auch der größten Zielgruppe, den Überschätzern. Wird damit der Einsatz von Rundum-Beurteilungen zur Kompetenzentwicklung für die anderen Fokuspersonen überflüssig? Sicherlich nicht. Vielmehr gilt es, dieses diagnostische Wissen im Sinne einer Weiterentwicklung von Feedbackverfahren zu nutzen. Stimmen die Selbst- mit den Fremdeinschätzungen überein oder unterschreiten sie diese gar, erhalten die Fokuspersonen im Rahmen der Ergebnisrückmeldung in der Regel keine unerreichten Ziele vorgehalten, sie fühlen sich vielmehr hinsichtlich ihres bisherigen Verhaltens bestätigt. Um dennoch positive Wirkeffekte zu erzielen, gilt es nun, die nicht vorhandene Diskrepanz „künstlich" zu erzeugen. D. h., es muss gelingen, den Fokuspersonen andere Standards, ein anderes Ziel als die Selbsteinschätzung und einen zusätzlichen, objektiven Vergleichsmaßstab aufzuzeigen. Bei Fokuspersonen des Typs „Konsens-Niedrig" mögen in diesem Zusammenhang schon durchschnittliche Anforderungsprofile ausreichen, bei Unterschätzern und Fokuspersonen des Typs „Konsens-Hoch" sollten Best-practice-Profile kommuniziert werden. Die dadurch resultierenden Diskrepanzen zwischen gegenwärtigem Verhalten (via Fremdbild) und Zielvorstellungen dürften nun auch von diesen Führungskräften als einigermaßen unangenehm erlebt werden, die dementsprechende Reduktionsmotivation erzeugen und schließlich positive Verhaltensmodifikationen zeitigen (vgl. Locke & Latham, 1990).

5   Effekte und Kriterien erfolgreicher Feedbackprozesse

Im Fokus von 360-Grad-Feedbacks steht die Entwicklung der individuellen Führungskompetenzen. Das Interesse der Organisation geht vor allem dahin (jenseits aller beschwichtigenden Beteuerungen, lediglich die Zufriedenheit der Mitarbeiter heben zu wollen), die eigene Wettbewerbsfähigkeit zu verbessern. Die wenigen empirischen Studien zur Prüfung von Wirkeffekten haben mehrheitlich gezeigt, dass die beteiligten Führungskräfte ihre Kompetenzen weiter entwickeln – wenn auch nicht immer in dem gewünschten Ausmaß. Die kurz- bis mittelfristigen Verbesserungseffekte (Untersuchungszeitraum: zwei Jahre) fallen eher bescheiden aus (Hazucha, Hezlett & Schneider, 1993), die langfristigen Effekte (Untersuchungszeitraum: fünf Jahre) zeigen vermutlich stärkere Kompetenzzuwächse (Walker & Smither, 1999) – wenngleich auch nicht bei allen Fokuspersonen. Den größten Kompetenzzuwachs verzeichneten diejenigen Fokuspersonen, die zu Beginn des Feedbackprozesses die schwächsten Urteile erhielten. Auch hat sich der Einsatz von Coachings zusätzlich zum multiperspektivischen Feedback als kompetenzfördernd erwiesen (Smither, London, Flautt, Vargas & Kucine, 2003). Wie die meisten Studien zur Wirkung von breit angelegten HR-Maßnahmen verzeichnen auch die oben genannten methodische Probleme dergestalt, dass

- der Experimentalgruppe gewöhnlich keine Kontrollgruppe gegenübergestellt ist,

- der Einfluss von Moderatorvariablen (z. B. bezüglich der „Selbstwirksamkeit" oder der „Führungsspanne" der Fokuspersonen) nicht geprüft wird,

- ein Kompetenzzuwachs lediglich über die Feedbackurteile ermittelt, nicht jedoch auch über „harte" Indikatoren zusätzlich validiert werden konnte.

Sichtet man gleichwohl die verfügbare Literatur und die Berichte überwiegend geglückter Feedbackprozesse (Scherm, in Druck) daraufhin, welche Kriterien für den Erfolg von 360-Grad-Feedbacks ausschlaggebend sind, dann zeigen sich ohne Anspruch auf Vollständigkeit folgende Muster:

1. *Kompetenzmodell*: Die Einführung des Feedbacksystems profitiert in hohem Maße davon, dass im Unternehmen bereits ein Kompetenzmodell verankert und auch akzeptiert ist. Ist dies der Fall, wird damit die Verbindlichkeit der aus den Feedbackergebnissen abzuleitenden Entwicklungsmaßnahmen erhöht. Gleichzeitig wird die sowohl bei den Feedbacknehmern als auch -gebern unvermeidlich auftretende Unsicherheit

(„Wie sehen mich die anderen?", „Sehe ich mich so, wie die anderen mich sehen?")
reduziert, da Klarheit hinsichtlich der einzuschätzenden Eindrucksdimensionen besteht. Das Kompetenzmodell sollte sowohl für Auswahl- als auch für Development-
Maßnahmen gelten, wobei durchaus Unterschiede für die einzelnen Führungsebenen
angebracht sind (während z. B. Fachwissen für eine Nachwuchskraft eine relevante
Kompetenz darstellt, sollte dies für Führungskräfte der mittleren Linie kein vorrangiges Thema mehr sein). Umgekehrt bedeutet ein Modell, welches erst im Zuge des
Feedbacksystems aufgestellt wird, ein Risiko, weil ihm eine Bewährungs- und Akzep-
tanzprüfung erst noch bevor steht.

2. *Verbindlichkeit der Funktion*: Für ein gelingendes Feedbacksystem ist die verbindliche Klärung der Zielfunktion, d. h. wofür dieses tatsächlich eingesetzt werden soll,
   unverzichtbar. In diesem Zusammenhang gilt es zu klären, ob primär die Entwicklung
   der Führungskompetenzen oder die Beurteilung der Leistung im Vordergrund stehen
   soll. Eine funktionsseitig ungeklärte Einführung von Feedbacksystemen oder gar
   „hidden agendas" (z. B. seitens der Geschäftsleitung) führen in aller Regel zu starken
   Vertrauensverlusten und Konflikten zwischen den Beteiligten. Hieraus resultiert mit
   hoher Sicherheit ein Verlust an Datenqualität.

3. *Einbettung in das strategische Personalmanagement*: Der Einsatz von 360-Grad-
   Feedbacks bleibt relativ wirkungslos, wenn keine unterstützenden Maßnahmen eingeleitet werden, um die Kompetenzentwicklung einer Person voranzutreiben. Dies bedeutet nicht nur, die im System hinterlegten Kompetenzen an das im Unternehmen
   gepflegte Kompetenz- oder Führungsmodell anzupassen, sondern eine Einbettung in
   das strategische Personalmanagement insgesamt vorzunehmen. Offenbar profitieren
   die beteiligten Fokuspersonen von einer Verzahnung der Feedbackprozesse mit anderen HR-Unterstützungsleistungen der Organisation (Hazucha et al., 1993).

In diesem Zusammenhang geht es nicht nur darum, einen evtl. ermittelten Entwick-
lungsbedarf durch entsprechende Trainings- oder Coachingmaßnahmen zu befriedigen
oder die Kompatibilität zu anderen Personalinstrumenten zu prüfen. Vielmehr ergeben
sich auch diagnostische und evaluative Chancen: Im Sinne einer diagnostischen Chance
besteht die Möglichkeit, mit Hilfe der Feedbackergebnisse die Auswahl von Develop-
ment-Maßnahmen passgenauer auf die individuellen Stärken und Schwächen von Füh-
rungs- und Nachwuchskräften zuzuschneiden. Dies dürfte in der Praxis, die vielerorts
noch von der Gewohnheit bestimmt ist, allen Kandidaten alle Maßnahmen angedeihen
zu lassen, zu größeren Entwicklungseffekten und gleichzeitig zu niedrigeren Kosten
führen. Im Sinne einer evaluativen Chance bietet sich die Möglichkeit, die Wirksamkeit
von Coaching- oder Trainingsmaßnahmen zu überprüfen. Dies kann derart geschehen,
dass untersucht wird, ob sich über den Zeitraum einer Maßnahme auf der Basis einer
„Vorher-Nachher-Messung" mit 360-Grad-Feedbacks ein Kompetenzzuwachs bei den
Kandidaten zeigt (siehe hierzu die Beispiele für unterschiedliche Einsatzfelder bei Sauer,
Scherer, Scherm, Kaufel & Pfeifer, 2004 und bei Smither, London, Flautt, Vargas &
Kucine, 2003). Vor allem dort, wo Development- und Weiterbildungsmaßnahmen von
externen Dienstleistern zugekauft werden, eröffnen sich interessante Optionen für das
Personalcontrolling.

4. *Feedbackgespräche und Workshops*: Eine besondere Bedeutung kommt der Ableitung von Maßnahmen aus den Feedbackergebnissen im Rahmen von Gesprächen und Workshops zu. Für die Ableitung von möglichen Entwicklungsbedarfen sind zunächst Gespräche zwischen der Fokusperson und einem internen oder externen Berater angezeigt (Lepsinger & Lucia, 1997; Scherm & Sarges, 2002). Ohne eine solche gemeinsame, interpretative Aufbereitung der Ergebnisse läuft die Fokusperson Gefahr, die Rückmeldungen der verschiedenen Feedbackgeber-Gruppen entsprechend den eigenen Vorerfahrungen und Erwartungen selektiv zu deuten.

Die Durchführung von Workshops, in denen die Fokuspersonen und Vertreter der Feedbackgeber-Gruppen gemeinsam Veränderungen erörtern, stehen unter dem Vorbehalt, dass die Feedbackgeber dabei tendenziell ihre Anonymität aufgeben – Anonymität und vertraulicher Umgang mit den Feedbackdaten stellen in aller Regel jedoch die entscheidende Ausgangsbedingung für multiperspektivisches Feedback dar. Gerade für Kompetenzfeedbacks, in denen vorrangig leistungsbezogenes Verhalten und dies überwiegend *negativ* beurteilt wurde, ergeben sich in Feedback-Workshops häufig schwierige Konstellationen, die bei den Beteiligten wechselseitig negativen Affekt verursachen. Solche Konstellationen bedürfen einer externen Moderation.

Häufig werden Feedback-Prozesse auch in Change Management-Prozesse integriert. In diesem Zusammenhang geht es vor allem auch darum, neue Aufgaben, Rollen und damit verbundene Erwartungen zu definieren und dies verbindlich abzustimmen. Dabei stellt eine weniger vertrauliche, dagegen stärker auf den offenen Dialog setzende Workshop-Architektur eine Bedingung für erfolgreiche Lernprozesse dar (Bracken & Timmreck, 2001, S. 508). Jöns (2000) fand in ihren Untersuchungen, dass sich die Zusammenarbeit zwischen Vorgesetzten und feedbackgebenden Mitarbeitern stärker verbesserte, wenn die betreffenden Vorgesetzten die Workshops *selbst* moderierten und dies nicht externen Moderatoren überließen. Ein derartiges Vorgehen setzt allerdings ein kompetentes Moderationsverhalten seitens dieser bzw. entsprechende Trainingsmaßnahmen voraus.

5. *Follow-ups*: Der Einsatz von Feedback-Surveys bedarf des Commitments von Fokuspersonen und ihrer Feedbackgeber. Gewünschte Verhaltensänderungen treten umso wahrscheinlicher ein, je verbindlicher die Prozesse eingeführt werden. In diesem Zusammenhang können nicht nur die Mitglieder der Geschäftleitung ein wichtiges Beispiel geben, indem sie im Unternehmen als erste Fokuspersonen selbst um ein Kompetenz-Feedback bitten. Ihre Verbindlichkeit und die damit verbundene Aufmerksamkeit erhalten Feedback-Systeme vor allem jedoch durch die Ankündigung und die Durchführung von Follow-ups (Goldsmith & Underhill, 2001). Follow-ups erhöhen jedoch nicht nur die Verbindlichkeit der Prozessbeteiligten, sie stellen über die Beobachtung von Verhaltensänderungen im Alltag hinaus eine zuverlässige Möglichkeit dar, Kompetenzverbesserungen erfassen zu können (Atwater, Waldman, Atwater & Cartier, 2000; Hazucha et al, 1993; Walker & Smither, 1999). Für die Wiederholung von Feedbacks bieten sich Ein-Jahres-Zyklen an, wobei die Wiederholungsmessungen mit Blick auf die allseits knappen Zeitbudgets auch auf der Basis von kürzeren Fragebogenfassungen erfolgen können.

Zusammenfassend kann festgehalten werden, dass 360-Grad-Feedbacks ein interessantes Potenzial für das HR-Management besitzen. Gelingt es, dieses vor Ort zu aktivieren, besteht die berechtigte Hoffnung, mit der Entwicklung des Einzelnen die Veränderung des Unternehmens im Ganzen erfolgreich zu gestalten.

Elisabeth Böhnke & Lutz von Rosenstiel

Führungskräfte-Coaching

1   Begriff

Coaching ist eine Form von Beratung für Personen mit Managementaufgaben. In einer Kombination aus zielorientierter Problembewältigung und persönlicher Unterstützung hilft der Coach als neutraler Feedbackgeber Führungskräften.

Coach bedeutet ursprünglich „Kutsche". Der Begriff leitet sich aus dem Namen der ungarischen Stadt Kocs ab, in der traditionell Fuhrwerke und Kutschen gebaut wurden. Im übertragenen Sinne taucht der Begriff erstmals im 19. Jahrhundert auf, um die engagierte Tätigkeit eines Tutors für seine Studenten zu beschreiben, d. h. diese durch das Examen zu „kutschieren" (Brockhaus, 2002). Heute ist der Begriff Coaching im Leistungssport zu finden. In Anlehnung daran wurde er in den 80er Jahren in die Managementliteratur übernommen. Im Sport ist der Coach der Trainer, der den physischen Konditionsaufbau und das mechanische Einüben von Bewegungsabläufen verknüpft. Im Management ist der Coach eher psychologischer Berater, der über betriebswirtschaftliche Kenntnisse und umfangreiches Erfahrungswissen über die Struktur und Abläufe in Unternehmen verfügt.

Sicherlich lässt sich darüber streiten, ob der Begriff Coaching eher eine Modeerscheinung ist oder ob er in die Personalentwicklung von Unternehmen gehört. Tatsache ist, dass viele Unternehmen das Einzelcoaching in ihr Repertoire an Personalentwicklungsmaßnahmen aufgenommen haben (Geißler, 2004). Was allerdings im Einzelnen genau darunter zu verstehen ist, erscheint zum einen sehr unterschiedlich und zum anderen eher unscharf. Eine einheitliche Definition des Begriffs ist derzeit nicht zu finden. Ebenso wenig ist der Begriff Coaching geschützt. Es gibt allerdings mittlerweile vielzählige Bestrebungen Coaching zu professionalisieren (Heß & Roth, 2001; Rauen, 2004).

Einer der vehementen Vertreter dafür, Coaching zu professionalisieren, ist Christopher Rauen. In seinem Newsletter „Coaching-Report" von Mai 2004 definiert er „Coaching als einen interaktiven, personenorientierten Beratungs- und Betreuungsprozess, der berufliche und private Inhalte umfassen kann. Im Vordergrund steht die berufliche Rolle bzw. damit zusammenhängende aktuelle Anliegen des Coach-Nehmers" (Rauen, 2004i). Ein Coaching findet in mehreren Sitzungen statt und ist zeitlich begrenzt.

2   Grundwerte und Ziele im Coaching

Hat eine Führungskraft sich für ein Coaching entschieden, sind daran Voraussetzungen geknüpft, ohne die eine Beziehung zwischen Coach und Coach-Nehmer im Beratungsprozess nicht gelingen kann. Grundwerte im Coaching sind:
– das Anliegen des Coach-Nehmers
– die Freiwilligkeit des Coach-Nehmers
– das Selbstreflexionsfähigkeit des Coach-Nehmers
– die gegenseitige Akzeptanz zwischen Coach und Coach-Nehmer
– die Offenheit und Transparenz des Coaching-Prozesses
– die Veränderungsbereitschaft des Coach-Nehmers

– die Diskretion des Coachs
– die Neutralität des Coachs
– das Vertrauen in den Coach
– die Ziel- und Leistungsorientierung im Coaching-Prozess (Rauen, 2004b)

Nicht alle Führungsfragen benötigen eine professionelle Beratung. Es bleibt abzuwägen, ob Coaching die richtige Methode zum Anliegen der Führungskraft darstellt. Wenn sich eine Führungskraft professionell durch einen Coach unterstützen lassen möchte, sollte diese Entscheidung freiwillig und nicht von „oben verordnet" sein, denn „wer nicht beraten werden möchte, kann nicht beraten werden!" Ist die Freiwilligkeit nicht gegeben, fehlt die Einsicht für die Beratung.

Selbstmanagementkompetenzen beim Coach-Nehmer müssen vorhanden sein, damit Coaching überhaupt funktionieren kann. Der Coach-Nehmer sollte seine eigenen Stärken und Schwächen einschätzen und benennen können, offen sein für Veränderungen, Interesse dafür zeigen aktiv gestalten zu wollen und Eigeninitiative dafür aufbringen sich herausfordernden Situationen und Möglichkeiten zu stellen. Der Coach-Nehmer muss den Coach und das Coaching als Beratungsform akzeptieren. Darüber hinaus sollte die „Chemie" zwischen Coach und Coach-Nehmer stimmen, was neben rationalen Argumenten vermehrt von emotionalen Faktoren abhängt. Die Basis für den Aufbau eines gegenseitigen Vertrauens sollte gegeben sein. Im Laufe des Coaching-Prozesses entsteht ein vertrauliches Beziehungsgefüge zwischen Coach und Coach-Nehmer, dessen Inhalte diskret bleiben sollten.

Der Coach ist kein Erfüllungsgehilfe im Dienste der Interessen des Unternehmens (Schreyögg, 1995). In seiner Rolle als Feedbackgeber ist der Coach dem Coach-Nehmer gegenüber zur Neutralität verpflichtet. Der Coach hat als Experte für Beratungsbeziehungen Sorge dafür zu tragen und Bedingungen zu schaffen, die den Aufbau und die Stabilisierung von Vertrauen überhaupt erst möglich machen. Denn je nach aktueller Situation der Führungskraft als Coach-Nehmer und seinen bisherigen Erfahrungen ist der Wille, Vertrauen aufzubauen, unterschiedlich ausgeprägt.

Coaching ist ein ziel- und zweckgebundener Prozess und kein „schön, mal darüber gesprochen zu haben!" Ziel- und Leistungsorientierung im Coaching verfolgen jedoch weniger vorgegebene Ziele. Oft werden die Ziele des Coach-Nehmers erst während des Coaching-Prozesses deutlich und entwickelt. Diese werden dann leistungsorientiert verfolgt. Eine Garantie für das Erreichen der Ziele trägt der Coach jedoch nicht. Die Verantwortung für sein Handeln trägt der Coach-Nehmer selbst. Der Coach ist verantwortlich für den Coaching-Prozess. Gemeinsam „auf gleicher Augenhöhe" arbeiten Coach und Coach-Nehmer in gegenseitiger Verantwortung und verfolgen tatsächlich gewollte Ziele. Unter diesen Voraussetzungen wird eine leistungsorientierte Beratung möglich.

Ziel eines Coachings ist stets die (Wieder-)Herstellung und/oder Verbesserung der Selbstregulationsfähigkeiten des Coach-Nehmers, d. h. der Coach muss den Coach-Nehmer derart beraten bzw. fördern, dass dieser den Coach nicht mehr benötigt.

3 Der richtige Coach

In vielen Unternehmen wird argumentiert, dass die unmittelbaren Linienvorgesetzten im optimalen Fall zum Coach werden sollten (Spies, 2004). Vor dieser Argumentation sei gewarnt (Schreyögg, 1995; Berkel & Lochner, 2001; Rauen 2002). Die Rollen des Vorgesetzten und die des Coachs sind weitgehend inkompatibel; zumindest sind Rollenkonflikte wahrscheinlich. Ein Coach sollte daher unabhängig und neutral sein und im Regelfall von „außen" kommen.

Der Beruf des Coachs ist neu. Noch wird heftig darüber diskutiert, welche fachlichen und persönlichen Voraussetzungen ein Coach für eine erfolgreiche Arbeit mitbringen sollte (Rauen, 2004e). Hier ist zwar noch manches im Fluss, doch darf grundsätzlich angenommen werden, dass eine fundierte Kenntnis wirtschaftswissenschaftlicher sowie sozial- und verhaltenswissenschaftlicher Zusammenhänge, eine Beherrschung systemischer Beratungsformen (Rauen, 2002) sowie – denkt man an die personalen Voraussetzungen – die Fähigkeit aktiv zuzuhören, rasch Kontakt zu verschiedenen Menschen zu finden und diesen mit Empathie zu begegnen, vorausgesetzt werden.

Die betriebswirtschaftlichen Kompetenzen eines geeigneten Coachs umfassen Kenntnisse über betriebswirtschaftliche Abläufe und Gegebenheiten, insbesondere Fachverständnis für Managementprozesse, Kenntnisse des betrieblichen Umfelds und seiner Handlungsträger wie Geschäftsführung, Personalchef, Betriebs- bzw. Personalräte, Gewerkschaftsfunktionäre etc. sowie Kenntnisse über gängige Führungskonzepte.

Zu den psychosozialen Kompetenzen zählen Kenntnisse der Organisationspsychologie, wie z. B. Erleben und Verhalten in Gruppen bzw. Organisationen und Aspekte aus anderen Feldern der Psychologie, wie z. B. Phasen der individuellen menschlichen Entwicklung. Der Coach sollte über diagnostisches Wissen verfügen, insbesondere Auswahl- und Testverfahren kennen, wie z. B. Assessment-Center und Potenzialanalyse und im klinischen Bereich z. B. Symptome von Sucht und Abhängigkeitserkrankungen. Ein geeigneter Coach sollte Erfahrungen in psychologischen Interventionsverfahren und -methoden haben. Darunter fallen das Selbstmanagement, Mentales Training, Problemlösemethoden, Stressbewältigungs- und Entspannungstechniken, Zeitmanagement, Konfliktmanagement, Kreativitätstechniken sowie Kommunikationstechniken u. a. Der Umgang mit psychotherapeutischen Interventionsverfahren sollte ihm geläufig sein. Optimal wären möglichst mehrere Richtungen, insbesondere die Gesprächspsychotherapie mit der klienten- und problemzentrierten Gesprächsführung, systemische Therapie sowie Transaktionsanalyse u. a. (Rauen, 2004e).

Darüber hinaus muss ein geeigneter Coach über „Persönliche Kompetenz" neben der fachlichen Qualifikation und der Feldkompetenz verfügen. Unter „Persönlicher Kompetenz" ist zu verstehen, dass der Coach sein Wissen angemessen einordnen und umsetzen kann. Sie umfasst Selbst- und Lebenserfahrung, die Fähigkeit zur realistischen Selbsteinschätzung der eigenen Stärken und Schwächen, regelmäßige Reflexion der eigenen Arbeit in Supervisionssitzungen, permanente Weiterbildung, Konfrontationsbereitschaft, Neutralität, Unabhängigkeit und Offenheit, Zivilcourage, Standfestigkeit und Frustrationstoleranz, Empathie, Glaubwürdigkeit und persönliche Integrität, kritische Loyalität und Diskretion (Rauen, 2004f).

Der geeignete Coach zeichnet sich in seiner Qualität durch eine Kombination berufsspezifischer Fähigkeiten mit fachübergreifender persönlicher Kompetenz aus. Für die Auswahl eines geeigneten Coachs ist es wichtig, ob dieser in der Lage und bereit ist, seine Vorgehensweise offen zu legen und transparent zu machen:
- beispielhafte Prozesse zu schildern und seine eingesetzten Methoden zu verdeutlichen; Wirkungszusammenhänge, die von ihm antizipiert werden, darzustellen: wie z. B. erreicht oder begünstigt er Veränderung,
- wie lange haben seine bisherigen Coaching-Prozesse gedauert,
- welcher Aufwand und welche Kosten sind entstanden,
- über welche Branchenerfahrungen verfügt er als Coach,
- ist der Coach menschlich und fachlich überzeugend und welchen Gesamteindruck hinterlässt der Coach.

In Unternehmen mit größerem Coaching-Bedarf ist es notwendig, mehrere Coachs zur Verfügung zu haben, um auch auf eine ausreichende Anzahl von Alternativen zurückgreifen zu können.

4   Führungskräfte als Coach-Nehmer

In der Regel dient Coaching dazu, Führungskräfte zu befähigen, ihre Ziele selbstständig schneller und besser zu erreichen. Sie sollten in die Lage versetzt werden, eigenständig und selbst reflektiert Missstände und Chancen wahrzunehmen, ihre Fähigkeiten einzuschätzen, ihren Lernbedarf zu erkennen sowie Strategien zur Problemlösung zu entwickeln und umzusetzen (Jöns, 2000). Unter dem Motto „Hilfe zur Selbsthilfe", weg vom Instruieren und Anweisen, hin zum prozessorientierten zielgerichteten Fragen, setzt der Begriff Coaching als Feedback-Instrument an (Jöns & Schmitt, 1998).

5   Anlässe für ein Coaching

Der wohl wesentlichste Grund von Führungskräften, Coaching zu beanspruchen, ist ein Mangel an Feedback (Rauen, 2004g). Durch ihre Position in Unternehmen bedingt, erhalten sie wenig Rückmeldung über ihr eigenes Verhalten. Der Mangel an Rückmeldung kommt dadurch zu Stande, dass Führungskräfte von abhängigen Mitarbeitern, konkurrierenden Kollegen und erwartenden Vorgesetzten in Bezug auf die Zielerreichung umgeben sind.

Dies kann zu einem unrealistischen Selbstbild führen, das wiederum in Führungsproblemen, Konflikten, Burnout und Leistungsabfall etc. münden kann. Beispielhaft typisch ist der schwer zugängliche Chef, dessen Eigenarten den Mitarbeitern bekannt sind, aber nicht zur Sprache kommen (können). Es wird erst gar nicht versucht, da es zu riskant erscheint, denn Feedback – wenn es wirken soll – muss auch akzeptiert werden können.

Es sind oftmals äußere Anlässe, die Führungskräfte zu einem Coaching führen. Dabei handelt es sich häufig um Rollen- und Wertkonflikte im Zusammenhang mit äußeren Veränderungen, wie z. B.:

- Umstrukturierungen und Umorientierungen, veränderte „Innenpolitik" innerhalb von Unternehmen, Fusionen, usw.
- Einsatz von neuen Technologien, wie z. B. Einführung von SAP, neuen Produktionsverfahren, neuen Produkten, usw.
- Führungskräftenachwuchsförderung, Beförderung, Versetzungen, Stellenwechsel usw.

Kritische Situationen und Konflikte in der Zusammenarbeit können ebenfalls Coachinganlass sein, wie z. B.:

- Kommunikations- und Kooperationsprobleme im Team oder mit einzelnen Mitarbeitern bzw. Kunden
- akute oder festgefahrene Konflikte zwischen Führungskräften oder ganzen Unternehmensbereichen
- Kommunikations- und Kooperationsprobleme mit dem eigenen Vorgesetzten oder mehreren Hierarchien

Darüber hinaus wird Coaching vielfach bei Fragen der persönlichen Entwicklung eingesetzt. Hiermit sind alle Anliegen gemeint, in denen der Coach-Nehmer von sich aus neues Verhalten lernen und innere Einstellungen verändern möchte. Auslöser können zwar auch hier veränderte Rahmenbedingungen oder sogar Konflikte sein, der Fokus liegt stets auf dem Wunsch, sich persönlich zu entwickeln, wie z. B.:

- bei Berufslaufbahnentscheidungen bzw. beruflicher Umorientierung,
- bei Symptomen (physisch und/oder psychisch) der Überforderung, bei Leistungseinbußen und Verlust an Motivation (Fischer-Epe, 2002).

Coaching ersetzt jedoch keine Psychotherapie. Wer durch psychische oder körperliche Erkrankungen nachhaltig in seiner Lebensführung und/oder Berufsausübung beeinträchtigt ist, benötigt eine medizinische und/oder psychotherapeutische Behandlung (Rauen, 2004g).

6   Das Erstgespräch

Das Erstgespräch ist von zentraler Bedeutung für den gesamten Coaching-Prozess (Remdisch & Utsch, 2004). Hier werden die Grundlagen für die weitere Beziehung gelegt. Der Coach-Nehmer hat die Möglichkeit sich in diesem Gespräch einen Eindruck vom Coach zu machen. Wichtig ist es dabei, die Grenzen des Coachings und die gegenseitigen Erwartungen an das Coaching sichtbar zu machen. Am Ende eines Erstgesprächs sollte vereinbart werden, bis wann sich der Coach-Nehmer für bzw. gegen den Coach entscheidet. Wenn keine gemeinsame Grundlage gefunden wird, endet der Coaching-Prozess mit dem Erstgespräch. Fällt die Entscheidung für ein Coaching und den Coach aus, kommt ein Coaching-Vertrag zwischen Coach und Coach-Nehmer zu Stande und der Coaching-Prozess kann beginnen.

7 Der Coaching-Prozess

Ein großer Teil des Coachings besteht darin, den Coach-Nehmer zur Selbstreflexion anzuregen (Berkel & Lochner, 2001). Zunächst gilt es das Ziel des Coachingprozesses zu klären, darauf folgen die Analyse der Situation und die Wahl der Strategie. Es gilt gemeinsam entsprechend dem mentalen Modell des Coach-Nehmers neue Handlungsmöglichkeiten herauszuarbeiten und die Umsetzung vorzubereiten. Bei der Umsetzung fungiert der Coach als Beobachter und gibt dem Coach-Nehmer entsprechend Feedback. In dieser Phase ist eher positives Denken gefragt: das Erkennen von Chancen, das Wahrnehmen von Teilerfolgen, die Erfolgszuversicht fördern und die Handlung beflügeln, wohingegen die Konzentration auf Hindernisse und die Angst vor dem Versagen den Blick verengen und Handlung blockieren (Kehr, 2002). Ein Coaching-Gespräch ist jedoch kein Zielvereinbarungsgespräch und orientiert sich auch nicht an diesem, bei dem beide Seiten einen gemeinsamen Nenner im Kompromiss, im Herunterbrechen der Geschäftsziele suchen (Fischer-Epe, 2002). Im Coaching geht es bei der Zielklärung um die Ziele des Coach-Nehmers. Erst in einem späteren Schritt wird geprüft, inwieweit sich seine persönlichen Ziele mit denen der Organisation und ihrer Mitglieder verbinden lassen. Identifikation mit den Anforderungen der Organisation lässt sich über eine Verknüpfung der Werte und Bedürfnisse der einzelnen Führungskraft als Coach-Nehmer mit den Rahmenbedingungen der Organisation herstellen (von Rosenstiel & Stengel, 1987).

Ein Coach benötigt implizites oder explizites Wissen über die Faktoren erfolgreichen Handelns – wird ja eine Aktivität dann erst als Handlung definiert, wenn sie ein Ziel besitzt. Ein Ziel ist das geplante, vorausgedachte, angestrebte Ergebnis des Handelns. Folglich muss die Klärung, Definition und Abstimmung von Zielen ein entschiedener Bestandteil des Coachings sein. Wichtig dabei erscheinen die Attraktivität des Ziels und die subjektiv eingeschätzte Chance, ein Ziel tatsächlich erreichen zu können. Erst wenn beide Faktoren – Wertigkeit und Wahrscheinlichkeit – positiv bzw. hoch sind, kommt es zur zielgerichteten Handlung. Hindernisse auf dem Weg zur Realisierung zu beseitigen und Ziele tatsächlich erstrebenswert zu machen, sollte die Aufgabe des Coachs bei der Zielklärung sein. Hierbei gilt, dass die Wahrscheinlichkeit ein Oberziel zu erreichen umso größer ist, je konkreter die Vorstellungen des Coach-Nehmers über das nächste Etappenziel ist. Ein Coach darf sich nicht nur auf abstrakte Beschreibungen und Bewertungen verlassen, er sollte die sinnliche Vorstellung des Ziels beim Coach-Nehmer fördern. Der Coach sollte das innere Commitment des Coach-Nehmers für das überprüfen, was für ihn persönlich wirklich wünschenswert ist. Nur so tritt das nötige Engagement zur Umsetzung zu Tage.

Nach dem Grundgedanken aus der kognitiven Psychologie (Zimbardo & Gerrig, 2003), wonach sich jeder Mensch ein individuelles mentales Konstrukt seiner Wirklichkeit schafft, ist das Handeln durch selektives Wissen, Konzepte über andere Personen, Selbsteinschätzungen, Überzeugungen, Vorurteile, Regeln, Ideen und durch die bisherige Lebensgeschichte geprägt. Dieses individuelle Konstrukt wird auch mentales Modell der Person genannt. Es leitet ihr Denken und Handeln und begrenzt es zugleich. Es ist stets mit Emotionen verknüpft, wie Ängsten, Hoffnungen, Befürchtungen etc. Es sind diese Gefühle, die das Denken und Verhaltensrepertoire eines Einzelnen stark einschränken können. Aufgabe des Coachs ist es, den Coach-Nehmer dabei zu unterstützen, sich sein mentales Modell bewusst zu machen, es zu hinterfragen, zu erweitern und zu klären, um damit neue Sichtweisen, neue Bewertungen, Entscheidungen und Verhaltensweisen in der Auseinandersetzung mit seiner Umwelt zu ermöglichen. Coaching ist also ein Prozess des gemeinsamen Nachdenkens entlang zentraler Einflussgrößen auf das Handeln. Die Situation, in der Handeln stattfindet und vollzogen wird bzw. auf die die Handlung Einfluss nehmen wird, ist ein weiteres unverzichtbares Element im Handlungsmodell (v. Rosenstiel, 2003). Der Coach unterstützt den Coach-Nehmer dabei, sich im Vorfeld der Handlung die verschiedenen bestehenden und potenziellen Facetten der Situation bewusst zu machen und dabei Wesentliches von Unwesentlichem zu unterscheiden. Neben dem sachlichen Kontext haben in der Situationsanalyse auch die Ziele und Erwartungen anderer Personen ihren Stellenwert. Der Coach-Nehmer sollte sich mit diesen Rahmenbedingungen auseinander setzen. Denn die Bestrebungen anderer können sich als förderlich oder hinderlich auf das eigene Vorhaben erweisen. Je nachdem kann dies zu offenen oder verdeckten Konflikten und Schwierigkeiten führen.

Zusammenfassend lässt sich sagen, dass die Qualität der Situationsanalyse wesentlich den späteren Handlungserfolg bestimmt. In Zeiten des ständigen Wandels erscheint es an dieser Stelle bedeutsam, nicht nur die gegenwärtige Situation zu betrachten, sondern auch die zukünftigen Entwicklungen einzuschätzen und zu berücksichtigen, was sich ständig wandelt, aber auch, was von Stabilität ist (von Rosenstiel & Comelli, 2003).

Der Coach nimmt dem Klienten jedoch keine Arbeit ab, sondern berät ihn primär auf der Prozessebene. Grundlage dafür ist eine freiwillig gewünschte und tragfähige Beratungsbeziehung (Rauen, 2002). Feedback-Regeln können dabei hilfreich sein. Ziele der Umsetzung solcher Feedback-Regeln sind das Ermöglichen eines Vergleichs zwischen Selbst- und Fremdwahrnehmung, Unterstützung positiven Verhaltens, Mitteilen, wie die andere Person wahrgenommen wird. Das geschieht unter der Voraussetzung, dass die andere Person ernst genommen wird und einem aufrichtigen Interesse, der anderen Person weiterzuhelfen. Vollzogen werden kann dies nur durch die Beschreibung von konkret beobachtbarem Verhalten, so dass der Betroffene es nachvollziehen und akzeptieren kann. Feedback sollte dabei als persönliche Ich-Botschaft ausgedrückt werden. Das gegebene Feedback ist so zu gestalten, dass es vom Gegenüber als gewinnbringend erlebt wird (Lang, 2002). Exemplarisch zeigt das die folgende Checkliste, auf die man in der Praxis achten sollte:
– Beschreiben, nicht bewerten: „Ich erlebe dich als ungeduldig …"
– Konkret, nicht allgemein: „…, wenn Du unter Zeitdruck gerätst."
– Klar und genau formuliert: „Du unterbrichst mich dann oft."

Generell gilt:

1. Es sollte sowohl positives als auch negatives Feedback gegeben werden.

2. Ich spreche per „ich" und nicht per „man", „wir" oder „es".

3. Beachten Sie: „Der Sinn einer Nachricht entsteht immer beim Empfänger."

Ein wertschätzendes, angenehmes Gesprächsklima macht es dem Coach-Nehmer leichter, auch Unangenehmes in einer offenen Haltung zu äußern und entgegenzunehmen. Dabei sollte sich der Coach an den Regeln der klientenzentrierten Beratung orientieren (Tausch & Tausch, 1990). Der Coach versteht einfühlend, nichtwertend die Gefühle des Coach-Nehmers und bringt ihm Achtung und Authentizität entgegen. Der besondere Wert des Feedbacks im Coaching liegt in der Möglichkeit, den Coach-Nehmer zum Nachdenken über sich selbst und sein Verhalten anzuhalten. Mit offenen Fragen soll der Coach-Nehmer eingeladen werden, sich zu öffnen und von sich zu erzählen. So erfährt der Coach mehr vom Selbstkonzept des Coach-Nehmers, von den Beweggründen und Emotionen, die hinter seinem Verhalten stehen. Der Coach paraphrasiert die Gesprächsinhalte, indem er die Aussagen des Coach-Nehmers aufgreift und mit eigenen Worten wiedergibt. Dadurch soll sichergestellt werden, dass der Coach die Sicht der Dinge des Coach-Nehmers zutreffend verstanden hat. Anteilnahme und Verständnis auf Seiten des Coachs werden somit für den Coach-Nehmer erlebbar. Das Feedback des Coachs ermöglicht es dem Coach-Nehmer seine Aussagen erneut aufzunehmen und entsprechend zu vertiefen und zu vervollständigen. Der Coach leitet den Coach-Nehmer an, die Inhalte seiner Aussagen situationsgerecht einzubetten. Er versucht gemeinsam mit dem Coach-Nehmer abzuklären, inwieweit die Situationen eine Herausforderung für ihn darstellen bzw. kritisch waren und welche Lernchancen sich daraus ergaben bzw. im Nachhinein festgehalten werden können. Der Feedback-Coach bietet dem Feedbackempfänger, der zugleich Coach-Nehmer ist, unterschiedliche Deutungen an. Alternative Sichtweisen des unabhängigen und neutralen Coachs sollen liebgewonnene Fehleinschätzungen und/oder Verzerrungen in der Wahrnehmung aufbrechen. Fällt ein Feedback deutlich kritisch aus, so ist es wichtig, darauf zu achten, dass der Coach-Nehmer – vor lauter Abwehr – den Nutzen des Feedbacks nicht in Frage stellt. Hier ist es zentral, das Feedback mit positiven und unangenehmen Botschaften ausbalanciert zu gestalten. Wichtig ist es im Führungskräfte-Coaching sich auf das Wesentliche zu konzentrieren, wie z. B.: Wo liegen die außerordentlichen Stärken der Führungskraft? Welche Abweichungen zwischen Selbst- und Fremdbild gefährden unter Umständen seinen Erfolg im Unternehmen? Wo haben die Feedback-Ergebnisse ihre Ursache: in der Biografie der Führungskraft, in Interessensgegensätzen oder sogar in der Person des Coachs? Führungskräfte leiden unter notorischem Zeitmangel. Sie erwarten gegebenenfalls eine entsprechend kompakte Dramaturgie im Coaching-Prozess (Scherm & Sarges, 2002).

8   Feedback-Schleifen im Coaching-Prozess

Es sind nicht die Tatsachen, sondern unsere Interpretationen der Tatsachen und Gewohnheiten, die Wirklichkeiten kreieren, was zu Problemen führen kann. Welche Ideen und Wirklichkeitsbilder und deren Implikationen führen zu Schwierigkeiten und welche Ideen machen Lösungen möglich? Führungskräfte haben sich z. B. bestimmte Gewohnheiten angeeignet sich selbst und die Welt zu sehen, d. h. Mitarbeiter zu beurteilen, Lösungswege festzulegen, eigene Kompetenzen einzuschätzen usw. (Bögel & v. Rosenstiel, 1993). Diese Gewohnheiten haben durch neue Herausforderungen, z. B. neue Füh-

rungskultur, neue Mitarbeiter, neue Lebensphase etc., ihre Nützlichkeit vielleicht über-
lebt und sollten verändert und erweitert werden. Coaching setzt an dieser Stelle an und
möchte hinderliche Wirklichkeitsbilder in Frage stellen und weiterführende neue Sicht-
und Handlungsweisen möglich machen (Schmid & Hipp, 1999; Schmid, 2000).

In Anlehnung an Lerntheorien ermöglicht erst Rückmeldung auf Einstellungen und Verhalten Lernen (Jöns, 2000). Dabei gilt es, zugrundeliegende Einstellungen und reales
Verhalten mit zuvor gesetzten Zielen zu vergleichen. Dies geschieht innerhalb der Gestaltung der Beziehung von Coach und Coach-Nehmer. Wenn eine Person (Coach oder
Coach-Nehmer) Botschaften sendet, wirkt dies auf die Wahrnehmungskanäle des anderen. Dessen Aktion kann wiederum – meist mit zeitlicher Verzögerung – auf die erste
Person (den Sender) zurückwirken (Schulz von Thun, 1993; Neuberger, 1996a). So
erlebt diese eine zeitlich versetzte Rückmeldung, ein Feedback über die Wirkung des
eigenen Verhaltens auf den anderen und letztlich sich selbst. Die erste Person wird sich
wiederum auf irgendeine Art als Antwort in Bezug auf die andere Person verhalten müssen usw. So entstehen Feedbackschleifen. Bei den Rückmeldungsmechanismen unterscheidet man zwischen stabilisierendem und verstärkendem Feedback (Watzlawick,
Beavin & Jackson, 1969).

8.1   Stabilisierendes Feedback

Wenn es wichtig ist, dass ein bestimmter Zustand aufrecht erhalten werden soll, sind
äußere Einwirkungen auszugleichen. So wird eine Person, die sich nur dann wohl fühlt,
wenn sie Anerkennung bekommt, ein Verhalten, mit dem sie zuvor auf Ablehnung ge-
stoßen ist, bald ändern. Systemiker nennen derartige Funktionsmuster einen „homöosta-
tischen Regelkreis". Hier geht es darum, einen erwünschten Zustand aufrecht zu erhalten
oder wieder herzustellen, also bei Abweichungen über negatives Feedback gegenzusteu-
ern, d. h. immer, wenn der „Ist-Zustand" vom „Soll-Zustand" abweicht, wirkt dieser
stabilisierende Regelkreis. Stabilisierende Feedbackschleifen (durch negatives Feedback) dienen also zur Aufrechterhaltung des inneren Zustands (Watzlawick, 1978).

8.2   Verstärkendes Feedback

Wenn nun die Umwelteinflüsse so stark wirken, dass der Gleichgewichtszustand nicht
ausreichend über negative Feedbackschleifen ausgeglichen werden kann bzw. sich ständig in seiner Anpassungsfähigkeit im Grenzbereich befindet, wird Feedback verstärkt.
Bei diesem Verstärkungskreislauf wird dann von positivem Feedback gesprochen. Positiv und negativ sind in diesem Kontext nicht als Bewertungen zu verstehen, sondern sie
sind gleichzusetzen mit den mathematischen Zeichen Minus (-) und Plus (+). Positives
Feedback kann auf der einen Seite zur Verbesserung von Missständen und auf der anderen Seite zu Blockaden führen. Wir spüren z. B., dass, wenn etwas gut gelingt, dies uns
Kraft und Antrieb dafür gibt, mehr in gleiche Richtung zu tun, wodurch es noch besser
gelingt. Umgekehrt können bei einem derartigen Wirkungskreislauf, wenn beispielsweise die Motivation durch Misserfolg sinkt, leider auch schlechte Ergebnisse sehr schnell
nach sich ziehen. Positive Rückkopplungsmechanismen, die durch verstärkende Feed-

backschleifen in Gang gesetzt werden, sind ein wesentlicher Bestandteil der Selbstorganisation. Die Anpassungsfähigkeit hängt davon ab, ob und wie positive und negative Feedbackschleifen verfügbar sind und balanciert werden (Watzlawick, Beavin & Jackson, 1969).

8.3 Optimieren durch Feedbackschleifen

Im Coaching geht es darum, dass der Coach-Nehmer seine Wahrnehmungsstruktur und die darin ablaufenden Prozesse so gestaltet, dass der Coach-Nehmer bestimmte Eigenschaften erwirbt, gewünschte Verhaltensweisen zeigt, Ziele erreicht und Schwierigkeiten vermeidet. Zu den gewünschten Eigenschaften können Anpassung an eine sich ändernde Umwelt, Leistungsfähigkeit, Stabilität, Entwicklungsfähigkeit oder die körperliche und/oder seeliche Befindlichkeit gehören. Dabei handelt sich zum einen um eine statische Optimierung, die sich damit beschäftigt, die Ausgangslage des Coach-Nehmers zu untersuchen und sie so zu verändern, dass der Coach-Nehmer einen möglichst stabilen Gleichgewichtszustand erreicht, der zugleich eine gute Funktionsfähigkeit gewährleistet. Auf der anderen Seite soll im Coaching-Prozess eine Destabilisierung der vorhandenen Verhaltensmuster des Coach-Nehmers stattfinden, denn nur durch die Destabilisierung wird die Entwicklung neuer Verhaltensmuster möglich. Optimierung geschieht hier durch einen Prozess der Destabilisierung der vorhandenen Strukturen und diese werden durch die Rückkopplungsprozesse der Selbstorganisation in eine neue Ordnungsstruktur gebracht.

Jeglicher Lernprozess ist durch Optimierung gekennzeichnet (Birk, 2003). Nur so ist der Coach-Nehmer in der Lage, das Gelernte als mögliche Option zu nutzen und in seinem Verhalten auszudrücken.

9 Qualitätskriterien im Coaching: Erfolgs- bzw. Misserfolgsfaktoren

Die dem Coachingerfolg zugrunde liegenden Erfolgsfaktoren befassen sich mit der Strukturqualität (alles, was in personeller, materieller und räumlicher Hinsicht benötigt wird) und der Prozessqualität (Handlungsabläufe, die zur Erreichung des Zieles beitragen) (Rauen, 2004b, Remdisch & Utsch, 2004). Die Qualifikation des Coachs wirkt sich unmittelbar auf die Prozessqualität aus. Kann der Coach prozessorientiert beraten? Kennt und berücksichtigt er den Kontext? Beherrscht er die Kunst der offenen Wahrnehmung oder ist er eher betriebsblind? Ein weiteres Qualitätskriterium ist das Involvement des Coachs. Hat der Coach Interesse am Coach-Nehmer? Ist er motiviert eine Vertrauensbasis zu ihm aufzubauen? (Rauen, 2004c).

Erfolgsversprechend ist ein Coaching nur, wenn die Ziele klar sind. Dies gilt vor allem für den kompetenten Umgang mit Dreiecksverträgen, die den Vorgesetzten, den Mitarbeiter und den Coach betreffen. Rollen sollten entsprechend klar definiert und gelebt sein, Methoden richtig eingesetzt werden sowie die Vorgehensweise transparent sein. Die Qualität der Beziehung zwischen Coach und Coach-Nehmer ist bei Erfolg charakterisiert durch Ehrlichkeit und gegenseitige Offenheit. Der Coach wird vom Coach-Nehmer als vertrauenswürdig und einfühlsam erlebt. Die gemeinsame Arbeitsatmosphäre ist von gegenseitiger Wertschätzung, Anteilnahme, Anerkennung und Unterstützung geprägt. Dies führt zu Akzeptanz, Angstfreiheit und aktiver Mitarbeit auf der Seite des Coach-Nehmers. Für die jeweiligen Coaching-Sitzungen ist es notwendig, Zeit zu investieren und die Bereitschaft zu entwickeln, sich auf Grenzüberschreitendes einzulassen, d. h. Emotionen und Kreativität zulassen zu können. Dies setzt die Akzeptanz eines psychologischen Vertrags zwischen Coach und Coach-Nehmer voraus und die Bereitschaft, Nähe in der Interaktion zuzulassen. Wesentlich im Coaching-Prozess ist, dass der Coach-Nehmer seine Autonomie wahrt. Der Coach bietet lediglich nützliche Anregungen zur Selbstreflexion an und leistet auf Anfrage „Hilfe zur Selbsthilfe". Einen kooperativen Charakter bekommt das Coaching durch die geforderte Gleichwertigkeit zwischen Coach und Coach-Nehmer. Sympathie, gelungene Kommunikation und Vertrauen, Offenheit sowie Eigenverantwortung bestimmen die Kooperation zwischen Coach und Coach-Nehmer. Der Coach sollte über methodische Vielfalt verfügen und Methoden nach Bedarf abwechslungsreich einsetzen. Der Coach präzisiert mit dem Coach-Nehmer dessen Ist-Zustand und erarbeitet sodann mit ihm neue Sichtweisen.

Parallel zu den Erfolgsfaktoren ist das Wissen um die Misserfolgsfaktoren wesentlich. Coaching wird als Misserfolg erlebt, wenn keine Verhaltensänderung sichtbar wird, sich keine Verhaltensverbesserung einstellt, sogar eine Intensivierung des Problems eintritt, kein Erkenntnisgewinn zu verbuchen ist oder der Transfer in den beruflichen Alltag nicht gelingt. Diese Kriterien können dem Coach als „Warnsignale" dienen.

Woran kann Coaching im Einzelnen scheitern? Auf der Ebene des Coachs ist es kritisch, wenn er sich selbstherrlich gibt, unflexibel ist und nach „Schema F" vorgeht, das Vertrauen des Coach-Nehmers missbraucht, nicht auf den Punkt kommt oder fanatischen Eifer zeigt bzw. für seine Überzeugungen missioniert.

Der Coach-Nehmer sorgt für Misserfolg, wenn er keine Bereitschaft zur Reflexion und aktiven Mitarbeit zeigt, es ablehnt für sich Verantwortung zu übernehmen, falsche Erwartungen hat sowie zur Selbstregulation (Kehr, 2002) nicht fähig ist.

Auf der Beziehungsebene kann Erfolg ausbleiben, wenn Coach und Coach-Nehmer nicht auf der gleichen „Wellenlänge schwimmen", Vertrauen, Offenheit sowie Transparenz zwischen ihnen fehlen, gegenseitige Vertrauensbrüche vorgekommen sind.

Bezogen auf den beruflichen Hintergrund kann Coaching zu Misserfolg führen, wenn es erzwungen ist, wenn berufliche und private Ziele miteinander vermischt sind oder der Coach-Nehmer als „Versager" stigmatisiert wird. Die Prozessqualität kann sinken, wenn der Coach nicht erkennt, dass er in Bezug auf das anstehende Anliegen inkompetent ist, nicht an konkreten Zielen gearbeitet wird, die eingesetzten Methoden nicht passen oder die vereinbarten Regeln überschritten werden (Schmidt, 2003).

10 Evaluierung

Die Bereitschaft der Führungskraft als Coach-Nehmer seine Person zu reflektieren und Feedback anzunehmen, kristallisiert sich als ein zentraler Erfolgsfaktor von Coaching heraus (Schmidt, 2003).

Evaluation ist stets zielorientiert, sprich bewertend. Die Bewertung dient als Entscheidungsgrundlage. Im Vordergrund stehen dabei die Qualitätssicherung und -steigerung (Wottawa & Thierau, 1998). Eine vollständige Evaluation von Coaching umfasst insgesamt drei Schritte: die Einstiegs- bzw. Ausgangsevaluation, die Prozess- und schließlich die Ergebnisevaluation (Remdisch & Utsch, 2004).

10.1 Einstiegs- bzw. Ausgangsevaluation

Die Ausgangsevaluation prüft, ob die Ziele klar sind, die man mit dem Coaching erreichen möchte, ob das geplante Coaching geeignet ist, um die beabsichtigten Ziele zu erreichen, ob die Bereitschaft vorhanden ist, dass der Hilfesuchende als Coach-Nehmer bei der Umsetzung mitwirkt. Hier ist es wichtig festzustellen, wie hoch der Problemdruck, die Veränderungs-, Unterstützungs- und Beteiligungsbereitschaft sind. Darüber hinaus ist es wichtig zu prüfen, ob die Voraussetzungen für eine erfolgreiche Durchführung von Coaching gegeben sind. Darunter fallen ausreichende finanzielle und personelle Ressourcen sowie, ob die Verantwortlichen über die notwendigen Kompetenzen verfügen. So spielt z. B. bei der Auswahl des Coachs die Transparenz im Hinblick auf die zugrunde liegenden Ansätze eine zentrale Rolle und seine wertschätzende Haltung gegenüber anderen Menschen ganz allgemein.

Eine konsequente Evaluation der ersten Schritte erlaubt schon im Vorfeld mögliche Korrekturen und Nachbesserungen.

10.2 Prozessevaluation

Die Prozessevaluation stellt sicher, dass die einzelnen Schritte im Coaching erfolgreich verlaufen. Es ergibt sich an dieser Stelle die Frage, ob die vereinbarten Zwischenziele erreicht wurden, ob Probleme bzw. Hindernisse oder Hemmnisse rechtzeitig erkannt werden. Ist der regelmäßige Informationsfluss gegeben? Gestaltet sich der Coaching-Prozess partizipativ? Ist der Prozess transparent? Kann die Zufriedenheit und Motivation der beteiligten Personen aufrecht erhalten bleiben? Werden Fortschritte kontinuierlich kommuniziert, werden erfolgskritische Faktoren berücksichtigt etc.?

Die Prozessevaluation funktioniert nach einem systematischen Feedback-System. Dadurch kann auf mögliche Schwachstellen und Fehler direkt im Prozess zeitnah reagiert werden. Es können so Barrieren und erfolgsrelevante Schlüsselfaktoren im Prozess identifiziert werden. Der Prozess kann in Richtung erfolgsrelevanter Faktoren verlagert werden. Durch die kontinuierliche Rückmeldung wird der Prozessfortschritt getragen und beinhaltet somit eine motivationale Funktion.

10.3   Ergebnisevaluation

In der Abschlussphase kommen auf die Evaluation mehrere Aufgaben zu: Ergebniskontrolle, Ermittlung von weiterem Handlungsbedarf und Vermarktung der Maßnahme.

In der Ergebnisevaluation wird überprüft, ob die Ziele der Maßnahme erreicht wurden, ob die Nachhaltigkeit und der Transfer des „Coachingerfolgs" gesichert sind, ob weitere Folgemaßnahmen notwendig sind. Hat sich ein weiterer Handlungsbedarf ergeben, so kann die Folge sein, dass das Coaching z. B. als Team-Coaching auf das Team des Coach-Nehmers, der Führungskraft, ausgeweitet wird. Desweiteren ist es wichtig die Ergebnisse zu dokumentieren, die erworbene Kompetenz herauszustellen und zu prüfen, ob sich aus der Maßnahme neue Qualitätsstandards ableiten lassen, z. B. für Führungskräfte. Im Sinne des Controllings kann die Qualität des Coaching u. a. auch davon abhängig sein, ob der Coaching-Erfolg in Kennzahlen sichtbar wird (Alwart, 2003).

11   Coaching als Personal- und Organisationsentwicklungsmaßnahme

Coaching zur Steigerung der professionellen Kompetenz von Führungskräften ist aus der Personalentwicklung heute kaum mehr wegzudenken (Remdisch & Utsch, 2004). Auf dieser Ebene ist Führungskräfteentwicklung eine eher auf das Individuum bezogene und daher anspruchsvolle Tätigkeit. Die größte Reichweite hat Coaching dann, wenn der Coach-Nehmer als Mitglied oder Leiter einer Projektgruppe in Organisationsentwicklungs- bzw. Change-Management-Prozesse involviert ist oder als Mitglied der Geschäftsführung, des Vorstands oder Aufsichtsrats für die gesamte Organisation eine weitreichende Verantwortung für die gesamte Organisation übernimmt. In einer solchen Situation wird Coaching zu einem wichtigen Ansatz der Organisationsentwicklung, des Change Managements bzw. des Organisationslernens. Pragmatisch heißt dies Erarbeitung von:
– Fach- /Methodenkompetenz
– Sozialkompetenz
– Personaler Kompetenz (Sonntag & Schaper, 1992).

Professionalität anzustreben heißt im zuvor dargestellten Sinne, sich ständig weiterzuentwickeln.

Regelmäßige Coachings könnten dazu beitragen eine funktionierende Feedback-Kultur im Unternehmen zu implementieren. Zum einen könnten diese ineinander greifen, zum anderen können sie eine Ausgangsbasis oder Ergänzung zu Aktivitäten der bestehenden Personal- oder Organisationsentwicklung sein (Jöns, 1996; 1997).

Organisationsentwicklung ist ein umfassender, die ganze Organisation umgreifender Prozess, der auf der einen Seite mehr Raum für die Persönlichkeitsentfaltung und Selbstverwirklichung und auf der anderen Seite eine Erhöhung der Leistungsfähigkeit einer Organisation, mehr Veränderungsbereitschaft, Innovationsfähigkeit und Flexibilität anstrebt (Gebert, 2002; 2004). Personalentwicklung setzt in gleicher Weise nicht nur am Individuum an.

So lassen sich aus der Evaluation von Coachings, aus dem Feedback dieser Daten an die Organisation und aufgrund zusätzlicher Hypothesen Veränderungsstrategien entwickeln, die in die Tat umgesetzt werden. Durch Datensammlungen werden die Ergebnisse von Führungskräfte-Coachings erneut überprüft und ausgewertet. Alle Beteiligten werden dadurch zu Betroffenen im Veränderungsprozess. Sie werden in den Wandel mitein-bezogen. Der Wandel in der Organisation wird zum Lern- und Entwicklungsprozess (v. Rosenstiel & Comelli, 2003).

Simone Kauffeld

Teamfeedback

1   Teamfeedback als Ausgangspunkt für die Teamentwicklung

Je mehr Teamentwicklungsmaßnahmen an ganzen Organisationseinheiten orientiert, in kurzen Sequenzen und auf die spezielle Situation der Gruppe zugeschnitten durchgeführt werden, umso wichtiger werden diagnostische Aktivitäten vor dem Einstieg in einen Teamentwicklungsprozess. Die Auswahl oder Entwicklung einer angemessenen oder gar maßgeschneiderten Teamintervention kann nicht vor der Identifikation der Stärken und Schwächen des Teams stehen. Es gibt keine Intervention, die in allen Situationen ange-bracht ist. Teamdiagnosen können Gruppenmitglieder für bestimmte Aspekte der Zu-sammenarbeit sensibilisieren, die Notwendigkeit aufzeigen, über die Zusammenarbeit im Team zu diskutieren oder die Grundlage für die Entwicklung einer gemeinsamen Vor-stellung über die Art und Weise der Zusammenarbeit darstellen. Teamdiagnosen dienen als Feedback für die Gruppe. Diese können Reflexionsprozesse auslösen, die selten spontan auftreten.

„Because reflection often involves recognizing discrepancies between real and ideal circumstances, it is unlikely to arise spontaneously within the group. Moreover, reflec-tion may demand change in action and much organizational and psychological research has indicated that individuals in organizations are chronically resistant to change [...]. The kinds of factors which are likely to induce reflexivity are interruptions and particu-larly conflicts, crises, shocks, surprises, obstacles, and changes." (West, 1996, 565f.).

Reflexionsanlässe ergeben sich z. B. durch neue Teammitglieder, die aufgrund eines anderen Erfahrungshintergrundes die Gelegenheit bieten, über Bedingungen und Vorge-hensweisen nachzudenken, technische Schwierigkeiten wie wiederholte Maschinenstill-stände oder organisatorische Probleme wie Fehlteile. Will man auf unvorhersagbare äußere Ereignisse, die zudem oft nicht als Chance genutzt werden, nicht warten, so kön-nen Teamfeedbacks Dialoge und kontinuierliche Verbesserungsprozesse initiieren. In Tabelle 1 sind überblicksartig die Ziele und Funktionen von Teamdiagnoseinstrumenten zusammengefasst. Als Adressaten (Zielgruppe an Anwender) von Teamdiagnosen sind neben den Teammitgliedern Berater, Coaches, Personal- und Organisationsentwickler, Geschäftsführung und die betriebliche Interessenvertretung zu nennen.

2   Feedbackinstrumente im Überblick

In der Praxis werden in einen Teamentwicklungsprozess für das Teamfeedback oft we-nig standardisierte Instrumente wie individuelle Interviews mit den Teilnehmern oder Auftraggebern sowie ad hoc entwickelte Kurzfragebögen zu bestimmten Problembereichen (z. B. Information, Qualität der Besprechungen) eingesetzt. Während diese Instru-mente in der Regel im Vorfeld der Maßnahme genutzt werden, wird zu Beginn des Trai-nings gern auf Spontanabfragen und Stimmungsbarometer, Problemkataloge oder so genannte projektive Verfahren wie z. B. das Anfertigen einer Collage („Stellen Sie das

Tabelle 1: Ziele von Teamdiagnosen in der Praxis (vgl. Kauffeld, 2001, S. 50)

- Allgemeine Information über die gegenwärtige Situation der Teams im Unternehmen

- Initiierung des Dialogs

- Institutionalisiertes Feedback

- Stärken-Schwächen-Analyse

- Bestandsaufnahme und Bedarfsermittlung für Teamentwicklungsmaßnahmen

- Planungsgrundlage für einen Teamentwicklungsprozess

- Initiierung und Begleitung von Teamentwicklungsprozessen

- Unterstützung von Teamsupervision

- Unterstützung von Coaches bei ihrer Feedbackfunktion

- Adressatengerechte Abstimmung von Personal- und Organisationsentwicklungsaktivitäten auf die Anforderungen einzelner Gruppen

- Mitglieder lernen, Vorgänge in der Gruppe (Stärken, Schwächen) zu verbalisieren

- Entwicklung der Teammitglieder zu guten Diagnostikern, Sensibilisierung für gruppeninterne Prozesse

- Überprüfung der Wirksamkeit von Teamentwicklungsmaßnahmen

- Benchmarking, um von den besten Gruppen zu lernen

- Ansatzpunkte für Verbesserungen aufzeigen

Team als Schiffsbesatzung dar") oder die Bearbeitung einer journalistischen Aufgabe („Schreiben Sie einen Bericht über die Verhältnisse in Ihrer Gruppe im Stil der Bild-Zeitung") zurückgegriffen (vgl. Kauffeld, 2001; Comelli, 1995). Standardisierte diagnostische Instrumente für einen Teamentwicklungsprozess, die sich neben dem praktischen Einsatz auch für Forschungsprojekte eignen und Vergleichswerte bereitstellen, lassen sich unterteilen in prozessanalytische Verfahren, die auf Beobachtungsdaten beruhen, und strukturanalytische Verfahren, die sich auf Fragebogendaten stützen (vgl. Kauffeld, 2001). Mit prozessanalytischen Verfahren wird ein Ausschnitt des Gruppengeschehens wie z. B. eine Gruppendiskussion detailliert und objektiv abgebildet (vgl. z. B. Interaktions-Prozess-Analyse, Bales, 1950; Kasseler-Kompetenz-Raster, Kauffeld, 2000; 2003; in Vorb.). Strukturanalytische Verfahren zielen dagegen darauf ab, wie die Mitglieder das Team subjektiv wahrnehmen. Diese Wahrnehmungen müssen nicht mit der objektiven Realität übereinstimmen, sind aber möglicherweise für das Verhalten im Team entscheidend. So berichten Ardelt-Gattinger und Schlögl (1998) von Gruppenmitgliedern, die in einer Nachbefragung ihrem Ärger über einzelne Gruppenmitglieder oder der gesamte Gruppe sehr heftig und glaubwürdig Ausdruck gegeben haben, während der

Gruppenarbeit aber keine Anzeichen dieser Gefühle in ihrem Verhalten erkennen ließen. Über die Konfrontation der Mitarbeiter mit den Ergebnissen finden Ardelt-Gattinger und Schlögl (1998) eine Norm freundlichen Verhaltens bestätigt. „Ärger und Ablehnung sind vorhanden, aber die Angst und Skepsis vor Konflikten ist so hoch, dass diese – auch der wissenschaftlichen Mikroanalyse – unzugänglich sind, dass man sie salopp gesprochen: schluckt" (Ardelt-Gattinger & Schlögl, 1998, 210). Das Beispiel verdeutlicht, dass der beste Zugang zu subjektiven Wahrnehmungen Selbstauskünfte sind, auch wenn diese Informationen nicht immer leicht und eindeutig zu gewinnen sind (Turner & Martin, 1984). Bei den strukturanalytischen Verfahren ist hingegen die Gefahr der Reaktivität sowie der Erinnerungseffekte bei dem wiederholten Einsatz stärker gegeben als bei prozessanalytischen Verfahren, bei denen die Beobachtungskategorien in der Regel unbekannt sind. Die Aufmerksamkeit der Teammitglieder wird durch die Befragung auf bestimmte Aspekte der Teamarbeit gelenkt, was rückwirkend das Teamgeschehen beeinflussen könnte. Für den Einsatz in der Praxis sowie für breiter angelegte Forschungsprojekte werden strukturanalytische Verfahren wegen ihrer hohen Standardisierung, ihres geringen Zeitaufwands bei der Durchführung und Auswertung sowie des geringen Bedarfs an Ressourcen bevorzugt. Der Lohn für den Aufwand der Prozessanalysen besteht in der hohen Detailgenauigkeit und Abbildungsschärfe der Verfahren, die strukturanalytische Verfahren nicht erreichen. Die Vor- und Nachteile standardisierter struktur- und prozessanalytischer Verfahren sind in Tabelle 2 zusammenfassend aufgeführt (vgl. auch Brauner, 1998).

3 Prozessanalytische Verfahren

Zu einem der ersten standardisierten, prozessanalytischen Gruppendiagnoseverfahren gehört die Interaktions-Prozess-Analyse (IPA) von Bales (1950). Der Verlauf und die Dynamik des Gruppenprozesses werden beschrieben, indem die Funktionen der geäußerten Inhalte einer Gruppendiskussion nach bestimmten (Verhaltens-) Kategorien eingeordnet werden. Die Kategorien können zu aufgabenbezogenen (Beantwortungsversuche und Fragen) und sozio-emotionalen Beiträgen (positive und negative) zusammengefasst werden. Jeder Funktionsbereich ist unterteilt in drei einzelne Verhaltensweisen, sodass zwölf Kategorien für die Kodierung von Interaktionen zur Verfügung stehen. Beispiele für solche Kategorien sind: „Wirkt freundlich, bestärkt den anderen, hilft, belohnt" (sozio-emotional: positiv); „Äußert Meinung, bewertet, analysiert, drückt Stellungsnahmen oder Wünsche aus" (aufgabenbezogen: Beantwortungsversuche; vgl. Bales, 1950; deutsche Übersetzung Faßheber, Niemeyer & Kordowski, 1990). Das System zur mehrstufigen Beobachtung von Gruppen (SYMLOG) von Bales und Cohen (1982) wurde auf der Grundlage der Interaktions-Prozess-Analyse (IPA) entwickelt. Im SYMLOG-Verfahren werden neben der Rollendimension (Aufgabenbezogenheit versus Sozioemotionalität) zwei weitere Dimensionen betrachtet: die Statusdimension Einfluss versus Macht sowie die Akzeptanz- oder Sympathiedimension Freundlichkeit versus Unfreundlichkeit. Als mehrstufig (multiple level) lässt sich das Verfahren bezeichnen, weil sich die Analyse

Tabelle 2: Vor- und Nachteile prozess- und strukturanalytischer Verfahren

	Prozessanalytische Verfahren	**Strukturanalytische Verfahren**
Fokus	objektive Realität	subjektive Wahrnehmung der Gruppenmitglieder
methodischer Zugang	Verhaltensbeobachtung	Fragebogen
Vorteile	– hoher Informationswert – Detailgenauigkeit – adäquate Abbildung komplexer Phänomene – keine bzw. geringe Reaktivität – Erfassung von Gruppenstrukturen über Datenaggregation	– hohe Standardisierung – geringer Zeitaufwand – geringer Bedarf an Ressourcen – einfacher Einsatz bei Langzeituntersuchungen – subjektive Einschätzungen (Ärger etc.)
Nachteile	– geringe Standardisierung – hoher Zeitaufwand – hoher Bedarf an Ressourcen – Kodiertraining erforderlich – „Schluck"-Effekt	– grobes Bild – hohe Reaktivität bei wiederholtem Einsatz – Erinnerungseffekte – besonders bei kurzen Abständen zwischen den Einsätzen – keine Information über Mikro-Prozesse

einerseits auf verschiedene Stufen des Verhaltens (verbal versus nonverbal) und andererseits unter dem Label „Vorstellungsbild" auf verschiedene Stufen der geäußerten Inhalte bezieht: Es wird kodiert, ob sich eine Äußerung auf das Selbst des Sprechers, ein anderes Gruppenmitglied, die Gruppe, die äußere Situation, die Gesellschaft oder eine Fantasie bezieht (vgl. Brauner, 1998; für den deutschsprachigen Raum vgl. z. B. Becker-Beck, 1991; Faßheber, Niemeyer & Kordowski, 1990). In der Konferenzkodierung (KONF-KOD) von Fisch (1994), die ebenfalls auf der IPA beruht, werden die Äußerungen der Gruppenmitglieder nach den drei Hauptkategorien Lenkung der Diskussion, aufgabenbezogene und sozio-emotionale Beiträge kodiert. Explizit, die inhaltliche Ebene des Interaktionsprozesses wird beim „Cognitive Mapping" von Axelrod (1976) betrachtet. Eine „cognitive map" bzw. „kognitive Karte" ermittelt die Struktur kausaler Erklärungen einer Person hinsichtlich eines bestimmten inhaltlichen Themenbereichs. Anhand eines signierten Digraphen können erörterte Probleme „sowohl prozessorientiert im Hinblick auf Veränderungen als auch strukturorientiert in Hinblick auf die Abbildung der Problemsichten der Personen, die verwendeten Argumentationsstrukturen, die Komplexität der Diskussion oder die behandelten Themen" dargestellt werden (Brauner, 1998, 191f.). Eine Erweiterung des Cognitive Mapping durch Elemente der Konferenzkodierung findet sich bei Boos (1998). Ein Verfahren, das auf die Kompetenz der Mitarbeiter im Rahmen von Gruppendiskussionen abzielt, ist das Kasseler-Kompetenz-Raster (KKR,

Kauffeld, 2000; Kauffeld, Grote & Frieling, 2003). Neben aufgabenbezogenen (Fach-kompetenz), sozio-emotionalen (Sozialkompetenz) und Steuerungsbeiträgen (Methoden-kompetenz) werden erstmals in einem prozessanalytischen Verfahren Äußerungen zur Mitwirkung (Selbstkompetenz), wie die Offenheit für Veränderungen, sowie das Interes-se berücksichtigt, sich eigeninitiativ Situationen und Möglichkeiten zu schaffen.

4 Strukturanalytische Verfahren

Die strukturanalytischen Verfahren, bei denen es um die subjektive Wahrnehmung der Teammitglieder und nicht um die objektive Realität geht, lassen sich nach ihrem Ge-genstandsbereich unterscheiden: Es werden

1. Bedingungen (Klassifikationsraster),

2. die allgemeine Zufriedenheit mit Kollegen (organisationsdiagnostische Instrumente),

3. Sympathie und Antipathiestrukturen zwischen den Teammitgliedern (Soziometrie),

4. die individuellen Präferenzen der Gruppenmitglieder beim Lernen, Denken, Problem-lösen oder Verhalten (Fragebogen zu Stilen),

5. Prädispositionen für Schlüsselfunktionen im Team (Fragebogen zu Rollen) oder

6. die Wahrnehmungen der Gruppenmitglieder zu Aspekten der Zusammenarbeit im Team (verhaltensnahe Fragebogen)

fokussiert (vgl. ausführlich Kauffeld, 2001).

(1) *Klassifikationsraster* zur Beschreibung von Formen der Gruppenarbeit wurden in der arbeitspsychologischen bzw. arbeitswissenschaftlichen Praxis entwickelt (z. B. Antoni, 1994; Weber, 1997; Frieling & Freiboth, 1998). Sie dienen der Beschreibung des Stan-des der industriellen Gruppenarbeit und ermöglichen, verschiedene Gruppenarbeitskon-zepte anhand von „sozialen Benchmarks" miteinander zu vergleichen. Für die Gruppen-mitglieder bietet der Einsatz die Möglichkeit, Rahmenbedingungen strukturiert als mög-liche Ursache schlechter Zusammenarbeit zu thematisieren. Eine Vorstellung von alter-nativen Konzepten zur Gruppenarbeit wird eröffnet. Verbesserungsvorschläge können erarbeitet werden, die es dem Management vorzustellen gilt.

(2) Den Bedarf, über die Zusammenarbeit ins Gespräch zu kommen, indizieren *organi-sationsdiagnostische Verfahren* oder Mitarbeiterbefragungen (zum Beispiel die Skala zur Messung der Arbeitszufriedenheit, Neuberger, 1975; Erhebungsbogen zum Betriebskli-ma, Rosenstiel, Falkenberg, Hehn, Henschel & Warns, 1983). Hinweise für Ansatzpunk-te in der Teamentwicklung geben sie nicht.

(3) Zur Messung von Gruppenstrukturen auf sozio-emotionaler Ebene kann zudem die *Soziometrie* herangezogen werden. Das Ziel der Soziometrie von Moreno (1956) ist die Analyse zwischenmenschlicher Präferenzen bzw. die Erfassung der Sympathie- und Antipathiestrukturen zwischen Gruppenmitgliedern. Die Sympathiestruktur wird mit Fragen wie „Mit wem möchten Sie gern zusammenarbeiten?" erhoben; die Antipathie-

struktur analog mit Fragen wie „Mit wem möchten Sie auf keinen Fall zusammenarbeiten?" In der qualitativen Auswertung werden die Beziehungsstrukturen zwischen den
Gruppenmitgliedern als Netzstrukturen (Soziogramme) grafisch dargestellt, für die quantitative Auswertung stehen Indizes zur Verfügung. Mit Hilfe der Soziometrie – oder
analog der Rollenstrukturanalyse, bei der es um den Beitrag eines Gruppenmitglieds zur
Leistung geht – kann ein Außenstehender sehr schnell einen Überblick über eine Gruppe
erhalten. Der Informationsgewinn für die Gruppenmitglieder ist hingegen vergleichsweise gering. Schließlich werden nur sehr grobe Strukturen abgebildet, die in der Regel im
mentalen Abbild der Gruppenmitglieder übereinstimmend verankert sind: Enge Beziehungen zwischen Teammitgliedern sind in der Regel offenkundig und auch „Stars" oder
„schwarze Schafe" sind bekannt. Durch die Offenlegung der Positionen im Rahmen
eines Teamentwicklungsprozesses tritt möglicherweise eine Stigmatisierung ein, durch
die eine eher ungewollte, destruktive und wenig lösungsorientierte Dynamik in Gang
gesetzt werden kann.

(4) Zu den strukturanalytischen Fragebogenverfahren zählen zudem die vor allem in der
Trainings- und Beratungsliteratur dominierenden Fragebögen zu individuellen *Lern-,
Denk-, Problemlöse- und Verhaltensstilen* (zum Beispiel das Hirn Dominanz Instrument,
Hermann, 1991, DISG-Persönlichkeitsprofil, Gay, 1998; Myers-Briggs Typenindikator,
Myers & Briggs, 1962, deutsche Übersetzung Bents & Blank, 1991), die als Vorlieben,
Neigungen oder Präferenzen in einer bestimmten Art zu arbeiten beschrieben werden
können. Sie werden nicht in Kategorien von gut oder schlecht bewertet, sondern als
angemessen oder unangemessen in verschiedenen Situationen dargestellt. Personen unterscheiden sich in der Stärke ihrer Präferenz einzelner Stile und im flexiblen Umgang
mit den Stilen. Sternberg (1996) charakterisiert sie im Gegensatz zu einigen anderen
psychologischen Konstrukten als messbar und mit ausreichender Motivation, Selbstdis-
ziplin und Übung modifizierbar, was in der Vielzahl der Instrumente und darauf aufbau-
ender Team- und Persönlichkeitstrainings genutzt wird. Die teilweise „horoskopartigen
Formulierungen" (Hossiep, Paschen & Mühlhaus, 1999, 131) in den Ergebnisdarstellungen der Typen und die in den Verfahren angelegten Stereotypisierungen werden in der
Praxis akzeptiert und scheinen einem Bedürfnis der Psychologisierung des Arbeitsalltags
nachzukommen. Die Instrumente sind für kommerzielle Zwecke ausgelegt, d. h. die
Auswertung erfolgt in der Regel bei dafür lizenzierten Stellen (zum Beispiel Hermann,
1991) oder die Instrumente werden verbunden mit Akkreditierungskursen für Trainer
und Berater angeboten (z. B. McCann & Margerison, 1989).

(5) Neben Instrumenten, die von der Erfassung individueller Präferenzen im Hinblick
auf Wahrnehmung, Lernen, Verhalten etc. für die Zusammenarbeit im Team Rückschlüsse ziehen, steht bei anderen Verfahren das Team schon bei der Verfahrensentwicklung im Mittelpunkt (Team-Role Self-Perception Inventory, Belbin, 1981; DISG-Profil,
Geier, 1992; Team Management System bzw. TeamDesign, McCann & Margerison,
1989). Den Ausgangspunkt der Verfahrensentwicklung bildet die Betrachtung der Funktionen im Team. Von den Funktionen wird auf *Rollen* geschlossen, die wiederum einzelne Teammitglieder einnehmen können. Für die unterschiedlichen Rollen besitzen Personen Prädispositionen, die nahe legen, welche Rolle sie einnehmen (Belbin, 1981). Die

meisten Instrumente zu Stilen und Teamrollen, die zusammenfassend auch als typenbildende oder persönlichkeitsorientierte Verfahren bezeichnet werden können, lassen nur eingeschränkt die Diskussion psychometrischer Gütekriterien zu, die den Einsatz der Fragebögen im Rahmen wissenschaftlicher Forschungsprojekte erlauben. Validierungsstudien für den Anwendungsbereich Teamentwicklung, welche die Gebrauchswertversprechen der Instrumente ausweisen, sucht man vergebens. Die Instrumente wählen nicht das Team als Analyseeinheit, sondern betrachten das Individuum und seine Passung. Fragebögen zu individuellen Stilen und Teamrollen setzen auf das Team-Design: Balancierte bzw. ausgewogene Teams, in denen alle Stile oder Rollen vertreten sind, versprechen nach den in der Regel ungeprüften Modellannahmen eine hohe Leistungsfähigkeit. Unter dem Entwicklungsaspekt soll über die Diskussion der individuellen Stile und Rollen das Bewusstsein für und die Notwendigkeit von unterschiedlichen Herangehensweisen an Aufgabenstellungen geschärft werden. Die Zusammenarbeit soll sich verbessern, weil jeder Teilnehmer erkennen könne, „dass das Verhalten des anderen nicht aus Bosheit anders ist als das eigene, sondern weil es unterschiedliche Typen von Menschen gibt" (Pichler, 2000, 40). Die Reflexion kritischer Rahmenbedingungen wird nicht nahe gelegt: Merkmale der Teammitglieder werden einseitig fokussiert, die Diskussion von Rahmenbedingungen des Teams erfolgt bei beiden Verfahrensformen ausschließlich vor dem Hintergrund der Zusammensetzung des Teams: Wird noch ein „kreativer Innovator" oder eher ein „sorgfältiger Überwacher" benötigt (z. B. McCann & Margerison, 1989)? Für bestehende Teams kann im besten Fall die gemeinsame Diskussion der Ergebnisse in angenehmer Atmosphäre das gegenseitige Vertrauen und den Zusammenhalt in der Gruppe stärken. Auf der Basis transparenter Selbstbilder der Beteiligten ist ein Abgleich mit den Fremdbildern der übrigen Teilnehmer möglich. Die Auswertungen dienen als Gesprächsbasis, um konfliktträchtige Verhaltensweisen anderer besser verstehen und wünschenswerte Veränderungen im Verhalten Einzelner zu besprechen und zu vereinbaren. Ob dies gelingt, ist jedoch nach Angaben von Anwendern vor allem von der Qualität des Trainers abhängig, der das Instrument in einem Unternehmen einführt (Pichler, 2000). Eine Aussage, die zum einen die Beliebigkeit des Einsatzes der Instrumente veranschaulicht und zum anderen auf die implizite Wertung der Instrumente in bestimmten Kontexten hinweist: Es bedarf eines guten Trainers, um in einem Verkäuferteam klarzumachen, dass Introversion genauso akzeptabel ist wie Extraversion. Die Gefahr der Stigmatisierung und Verfestigung von Vorurteilen, die einer Einstellungs- und Verhaltensänderung gegenüber anderen entgegenstehen, ist nicht von der Hand zu weisen. Grundsätze der Verfahren, sprachliche Formulierungen und die grafischen Aufbereitungen der Ergebnisse erschließen sich in der Regel erst nach umfangreichen Erläuterungen. Zudem verhindert das mit dem Einsatz der Fragebögen verbundene kommerzielle Interesse die einfache Selbstanwendung der Fragebögen.

(6) Während den Teammitgliedern die Ergebnisse der Stil- oder Rollendiagnose aufwendig erläutert werden müssen, zeigen die Fragebögen zu Aspekten der Zusammenarbeit, die das *Verhalten* im Fokus haben, Stärken und Schwächen des Teams direkt auf. Die verlangte Interpretationsleistung ist eher gering, so dass die Verfahren auch zur Selbstanwendung durch das Team geeignet sein können. Die Fragebögen thematisieren nicht

per se ausschließlich personale Faktoren, sondern lassen Raum für organisatorische und gruppeninterne Regulationsprozesse. Da die verhaltensnahen Fragebögen nicht einseitig auf die richtige Zusammensetzung des Teams setzen, sondern den Entwicklungsaspekt betonen, können sie über die Zusammensetzung des Teams hinaus Anregungen für die Teamentwicklung geben. Die Einschränkung einiger verhaltensnaher Fragebögen ergibt sich aus dem oft zugespitzten Fokus der Instrumente auf einzelne Aspekte der Zusammenarbeit im Team wie Konflikte (Windel, Kronz, Adolph & Zimolong, 1999), Normen (Ardelt-Gattinger & Schlögl, 1998), Innovationsklima (Teamklima-Inventar, Anderson & West, 1994, deutsche Übersetzung Brodbeck, Anderson & West, 2001) oder Gruppenkompetenz (Gruppencheck, Erke, Racky & Jöns, 2003; vgl. den Beitrag in diesem Band). Ein allgemeinerer Zugang wird z. B. mit dem TeamPuls (Wiedemann, v. Watzdorf & Richter, 2000) sowie dem Fragebogen zur Arbeit im Team (Kauffeld & Frieling, 2001; Kauffeld, 2004), der im Folgenden vorgestellt wird, gewählt. In Tabelle 3 sind zusammenfassend Vor- und Nachteile der verschiedenen Formen strukturanalytischer Verfahren dargestellt (vgl. Kauffeld, 2001, 104f).

Tabelle 3: Vor- und Nachteile von strukturanalytischen Teamdiagnose-Instrumenten

Formen der Teamdiagnose	Vorteile	Nachteile
Klassifikationsraster	– geringer Zeitaufwand – nur ein Ansprechpartner nötig – geringe Verbreitung – gute Systematisierung der Rahmenbedingungen – Anregung der inhaltlichen Diskussion über Gruppenarbeit – eventuell. bei wiederholtem Einsatz vom Team selbst einsetzbar – Ausgangspunkt für Veränderungen (OE) – konkrete Ansatzpunkte	– einseitiger Fokus auf Rahmenbedingungen und industrielle Gruppenarbeit – kein Abbild der Zusammenarbeit im Team (personorientierte Faktoren)
Organisations-diagnostische Verfahren	– Diagnose generellen Bedarfs – psychometrisch überprüft	– kein differenziertes Abbild – keine Ansatzpunkte für TE – nicht vom Team selbst einsetzbar
Soziometrie-Verfahren	– geringer Zeitaufwand – guter Überblick über Sympathie- und Antipathiestrukturen für Außenstehende	– geringer Informationsgewinn – Gefahr der Stigmatisierung der Positionen – nicht vom Team selbst einsetzbar

Formen der Teamdiagnose	Vorteile	Nachteile
Fragebögen zu Lern-, Denk-, Problemlöse- oder Verhaltensstilen	– geringer Zeitaufwand – hohe Akzeptanz in der Praxis	– losgelöst von der Arbeitssituation im Team – einseitige Fokussierung relativ überdauernder Stile – umfangreiche Einweisung in die Sprache der Verfahren zur Ergebnisinterpretation nötig – Gefahr der Stigmatisierung – Fokus auf der Zusammensetzung im Team – z. T. mangelhafte psychometrische Gütekriterien – Validierung im Hinblick auf Teamleistung und -entwicklung steht in der Regel aus – nicht vom Team selbst einsetzbar – Lizensierung nötig – Qualität des Trainers ist entscheidend
Fragebögen zu Teamrollen	– geringer Zeitaufwand – hohe Akzeptanz in der Praxis	– einseitige Betrachtung der Person – Fokus auf der Zusammensetzung im Team – z. T. mangelhafte psychometrische Gütekriterien – z. T. umfangreiche Einweisung in die Sprache des Verfahrens zur Ergebnisinterpretation nötig – Validierung im Hinblick auf Teamleistung und -entwicklung steht in der Regel aus – Gefahr der Stigmatisierung – nicht vom Team selbst einsetzbar – Lizensierung nötig – Qualität des Trainers entscheidend
Verhaltensnahe Fragebögen	– ökonomisch einsetzbar – Betrachtung von strukturellen und personenbezogenen Aspekten – befriedigende psychometrische Gütekriterien – detaillierte Betrachtung – z. T. Interpretationshilfen	– Fokussierung auf einzelne Aspekte (z. B. Konflikte, Innovationen, Normen)

5   Der Fragebogen zur Arbeit im Team (FAT)

Auf der Grundlage der Diskussion von Trends in der Teamentwicklung, der Betrachtung vorhandener Teamdiagnoseinstrumente, der Ableitung von Anforderungen an ein Teamdiagnoseinstrument und eines Workshops mit Beratern, die mehrjährige Erfahrungen im Bereich der Teamentwicklung einbringen konnten, wurde der Fragebogen zur Arbeit im Team (FAT) entwickelt (vgl. Kauffeld, 2001; Kauffeld, 2004). Der FAT umfasst 24 Items (inkl. zwei Items zur Sozialen Erwünschtheit), die zwei bekannte Dimensionen der Teamarbeit (Strukturorientierung und Personorientierung) beschreiben und in jeweils zwei Subskalen unterteilt werden können – Zielorientierung und Aufgabenbewältigung sowie Zusammenhalt und Verantwortungsübernahme. Die interne Konsistenz der Skalen variiert zwischen $\alpha = .76$ und $\alpha = .90$. Die Skalen und Subskalen können faktorenanalytisch in mehreren Studien bestätigt werden und die kriterienbezogene Validierung ist sowohl für Arbeitserfolgs- als auch für Arbeitszufriedenheitsmaße als zufriedenstellend zu beurteilen (vgl. Kauffeld, 2004). Der Fragebogen ist leicht verständlich, für unterschiedliche Zielgruppen erprobt und in 5 bis 10 Minuten auszufüllen.

5.1   Theoretischer Hintergrund

Die vier Skalen des FAT werden in einem sparsamen und anschaulichen Modell zusammengefasst, der Kasseler Teampyramide, die als Erklärungsmodell zur Rückmeldung der Diagnoseergebnisse genutzt und zur Veranschaulichung in Teamentwicklungsprozessen herangezogen werden kann. Mit der Teampyramide können das SGRPI-Modell (S für „system", G für „goal", R für „role", P für „procedure", I für „interpersonal") von Beckhard (1972 b) sowie die zentralen Dimensionen des Funktionierens von Teams „Task Reflexivity" und „Social Reflexivity" nach West (1994) integriert und erweitert werden. Die Pyramidenform symbolisiert die hierarchische Abfolge der Subskalen von der Zielorientierung zur Verantwortungsübernahme (vgl. Beckhard, 1972 b). In Abbildung 1 ist die Kasseler-Teampyramide dargestellt.

Der Ausgangspunkt des Modells ist wie bei Beckhard (1972 b) die *Zielorientierung*. Nur wenn Ziele klar und Anforderungen an die Arbeitsergebnisse eindeutig formuliert sind, kann ein gut funktionierendes Team resultieren. Wenn die Teammitglieder die Anforderungen nicht kennen oder die Ziele nicht von allen akzeptiert werden, richten sich die Teammitglieder unterschiedlich aus und verfolgen individuelle Interessen. Diese können den Team- und Organisationsinteressen entgegenstehen. Die Ziele sollten konkret formuliert und erreichbar operationalisiert sein. Zur Orientierung sollten Kriterien zur Bestimmung des Grades der Zielerreichung vorliegen. Wenn das Team auf diese Weise an Zielen orientiert arbeitet, steigt die Wahrscheinlichkeit, dass Aufgaben angemessen bewältigt werden.

Um eine effektive *Aufgabenbewältigung* zu gewährleisten, müssen den Teammitgliedern die Prioritäten klar und die jeweiligen Aufgaben bekannt sein. Die Anstrengungen gilt es zu koordinieren und Informationen rechtzeitig auszutauschen. Die Gruppe muss, um mit

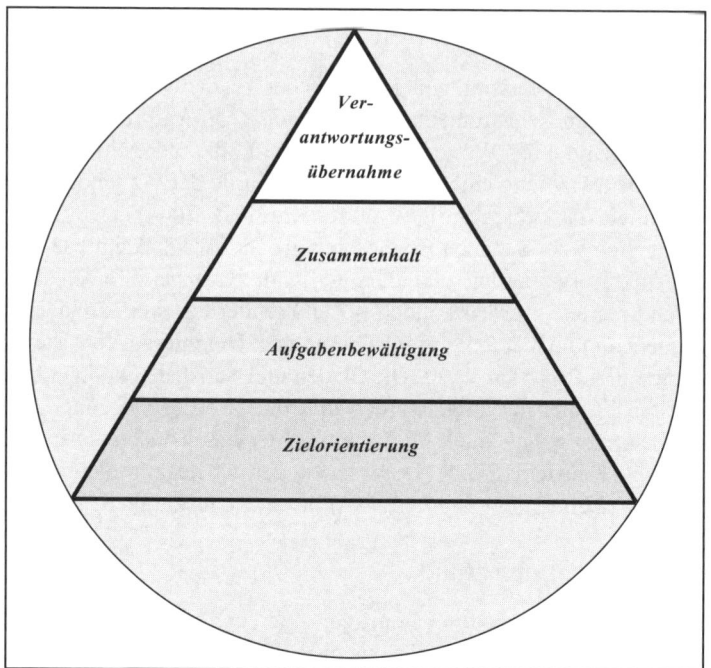

Abbildung 1: Die Kasseler-Teampyramide als Grundlage des FAT

einer koordinierten Handlung beginnen zu können, zu einem gemeinsamen und mindestens teilweise geteilten Mentalen Modell und einer geteilten Redefinition der Aufgabe gelangen. Wo keine gemeinsame Vorstellung der Ziele und Aufgaben vorhanden ist, kann es in der Gruppe sehr leicht zu Konfusion, Missverständnissen und zu Konflikten kommen. D. h. gegenseitiges Vertrauen, Unterstützung und Respekt als Aspekte des *Zusammenhalts* werden eher die Folge sein, wenn keine Zielkonflikte das Team beherrschen und die Aufgabenkoordination zur Zufriedenheit aller erfolgt. Konkurrenz und Unverständnis werden wahrscheinlicher, wenn Zielkonflikte dominieren, Prioritäten nicht klar sind und Anstrengungen nicht gut koordiniert werden.

In der Spitze der Pyramide werden die *Verantwortungsübernahme* als Team, die Einsatzbereitschaft und das Engagement der Teammitglieder fokussiert. Die Skala „Verantwortungsübernahme" wird relevant vor dem Hintergrund, dass im Rahmen aktueller Managementkonzepte die Verantwortung für Ergebnisse und die Einsatzbereitschaft der Mitarbeiter als neue Anforderungen definiert werden.

Nach dem Modell werden sich die Teammitglieder umso eher für das Gesamtergebnis verantwortlich fühlen und für das Team einsetzen, je klarer die Ziele und Prioritäten sind und je mehr die Personen sich untereinander akzeptieren, gegenseitig helfen, alle wichtigen Informationen in die Gruppe einbringen und sich als Team verstehen.

Der Kreis um die Pyramide symbolisiert die *Umwelt*, deren Bedeutung schon von Rubin und Beckard (1984) betont wurde. Die Umwelt hat über Belohnungs- und Informations-systeme, Vorgesetzte oder Richtlinien den größten Einfluss auf die Subskala Zielorien-tierung. In der Regel werden vom Management Anforderungen an das Team formuliert und die Relevanz der Erreichung der Teamziele für die Gesamtorganisation verdeutlicht. Die Faktoren Aufgabenbewältigung, Zusammenhalt und Verantwortungsübernahme lassen sich in der gegebenen Reihenfolge zunehmend weniger von außen beeinflussen. Die Umwelt wird im Rahmen der Teamdiagnose mit dem FAT nicht betrachtet. Sie gilt es nach der Teamdiagnose als mögliche Ursache z. B. unklare Ziele zu diskutieren.

Die hierarchische Abfolge von der Zielorientierung zur Verantwortungsübernahme be-deutet für die Teamentwicklung, dass, bevor persönliche Themen als Ursache für Prob-leme in Erwägung gezogen werden, die struktur- bzw. umfeldbezogenen Themen geklärt sein sollten. So können schlechte Beziehungen ein suboptimales Ergebnis bedingen, aber genauso kann ein ungenau festgelegtes Ziel Streit auf der Beziehungsebene fördern und damit die Ursache für ein wenig erfreuliches Ergebnis darstellen. Verantwortungsüber-nahme ist z. B. eher dann zu erwarten, wenn das Team sich an Zielen orientiert, die Aufgaben gut bewältigt und die Teammitglieder ein Wir-Gefühl entwickelt haben.

5.2   Rückmeldung und Ansatzpunkte für die Teamentwicklung

Der FAT bietet die Gelegenheit, über konkrete Aspekte im Team ins Gespräch zu kom-men und Verbesserungen in der Arbeitssituation herbeizuführen. Die Integration der Teamdiagnose in einen institutionalisierten Teamentwicklungsprozess wird empfohlen. Die Teamdiagnose kann allerdings auch den Ausgangspunkt für einen von der Gruppe selbstorganisierten und -gesteuerten Entwicklungsprozess darstellen.

Für den ökonomischen Einsatz des Fragebogens und die Rückmeldung der Daten wurde ein EDV-Programm entwickelt (Kauffeld, 2004). Da jedem Item des FAT ein eigenstän-diger Aussagewert zukommt, können neben den (Sub-)Skalen auch Einzelitems zu einer differenzierenden Beschreibung des Teams zurückgemeldet werden. Die Interpretation der Ergebnisse, so wie sie den Anwendern vorgeschlagen wird, ist orientiert an

1. den Antwortmustern,

2. den Vergleichswerten unterschiedlicher Teamformen und

3. der Kasseler Teampyramide.

(1) Antwortmuster: Die Stärken und Schwächen des Teams lassen sich anhand unter-schiedlicher Antwortmuster beschreiben. Drei Antwortmuster – ein grüner, ein roter und ein oranger Bereich – sind möglich. Die Aussagen in den Auswertungen sind entspre-chend den Bereichen farblich markiert. Grün wird ein Item oder eine Skala angezeigt, wenn alle Teammitglieder eher positiv als negativ geantwortet haben. In diesem Fall funktioniert das Team gut und es gibt keine Notwendigkeit, Maßnahmen in dem abge-fragten Bereich zu ergreifen. Der grüne Bereich beschreibt Stärken des Teams. Der rote Bereich zeigt Schwächen auf: Die meisten Teammitglieder bevorzugen bei ihrer Antwort

den negativen Pol. Der Handlungsbedarf ist offenkundig. Wenn einige Teammitglieder auf eine Aussage positiv, andere darauf negativ antworten, wird das Item dem orangen Bereich zugeordnet. Neben negativen Antworten sind besonders heterogene Antworten als Ausgangspunkt für einen Teamentwicklungsprozess interessant. Sie indizieren mögliche Konflikte. Selbst wenn nur ein oder zwei Teammitglieder das Gefühl haben, das Team funktioniere nicht so wie es sollte, gilt es, dies zu berücksichtigen, da einzelne Teammitglieder symptomatisch für ein allgemeineres Problem der Gruppe stehen können. Bei der Rückmeldung der orangen Aussagen, bei denen die Teammitglieder in ihren Einschätzungen divergieren, muss sensibel vorgegangen werden. Die Personen, für die das Team – so wie es ist – in Ordnung ist, müssen für eine Diskussion gewonnen werden. Sind sehr viele Items orange markiert, so ist es ebenso wie bei vielen rot markierten Aussagen zu empfehlen einen unabhängigen Moderator zur Diskussion im Team heranzuziehen.

(2) Vergleichswerte: Zur Interpretation können ferner Vergleichswerte herangezogen werden, die in den Ergebnisdarstellungen angezeigt werden. Zur Einordnung erfolgt zudem die Ausweisung des Prozentranges der Gruppe im Vergleich zur Referenzgruppe.

Als Voreinstellung kann gewählt werden zwischen
- Arbeitsteams – gewerblichen und administrativen,
- Projektgruppen und
- Führungsteams.

Das Programm bietet zudem die Möglichkeit eigene Vergleichswerte einzugeben. Dies kann zum Beispiel nützlich sein, wenn ein Team der Gesamtheit anderer Teams im Unternehmen gegenüber gestellt werden soll oder wenn bei Wiederholungsmessungen Veränderungen in der Zusammenarbeit im Team zu dokumentieren sind.

(3) Kasseler Teampyramide: Die Diagnosedaten können im Team diskutiert werden. Die Ergebnisse in den Aussagenpaaren sollten analog zum Aufbau der Teampyramide durchgegangen und diskutiert werden: Wo sind wir gut? Wo könnten wir besser sein? Wo besteht dringender Handlungsbedarf? Die Feedbackregel „positiv beginnen" sollte beachtet werden. Wenn die Ergebnisse von jemandem, der nicht zur Gruppe gehört, vorgestellt werden, muss darauf geachtet werden, dass kritische Teamdiagnosen nicht den Charakter einer Anklage an das Team bekommen. Bewertungen sollten niemals vom Trainer oder Moderator, sondern immer vom Team selbst vorgenommen werden. Die Teammitglieder sollten sich bemühen, Beispiele zu geben, die sie zu einer Beantwortung in eine bestimmte Richtung veranlasst haben. Sie sollten beschreiben, welche Auswirkungen dies auf ihre Arbeit hat. Jedes Teammitglied sollte die Gelegenheit haben, seine Sichtweise in die Diskussion einzubringen. Wichtig ist, in der Diskussion nach Ursachen und Lösungsansätzen und nicht nach Schuldigen zu suchen.

Für die Auswahl der Teamentwicklungsmaßnahmen ist neben der Betrachtung der absoluten Ausprägung der Werte und dem Abgleich mit relevanten Vergleichswerten die Betrachtung der Werte vor dem Hintergrund der hierarchischen Abfolge im Pyramidenmodell relevant: Strukturorientierter Handlungsbedarf in der Zielorientierung und bei der

Aufgabenbewältigung sollten vor personorientiertem Handlungsbedarf hinsichtlich des Zusammenhalts und der Verantwortungsübernahme bearbeitet werden.

Zielorientierung: Sind die Ziele des Teams unklar, die Anforderungen an Ergebnisse uneindeutig formuliert oder werden die Ziele als nicht realistisch und erreichbar wahrgenommen, ist ein Zielklärungsprozess mit Vorgesetzten oder – bei primär selbst gesetzten Zielen – im Team anzustreben. Kriterien zur Bestimmung des Grades der Zielerreichung gilt es zu generieren und festzulegen oder vom Management einzufordern. Die Einführung eines teamgerechten Kennzahlensystems kann diskutiert werden. Unter Umständen gilt es, das vorhandene Teamarbeitskonzept in der Gesamtorganisation zu hinterfragen. Bei mangelnder Akzeptanz der Ziele kann deren Bedeutung diskutiert werden: Warum sind die Ziele für die Gesamtorganisation wichtig? Welchen Beitrag leistet das Team für die Organisation? Welche Folgen hat die Nicht-Erreichung der Teamziele?

Aufgabenbewältigung: Wenn die Teammitglieder den Eindruck haben, dass Anstrengungen schlecht koordiniert und Informationen zu spät ausgetauscht werden oder Prioritäten und Aufgaben unklar sind, müssen Arbeitsabläufe genauer betrachtet werden. Über die Identifikation kritischer Situationen, wie z. B. Umrüstvorgänge oder die Materialbereitstellung in gewerblichen Teams, gilt es Reibungsverluste, Doppelarbeiten und die „Nicht-Wahrnehmung" von Aufgaben aufzuzeigen. Fehler, die immer wieder auftreten und aus denen nicht gelernt wird, sind aufzudecken. Aufgaben, Zuständigkeiten und Entscheidungskompetenzen gilt es – unter Umständen auch schnittstellenübergreifend – zu hinterfragen. Die Erstellung einer Matrix (Aufgaben x Person) kann hilfreich sein, in der eingetragen wird, wer was macht bzw. für was zuständig ist. Nachdem jedes Teammitglied für sich die Matrix ausgefüllt hat, wird in der Gruppe darüber diskutiert und Aufgaben und Zuständigkeiten werden geklärt. Von Bedeutung ist es, Vereinbarungen für die Zukunft, z. B. hinsichtlich der Informationskanäle, des Besprechungsmanagements oder der Entscheidungsprozeduren, zu treffen und festzuhalten.

Zusammenhalt: Wenn das Team durch Individualisten geprägt ist, Konkurrenz zwischen den Teammitgliedern ein Thema ist, einzelne versuchen, sich auf Kosten anderer in den Vordergrund zu drängen und Informationen für sich behalten, können Kooperationsübungen eingesetzt werden. Anhand der Übungen ist zu verdeutlichen, „dass die Probleme einer Gruppe nur gelöst werden können, wenn alle zusammenarbeiten und alle Möglichkeiten und Informationen, die in der Gruppe liegen, voll ausgenutzt werden" (Antons, 1996, 121). Konflikte zwischen einzelnen oder Subgruppen, die nachteilig auf den Zusammenhalt wirken können, gilt es nicht zu vermeiden, vielmehr sollten Konfliktlösungsstrategien im Rahmen von Teamtrainings vermittelt werden. Um den Zusammenhalt in der Gruppe zu erhöhen können ferner gemeinsame Ausflüge oder Aktivitäten im Team oder gruppendynamische Interventionen, zum Beispiel mit Vertrauensübungen, nützlich sein. Oft zielen Outdoor-Trainings auf diesen Aspekt der Zusammenarbeit im Team ab.

Verantwortungsübernahme: Niedrige Ausprägungen in der Subskala Verantwortungsübernahme werden in der Regel nur indirekt beeinflussbar sein. Wenn die Teammitglieder den Eindruck haben, dass einige sich von den anderen Teammitgliedern durchziehen lassen und keine Verantwortung im Team übernehmen, sollten zur Veranschaulichung Beispiele gesammelt werden. Wahrnehmungsdiskrepanzen hinsichtlich der Einsatzbereitschaft gilt es, am Beispiel der Gegenüberstellung eigener Leistungsbeiträge und der Beiträge anderer, einer Diskussion zugänglich zu machen. Da oft das Phänomen zu beobachten ist, dass jeder seinen eigenen Beitrag über- und den Beitrag anderer unterschätzt, kann eine Verständigung in Gang gesetzt werden. Gegenseitige Erwartungen müssen geklärt werden. Werte und Normen der Gruppe gilt es zu thematisieren und ggf. zu verändern.

Wenn Maßnahmen aus der Teamdiagnose abgeleitet worden sind, sollte ihre Wirksamkeit nach einer angemessenen Zeitspanne überprüft werden: Sind Verbesserungen eingetreten? Welche Maßnahmen stehen noch aus? Welche zusätzlichen Maßnahmen sollten ergriffen werden? Ist eine nochmalige Durchführung einer Teamdiagnose mit dem FAT sinnvoll?

6   Fazit

Sowohl prozessanalytische als auch strukturanalytische Verfahren haben das Potenzial, eine Basis für die Auseinandersetzung mit der Arbeit im Team zu bieten. Sie dienen der Transparenz sowie der Kommunikation in der Organisation und können die Zusammenarbeit fördern. Reflexionsprozesse, die selten spontan auftreten, können initiiert werden. Die detaillierte Rückmeldung schwarz auf weiß ist außerordentlich hilfreich, da es den meisten Teammitgliedern nicht leicht fällt, sich als unmittelbar Betroffene und Beteiligte selbst zum Gegenstand der Betrachtung zu machen (vgl. auch Comelli, 1995). Die Reflexion der Gruppe z. B. anhand der Fragen „Was klappte schon gut? Was könnten wir noch besser machen?" gibt meist nur grobe Hinweise und setzt ein hohes Maß an Reflexionsvermögen und die Kenntnis und Anwendung differenzierter verbaler Beschreibungsdimensionen der Gruppen voraus. Mit dem Fragebogen zur Arbeit im Team (FAT; Kauffeld, 2004) liegt ein strukturanalytisches Teamdiagnoseinstrument vor, das hinsichtlich zentraler Gütekriterien überprüft ist und relevante Aspekte der Zusammenarbeit im Team standardisiert, ökonomisch und differenziert zu erfassen erlaubt. Interpretationshilfen, wie Vergleichswerte, Antwortmuster sowie das theoretisch hinterlegte Modell der Kasseler-Teampyramide, machen Teamentwicklungsbedarf transparent und geben Hinweise auf geeignete Teamentwicklungsmaßnahmen. Die einseitige Fokussierung auf Personen, wie sie von den häufig genutzten Teamdiagnoseinstrumenten zu Teamrollen oder Lern-, Denk-, Problemlöse- und Verhaltensstilen nahe gelegt wird, sollte vermieden werden. Ein maßgeschneidertes Vorgehen wird durch die Teamdiagnose unumgänglich. Das ganze Team beschäftigt sich mit seinen „echten" Themen. Die Bearbeitung ist auf Problemlösung aus und als Prozess angelegt. Der bedarfsgerechte Einsatz von Ressourcen wird gefördert. Die eigentliche Arbeit setzt jedoch im Allgemeinen erst nach dem Feedback an. Erfolge der Teamentwicklung können durch den wiederholten Einsatz der Teamdiagnoseinstrumente sichtbar gemacht werden.

Walter Bungard

Mitarbeiterbefragungen

1 Definition von Mitarbeiterbefragungen

Das „klassische" Feedbackinstrument innerhalb von Organisationen, bei dem die Mitarbeiter von unten einen „Geschäftsbericht" nach oben abliefern, ist die Mitarbeiterbefragung (MAB). Bevor in den weiteren Ausführungen die MAB als „Königsweg" des Aufwärts-Feedbacks vorgestellt wird, ist es sinnvoll, zu definieren, was darunter im Einzelnen verstanden werden soll.

Zunächst einmal kann ganz allgemein festgestellt werden, dass die Befragung nicht nur die in den Sozial- und Verhaltenswissenschaften am meisten eingesetzte Methode ist, sondern sie ist auch die wichtigste Informationserfassungsmethode, die in alltäglichen Lebenssituationen eingesetzt wird: Wenn man etwas wissen will, muss man in vielen Fällen schlicht und einfach Fragen stellen. Befragungen sind insofern universell für sehr unterschiedliche Zielsetzungen und je nach Befragungsart nahezu voraussetzungslos einsetzbar.

Bei Befragungen in Organisationen verfolgt man im Prinzip die gleiche Absicht: Man möchte etwas erfahren, Informationen sammeln, sich orientieren, etwas verstehen. Formal betrachtet handelt es sich bei MAB innerhalb einer Organisation um eine „Prozedur", bei der Mitarbeitern systematisch ein Stimulus (z. B. eine Frage oder eine Abbildung) vorgegeben wird und die Reaktion darauf ebenso systematisch erfasst und ausgewertet bzw. interpretiert wird.

Das Spektrum der Möglichkeiten, wie nun konkret diese Stimuli präsentiert und die Effekte analysiert werden, ist dabei extrem groß (Higgs & Ashworth, 1996; Macey, 1996; McConnell, 2003). Angesichts dieses breiten Handlungsspielraums ist es nicht verwunderlich, dass methodische und theoretische Grundpositionen darüber entscheiden, wie einzelne Autoren das Instrument der MAB genauer definieren und weiter präzisieren, wie konkret eine Befragung „ordnungsgemäß" durchgeführt werden soll. Die einen werden projektive Verfahren, bei denen man den Mitarbeitern Bilder (z. B. Tintenkleckse) zeigt und diese dann sagen sollen, was ihnen dazu einfällt, als wissenschaftlich höchst suspekt ablehnen, andere halten ein solches indirektes Vorgehen für wesentlich effektiver als „plumpe" direkte Befragungsaktionen, weil sie unter Umständen weniger anfällig gegenüber Verzerrungseffekten sind, z. B. im Sinne der sozialen Erwünschtheit. An diesen Punkten entfacht sich regelmäßig die periodisch immer wieder neu aufgelegte Kontroverse um den Stellenwert von qualitativen und quantitativen Methoden in den Sozialwissenschaften.

Es entspricht nicht der Zielsetzung dieses Beitrags, diese „uralte" Grundsatzdiskussion nochmals aufzugreifen, geschweige denn, wertend dazu Stellung zu beziehen, denn häufig ist es sinnvoll, den Begriff der MAB pragmatisch und deskriptiv auf das reduzieren, was in den Betrieben unter diesem Stichwort konkret gemacht wird. Dabei muss man allerdings berücksichtigen, dass sich der Fokus im Laufe der Zeit deutlich verschoben hat, wie ein Blick in die einschlägige Literatur zeigt.

Die „Geschichte" der Mitarbeiterbefragungen offenbart nämlich, dass die dahinter stehende Zielsetzung einer MAB zum Teil erheblich im Laufe der Zeit variierte (Bungard, 2002). Bereits im 18. Jahrhundert wurden z. B. bei der preußischen Infanterie Soldaten in den so genannten Conduitenlisten befragt, um die Stimmung in der Mannschaft zu erfassen. Unter anderem erkundigte man sich danach, ob der Offizier ein Säufer sei (Neuberger, 2000; Warburg, 1997). Anfang des 19. Jahrhunderts wurden in Frankreich bereits systematisch Fabrikarbeiter befragt, um etwas über deren soziale Lebenssituation zu erfahren. Vor dem zweiten Weltkrieg und in der Zeit danach, in den 50er und 60er Jahren, lag der Schwerpunkt zunächst eher auf der Erfassung der individuellen Arbeitszufriedenheit, um daraus evtl. direkte Interventionen am Arbeitsplatz vornehmen zu können. In den 70er Jahren kam dann das Thema Betriebsklima in Mode, in den 80er Jahren erfolgte eine Ausweitung im Sinne der Organisationskulturforschung (Wagner & Spencer, 1996). Der Schwerpunkt dieser Analysen war eher global ausgerichtet, indem Aussagen über die gesamte Organisation getroffen wurden. Der Ansatz war statisch, weil im Sinne einer Querschnittsanalyse primär der Status quo festgehalten wurde.

Seit Mitte der 90er Jahre haben sich MAB explosionsartig ausgebreitet, wobei sich der Schwerpunkt nochmals deutlich verlagert hat: Man will primär laufende Prozesse in Form von Longitudinalstudien beschreiben; es sollen nach wie vor individuelle Einstellungen und Bewertungen, verstärkt aber auch innerbetriebliche Prozesse evaluiert werden, indem z. B. interne Lieferanten-Kunden-Ketten jeweils in Fremd- und Selbstwahrnehmung untersucht werden. Und schließlich sollen die Fragen und später die Berichte so formuliert und erstellt werden, dass konkrete Maßnahmen abgeleitet werden können. Das heißt MAB sind notwendigerweise in Personal- und Organisationsentwicklungsprozesse eingebunden (Borg, 2004; Freimuth & Kiefer, 1995). Sie sind ein zentraler Bestandteil eines Auftau- und Einbindungsmanagement-Programms, wie Borg (2004) es nennt.

Vor dem Hintergrund dieser aktuellen Situation ergibt sich folgende Definition:

Unter einer MAB versteht man ein personal-politisches Instrument, das von der Geschäftsführung in Abstimmung mit der Arbeitnehmervertretung wie folgt eingesetzt wird:

- Es werden alle oder eine zufällig ausgewählte Stichprobe von Mitarbeitern und Führungskräften mit Hilfe eines mehr oder weniger standardisierten Fragebogens befragt.
- Die Befragung erfolgt auf freiwilliger Basis.
- Ziel ist die systematische kontinuierliche Erfassung der Einstellungen, Wünsche und Erwartungen, um Veränderungsprozesse beschreiben zu können.
- Die Auswertung erfolgt anonym.
- Die Ergebnisse werden in differenzierter Form an die Betroffenen zurückgespiegelt.

- Die Analyse der Daten soll Problembereiche und Handlungsnotwendigkeiten offen legen, um konkrete Verbesserungsmaßnahmen planen und umsetzen zu können.

- Die dadurch eingeleiteten Veränderungsmaßnahmen können wiederum im Zuge nachfolgender MAB bewertet werden.

- MAB dienen von daher als Instrument einem kontinuierlichen Verbesserungsprozess im Rahmen einer Total-Quality-Strategie.

2   Gründe für die Reaktivierung von Mitarbeiterbefragungen

Wenn man sich den universellen Charakter von Befragungen vor Augen führt, dann wird sofort deutlich, dass es MAB im weitesten Sinne immer schon in verschiedenen Varianten gegeben hat, und jeder Praktiker hat in den Betrieben bei seinen Entscheidungen in der Regel auch irgendwelche „Reaktionen" von Mitarbeitern als Basisinformationen zugrunde gelegt.

Warum aber sind gerade in den letzten Jahren MAB mit der zuvor kurz beschriebenen Akzentsetzung, wie bereits gesagt, besonders populär geworden? Folgende Gründe scheinen dabei eine wichtige Rolle gespielt zu haben:

- Zunächst einmal haben die turbulenten Veränderungsprozesse in der Arbeitswelt, induziert durch technologische Innovationen, verschärften internationalen Wettbewerb, den Rationalisierungsdruck usw. die Promotoren der Strategien allmählich davon überzeugt, dass die Prozesse von Organisations- und Personalentwicklungs-Programmen begleitet werden müssen. Eine primär technologisch-administrativ gesteuerte Innovationsstrategie ist meistens zum Scheitern verurteilt, die zahlreichen Lean-Management-, Business-Reengineering- und SAP-Leichen in den Kellern der Unternehmen legen ein beredtes Zeugnis davon ab (Bungard, 1996; Kohnke & Bungard, 2005; Reiß, 1995). Angesichts dieser Erkenntnisse ist die seit den 70er Jahren bekannte Organisationsentwicklungs-Philosophie nach einer zwischenzeitlichen Desavouierung (als basisdemokratische Umtriebe) wieder hoffähig geworden. Und im Zuge dieser Rehabilitierung ist folglich auch die „uralte" klassische Survey-Feedback-Methode (Greiner, 1972; French & Bell, 1977) wieder entdeckt worden. Wobei insbesondere die Bedeutung der Feedback-Phase und die Einbindung des Instruments in den Gesamtprozess gesehen wird (Domsch & Schneble, 1992; vgl. hierzu die Beiträge von Jöns und Comelli in diesem Band). Insofern hat die Renaissance des Organisations- und Personalentwicklungsansatzes automatisch die erneute Belebung der MAB bewirkt.

- Im Zusammenhang damit ist in den letzten Jahren immer deutlicher geworden, dass Implementierungsstrategien vor allem die Akzeptanz von Veränderungen sicherstellen sollen. Die Mitarbeiter haben sehr oft die „Nase restlos voll" von den Innovationsphantasien der Führungsriegen. Der allgemein verbreiteten Skepsis gegenüber jeglichen Veränderungen muss deshalb mit einem erheblichen Aufwand an Informationen als Reaktion auf entsprechende Feedbackschleifen begegnet werden. Zu einer solchen internen Strategie gehört zwangsläufig auch die systematische, fortlaufende Evaluierung der Mitarbeitermeinungen und des Veränderungsprozesses. MAB sind in diesem Sinne ein zentraler Baustein zur Akzeptanzsicherung im Rahmen einer Implementierungsstrategie bzw. eines Cultural-Change-Prozesses; vorausgesetzt, dass die Ergebnisse konsequent zurückgespiegelt und entsprechende Verbesserungsmaßnahmen jeweils abgeleitet werden. Domsch und Ladewig (1996) haben in diesem Zusammenhang das Kultur-Markt-Modell zur Erklärung eines mitarbeiterinduzierten Kulturwandels im Rahmen eines innerbetrieblichen Organisationsentwicklungsprozesses entwickelt.

- Unabhängig von den ersten beiden Punkten hat der Siegeszug der Total-Quality-Management (TQM)-Philosophie einen großen Einfluss auf die rasche Verbreitung von MAB gehabt. Ein zentraler Gedanke dieses Ansatzes besteht bekanntlich darin, der Qualität von Produkten und Dienstleistungen im weitesten Sinne oberste Priorität einzuräumen und durch kontinuierliche Verbesserungsprozesse diese sukzessiv zu verbessern (Imai, 1992). Eine derartige Strategie setzt notgedrungen voraus, dass zur Bewertung der Qualität Indikatoren, Maßzahlen und entsprechende Vergleichsdaten zur Verfügung stehen. Das neue Zauberwort heißt Prozesscontrolling. Die Qualität von Produkten wurde schon seit langem anhand von Ausschussquoten, Pannenstatistiken usw. gemessen. Relativ neu ist dagegen insbesondere der Versuch, auch die Güte der (internen) Dienstleistungen zu operationalisieren. Der Erfolg einer solchen systematischen Beurteilung von Wertschöpfungsketten, der Kundenzufriedenheit, dem Service von indirekten Abteilungen im Rahmen der TQM-Ansätze hat entscheidend dazu beigetragen, grundsätzlich den Wert von Datenerhebungen im Allgemeinen und von weichen, eher qualitativen Faktoren im Besonderen hoch bzw. höher als bisher einzuschätzen. Mit zunehmender Internalisierung der TQM-Perspektive sind also zwangsläufig einige höchst relevante Fragen enttabuisiert worden: Wie steht es um die Qualität des Managements eines Unternehmens? Wie wird ein Veränderungsprozess von den internen Kunden einer Organisation bewertet? Wie beurteilen sich interne Kunden und Lieferanten gegenseitig? Eine Antwort auf diese Fragen erlauben u. a. auch systematische MAB, so dass die aktuelle MAB-Welle Ausdruck eines neuen Organisations-Verständnisses im Sinne des TQM-Gedankens ist, bei dem systematisches Feedback eine zentrale strategische Bedeutung besitzt.

- Zur Corporate Identity von modernen Unternehmen gehören zunehmend Kundenzufriedenheitsmessungen, um sich als fortschrittliche, marktorientierte und wettbewerbsfähige Organisation (selbst) darstellen zu können. Zu diesem Image passt auch, quasi zur Abrundung des Bildes, eine stark ausgeprägte bzw. demonstrierte Mitarbeiterorientierung, wie sie in einer Vielzahl von Aktivitäten zum Ausdruck kommen kann. Man denke an Incentive-Reisen, professionell gedruckte Betriebszeitschriften u. v. m. In den Kanon solcher image-fördernden Maßnahmen sind in den letzten Jahren auch MAB aufgenommen worden. Denn solche Umfragen – vorausgesetzt sie werden entsprechend administriert – signalisieren eindringlich das Interesse der Unternehmensleitung an der Meinung der Mitarbeiter und dies entspricht zunehmend der Erwartungshaltung der Öffentlichkeit an ein modernes Management. Vor allem bei Großunternehmen sind die eigenen Mitarbeiter effektive Werbeträger, die außerhalb der Arbeit von derartigen Meinungsumfragen berichten und damit ein entsprechendes Bild des Unternehmens kolportieren. Sehr viele Unternehmen haben sich diesem PR-

Sog nicht entziehen können und haben in letzter Zeit allein deshalb MAB eingeführt, weil es sich „gut anhört" und es im Übrigen die Konkurrenten ebenfalls praktizieren. Wie auch immer dann die MABs vielleicht halbherzig konkret appliziert werden, es bleibt an dieser Stelle festzuhalten, dass die Popularität von MAB auch etwas mit Selbstdarstellung von Unternehmen zu tun hat.

- Es gibt noch einen weiteren Grund, der für den derzeitigen MAB-Boom mitverantwortlich ist, nämlich die Implikationen der kennzahlen-orientierten Bewertungssysteme bzw. Qualitätswettbewerbe, die zur Zeit „in" sind. So wurde z. B. in Anlehnung an den bekannten amerikanischen Malcom-Baldrige-Award für den europäischen Bereich der European-Quality-Award (EQA) von der European Foundation for Quality Management (EFQM) ins Leben gerufen (Verbeck, 1998; Bungard & Jöns, 2000). Zentrale Faktoren in dem Bewertungssystem sind u. a. die Mitarbeiterorientierung als ein „Befähiger-Kriterium" und die Mitarbeiterzufriedenheit als ein „Ergebnis-Kriterium". In beiden Fällen sind MAB zwar nicht verbindlich vorgeschrieben, aber de facto unumgänglich. Wer sich um den EQA bewerben will, muss z. B. nachweisen, dass in seiner Organisation über drei Zeitpunkte hinweg systematisch die Mitarbeiterzufriedenheit erfasst wurde und aus den Befunden eine konsequente Verbesserung der innerbetrieblichen Prozesse im Sinne der TQM-Philosophie bewirkt wurde (Still & Bochen, 1997), dass also die MAB als Feedbackinstrument verwendet wurde.

Die hohe Bedeutung und Akzeptanz des EQA in deutschen Unternehmen, die vielleicht auch der deutschen Variante in Form des Ludwig-Erhardt-Preises zu Teil werden wird, haben einen großen Einfluss auf die explosionsartige Verbreitung der MAB gehabt.

- In diesem Zusammenhang muss ein weiterer Ansatz gesehen werden: Zur Steuerung einer Organisation wurde in den USA der so genannte Balanced-Scorecard-Ansatz elaboriert, um neben klassischen ökonomischen Kennzahlen auch soft-facts als fortlaufende Feedbackinformationen einbeziehen zu können (Horváth, 1995; Kaplan & Norton, 1996). Analog zum EFQM-Modell besteht eine naheliegende Lösung zur Erhebung der einzelnen soft-facts darin, kontinuierlich und systematisch MAB einzusetzen, um entsprechende Daten in die „cards" zu integrieren. In den meisten Fällen wurden derartige Kennziffer-Systeme in ein flankierendes Zielvereinbarungskonzept einbezogen (Bungard & Kohnke, 2002), so dass letztlich je nach Incentive-Verträgen die Mitarbeiterbefragungsergebnisse einen unmittelbaren Einfluss auf die Bewertung und folglich auch auf das Einkommen der Führungskräfte haben.

Fazit: Es gibt eine Vielzahl miteinander zusammenhängender Gründe, warum MAB zur Zeit eine weite Verbreitung finden. Sie sind Ausdruck eines veränderten Verständnisses von innerbetrieblichen Abläufen und der Notwendigkeit einer kontinuierlichen Bewertung dieser Vorgänge auf der Basis systematisch erfasster Feedbackschleifen, sie sind symptomatisch für eine mitarbeiterorientierte, eher partizipative Führungsphilosophie, und sie sind sicherlich auch typisch für eine „instrumentalistische" Übergangssituation, in der Mitarbeiter und Führungskräfte gemeinsam lernen müssen, mit dem Instrument effektiv umzugehen. Analog zu den Qualitätszirkeln in den 80er Jahren (Bungard,

1992a) haben MAB wahrscheinlich in erster Linie eine „Eisbrecher-Funktion", bis der offene Dialog mit unverfälschten Rückmeldungen unabhängig von hierarchischen Positionierungen auch ohne „Krücken" in Form von Fragebögen zur Selbstverständlichkeit wird.

3 Ablauf einer Mitarbeiterbefragung

Die allgemeinen operativen Tätigkeiten bei der Durchführung einer MAB und die einzelnen Konstruktionsprinzipien sind in der Literatur hinlänglich dokumentiert worden (Borg, 2000; 2004; Bungard & Jöns, 1997a; Kraut, 1996a; 1996b; McConnell, 2003; Rogelberg, Church, Waclawski & Stanton, 2003; Schuman & Presser, 1996; Trost, Jöns & Bungard, 1999), so dass sich die weiteren Ausführungen auf die zusammenfassende Beschreibung des Ablaufs einer MAB beschränken können.

Ausgehend von der im zweiten Abschnitt dargelegten Zielsetzung ergibt sich der idealtypische Ablauf einer MAB aus der Funktion des Instruments im Rahmen des Prozess-Controllings. Folgende Aspekte können hervorgehoben werden:

- Bei der Auswahl der Inhalte einer MAB müssen zwei Kriterien berücksichtigt werden. Einmal gilt es, die strategisch bedeutsamen Faktoren (z. B. auf der Basis des EFQM-Modells) in Zusammenarbeit mit dem (Top-) Management, Experten und Betriebsrat (Borg, 2004; Schiemann, 1991) zu identifizieren und in entsprechende Themenblöcke bzw. Fragen zu übersetzen. Bei der späteren Auswertung der Fragen können dann mehrere Fragen pro Faktor zu einem Index zusammengefasst werden, um so einen anschaulichen Überblick über die Entwicklung der strategisch relevanten Kennziffern zu ermöglichen.

- Daneben sollten durch Pretests, z. B. anhand von qualitativen Gruppeninterviews, die Problempunkte erfasst werden, die aus der Perspektive der Mitarbeiter wichtig sind. Ohne die Einbeziehung der Interessen der Belegschaft dürfte es schwer fallen, die notwendige hohe Akzeptanz und damit die Teilnahmebereitschaft zu erzielen (Schuman & Presser, 1996).

- Bei der Formulierung der Fragen sollten einige Regeln beachtet werden: Aus den Fragen bzw. den Antworten sollte jeweils unmittelbar ein Handlungsbedarf ablesbar sein. Die Fragen sollten kurz und verständlich sein, möglichst immer die gleichen Antwortkategorien enthalten, keine doppelten Negationen beinhalten u. v. m. (siehe z. B. Brislin, 1996), damit der Fragebogen leicht und schnell beantwortet werden kann. Die zusätzliche Erhebung von Kommentaren sollte nur punktuell bei ausgewählten Themen erfolgen, weil es sehr aufwendig ist, diese zu kategorisieren, die zusätzliche Erkenntnis gering ist (Beimel, 1990) und weil im Übrigen der Diskussion mit den Präsentatoren nicht vorgegriffen werden soll.

- Da in dem Fragebogen auch „politisch" heikle Punkte tangiert werden, wie z. B. die aus TQM-Sicht wichtige Bewertung des Vorstands, muss die Wahrung der Anonymität oberste Priorität besitzen. Das bedeutet u. a., dass auf alle demographischen Angaben verzichtet werden sollte. Wichtig ist nur, dass die Zuordnung zu einer Abteilung erfolgt, da nur so später ein abteilungsspezifischer Bericht produziert werden kann. Um die Anonymität des Einzelnen zu schützen, sollten Einzelberichte nur dann verschickt werden, wenn mindestens fünf Teilnehmer geantwortet haben – so die landläufige Regelung bei derartigen Umfragen in deutschen Unternehmen.

- Um die Ernsthaftigkeit einer Befragung den Mitarbeitern gegenüber zu demonstrieren sind zwei Spielregeln ratsam: Der Vorstand bzw. die Geschäftsführung sollte vor der Befragung bereits überzeugend versichern, dass alle Ergebnisse unabhängig von den Ergebnissen (schonungslos) publiziert werden, also nicht bei unliebsamen Befunden in den Schubladen der Managerschreibtische verschwinden.
  Die Führungsmannschaft sollte unmissverständlich klarstellen, dass aus den Befragungsergebnissen Maßnahmen abgeleitet werden sollen, und dass die Umsetzung dieser Maßnahmen anhand entsprechender Instrumente einem Controlling unterworfen wird.

- Der Kerngedanke der MAB besteht in der Initiierung bzw. Aufrechterhaltung eines Veränderungsprozesses. Von daher nehmen bei dieser Prozessunterstützung Techniken der Rückkopplung eine zentrale Stellung ein. Die Verfahren entsprechen dem Survey-Feedback-Ansatz der Organisationsentwicklung (OE) (Comelli, 1997; French & Bell, 1990) und erinnern in der Praxis oft an die ebenfalls aus der OE bekannten Konfrontationstreffen (Cummings & Worley, 1997). Die Ergebnisberichte sollen von den einzelnen Führungskräften den eigenen Mitarbeitern präsentiert werden. Von daher sollte dieser Bericht möglichst anschaulich aufgebaut sein. Dazu gehören leicht verständliche Graphiken, Portfolio-Darstellungen usw. Für die Präsentation mit Hilfe eines Beamers eignet sich der Bericht in Form einer PowerPoint-Datei bzw. als PDF-Format.

- Im Übrigen sollte der Vorgesetzte einer Abteilung bzw. eines Bereichs, an den die Ergebnisrückkoppelung delegiert wird, die Präsentation und Diskussion alleine mit seinen Mitarbeitern bewerkstelligen, weil unter dieser Bedingung ein Veränderungs- bzw. Verbesserungsprozess wahrscheinlicher ist als bei einer Unterstützung durch Dritte (externe Moderatoren, interne Hilfe aus der Personalabteilung), so die eindeutigen Forschungsbefunde (Jöns, 2000; vgl. Jöns in diesem Band).
  Im Anschluss an die Präsentation können besonders Workshops oder spätere Gruppendiskussionen in Kleingruppen zur Ableitung von Maßnahmen initiiert werden, dabei kann ein Moderator dann allerdings durchaus hilfreich sein (Morgan, 1993).

4 Gütekriterien zur Bewertung von Mitarbeiterbefragungen

Durch MAB soll ein Feedback über die Qualität eines Unternehmens, die Güte der Arbeitsplätze und der Tätigkeiten eingeholt werden; was aber macht die Qualität einer MAB aus?

In den Lehrbüchern der empirischen Sozialforschung bzw. der psychologischen Methodenlehre wird die Frage der Gütekriterien bezüglich einzelner Erhebungsinstrumente schon seit langem intensiv behandelt. Dabei hat sich die klassische Differenzierung zwischen der Validität und der Reliabilität von Messverfahren etabliert (Brandstätter, 1978; Lienert, 1989; Müller-Böling, 1991). Die Validität sagt etwas darüber aus, ob wirklich das gemessen wird, was vom Konstrukt her erfasst werden soll, ob also z. B. ein Intelligenztest tatsächlich auch Intelligenz misst. Die Reliabilität bzw. Zuverlässigkeit weist darauf hin, ob ein Verfahren z. B. bei Wiederholungsmessungen – bei ansonsten gleichen Bedingungen – stabil ist, also auch zum gleichen Ergebnis führt. Das heißt wiederum, z. B. auf einen Intelligenztest bezogen, dass die Werte bei Intelligenzmessungen hinsichtlich eines Individuums bei Mehrfachmessungen nicht allzu stark um einen Mittelwert variieren dürfen, andernfalls ist der Test nicht zuverlässig. Im Zuge empirischer Forschungsaktivitäten ist die Optimierung dieser beiden Gütekriterien von elementarer Bedeutung, da andernfalls Hypothesen nicht sinnvoll überprüft werden können. Valide und reliable Messinstrumente sind unabdingbare und notwendige Voraussetzungen für die Durchführung empirischer Studien.

Nun soll an dieser Stelle nicht weiter vertieft werden, wie ernsthaft diese Kriterien tatsächlich im Forschungsalltag beherzigt werden. Es kann z. B. eine Schieflage dahingehend beobachtet werden, dass der Erfassung der Reliabilität häufig eine höhere Priorität beigemessen wird, weil sie sich relativ leicht berechnen lässt, während die Validität praktisch schwer nachweisbar ist. Die so genannte Augenscheinvalidität („face-validity") wird in der Regel unterstellt, d. h. man proklamiert tautologisch, dass z. B. der Intelligenztest X deshalb Intelligenz misst, weil Intelligenz das ist, was der Intelligenztest misst. Damit dieser „Kunstgriff" nicht allzu transparent wird, versucht man diese Argumentationskette in wissenschaftlich verbrämter Form mit Hilfe komplizierter Formulierungen zu verschleiern.

Im Zusammenhang mit MAB stellt sich nun analog die gleiche Frage: Welches sind die Gütekriterien für diese Art von Erhebungsinstrument?

Ein Blick in die einschlägige Literatur zeigt, dass in vielen Fällen offenbar reflexartig viele Autoren vor dem Hintergrund ihrer „methodischen Sozialisierung" die „bewährten" Kriterien, nämlich Validität und Reliabilität hervorheben, um auch MAB entsprechend zu bewerten. Ein solches Vorgehen scheint aus verschiedenen Gründen nicht unproblematisch zu sein:

- Die Validität spielt dahingehend nur eine eingeschränkte Rolle, dass bei MAB z. B. explizit spezifische Sachverhalte direkt bewertet werden, insofern also keine abstrakten hypothetischen Konstrukte erfasst werden sollen. Wenn man wissen möchte, ob die Mitarbeiter mit dem Kantinenessen zufrieden sind oder nicht, dann muss man eine entsprechende Frage formulieren und die Antworten analysieren. Natürlich sollte die Frage verständlich und eindeutig formuliert werden und man sollte das typische Antwortverhalten von Probanden beachten, aber das Validitätsproblem stellt sich per definitionem nicht in der sonst üblichen Form.

- Das Reliabilitätsproblem ist aus den gleichen Überlegungen auch nur begrenzt sinnvoll. Selbstverständlich sollten bei Wiederholungsmessungen möglichst identische Resultate erzielt werden, aber bei den üblicherweise gestellten Fragen ist dies in der Praxis kein größeres Problem.

- Die Situation ändert sich, wenn verschiedene Fragen im Sinne einer Likert-Skalierung per Addition zu einem Index zusammengefasst werden. Eine solche ex-post konstruierte Skala entspricht nicht den erforderlichen Skalen-Konstruktionsmerkmalen, weil z. B. keine Trennschärfenanalyse vorgenommen wurde. Eine derartige Analyse wäre aber auch in vielen Fällen nicht sinnvoll, da es z. B. durchaus von Interesse sein kann, in einer MAB zu erfahren, dass über 95 Prozent der Mitarbeiter der Meinung X sind. Eine solche Frage würde bei einer Trennschärfenanalyse durch den methodischen Rost fallen, obwohl der Befund im Sinne der Zielsetzung einer MAB wichtig sein könnte.

- Die rigide Orientierung an dem Validitäts- bzw. Reliabilitätskriterium fördert im Übrigen die Tendenz, möglichst auf fertige und überprüfte, evaluierte Instrumente zurückzugreifen. Solche universellen Fragebögen werden aber den spezifischen Anforderungen an eine MAB in einem konkreten Unternehmen nur selten gerecht.

Es wird also deutlich, dass die Zielsetzung einer MAB mit den Intentionen bei Forschungsaktivitäten nur bedingt kompatibel ist. Von daher sollten weitere bzw. andere Gütekriterien herangezogen werden:

- Ein sehr wichtiger Aspekt betrifft die *Relevanz* der Fragen für den Zweck der MAB. Es geht nicht darum, möglichst valide und reliabel irgendwelche akademisch interessanten Variablen zu erfassen, sondern die Fragen müssen für die Zielsetzung einer MAB relevant sein. Eine MAB bemisst sich u. a. danach, inwiefern die zentralen Bewertungsdimensionen und betrieblichen Prozesse durch die Auswahl der Fragen abgebildet werden. Entscheidend ist dabei vor allem auch die Perspektive der Mitarbeiter. In der Praxis läuft dieser Aspekt darauf hinaus, dass die Relevanz durch Partizipation von Mitarbeitern bei der Fragebogenkonstruktion, z. B. aufgrund von diesbezüglichen vorweg geschalteten Gruppengesprächen, eruiert bzw. sichergestellt wird. Eventuell können auch z. B. bei mündlichen Interviews interne Mitarbeiter die Rolle von Interviewern übernehmen, um die Relevanz sicherzustellen (Lauterburg, 1995).

- Zuvor wurde bereits die Bedeutung von Feedbackprozessen und der anschließenden Ableitung von Veränderungsmaßnahmen bei MAB hervorgehoben. Aus dieser zentralen Zielsetzung leitet sich ein weiteres Gütekriterium ab, nämlich das *Veränderungspotenzial* einer MAB durch die entsprechende Auswahl von Fragen. Es gibt grundsätzlich das Credo der MAB-Philosophie „You can't change what you don't measure", aber daraus leitet sich umgekehrt auch der Slogan ab: „Don't ask what you can't change." Der Fragebogen sollte Inhalte betreffen, die beeinflussbar, also veränderbar sind. Das wiederum setzt voraus, dass die Ergebnisse interpretierbar und auch vergleichbar sind. Interne und externe Benchmarks können hierbei eine Hilfe darstellen. Bei Wiederholungsmessungen sollten Veränderungen erfassbar und darstellbar sein.

- Der Erfolg einer MAB hängt letztlich entscheidend davon ab, dass das Instrument auch von allen Beteiligten akzeptiert wird. Die *Akzeptanz* von MAB wird damit zu einem zentralen Gütekriterium. Sie lässt sich u. a. an der Beteiligungsquote ablesen, wenn die Freiwilligkeit gewährleistet ist. Die Sicherung bzw. Erhöhung der

Akzeptanz hängt von einer Fülle verschiedener Faktoren ab: Transparenz des gesamten Prozesses, Einbeziehung des Betriebsrats, Partizipation bei der Instrumentenentwicklung, Zusicherung der Publikation der Ergebnisse, Garantie des Top-Managements, dass Maßnahmen abgeleitet werden und der Erfolg evaluiert wird u. v. m. Die Akzeptanz hängt letztendlich von den Vorerfahrungen der Betroffenen und der Glaubwürdigkeit der Durchführenden ab.

Folgende Kriterien sollten deshalb als goldene Regeln allen Mitarbeitern zu Beginn der Aktionen zugesichert werden:
- Freiwilligkeit der Teilnahme
- Anonymität der Auswertung
- Offenlegung der Prozesse und aller Befunde
- Garantierte Ableitung von Maßnahmen und deren Controlling

An diesen Prinzipien und dem Gebot der Akzeptanz sollten sich dann die einzelnen Schritte bei der Planung, Durchführung und Auswertung einer MAB orientieren.

5   Möglichkeiten und Grenzen von Mitarbeiterbefragungen

Wie gut ein Instrument zusammenfassend betrachtet werden kann, hängt in erster Linie davon ab, wie es vom Benutzer gehandhabt wird. Diese Weisheit trifft auch für die MAB zu. Einen Fragebogen kann man relativ leicht ad hoc erstellen oder sogar aus einer anderen Studie übernehmen, entscheidend ist vor allem der adäquate Umgang mit dieser Methode. Und hier werden oft trotz aller Lippenbekenntnisse zu den Gütekriterien einer MAB gravierende Fehler gemacht. In diesem Kapitel sollen deshalb zusammenfassend bisherige Erfahrungen und Ergebnisse von Feedbackbefunden bezüglich des hier beschriebenen MAB-Einsatzes berichtet und einige wichtige Problemfelder aufgezeigt werden, um die Möglichkeiten aber auch Grenzen von MAB abschätzen zu können.

- Auffallend ist, dass der Professionalität der Datenerhebung oft eine Provinzialität in der Feedbackphase gegenübersteht. Die Daten werden anspruchsvoll z. B. mit Hilfe von Online-Befragungen erhoben, die Ergebnisberichte aufwendig von Layout-Spezialisten gestaltet und unter Einsatz moderner (Multi-Media-) Technik präsentiert, aber danach erfolgt die eigentlich entscheidende Ableitung von Maßnahmen nur halbherzig, ohne Verwendung spezifischer Problemlösungstechniken und ohne institutionell abgesichertes Protokollieren bzw. Dokumentieren, ein rigoroses Maßnahmen-Controlling hat eher Seltenheitswert. Symptomatischerweise wurden auch in der MAB-Literatur Methoden zur Planung der Aktionen kaum erwähnt, wie Futrell (1994) und Borg (2004) feststellen.
  Das heißt die MAB sind offensichtlich keine Selbstläufer, sie passen zumindest in den ersten Jahren nicht problemlos in die vorhandenen Organisationskulturen, in denen systematisches Aufwärtsfeedback eher ein Fremdkörper ist.

- Fast überall wird im Umgang mit den MAB-Ergebnissen die höchst ambivalente Rolle der Führungskräfte transparent: Der Konflikt zwischen Implementeur und Betroffenem (Ridder & Bruns, 2000).
  Bei der Interpretation der Daten neigen die Führungskräfte außerdem des Öfteren zu

einem Zahlenfetischismus, indem die Prozentzahlen und Mittelwerte peinlich genau erörtert werden. Neuberger (2000) vermutet, dass es sich hierbei um die typischen Techniken des symbolischen Managements handelt: Durch quantitative Pseudo-exaktheit sollen die Akzeptanz des Verfahrens erhöht, Wissenschaftlichkeit und Professionalität dokumentiert werden. Führungskräfte sind also offensichtlich in vielen Fällen nicht darauf vorbereitet, den MAB-Prozess in Gang zu setzen, so dass sich in der Praxis daraus in der Regel ein erheblicher Vorbereitungsaufwand ergibt, der sich aber letztendlich lohnt.

- Der zuvor genannte Punkt verweist auf einen weiteren, oft anzutreffenden Schwachpunkt: Die (oberen) Führungskräfte derjenigen, die ihrerseits als Führungskräfte die Präsentation vornehmen, nehmen ihre Coachingfunktion zu selten wahr. Dies beginnt bereits mit der Geschäftsführung. Wenn sie den Prozess nicht beobachten, wenn keine Fragen zum MAB-Prozess bzw. zu konkreten Maßnahmen „nach unten" gestellt werden, dann wird dies in der unteren Führungs-mannschaft als Desinteresse interpretiert, so dass in diesem Informationsvakuum die oben beschriebenen Immunisierungs-strategien angesetzt werden. Die oberen Führungskräfte müssen also als Coach die eigenen Führungskräfte im MAB-Prozess unterstützen, auch kontrollieren und vor allem richtige Signale senden: Entscheidend sind nicht die Bewertungen in der MAB als solche in den einzelnen Abteilungen (womöglich in direkter Konkurrenz zur Nachbarabteilung), es kommt darauf an, über mehrere Zeitpunkte hinweg einen positiven Trend in Gang zu setzen.

- Auch die Mitarbeiter tun sich nach der Präsentation der Befunde schwer, in der Diskussion die einzelnen Punkte zu interpretieren oder Ursachen zu benennen. Denn an dieser Stelle müssen die Mitarbeiter die Schutzmauer der Anonymität verlassen und kritische Punkte offen ansprechen. Gesellschaftliche Höflichkeitskonventionen und konkrete Ängste vor subtilen Repressalien provozieren in der „Kommunikationsphase" Verklausulierungen und Beschönigungen, die nur schwer dechiffrierbar sind (Comelli, 1997; Neuberger, 2000).

Die Etablierung eines Mitarbeiterbefragungs-Konzepts beinhaltet also offensichtlich eine nicht zu unterschätzende Gratwanderung. Die bisherigen Erfahrungen zeigen einerseits, dass eine Organisation ohne vorherige „Feedback-Erfahrungen" erst lernen muss, mit diesem Instrument umzugehen. Zentraler personalpolitischer Ansatzpunkt hierfür ist die Qualifizierung aller Führungskräfte für diese Aufgabe und zwar in Form einer „top-down"-Strategie. Werden derartige Personalentwicklungs-Maßnahmen im wahrsten Sinne des Wortes eingespart, dann werden die Mitarbeiterbefragungs-Aktivitäten nicht in die vorhandene Organisationskultur hinein passen, der „kommunikative Quantensprung" findet nicht statt, die MAB wird unterlaufen und löst nicht weiter sanktionierte Gegenaktivitäten aus, an deren Ende die Gegner einer Mitarbeiterbefragung aufgrund des offensichtlichen Scheiterns dieser „basisdemokratischen Untriebe" als Sieger dastehen.

Der Schaden ist insgesamt größer, als wenn man keine MAB durchgeführt hätte. Es bleibt der fade Beigeschmack, als wäre die MAB bestenfalls eine Gelegenheit zum

Dampfablassen gewesen. Die Obrigkeit gewährt huldvoll den gespielten Staatsstreich (Sprenger, 1997), um die Katharsisfunktion zur Wirkung kommen zu lassen.

Abgesehen von diesen Erfahrungen beim Einsatz der MAB in der Praxis sollten folgende allgemeinen methodischen Aspekte beim Einsatz von MAB berücksichtigt werden:

- Befragungen sind ein Instrument der Einstellungsmessung. Die Angaben der Probanden reflektieren deren Meinungen, Hoffnungen und Wünsche. Sie müssen nicht immer mit der „objektiven" Realität übereinstimmen. Und dennoch schaffen sie eine „eigene" Realität, die z. B. von Vorgesetzten beachtet werden muss. Ob ein interner Kunde zu Recht mit einer anderen Abteilung unzufrieden ist, ist nicht entscheidend. Fakt ist, dass er möglicherweise in einer MAB seine Unzufriedenheit zum Ausdruck gebracht hat und man folglich weiter eruieren sollte, warum dies so ist. Dieser Aspekt von MAB sollte allen Beteiligten deutlich vor Augen geführt werden.

- Aus Befragungen kann man nicht mehr herausholen, als man als Befragender per Fragebogen hinein gesteckt hat. Neuberger spricht in diesem Zusammenhang vom Ostereier-Effekt (Neuberger, 1996b): Man findet die Eier, die man selber vorher versteckt hat. Gemeint ist damit, dass durch die Auswahl der Items eine starke Einschränkung stattfindet. Um so wichtiger ist es also, in der Vorphase sicher-zustellen, dass die für die spezifische Organisation relevanten Aspekte abgefragt werden.

- Befragungsergebnisse müssen weiterhin insofern relativiert werden, als die Fragen mit dem Bewusstsein beantwortet werden, dass es sich um eine MAB handelt, dass die Ergebnisse zu Veränderungen führen sollen. Man spricht in diesem Kontext von der so genannten Reaktivitätsproblematik (Bungard, 1984; Esser, 1986). Befragte antworten tendenziell sozial erwünscht, sie betreiben Self-Impression-Management, sie wollen sich als funktionsfähige Organisationsmitglieder präsentieren, sie nutzen vielleicht die Chance, einem anderen eins auszuwischen. Die Ergebnisse sind deshalb nicht wertlos, sondern man sollte diesen Aspekt bei der Interpretation im Auge behalten, um keine falschen Interpretationen vorzunehmen.

- Die Aussagekraft von Befragungen hängt weiterhin von der Anzahl der Beteiligten bzw. von der Rücklaufquote ab. Je höher der Anteil der Verweigerer, desto größer die Gefahr durch entsprechende Verzerrungseffekte. Denn man weiß in der Regel nicht, in welcher Art und Weise eine Stichprobe verzerrt ist. Haben eher die Zufriedenen oder eher die Unzufriedenen teilgenommen? Legt man bisherige Erfahrungen zugrunde, so ist eine Rücklaufquote von über 50 Prozent akzeptabel, über 70 Prozent ein hervorragendes Ergebnis. Bei einer Quote von unter 50 Prozent sollte man die Ergebnisse mit großer Vorsicht interpretieren und nur bedingt generalisieren.

- Die Präsentation von MAB-Ergebnissen erlaubt einen Überblick über das Spektrum der Meinungen einer Belegschaft zu vielfältigen Themen. Es lassen sich aber aus solchen Umfragen keine Kausalschlüsse ableiten. Insbesondere die in solchen Fällen oft angewendete statistische Prozedur, einzelne Variablen miteinander in Beziehung zu setzen, um Korrelations- oder Regressionsanalysen zu berechnen, birgt die Gefahr einer Überinterpretation der Daten. Wer kausale Beziehungen überprüfen möchte,

z. B. als Folge interessanter Ergebnisse einer MAB, muss eine grundsätzlich andere Erhebungslogik beachten (Bungard, Holling & Schultz-Gambard, 1996).

- In der TQM-Literatur wird immer wieder auf die große Bedeutung von Benchmarks hingewiesen. Durch systematische Vergleiche mit anderen Organisationen oder dem „best in class" sollen Anhaltspunkte für eigene Verbesserungen abgeleitet werden (Fies & Schmitt, 1997). Dieser Gedanke lässt sich naheliegender Weise auch auf MAB übertragen. Wenn eine bestimmte Frage, z. B. zu den Arbeitsbedingungen, auf einer fünfstufigen Skala (1 = sehr gut, 5 = sehr schlecht) in einem Unternehmen mit 2,3 bewertet wird, dann interessiert die Betroffenen in der Regel, wie die vergleichbaren Werte in anderen Organisationen aussehen. Liegt man über oder unter dem „deutschen" Mittelwert? Wie weit ist man von dem besten Wert entfernt? Derartige Vergleichswünsche sind verständlich und durchaus auch nützlich. Man sollte allerdings die Validität solcher Gegenüberstellungen nicht überschätzen. Selbst wenn identische Fragen in verschiedenen Organisationen im Rahmen von MAB gestellt wurden, es gibt meistens eine unübersehbare Anzahl von divergierenden Einflussfaktoren auf das Antwortverhalten: Zeitpunkt der Befragung, Stellung der Fragen im Fragebogen, unterschiedliche Vorerfahrungen mit MAB in den eigenen Organisationen, sonstige Rahmenbedingungen. Kurzum: Als grobe Orientierungshilfe sind Benchmarks hilfreich, ansonsten sollte man eher im Rahmen von Panel-Studien MAB mit früheren MAB im eigenen Hause vergleichen, um Veränderungsprozesse abbilden zu können. Außerdem ergibt sich aus den „internen" Vergleichen eine Fülle interner Benchmarks, die genauso wie der Jahresvergleich in den Vordergrund der Analyse geschoben werden sollten.

Soweit einige methodische Aspekte zur Handhabung des MAB-Instruments. Darüber hinaus gibt es aber noch weitere, über das Instrument als solches hinausgehende Aspekte, die man in der Praxis im Zuge der Durchführung einer MAB überdenken sollte:

- MAB stoßen notgedrungen auf Widerstände und Ängste bei den Beteiligten. Wer in mikropolitischen Auseinandersetzungen Gefahren für die eigene Machtposition wittert, wird entsprechend reagieren: Für viele Vorgesetzte haben MAB insofern ein enormes Bedrohungspotenzial. Wer als Führungskraft in stark ausgeprägten hierarchischen Strukturen denkt, für den sind MAB grundsätzlich eine Gefahr.

- Widerstände gegen MAB können auch von Betriebsräten, Personalvertretern und Vertrauensleuten herrühren. Sie befürchten unter Umständen, dass die Anonymität verletzt wird, die Ergebnisse keine oder falsche Maßnahmen nach sich ziehen, nicht nach Ursachen sondern in gewohnter Manier nach Schuldigen gesucht wird. Vielleicht hat der eine oder andere Angst, dass seine Machtposition als Betriebsrat bzw. Personalvertreter geschmälert werden könnte, weil die Basis seiner Tätigkeit gerade aus der Unzufriedenheit der Mitarbeiter resultiert, die sich früher nicht in MAB manifestieren konnte, weil es keine gab. Einfacher ausgedrückt: Wenn durch MAB ein fruchtbarer Dialog zwischen Mitarbeitern und Führungskräften induziert wird, könnte ein Teil der üblichen Funktionen von Personalvertretungen obsolet werden.

- Nicht zuletzt haben schließlich auch die Mitarbeiter selbst Ängste vor MAB. Auch sie haben die Befürchtung, dass die Anonymität nicht gewahrt bleibt, dass sie bei kritischen Äußerungen „entlarvt" werden. Sie sind in der Regel skeptisch, dass aus den Ergebnissen ernsthaft Konsequenzen gezogen werden. In ihren Augen sind MAB oft symbolische Machtdemonstrationen der Fragenden, sie sind unter Umständen eine Absicherungs- bzw. Beschaffungsmethode für die Personalabteilung, die Berichte dienen der Selbstbeweihräucherung von Vorstudien, nur nicht der Verbesserung der eigenen Arbeitssituation, so eine weit verbreitete eher „zurückhaltende" Erwartungshaltung.

Soweit ein Überblick über die Möglichkeiten und Grenzen von MAB. Bleibt abschließend nochmals festzuhalten, dass eine MAB aus den zuvor erörterten Überlegungen ein zur Zeit sehr oft und vielseitig eingesetztes Feedback-Instrumentarium darstellt, das adäquat verwendet einen erheblichen Beitrag im Rahmen eines Qualitäts- und Innovationsmanagements leisten kann, das aber bei falscher Handhabung sehr schnell auch zu einer Politik der verbrannten Erde degenerieren kann. Für den zweiten Fall würde dann die „Wahrheit" gelten, dass die Verantwortlichen für eine derartige MAB-Aktion organisationale Philosophen geblieben wären, wenn sie geschwiegen hätten.

Stefanie Winter

Kundenbefragung

1   Einleitung

Im Hinblick auf die stetig zunehmende Bedeutung der Markt- und Kundenorientierung von Unternehmen und die Definition von Kundenzufriedenheit als eine zentrale Unternehmenszielsetzung erscheint die Erhebung eines Feedbacks von Seiten der Kunden und damit die Durchführung von Kundenbefragungen nahezu unverzichtbar. Da zahlreiche Belege dafür existieren, dass Kundenzufriedenheit die Kundenloyalität steigern und in Folge dessen die Profitabilität des Unternehmens erhöhen kann (für einen Überblick vgl. Homburg & Bucerius, 2003), kommt der systematischen Messung und Steigerung der Kundenzufriedenheit eine entscheidende Bedeutung für den Unternehmenserfolg zu.

Spätestens im Rahmen der Einführung und Umsetzung des Qualitätsmanagements wird in vielen Unternehmen die Notwendigkeit der Durchführung von Kundenbefragungen deutlich. Bei der Vergabe der bekannten Qualitätspreise wie dem European Quality Award (EQA) sowie dem deutschen Ludwig Erhard Preis wird die Orientierung an den Wünschen, Bedürfnissen und Interessen der Kunden als Befähiger-Kriterium und die letztendlich resultierende Kundenzufriedenheit als Ergebnis-Kriterium berücksichtigt. Hierbei ist von den sich bewerbenden Unternehmen nachzuweisen, dass eine systematische Erfassung der Kundenzufriedenheit erfolgt und dass die Ergebnisse zur konsequenten Ableitung von Verbesserungsmaßnahmen genutzt werden.

Hinzu kommt, dass das Signalisieren eines Interesses an den Meinungen der Kunden selbst bereits zum bedeutsamen Imagefaktor eines Unternehmens wird. So betont Bungard (1997, S. 9): „Zur Corporate Identity von modernen Unternehmen gehören zunehmend Kundenzufriedenheitsmessungen, um sich als fortschrittliche, marktorientierte und wettbewerbsfähige Organisation (selbst) darstellen zu können." Dies führt dazu, dass die Durchführung von Kundenbefragungen schon allein aus Imagegründen notwendig erscheint.

Das Einholen des Feedbacks der Kunden wird somit zu einem zentralen Bestandteil des organisatorischen Alltags und kann als Ausgangspunkt einer kundenorientierten Unternehmensführung betrachtet werden.

2   Begriff

Auch wenn der Begriff der Kundenbefragung auf den ersten Blick recht klar und allgemeinverständlich erscheint, verbergen sich dahinter eine ganze Reihe unterschiedlichster Verfahren und Vorgehensweisen. Im Unterschied zur Mitarbeiterbefragung, die meist in ähnlicher Form (z. B. als schriftlicher Fragebogen) und mit recht ähnlichen Befragungsinhalten (z. B. der Beurteilung von Tätigkeit, Arbeitsbedingungen, Kollegen, Führung etc.) durchgeführt wird, hat sich bei der Kundenbefragung keine einheitliche Vorgehensweise etabliert. Dies liegt insbesondere auch darin begründet, dass sich eine Kundenbefragung auf völlig unterschiedliche Inhalte und Beurteilungsgegenstände beziehen kann. So unterscheidet sich eine Kundenbefragung, welche zur Generierung neuer Produktideen eingesetzt wird, deutlich von einer Befragung mit dem Ziel einer Analyse des

Unternehmensimages, der Beurteilung eines Produkts oder der Messung der Zufriedenheit mit einer Dienstleitung. Durch die Vielfalt von Befragungszielen und -themen kommt in der Unternehmenspraxis eine große Fülle unterschiedlicher Verfahren und Messinstrumentarien zum Einsatz. Da die meisten Verfahren von Marktforschungsinstituten oder Marktforschungsabteilungen selbst entwickelt und zum Schutz vor Verbreitung nur selten publiziert werden, fällt ein klarer Überblick über die eingesetzten Verfahren schwer. So betont auch Beutin (2003, S. 117): „Von einer Transparenz der verschiedenen Messmethoden kann aus Praxissicht nach wie vor keine Rede sein."

Grundsätzlich ist jedoch allen Kundenbefragungsvarianten gemeinsam, dass es sich um ein subjektives Messverfahren handelt, dass also von den Kunden subjektiv empfundene Aspekte erfasst werden und somit eine Bewertung aus Kundensicht erhoben wird. Im Unterschied zur objektiven Messung von Sachverhalten, bei welcher das zu messende Konstrukt (z. B. die Kundenzufriedenheit) anhand objektiv messbarer Indikatoren (z. B. Absatz, Umsatz oder Marktanteil) erfasst wird, sind subjektive Verfahren durch die individuelle Wahrnehmung des einzelnen Kunden geprägt. Die Angaben der Befragten müssen somit nicht immer mit der „objektiven" Realität übereinstimmen, sondern stellen die ganz eigene subjektive Sichtweise der Kunden dar und bilde damit quasi eine „eigene" Realität (vgl. hierzu auch die Aussagen zur Mitarbeiterbefragung bei Bungard, 1997). Insofern ist auch eine Kombination mit anderen objektiven Datenquellen, wie z. B. Umsatzzahlen oder Marktanteil, empfehlenswert.

3   Funktionen und Ziele

Da die konkrete Gestaltung einer Kundenbefragung von der Funktion und Zielsetzung dieser Befragung abhängig ist, erscheint es hilfreich, sich zunächst die unterschiedlichen möglichen Funktionen vor Augen zu führen.

Zentral und ganz offensichtlich ist zunächst einmal die *Informationsfunktion*: Eine Kundenbefragung liefert dem Unternehmen und dessen Mitarbeitern wichtige Informationen über die Einstellungen und Meinungen der Kunden. Die gewonnenen Informationen können je nach eingesetzter Methodik eher qualitativer oder eher quantitativer Art sein und sich auf unterschiedliche Beurteilungsgegenstände (z. B. Unternehmen, Produkte, Leistungen) und inhaltliche Konzepte (z. B. Image, Zufriedenheit, Präferenzen) beziehen. Generell dient jedoch eine Kundenbefragung der Informationsgewinnung zu bestimmten vorab festgelegten Themen und Fragestellungen.

Eine weitere Funktion der Kundenbefragung ist die *Diagnosefunktion*: Mit Hilfe einer Kundenbefragung kann der Status Quo bezüglich bestimmter Phänomene aus Kundensicht (z. B. Kundenzufriedenheit) diagnostiziert werden, was die Aufdeckung von spezifischen Stärken und Schwachstellen möglich macht.

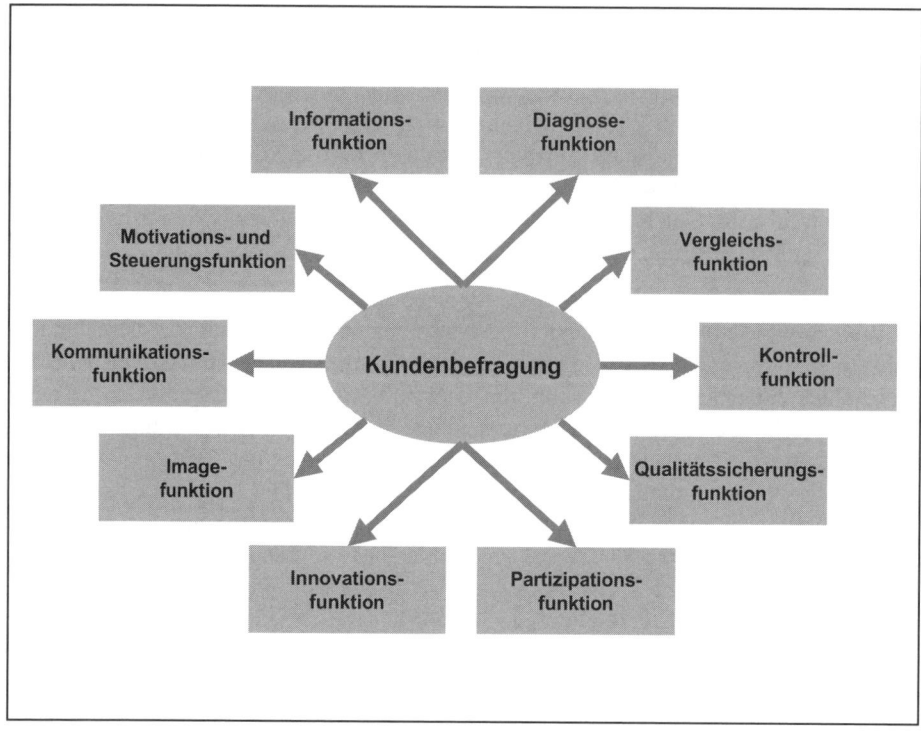

Abbildung 1: Funktionen und Ziele einer Kundenbefragung

Hierbei können die Ergebnisse einer Kundenbefragung auch einer internen und externen *Vergleichsfunktion* dienen: Durch die Gegenüberstellung von Ergebnissen im Sinne eines Benchmarking wird ermöglicht, unterschiedliche Unternehmensbereiche untereinander zu vergleichen oder einen Vergleich zu anderen Unternehmen herzustellen. Zudem ist bei wiederholten Befragungen auch ein längsschnittlicher Vergleich möglich, was Rückschlüsse auf Veränderungen zulässt.

Im Zuge von Veränderungsmaßnamen und wiederholten Befragungen kommt auch die *Kontrollfunktion* einer Kundenbefragung zum Tragen: Mit Hilfe der Befragungsergebnisse kann die Veränderung bestimmter Sachverhalte bzw. deren Auswirkungen aus Kundensicht überprüft und kontrolliert werden.

In engem Zusammenhang hiermit steht auch die *Qualitätssicherungsfunktion* einer Kundenbefragung. Durch das regelmäßige Einholen eines Kundenfeedbacks können Fehler und Qualitätsmängel bei Produkten und Dienstleistungen erkannt und behoben und somit ein Beitrag zur Qualitätssicherung geleistet werden.

Weiterhin bietet eine Befragung die Möglichkeit, die Kunden in bestimmte Unternehmensentscheidungen einzubeziehen, so z. B. bei der Entwicklung und Gestaltung neuer Produkte, der Auswahl von Werbekonzepten oder der Erweiterung von Unternehmensleistungen. Die Kundenbefragung dient somit auch einer *Partizipationsfunktion*, da die Kunden an den Entscheidungen des Unternehmens mit beteiligt werden.

Im Zusammenhang mit der Beteiligung der Kunden am Unternehmensgeschehen muss auch auf die *Innovationsfunktion* einer Kundenbefragung hingewiesen werden. Insbesondere im Rahmen explorativer, qualitativer Befragungsansätze können neue Ideen aus Kundensicht gewonnen werden, welche Impulse für die Weiterentwicklung der Unternehmensleistungen liefern.

Nicht zu vergessen ist auch die *Imagefunktion*, welche mit der Erhebung eines Kundenfeedbacks verbunden ist. Mit der Durchführung von Kundenbefragungen signalisiert das Unternehmen gegenüber der Öffentlichkeit ein Interesse an den Meinungen und Wünschen der Kunden und schafft sich damit das Image eines kundenorientierten Unternehmens.

Damit verbunden kann auch eine spezifischere *Kommunikationsfunktion* sein: Durch die Themen, welche in der Kundenbefragung angesprochen werden, wird die Aufmerksamkeit gezielt auf die erwähnten Fragestellungen, Unternehmensleistungen und Beurteilungsaspekte gelenkt. Eine Kundenbefragung transportiert somit (sowohl durch die Befragung selbst als auch durch eine mögliche Publikation der Ergebnisse) also auch Inhalte, welche von den Kunden möglicherweise bislang noch nicht explizit wahrgenommen wurden.

Unternehmensintern besitzt die Kundenbefragung letztlich eine ganz bedeutende *Motivations- und Steuerungsfunktion*. Sie kann entscheidende Impulse nach innen liefern, indem die Mitarbeiter und Führungskräfte auf glaubhafte und authentische Weise mit der Kundensicht vertraut gemacht werden. Die Durchführung einer Kundenbefragung und die Arbeit mit den Ergebnissen signalisiert den Stellenwert der Meinung der Kunden und kann somit einen Beitrag zu einer kundenorientierten Unternehmenskultur leisten. Insbesondere durch die Ableitung von Konsequenzen aus Kundenbefragungsergebnissen (z. B. durch den Einbezug in das Zielsystem von Führungskräften und Mitarbeitern und die Verknüpfung mit dem Entlohnungssystem) kann ein kundenorientiertes Verhalten von Mitarbeitern und Führungskräften gefördert werden.

Insgesamt gesehen können folglich mit der Durchführung einer Kundenbefragung eine Reihe unterschiedlicher Zielsetzungen und Funktionen verbunden sein, welche spezifische Anforderungen an die inhaltliche Gestaltung und die Auswahl der eingesetzten Methode stellen.

4   Formen und Methoden

Bei der Betrachtung des breiten Spektrums methodischer Ansätze und Verfahren, welche im Rahmen von Kundenbefragungen eingesetzt werden, ist zunächst eine grundlegende Unterscheidung zwischen quantitativen und qualitativen Kundenbefragungsansätzen sinnvoll.

Einer *quantitativen Befragung* liegt ein standardisiertes und strukturiertes Befragungsinstrument (Fragebogen) zugrunde, welches vorab genau festlegt, welche Fragen in welcher Reihenfolge und in welcher Formulierung gestellt werden und in welcher Form diese beantwortet werden können. Jedem Befragten werden somit die gleichen Fragen gestellt und die Beantwortung ist meist auf vorgegebene Antwortmöglichkeiten beschränkt.

Ein zentraler Vorteil dieser Standardisierung ist die rationelle Durchführung und Auswertung der Befragung, welche den Einbezug einer großen Menge von Befragten und damit auch eine repräsentative Erhebung ermöglicht. Vorteilhaft ist weiterhin die genaue Quantifizierbarkeit und Vergleichbarkeit der Ergebnisse. Aus quantitativen Befragungen resultieren exakte zahlenmäßige Ergebnisse, welche in Form von Häufigkeitsverteilungen und Durchschnittswerten für die einzelnen Fragen sowie weiterer statistischer Auswertungsverfahren verarbeitet werden können (→ Diagnosefunktion). Dies ermöglicht auch einen Vergleich innerhalb des eigenen Unternehmens oder zu anderen Unternehmen (→ Vergleichsfunktion) und eine Messung von Veränderungen über die Zeit hinweg (→ Kontrollfunktion).

Da nur diejenigen Merkmale einer quantitativen Messung zugänglich sind, welche im Erhebungsinstrument berücksichtigt sind, muss im Vorfeld genau festgelegt werden, welche inhaltlichen Dimensionen und Teilaspekte das Instrument umfasst. Voraussetzung die Durchführung einer quantitativen Befragung ist somit eine recht genaue Kenntnis der relevanten Beurteilungskriterien aus Kundensicht. Ein quantitativer Befragungsansatz eignet sich folglich insbesondere zur Messung und Quantifizierung bekannter Sachverhalte, wie z. B. zur Messung der Kundenzufriedenheit mit bestimmten – vorab bekannten – Leistungsaspekten oder der Erhebung der Wichtigkeit bestimmter Leistungsaspekte aus Kundensicht.

Im Unterschied zu quantitativen Verfahren liegt einer *qualitativen Befragung* ein unstandardisierter Befragungsansatz zugrunde, d. h. es gibt keine festgelegten Fragen und keine vorgegebenen Antwortmöglichkeiten. Grundlage qualitativer Interviews oder Gruppendiskussionen ist ein grober Leitfaden, welcher die zentral anzusprechenden Themen beinhaltet und nach welchem der Interviewer oder Moderator in freier und flexibler Weise vorgeht. Die Befragungsschwerpunkte richten sich – ähnlich wie in einem Alltagsgespräch – ganz individuell an den spezifischen Erfahrungen, Meinungen und Interessen der Teilnehmer aus. Die Ergebnisse sind dementsprechend offen und bei jedem Befragten bzw. jeder Befragungsgruppe je nach Gesprächsverlauf unterschiedlich. So tritt die individuelle Sichtweise der Kunden in den Vordergrund und es besteht Spielraum für nicht erwartete Aussagen. Qualitative Befragungen liefern einen sehr tiefen, lebensnahen Einblick in die Denk- und Lebenswelt der Kunden und damit sehr anschauliche, plastische Ergebnisse.

Ein zentraler Vorteil qualitativer Kundenbefragungsansätze ist, dass im Unterschied zu quantitativen Verfahren im Vorfeld nur wenig Informationen zur Befragungsthematik erforderlich sind. Man tastet sich vielmehr gemeinsam mit den befragten Kunden an die Thematik heran und gewinnt viele neue Impulse und Einblicke. Qualitative Verfahren eignen sich somit insbesondere zur Erkundung neuer, unbekannter Sachverhalte und zur Gewinnung neuer Ideen (→ Innovationsfunktion).

Durch die fehlende Standardisierung ist bei qualitativen Verfahren jedoch eine Quantifizierung der Ergebnisse nur schwer möglich und ein Vergleich der Befunde aus verschiedenen Befragungen ist problematisch. Zudem ist mit der Durchführung und Auswertung qualitativer Interviews und Gruppendiskussionen ein hoher Aufwand verbunden, so dass in der Regel nicht so viele Kunden befragt werden können wie bei einer standardisierten quantitativen Befragung. Angestrebt wird in Folge dessen bei qualitativen Verfahren weniger eine Gewinnung repräsentativer Ergebnisse als vielmehr ein tieferes Verständnis bestimmter Phänomene.

Aus den vorangehenden Ausführungen wird deutlich, dass quantitative und qualitative Kundenbefragungsverfahren auf unterschiedlichen methodischen Ansätzen beruhen und damit auch unterschiedliche Funktionen erfüllen. Während quantitative Verfahren durch die genaue Messung und Quantifizierung von Sachverhalten eher der Diagnose-, Vergleichs- und Kontrollfunktion Rechnung tragen, dienen qualitative Verfahren durch die Aufdeckung bislang unbekannter Sachverhalte und die Gewinnung neuer Ideen eher der Innovationsfunktion. Eine Nutzung zu unterschiedlichen Zeitpunkten im Forschungsprozess erscheint demnach sinnvoll. Zu Prozessbeginn, z. B. bei der Generierung von Ideen für neue Produkte oder Leistungen oder zur Gewinnung von Informationen über die aus Kundensicht relevanten Beurteilungskriterien, sind eher qualitative Verfahren angebracht, während später im Prozess, z. B. im Rahmen der Beurteilung von Produkten oder Leistungen oder der Messung der Kundenzufriedenheit, eher quantitative Verfahren sinnvoll erscheinen.

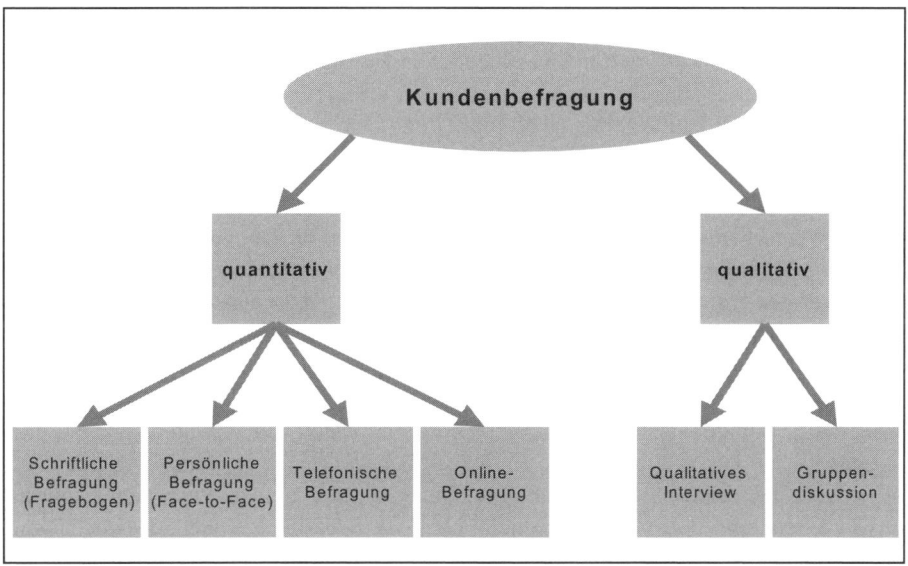

Abbildung 2: Formen und Methoden der Kundenbefragung

Innerhalb der Gruppen der quantitativen und qualitativen Verfahren gibt es nun wiederum unterschiedliche Ausformungen. Während bei den quantitativen Verfahren in Literatur und Praxis eine Unterteilung gemäß der Kommunikationsform in schriftliche, persönliche, telefonische und Online-Befragungen üblich ist, wird bei qualitativen Befragungen nach der Zahl der gleichzeitig einbezogenen Teilnehmer zwischen qualitativen (Einzel)-Interviews und Gruppendiskussionen unterschieden (vgl. Abbildung 2).

4.1   Schriftliche Befragung (Fragebogen)

Eine schriftliche Kundenbefragung wird mit Hilfe eines standardisierten Fragebogens durchgeführt, welchen der Kunde entweder per Post oder im direkten Kontakt mit dem betreffenden Unternehmen erhält. Der Kunde wird gebeten, den Fragebogen selbstständig auszufüllen und auf dem Postweg oder mittels einer Einwurfbox im Unternehmen zurückzuschicken.

Ein Vorteil dieser Befragungsvariante ist, dass aufgrund des eigenständigen Ausfüllens kein Interviewereinfluss wirksam ist und die Ergebnisse dadurch eine höhere Objektivität aufweisen. Zudem erlaubt die Unabhängigkeit von einem Interviewer auch die Befragung einer großen Kundenzahl in relativ kurzer Zeit und mit relativ wenig Aufwand.

Ein zentrales Problemfeld bei der Durchführung schriftlicher Kundenbefragungen stellt die Erzielung einer angemessenen Rücklaufquote dar. Die meist relativ geringen Rücklaufquoten – nach Berekoven, Eckert & Ellenrieder (2004) häufig nur 15 bis 30 Prozent – bergen das Risiko einer mangelnden Repräsentativität der gewonnenen Daten, da vermutet werden muss, dass insbesondere besonders zufriedene oder unzufriedene Kunden den Fragebogen zurücksenden. Bei der Interpretation der gewonnenen Daten ist daher auch die Berücksichtigung eines möglichen Non-response-bias (d. h. einer Ergebnisverzerrung durch Nichtantworter) wichtig. Ein weiteres Problem speziell bei schriftlichen Befragungen ist die fehlende Kontrolle darüber, wer den Fragebogen tatsächlich ausfüllt, d. h. ob die Angaben tatsächlich von dem intendierten Mitglied der Zielgruppe stammen.

Besonders entscheidend für den Erfolg einer schriftlichen Befragung ist die motivierende Gestaltung des Fragebogens selbst sowie des begleitenden Anschreibens. Da hier kein Interviewer den Kunden zur Teilnahme animieren kann, muss dies durch die zur Verfügung stehenden Unterlagen selbst geschehen. Im Anschreiben sollte deutlich werden, wer die Befragung durchführt und welcher Zielsetzung sie dient. Wichtig sind auch Angaben zur Sicherung der Vertraulichkeit und Anonymität bzw. des Datenschutzes. In Bezug auf den Fragebogen selbst empfiehlt sich ein für den Kunden interessantes Befragungsthema, ein kurzer Fragebogen, einfach zu beantwortende Fragen sowie eine nachvollziehbare und spannende Fragenabfolge. Diese Aspekte können durch eine gelungene optische Gestaltung unterstützt werden. Wichtig ist insbesondere auch, dass der Fragebogen selbsterklärend und eindeutig ist, da im Unterschied zum Interview bei einer schriftlichen Befragung Fragen und Missverständnisse der Befragten nicht geklärt werden können.

Bezüglich der Rücksendung empfiehlt sich die Angabe eines konkreten Rücksende-termins und das Beifügen eines Freiumschlages bzw. die Einwurfmöglichkeit direkt im betreffenden Unternehmen (üblich ist dies z. B. bei Kundenbefragungen im Handel oder in der Gastronomie).

4.2   Persönliche Befragung (Face-to-Face-Interview)

Ein stärkerer direkter Kontakt zum befragten Kunden besteht im Rahmen einer persönli-chen Befragung. Hierbei wird der Kunde durch einen Interviewer im unmittelbaren per-sönlichen Gegenüber („Face-to-Face") befragt. Der Interviewer nutzt als Grundlage einen standardisierten Fragebogen, von welchem er die Fragen und die Antwortmöglich-keiten in der vorgegebenen Reihenfolge und Formulierung abliest und die Antworten des Befragten notiert. Die Interviews können je nach Länge, Inhalten und Zielgruppe entwe-der bei den Befragten zu Hause, auf der Straße (z. B. in Fußgängerzonen oder Einkaufs-zentren), in einem speziellen Interviewstudio oder vor Ort im betreffenden Unternehmen durchgeführt werden.

Vorteile des persönlichen Interviews gegenüber der telefonischen, schriftlichen oder online durchgeführten Variante ist es, dass kompliziertere Inhalte oder Antwortskalen durch den Interviewer genau erläutert und im direkten Kontakt durch das Vorlegen von Abbildungen oder Skalen verdeutlicht werden können. Zudem ist auch die Vorlage von Mustern eines neuen Konzepts oder Produkts möglich. Mögliche Verständnisprobleme des Befragten können im direkten Kontakt durch Rückfragen unmittelbar geklärt und beseitigt werden.

Nachteile der persönlichen Befragung im Vergleich zu anderen quantitativen Verfahren ist der durch den Einsatz von Interviewern bedingte zeitliche, personelle und finanzielle Aufwand sowie die Gefahr eines Interviewereinflusses. Dies ist insbesondere dann zu berücksichtigen, wenn die Befragung nicht an ein externes Institut vergeben, sondern intern durchgeführt wird, wenn also die Interviewer aus dem befragenden Unternehmen selbst stammen.

Eine aktuelle Variante zu den bislang überwiegend auf Basis eines schriftlichen Frage-bogens durchgeführten Interviews ist der Einsatz von CAPI (Computer Assisted Perso-nal Interviewing)-Systemen. Hierbei handelt es sich um Laptops oder Pentops, bei denen die Fragen in der vorgegebene Reihenfolge eingeblendet werden und die Antworten vom Interviewer direkt auf der Tatstatur oder dem Bildschirm eingegeben werden können. Ein entscheidender Vorteil dieses Vorgehens ist die unmittelbare Eingabe der Antwor-ten, wodurch die nachträgliche Prozedur des Übertragens der Antworten vom Blatt in die Datenmaske entfällt. Zudem bietet der Computer die Möglichkeit einer bequemeren Filterführung bzw. einer Vereinfachung der Vorgabe rollierender Frage- und Antwort-vorgaben. Nachteile sind jedoch die hohen Kosten für die Anschaffung solcher Systeme sowie die Erfordernis der Schulung der Interviewer im Ungang mit der Technik.

4.3   Telefonische Befragung

Im Rahmen einer telefonischen Kundenbefragung wird der Befragte auf seinem Telefonanschluss zu Hause (oder in bestimmten Fällen auch am Arbeitsplatz) angerufen und das Interview direkt am Telefon durchgeführt.

Ein großer Vorteil dieses Vorgehens ist die schnelle Datenausbeute sowie die Kostenersparnis, welche mit dem Verfahren verbunden ist. Im Vergleich zum persönlichen Interview ist die Steuerung und Kontrolle der Interviewer deutlich einfacher, da die Interviews zentral von einem Ort aus durchgeführt werden können. Aufgrund der höheren Distanz am Telefon ist zudem der Interviewereinfluss geringer und es sind ehrlichere Antworten zu erwarten – ein Grund, warum politische Umfragen und Wahlprognosen in der Regel telefonisch durchgeführt werden. Die Anforderungen an den Interviewer sind vergleichbar mit denen im persönlichen Interview, wobei insbesondere dem Gesprächseinstieg eine bedeutende Rolle zukommt. Hier entscheidet sich, ob der Befragte Vertrauen in den Interviewer gewinnt und sich zur Teilnahme bereit erklärt.

Nachteile einer telefonischen Befragungsdurchführung sind die geringere Anschaulichkeit am Telefon und die fehlende Möglichkeit, Vorlagen oder Skalen zu zeigen. Hierdurch schließt sich der Einsatz komplexer Fragen oder Antwortmöglichkeiten von vorneherein aus. Die Dauer eines Telefoninterviews ist aufgrund des geringeren motivierenden Charakters auf etwa 10-15 Minuten begrenzt, da ansonsten mit Befragungsabbrüchen oder unmotivierter Beantwortung der Fragen zu rechnen ist. Ein nicht zu vernachlässigender Nachteil einer telefonischen Befragung ist auch die schwierige telefonische Erreichbarkeit bestimmter Zielgruppen.

Im Rahmen von telefonischen Befragungen wird bereits sehr häufig Computerunterstützung eingesetzt. CATI (Computer Assisted Telephone Interviewing)-Systeme unterstützen die Interviewer durch die automatische Auswahl und Anwahl der Telefonnummern und eine automatische Vorgabe der Fragen. Wie auch beim CAPI bietet dies den Vorteil der Berücksichtigung von Filterfragen und der Darbietung einer rollierenden Fragen- und Antwortreihenfolge. Auch hier werden die Daten direkt gespeichert und können unmittelbar weiterverarbeitet werden.

4.4   Online-Befragung

Aufgrund der zunehmenden Verbreitung des Internets als Informations- und Kommunikationsmedium wird auch dessen Bedeutung im Rahmen der Durchführung von Kundenbefragungen immer größer. Hierbei erhält der Befragte per Mail oder Werbebanner auf einer Internetseite die Einladung, an einer Befragung teilzunehmen. Er loggt sich dann auf der entsprechenden Seite ein und beantwortet die gestellten Fragen per Mausklick direkt online.

Ein entscheidender Vorteil dieser Befragungsform ist die Möglichkeit, äußerst schnell und kostengünstig eine große Zahl von Befragten zu erreichen. Es fallen weder Kosten für Interviewer, noch für Telefongebühren oder Porto an. Die Darbietung auf dem Bildschirm bietet den Vorteil, dass Produktabbildungen oder Konzeptbeschreibungen vorgelegt und vom Befragten beliebig lange eingeblendet werden können. Zudem bieten sich die gleichen Vorteile wie beim Einsatz von CATI- oder CAPI-Systemen: Filterfragen und rollierende Fragen- und Antwortvorgaben können direkt einprogrammiert werden und die gewonnenen Daten sind direkt in der Datenbank gespeichert und können unmittelbar abgerufen werden. Somit kommt man per Online-Befragung auf schnelle und kostengünstige Art und Weise an eine große Menge von Kundenantworten.

Ein Problem bei online durchgeführten Kundenbefragungen ist jedoch immer noch die Repräsentativität: Zwar ist in Unternehmen und Organisationen fast durchweg ein Internetanschluss verfügbar, bei privaten Haushalten liegt jedoch die Internetdichte bislang nur bei etwa 40% (Berekoven, Eckert & Ellenrieder, 2004). Eine Online-Befragung ist somit nicht repräsentativ für den Bevölkerungsschnitt, da die sogenannte „Informationselite" (Männer, jüngere Personen, höherer Bildungsstand) überrepräsentiert ist. Die Eignung des Internets als Befragungsmedium ist daher sehr stark vom Befragungsthema und der angesprochenen Zielgruppe abhängig.

Bei öffentlich zugänglichen Online-Befragungen, z. B. auf der Homepage des Unternehmens, besteht – insbesondere bei einer Incentivierung der Befragungsteilnahme – die Gefahr der Selbstrekrutierung der Teilnehmer und damit der mangelnden Repräsentativität der gewonnenen Ergebnisse. Viele Marktforschungsinstitute arbeiten daher mit Online-Panels, bei denen die Teilnahme an Befragungen mit Hilfe von Punkte- und Prämiensystemen vergütet wird. Hier versucht man, das Problem der Selbstrekrutierung zu verringern, indem die Befragten nur gezielt nach festgelegten Quoten und Auswahlkriterien zur Befragungsteilnahme eingeladen werden und das Thema der Befragung meist vorab nicht genannt wird. Es bleibt jedoch dennoch die Problematik der fehlenden Kontrollmöglichkeit darüber, wer den Fragebogen in welcher Situation ausfüllt. Aufgrund der Einfachheit und Schnelligkeit der Beantwortung ist die Gefahr gegeben, dass Befragte unsinnige oder beliebige Antworten eingeben, um an Prämienpunkte zu gelangen oder dem Unternehmen zu schaden. Eine mangelnde Kontrolle besteht bei Online-Befragungen zudem darüber, wie die übermittelten grafischen Inhalte (z. B. Produktdarstellungen) beim Befragten auf dem Bildschirm präsentiert werden. Je nach Bildschirmgröße und -auflösung kann die Qualität der Abbildung unterschiedlich sein und so die Befragungsergebnisse beeinflussen.

4.5   Qualitatives Interview

Unter einem qualitativen Interview (häufig auch als Einzelexploration oder Tiefeninterview bezeichnet) versteht man ein relativ freies persönliches Gespräch, dem im Unterschied zum quantitativen Interview keine standardisierten Fragen und Antwortmöglichkeiten zugrunde liegen, sondern welches auf Basis eines Interviewleitfadens oder Themenkatalogs durch einen Interviewer gelenkt wird. Der Interviewer stellt offene Fragen und hakt an den interessierenden Punkten vertiefend nach. Die Protokollierung erfolgt in der Regel entweder durch Stichwortaufzeichnung durch den Interviewer oder durch Tonbandaufzeichnungen.

Durch die natürliche Gesprächssituation und die vergleichsweise lange Dauer des Gesprächs (in der Regel etwa 1 bis 2 Stunden) entsteht eine Vertrauensbeziehung zwischen Interviewer und Befragtem, die eine größere Offenheit und damit einen tieferen Einblick in die Gedanken, Gefühle und Verhaltensweisen des Befragten ermöglicht. Häufig werden in qualitativen Interviews auch projektive Verfahren (z. B. Satzergänzungen oder Bildertests) eingesetzt, um an die verborgenen, eher unbewussten gedanklichen Inhalte zu gelangen. Das qualitative Interview bietet somit die Möglichkeit, gezielt und individuell auf die einzelnen Befragten einzugehen und ein tiefes Verständnis der erforschten Phänomene aus Kundensicht zu gewinnen.

Nachteile sind im Unterschied zu quantitativen Verfahren der vergleichsweise hohe zeitliche und finanzielle Aufwand pro Interview, die Subjektivität durch mögliche Interviewereinflüsse sowie die mangelnde Vergleichbarkeit verschiedener Interviews aufgrund der fehlenden Standardisierung. Auch die Anforderungen, welche an den Interviewer gestellt werden, sind bei einem qualitativen Interview sehr viel höher als bei einem quantitativen. Während im quantitativen Interview der Interviewer aufgrund der vorformulierten Fragen und der vorgegebenen Antwortmöglichkeiten kaum Freiheitsgrade besitzt, ist im qualitativen Interview ein großes Geschick in der psychologischen Gesprächsführung erforderlich. Der Interviewer muss Hemmschwellen des Befragten abbauen, an den richtigen Stellen vertiefend nachfragen und insgesamt das Gespräch in die gewünschte Richtung lenken. Die Qualität der Ergebnisse hängt somit im qualitativen Bereich sehr stark vom Interviewer ab.

Eine Sonderform des qualitativen Interviews ist dessen Verknüpfung mit einer begleitenden Beobachtung, bei welcher der Interviewer den Befragten in dessen Lebenswelt oder beim Gebrauch des betreffenden Produktes begleitet und befragt. Diese Variante wird auch als ethnographische Methode oder Shadowing bezeichnet.

4.6 Gruppendiskussion

Die qualitative Gruppendiskussion, häufig auch als Fokusgruppe bezeichnet, dient dazu, in relativ kurzer Zeit ein breites Spektrum von Meinungen, Ansichten und Ideen mehrerer Befragter zu gewinnen. Den entscheidenden Unterschied zum qualitativen Einzelinterview stellt hierbei nicht allein die Zahl der gleichzeitig befragten Interviewpartner, sondern insbesondere auch die damit verbundene Interaktionsmöglichkeit zwischen den Teilnehmern dar. So können widersprüchliche Meinungen sowie auch gemeinsame Einstellungen direkt aufgedeckt und als weitere Gesprächsgrundlage genutzt werden.

Als ideal gilt eine Zahl von 6 bis 10 Teilnehmern pro Gruppe. Geleitet wird die Diskussion von einem qualifizierten Moderator, der – orientiert an einem vorab festgelegten Themenkatalog – dafür verantwortlich ist, die Diskussion in Gang und beim beabsichtigten Thema zu halten und steuernd auf die gruppendynamischen Prozesse einzuwirken (d. h. z. B. Vielredner zu bremsen und stillere Teilnehmer zu ermutigen). Die Protokollierung einer Gruppendiskussion erfolgt in der Regel anhand einer Tonband- oder Videoaufzeichnung, zusätzlich werden gegebenenfalls ergänzend schriftliche Protokolle angefertigt.

Gruppendiskussionen sind sowohl bei den auftraggebenden Unternehmen als auch bei den Teilnehmern sehr beliebt, da die Situation relativ genau einer alltäglichen Gesprächssituation entspricht, in der Meinungen gebildet und ausgetauscht werden. Die Atmosphäre ist entspannt und offen und es herrscht für den einzelnen Befragten kein so starker Antwortzwang wie bei einem Einzelinterview. Die Diskussionsteilnehmer werden durch die Äußerungen der anderen zu weiteren Aussagen angeregt und ergänzen sich so gegenseitig. Für das auftraggebende Unternehmen besteht die Möglichkeit, die Diskussion in einem Nebenraum über eine Spiegelglasscheibe oder Videoübertragung „live" mitzuverfolgen oder im Nachhinein den Gesprächsverlauf auf Video nachzuvollziehen. Hierdurch ist ein direkter und sehr plastischer Einblick in die Gedanken- und Meinungswelt der Kunden möglich.

Für die Informationsgewinnung bietet die Gruppendiskussion den Vorteil, dass unter Umständen Informationen gewonnen werden, welche im Einzelinterview nicht ohne weiteres erzielbar sind. In der Gruppensituation werden Ängste und Hemmschwellen leichter abgebaut und insbesondere auch bei Tabuthemen erzeugt das Gefühl der Gruppenzugehörigkeit mehr Mut zur Meinungsäußerung. Zudem findet im Rahmen einer Gruppendiskussion sozusagen ein „sozialer Validierungsprozess" statt, indem die Gültigkeit der Aussagen der Befragten in der Diskussion unmittelbar bestätigt oder widerlegt werden.

Nachteile der Durchführung von Gruppendiskussionen sind zunächst die Nachteile der qualitativen Methodik an sich: Ein hoher zeitlicher (und damit auch finanzieller) Aufwand bei der Organisation, Durchführung und Auswertung sowie die Gefahr einer starken Subjektivität der Ergebnisse. Zudem kann unter Umständen die – eigentlich erwünschte – Gruppendynamik nicht nur förderlich, sondern auch hinderlich für den Informationsgewinn sein. Durch Meinungsführerschaft einzelner Teilnehmer, Konformitätsdruck und die Anpassung einzelner Teilnehmer an eine vermeintliche Gruppennorm kann es dazu kommen, dass nicht alle Einzelmeinungen zum Tragen kommen.

Eine neuere Variante der Gruppendiskussion stellt die Online-Gruppendiskussion dar. Die Diskussionsteilnehmer treffen sich hierbei nicht an einem realen Ort, sondern nur virtuell über das Netz in einem Online-Chatroom. Genauso wie bei der klassischen Variante wird die Diskussion durch einen Moderator gesteuert, der die Diskussion in die gewünschte Richtung lenkt und darauf achtet, dass die Spielregeln eingehalten werden und alle Teilnehmer in die Diskussion einbezogen werden. Ein Vorteil der Online-Variante ist, dass räumliche Entfernungen problemlos überwunden werden können und dass die Protokollierung des Gesprächsverlaufs quasi automatisch erfolgt. Zudem kann die Diskussion von jedem Internetanschluss aus beobachtet werden. Problematisch ist jedoch die mangelnde Kontrollierbarkeit der Identität der Gesprächspartner (Gefahr sogenannter „Cyber-Identitäten") sowie die Störbarkeit durch äußere Einflüsse (z. B. Ablenkung der einzelnen Diskussionsteilnehmer).

4.7 Zusammenfassender Überblick

In Abbildung 3 findet sich ein zusammenfassender Überblick über die einzelnen Formen der Kundenbefragung. Zu jeder Befragungsform sind deren spezifische Vor- und Nachteile, die Voraussetzungen und geeignete Einsatzgebiete zusammengestellt. Eine genaue Kenntnis der Charakteristika der einzelnen Methoden macht es möglich, in Abhängigkeit von der Zielsetzung der Befragung und den zur Verfügung stehenden Ressourcen gezielt die passende Befragungsform auszuwählen.

	Quantitative Verfahren				Qualitative Verfahren	
	Schriftliche Befragung (Fragebogen)	Persönliche Befragung (Face-to-Face)	Telefonische Befragung	Online-Befragung	Qualitatives Interview	Gruppendiskussion
+	Einbezug einer großen Anzahl Befragter möglich, kein Interviewereffekt	Möglichkeit der Demonstration von Beispielen, Skalen etc.	Schnell, Kostengünstig	Extrem schnell, Einbezug einer großen Anzahl Befragter möglich	Ausführliche, tiefe Informationsgewinnung, Aufdeckung unbewusster Phänomene	Gruppendynamik führt zu offeneren, kreativeren Aussagen, Sozialer Validierungsprozess
–	Rücklaufquote, Non-response-bias	Interviewereffekte	Keine komplexen Fragen möglich	Nicht repräsentativ für Bevölkerungsschnitt („Informationselite"), Problem der Selbstrekrutierung	Mangelnde Objektivität und Vergleichbarkeit, Hoher Aufwand, Interviewereffekte	Meinungsführereffekte
Voraussetzungen	Kenntnis der relevanten Beurteilungskriterien aus Kundensicht; Bei Befragung einer Stichprobe: Auswahlverfahren zur Repräsentativitätssicherung				In psychologischer Gesprächsführung geschulte Interviewer	Kompetenter, erfahrener Moderator
	Bei Versand der Fragebögen: Adressdaten der Zielgruppe	Persönliche Erreichbarkeit der Zielgruppe	Telefonische Erreichbarkeit der Zielgruppe	Erreichbarkeit der Zielgruppe über das Internet		
besonders geeignet für...	Quantifizierung bekannter Sachverhalte; Vergleiche im Quer- und Längsschnitt				Gewinnung neuer Informationen	
	Kundenzufriedenheitserhebungen nach aktuellem Unternehmenskontakt	Ausführlichere Befragungen mit komplexeren Fragen, Produkttests	Kurze Befragungen zu einfachen Themen	Internetbezogene Produkte/Themen, Konzepttests	Gewinnung eines tiefen Einblicks in die Denkweise der Kunden	Heikle Themen/Tabuthemen, Generierung neuer Ideen

Abbildung 3: Merkmale der Kundenbefragungsformen

5 Gestaltungsempfehlungen im Prozessverlauf

Der Ablauf eines Kundenbefragungsprojekts lässt sich in verschiedene Prozessschritte unterteilen, welche für den letztlichen Erfolg und Nutzen der Befragung entscheidend sind. Im Folgenden soll dieser Prozess aufgezeigt und durch spezifische Gestaltungsempfehlungen zu den einzelnen Schritten unterstützt werden.

Im Vorfeld ist zunächst eine *klare Zieldefinition* unabdingbar. Dieser Schritt ist wesentlich dafür, dass aus den Ergebnissen später auch ein konkreter Nutzen für das Unternehmen resultiert, wird aber dennoch häufig vernachlässigt. Es muss geklärt werden, welche

spezifischen Funktionen die Kundenbefragung erfüllen soll, auf welchen Beurteilungs-
gegenstand und auf welche Inhalte sie sich bezieht, welche Fragestellungen beantwortet
werden sollen und welche Zielgruppe angesprochen wird.

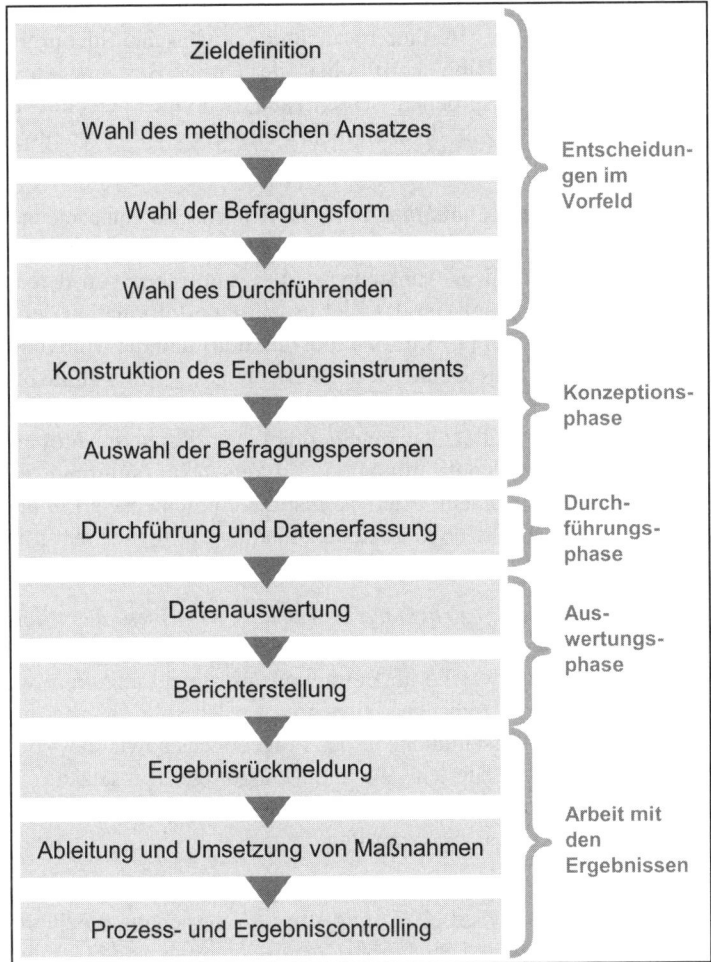

Abbildung 4: Schritte im Verlauf eines Kundenbefragungsprojekts

Die *Wahl des geeigneten methodischen Ansatzes* (qualitativ oder quantitativ) sollte bewusst auf Basis dieser Zieldefinition und der bereits vorliegenden Informationen erfolgen. Dies erscheint zwar banal, in der Praxis ist die Entscheidung für den methodischen
Ansatz jedoch häufig sehr viel stärker von der grundsätzlichen Ausrichtung und Erfahrung der Marktforschungsabteilung bzw. des eingesetzten Marktforschungsinstituts
beeinflusst. Viele Marktforscher und Institute sind aufgrund der Unterschiedlichkeit der

Verfahren entweder auf quantitative oder auf qualitative Verfahren spezialisiert und empfehlen dementsprechend auch eher die von ihnen angebotenen Verfahren.

Die *Wahl der geeigneten Befragungsform* ist von den Inhalten der Befragung, der Zielgruppe und den zur Verfügung stehenden zeitlichen und finanziellen Ressourcen abhängig. Zudem ist für die Wahl des Verfahrens auch die gewünschte Stichprobengröße zu berücksichtigen. Während mit Hilfe schriftlicher oder Online-Befragungen schnell eine große Zahl von Befragten angesprochen werden kann, benötigen persönliche Befragungen bei einer großen Befragtenzahl deutlich mehr Zeit. Jedes Verfahren birgt seine spezifischen Vor- und Nachteile und seine spezifischen Einsatzgebiete.

Bei der *Wahl eines geeigneten Durchführenden* ist zunächst zu entscheiden, ob die gesamte Befragung intern durchgeführt wird oder ob bestimmte Schritte an ein externes Institut ausgelagert werden sollen. Abhängig ist dies zum einen von den Funktionen, welche die Befragung erfüllen soll. Ist das Ziel primär eine Information der Mitarbeiter über die Sichtweise der Kunden (→ Informationsfunktion) und die Motivation der Mitarbeiter zur kundenorientiertem Denken und Verhalten (→ Motivationsfunktion), so bietet sich eine interne Durchführung der Befragung mit den eigenen Mitarbeitern als Interviewer an. Steht jedoch die Gewinnung objektiver Daten im Vordergrund (→ Diagnose-, Vergleichs- und Kontrollfunktion), so erscheint aufgrund der höheren Neutralität die Auslagerung an ein externes Institut empfehlenswert. Zudem ist die Vergabe einzelner Projektschritte an ein externes Institut häufig auch aufgrund einer zu geringen Kapazität der internen Marktforschungsabteilung sinnvoll.

Die *sorgfältige Konstruktion des Erhebungsinstruments* ist insbesondere bei quantitativen Verfahren von zentraler Bedeutung für den Erfolg der Befragung. Da hier nur die Informationen erfasst werden, welche im Befragungsinstrument abgefragt werden, sind Fehler nachträglich schwer gutzumachen. Beachtet werden sollte hierbei insbesondere die Einfachheit, Kürze und Verständlichkeit des Fragebogens sowie die Vollständigkeit der verwendeten Beurteilungskriterien. Vor dem endgültigen Einsatz des Instruments sollte in jedem Fall ein Pretest bei Mitgliedern der Zielgruppe durchgeführt werden, um das Instrument auf seine Eignung zu überprüfen.

Eine wichtige Rolle kommt auch der *Auswahl der geeigneten Befragungspersonen* zu. Bei quantitativen Verfahren ist hierbei – sofern keine Vollerhebung durchgeführt wird – die Repräsentativität der befragten Stichprobe für die interessierende Gesamtpopulation wichtig. Zur Erzielung einer bestmöglichen Repräsentativität stehen eine Reihe von Verfahren der bewussten Auswahl oder der Zufallsauswahl zur Verfügung (für einen Überblick vgl. Berekoven, Eckert & Ellenrieder, 2004). Bei qualitativen Verfahren steht demgegenüber weniger die Repräsentativität der Stichprobe als eher der Einbezug verschiedener „typischer" Kunden im Vordergrund.

Unverzichtbar ist natürlich auch die *Qualitätssicherung im Rahmen der Durchführung und Datenerfassung*. Grundsätzlich ist hierfür bei Interviewverfahren der Einsatz zuverlässiger, geschulter Interviewer wichtig. Im quantitativen Bereich geht der Trend sehr stark zur direkten computergestützten Datenerfassung (z. B. CATI, CAPI, computerlesbare Bögen bei schriftlichen Befragungen), was die Gefahr von Übertragungsfehlern minimiert. Bei qualitativen Verfahren sind die gewonnene Informationen sehr stark von der Qualifikation und Erfahrung des Interviewers oder Moderators abhängig. Hier ist demzufolge der Einsatz qualifizierter, geschulter und erfahrener Fachkräfte und die Dokumentation der Interviews oder Diskussionsrunden zentral.

Entscheidend ist natürlich auch die *Qualität der Datenauswertung*. Im quantitativen Bereich kann dies durch den Einsatz geeigneter Auswertungsprogramme und -verfahren und den Einbau von Kontrollschleifen sichergestellt werden. Im qualitativen Bereich ist die Qualität der Datenauswertung sehr stark von der Kompetenz und Erfahrung der auswertenden Person abhängig. Auch hier ist eine sorgfältige Dokumentation der Auswertungsschritte erforderlich, damit die Auswertung nachvollziehbar und rekonstruierbar bleibt.

Wichtig für die spätere Nutzung der Kundenbefragungsergebnisse ist auch die *Gestaltung der Ergebnisberichte*. Entscheidend ist hierbei, dass alle relevanten Ergebnisse in übersichtlicher Form enthalten sind und die Informationen verständlich und anschaulich übermittelt werden. Zugunsten einer schnelleren Erfassbarkeit der Ergebnisse bieten sich neben rein zahlenmäßigen oder verbalen Zusammenstellungen vor allem auch grafische Darstellungsformen an.

Insbesondere im Zusammenhang mit der Informations-, Qualitätssicherungs-, Motivations- und Steuerungsfunktion einer Kundenbefragung ist es wichtig, die Ergebnisse der Befragung an die betroffenen Mitarbeitergruppen zurückzumelden. Eine zeitnahe *Ergebnisrückmeldung* stellt ein unmittelbares Feedback und eine bessere Nutzbarkeit der Ergebnisse sicher. Dass dies in der Praxis ein häufiges Problem darstellt, verdeutlicht auch die Aussage von Homburg & Bucerius (2003, S. 71): „Im Zusammenhang mit der Informationsweitergabe ist insbesondere sicherzustellen, dass Kundeninformationen im Unternehmen für einen breiten Personenkreis zugänglich sind. Besonders problematisch ist in diesem Zusammenhang die in manchen Unternehmen zu beobachtende Tendenz von Marketing- und Vertriebsbereichen, Kundeninformationen als eine Art „Herrschaftswissen" zu pflegen." Zudem ist im Sinne der Kommunikations- und Imagefunktion auch eine Rückmeldung der Ergebnisse an die befragten Kunden bzw. an die Öffentlichkeit in Erwägung zu ziehen.

Nicht zuletzt ist natürlich auch die *Ableitung und Umsetzung geeigneter Maßnahmen* aus den Kundenbefragungsergebnissen entscheidend für den Erfolg der Kundenbefragung als Feedbackinstrument. Je nach Inhalt und Zielsetzung der Befragung können diese Maßnahmen beispielsweise in der Beibehaltung oder Verbesserung von Produkten oder Dienstleistungen, der Entwicklung neuer Konzepte oder einem veränderten Verhalten der Mitarbeiter gegenüber den Kunden bestehen. Zentral ist in jedem Fall, dass aus den Ergebnissen Maßnahmen abgeleitet und diese zur Erzielung einer höheren Kundenorientierung genutzt werden.

Letztlich ist – wie bei allen Feedbacksystemen – auch bei der Arbeit mit den Kundenbefragungsergebnissen ein *wirksames Prozess- und Ergebniscontrolling* erforderlich:

Durch eine regelmäßige Durchführung insbesondere quantitativer Befragungen kann eine Verankerung der Kundenbefragungsdaten (z. B. zur Kundenzufriedenheit) im Controlling-System erfolgen. Zudem erscheint eine Implementierung der Kundenzufriedenheit im Führungssystem sinnvoll, z. B. indem die Ergebnisse aus Kundenbefragungen in das Vergütungssystem einfließen.

6   Ausblick

Im Hinblick auf die sinnvolle und effiziente Nutzung der Daten aus Feedbackinstrumenten ist nicht nur deren singuläre Verwendung, sondern auch die Verknüpfung mit anderen Daten aufschlussreich. In diesem Zusammenhang erscheint insbesondere eine Verknüpfung der Ergebnisse aus Kundenbefragungen mit denen aus Mitarbeiterbefragungen von großem Interesse. Die Verknüpfung zwischen Mitarbeiterzufriedenheits- und Kundenzufriedenheitsdaten ist Gegenstand aktueller wissenschaftlicher Untersuchungen (vgl. z. B. Schwetje, 1999; Stock, 2003; Winter, 2005), wobei gezeigt werden kann, dass die Zusammenhänge und Wechselwirkungen zwischen beiden Phänomenen sehr vielfältig und komplex sind. Die Ergebnisse weisen darauf hin, dass sich zum einen die Kundenzufriedenheit auf die Zufriedenheit der im Kundenkontakt stehenden Mitarbeiter auswirkt, und dass zum anderen bestimmte inhaltliche Dimensionen der Mitarbeiterzufriedenheit auch einen Einfluss auf das Verhalten der Mitarbeiter und damit auf die Zufriedenheit der Kunden ausüben (Winter, 2005). Durch eine Parallelisierung von Mitarbeiter- und Kundenbefragungen und einen Abgleich der Ergebnisse können die Zusammenhänge in dem jeweiligen Unternehmen individuell untersucht und für eine gemeinsame Maßnahmenableitung genutzt werden. So ist eine parallele Steuerung von Kunden- und Mitarbeiterzufriedenheit und damit die Sicherstellung einer gleichzeitigen Kunden- und Mitarbeiterorientierung möglich.

III. Gestaltungaspekte und Problemfelder

Armin Trost & Alexander Hagmeister

Mitarbeiterbefragung als Instrument strategischer Unternehmensführung

1 Einleitung

Jedes Unternehmen steht vor unternehmensspezifischen Herausforderungen, deren Bewältigung entscheidend für den Erhalt der Wettbewerbsfähigkeit ist. Typische Beispiele hierfür sind etwa die Neuausrichtung der Produkte oder Dienstleistungen, die Umstrukturierung der Aufbau- bzw. Ablauforganisation, die Stärkung und der Erhalt der Innovationskraft, Kosteneinsparung usw. Die Bewältigung solcher strategischer Herausforderungen setzt voraus, dass die Mitarbeiter deren Bedeutung verstehen, von deren Dringlichkeit überzeugt sind und die Fähigkeit haben, wirksam ihren jeweiligen Beitrag leisten zu können. Bringt man diese Überlegung auf eine einfache Formel, dann setzt die Umsetzung unternehmerischer Strategien ein hinreichendes Wollen und Können auf Seiten der Mitarbeiter voraus. Anstatt von „Wollen" und „Können" werden im Folgenden die Begriffe *Überzeugung* und *Fähigkeit* verwendet[1].

Für jede Unternehmensleitung stellt sich die entscheidende Frage, inwieweit die Mitarbeiter und Führungskräfte ihrer Organisation die nötige Überzeugung und die erforderlichen Fähigkeiten im Hinblick auf die zu lösenden, strategischen Probleme haben. Gerade darin liegt bei genauerem Betrachten die größte Sorge vieler Unternehmensleitungen: „Ziehen die Mitarbeiter mit? Haben die Mitarbeiter verstanden, wie entscheidend die Bewältigung unserer Herausforderungen ist? Verfügen unsere Mitarbeiter über das notwendige Wissen, die erforderlichen Fertigkeiten und äußeren Möglichkeiten, um an ihrem Platz einen Beitrag zur Lösung unserer Probleme leisten zu können?" Im Rahmen von Mitarbeiterbefragungen (MAB) können Fragen dieser Art direkt an die Mitarbeiter eines Unternehmens weitergereicht werden: Will die Unternehmensleitung wissen, inwieweit die Mitarbeiter und Führungskräfte hinter einer Strategie stehen, so liegt nichts näher, als eben diese Mitarbeiter und Führungskräfte gezielt und systematisch danach zu fragen. MABs, mit einer solchen Zielsetzung werden im Folgenden als *strategieunterstützende MABs* bezeichnet. Sie unterscheiden sich wesentlich von den eher mitarbeiterorientierten Formen der MAB, wie sie zur Zeit in den meisten Unternehmen praktiziert werden (vgl. Borg, 2000; Trost, Jöns & Bungard, 1999). Nach einer konzeptionellen Abgrenzung dieser besonderen Variante erfolgt eine umfassende Beschreibung dieses Ansatzes.

2 Unterschiedliche Befragungskonzepte für unterschiedliche Zielgruppen

Ergebnisse aus MABs müssen für diejenigen, die sie bekommen nicht nur interessant sondern unmittelbar handlungsrelevant sein. Bei vielen MABs machen Mitarbeiter häufig die Erfahrung nicht wirklich zu wissen, was die Ergebnisse im Einzelnen für sie bedeuten. Wenn bei einer MAB beispielsweise nach der Zufriedenheit mit dem geografi-

---

[1]Auch im deutschsprachigen Raum werden im betrieblichen Kontext häufig die englischen Begriffe Commitment (Überzeugung) und Capabilities (Fähigkeiten) verwendet.

schen Standort des Unternehmens gefragt wird, dann stellt sich die Frage, welche Relevanz gruppenspezifische Ergebnisse für ein Team in einer Produktionsabteilung haben sollen. Solche Ergebnisse mögen zwar in irgendeiner Form interessant sein, relevant sind sie in diesem Falle jedenfalls nicht.

Die Relevanz von Ergebnissen ist abhängig von der Aufgabe der jeweiligen Zielgruppen. Meist sind Ergebnisse, die für die Unternehmensleitung relevant sind, für Mitarbeiter lediglich interessant und umgekehrt. Dies liegt an der unterschiedlichen Verantwortung der jeweiligen Zielgruppen. Es ist somit eher unwahrscheinlich, dass mit einer einzigen Befragung unterschiedliche Zielgruppen gleichermaßen bedient werden können. Eine Konzentration auf Inhalte der einen Zielgruppe geht meist zu Lasten der Inhalte einer anderen Zielgruppe. Abbildung 1 zeigt schematisch potenzielle Zielgruppen innerhalb einer Organisation sowie unterschiedliche Befragungskonzepte und Befragungsinhalte je nach Zielgruppe.

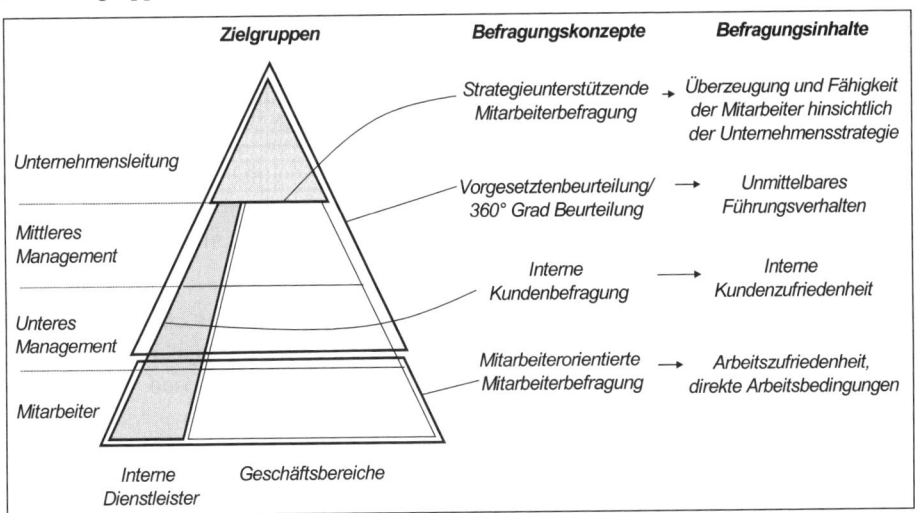

Abbildung 1: Zielgruppen einer Mitarbeiterbefragung und entsprechende Befragungs-
konzepte

Vertikal können Zielgruppen nach Führungsebenen unterschieden werden. Horizontal liegt es im hier behandelten Kontext nahe, zwischen internen Dienstleistern (z. B. interne IT, Human Resources etc.) und den primären Geschäftsbereichen (Produktion, Vertrieb usw.) zu unterscheiden. Je nach Zielgruppe ergeben sich unterschiedliche Befragungskonzepte mit unterschiedlichen Implikationen bezüglich inhaltlicher und prozessualer Ausgestaltung einer Befragung.

Die Unternehmensleitung ist für die Gesamtstrategie verantwortlich und wird sich in erster Linie die Frage stellen, inwieweit die Mitarbeiter die Überzeugung und Fähigkeit haben, die Strategie umzusetzen (siehe oben). An diesem Punkt setzt die strategieunterstützende MAB an. Die Vorgesetztenbeurteilung bzw. die 360-Grad-Beurteilung zieht in erster Linie das Verhalten von Führungskräften aus Sicht der unmittelbar Betroffenen in Betracht. Bei einer internen Kundenbefragung erhalten interne Dienstleister systematisch eine Rückmeldung bezogen auf ihre Leistung aus Kundensicht. Mitarbeiterorientierte MABs ziehen vor allem solche Themen in Betracht, die arbeitsplatznah sind und sich im unmittelbaren sachlichen und sozialen Erfahrungsbereich der Mitarbeiter befinden. Das Ziel hoher Mitarbeiterzufriedenheit und leistungsförderlicher Arbeitsbedingungen steht hier im Vordergrund. Die Survey-Feedback-Methode im Sinne der Organisationsentwicklungsphilosophie weist mit diesem Konzept die engste Verwandtschaft auf.

Betrachtet man MABs, wie sie derzeit in den meisten Unternehmen praktiziert werden, so fällt auf, dass die unterschiedlichen Ansätze und damit einhergehend die Ziele und Interessen verschiedener Zielgruppen häufig vermischt werden. Dies schwächt die Wirkung und Effizienz einer Befragungsaktion erheblich. Im Folgenden sind typische Beispiele aufgezeigt, welche die Problematik einer solchen Vermischung verdeutlichen:

Befragungsergebnisse sind für weite Teile des Unternehmens (Management, Mitarbeiter) gar nicht oder nur indirekt relevant (z. B. erhält das Top-Management Ergebnisse zu arbeitsplatzbezogenen Bedingungen; Mitarbeiter erhalten teamspezifische Ergebnisse bezüglich ihrer Zufriedenheit mit internen Dienstleistungen).

In Ergebnisberichten werden die Sichtweisen unterschiedlicher Zielgruppen, die zugleich mit unterschiedlichen Bedingungen konfrontiert sind, vermischt, was unweigerlich zu einer geringen Aussagekraft im Sinne der Interraterreliabilität führt (Trost & Bungard, 2004).

Auf allen Ebenen und in allen Organisationseinheiten werden parallel Aktionen bezogen auf ein breites Spektrum von Themen entschieden und in die Wege geleitet. Viele Einheiten versuchen, auf unterschiedlichste Art und Weise Probleme zu lösen, für die sie in letzter Konsequenz nicht verantwortlich sind. Es besteht die Gefahr eines unkoordinierten Aktionismus, in dem auf gewisse Weise an unterschiedlichsten Fronten versucht wird „den Welthunger zu stillen".

Es werden alle Mitarbeiter befragt, wo Stichproben ausreichen würden, z. B. bei der Ermittlung interner Kundenzufriedenheit oder bei strategischen Themen.

Die folgenden Ausführungen konzentrieren sich auf die inhaltliche Gestaltung und den Ablauf strategieunterstützender MABs. Hierbei wird immer wieder ein Vergleich zur aktuellen Praxis der MAB und insbesondere zur mitarbeiterorientierten Variante der MAB hergestellt.

3   Die Unternehmensleitung ist Kunde

Das Ziel von MAB besteht in erster Linie darin, systematisch und möglichst objektiv Auskunft über bestimmte Aspekte der Arbeitswelt zu erhalten – nicht mehr und nicht weniger. Der Mehrwert einer Befragungsstudie besteht in einem Erkenntnisgewinn. Nach einer Befragung sollte der Auftraggeber und Kunde der Studie über den zu untersuchenden Sachverhalt besser informiert sein, als es vor der Studie der Fall war. Das greifbare Resultat jeder MAB sind Befragungsergebnisse, die in entsprechenden Berichten dokumentiert sind. Diese Berichte geben Auskunft über die Situation jener Sachverhalte, die im Rahmen der jeweiligen MAB thematisiert wurden, z. B. die Zufriedenheit der Mitarbeiter mit ihrer Tätigkeit in Abteilung X.

Nun stellt sich die Frage, wer der Nutznießer dieser Resultate im Rahmen einer MAB ist. Gern wird diese Frage mit dem Hinweis beantwortet, alle Instanzen einer Organisation – Mitarbeiter, Führungskräfte, Unternehmensleitung, interne Serviceorganisationen usw. – würden „irgendwie" von einer MAB profitieren, was die oben erwähnte Vermischung widerspiegelt. Im Rahmen strategieunterstützender MABs ist die Antwort klar: Die Unternehmensleitung ist der Kunde. Strategieunterstützende MABs liefern Antworten auf Fragen, die für Vertreter der Unternehmensleitung relevant sind.

4   Führungskräfte auf strategischer Ebene stehen im Fokus

Führungskräfte aller Hierarchieebenen sind entscheidend für die erfolgreiche Bewältigung strategischer Herausforderungen. Ihre Aufgabe besteht unter anderem darin, die wettbewerbsrelevanten Probleme für ihren Verantwortungsbereich zu übersetzen und sicher zu stellen, dass die Mitarbeiter die erforderliche Überzeugung und die bereichsspezifischen Fähigkeiten haben. Steht ein Unternehmen beispielsweise vor der Herausforderung, eine neue Produktlinie erfolgreich in den Markt zu bringen, so hat dies Implikationen für die Produktion, den Vertrieb, das Marketing usw. Führungskräfte der jeweiligen Bereiche haben dann die Aufgabe sicher zu stellen, dass die Mitarbeiter von der neuen Produktlinie überzeugt sind und die Fähigkeiten und Möglichkeiten haben innerhalb ihres Bereichs das zu leisten, was entscheidend für eine wettbewerbsfähige Umsetzung dieser Strategie ist.

Die Unternehmensleitung wird sich vor diesem Hintergrund immer die Frage stellen, inwieweit die Führungskräfte des Unternehmens dieser Aufgabe hinreichend gerecht werden. Insofern ist es wichtig, Befragungsergebnisse nach Führungskräften auf strategischer Ebene zu differenzieren um so Aussagen über die Leistung dieser Führungskräfte zu erhalten (in Abschnitt 8 wird ausführlicher auf den Grad der Differenzierung eingegangen). Als Nebeneffekt können strategieunterstützende MABs auch als wertvolles Feedbackinstrument für Führungskräfte aller Hierarchieebenen dienen, auch wenn diese Führungskräfte nicht die primären Nutznießer bzw. Kunden einer solchen MAB sind.

5   Ziele werden vor der Befragung definiert – nicht danach

Herkömmliche MABs funktionieren in der Weise, dass ein breites Spektrum an Themen in die Befragung einfließt (vgl. Borg, 2000; Trost et al., 1999). Hierzu gehören üblicherweise Themen wie etwa Entlohnung, direkte Arbeitsbedingungen, berufliche Entwicklungsmöglichkeiten, Verhalten des direkten Vorgesetzten, Unternehmenskultur usw. Nicht selten werden hierfür Standardfragebögen des jeweils konsultierten Befragungsinstituts herangezogen. Nach Abschluss der Befragung erhalten dann die Mitarbeiter differenziert nach Organisationseinheit – nicht selten bis auf Gruppenebene – statistische Auswertungen bezogen auf die Aussagen innerhalb ihrer Einheiten. Dies erfolgt meist mit der gut gemeinten Aufforderung, man möge die Ergebnisse betrachten und interpretieren, um dann notwendige Verbesserungsmaßnahmen zu definieren und umzusetzen: Es werden Ziele *nach* der Befragung auf der Grundlage der Ergebnisse gesetzt.

Strategieunterstützende MABs folgen einer umgekehrten Logik, wonach Ziele *vor* einer Befragung durch die Unternehmensleitung gesetzt werden (z. B. „100 Prozent der Vertriebsmitarbeiter müssen von der neuen Produktstrategie 100 Prozent überzeugt sein"). Die gesamte Befragung orientiert sich dann inhaltlich an diesen strategischen Zielen. Dieses Vorgehen basiert auf der zentralen Annahme, dass Themen, die vor der Befragung nicht auf der Agenda der Unternehmensleitung standen, nach der Befragung nicht erfolgreich verändert werden können, weil sie nicht die erforderliche Priorität und Aufmerksamkeit auf Seiten der verantwortlichen Entscheidungsträger erfahren.

Ein Beispiel aus dem Alltag mag den Unterschied verdeutlichen. Wenn ein Mensch zum Arzt geht, um sich einer Routineuntersuchung zu unterziehen, dann sind Diagnoseergebnisse für kurze Zeit motivierend. Dieser Mensch mag sich nach dem Arztbesuch vornehmen abzunehmen, sich gesünder zu ernähren und mehr Sport zu machen. Vorsätze dieser Art sind jedoch bekanntermaßen kaum nachhaltig. Wenn sich aber ein Mensch ein sportliches Ziel gesetzt hat (z. B. einen Marathon zu laufen) und sich mit Hinblick auf dieses Ziel untersuchen lässt, dann werden Diagnoseergebnisse zu nachhaltigeren Verhaltensweisen führen. Übertragen auf das Thema MAB kann man heute feststellen, dass es sich bei den meisten Befragungen um Routineuntersuchungen mit den üblichen Konsequenzen handelt, weil Ziele nach und nicht vor der Befragung gesetzt werden.

6 Das Befragungsinstrument reflektiert strategische Herausforderungen

Im Rahmen einer strategieunterstützenden MAB sollte der Fragebogen die strategischen Herausforderungen des Unternehmens reflektieren. Insofern ist es für eine strategieunterstützende MAB als erster Schritt unerlässlich, mit der Unternehmensleitung zu klären, worin die wichtigsten strategischen Herausforderungen bestehen. Darauf aufbauend können der Inhalt und die Items des Fragebogens formuliert werden.

Bezug nehmend auf eine Strategie X können die Items jeweils verschiedene Aspekte erfassen. In Tabelle 1 sind Inhalte aufgelistet, entlang derer pro Strategie entsprechende Items in Bezug auf Überzeugung und Fähigkeit formuliert werden können. Diese Auflistung mag lediglich als Anregung für die Formulierung der Items dienen. Je nach Thema werden sich im konkreten Anwendungsfall unterschiedliche Inhalte und Items ergeben.

Bei der Entwicklung des Befragungsinstruments ist es wichtig, die Fragen (Sorgen) der Unternehmensleitung im Auge zu behalten. Insofern ist es hilfreich, sich bei der Entwicklung des Befragungsinstruments bereits in die Situation der Ergebnispräsentation zu versetzen und zu antizipieren, welche Frage auf Seiten der Unternehmensleitung die größte Aufmerksamkeit erzeugen wird. Bei strategieunterstützenden MABs sollten die gestellten Fragen aus Sicht der Unternehmensleitung spannende Fragen sein – Fragen, vor deren Antworten die Unternehmensleitung Respekt hat.

Strategieunterstützendes Handeln der Mitarbeiter und Führungskräfte setzt eine ausreichende Arbeitszufriedenheit und ein positives Betriebsklima voraus. Insofern ist es sinnvoll, traditionelle Elemente einer MAB, wie etwa Bezahlung, Arbeitsbedingungen, Entwicklungsmöglichkeiten usw. in eine strategieunterstützende MAB mit einzubeziehen. Hierfür genügen ca. 10 Items. Diese Themen bilden jedoch nicht den Schwerpunkt, sondern werden ergänzend behandelt.

Tabelle 1: Mögliche Inhalte der Dimensionen Überzeugung und Fähigkeit für eine Strategie X

Dimension	Inhalt	Erläuterung
Überzeugung	Inhalt	Ist den Mitarbeitern klar, was Strategie X ist?
	Relevanz	Ist den Mitarbeitern klar, warum Strategie X für die Wettbewerbsfähigkeit ihres Unternehmens wichtig ist?
	Akzeptanz	Akzeptieren die Mitarbeiter Strategie X?
	Anreize	Haben die Mitarbeiter ausreichend Anreize, um sich für die Umsetzung von Strategie X zu engagieren?
Fähigkeit	Möglichkeiten	Sehen die Mitarbeiter in ihrem jeweiligen Arbeitsumfeld Möglichkeiten zur Umsetzung von Strategie X beizutragen?
	Unterstützung	Erhalten die Mitarbeiter die Unterstützung durch Ihren Vorgesetzten, die sie für die Umsetzung von Strategie X benötigen?
	Fertigkeiten	Haben die Mitarbeiter die erforderlichen Fertigkeiten (Wissen, Erfahrungen), um aktiv zur Umsetzung von Strategie X beitragen zu können?
	Bedingungen	Fördern die äußeren Bedingungen der Mitarbeiter (Organisation, Maschinen, Prozesse usw.) eine erfolgreiche Umsetzung von Strategie X?

7   Es genügt eine Befragung von Stichproben

Manager auf strategischer Ebene haben meist eine hohe Anzahl von Mitarbeitern „unter sich". Bei strategieunterstützenden MABs reicht es deshalb aus, eine Stichprobe zu befragen. Dies trifft gerade deshalb zu, weil es bei strategieunterstützenden MABs weniger um eine vollständige Einbindung aller Mitarbeiter – etwa im Sinne der Organisationsentwicklungsphilosophie – geht, sondern um eine reliable Beantwortung von strategisch relevanten Fragestellungen. Wie groß die Stichprobe sein sollte, muss im Einzelfall nach methodischen Gesichtspunkten entschieden werden. Hierbei sollten die Faktoren Größe und Homogenität der Organisationseinheiten und die Häufigkeit der Durchführung einer Befragung in Betracht gezogen werden.

8   Ergebnisse werden nach strategischen Einheiten differenziert

Bei herkömmlichen, primär mitarbeiterorientierten MABs ist es üblich, Ergebnisse möglichst differenziert, nach Organisationseinheiten getrennt zu analysieren und zurückzumelden. Verschiedene Einheiten erhalten so die Ergebnisse der Mitarbeiter, die zu den jeweiligen Einheiten gehören. Nicht selten werden Ergebnisse bis auf Teamebene differenziert, so dass Gruppen mit bspw. acht Mitarbeitern Auswertungen zu ihren Antworten bekommen. Im Rahmen von Folgeprozessen werden diese Gruppen dann gebeten, alle gruppenspezifischen Ergebnisse zu betrachten und Schlussfolgerungen zu ziehen. In diesem Sinne werden alle Einheiten – unabhängig von ihrer Größe – gleichermaßen und unabhängig von den behandelten Themen für die Ableitung von Konsequenzen verantwortlich gemacht.

Strategieunterstützende MABs gehen demgegenüber klar von dem Postulat aus, dass in erster Linie Führungskräfte auf strategischer Ebene für die Ergebnisse verantwortlich sein können, da sie es sind, die neben der Unternehmensleitung vor allem für die Überzeugung und Fähigkeit der Mitarbeiter im hier behandelten Sinne verantwortlich sein können. Auch erforderliche Maßnahmen zur Stärkung der Überzeugung und Fähigkeit sollten in erster Linie auf strategischer Ebene beschlossen und nachgehalten werden. Insofern erfolgt bei strategieunterstützenden MABs lediglich eine Differenzierung der Ergebnisse nach strategischen Organisationseinheiten auf relativ hoher hierarchischer Ebene (z. B. auf der Ebene von Standorten, Werken, größeren Funktionsbereichen). Das bedeutet nicht, dass die Mitarbeiter nicht über die Ergebnisse informiert werden. Natürlich sollten alle Mitarbeiter auch im Rahmen einer strategieunterstützenden MAB über die Ergebnisse informiert werden.

Diese Konzentration auf strategische Unternehmensbereiche hat den erfreulichen Nebeneffekt, dass ein Unternehmen lediglich eine übersichtliche Anzahl von Ergebnissen in Betracht ziehen muss, während bei traditionellen, mitarbeiterorientierten MABs Unternehmen regelrecht mit Berichten überhäuft werden. Nicht zu unterschätzen sind die dadurch deutlich geringeren Kosten für die Durchführung einer strategieunterstützenden

MAB – Beratungsunternehmen, die Unternehmen bei der Durchführung einer MAB unterstützen, verdienen ihr Geld in erster Linie durch die Erstellung von Ergebnisberichten.

9   Das Überzeugungs- und Fähigkeitsgitter

Es wurde bereits darauf hingewiesen, dass bei einer strategieunterstützenden MAB das Befragungsinstrument inhaltlich die jeweiligen strategischen Themen der Unternehmensleitung widerspiegelt. Dies erfolgt entlang der Dimensionen Überzeugung und Fähigkeit. Die zu einer Dimension gehörenden Items können nun pro Strategiethema zu einem Index zusammengefasst werden. Dadurch erhält man etwa für eine Strategie X einen Überzeugungs-Index, der zusammenfassend beschreibt, wie die Mitarbeiter hinter der Strategie X stehen. Ähnliches kann in Bezug auf die Dimension Fähigkeit getan werden. Um zu einem zusammenfassenden Urteil zu gelangen, ohne eine Indexberechnung vornehmen zu müssen, kann auch pro Dimension und Strategie im Befragungsinstrument eine passende standardisierte Abschlussfrage gestellt werden. So würde man in Bezug auf Strategie X und Überzeugung möglicherweise die Frage stellen: „Sind Sie von Strategie X überzeugt?"

Indizes oder zusammenfassende Fragen erlauben nun die Darstellung der Ergebnisse in so genannten Überzeugungs- & Fähigkeitsgitter (siehe Abbildung 2)[2].

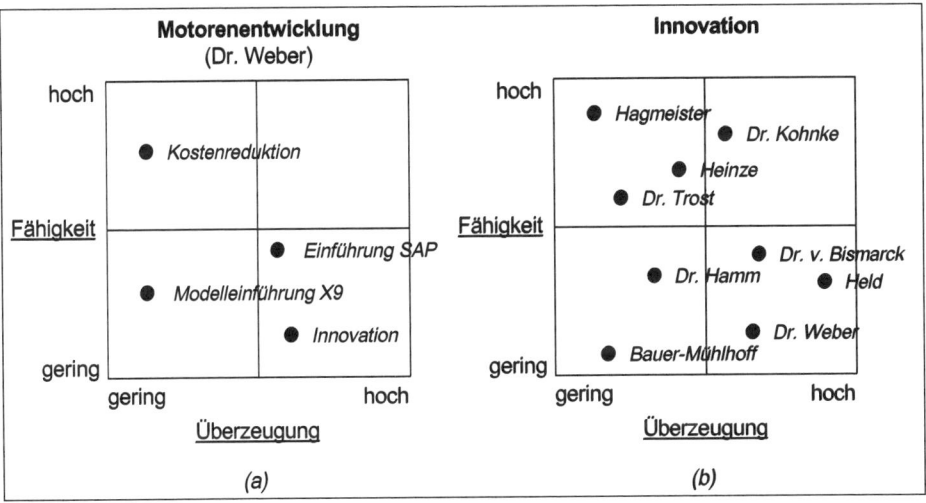

Abbildung 2: Das Überzeugungs- & Fähigkeitsgitter (a) pro Unternehmensbereich und (b) pro strategischem Thema

---

[2] Im internationalen Kontext würde man hier auch von einem „Commitment Capability Grid" sprechen.

Abbildung 2 zeigt zwei unterschiedliche Varianten. Zum einen ist es möglich, pro Organisationsbereich die verschiedenen strategischen Themen entlang der Dimensionen Überzeugung und Fähigkeit darzustellen (a). Zum anderen können pro strategischem Thema die Verantwortungsbereiche strategischer Manager aufgezeigt werden (b).

In dem hier gezeigten Beispiel wird deutlich, dass die Mitarbeiter von Dr. Weber in Bezug auf das strategische Thema Innovation zwar eine hohe Überzeugung haben, jedoch wenig Möglichkeiten sehen, selbst aktiv etwas beizutragen. Dies zeigt sich in der linken Grafik im Vergleich zu den anderen Themen. In der rechten Grafik, die sich ausschließlich auf das Thema Innovation konzentriert, taucht Dr. Weber an derselben Stelle auf, wie das Thema Innovation in der linken Grafik. In der betrieblichen Praxis wird man wohl dazu neigen, beide Darstellungsformen parallel zu nutzen.

10   Ergebnisse werden an den etablierten Schauplätzen diskutiert

Strategieunterstützende MABs orientieren sich in erster Linie an den Themen, die bei der Unternehmensleitung bereits *vor* Durchführung eines Befragungszyklus auf der Agenda standen. Ergebnisse aus einer strategieunterstützenden MAB fließen insofern direkt in die natürlichen Entscheidungsprozesse innerhalb der Unternehmensleitung ein. Es wurde bereits darauf hingewiesen, dass nur solche Themen bei einer solchen Befragung berücksichtigt werden sollen, von denen man weiß, dass sie auf ganz natürliche Art und Weise – nämlich aufgrund der Sorgen der Unternehmensleitung – auf gebanntes Interesse innerhalb des oberen Management stoßen werden. Besondere, zusätzliche Folgeprozesse in Ergänzung zum üblichen Arbeitsalltag sind insofern nicht erforderlich.

Dieses Postulat widerspricht der gängigen Auffassung, Folgeprozesse seien das wichtigste an einer MAB (Trost et al., 1999). Natürlich ist eine Befragung nur so viel Wert, wie sie zu Konsequenzen führt. Es stellt sich allerdings die Frage, ob und wann es erforderlich ist, im Anschluss an eine Befragung Veranstaltungen, Workshops und ähnliches zu arrangieren, die ohne die Befragung nicht stattfinden würden. Eine Auseinandersetzung mit Problemen, Herausforderungen, Lösungsmöglichkeiten sollte aber an den natürlichen, etablierten und institutionell verankerten Schauplätzen passieren, nämlich in den Gremien und Sitzungen, in denen üblicherweise Entscheidungen gefällt werden. Die regelmäßige Betrachtung betriebswirtschaftlicher Ergebnisse (Umsatz, Gewinn, Produktivität) aus der Geschäftätigkeit findet in einem Unternehmen auch nicht in gesonderten Veranstaltungen statt sondern in den üblichen Sitzungen der Unternehmensleitung und des oberen Managements. Es wäre zu wünschen, dass die Diskussion von Ergebnissen aus MABs ebenfalls zum normalen Tagesordnungspunkt werden.

11   Befragungen sind Teil der betrieblichen Normalität

Im vorausgegangenen Punkt wurde aufgezeigt, dass Ergebnisse strategieunterstützender MABs die Chance haben, normaler Bestandteil und Diskussionsinhalt strategischer Sitzungen zu werden. Aus der Perspektive der Mitarbeiter sollten strategieunterstützende MABs ebenfalls als normaler Bestandteil des betrieblichen Alltags gesehen werden. Dies ist insbesondere deshalb möglich, weil lediglich Stichproben befragt werden müssen und deshalb kurze Befragungsintervalle von bis zu einem Monat – eine Befragung pro Monat – möglich sind.

Diese Vorgehen unterscheidet sich von den üblichen MABs darin, dass die Befragungen keinen Ereignischarakter haben. Es sind deshalb keine besonderen informationspolitischen Maßnahmen erforderlich. Um trotzdem eine hinreichende Rücklaufquote zu erzielen ist es wichtig, dass durch die Unternehmensleitung durch geeignete kommunikative Maßnahmen auf die Wichtigkeit einer kontinuierlichen Beteiligung hingewiesen wird.

12 Kombination strategieunterstützender MABs mit anderen Formen

In den vorausgegangenen Abschnitten wurde verdeutlicht, dass sich eine strategieunterstützende Form der MAB inhaltlich und in Bezug auf die Durchführung von anderen Formen der MAB unterscheidet. Da es in der Praxis darum gehen wird unterschiedliche Zielgruppen zu bedienen, stellt sich die Frage, inwieweit sich die strategieunterstützende MAB mit anderen Formen der MAB kombinieren lässt. Aus den bisherigen Überlegungen geht eindeutig hervor, dass unterschiedliche Formen der MAB nicht in einer einzigen Befragung untergebracht werden können. Die derzeitige Praxis in den meisten Unternehmen leidet ja gerade darunter, dass eben dieser Versuch mit geringem Erfolg unternommen wird.

Allerdings ist eine Koexistenz unterschiedlicher Konzepte der MAB in einem Unternehmen durchaus möglich und zu begrüßen. So könnte man eine strategieunterstützende MAB mit monatlichen Befragungszyklen und einer Befragung von Stichproben problemlos mit einer mitarbeiterorientierten Variante kombinieren, bei der alle Mitarbeiter etwa alle zwei Jahre befragt werden. Interne Kundenbefragungen könnten davon losgelöst erfolgen. Hier empfiehlt es sich ohnehin, Befragungen transaktionsnah durchzuführen: Immer dann, wenn ein Mitarbeiter in den Genuss einer Dienstleistung kam (z. B. Trainingsteilnahme, IT-Problembearbeitung, Rekrutierung eines neuen Mitarbeiters usw.), wird er nach seiner Zufriedenheit mit der Leistung gefragt.

13 Zusammenfassung und Ausblick

In den vorausgegangenen Abschnitten wurde das Konzept der strategieunterstützenden MAB erläutert. Dabei wurde deutlich, dass sich diese Form der MAB in vielen Gestaltungselementen deutlich von der herkömmlicheren Form der eher mitarbeiterorientierten MAB unterscheidet, wie sie bei Borg (2000) oder bei Trost et al. (1999) beschrieben wurde. Tabelle 2 gibt die wesentlichen Unterschiede zusammenfassend wieder.

Tabelle 2: Gegenüberstellung strategieunterstützender und mitarbeiterorientierter MAB

Merkmal	Strategieunterstützende MAB	Mitarbeiterorientierte MAB
Kunde	Unternehmensleitung	Mitarbeiter, untere Führungs-ebene
Ziele	Ziele werden vor der Befragung definiert und haben Einfluss auf die Inhalte	Ziele werden nach der Befragung auf der Grundlage der Ergebnisse definiert
Inhalte	Überzeugung und Fähigkeit der Mitarbeiter in Bezug auf strategische Themen	Arbeitsplatznahe Themen hinsichtlich der Zufriedenheit und Leistung der Mitarbeiter
Teilnehmer	Repräsentative Stichprobe	Alle Mitarbeiter
Differenzie-rung	Nach strategischen Unternehmensbereichen	Hierarchisch, bis auf Teamebene
Zyklus	Monatlich, Quartalsweise	Alle 1-5 Jahre
Konsequen-zen	MAB ist natürlicher Bestandteil bestehender Aktivitäten, keine besonderen Folgeprozesse	MAB hat Ereignischarakter, besondere kommunikative Maßnahmen und Folgeaktivitäten

Jede Form der Befragung hat ihre Berechtigung und kann bei gezieltem Einsatz erheblichen Mehrwert bringen. Obwohl sich derzeit eine gewisse Unzufriedenheit mit der Art und Weise der Durchführung von MABs breit macht und das Konzept MAB scheinbar zu bröckeln beginnt, werden Unternehmen vermutlich nie auf bestimmte Vorzüge einer Befragung von Mitarbeitern verzichten. Vermutlich werden sich langfristig bestimmte Formen der MAB für bestimmte Zielgruppen als wertschöpfend herauskristallisieren. Ob es die hier genannten Formen – und insbesondere die strategieunterstützende MAB – sein werden, bleibt ungewiss. Wichtig wird es sein in der zukünftigen Diskussion kreativ und kritisch mit dem Konzept der Befragung von Mitarbeitern umzugehen.

In Anbetracht der in diesem Beitrag aufgezeigten Überzeugungen wäre es jedenfalls zu wünschen, wenn Ergebnisse aus strategieunterstützenden MABs im Hinblick auf die strategische Überzeugung und Fähigkeit der Mitarbeiter unverzichtbarer Bestandteil von Geschäftberichten und Analysteneinschätzungen werden würden. Ein Trend in diese Richtung ist jedenfalls heute schon zu erkennen.

Christian Liebig & Karsten Müller

Mitarbeiterbefragung online oder offline? Chancen und Risiken von papierbasierten versus internetgestützten Befragungen

1 Vorbemerkungen

Online-Methoden haben sich in den letzten Jahren zu einem festen Bestandteil der Marktforschung etabliert (Theobald, Dreyer & Starsetzki, 2001). Bei intraorganisationalen Befragungen, z. B. zum Zweck des institutionalisierten Feedbacks, zeichnet sich ein paralleler Trend ab: Mitarbeiterbefragungen werden zunehmend online administriert (Bartram & Bayliss, 1984; Batinic, 2001; Booth-Kewley, Edwards & Rosenfeld, 1992; Donovan, Drasgow & Probst, 2000; Reips & Franek, 2004; Synodinos & Brennan, 1990). Im Folgenden betrachten wir Verfahren von intraorganisationalen Feedbackinstrumenten, die online durchgeführt werden sollen, wobei wir eine Mitarbeiterbefragung stellvertretend für unterschiedliche Formen intraorganisationaler Befragungen – wie beispielsweise 360°-Feedback, Vorgesetztenbeurteilungen etc. – fokussieren. Die anhand einer Mitarbeiterbefragung diskutierten Probleme und Lösungsvorschläge gelten für die anderen Befragungen analog.

Das Internet – in Unternehmen oft als Intranet implementiert – bietet die Möglichkeit, wesentliche Vorteile bei intraorganisationalen Befragungen zu realisieren. Die Vorteile einer Online-Befragung werden allenthalben diskutiert (vgl. z. B. Reips, 2000; Richman, Kiesler, Weisband & Drasgow, 1999; Rosenfeld, Doherty & Carroll, 1987; Rosenfeld, Doherty, Vicino, Kantor & Greaves, 1989, oder auch Ahlemeyer, Grimm & Rudeferia, in diesem Band). Einschränkungen von Online-Befragungen werden dagegen selten zureichend angesprochen – und wenn doch, dann stehen zumeist Datenerhebungsaspekte zu Forschungszwecken im Vordergrund; Implikationen dieser Einschränkungen für die Praxis werden selten thematisiert.

Insofern verfolgt dieser Beitrag zwei Zielsetzungen. Im ersten Teil werden praktische Überlegungen angestellt, unter welchen Voraussetzungen und mit welcher Prozedur eine Online-Befragung erfolgreich durchgeführt werden kann. Hier werden die Vorteile einer Online-Befragung dezidiert diskutiert und ebenso auf Einschränkungen hingewiesen, die unter Umständen eine Online-Befragung scheitern lassen können.

Ein wesentlicher Punkt, der häufig unzureichend Beachtung findet und der letztlich von enormem praktischen Interesse ist, betrifft die Vergleichbarkeit der Daten, die mit unterschiedlichen Verfahren (genauer: unter Zuhilfenahme unterschiedlicher Formate) erhoben werden. Dieser Frage widmet sich der zweite Teil. Verschiedentlich ist zu lesen, dass Daten aus unterschiedlichen Formaten nicht vergleichbar, sondern systematisch verzerrt seien. Diese (scheinbare) Verzerrung hat eine gewaltige Auswirkung auf die Verwendbarkeit unterschiedlicher Formate: Interventionsmaßnahmen resultieren in der Regel aus einem Vergleich von Mitarbeiterbefragungsdaten mit internen oder externen Benchmarks, aus einem Vergleich mit Vorjahresdaten o. ä. Konnte aus pragmatischen Gründen eine Mitarbeiterbefragung nicht exklusiv in einem einzigen Format (d. h. papierbasiert, als HTML-Formular usw.) durchgeführt werden oder wurde das Erhebungsformat im Verlauf der Jahre geändert, so sind die abgeleiteten Interventionen – wenn das Erhebungsformat Verzerrungen induziert – im günstigsten Fall irrelevant und im ungünstigsten Fall kontraindiziert.

Als Resümee werden die im dem ersten Teil dargestellten pragmatischen Überlegungen vor dem Hintergrund der Forschungsergebnisse bewertet. Die Bewertung resultiert in Handlungsvorschlägen, mit deren Berücksichtigung Mitarbeiterbefragungen erfolgreich per Internet durchgeführt werden können.

2   Praktische Überlegungen

Mit der Administration von Mitarbeiterbefragungen per Internet sind zahlreiche Vorteile assoziiert (Batinic & Bosnjak, 2000; Liebig, Müller & Bungard, 2004; Rosenfeld et al., 1987; Rosenfeld et al., 1989). Die Vorteile sind weitgehend identisch mit denjenigen, die bereits zahlreich für andere psychologische Bereiche (vgl. z. B. Batinic, 2001; Batinic & Bosnjak, 2000; Theobald et al., 2001) geschildert wurden.

So können durch die Verwendung von Online-Methoden zeitliche und logistische Vorteile ausgeschöpft werden. Während bei klassischen papiergestützten Befragungen ein zeitlicher Vorlauf für Druck, Kommissionierung und Versand eingeplant werden muss, kann der Online-Fragebogen bis kurz vor dem Start der Befragung überarbeitet werden.

Vielfach werden hohe Kosteneinsparungen zitiert. Ökonomische Vorteile ergeben sich durch den Wegfall von Druck- und Versandkosten und der oft zeit-, personen- und technikintensiven Datenerfassung. Das oft kolportierte Vorurteil, dass Online-Methoden grundsätzlich kostengünstiger zu realisieren sind, gilt in diesem Zusammenhang jedoch nur eingeschränkt. Die Kosten für (aufwendige) Programmierung der entsprechenden Formulare, Seiten und Datenbanken dürfte die Ersparnis kompensieren. Allerdings sind Skaleneffekte zu beachten: Bei Online-Methoden wird die Befragung nicht zwangsläufig mit jedem weiteren Befragten teurer.

Durch sinnvolles Layout, benutzerfreundliche Struktur und kontextsensitive Hilfefunktionen können Fehlbedienungen und Fehleinträge durch den Nutzer minimiert werden. Darüber hinaus entfällt der Schritt der manuellen oder elektronischen Datenerfassung. Letztlich liegen die Daten bei Verwendung von Online-Methoden bereits elektronisch vor. Durch das Entfallen dieser Fehlerquellen zeichnen sich Online-Befragungen durch eine höhere Akkuratesse aus.

Enthält der verwendete Fragebogen Verzweigungen (z. B. über Filterfragen), können diese bei Online-Befragungen dergestalt umgesetzt werden, dass der Befragte (adaptiv) ausschließlich diejenigen Items dargeboten bekommt, die für ihn auch bestimmt sind. Eine entsprechende Filterführung ist bei klassischen papierbasierten Befragungen – wenn überhaupt – nur schwer über die entsprechende Gestaltung des Layouts zu realisieren.

Da die Daten aus Online-Befragungen bereits elektronisch vorliegen, können sie wesentlich einfacher weiterverarbeitet werden. Ein besonderer Vorteil ist dabei, dass bestimmte Abfragen während der Befragung in Echtzeit generiert werden können. Erste Auswertungen (z. B. Rücklaufquoten, Tendenzen oder Prognosen) können dazu verwendet werden, die Befragung präziser zu steuern.

Bei dieser Summe an Vorteilen könnte man (vor-)schnell zu dem Schluss gelangen, dass eine Online-Befragung per se erfolgversprechender ist als eine papierbasierte Version. Jedoch im Unterschied zu generellen Befunden aus der Befragungsforschung findet eine Mitarbeiterbefragung in einem speziellen Kontext statt, in dem besondere motivationale Prozesse bzw. politische Aspekte vorliegen, sodass die Erkenntnisse nicht uneingeschränkt übertragen werden können.

2.1 Allgemeine Restriktionen

Zunächst ist die Frage zu klären, ob die komplette Belegschaft (bzw. die entsprechende Zielgruppe, die an der Befragung teilnehmen soll) sowohl Zugang zu entsprechend ausgestatteten Computern hat wie auch im Umgang mit HTML-Formularen vertraut ist. Die Ausstattung mit internetfähigen Computern ist bei weitem noch nicht so weit vorangeschritten, als dass man von einer flächendeckenden Verfügbarkeit sprechen könnte. In der Befragungsforschung wird dieser Punkt intensiv unter dem Label von Auswahleffekten als methodischem Problem diskutiert (vgl. z. B. Bosnjak, 2002; Deutschmann, 1999). Als Behelfslösungen, um die komplette Grundgesamtheit, meist die komplette Belegschaft, auszuschöpfen, finden sich verschiedentlich Vorschläge wie z. B. ein temporäres Aufstellen von „Mitarbeiterbefragungsterminals" (d. h. öffentlichen Computern, die allein der Datenerhebung bei einer Mitarbeiterbefragung dienen) oder ein Ausweichen auf Computer in Büros von Kollegen bzw. Vorgesetzten. Diese Vorschläge kranken jedoch an einem wesentlichen Punkt: Die Teilnahme an der Befragung geschieht nicht mehr anonym. Bei öffentlichen Terminals ist der wortwörtliche Blick über die Schulter möglich. Im Übrigen müssen die Befragten sich für die Zeit der Befragung von ihrem Arbeitsplatz entfernen – für Personen, die einen Computer am eigenen Arbeitsplatz haben, stellt sich die Teilnahme an der Befragung als wesentlich unaufwendiger dar als für Personen, bei denen das Unterbrechen der Arbeit eine Störung des Betriebsablaufs nach sich zieht. Und gerade die leichte Zugänglichkeit zu einem Medium beeinflusst wesentlich die Akzeptanz und Nutzung des Mediums (Scholl, Pelz & Rade, 1996).

Daran schließt sich die Frage nach der Akzeptanz *der Befragung* bei Verwendung von Online-Methoden an. Die Akzeptanz ist im Wesentlichen eine Frage der wahrgenommenen Nützlichkeit. Sind die Befragten der Ansicht, dass die Beantwortung per Intranet effizienter vonstatten geht als per papierbasierter Form, wird dieses Format an sich akzeptierter sein, als wenn es sich als ineffizient darstellt (Held, in Vorbereitung; Horton, Buck, Waterson & Clegg, 2001; Phelps & Mok, 1999). Daneben sollte das Prozedere vertrauenswürdig sein; im Online-Format ist sich der Nutzer nie sicher, ob nicht mit den Befragungsdaten zusätzliche sensible Daten (z. B. Personalstammdaten) aufgezeichnet werden. Dieser Aspekt beinhaltet eine unternehmenskulturelle Komponente; während mancherorts eine vertrauliche Datenbehandlung verlässlich ist, wittern Beschäftigte anderer Unternehmen (im Fall einer Online-Befragung) überall eine Verschwörung. Unter geeigneten unternehmenskulturellen Vorzeichen ist eine Online-Befragung ohne weitere kommunikative Begleitaktivitäten möglich, während bei entgegengesetzten Vorzeichen beträchtliche Anstrengungen unternommen werden müssen, die vertrauliche Datenbehandlung zu kommunizieren und transparent zu machen. Ein weiterer Punkt der

Akzeptanz betrifft die gleichzeitige Verwendung verschiedener Formate in einer Mitarbeiterbefragung. Wird die Teilnahme an der Mitarbeiterbefragung über das Online-Format als Privileg angesehen, könnten diejenigen sich zurückgesetzt fühlen, die die Mitarbeiterbefragung auf traditionellem Weg bearbeiten, zumal die Computer-verfügbarkeit stark mit dem Tätigkeitsfeld (white-collar vs. blue-collar worker) korreliert (Hoffmann, 2001).

Mit der Durchführung einer Mitarbeiterbefragung mittels Internettechnologie ist die Kontrolle über das Layout des Fragebogens eingeschränkt. Aufgrund von Sicherheitsrichtlinien sind häufig viele Anwendungen wie Java, JavaScript oder Flash-Animationen standardmäßig deaktiviert. In Abhängigkeit der Einstellungen von Computerkonfiguration, Betriebssystem und Browser verändert sich gegebenenfalls das Aussehen des Fragebogens. Mit einer klugen Programmierung, die ausschließlich auf die grundlegenden W3C-Standards zurückgreift, kann das Layout im Wesentlichen – auch bei unterschiedlichen Systemkonfigurationen und Sicherheitseinstellungen – konstant gehalten werden.

2.2   Beachtenswerte Punkte bei der Realisierung

Neben allgemeinen Restriktionen für eine Befragung, die über das Internet administriert wird, gelten weitere Punkte, die bei der Realisierung betrachtet werden müssen. Die hier angesprochenen Punkte sind insofern wichtig, da ihre Relevanz für klassische – papier-basierte – Mitarbeiterbefragungen weithin akzeptiert ist, sie jedoch im Zuge der Implementierung von Online-Verfahren häufig missachtet werden.

Bei traditionell durchgeführten Befragungsaktionen wird die Teilnahme an einer Befra-gung über die Fragebögen reglementiert. In aller Regel erfolgt das Verteilen so, dass jeder Mitarbeiter genau einen Fragebogen erhält. Wird die Mitarbeiterbefragung allerdings im Intra- oder Internet durchgeführt, kann prinzipiell ein Mitarbeiter mehrfach an der Befragung teilnehmen. Um solche multiplen Teilnahmen zu verhindern, operieren Unternehmen zumeist mit Login-Codes. Analog der Verteilung von Fragebögen be-kommt nun jeder Mitarbeiter einen Login-Code, der zur Teilnahme an der Befragung berechtigt. Nach der Teilnahme an der Befragung erlischt der Code. Um Medienbrüche zu vermeiden, werden diese Login-Codes häufig zusammen mit einem Anschreiben per E-Mail versendet. Um die Benutzerfreundlichkeit (vermeintlich) zu erhöhen, wird der Code in der E-Mail mit einem Hyperlink verbunden, der auf die Befragungsseite weist; daneben kann dieser Link weitere Informationen verschlüsselt oder im Klartext enthal-ten, wie etwa Personalnummer, Abteilungszugehörigkeit o. ä. Dieses Vorgehen stellt zwar sicher, dass die Befragten richtig zugeordnet werden – aber wie so häufig gilt auch hier, dass gut gemeint und gut gemacht zwei unterschiedliche Dinge sind. Dieses Vorgehen unterminiert die Anonymität (im Sinne der Nichtidentifizierbarkeit der Befragten) und provoziert damit verzerrtes Antwortverhalten. Um die Anonymität der Befragten sicherzustellen, sollten keine identifizierenden Angaben in den Einladungen enthalten sein.

Gleiches gilt sinngemäß für Rundschreiben bei Nachfassaktionen. Werden ausschließlich diejenigen Personen angesprochen, die noch nicht an der Befragung teilgenommen haben, ist es naheliegend, an der anonymen Datenbehandlung zu zweifeln. Werden einzelne Mitarbeiter personalisiert angesprochen – eine Technik, die im Bereich der Marktforschung für deutlich höhere Teilnahmebereitschaft sorgt (Dillman, 1991) –, assoziieren die Adressaten damit eine deutlich verminderte Anonymität. Bei einer Mitarbeiterbefragung würde ein solches Vorgehen die kommunikativen Anstrengungen und auch die Befragung selbst torpedieren.

Ein weiterer wesentlicher Punkt betrifft das Zulassen von Missing Values[1]. Über gängige Skripts oder Abfragen ist es möglich, beim Ausfüllen von HTML-Formularen keine Missing Values zuzulassen. Die Antworten werden erst dann gespeichert, wenn *sämtliche* Fragen beantwortet wurden. Ein solches Vorgehen erzwingt eine Antwort auf jede einzelne Frage. Aus inferenzstatistischen Gründen kann ein vollständiger Datensatz durchaus Sinn ergeben, jedoch konterkariert dieses Vorgehen den Sinn und Zweck einer Mitarbeiterbefragung. Schließlich besteht die Absicht einer Mitarbeiterbefragung nicht darin, einen vollständigen Datensatz zu erhalten, sondern zu möglichst einschlägigen Themenfeldern eine Einschätzung aus Mitarbeitersicht zu erfragen. Unter Umständen können oder möchten Mitarbeiter zu bestimmten Aspekten keine Bewertung abgeben. Erzwungene Antworten entsprechen selten der wahren Intention des Befragten und sind damit unsinnig. Das Erzwingen von Antworten geht im Übrigen mit einer erhöhten Abbruchrate der Befragung einher (Bosnjak, 2002).

3   Vergleichbarkeit der Daten

Neben allgemeinen Regeln der Fragebogengestaltung sind insbesondere bei der Verwendung von Intra- bzw. Internet weitere Punkte zu berücksichtigen. Diesen Technologien werden bestimmte Charakteristika zugesprochen, die unter Umständen die Ergebnisse einer Befragung massiv beeinträchtigen können. Bislang liegen kaum einheitliche empirische Ergebnisse vor, die darauf schließen lassen, ob durch die Variation des Erhebungsformats die Ergebnisse einer Mitarbeiterbefragung divergieren. Gerade für Feedbackinstrumente ist es von enormer Wichtigkeit, dass aufgrund des Erhebungsformats keine Verzerrungen auftreten. Interventionen werden in der Mehrzahl aus einem Vergleich zwischen aktuellen Daten, internen oder externen Vergleichswerten bzw. Jahresvergleichen abgeleitet. Bestünden formatimmanente Verzerrungen, würde ein bloßer Mittelwertsvergleich zu (im besten Fall) wirkungslosen und im schlimmsten Fall zu fehlerhaften und kontraindizierten Interventionen führen. Die Qualität der Interventionen steht und fällt mit der Qualität der Befragungsdaten; folglich ist die Qualität der Daten von immenser Bedeutung. Somit stellt sich die Frage, ob trotz Berücksichtigung aller praktischen Überlegungen die aus den unterschiedlichen Formaten resultierenden Daten äquivalent sind.

---

[1] Als Missing Value wird bezeichnet, wenn Personen beim Beantworten eines einzelnen Items keinen Wert angeben.

Neben Unterschieden, die auf das Erhebungsformat zurückzuführen sind, können auch prozedurale Aspekte die Datenqualität beeinflussen. Unter Umständen korrelieren bestimmte Eigenschaften des Formats (also bestimmte Eigenschaften von papierbasierten bzw. internetbasierten Fragebögen) mit den Rahmenbedingungen beim Datenerhebungsprozess. Ein wesentlicher Punkt, der in diesem Zusammenhang diskutiert werden muss, ist die Sicherstellung der Anonymität bei der Befragung.

Insgesamt sind also zwei Punkte zu diskutieren, um zu bestimmen, ob unterschiedliche Formate eines Fragebogens äquivalent und die Daten damit vergleichbar sind: (1) Treten allein aufgrund der Variation des Formats systematische Antwortverzerrungen auf? (2) Sind aufgrund des unterschiedlichen Formats entsprechend unterschiedliche Befragungsprozeduren anzuwenden, die letztlich zu systematischen Verzerrungen führen?

3.1 Verzerrungen aufgrund des Formats

Die Angemessenheit der Interpretation von Ergebnissen bei Mitarbeiterbefragungen (und natürlich allgemeiner bei allen Erhebungen) hängt wesentlich von der Validität des verwendeten Instruments ab. Dass allein das Format zu unterschiedlichem Antwortverhalten führt, ist so abwegig nicht. Zahlreiche theoretische Überlegungen postulieren Mechanismen, die sich in unterschiedlicher (Tele- oder computervermittelter) Kommunikation niederschlagen (vgl. De-Individualisierungseffekte, Kiesler, Siegel & McGuire, 1984; reduzierte soziale Präsenz, Short, Williams & Christie, 1976; reduzierte soziale Hinweisreize, Kiesler et al., 1984; o. ä.). In der Konsequenz ergeben sich also auch Effekte in der „Kommunikation" zwischen Befragtem und Befrager, die entweder über das Medium Online-Fragebogen oder papierbasiertem Fragebogen kommunizieren. Für den Fall, dass diese Mechanismen auf den hier vorliegenden konkreten Anwendungsfall anwendbar sind, würde man die Mess*in*äquivalenz beider Formate erwarten.

Ein besonderer Punkt, die Validität zu überprüfen, ist die Frage nach der Messäquivalenz zwischen unterschiedlichen Formaten ein und desselben Verfahrens. Wenn das Verfahren bzw. das Format eines Verfahrens die Werte beeinflusst, ist ein Vergleich zwischen Werten unterschiedlicher Formate unsinnig; somit ist die Messäquivalenz eine zwingende Voraussetzung. Die Frage der Messäquivalenz wurde in vielfältigen Domänen bereits sehr ausführlich betrachtet (vgl. z. B. für kognitive Tests, Mead & Drasgow, 1993, oder non-kognitive Instrumente, Richman et al., 1999). Die Ergebnisse sind jedoch weitaus weniger eindeutig, als dass ein endgültiges Urteil gefällt werden könnte.

In der Studie von Kantor (1991) berichtet der Autor Formateffekte zwischen Online- und Offline-Fragebogen. Untersucht wurde der Einfluss des Formats des Job Descriptive Indexes (JDI; Smith, Kendall & Hulin, 1969) auf das Antwortverhalten, wobei der Versuchsleiter bei der Beantwortung der Fragebögen anwesend war. Vergleichbar mit dieser Studie ist diejenige von Rosenfeld, Giacalone, Knouse, Doherty, Vicino, Kantor und Greaves (1991); in dieser Untersuchung wurden Studenten mit dem JDI befragt, wobei die Datenerhebung unter identifizierbaren Bedingungen stattgefunden hat (d. h. auf den Fragebögen wurden identifizierende Merkmale angebracht). Auch Rosenfeld et al. (1991) fanden einen Effekt des Formats auf das Antwortverhalten.

Daneben liegen zur Zeit zwei aktuellere Studien vor, die dezidiert die Messäquivalenz bei attitudinalen Konstrukten – und konkreter bei Arbeitszufriedenheit – unter Zuhilfenahme einer adäquaten methodischen Herangehensweise thematisieren. Im Gegensatz zu früheren Studien gleicher Ausrichtung verwenden diese Studien effizientere Methoden, um die Messäquivalenz zu überprüfen, nämlich einmal die Item Response Theory (IRT) bzw. die Multi-Group Confirmatory Factor Analysis (MGCFA), mit deren Verwendung die Messäquivalenz direkt getestet werden kann.

Donovan et al. (2000) untersuchten unter Zuhilfenahme der IRT die Messäquivalenz zweier Subskalen des JDI (Smith et al., 1969), nämlich die Subskalen Führung und Kollegen/Mitarbeiter. Als Stichprobe fungierten Mitarbeiter eines öffentlichen Versorgers, eines Nahrungsmittelunternehmens und einer Universität. Die Universitätsmitglieder wurden online befragt, während die Belegschaften des Versorgers und des Nahrungsmittelunternehmens traditionell papierbasiert befragt wurden. Die Ergebnisse zeigen, dass die entsprechenden Items über alle Stichproben gleiche Itemcharakteristika aufweisen, was gegen die Vermutung von Formateffekten spricht. Einschränkend merken Donovan et al. (2000) an, dass die Selektion der Stichprobe eventuelle Formatunterschiede evozieren bzw. auch kompensieren kann. Als Konsequenz müsste eine Untersuchung unter geeigneteren Vorzeichen (d. h. nach zweckmäßig ausgewählten Drittvariablen parallelisierte Stichproben in einem einzelnen Unternehmen) durchgeführt werden.

In einer dadurch initiierten Studie haben Müller, Liebig und Hattrup (under Review) die Messäquivalenz eines Zufriedenheitsfragebogens für die beiden Formate online- und papierbasierte Version untersucht. Die Untersuchung wurde in einem weltweit agierenden Elektronikkonzern durchgeführt, wobei die entsprechende Stichprobe nach Führungsfunktion, Beschäftigungsverhältnis und Berufsgruppierung parallelisiert wurde. Unter Konstanthalten aller Rahmenbedingungen bei der Administration sowie bei Sicherstellen der Nichtidentifizierbarkeit der Befragten konnte die Messäquivalenz zwischen beiden Formaten bestätigt werden.

3.2 Verzerrungen aufgrund der unterschiedlichen Befragungsprozeduren

Wie schon mehrfach angesprochen wurde, spielt die Anonymität eine herausragende Rolle. Eine Befragungssituation gilt dann als anonym, wenn zu einem späteren Zeitpunkt die Daten nicht wieder den jeweiligen Befragten zugeordnet werden können (Stocké, 2002). Neben der tatsächlichen Anonymität spielt in diesem Zusammenhang die *wahrgenommene Anonymität* eine ungleich bedeutendere Rolle. Die wahrgenommene Anonymität bezeichnet den Sachverhalt, dass *in den Augen des Befragten* kein Bezug zwischen persönlichen Informationen und den Befragungsdaten möglich ist. Die tatsächliche und die wahrgenommene Anonymität können dabei voneinander unabhängig sein; es sind also Fälle denkbar, in denen keine tatsächliche Anonymität vorliegt, von den Befragten jedoch eine Anonymität wahrgenommen wird (natürlich ist auch der umgekehrte Fall denkbar). Die Wahrnehmung der Anonymität hängt im Wesentlichen von drei Gegebenheiten ab (vgl. Paulhus, 1991): (1) Räumliche Abgeschiedenheit des Befragten,

(2) Verzicht von (scheinbar) identifizierenden Merkmalen (z. B. Strichcodes auf den Fragebögen) und (3) eine „geheime Stimmabgabe" (was bspw. durch die Abgabe des Fragebogens in einem verschlossenen Umschlag realisiert werden kann). Im Allgemeinen besteht bezüglich der Sicherheit persönlicher Daten im Internet großes Misstrauen (Sassenberg & Kreutz, 2002); insofern liegt die Vermutung nahe, dass einer internetbasierten Version einer Mitarbeiterbefragung weniger Vertrauen in die Anonymität entgegengebracht wird als einer papierbasierten. Allein die Besorgnis über mangelnde Anonymität könnte sich in Form von Ressentiments niederschlagen und damit zu positiv getönten und sozial erwünschten Antworten führen (vgl. Dunnette & Heneman, 1956; Joinson, 1999; Paulhus, 1991; Reips & Franek, 2004; Sassenberg & Kreutz, 2002).

Die durch die fehlende Anonymität evozierten Antwortverzerrungen sind in der Mehrzahl sozial erwünschtes Antwortverhalten. Sozial erwünschtes Antwortverhalten (*Socially desirable responding; SDR*) besteht aus zwei Konstituenten (Paulhus, 1984): einem bewussten Prozess des *Impression-Managements* (*IM*) und einem unbewussten Prozess der *verstärkten Selbsttäuschung* (*Self-deception enhancement; SDE*). IM bezeichnet den Effekt, wenn Befragte bestimmte Eigenschaften herausheben, um sich in einem besseren Licht darzustellen. Personen wird das ständige Bemühen zugesprochen, den Eindruck, den sie auf andere machen, zu kontrollieren (Mummendey, 1995; Mummendey, 1998), nebenbei beeinflussen sie damit auch ihr Selbstkonzept. Das Konzept SDE postuliert eine unbewusste Beschönigungstendenz (Paulhus, 1991). Diese beiden Bestandteile führen in der Konsequenz dazu, ein Item in Anlehnung an bestimmte Antwortmuster zu beantworten. Diese Antwortmuster können beispielsweise wahrgenommene Mehrheitsmeinungen einer Gruppe (Krebs, 1991) oder eine (vermeintliche) Erwartungshaltung einer sanktionsmächtigen Person (z. B. Versuchsleiter) sein (Esser, 1986). Bei Vorhandensein von sanktionsmächtigen Gruppen (beispielsweise Führungskräfte usw.) gleichen Personen ihre Antworten systematisch an bestimmte soziale Erwartungen an, d. h. sie vermeiden Antworten, die negative Sanktionen auslösen könnten. Vor allem im Kontext von intraorganisationalen Befragungen ist vom Vorhandensein von sanktionsmächtigen Gruppen und eventuellen negativen Sanktionen auszugehen, vor allem wenn die Antworten nicht anonym behandelt werden, sondern die Antworten auf einzelne Personen rückbezogen werden können.

Wie die perzeptierte Anonymität zu sozial erwünschtem Antwortverhalten führt, lässt sich anhand der Rational Choice-Theorie (Esser, 1986; Esser, 1991) erklären. Der Prozess der Handlungswahl besteht aus drei Prozessen: der Kognition der Situation, der Evaluation der Handlungskonsequenzen und der Selektion einer bestimmten Handlung. In der Situation der Datenerhebung stellen nun die Antwortalternativen die unterschiedlichen Handlungsalternativen dar. Die Kognition der Situation ist durch die erlebte Transparenz (Sichtbarkeit der Fragebogenintention), die Öffentlichkeit der Situation (also der Grad der perzeptierten Anonymität) und die erlebte Relevanz der Situation gekennzeichnet. Entsprechend der subjektiven Wahrnehmung der Situation werden nun unterschiedliche Präferenzen dominant, die zu unterschiedlichen Nutzenerwartungen und somit zur entsprechenden Handlung führen. Die eigentliche Antwort auf ein Item in einem Fragebogen kommt also durch Kosten-Nutzen-Abwägungen zustande. Wesentlich sind dabei die Merkmale der Situation: Wie lautet das Anschreiben? Sind Dritte anwesend? Ist die Anonymität gewährleistet? Welchen Bezug haben die Items? Eine geringe wahrgenommene Anonymität bei gleichzeitig hoher Relevanz der Frageinhalte führt dabei zu sozial erwünschten Antworten, insbesondere in einem Kontext, in dem die Befragten Sanktionen auf ihr Verhalten zu erwarten haben.

Bezüglich der sozialen Erwünschtheit sind die Befunde empirischer Studien uneinheitlich; so sind Studien zu finden, die einen Einfluss des Formats auf die soziale Erwünschtheit postulieren (vgl. Davis & Cowles, 1989; Finegan & Allen, 1994, Study 1; Kiesler & Sproull, 1986; Rosenfeld, Booth-Kewley, Edwards & Thomas, 1996; Whitener & Klein, 1995). Ebensoviele Studien können jedoch keinen Effekt nachweisen (Booth-Kewley et al., 1992; Finegan & Allen, 1994, Study 3; King & Miles, 1995; Pettit, 2002; Potosky & Bobko, 1997). Diese Untersuchungen besitzen aber einen gemeinsamen Nenner: Sofern sie Anonymität berücksichtigen, werden unter der Bedingung höherer Anonymität geringere Tendenzen zu sozial erwünschtem Antwortverhalten erreicht (vgl. auch Reips & Franek, 2004). Zu klären ist nun die Frage, ob oben genannte Merkmale der Situation in einer Online-Befragung stärker ausgeprägt sind als in einem papierbasierten Prozedere. In jüngster Zeit wurden zwei Untersuchungen durchgeführt, die diese Frage explizit thematisiert haben.

Reips und Franek (2004) haben nun systematisch die Anonymität variiert. Sie haben (vermutungskonform) einen statistisch signifikanten Einfluss der Anonymität auf die Arbeitszufriedenheit herausgefunden: Unter der Bedingung der Anonymität berichteten die Befragten geringere Zufriedenheitswerte als unter der Bedingung der Identifizierbarkeit. Als Nebenprodukt haben Reips und Franek (2004) einen Interaktionseffekt zwischen Befragungsformat und Anonymität gefunden, d. h. höhere Zufriedenheitswerte wurden berichtet, wenn die Befragung per Internet durchgeführt wurde statt papierbasiert. Einen Haupteffekt des Formats konnten sie nicht nachweisen.

Şimşek (2004) untersucht in zwei Studien den Zusammenhang zwischen Anonymität und Relevanz der Situation und sozialen Antworttendenzen. Bei „gefühlter" Anonymität stellt sie keine Antwortverzerrungen fest; bei Wahrnehmung geringerer Anonymität jedoch ergibt sich eine Verzerrung bei (personen-)relevanten Skalen, bei irrelevanten Skalen jedoch nicht. Das Erhebungsformat hatte – erwartungskonform – keinen Einfluss auf das Antwortverhalten. Resümierend ist festzustellen, dass weniger das Format als vielmehr das Prozedere der Datenerhebung für eventuelle Antwortverzerrungen verantwortlich ist.

4 Prozedur oder Format? – Resümee

Wie die Untersuchungen von Donovan et al. (2000), Müller et al. (in Prüfung), Reips und Franek (2004) und Şimşek (2004) einschlägig verdeutlichen, ist nicht von einer Verzerrung bei der Durchführung von Mitarbeiterbefragungen aufgrund der Verwendung unterschiedlicher Formate auszugehen. Sehr viel näher liegt die Überlegung, dass Formatunterschiede vor allem dann zu erwarten sind, wenn heikle bzw. persönlich relevante Themen unter der Bedingung erfragt werden, in der die Identifizierbarkeit der Beurteiler möglich bzw. wahrscheinlich ist. Unter solchen Bedingungen ist davon auszugehen, dass die Befragten ihre Urteile systematisch verzerren.

Um die durch eventuell differierende Prozeduren hervorgerufenen Verzerrungen zu kontrollieren, kann man sich vielfältiger Methoden bedienen. Ein – vor allem in der Artefaktforschung beschrittener Weg – liegt im Erfassen der Verzerrung und ihrer anschließenden Auspartialisierung bei der Datenbehandlung. In der Regel ist das Erfassen von Verzerrungstendenzen in intraorganisationalen Befragungen nur sehr schlecht zu realisieren. Fragen, wie sie in Skalen zur Erfassung von SDR verwendet werden (z. B. „Ich habe manchmal Zweifel an meinen Fähigkeiten als Liebhaber" im Balanced Inventory of Desirable Responding, Paulhus, 1984, oder „Ich ernähre mich stets gesund" im Social Desirability Scale, Stöber, 1999; 2001), würden aller Voraussicht nach bei einer Verwendung in einem Mitarbeiterbefragungsinstrument hohe Reaktanzen hervorrufen. Insofern verbietet sich der Einsatz solcher Kontrollskalen im praktischen Einsatz. Eine weitere Möglichkeit der Kontrolle besteht in der Verwendung von möglichst *intransparenten Items* oder von *indirekten Fragen* (vgl. Mummendey, 1981). Allerdings dürfte auch dieses Vorgehen bei einer Mitarbeiterbefragung mithin ungeeignet sein.

Ein anderer, wesentlich praktikablerer Weg, um das Prozedere in beiden Formaten invariant zu gestalten, ist die Umsetzung von Maßgaben in der Online-Bedingung, wie sie für den Offline-Einsatz von Mitarbeiterbefragungen schon seit langem extensiv diskutiert werden. Über die Berücksichtigung der in Abschnitt 2.1 und 2.2 genannten Aspekte ist es möglich, für alle Formate gleiche Rahmenbedingungen herzustellen. Somit kann die Nicht-Identifizierbarkeit und damit eine valide Messung sichergestellt werden.

Als Grund für eine mögliche Verzerrung durch das Format wurde die Korrelation von Formatcharakteristika und -prozedere angeführt. Die Forschungsergebnisse legen jedoch den Schluss nahe, dass die Charakteristika eines Formats nicht zwangsläufig das Prozedere beeinflusst – und damit zu einer Verzerrung führt. Für die Praxis impliziert dieses Ergebnis, dass – neben der Verwendung von identischen Items – bei der Durchführung einer Mitarbeiterbefragung explizit auf die inhaltlich und formal korrekte Umsetzung der Befragung in ein Online-Verfahren geachtet werden muss.

Eine formal korrekte Umsetzung beinhaltet insbesondere die Wahrung und Kommunikation der Anonymität der Befragten. Aus dieser Forderung lassen sich die in den Abschnitten 2.1. und 2.2 ausgeführten Überlegungen ableiten: All diejenigen Verfahren, die eine Gefährdung der Anonymität nach sich ziehen (wie etwa die Vorbelegung von Personaldaten über den Zugangscode oder die individuelle Ansprache bei Non-Response), gefährden den Erfolg einer Mitarbeiterbefragung – sowohl online wie auch papierbasiert. Unter Berücksichtigung dieser Maßgaben ist die Verwendung unterschiedlicher Formate einer Mitarbeiterbefragung ohne Verlust an Datenqualität bzw. ohne Verzerrungstendenzen möglich. Die Ergebnisse aus unterschiedlichen Formaten (beispielsweise bei Jahresvergleichen, bei Mitarbeiterbefragungen, in denen beide Formate parallel verwendet wurden) sind dann vergleichbar und damit die aus ihnen abgeleiteten Interventionen valide.

Wolfgang H. Waldmann

360-Grad-Beurteilungen in der Praxis – eine Analyse mit der Generalisierbarkeitstheorie

1   Einleitung und Überblick

Jedes Personalmanagement hat Entscheidungen zu treffen, die gültige Beurteilungssysteme erfordern, so zur Einstellung von Bewerbern, Entgelthöhe, Versetzung, Personalentwicklung, Beförderung bis hin zum Ausscheiden von Mitarbeitern aus der Organisation. Die Kriterien für diese Entscheidungen sollten sich so eng wie möglich auf die einschlägigen Merkmale der beurteilten Zielpersonen beziehen. Charakterisieren aber betriebliche Beurteilungsverfahren tatsächlich die realen Merkmale der zu Beurteilenden (*Managereffekt*); oder beschreiben sie eher die subjektiven Einstellungen und Meinungen der Beurteiler (*Beurteilereffekt*); oder gehen sie auf noch andere Einflussgrößen zurück, so auf die Stelle oder Ebene in der Organisation, von der aus Einschätzungen vorgenommen werden (*Stelleneffekt*)? Zur Beantwortung dieser grundlegenden Fragen braucht es zum Einen eine adäquate Datenbasis, nämlich Beurteilungen ein und derselben Zielperson von mehreren Beurteilern aus mehreren hierarchischen Ebenen (*multi-source-multirater*) – mit dem Einzug von *360-Grad-Beurteilungssystemen* in Betrieben und Unternehmen steht dieses Datenpotenzial zur Verfügung. Zum Zweiten braucht es eine angemessene Methode, die es erlaubt, die vermuteten Effekte aus den Beurteilungen zu extrahieren. Dies leistet die *Generalisierbarkeitstheorie*.

2   Betriebliche Beurteilungen

2.1   Objektivität und Intersubjektivität der Beurteilung

Betriebliche Beurteilungssysteme beabsichtigen, reale Merkmale der Zielpersonen in *objektiver* Weise zu erfassen – so die Qualifikation für eine bestimmte Aufgabe oder die erbrachte Leistung zur Festlegung des Entgelts. In diesem Beitrag soll untersucht werden, ob und inwieweit dies zutrifft. Der Begriff der *Objektivität* wird dabei wie folgt verstanden: Notwendige, aber nicht zureichende Bedingung für die objektive Messung eines realen Sachverhalts, ist Intersubjektivität. Alle Fachleute eines Wissensgebiets sollten bei der konkreten Anwendung ihrer Messinstrumente zu annähernd gleichen Ergebnissen gelangen. Angenommen, Länge und Breite des Schreibtischs betrieblicher Führungskräfte und Manager sollen gemessen werden: Das Messergebnis hängt im Wesentlichen nicht davon ab, welcher Mitarbeiter (Mitarbeiter X oder Y) die Messungen vornimmt; alle Mitarbeiter sollten annähernd zu identischen Ergebnissen kommen. Und es spielt auch keine Rolle, ob anstatt eines Mitarbeiters ein Kollege oder der Vorgesetzte die Länge und Breite des Schreibtischs ermittelt – die Messergebnisse sollten annähernd identisch sein. Damit liegt vollkommene Intersubjektivität vor, was aber noch nicht genügt, eine objektive Messung zu garantieren – die Fachleute könnten sich alle im gleichen Maße (intersubjektiv) geirrt haben. Bei der Diskussion der zu referierenden empirischen Ergebnisse wird dieser Punkt in Abschnitt 5.1 noch einmal aufgegriffen.

2.2   Traditionelle Beurteilungssysteme in der Praxis

Am Ideal objektiver Messungen orientieren sich Beurteilungssysteme in der Praxis. Die Messergebnisse sollen hiernach allein auf die zu beurteilende Zielperson zurückzuführen sein, das heißt auf deren Qualifikationsmerkmale. Subjektive Einflüsse sollen keine Rolle spielen. Im traditionellen System ist in der Regel eine einzelne Person dafür zuständig, diese objektiven Ergebnisse zu erzielen – der Vorgesetzte *(singlerater system)*. Ob Intersubjektivität als notwendige Bedingung für Objektivität vorliegt, könnte gar nicht ermittelt werden. Beurteilt der Vorgesetzte ein Merkmalsaspekt nicht mit einem analytischen, sondern mit einem summarischen System, dann erledigt er diese Aufgabe mit einer einzigen Aussage. In Abschnitt 4.3.1 werden empirische Ergebnisse zur Zuverlässigkeit dieser *Item-level-Beurteilung* vorgestellt.

2.3   Was messen betriebliche Beurteilungssysteme?

2.3.1 Allgemeine Fragestellung

Erfassen betriebliche Einschätzverfahren tatsächlich in objektiver Weise die realen Merkmale der Zielperson, zumindest in überwiegendem Maße, wie die Praxis offensichtlich annimmt? Das wird in der Literatur bezweifelt (vgl. Allerbeck, 1978; Nachreiner, 1978). Messen sie darüber hinaus womöglich (noch) etwas anderes? Zur Beantwortung dieser beiden Fragen sollen *360-Grad-Beurteilungssysteme*, die Führungsmerkmale von *Managern* zu erheben intendieren, analysiert werden. Solche *multisource-multirater-Systeme* (mehrere Beurteiler aus jeweils verschiedenen Hierarchieebenen) liefern hierfür die geeignete Datenbasis. Der traditionelle *singlerater-Ansatz* gründet sich auf der Beurteilung eines Einzelnen in der Organisation, in der Regel des Vorgesetzten. Die Intersubjektivität der Einschätzung – notwendige Bedingung der Objektivität – kann nicht überprüft werden. Mit dem reichen Datenmaterial der 360-Grad-Beurteilungssysteme ist dies dagegen möglich.

2.3.2 Effekte als Einflussgrößen auf die Beurteilungen

Die Einflussgrößen auf betriebliche Beurteilungen werden im Folgenden als *Effekte* bezeichnet. Unser Forschungsziel ist es – um gleich mit der Tür ins Haus zu fallen –, die relative Stärke folgender Einflussgrößen auf betriebliche Einschätzungsergebnisse zu ermitteln:
– Managereffekt (= Anteil in den Beurteilungen, der den Manager charakterisiert)
– Beurteilereffekt (= Anteil in den Beurteilungen, der die subjektive Einstellung und Meinung des individuellen Beurteilers beschreibt)
– Stelleneffekt (= Anteil in den Beurteilungen, der auf die Position des Beurteilenden in der Hierarchie zurückzuführen ist)

Das soll nun näher erläutert werden.

Managereffekte

Der *Managereffekt* soll ein Maß dafür sein, welcher prozentuale Anteil in den Beurteilungen auf die Merkmale des Managers zurückzuführen ist. Wäre der Anteil 100 Prozent, dann hätten wir eine Situation wie bei der Messung des Schreibtischs, dessen Länge und Breite perfekt ermittelt werden kann. Denn die Ergebnisse hängen ja dort nur vom Messobjekt (Tisch) ab und nicht etwa davon, welcher Betriebsangehörige die Messungen vornimmt oder welcher Hierarchieebene er angehört (zum Beispiel als Vorgesetzter, Kollege oder Mitarbeiter).

Der Begriff des Managereffekts muss nun noch weiter verfeinert werden. Dieses Erfordernis resultiert aus den *zwei Hauptaufgaben eines Beurteilungssystems:* Eine Hauptaufgabe besteht darin, Führungskräfte *anhand einzelner Dimensionen zu differenzieren.* Wer bei einem bestimmten Führungsaspekt (zum Beispiel Sozialkompetenz) eine Stärke aufweist, mag bei einem anderen (zum Beispiel Fachkompetenz) mit einer Schwäche belastet sein. Diese Stärken und Schwächen sollen gemessen werden können. Sind diese individuellen Ausprägungen in den Führungsdimensionen ermittelt, kann zum Beispiel überprüft werden, inwieweit sie mit einem bestimmten Anforderungsprofil übereinstimmen. In diesem Sinne muss in einen *dimensionalen* Managereffekt unterschieden werden. Die andere Hauptaufgabe eines Beurteilungssystems besteht darin, die *generelle Unterschiedlichkeit* der Zielpersonen festzustellen; so soll zum Beispiel entschieden werden, welcher von zwei Bewerbern über alle Dimensionen hinweg eine höhere Qualifikation besitzt. Der entsprechende *generelle* Managereffekt soll dementsprechend ein Maß dessen sein, inwieweit ein Beurteilungssystem *generell* zwischen den Zielpersonen *differenziert.*

Beurteiler- und Stelleneffekt

Je nachdem, welche Beurteilungsaufgabe erfüllt werden soll, müssen der dimensionale und/oder der generelle Managereffekt stark ausgeprägt sein. Was ist aber, wenn diese beiden Managereffekte zusammen nicht 100 Prozent ergeben? Was ist in den Beurteilungen dann (noch) an Informationen enthalten? Insbesondere könnten die subjektiven Einstellungen und Meinungen des Beurteilers im Sinne eines *Beurteilereffekts* in die Resultate mit einfließen. Auch mag der hierarchische Standort im Unternehmen – die Stelle – einen Einfluss auf die Beurteilungsergebnisse ausüben. Jeder Position sind bestimmte Rollenanforderungen zugewiesen, mithin bestimmte Sichtweisen, so vielleicht auch in Bezug auf die Beurteilung von Führung. Einen *Stelleneffekt* in den Einschätzungen durch verschiedene Hierarchieebenen anzunehmen, erscheint so plausibel. Neben den beiden Managereffekten sowie dem Beurteiler- und Stelleneffekt gibt es weitere potenzielle Einflussfaktoren auf Beurteilungsergebnisse, systematische (zum Beispiel die Itemschwierigkeit) als auch unsystematische (Zufallsfehler). Diese weiteren Effekte werden im Folgenden nicht weiter betrachtet, sondern lediglich als Restkategorie behandelt.

2.3.3 Anforderungen an eine Methode

Das Forschungsziel ist, die jeweilige Stärke der Managereffekte sowie des Beurteiler- und Stelleneffekts festzustellen. Wie lässt sich dieses Problem methodisch lösen? Nach Abschnitt 2.1 ist die Intersubjektivität von Beurteilungen eine notwendige (aber keine hinreichende) Bedingung für Objektivität von Beurteilungen. Diese Intersubjektivität gilt es zu analysieren. Die statistische Analyse erfolgt über das Konzept der *Varianz* (Unterschiedlichkeit) *der Beurteilungen.* Die gesuchte Methode müsste nun in der Lage sein, diese Unterschiedlichkeit in *Varianzkomponenten zu zerlegen,* welche die Managereffekte sowie den Beurteiler- und Stelleneffekt indizieren. Eine Methode, deren primäres Ziel es gerade ist, die Varianz von Messwerten in absolute und relative Varianzkomponenten zu zergliedern, ist die *Generalisierbarkeitstheorie (G-Theorie).* Bei einem geeigneten Untersuchungsdesign kann sie somit Auskunft über die Stärke der infrage stehenden Einflüsse auf die Beurteilungsergebnisse geben. Nach einem Überblick über die G-Theorie stellen wir zum Schluss exemplarisch Ergebnisse einer auf dieser Methode beruhenden empirischen Sekundärstudie vor (Waldmann, 2003).

3 Generalisierbarkeitstheorie (G-Theorie)

3.1 Einordnung in den Forschungskontext

Die von Cronbach und Kollegen entwickelte und 1972 veröffentlichte Generalisierbarkeitstheorie (Cronbach et al., 1972; Brennan, 1992) gehört nicht zum Standardmethodeninventar von Psychologen in der Forschung. Im deutschen Sprachraum sind publizierte Anwendungen rar (Höft, 1996); Ausnahmen sind Nachreiner (1978) und in jüngster Zeit Trost (2001) und Waldmann (2003). Zugegeben, die Methode ist mathematisch anspruchsvoll, aber das sind andere auch. Vielleicht fehlt es an Standardsoftware, die den komplexen Ansatz in einfacher Weise aufbereitet. An dieser Stelle soll nicht versucht werden, die G-Theorie erschöpfend darzustellen. Vielmehr möchten wir einen Eindruck ihres Potenzials vermitteln und den interessierten Leser dazu anregen, sich eingehender damit zu befassen. Darstellungen mit einer stark methodischen Orientierung finden sich zum Beispiel bei Cronbach et al. (1972) und Brennan (1992), solche in einem empirischen Forschungskontext bei Nachreiner (1978), Trost (2001) und Waldmann (2003). Einen didaktisch gelungenen Kompromiss zwischen Forschungsanwendung und mathematischer Stringenz stellt Shavelson & Webbs (1991) *Generalizability theory: a primer* dar.

Im Folgenden stellen wir in Abschnitt 3.2 ein *komplexes Erhebungsdesign* vor, mit dem alle vier Effekte gleichzeitig analysiert werden können. Dieser und weitere Untersuchungspläne wurden in der Studie von Waldmann (2003) verwendet. Des Weiteren wird die Logik der so genannten G-Studien und E-Studien skizziert, die den fundamentalen Ansatz der G-Theorie repräsentieren. Schließlich soll anhand von Waldmanns Sekundärstudie (2003) gezeigt werden, welche Antworten mit der G-Theorie auf die gestellten Fragen gefunden werden können.

3.2 Ein komplexes Design als Untersuchungsplan

Das Ziel, die jeweiligen Ausprägungen der beiden Managereffekte, sowie des Beurteiler- und Stelleneffekts zu quantifizieren, stellt hohe Anforderungen an das *Erhebungsdesign*, wie der Versuchsplan in der G-Theorie genannt wird. Die von Waldmann (2003) analysierten Beurteilungen von Kollegen und Mitarbeitern sind als Beispiel eines komplexen Designs in Abbildung 1 dargestellt.

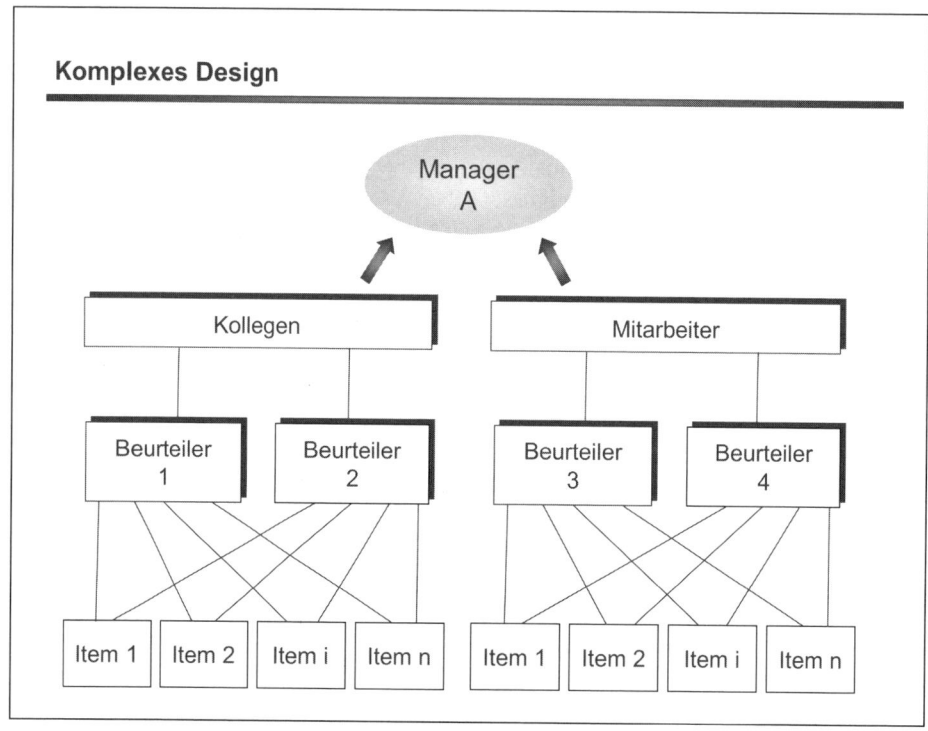

Abbildung 1: Komplexes Design zur Untersuchung des Manager-, Beurteiler- und Stelleneffekts

Die Zielperson – hier der Vorgesetzte *Manager A* – wird von zwei hierarchischen Ebenen aus beurteilt, nämlich von den Stellen der *Kollegen* und *Mitarbeiter*. Die individuellen *Beurteiler 1* und 2 repräsentieren wiederum die Stelle der Kollegen, während dies für die *Beurteiler 3* und 4 in Bezug auf die die Ebene der Mitarbeiter zutrifft. Alle Beurteiler nutzen die gleichen *Items* von *1* über *i* bis *n*. Analoges gilt für die in Abbildung 1 nicht dargestellte Führungskraft B, die von zwei ihrer Mitarbeiter und zwei Kollegen eingeschätzt wird, wobei auch diese Beurteiler die gleichen Items verwenden.

3.3 Fundamentaler Ansatz der G-Theorie

3.3.1 Generalisierbarkeitsstudien (G-Studien)

Die erste fundamentale Leistung der G-Theorie wurde in Abschnitt 2.3.3 bereits hervorgehoben: Mit ihr lassen sich Beurteilungen in die (a) ihnen zugrunde liegenden Einflussgrößen zerlegen und (b) deren absolute und relative Stärke ermitteln. Das statistische Maß dafür sind Varianzkomponenten. Bei der 360-Grad-Beurteilung reflektieren sie die Einschätzung eines durchschnittlichen Beurteilers anhand eines durchschnittlichen I-tems, das heißt eine durchschnittliche Einzelbeurteilung. Diese *Varianzzerlegung* und schließlich die Ermittlung der gesuchten Effekte erfolgt im Rahmen von *Generalisierbarkeitsstudien (G-Studien)*.

Wer eine Generalisierbarkeitsstudie konzipiert, muss *entscheiden*, in welchem *Umfang* er *generalisieren* möchte. Mit dieser Festlegung ergeben sich letztendlich die damit korrespondierenden Varianzkomponenten und damit auch die Reliabilität (vgl. Abschnitt 3.3.2). Im vorliegenden Beitrag wird ein streng wissenschaftliches Erkenntnisziel verfolgt; es sollen nämlich die Resultate aus dem konkreten 360-Grad-Instrument (Stichprobe) auf beliebige 360-Grad-Systeme (Grundgesamtheit) generalisiert werden. Dementsprechend sind insbesondere die in die Sekundärstudie eingehenden Manager, Beurteiler und Items als zufällige oder austauschbare *Stichproben* der jeweils übergeordneten Grundgesamtheiten anzusehen, zum Beispiel aller Führungskräfte. Dieses *zufällige Design* produziert *zufällige Effekte*. Der Entwickler eines 360-Grad-Instruments in der Praxis hat dagegen kein solches Erkenntnisinteresse, insbesondere möchte er nicht von seinen Items auf beliebige Items anderer „Produkte" generalisieren. Seine Erhebungsbögen sind in seiner Sicht keine Stichproben, vielmehr feste Größen, die so oft als möglich angewandt werden sollen. Das nunmehr *gemischte Design* (weil eben nicht mehr alle Elemente als zufällige oder austauschbare Stichproben zu betrachten sind) hat damit eine Fehlerquelle weniger als das zufällige. Da von den konkreten Items nicht auf beliebige 360-Grad-Fragen geschlossen werden soll, kann auch kein Fehler entstehen. Deshalb ist die Reliabilität des konkreten Instruments höher als jene des zufälligen Designs, wie es hier ausschließlich zugrunde gelegt wird. (Dieser Aspekt muss natürlich berücksichtigt werden, wenn es darum geht, die Zuverlässigkeit eines konkreten Instruments zu bewerten.)

3.3.2 Entscheidungsstudien (E-Studien)

Die in den G-Studien ermittelten Varianzkomponenten bilden in einem zweiten Schritt die Grundlage von *Entscheidungsstudien oder E-Studien* (auch *D-Studien* genannt, vom englischen *decision*). Darin soll die Zuverlässigkeit oder *Reliabilität* der Beurteilung zum Ausdruck gebracht werden. Analog zur Klassischen Testtheorie wird die Varianz, die auf den Manager im Sinne des generellen Managereffektes zurückgeht *(Managervarianz),* zur Summe aus eben dieser Managervarianz und weiterer Varianzkomponenten ins Verhältnis gesetzt, die in diesem Zusammenhang als *Fehlervarianz* anzusehen sind. Ein wichtiger Teil der Fehlervarianz ist der Beurteilereffekt. Diese *Reliabilität* errechnet sich wie folgt:

$$\text{Reliabilität} = \frac{\text{Managervarianz}}{\text{Managervarianz} + \text{Fehlervarianz}}$$

Dieser Quotient zeigt unmittelbar die *Reliabilität* einer *Einzelbeurteilung* (ein Beurteiler, ein Item). Er ist darüber hinaus nichts anderes als der *relative Anteil* in den Einzelbeurteilungen (Managervarianz + Fehlervarianz), der auf die *generellen Führungsmerkmale* der Manager (Managervarianz) zurückzuführen ist. Und dieser Anteil wird als genereller Managereffekt bezeichnet (vgl. Abschnitt *Managereffekte*).

Die Zuverlässigkeit einer solchen Einzelbeurteilung ist jedoch äußerst gering, wie in Abschnitt 4.3.1 noch empirisch belegt wird. Darum möchten Entwickler und Anwender eines Beurteilungssystems nicht nur deren Zuverlässigkeit kennen, sondern darüber hinaus wissen, wie hoch die Reliabilität einer *beliebigen* Beurteilung ist. Dies ist die zweite fundamentale Leistung der G-Theorie: Ihre E-Studien fassen die *Reliabilität* einer Messung als eine *Funktion von Messbedingungen* auf. Die Zuverlässigkeit einer Beurteilung hängt so von der Anzahl der Beurteiler und der Anzahl der Items ab. Dementsprechend kann die Zuverlässigkeit von Beurteilungen aus jeder beliebigen Anzahl von Items und Beurteilern dargestellt werden. Je mehr Items ein Fragebogen umfasst und je mehr Beurteilende ihre Einschätzungen abgeben, desto höher ist die Reliabilität; allerdings nehmen die Zuwächse ab. Die Zuverlässigkeit strebt so einem Grenzwert zu (vgl. Abbildung 4 und Abbildung 5). Mit E-Studien lassen sich mithin Entscheidungen über die Ausgestaltung von Messinstrumenten treffen – darum der Name „Entscheidungsstudie". Die Reliabilitätsmaße der G-Theorie sind dabei der *absolute* und der *relative G-Koeffizient,* deren letzterer dem klassischen Vorbild der Zuverlässigkeitsschätzung am ähnlichsten ist und den Berechnungen in Abschnitt 4.3 unten zugrunde gelegt wird.

4 Sekundärstudie mit 360-Grad-Beurteilungen aus der Praxis

4.1 Leaderhip Audit – Datenaufbereitung zur Sekundärstudie

Für die empirische Sekundärstudie von Waldmann (2003), aus der im Folgenden berichtet wird, standen anonymisierte Daten eines kommerziellen 360-Grad-Beurteilungs- und 360-Grad-Feedbackinstruments aus der Praxis zur Verfügung. Beim *Leadership Audit* (vgl. Wildenmann, 1996) wurden Führungskräfte von ihren Mitarbeitern, von Kollegen und ihrem Vorgesetzten im Hinblick auf mutmaßlich relevante Führungsaspekte eingeschätzt, ebenso hatte die Führungskraft Selbstbeurteilungen vorzunehmen. Die Erhebung erfolgte über zwei Fragebögen, und zwar einen, der *allgemeine Führungsmerkmale*, und einen, der besondere *Karrierehemmnisse* messen soll (vgl. Wildenmann, 1996). Das Maß der Zustimmung oder Ablehnung einer vorgegebenen Aussage konnte jeweils in einer Skala von [1] bis [7] ausgedrückt werden. Die in einem schriftlichen Report aufbereiteten Aussagen der Beurteiler wurden sodann dem Manager von einem externen Berater (in der Regel einem Psychologen) übergeben und erläutert. Dieses Feedback sollte die Führungskraft in die Lage versetzen, ihre Stärken und Schwächen zu erkennen, sich daraus in eigener Verantwortung Entwicklungsfelder abzuleiten und schließlich ihre Führungskompetenz zu erhöhen.

Die Daten für die Sekundärstudie entstammen der Anwendung des Leadership Audits in 20 deutschen Unternehmen mit 218 beurteilten Führungskräften. Methodische Anforderungen reduzierten die Anzahl der Zielpersonen in der Sekundärstudie. Beim *Leadership Audit* sollten zur Wahrung der Anonymität jeweils mindestens 3 Kollegen und 3 Mitarbeiter vorhanden sein. Hatte eine Führungskraft weniger als 3 Mitarbeiter, dann wurden gar keine Mitarbeitereinschätzungen erhoben. Für den hier vorzustellenden Teil der Sekundärstudie waren jedoch Beurteilungen ein und derselben Führungskraft sowohl durch (zwei) Kollegen als auch durch (zwei) Mitarbeiter erforderlich. Die Zahl der Zielpersonen reduzierte sich so auf 117 zu beurteilende Führungskräfte.

Aus den 102 Items des allgemeinen Führungsfragebogens wurden jene 50 Fragen in die Analyse miteinbezogen, die von allen 4 Beurteilergruppen beantwortet werden sollten; diese Itemmenge wird hier als *Skala 1* bezeichnet. Alle 16 Items, die Karrierehindernisse indizieren sollen, finden sich dagegen als *Skala 2* in der Sekundärstudie wieder. Die Varianzkomponenten im folgenden Abschnitt 4.2 (Ergebnisse I) beziehen sich dabei auf den Mittelwert dieser Skalen, während die Reliabilitäten in Abschnitt 4.3 (Ergebnisse II) nach Skala 1 und Skala 2 getrennt dargestellt werden.

4.2   Ergebnisse I (G-Studie)

Die relativen oder prozentualen Anteile der Effekte sind im Folgenden als Durchschnitt der beiden Skalen S1 und S2 ermittelt worden, aber jeweils getrennt für Kollegen und Mitarbeiter. Abbildung 2 zeigt das Ergebnis für die Beurteilungen durch die Kollegen.

Bei den Beurteilungen durch die Kollegen ergibt sich ein *genereller* Managereffekt von 10 Prozent. Die Messung durch einen durchschnittlichen Beurteiler anhand eines durchschnittlichen Items geht demnach in einem sehr geringen Maße auf das Messobjekt zurück, das heißt auf die *generellen* Führungsmerkmale des vorgesetzten Managers. Die Probleme traditioneller betrieblicher Beurteilungssysteme werden offenkundig. Dies Ergebnis bestätigt insoweit die frühe Kritik zur Validität der Vorgesetztenbeurteilung (vgl. Nachreiner, 1978). Beim *dimensionalen* Managereffekt sieht es mit 13 Prozent nur geringfügig besser aus. Der *Beurteilereffekt* ist mit 30 Prozent dagegen drei Mal so hoch wie der allgemeine Managereffekt. Der ermittelte Prozentsatz des Beurteilereffekts ist nur eine Untergrenze; der korrekte Wert liegt höher, lässt sich jedoch mit dem zugrunde liegenden Untersuchungsdesign nicht exakt ermitteln. Man kann wahrscheinlich davon ausgehen, dass die subjektive Einstellung und Meinung des Beurteilenden über ein Drittel der Varianz erklärt. Auf den Einfluss der Stellen gehen weitere 10 Prozent zurück – genauso viel wie auf den allgemeinen Managereffekt. Im Rest von 37 Prozent verbergen sich Fehlervarianz und Varianzkomponenten, die hier nicht diskutiert werden sollen (zum Beispiel Schwierigkeit der Items).

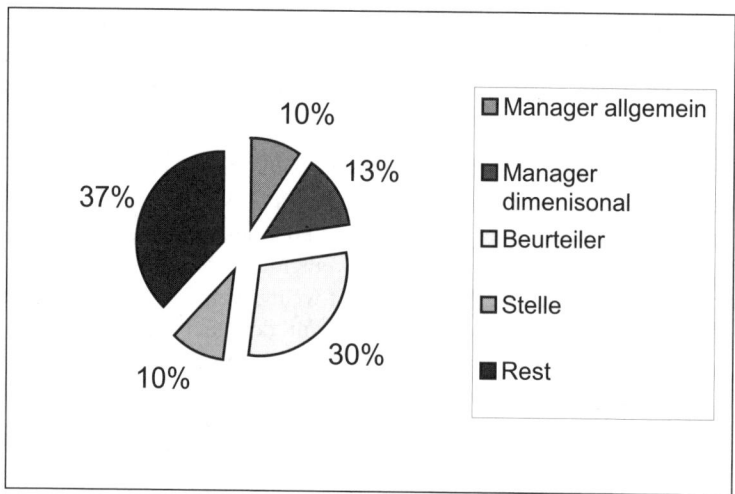

Abbildung 2: Effekte bei Beurteilungen durch Kollegen

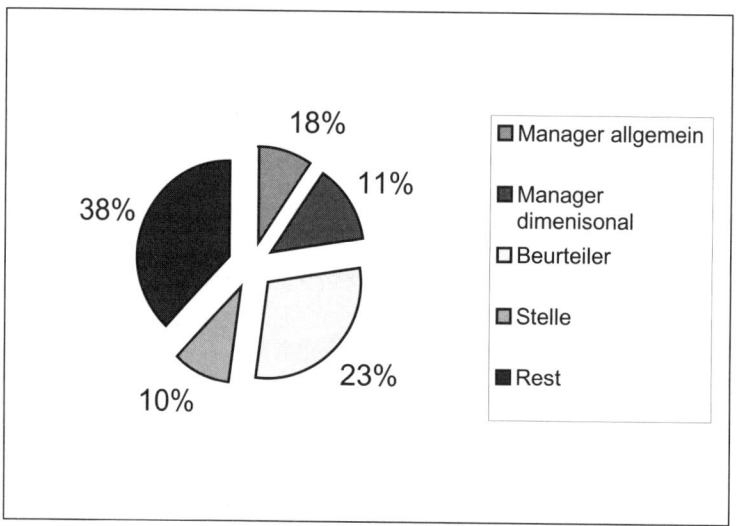

Abbildung 3: Effekte bei Beurteilungen durch Mitarbeiter

Abbildung 3 zeigt die ermittelten Effekte bei Beurteilungen durch Mitarbeiter.

Der *generelle* Managereffekt ist bei Beurteilungen durch die Mitarbeiter mit 18 Prozent erheblich größer als bei den Kollegen. Dieser Unterschied zeigt sich demgemäß auch in den hieraus ermittelten Zuverlässigkeiten in Abschnitt 4.3.

Der *dimensionale* Managereffekt erweist sich mit 11 Prozent als etwas geringer als bei den Beurteilungen durch Kollegen. Die Schätzung des Anteils der *Stellen* beträgt mit 10

Prozent genau so viel wie bei den Kollegen, da nicht zwischen beiden Beurteilergruppen differenziert werden kann. Die *Restkategorie* umfasst mit 38 Prozent nur 1 Prozent mehr als bei den Kollegen.

4.3   Ergebnisse II (E-Studien)

4.3.1 Item-Level-Beurteilung

Waldmann (2003) errechnete für Einzelbeurteilungen relative G-Koeffizienten von 0,081 (schlechtester Fall) bis 0,227 (bester Fall). Nunnally (1978) verlangt jedoch eine Reliabilität von 0,7 – meilenweit sind davon Urteile entfernt, die lediglich auf einen Beurteiler und ein Item begründet sind. Kommen denn Einzelbeurteilungen in der Praxis überhaupt vor? Der Vorgesetzte im traditionellen Beurteilungssystem handelt nach dieser Maxime, wenn er anhand eines summarischen Merkmals eine Einschätzung vornimmt. Wie ist das bei modernen 360-Grad-Feedbacksystemen? Nach einer Studie von Leslie & Fleenor (1998) ist dort bei nicht weniger als 21 von 24 der untersuchten Feedbackinstrumente ein „Item-Level-Feedback" vorgesehen (S. 33f.) – und das setzt eine „Beurteilung auf Itemebene" voraus. Beurteilt nur einer – so der Vorgesetzte –, hat man es auch hier mit Einzelbeurteilungen zu tun. Ein Merkmal der Zielperson lässt sich damit nach wissenschaftlichen Kriterien nicht erfassen. Die Frage ist, wie das diesbezügliche Feedback interpretiert werden soll. Diese Thematik wird in Abschnitt *Items als Projektionsstimuli* nochmals aufgegriffen.

4.3.2 Skala 1 (allgemeine Führungsmerkmale)

In diesem und dem folgenden Abschnitt 4.3.3 wird keine Item-Level-Beurteilung wie in Abschnitt 4.3.1 untersucht, sondern Einschätzungen, die mit jeweils 16 Items der Skalen 1 und 2 erfasst werden. Diese in Skalen zusammengefassten und verdichteten Führungsfragen erhöhen die Zuverlässigkeit der Beurteilung. Darüber hinaus soll die Reliabilität

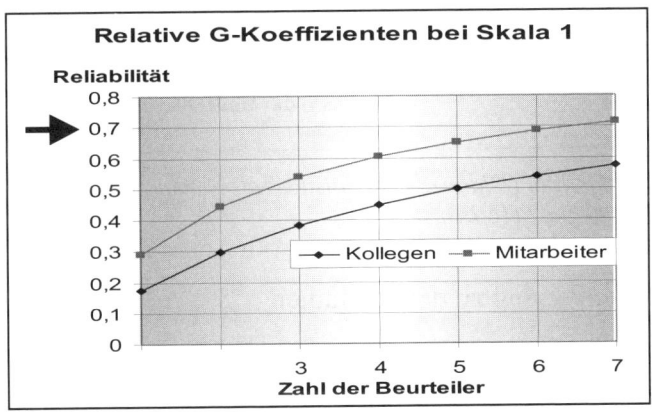

Abbildung 4: Reliabilität (relativer G-Koeffizient) als Funktion der Zahl der Beurteiler bei Skala 1 (16 Items)

als Funktion der Zahl der Beurteiler dargestellt werden. Die folgende Abbildung 4 zeigt für Skala 1 (allgemeine Führungsmerkmale), mit welcher Zahl von beurteilenden Mitarbeitern und Kollegen welche Reliabilitäten im Sinne des relativen G-Koeffizienten zu erzielen sind.

Zwar sind nun 16 Items zusammengefasst, jedoch erzielt ein einzelner Beurteiler bei weitem immer noch keine Zuverlässigkeit, die das Kriterium von Nunnally (1978) erfüllt: Ein Kollege erreicht gerade eine Reliabilität von 0,18, während ein Mitarbeiter eine von 0,29 zustande bringt. Es braucht schon sieben Mitarbeiter, um das Reliabilitätskriterium zu übertreffen (0,72). Die Kollegen schaffen es bei 16 Items aus Skala 1 nie.

4.3.3 Skala 2 (Karrierehindernisse)

Abbildung 5 stellt die gleichen Informationen für Skala 2 (Karrierehemmnisse) dar.

Bei den zusammengefassten 16 Items von Skala 2 sieht es schon etwas besser aus. Allerdings schafft es auch hier kein einzelner Beurteiler, das Kriterium von Nunnally zu erreichen. Dieses Mal sind dazu aber drei Mitarbeiter in der Lage (0,74). Die Kollegen nehmen auch dieses Mal die Hürde nicht, auch nicht mit sieben Beurteilern (0,68).

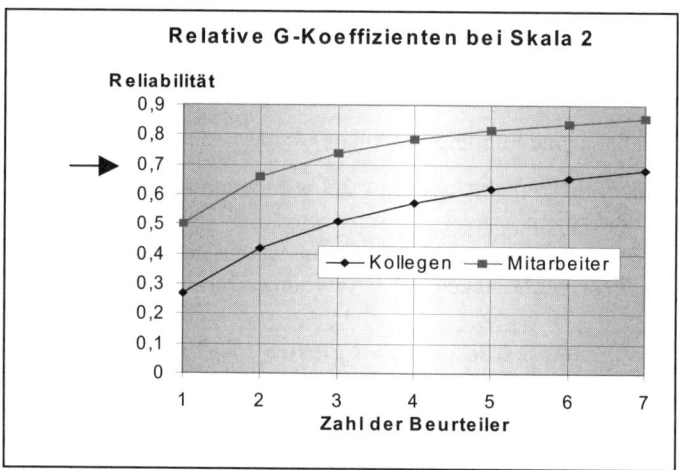

Abbildung 5: Reliabilität (relativer G-Koeffizient) als Funktion der Zahl der Beurteiler bei Skala 2 (16 Items)

4.4 Zusammenfassung zu den E-Studien

Die Ergebnisse der E-Studien lassen sich wie folgt zusammenfassen:

1. Beurteilungssysteme, die sich nur auf einen Beobachter verlassen (traditionelle singlerater-Systeme), erreichen nicht die erforderliche Reliabilität von 0,7 (Nunnally, 1978) und sind damit untauglich.

2. Im Gegenteil, ein zuverlässiges Beurteilungssystem benötigt eine Vielzahl von Beurteilern (mulitrater-Systeme) und Items, die auf Skalenebene interpretiert werden.

3. Die Reliabilität hängt auch von der beurteilenden hierarchischen Stelle ab; so ist sie hier bei Mitarbeitern höher als bei Kollegen.

4. *Darüber hinaus variiert die Zuverlässigkeit der Einschätzungen je nach Beurteilungsaspekt:* Skala 2 (Karrierehemmnisse) ermöglicht höhere relative G-Koeffizienten als Skala 1 (allgemeine Führungsmerkmale).

5 Diskussion ausgewählter Ergebnisse

5.1 Wer sind bessere Beurteiler: Mitarbeiter oder Kollegen?

In Waldmanns Sekundärstudie (2003) wurde ein bemerkenswerter Unterschied beim generellen Managereffekt gefunden, und zwar beträgt er bei Beurteilungen durch die Kollegen 10 Prozent, während es bei Mitarbeitern 18 Prozent sind. Dementsprechend ist die Reliabilität bei Einschätzungen durch die Mitarbeiter höher (vgl. Abbildung 4 und Abbildung 5). In Einklang damit ist der Beurteilereffekt bei Einschätzungen durch die Kollegen (30 Prozent) größer als bei Mitarbeitern (23 Prozent). Die Urteile zweier Mitarbeiter sind sich ähnlicher als die Urteile zweier Kollegen. Die höhere Intersubjektivität der Mitarbeiter weist nach erstem Anschein die Mitarbeiter als die reliableren Einschätzer aus. Aber eine kritische Betrachtung ist freilich geboten. Auch die beste mathematisch-statistische Methode kann nicht erkennen, weshalb die Mitarbeiter die Zielperson (ihren Vorgesetzten) konsistenter beurteilen als die Kollegen. Und gerade das ist ja der springende Punkt: Die Intersubjektivität ist eben nur eine notwendige, aber keine hinreichende Bedingung für die Objektivität der Beurteilung.

An dieser Stelle sollen zwei Argumente in die Diskussion gebracht werden – eines, welches das Ergebnis stützt, wonach die Mitarbeiter die besseren Beobachter sind, und eines, das zumindest für einen diesbezüglichen Zweifel Anlass geben kann. Nach Rothstein (1990) erhöht die zunehmende Gelegenheit zur Beobachtung die Interraterreliabilität (Intersubjektivität). Die Mitarbeiter in Waldmanns Sekundärstudie (2003) hatten mutmaßlich weit mehr Gelegenheit zur Beobachtung der Zielperson (ihren Vorgesetzten) als die Kollegen, die in der Regel Abteilungsleiter verschiedener Funktionsbereiche waren (Controlling, Produktion, Personal etc.). Dies stützt das Ergebnis, wonach die Einschätzungen der Mitarbeiter zuverlässiger sind. Auf der anderen Seite sollten die einzelnen Beurteilungen unabhängig voneinander getroffen werden. Beim *konsensualen Halo* (Nachreiner, 1978) ist dies gerade nicht der Fall. Dem könnten die Mitarbeiter zum Teil wenigstens erlegen sein, da sie in weit höherem Maße miteinander interagierten als die Kollegen. So ist es möglich, dass sie sich abgesprochen oder eine Stereotype über ihren Vorgesetzten gebildet hatten, die nicht viel mit der Realität zu tun hat. Wäre dies in erheblichem Maße so, wäre in Frage gestellt, ob die Mitarbeiter tatsächlich reliablere Urteile abgeben.

Die empirischen Ergebnisse der Sekundärstudie sprechen – wie gesagt – für die Überlegenheit der Mitarbeiter als Beurteiler. Allerdings muss dies noch kritisch überprüft werden, wie die beiden oben genannten Argumente belegen.

5.2 Perspektivische Sichtweisen

5.2.1 Kollegen versus Mitarbeiter

Erstmals konnte in Waldmanns Studie (2003) ein *Stelleneffekt* in Bezug auf *Kollegen* und *Mitarbeiter* empirisch belegt werden. Zwar war in der Literatur bereits versucht worden, einen Stelleneffekt nachzuweisen, jedoch mit nicht angemessen Methoden und Daten (zum Beispiel Conway & Huffcutt, 1997; Mount et al., 1998; Scullen et al., 2000). In den Einzelbeurteilungen schlägt sich die Hierarchieebene des Beurteilenden zu 10 Prozent nieder. Offensichtlich haben Kollegen und Mitarbeiter *perspektivische* Sichtweisen. Was könnte dies bedeuten? (1) Mit den verschiedenen Perspektiven variieren auch die beobachtbaren Führungsaspekte. Das wäre ein Vorteil, da dann jede Hierarchieebene einen zusätzlichen Merkmalsbereich erfassen könnte, der ihr in besonderem Maße zugänglich ist. (2) Kollegen und Mitarbeiter verfügen prinzipiell über verschiedene Sichtweisen – ganz unabhängig von den realen Führungsmerkmalen, die sie beurteilen sollen. Bei dieser Variante gäbe es keinen Vorteil für den Beurteilungsprozess, eher wohl das Gegenteil. Welche Erklärung zutrifft, muss noch erforscht werden.

5.2.2 Fremd- versus Selbsteinschätzungen

Waldmann (2003) untersuchte auch die Unterschiede zwischen Selbst- und Fremdeinschätzungen durch Kollegen, Mitarbeiter und den Vorgesetzten. Auch hier findet sich eine eindeutige Perspektivität der Sichtweisen – und das in einem erstaunlich hohen Ausmaß: Die Fremdeinschätzer differenzieren über 2 ½ Mal stärker zwischen den Zielpersonen als die Selbstbeurteiler. Hiernach sehen sich die Führungskräfte untereinander weit ähnlicher, als es die Fremdeinschätzer tun. Womöglich geben Selbsteinschätzer weitgehend eine Stereotype wieder. Für die Hauptaufgabe von Beurteilungssystemen, zwischen den Führungskräften zu differenzieren, scheinen jedenfalls Fremdbeobachter besser geeignet zu sein. Andererseits unterscheiden die Selbsteinschätzer in höherem Maße zwischen den einzelnen Führungsitems. Das mag bedeuten, dass sie zwischen ihren individuellen Stärken und Schwächen eher differenzieren als Fremdbeurteiler. Gerade bei Personalentwicklungsmaßnahmen, wo es auf individuelle Stärken und Schwächen ankommt, müsste demgemäß in besonderem Maße auf diese Selbsteinschätzungen gebaut werden.

5.3 Mehr Informationen über den Beurteiler als über den Beurteilten

Der individuelle *Beurteilereffekt* ist verhältnismäßig stark ausgeprägt und umfasst zum Beispiel bei den Kollegen mehr als 30 Prozent der gesamten Urteilervarianz. Darin drücken sich offensichtlich die subjektive Einstellung und Meinung des individuellen Beurteilers aus. Der Beurteilereffekt ist in um ein Vielfaches größer als die beiden Arten des Managereffekts (10 Prozent bzw. 13 Prozent bei Kollegen). Daraus kann folgender

Schluss gezogen werden: *Betriebliche Einzelbeurteilungen enthalten etwa dreimal mehr an Informationen über den Beurteilenden als über den Beurteilten (die Zielperson).* Dennoch sind reliable Messungen möglich, wie im Rahmen der E-Studien in Abschnitt 4.3 gezeigt wurde. Das ist dann der Fall, wenn eine Vielzahl von Einzelbeurteilungen in einen Messwert verdichtet wird. Ein solches Beurteilungssystem muss eine angemessene Anzahl von Beobachtern und Items umfassen, die Dimensionen beschreiben. Die Generalisierbarkeitstheorie mit ihren G- und E-Studien ist zur Konstruktion solcher Systeme die Methode der Wahl.

6   Anmerkungen zur 360-Grad-Beurteilung in der Praxis

6.1   Anwendungsformen der 360-Grad-Beurteilung

Welche Bedeutung haben die Ergebnisse für die *360-Grad-Beurteilung* und das *360-Grad-Feedback* in den Unternehmen? Das kommt auf das primäre Ziel an, das mit dem System verfolgt wird. Zwei grundsätzliche Anwendungsformen lassen sich unterscheiden. Einerseits kann es das Ziel sein, die realen Führungsmerkmale der Manager zu erfassen, was bislang auch hier unterstellt worden war. Diese Variante ist von Waldmann (2003) als *Führungs-* und *Manageraudit* bezeichnet worden. Andererseits mag das Feedback den Führungskräften auch lediglich dazu dienen, zu erfahren, wie sie gesehen werden, unabhängig davon, wie sie tatsächlich sind. Diese Form der 360-Grad-Einschätzung wurde in analoger Weise *Beurteileraudit* genannt (vgl. zu dieser Unterscheidung auch Tornow, 1993.)

6.1.1   Führungs- oder Managementaudit

Die bisherige Diskussion bezog sich ganz allgemein auf betriebliche Beurteilungssysteme, deren Ziel es ist, reale Merkmale des Beurteilten zu erfassen. Bei einem Managementaudit gilt demnach das bislang zur Beurteilung Gesagte. Die Zuverlässigkeit von Einzeleinschätzungen ist viel zu gering und muss durch Beurteilungssysteme verbessert werden, die sich durch eine Mehrzahl von Beurteilern und Dimensionen auszeichnen, in denen eine genügend hohe Anzahl homogener Items zusammengefasst sind. Die Konstruktion dieser Systeme sollte sich dabei an den Ergebnissen von E-Studien orientieren. Ein damit erhobenes Führungsverhalten kann dann auch guten Gewissens als Feedback zurückgespiegelt werden, das der Führungskraft zum Beispiel zeigt, wie sie sich im realen Führungsalltag verhält. Das mag nicht nur zur Selbsterkenntnis beitragen, sondern auch Anknüpfungspunkt für eine Vielzahl von Personalentwicklungsmaßnamen sein (siehe hierzu die entsprechenden Beiträge in diesem Reader).

6.1.2   Beurteileraudit

Ziel und Vorteil

Beim *Beurteileraudit* besteht das Ziel für die Führungskräfte darin, zu erfahren, wie sie von den relevanten anderen *gesehen werden,* unabhängig davon, wie sie wirklich sind.

Das ist für Manager mit Führungsverantwortung ein großer Vorteil. Das Machtgefälle in Hierarchien hat nämlich zur Folge, dass Vorgesetzte vieles nur gefiltert zu hören bekommen. Dies zum einen deshalb, weil sie zum Macherhalt selbst darauf achten, dass keiner ungeschminkt die Wahrheit sagt (nach einem Ratschlag von Machiavelli); zum anderen deshalb, weil die Mitarbeiter von sich aus ihrem Vorgesetzten nur geschönte Informationen zukommen lassen, um sich selbst nicht zu gefährden (gemäß dem Schicksal Hiobs). In diesem 360-Grad-Feedback erfahren zu haben, wie die Führungskraft gesehen wird, sollte sie befähigen, mit den relevanten anderen in einen Dialog zu treten. Die Qualität der Beziehungen sollte sich verbessern und dadurch auch die Effizienz der Arbeitsprozesse, da zumindest Reibungen verringert werden. (Darüber wird an anderer Stelle in diesem Reader berichtet).

Items als Projektionsstimuli

Wie erfahren die Führungskräfte aber, wie sie gesehen werden? Wie werden die subjektiven Einstellungen und Meinungen in den üblichen Feedbackinstrumenten erhoben? Sollte diese Information in direkter Weise erfragt werden, müsste genau das in den Instruktionen stehen, etwa so: *„Es geht einzig und alleine um Ihre subjektive Einstellung und Meinung der Zielperson gegenüber, losgelöst davon, wie die Zielperson wirklich ist."* In den gängigen Feedbackinstrumenten findet sich eine solche oder eine ähnliche Instruktion nicht, im Gegenteil, es wird ja ausdrücklich auf die Merkmale der Zielperson abgehoben. Es wird auch zum Beispiel nicht danach gefragt, wie gerne der Einschätzende mit der Zielperson zusammenarbeitet, wie dies bei einem soziometrischen Instrument der Fall sein könnte. Die gängigen 360-Grad-Erhebungsbögen haben nicht die soziometrische Form, sondern kommen in Gestalt von Beurteilungssystemen daher, welche die realen Merkmale der Zielperson zu ermitteln vorgeben.

Die subjektiven Einstellungen und Meinungen können daher gar nicht in direkter, sondern nur in indirekter Form kommuniziert werden: Die Items stellen insoweit *Projektionsstimuli* dar, anhand derer der Beurteilende seine subjektiven Einstellungen und Meinungen ausdrückt. Die Projektionen (Beurteilereffekt) nehmen ja im Vergleich zu den Führungsmerkmalen (Managereffekt) mehr als drei Mal so viel Platz ein. Die Analyse und Deutung dieses Feedbacks ist deshalb grundsätzlich ergiebiger als der Versuch, von einer Einzelaussage auf Merkmale der Zielperson zu schließen. Aber auch diese Einzelfeedbacks müssen im Zusammenhang gesehen werden. Bei Analyse und Deutung der Projektionen sollte die Führungskraft auf jeden Fall von einem erfahrenen Psychologen unterstützt werden, ebenso bei der Ableitung geeigneter Entwicklungsschritte (dazu siehe an anderer Stelle in diesem Band).

6.2 (Un-)Klarheit über Ziele in der Praxis

Welche Intention bei der 360-Grad-Beurteilung im Vordergrund steht, darüber herrscht ist die Praxis leider nicht immer Eindeutigkeit; in manchem Workshop rätseln die beurteilten Manager, was denn erhoben worden sei – ihre objektiven Führungsmerkmale (Managmentaudit) oder bloß die subjektiven Einstellungen und Meinungen der anderen

(Beurteileraudit). Auch die moderierenden Trainer und Coachs tun sich mit dieser Frage oft schwer. Kritik am 360-Grad-Feedback mag auch aus dieser oft anzutreffenden konzeptionellen Unausgegorenheit herrühren (siehe zum Beispiel Neuberger, 2000). Das ist ein unglücklicher Zustand. Hält man nämlich die beiden Grundformen streng auseinander, lassen sich Instrumente von großem personalpolitischen Nutzen konzipieren und anwenden. In diesem Beitrag wurden die Vorteile eines 360-Beurteilungssystems skizziert, das auf einer Mehrzahl von Beurteilern und Führungsdimensionen beruht. Andere positive Beispiele finden sich in diesem Band.

Karsten Müller & Sandra I. Reinmuth

Die Erfassung von Mitarbeitereinstellungen im multinationalen Kontext

1 Bedeutung und Besonderheiten multinationaler Mitarbeiterbefragungen

Zu Beginn des 21. Jahrhunderts ist die Wirtschaftslandschaft vor allem durch einen Faktor gekennzeichnet: die rasant fortschreitende Globalisierung (Bauer & Taylor, 2001; Deutscher Bundestag, 2002; Koopmann & Franzmeyer, 2003; Welfens, 2000). Die ökonomische Welt ist auf dem besten Weg, zu einem großen gemeinsamen Marktplatz zusammen zu wachsen (Deresky, 1994; Matsumo & Juang, 2004). Neben der Intensivierung des Welthandels gewinnt auch die zunehmende Internationalisierung der Produktion selbst an Bedeutung. Während die Welthandelskonferenz (United Nations Conference on Trade and Development, UNCTAD) schon in den frühen 90er Jahren weltweit rund 37.000 multinationale Unternehmen (MNU) zählte, sind es mittlerweile sogar mehr als 64.000 mit über 870.000 dazugehörigen ausländischen Tochtergesellschaften (United Nations Conference on Trade and Development, 2003). Die globale Präsenz transnationaler Konzerne zeigt sich deutlich in der dominanten Stellung im Welthandel: Sie tätigen zwei Drittel des internationalen Warentransfers, die Hälfte davon entfällt auf Intrafirmenhandel (Koopmann & Franzmeyer, 2003). Hinzu kommt ein breiter Strom grenzüberschreitender Direktinvestitionen (Foreign Direct Investment, FDI) (Deutscher Bundestag, 2002). Dabei handelt es sich um längerfristige unternehmerische Investitionen im Ausland, sei es in Form von Gründungen neuer Werke oder von Zusammenschlüssen mit und Übernahmen von bereits bestehenden Unternehmen.

Durch diese wachsende Bedeutung multinationaler Unternehmen und die allgemeinen ökonomischen und politischen Globalisierungstendenzen verschmilzt neben den Finanz-, Waren- und Dienstleistungsmärkten auch die Arbeitswelt. Insgesamt beschäftigen alle transnationalen Konzerne nach Schätzungen der Welthandelskonferenz über 86 Millionen Menschen, davon 53 Millionen in den ausländischen Werken (UNCTAD, 2000; 2003). International tätige Unternehmen unterscheiden sich von rein national operierenden Firmen in zwei fundamentalen Merkmalen: ihrer geografischen Ausbreitung und der kulturellen Vielfältigkeit des Personals (Adler, 2002). Beides erzeugt zusätzliche Komplexität, welche die Organisation vor neue Herausforderungen stellt. Handelsübereinkommen, technologischer Vorsprung und weltweite Kapitalinvestitionen reichen daher längst nicht mehr aus, um dauerhaft wettbewerbsfähig zu bleiben (Cascio, 1995). Die wirtschaftlichen Vorteile der Internationalisierung können nur erfolgreich ausgeschöpft werden, wenn die Koordination des Humankapitals der Organisation über Ländergrenzen hinweg gelingt (Palich & Gomez-Mejia, 1999). Internationales Human Resource Management (IHRM) ist daher eine der bedeutsamsten, aber auch anspruchvollsten Aufgaben eines multinationalen Unternehmens (Nickel & Radermacher, 1997). Dabei ist es notwendig, die Auswirkungen kultureller Unterschiede zu kennen, zu verstehen und effektiv damit umzugehen (Palich & Gomez-Mejia, 1999). Gelingt die Integration des Pluralismus der Kulturen, lassen sich daraus Synergieeffekte gewinnen: Kreativität, Innovation, Flexibilität, erhöhte Sensitivität für ausländische Kunden, ein größerer Pool an vielfältigem Arbeitstalent sowie die Erweiterung von Perspektiven und Meinungen (Deresky, 1994; Palich & Gomez-Mejia, 1999). Der Mangel an kulturellem Verständnis und Feinfühligkeit für nationale Unterschiede kann dagegen Geld und Kooperationsoptionen kosten. Der Mitarbeiterbefragung (MAB) kommt hier die Rolle eines wichtigen strategischen Instruments zu, das bei guter Implementierung in der Lage ist, ein positives Mitarbeiter-Management-Verhältnis zu etablieren und die Effektivität des Unternehmens zu steigern (Dunham & Smith, 1979). Insbesondere für multinationale Firmen ist die MAB von großer Bedeutung, da sie eines der wenigen verbleibenden Instrumente darstellt, mit einer global verteilten Belegschaft in Kontakt zu bleiben. Sie ermöglicht die Kommunikation mit den Mitarbeitern über Ländergrenzen hinweg und die zentrale Steuerung des Unternehmens trotz großer geografischer Entfernungen. Flächendeckende Mitarbeiterbefragungen vermitteln dem Management den „Puls" der Organisation in allen global verteilten Abteilungen. Diese Art des Feedbacks ist somit für weltweit verteilte Unternehmen von weit reichendem Wert, da so auch in entfernten Werken leicht die Wirksamkeit und Akzeptanz von Firmenpraktiken und Prozessen überprüft werden können (Dunham & Smith, 1979). Gerade bei der multinationalen Durchführung von Mitarbeiterbefragungen ergeben sich jedoch spezifische Herausforderungen und Probleme, auf die im Folgenden eingegangen wird.

Die Mitarbeiterbefragung kann als komplexer Teilprozess eines umfassenderen Organisationsentwicklungsprozesses konzeptualisiert werden (Comelli, 1997). Wichtige Schritte dieses Prozesses sind die Festlegung der strategischen Ziele der Mitarbeiterbefragung, die Organisation und Zusammenstellung des Projektteams, die Entwicklung des Fragebogens, die Information der Mitarbeiter, die organisatorische sowie logistische Abwicklung der Befragung, die Rückspiegelung und Interpretation der Ergebnisse, die Durchführung von Workshops, die Ableitung von Maßnahmen und das Maßnahmencontrolling (Trost, Jöns & Bungard, 1999). Besonderheiten bei der Durchführung multinationaler Mitarbeiterbefragungen können folglich für jeden einzelnen dieser Prozessabschnitte diskutiert werden. So ist bereits bei der Organisation und Zusammenstellung des Projektteams auf eine ausreichende Einbindung nationaler Repräsentanten zu achten (Johnson, 1996). Exemplarisch sei weiter angemerkt, dass sich bei der organisatorischen und logistischen Abwicklung von multinationalen Befragungen ebenfalls besondere Probleme ergeben. Die globale Verwendung von Online-Fragebögen ist vor dem Hintergrund kulturell unterschiedlicher Akzeptanz dieser Technologie sorgfältig zu prüfen. Bei papierbasierten Befragungen hingegen müssen infrastrukturelle Besonderheiten bestimmter Länder und der erhöhte logistische Aufwand, insbesondere in der Zeitplanung des Befragungsprojekts, berücksichtigt werden. Ebenfalls muss sich die Gestaltung eines Follow-up-Workshops in den USA sicherlich von der in Japan unterscheiden (Johnson, 1996). Viele dieser Probleme existieren jedoch nicht exklusiv bei multinationalen Mitarbeiterbefragungen, sondern sind in ähnlicher Weise auch anderen Aufgaben des Internationalen Human Resource Managements inhärent (siehe z. B. Evans, Pucik & Barsoux, 2002). Spezifischer für den MAB-Kontext sind dagegen Fragen der globalen Anwendbarkeit von Messinstrumenten zur Erfassung der Mitarbeiterzufriedenheit sowie der Vergleichbarkeit und Interpretation von Ergebnissen unterschiedlicher Kulturkreise. Folgerichtig wurden diese beiden Themen mit deutlichem Abstand von den Unternehmen der TOP-100-Studie (vgl. den Beitrag von Bungard & Steimer in Abschnitt IV in diesem Band) als wichtigste Probleme multinationaler Mitarbeiterbefragungen angeführt und sollen daher im Folgenden näher betrachtet werden.

2 Globale Anwendbarkeit der Messinstrumente

Die Frage der globalen Anwendbarkeit von Messinstrumenten zur Erfassung von Mitarbeiterzufriedenheit ist identisch mit der Frage der interkulturellen Messäquivalenz der verwendeten Skalen. Interkulturelle Messäquivalenz beschreibt den Sachverhalt der psychometrischen Äquivalenz des verwendeten Messinstruments, und damit der beobachteten Werte, über alle Länder (Hui & Triandis, 1985). Da psychologische Messinstrumente keine Eigenschaften inhärent haben, die garantieren, dass sie in allen Kulturen in gleicher Weise eingesetzt werden können (Spini, 2003), kann ihre globale Transferierbarkeit nicht a priori angenommen werden, sondern bedarf empirischer Untersuchungen (Ryan, Chan, Ployhart & Slade, 1999; Ryan, Horvath, Ployhart, Schmitt & Slade, 2000).

Wenn Messäquivalenz gegeben ist, erhalten Individuen bei gleicher Ausprägung des latenten Konstrukts, d. h. der zu erfassenden Einstellung oder Meinung über alle Gruppen hinweg, auch tatsächlich denselben beobachteten Wert. Mittelwertsunterschiede zwischen den Gruppen repräsentieren störungsfreie reale Unterschiede hinsichtlich des interessierenden Konstrukts (Drasgow & Kanfer, 1985). Bei mangelnder Invarianz ist es dagegen möglich, dass Gruppenunterschiede in der erfassten Arbeitszufriedenheit lediglich die differenzielle Eignung des verwendeten Messinstruments widerspiegeln (van de Vijver & Leung, 2000). Welche Schlussfolgerungen über die Höhe und Bedeutung nationaler Unterschiede in Arbeitseinstellungen gezogen werden dürfen und welche nicht, hängt somit in entscheidendem Maße von der Überprüfung der Messäquivalenz ab (Riordan & Vandenberg, 1994; Vandenberg & Lance, 2000). Sie ist deshalb eine notwendige und logische Vorraussetzung der sinnvollen Interpretation interkultureller Befragungsergebnisse (Ryan et al., 1999; Ryan et al., 2000; Vandenberg & Lance, 2000).

Die Zuverlässigkeit und Glaubwürdigkeit der Ergebnisse eines Fragebogens, der in einer Kultur entwickelt wurde, anschließend übersetzt und in anderen Ländern eingesetzt wird, ist ohne Tests auf Äquivalenz also nicht gewährleistet (Cheung & Rensvold, 2000; van de Vijver & Leung, 1997; van de Vijver & Leung, 2000). Dies liegt an den vielen verschiedenen Arten der Verzerrungen, die bei einem solchen Transfer auf Konstrukt-, Methoden- und Itemebene entstehen können (van de Vijver & Poortinga, 1997).

Bei einem Konstruktbias weist das gemessene Konstrukt in den verschiedenen kulturellen Gruppen einen gewissen Grad an Unterschiedlichkeit hinsichtlich seiner Bedeutung auf (Byrne & Watkins, 2003). Dies kann an einer unterschiedlichen Eignung der Items in den Ländern liegen. Ein Beispiel hierfür wäre die Abfrage der Zufriedenheit mit bestimmten sozialen Zusatzleistungen der Firma. Dieses Item ist in Ländern unangebracht, in denen solche Zusatzleistungen nicht üblich sind. Weiterhin könnte die Auswahl der Items für bestimmte Länder nicht umfassend genug sein, da die Definition des Konzepts dort breiter ist.

Auf Methodenebene sind ebenfalls mehrere Arten der Verzerrung denkbar:
- unzureichende Vergleichbarkeit der nationalen Stichproben (z. B. bezüglich Geschlechtszusammensetzung, Alter, Bildung)
- systematisch unterschiedliche Bedingungen in der Befragungssituation in verschiedenen Kulturen
- unterschiedliche Vertrautheit der Testperson mit dem Fragenformat in verschiedenen Kulturen
- unterschiedliche Antwortstile (z. B. Tendenz zur extremen Antwort, Tendenz zur sozialen Erwünschtheit, Zustimmungstendenz) in verschiedenen Kulturen

All diese Faktoren können zu Unterschieden in den Antworten der Gruppen führen, sie stehen jedoch nicht in Verbindung zu tatsächlichen Unterschieden bezüglich des interessierenden Konstrukts.

Die dritte Art der Verzerrung findet auf Itemniveau statt. Hier können Verfälschungen aufgrund schlechter Übersetzungen und zu komplexer oder unangebrachter Formulierungen der Fragen entstehen.

Alles in allem unterstreicht die lange Liste an potenziellen Störeinflüssen die Notwendigkeit der empirischen Äquivalenzprüfung. Zu deren Durchführung ist neben der Item Response Theorie (IRT) die Technik der Mehrgruppenanalyse im Rahmen der konfirmatorischen Faktorenanalyse (CFA) besonders geeignet (vgl. z. B. Caprara, Barbaranelli, Bermúdez, Maslach & Ruch, 2000; Cheung & Rensvold, 2000; Drasgow & Kanfer, 1985; Little, 1997; Reise, Widaman & Pugh, 1993; Steenkamp & Baumgartner, 1998).

Trotz der zentralen Bedeutung interkultureller Messäquivalenz der verwendeten Erhebungsinstrumente zur Vermeidung falscher Schlussfolgerungen über nationale Unterschiede ist die Anzahl der Studien, die sich auf dem Gebiet der Arbeitszufriedenheit diesem Thema bisher widmeten, eher begrenzt, obwohl Messinstrumente zur Erfassung der Einstellungen von Mitarbeitern immer häufiger global eingesetzt werden (Ryan et al., 1999).

In den 80er Jahren wurden vor allem die Items des Job Descriptive Index (JDI, Smith, Kendall & Hulin, 1969) Äquivalenztests unterzogen. Hulin, Drasgow und Komocar (1982) verglichen mit Hilfe der IRT-Methode eine spanische und eine englische Version des JDI. Von den 72 Items konnten drei als nicht-äquivalent identifiziert werden, was den Autoren zufolge an Übersetzungsproblemen lag. Dennoch ist die Anzahl von Fragen, die differenzielle Eignung aufwiesen, nicht höher als die per Zufall erwartete. Insgesamt kann also gute Messäquivalenz des Instruments angenommen werden. Einen größeren Anteil nicht-äquivalenter JDI-Items fanden Hulin und Mayer (1986) beim Vergleich zwischen Stichproben aus den USA und Indien, hier waren es immerhin ein Drittel der Fragen, die unterschiedliche Eignung in den Ländern zeigten. Auch Candell und Hulin (1986) konnten für einige Fragen des JDI keine Äquivalenz zwischen einer englischen und einer französischen Version bescheinigen.

Ryan et al. (2000) untersuchten die interkulturelle Messäquivalenz einer Skala zur Vorgesetztenbeurteilung. Die Ergebnisse der Studie indizierten keine praktisch relevante Einschränkung in der globalen Anwendbarkeit des Instruments. Im Gegensatz hierzu fanden Riordan und Vandenberg (1994) unzureichende Äquivalenz für eine Skala der Zufriedenheit mit dem Vorgesetzten zwischen einer US-amerikanischen und einer süd-koreanischen Stichprobe.

Unter Verwendung der CFA-Methodik untersuchten Ryan et al. (1999) die Äquivalenz eines ad-hoc-konzipierten Mitarbeiterbefragungsbogens in einer US-amerikanischen, mexikanischen, australischen und spanischen Stichprobe. Die Befunde ergaben nur ge-ringe Abweichung der psychometrischen Eigenschaften in den verschiedenen Gruppen, welche den Autoren zufolge die praktische multinationale Anwendung des Bogens nicht in Frage stellten. Als primäre Quelle der Abweichungen wurden auch in dieser Studie Übersetzungsprobleme identifiziert.

Judge et al. (2001) resümieren nach umfangreicher Diskussion entsprechender Studien, dass die vorliegenden Befunde nicht einheitlich sind, die Ergebnisse jedoch insgesamt eher die Hypothese der globalen Anwendbarkeit von Skalen zur Erfassung der Mitarbei-terzufriedenheit unterstützen.

Auffällig ist jedoch, dass in den bisherigen Studien kaum asiatische Länder in den Un-tersuchungen berücksichtigt werden. Außerdem scheint die häufigste Quelle mangelnder Äquivalenz eine missverständliche Übersetzung zu sein. Entsprechend konnten Hattrup, Müller und Jöns (2004) in einer neueren, sehr umfassenden Studie zeigen, dass bei soli-der Konzeption, entsprechendem Übersetzungsaufwand, statistischer Optimierung und umfangreicher Validierung der MAB-Skalen über ein weites Spektrum von Ländern (inklusive asiatischer Nationen) ein hohes Maß an Messäquivalenz zu finden ist.

Aspekte der globalen Anwendbarkeit sollten also bereits bei der Entwicklung von Mitar-beiterbefragungsskalen sorgfältig berücksichtigt werden. Brislin (1986) macht eine Rei-he von Vorschlägen, wie bereits in der Entwicklungsphase eines Fragebogens dessen Übersetzbarkeit gesteigert werden kann. So sollten die Sätze kurz und einfach gehalten werden. Als ungefähre Richtgröße sollten nicht mehr als 16 Wörter verwendet werden. Ferner ist die Verwendung von aktiven im Gegensatz zu passiven Formulierungen zu empfehlen. In Abhängigkeit der Zielsprache ist die passive Form zu komplex in ihrer Konstruktion und stärker anfällig für Missverständnisse. Außerdem sollte die Wiederho-lung des Nomens dem Einsatz von Pronomen vorgezogen werden, d. h. die Formulie-rung „Führt Ihr Vorgesetzter...?" ist der Verwendung von „Führt er...?" überlegen. Wei-terhin sollten Quantifizierungsangaben möglichst konkret formuliert werden. Ausdrücke wie „häufig", „manchmal", „oft" etc. besitzen sowohl interindividuell als auch interkul-turell stark unterschiedliche Bedeutungsassoziationen. Wie oft muss sich der Vorgesetzte mit dem Mitarbeiter unterhalten, damit dies häufig ist? Einmal am Tag, einmal in der Woche oder einmal im Monat? Besonders bedeutsam ist zudem die Vermeidung be-stimmter Redewendungen, Metaphern o. Ä., wie z. B. „Ziehen Sie und Ihre Kollegen alle an einem Strang?". Diese Formulierungen sind häufig in starkem Maße kulturell geprägt und die bedeutungsäquivalente Übersetzung kaum möglich.

Eine wirkungsvolle Methode zur Überprüfung der Angemessenheit der Übersetzungen ist die Übersetzungs-Rückübersetzungs-Prozedur nach Werner & Campbell (1970). Hierbei werden die Skalen zunächst durch Bilingualisten von der Ursprungssprache in die Zielsprache und anschließend durch andere Bilingualisten von der Zielsprache zurück in die Ursprungssprache übersetzt. Die rückübersetze Version wird dann mit der Ursprungsversion verglichen. Nicht-triviale Divergenzen der beiden Versionen deuten auf Übersetzungsprobleme hin. Im Zweifel ist die Gleichheit der Konnotation einer wortgetreuen Übersetzungen vorzuziehen. Über diese Technik hinausgehend ist auch die Methode des Cultural-Decentering anwendbar (van de Vijver & Leung, 1997). Bei dieser Technik wird neben der Optimierung der Übersetzung das Ursprungsinstrument kulturell dezentriert, d. h. Ausdrücke oder Items, welche häufig Schwierigkeiten bei der Übersetzung verursachen, werden in der Ursprungssprache modifiziert bzw. im Extremfall aus dem Instrument entfernt.

Insgesamt sollte bei der Übersetzung von Fragen nicht nur die semantische Äquivalenz geprüft werden, vielmehr müssen auch die Natürlichkeit des Sprachflusses und die Einfachheit des Verständnisses der übersetzten Skalen Beachtung finden.

Eine weitere Optimierung der globalen Angemessenheit von MAB-Skalen kann durch abschließende Modifizierungen aufgrund der Ergebnisse von Vortests der neu entwickelten Sprachversionen in den entsprechenden Ländern erfolgen. In diesem Zusammenhang ist insbesondere auf die Befunde von Ryan et al. (1999) hinzuweisen, welche Unterschiede im Verständnis einer spanischen Fragebogenversion in einer spanischen und mexikanischen Stichprobe zeigen konnten. Die gleiche Sprache zweier Länder garantiert nicht die Bedeutungsgleichheit der Iteminhalte und deren äquivalente Konnotation. Darüber hinaus ist es generell anzuraten, per Hotline oder E-Mail-Support den Teilnehmern die Möglichkeit des Feedbacks zum Erhebungsinstrument zu geben. Auf diese Weise können Schwierigkeiten bestimmter Sprachversionen ebenfalls potenziell identifiziert werden. Entsprechende Informationen sollten dokumentiert und nach dem Befragungsprojekt sorgfältig ausgewertet werden. Nach Ende der Befragung bieten die oben angesprochenen statistischen Verfahren (IRT- bzw. CFA-Methodik) sehr leistungsstarke Instrumente zur Überprüfung der tatsächlichen Äquivalenz der verwendeten Sprachversionen. Die Übersetzung der als nicht-äquivalent identifizierten Items kann auf dieser Grundlage optimiert werden. Bei schwerwiegenden Übersetzungsproblemen ist eine Überarbeitung des Ursprungsinstruments im Sinne des Cultural-Decentering geboten.

3   Vergleich und Interpretation der Ergebnisse

Als zweite wichtige Problematik taucht bei der Durchführung multinationaler Mitarbeiterbefragungen die Vergleichbarkeit bzw. Interpretation der Ergebnisse über verschiedene Länder hinweg auf. Die bereits beschriebene Sicherstellung der globalen Anwendbarkeit des Instruments durch die Etablierung der interkulturellen Messäquivalenz garantiert lediglich die Angemessenheit der verwendeten Fragen in den verschiedenen Kulturen. Das heißt, Übersetzungsfehler, Methodenartefakte, kulturelle Unangemessenheit von Frageinhalten etc. werden als Gründe für potenzielle Unterschiede in den Befragungsergebnissen ausgeschlossen. Dies bedeutet jedoch nicht, dass die Ergebnisse ohne weiteres zwischen verschiedenen Ländern verglichen werden können. Unterschiede in der absoluten Höhe der Mitarbeiterzufriedenheit zwischen Nationen können zum einen in tatsächlichen Unterschieden der objektiven Gegebenheiten vor Ort begründet sein. Zum anderen kann das Antwortverhalten in gewissem Maß aber auch durch die kulturdeterminierten Eigenschaften der antwortenden Personen geprägt sein. Somit reflektieren die Befragungsergebnisse nicht nur die angestrebte Erfassung der tatsächlichen Verhältnisse vor Ort, sondern auch kulturelle Unterschiede zwischen den Nationen.

In der Literatur finden sich zahlreiche Studien zum internationalen Vergleich von Mitarbeiterbefragungsdaten. Eine der ersten, großangelegten Studien zur Untersuchung nationaler Unterschiede in Arbeitseinstellungen wurde von Haire, Ghiselli und Porter (1966) durchgeführt. Befragt wurden insgesamt 3641 Manager aus 14 Ländern. Die Items stammten aus den fünf Bedürfniskategorien nach Maslow (1954) Sicherheit, Soziales, Achtung, Autonomie und Selbstverwirklichung. Angegeben werden sollten a) der Ist-Zustand, b) der gewünschte Zustand und c) die Wichtigkeit des jeweiligen Aspekts. Zufriedenheitswerte wurden als Differenzen zwischen b) und a) berechnet. Beim internationalen Vergleich der Scores konnten Ähnlichkeiten hinsichtlich der relativen Zufriedenheiten festgestellt werden: In den meisten Ländern war die Zufriedenheit mit Autonomie und Selbstverwirklichung geringer als die Zufriedenheit mit sozialen Aspekten und Sicherheit. Im absoluten Level der Zufriedenheit zeigten sich jedoch Länderunterschiede: In allen Bereichen am unzufriedensten waren die Manager aus Indien, Argentinien, Spanien, Chile und Italien. Die höchsten Zufriedenheitswerte wurden in Schweden verzeichnet; Norwegen, Dänemark, England und Japan lagen ebenso bei allen zu bewertenden Aspekten im oberen Bereich. Die Scores der Manager aus den USA, Deutschland und Belgien sind in Bezug auf die Mehrzahl der Facetten im mittleren Zufriedenheitsbereich angesiedelt. Haire und Kollegen (1966) bezeichnen die gefundenen Differenzen als „kulturelle Unterschiede" – tatsächlich handelt es sich aber um nationale Unterschiede, da Kultur weder definiert noch gemessen wurde. Das gleiche Fazit gilt für die von Blunt (1973) berichteten Ergebnisse. Er verglich die Werte von Haire und Kollegen (1966) mit neu erhobenen Daten einer südafrikanischen Stichprobe und fand in fast allen Aspekten der Arbeit niedrigere Zufriedenheitswerte in Südafrika als in den englischsprachigen Ländern, in Nord- und in Mitteleuropa. In den meisten Bereichen war nur die Zufriedenheit der argentinischen, chilenischen und indischen Mitarbeiter noch geringer. Blunt (1973) sieht post-hoc die Gründe für die relativ unzufriedenen Südafrikaner in kulturellen und politischen Faktoren, ohne dies jedoch einer empirischen Überprüfung zu unterziehen.

Slocum und Kollegen (Slocum, 1971; Slocum & Topichak, 1972; Slocum, Topichak & Kuhn, 1971) erfassten die Zufriedenheit von operativen Mitarbeitern in den USA und Mexiko. Die beiden Stichproben waren hinsichtlich Firma, Technologie, formaler Struktur und Art der Arbeit parallelisiert. Messinstrument und Operationalisierung der Zufriedenheit entsprachen denen der beiden zuvor beschriebenen Studien. In sieben der zwölf Items und im Gesamtscore zeigten sich die mexikanischen Mitarbeiter signifikant zufriedener als die US-amerikanischen. Slocum und Kollegen (1971) kommentieren: „The data indicate culture significantly affects need satisfaction." (S. 443). Kulturelle Variablen flossen aber auch hier nicht in die empirische Datenanalyse ein. Die „kulturelle" Erklärung gefundener nationaler Unterschiede erfolgte erneut post-hoc. Vorsichtiger mit der Interpretation ihrer Daten sind Simonetti und Weitz (1972) in ihrer Vergleichsstudie der Zufriedenheit von Mitarbeitern einer Elektronikfirma aus drei Ländern. Die Autoren messen die Einstellungen anhand direkter Zufriedenheitsfragen in Bezug auf vier extrinsische (z. B. Arbeitssicherheit, äußere Arbeitsbedingungen) und vier intrinsische Aspekte der Arbeit (z. B. Autonomie, Anerkennung, Weiterkommen). Die Ergebnisse zeigen, dass in allen Bereichen die Kanadier am zufriedensten sind. Dann folgen die Argentinier und schließlich die Japaner. Eine Varianzanalyse ergibt, dass die unabhängige Variable Land einen signifikanten Effekt auf die Mittelwerte ausübt. Die Art der Beschäftigung (Verkauf versus Reparaturservice) und der Interaktionseffekt werden dagegen nicht signifikant.

Auch die Ergebnisse von internationalen Studien großer Befragungsunternehmen deuten auf Mittelwertsunterschiede im Level der Zufriedenheiten hin. De Boer (1978) berichtet beispielsweise die Ergebnisse einer Umfrage von „Gallup International", die Arbeiter zwischen 18 und 24 Jahren nach ihrer globalen Arbeitszufriedenheit fragte. Der höchste Prozentsatz zufriedener Mitarbeiter war in Schweden zu finden (63 Prozent), es folgten Großbritannien (54 Prozent), Brasilien (53 Prozent) und die Schweiz (50 Prozent). Die wenigsten zufriedenen Mitarbeiter zählte Japan (20 Prozent). Über 20 Jahre später analysiert Sousa-Poza (2000) die Daten einer Erhebung des „International Social Survey Program" (ISSP). Auch hier stellt sich ein nordeuropäisches Land, in diesem Fall Dänemark, als das zufriedenste heraus. Japan ist wiederum eine der Nationen mit den wenigsten zufriedenen Mitarbeitern. Zum selben Ergebnis kommt übrigens auch Lincoln (1989) bei einer großen Vergleichsstudie zwischen den USA und Japan. Befragt wurden insgesamt 8302 Mitarbeiter aus 106 Firmen. Lincoln konnte zeigen, dass die Japaner hoch signifikant unzufriedener waren als die US-Amerikaner. Erklärt wird dieser Befund dadurch, dass in Japan allgemein die Dinge eher mit Bescheidenheit, Pessimismus und Zurückhaltung bewertet werden. Da die betreffenden Variablen jedoch nicht erfasst wurden, bleibt dies vorerst eine Vermutung, die allerdings unterstützt wird durch die Ergebnisse von Kitayama, Markus, Matsumo und Norasakunnkit (1997). Die Autoren fanden heraus, dass ständige Selbstkritik und das permanente Streben nach Verbesserung bei Japanern weit verbreitet ist, wohingegen US-Amerikaner eher zu überhöhend positiven Selbstbewertungen neigen.

Ungeachtet der möglichen Gründe, erhält die These, dass die Mitarbeiter in Japan unzufriedener sind als die Mitarbeiter in westlichen Ländern, weitere Unterstützung durch eine Arbeit von Kanungo und Wright (1983). Hier bewerten Japaner sowohl die Gesamtzufriedenheit mit der Arbeit als auch die spezifischen Zufriedenheiten mit der Tätigkeit an sich, dem Gehalt und den sozialen Leistungen signifikant niedriger als Mitarbeiter aus Frankreich, Kanada und Großbritannien. Die drei westlichen Länder unterscheiden sich in ihrer Ausprägungshöhe nur im Gesamtzufriedenheitsscore signifikant insofern, dass Frankreich eine höhere Zufriedenheit aufweist.

Drei weitere Studien betrachteten die Arbeitszufriedenheiten in jeweils zwei Ländern. England und Negandhi (1979) fanden eine höhere Zufriedenheit bei indischen Mitarbeitern im Vergleich zu US-amerikanischen und Marion-Landais (1993, zitiert nach Spector, 1997) konnte in einer Stichprobe aus der Dominikanischen Republik eine höhere Zufriedenheit feststellen als in einer Stichprobe derselben Firma aus den USA. In einer Untersuchung von Spector und Wimalasiri (1986) zeigten Arbeitende aus den USA und Singapur eine ähnliche globale Zufriedenheit. In Bezug auf einzelne Facetten gab es aber Unterschiede: Die Zufriedenheit mit Entlohnung und Aufstiegschancen war höher in

Singapur; Vorgesetzte, Kollegen und Art der Tätigkeit wurden jedoch in den USA besser bewertet.

In einer aktuellen Studie (Reinmuth, 2004), welche mehr als 30 Länder einschließt, zeigt sich recht deutlich eine höhere Arbeitszufriedenheit süd- und mittelamerikanischer Staaten. Im oberen Bereich der Zufriedenheit liegen zudem die USA und Kanada. Die europäischen Länder siedeln sich im Mittelfeld des Rankings an, wobei die Mitarbeiter aus Schweden und der Schweiz zufriedener sind als die Befragten aus romanischen und osteuropäischen Ländern. Die geringste Arbeitszufriedenheit weisen Mitarbeiter aus ostasiatischen Nationen auf. So bildet Japan auch hier das Schlusslicht der Zufriedenheitsrangfolge.

Die rein deskriptive Darstellung der Zufriedenheiten ist jedoch im Sinne eines wissenschaftlichen Erkenntnisgewinns und der Identifizierung potenzieller Ursachen beobachteter Unterschiede wenig hilfreich. Trotz genereller Tendenzen im Zufriedenheitsmuster zeigt sich eine erhebliche Streuung der Ergebnisse zwischen den verschiedenen Studien oder auch innerhalb der gleichen Studien zwischen verschiedenen Firmen. Dies reflektiert die oben angesprochene Tatsache, dass Zufriedenheitsurteile in starkem Maße von den objektiven Gegebenheiten vor Ort abhängig sind. Zum Zweck der Identifizierung kultureller Determinanten der Mitarbeiterzufriedenheit sind daher Ansätze, welche die Höhe der Zufriedenheit direkt in Verbindung mit bestimmten kulturellen Variablen setzen, weitaus vielversprechender.

Neben Unterschieden in Bezug auf nationale Kontextbedingungen, auf die an dieser Stelle nicht gesondert eingegangen werden kann (siehe hierzu Reinmuth, 2004), können als potenzielle kulturelle Einflüsse auf die Höhe der Mitarbeiterzufriedenheit insbesondere kulturelle Wertunterschiede, differenzielle Antworttendenzen und in neuester Zeit das Konstrukt der positiven Affektivität diskutiert werden.

3.1 Der Einfluss kultureller Werte

Nur wenige Studien haben den Zusammenhang zwischen kulturellen Werten und Arbeitseinstellungen direkt untersucht. Eine davon stammt vom amerikanisch-britischen Befragungs- und Beratungsunternehmen „International Survey Research" (ISR), das bisher für 1800 Firmen mehr als 27 Millionen Arbeitnehmer in über 90 Ländern in Form von Mitarbeiterbefragungen untersucht hat (Lück, 1997). Anhand der Daten von 2001 analysierte ISR (International Survey Research, 2002) die Arbeitszufriedenheit von 10 Nationen, unter anderem im Hinblick auf Zusammenhänge zu den kulturellen Wertedimensionen von Hofstede. Die Machtdistanz- und Individualismus-Scores sowie die Werte für Maskulinität und Unsicherheitsvermeidung wurden zu jeweils einem Index kombiniert und dann mit den Ländermittelwerten der Facettenzufriedenheiten (z. B. Tätigkeit, Entlohnung, Management, Weiterbildung) korreliert. Acht der zwölf erfassten Bereichszufriedenheiten korrelierten signifikant mit einem der beiden kulturellen Werte-Indizes. Zusammenhänge bestanden z. B. zwischen dem Machtdistanz-/Individualismus-Index und den Zufriedenheiten mit Vorgesetztem und Kundenorientierung ($r \approx .50$) sowie zwischen dem Index Maskulinität-Unsicherheitsvermeidung und der Zufriedenheit mit Training und Entwicklung ($r \approx .60$). Dies lässt auf kulturelle Einflüsse schließen, allerdings ist deren genaue Spezifizierung kaum möglich, da die Art der Kombination der Dimensionen von Hofstede und die Richtung der Korrelationen im Bericht des ISR unklar bleibt. Eindeutig ist jedoch der bedeutsame Effekt der Nationalität auf alle Facetten der Arbeitszufriedenheit und auch auf die Gesamtzufriedenheit. Als zufriedenste Länder stellten sich Brasilien und Kanada heraus, die geringste Zufriedenheit war wiederum bei Mitarbeitern aus Japan zu finden.

Den Zusammenhang zwischen Daten des IRS und Hofstedes Individualismusindex untersuchten auch Hui, Yee und Eastman (1995). Die mittleren Zufriedenheitswerte von 14 Ländern wurden mit deren Individualismus-Scores korreliert. Kein signifikanter Zusammenhang bestand zwischen Individualismus und Gesamtzufriedenheit. Anders sah dies bei Betrachtung der Facettenzufriedenheiten aus: Zufriedenheit mit den Beziehungen zu Kollegen und Zufriedenheit mit der Kommunikation innerhalb der Firma korrelierten signifikant negativ mit Individualismus ($r = -.47$ und $r = -.46$). Eine positive, wenn auch nicht signifikante Beziehung konnte Individualismus dagegen unter anderem mit den Zufriedenheiten mit Entlohnung, Arbeitsbedingungen und Arbeitssicherheit aufweisen. Einen positiven Zusammenhang zwischen Individualismus und Arbeitszufriedenheit einer Nation postulierten auch Chiu und Kosinski (1999) in ihrer Studie der Arbeitseinstellungen von Krankenschwestern aus den USA, Australien, Hongkong und Singapur. Sie argumentieren, dass individualistische Kulturen persönliches Weiterkommen, Selbsterfüllung, interne Kontrolle, Wettbewerb und Vergnügen wertschätzen, wohingegen in kollektivistischen Kulturen Gehorsam, Sparsamkeit, Anpassungsfähigkeit, Zufriedenheit, Harmonie und Konformität vorherrschen. Letzteres führt dazu, dass die Menschen dort zu einer passiven, extern kontrollierten Lebensweise neigen. Chiu und Kosinski (1999) schlussfolgern, dass aufgrund dieser Unterschiede individualistische Kulturen einen höheren Mittelwert an positiver Affektivität und einen niedrigeren Mittelwert an negativer Affektivität aufweisen sollten, was wiederum direkt in höherer mittlerer Arbeitszufriedenheit resultieren würde. Die Ergebnisse ihrer Studie stützen diese Hypothese.

Insgesamt sind die Befunde zum Zusammenhang bestimmter kultureller Wertedimensionen und der Mitarbeiterzufriedenheit recht uneinheitlich. Die Zusammenhänge zeigen sich eher auf Facettenebene und sind stark abhängig von der Auswahl der Länder in der jeweiligen Studie. So konnte Reinmuth (2004) nachweisen, dass sich ein hoher positiver Zusammenhang zwischen Individualismus und Mitarbeiterzufriedenheit zeigt, wenn die Stichprobe vor allem europäische und asiatische Länder enthält. Dies ist nicht weiter verwunderlich, weil wie bereits oben beschrieben die eher kollektivistischen asiatischen Länder geringere Zufriedenheitswerte aufweisen als die eher individualistischen europäischen Länder. Die Beziehung zwischen Individualismus/Kollektivismus und Mitarbeiterzufriedenheit dreht sich jedoch je nach Art der verglichenen Nationen um. Werden die Zufriedenheitswerte der eher kollektivistischen süd- und mittelamerikanischen Länder mit den Werten der eher individualistischen amerikanischen und europäischen Nationen verglichen, zeigt sich sogar eine negative Beziehung zwischen der kulturellen Wertedimension und der Mitarbeiterzufriedenheit. Für die Erklärung internationaler Zufriedenheitsunterschiede scheint daher das in neuerer Zeit auf kultureller Ebene diskutierte Konstrukt der Positivität erfolgversprechender.

3.2 Der Einfluss von Positivität

Das Konzept der Positivität als Einflussfaktor nationaler Zufriedenheitswerte wird seit einiger Zeit von Diener, Scollon, Oishi, Dzokoto und Suh (2000) diskutiert. Darunter verstehen die Autoren die Neigung von Menschen „to view life experiences in a rosy light because they value positive affect and a positive view of life" (S. 160f.). Diener und Kollegen (2000) vermuten, dass Länder mit höheren Positivitätswerten auch ein höheres Level an Lebenszufriedenheit aufweisen. Die Hypothese lässt sich analog auf den Bereich der Arbeitszufriedenheit übertragen.

Das Neue an der Überlegung von Diener und Kollegen (2000), was auch die Relevanz für die interkulturelle Forschung begründet, ist die Betrachtungsweise von Positivität auf Länderebene. Auf individuellem Niveau dagegen sind positive und negative Affektivität (PA und NA) Teil der Persönlichkeit. Watson (2000) beschreibt sie als Temperamente und Costa und McCrae (1980) konzeptualisieren sie in ihrem theoretisch hergeleiteten und empirisch geprüften „model of happiness" (S. 675) als direkte Folge der beiden breiten Persönlichkeitsdispositionen Extraversion (→ PA) und Neurotizismus (→ NA). Unterstützung erfährt das Modell durch weitere Forschungsarbeiten, die zeigten, dass positive Affektivität hoch mit Extraversion und negative Affektivität hoch mit Neurotizismus korrelierte (Larsen & Ketelaar, 1991; Meyer & Shack, 1989; Watson & Clark, 1992). Sowohl Costa und McCrae (1980) als auch Diener und Lucas (1999) beschreiben Extraversion als Disposition, mehr Freude und Vergnügen zu empfinden (PA), und Neurotizismus als Disposition, mehr Verdruss und Missvergnügen (NA) zu erleben. Chiu und Kosinski (1999) definieren positive Affektivität weiterhin als die individuelle Veranlagung, über eine Vielzahl von Situationen und Zeitspannen hinweg glücklich zu sein. Menschen mit hoher positiver Affektivität lassen sich weniger von schlechten äußeren Umständen negativ beeinflussen und sind grundsätzlich glücklicher und zufriedener. Glückliche Menschen sind empfänglicher für das Erleben positiver Emotionen als unglückliche Menschen. Dies liegt der Theorie zufolge daran, dass sie eher angenehme Situationen aufsuchen, sich ein angenehmeres Umfeld schaffen und feinfühliger für positive Informationen sind. Diese Argumentation passt wiederum zum Modell von Costa und McCrae (1980), nach dem sich die Höhe von PA und NA direkt auf die Höhe des subjektiven Wohlbefindens im Sinne von Glücklichsein, Ausgeglichenheit und Lebenszufriedenheit auswirkt. Aufgrund der dispositionalen Verursachung von PA und NA gehen Costa und McCrae (1980) weiter davon aus, dass auch subjektives Wohlbefinden stärker durch eine generelle Persönlichkeitsveranlagung als durch spezifische Situationen determiniert ist. In ihrer Studie konnten interindividuelle SWB-Differenzen anhand der zehn Jahre zuvor gemessenen Persönlichkeitsunterschiede in Extraversion und Neurotizismus vorhergesagt werden. Auch eine Studie von Lykken und Tellegen (1996) kommt zu dem Schluss, dass positive Emotionen und in ihrer Folge auch Glücklichsein relativ unabhängig von externen Einflussfaktoren wie sozioökonomischem Status, Bildungsniveau, Familieneinkommen, Heiratsstatus und Religiosität sind. Auf Basis dieser Ergebnisse sprechen Theoretiker oft von einem „generellen Positivitätsmodell des subjektiven Wohlbefindens" (Oishi & Diener, 2001, S. 642).

Auf dem individuellen Niveau wird das Konzept der PA als Persönlichkeitsvariable seit längerem auch in Zusammenhang mit Mitarbeiterzufriedenheit diskutiert (z. B. Agho,

Mueller & Price, 1993; Brief, Butcher & Roberson, 1995; Cropanzano, James & Ko-novsky, 1993; Duffy, Ganster & Shaw, 1998; Judge et al., 2001; Levin & Stokes, 1989; Staw, Bell & Clausen, 1986). Die Studien kommen – analog zu den Ergebnissen der SWB-Forschung – zum Schluss, dass Menschen mit hoher positiver Affektivität eine höhere Arbeitszufriedenheit empfinden (Chiu & Kosinski, 1999).

Doch kann die Tendenz zur Positivität auch auf Länderebene Unterschiede im mittleren Niveau der Lebens- und Arbeitszufriedenheit erklären? Diener und Kollegen (2000) stellten sich diese Frage aufgrund folgender Beobachtung: Ihre frühere Studien ergaben, dass der Wohlstand einer Nation ein starker Prädiktor für deren Zufriedenheit ist. Jedoch gibt es einige Länder, deren Zufriedenheit geringer bzw. höher ist, als es ihr ökonomischer Entwicklungsstand erwarten ließe. Kolumbien ist beispielsweise eine der ärmsten Nationen mit hohem Ausmaß an Gewalt und rangiert im Zufriedenheitsranking dennoch auf Platz 8 von 55 (Diener et al., 2000). Die mittlere Zufriedenheit der Japaner ist dagegen wesentlich geringer, als aufgrund der wirtschaftlichen Lage zu vermuten wäre. Auch die kulturelle Individualismus-Dimension hat hier, wie im vorangegangenen Abschnitt erläutert, kaum Erklärungskraft, da sowohl Kolumbien als auch Japan zu den eher kollektivistischen Ländern zählen (Diener et al., 2000). Positivität, also eine Tendenz zu positiven Bewertungen im Allgemeinen, könnte die unerwartet hohe Zufriedenheit der lateinamerikanischen Länder und die unerwartet geringe Zufriedenheit der asiatischen Länder des „Pacific Rim" erklären. Diener und Kollegen (2000) argumentieren, dass die Positivität von Individuen durch kulturelle Normen und Sozialisationsprozesse beeinflusst ist und es daher nationale Unterschiede im mittleren Positivitätslevel gibt. Diese Auffassung der Positivität als kulturell vermittelte Variable wird unterstützt durch den Befund, dass sie mit „idealer Lebenszufriedenheit", also einer kulturellen Norm, korreliert (Diener et al., 2000; Suh & Oishi, 2002). Auch Benet-Martinez und Karakitapoglu-Aygün (2003) fanden Bestätigung für ein „Kultur → Persönlichkeit → Lebenszufriedenheitsmodell". Das heißt, kulturelle Normen und Werte beeinflussen den Ausdruck und die Realisation von Persönlichkeitsdispositionen, in diesem Fall von Positivität.

Diener und Kollegen (2000) stellen erstmals quantitative Werte für die Positivitätstendenz von Ländern zur Verfügung. Diese korrelieren erwartungskonform positiv mit den globalen Lebenszufriedenheiten in einem Land ($r = .57$). Regressionsanalysen ergaben außerdem, dass Positivität ein ebenso guter Prädiktor in der Vorhersage der Lebenszufriedenheit ist wie nationaler Wohlstand. Desweiteren kann die globale Lebenszufriedenheit auf Länderniveau besser durch die mittlere nationale Positivität vorhergesagt werden als durch Facettenzufriedenheiten und objektive Gegebenheiten (z. B. reales Einkommen bei Bewertung finanzieller Zufriedenheit). In einer aktuellen Studie setzt Reinmuth (2004) die berichteten Positivitätsscores nach Diener und Kollegen (2000) mit Werten der Mitarbeiterzufriedenheit in Verbindung. Die Ergebnisse zeigen im Gegensatz zur Untersuchung des Zusammenhangs mit kulturellen Wertedimensionen eine über verschiedene Firmen einheitliche stabile Beziehung zwischen nationalem Level der positiven Affektivität und der entsprechenden Mitarbeiterzufriedenheit, unabhängig von der Zusammensetzung der Länderstichprobe.

4   Zusammenfassung und Implikationen

Eine valide Interpretation der Ergebnisse von multinationalen Mitarbeiterbefragungen setzt die globale Anwendbarkeit des Messinstruments voraus. Diese kann durch sorgfältige Konzipierung und Anwendung bestimmter Übersetzungsprozeduren schon beim Entwicklungsprozess des Fragebogens positiv beeinflusst werden. Zudem sollte nach Ende der Befragung eine empirische Überprüfung der Messäquivalenz der Skalen vorgenommen werden (z. B. an Hand von CFA- oder IRT-Methoden). Doch auch nach Feststellung der globalen Eignung des Messinstruments gilt es bei der Interpretation potenziell beobachteter Länderunterunterschiede systematische Tendenzen zu beachten. So neigen süd-, mittel- und nordamerikanische Länder zu einer eher positiven Bewertung der jeweiligen Arbeitsverhältnisse. Europäische Länder befinden sich im Mittelfeld der Zufriedenheitsrangfolge, während ostasiatische und insbesondere japanische Mitarbeiter zu einer kritischeren Bewertung ihrer Arbeit neigen. Zur Erklärung dieser nationalen Unterschiede erweisen sich klassische kulturelle Wertedimensionen, wenn überhaupt, lediglich auf Ebene der Arbeitszufriedenheit in bestimmten Bereichen als hilfreich. Stärkere Erklärungskraft kommt dagegen dem kulturell vermittelten Konstrukt der positiven Affektivität zu. Auf diesem Gebiet besteht jedoch auf nationaler Ebene noch erheblicher Forschungsbedarf.

Ungeachtet dieser Diskussion potenzieller kultureller Einflüsse spiegeln die Daten der Mitarbeiterbefragung auch im multinationalen Kontext primär objektive Gegebenheiten vor Ort wider. Dies zeigt sich beispielsweise an der starken Streuung der Zufriedenheitswerte in Abhängigkeit der jeweiligen Studie bzw. der untersuchten Organisation sowie an der großen Varianz innerhalb der Länder. Allerdings gestaltet sich im multinationalen Kontext die Interpretation der Daten komplizierter. Ein direkter Vergleich der Mitarbeiterzufriedenheit verschiedener Länder ist wenig sinnvoll, denn neben den objektiven Bedingungen drücken sich darin auch länderspezifische, sozialisationsbedingte, kulturell vermittelte Eigenschaften der Mitarbeiter aus. Anschaulich ausgedrückt: Ein Score von 2,5 auf einer 5stufigen Likert-Skala besitzt in Kolumbien, wo Bewertungen grundsätzlich positiver ausfallen, eine andere Bedeutung als der gleiche Wert in Japan, wo grundsätzlich kritischere Bewertungen häufiger sind. Als praktische Implikation ergibt sich daraus die unbedingte Notwendigkeit, multinationale MAB-Ergebnissen immer vor dem Hintergrund nationaler Benchmarks zu interpretieren. Durch die Verwendung von nationalen Vergleichsnormen, die auf einer breiten Datengrundlage basieren, gelingt eine korrigierte Einordnung bestimmter nationaler Mitarbeitereinstellungen im Vergleich zu denen in anderen Ländern.

Ingela Jöns

Moderation und Erfolgsfaktoren der Feedback- und Verbesserungsprozesse

1 Einleitung

Die verschiedenen Feedbackinstrumente vom Mitarbeitergespräch über Teamdiagnosen und Vorgesetztenbeurteilungen bis hin zu Mitarbeiter- und Kundenbefragungen werden in Unternehmen eingesetzt, um Verbesserungen im Arbeitsverhalten, in der Zusammenarbeit und Führung oder in den übergreifenden (Dienst-)Leistungsprozessen zu erzielen. Die Datenerhebung bildet die Voraussetzung oder Grundlage, um dann durch die Ergebnisrückmeldung den eigentlichen Verbesserungsprozess einzuleiten. Die Rückmeldung der Ergebnisse im Rahmen von Workshops und die anschließende Ableitung und Umsetzung von Maßnahmen stehen im Mittelpunkt dieses Beitrags.

Angesichts der Vielfalt eingesetzter Feedbackinstrumente und -prozesse konzentrieren sich die folgenden Überlegungen auf Verbesserungsprozesse in einzelnen Gruppen oder Abteilungen, wie sie typischerweise im Anschluss an schriftliche Teamdiagnosen, Vorgesetztenbeurteilungen und Mitarbeiterbefragungen angestrebt werden. Zunächst wird ein Überblick zur Gestaltung datengestützter Verbesserungsprozesse gegeben.

2 Gestaltungsaspekte datengestützter Verbesserungsprozesse

Für die Gestaltung der Verbesserungsprozesse gibt es keine Patentlösung, so dass man je nach Kultur und Situation ein spezifisches Feedbackkonzept entwickeln muss. In diesem Überblick werden die anstehenden Fragen eines Feedbackkonzepts angesprochen und soweit möglich um einzelne Empfehlungen ergänzt. Die zentralen Fragen zur Gestaltung der Ergebnisrückmeldung sind in der Tabelle 1 zusammengefasst (ausführlich hierzu vgl. Jöns, 1997; Trost, Jöns & Bungard, 1999).

Tabelle 1: Fragen zur Ergebnisrückmeldung und Maßnahmenableitung

- Ziele der Rückmeldung
- Zielgruppen der Rückmeldung
- Ablauf und Reihenfolge der Rückmeldung und Maßnahmenableitung
- In welcher Form erfolgt die Rückmeldung- schriftlich oder in Gesprächen?
- Durch wen erfolgt die Rückmeldung – mit oder ohne neutrale Moderation?
- Was wird zurückgemeldet und wer erhält welche Ergebnisse?
- Ablauf und Controlling der Maßnahmenumsetzung

Als *Ziele der Rückmeldung* sind neben der Information der Befragten – und dies sollte stets eine Selbstverständlichkeit sein – die Interpretation und Diskussion der Ergebnisse zu nennen. Da die eingesetzten Erhebungsinstrumente, so konkret die Fragen auch formuliert sein mögen, stets allgemein gehaltene Befunde liefern, kann erst durch die gemeinsame Diskussion der konkrete Situationsbezug und die spezifische Bedeutung für die jeweilige Gruppe hergestellt werden. Damit verbunden ist die Identifikation der Ursachen und Gründe für die festgestellten Stärken und Schwächen, wodurch der angestrebte Verbesserungsprozess überhaupt erst möglich wird.

Unabhängig von diesem allgemeinen Hauptziel können je nach Befragungsprojekt auch konkrete inhaltliche oder strategische Ziele vom Management mit den angestrebten Veränderungsprozessen verbunden sein. Für die Konzeption der Rückmeldung folgt hieraus zum Beispiel, dass spezifische Themen als Auftrag an die dezentralen Einheiten zur Bearbeitung vorgegeben und mögliche Projektgruppen entsprechend zusammengesetzt eingerichtet werden. Wichtig ist dabei, dass derartige Wünsche oder Vorgaben seitens des Managements von vornherein kommuniziert werden. Zudem ist in diesem Falle empfehlenswert, dass neben der Bearbeitung dieser Managementthemen den Einheiten auch die Auswahl eigener Themen nicht nur freigestellt, sondern auch erwartet – und später entsprechend anerkannt wird. So lassen sich zentrale und dezentrale Interessen berücksichtigen.

Hinsichtlich der *Zielgruppen der Rückmeldung* gilt neben der selbstverständlichen Rückmeldung an alle Befragten, dass sich bei unternehmensweit angestrebten Veränderungsprozessen ein top down Vorgehen vom Management über die Führungsmannschaften bis zur untersten Gruppen- und Mitarbeiterebene empfiehlt. Auf diese Weise können auch die übergreifenden Themen und angestrebten Verbesserungen in diesen Kommunikationsprozess mit eingebunden werden. Die Zusammensetzung von spezifischen Workshops und Projektgruppen zur anschließenden Problembearbeitung und Maßnahmenableitung ist in Abhängigkeit von den Themenschwerpunkten zu beantworten.

Bezüglich des *Ablaufs der Rückmeldung und Maßnahmenableitung* ist wichtig, dass die top down Information über die Ergebnisse möglichst zeitnah an alle Beteiligten erfolgt und dass sich ein bottom up Rückfluss über die identifizierten Probleme und abgeleiteten Maßnahmen anschließt, die dann wieder top down beantwortet werden. Letztlich ist ein Kreislauf permanenter Kommunikation innerhalb und zwischen den Ebenen und Bereichen erforderlich. Die Sicherstellung dieser Kommunikation über die laufenden Maßnahmen und Fortschritte ist von entscheidender Bedeutung, um die Akzeptanz der Maßnahmen zu sichern, um Einzelaktivismus und Doppelarbeiten zu vermeiden, um die Verbindlichkeit angestrebter Veränderungen zu vermitteln, usf.

Zur geeigneten *Form der Rückmeldung* lässt sich festhalten, dass die verschiedenen Medien und Wege der Information genutzt werden sollten. Dabei sind die jeweiligen Vor- und Nachteile bzw. Kosten und Nutzen abzuwägen, die sich nach den Zielen und Inhalten sowie nach den Ebenen und Phasen durchaus unterscheiden können. So ist einerseits die persönliche Kommunikation deshalb vorzuziehen, weil sie Rückfragen ermöglicht, andererseits hat die schriftliche Information einen höheren Verbindlichkeitsgrad als das gesprochene Wort.

Für die Ergebnisrückmeldung auf den verschiedenen Ebenen sind Workshops oder Gesprächsrunden am besten geeignet, in denen Führungskräfte und Mitarbeiter in kleineren Gruppen über die Ergebnisse informiert werden und in denen ausreichend Möglichkeiten zur gemeinsamen Diskussion bestehen. *Feedbackworkshops* sind das Herzstück der datengestützten Verbesserungsprozesse und werden im nächsten Abschnitt ausführlicher behandelt.

In diesem Zusammenhang wird insbesondere die *Frage nach der Moderation* diskutiert, die nicht unabhängig von der Zielgruppe zu beantworten ist. Auf der Ebene des obersten Managements erfolgt die Rückmeldung zumeist durch externe Berater, da sie die Erfahrungen und Benchmarks aus anderen Unternehmen mit einbringen können. Auf allen nachfolgenden Führungsebenen können auch interne, neutrale Berater die Rückmeldung und Moderation übernehmen, wenn diese nicht von den jeweiligen Führungskräften allein durchgeführt werden. Für welche Form und Moderation man sich im konkreten Fall auch immer entscheidet: Bei der Konzeption sollte durch Rahmenvorgaben und Unterstützungsmaßnahmen (in Form von Schulungen, Vorlagen und Materialien) auf eine möglichst hohe Qualität der Workshops geachtet werden.

Hinsichtlich der *Inhalte der Rückmeldung* lässt sich abgesehen von Gesamtergebnissen festhalten, dass alle Mitarbeiter und Führungskräfte über die Ergebnisse ihrer jeweiligen Einheiten informiert werden sollten. Gerade bei allgemeinen Mitarbeiterbefragungen enthalten die Fragebögen bzw. die Berichte oft mehr als 100 Einzelfragen, so dass die Präsentation aller Einzelbefunde sehr viel Zeit in Anspruch nehmen kann und eher dem Überblick abträglich sein kann. In diesem Fall bietet sich an, dass nach bestimmten Kriterien eine Auswahl präsentiert wird und anschließend der Bericht mit allen Einzelergebnissen den Mitarbeitern zum Beispiel über das Intranet zugänglich gemacht wird. Dabei sollten die Auswahlkriterien den Mitarbeitern erläutert werden. Bei modularen Fragebögen bieten sich die abschließenden Zufriedenheitsfragen oder berechnete Indizes zu den Themenblöcken an, aus denen Schwerpunkte identifiziert werden können, zu denen wiederum die Einzelaspekte präsentiert werden. Hauptkriterium ist die Transparenz der Prozesse und aller Befunde.

Allerdings bezieht sich diese geforderte Transparenz und Offenheit auf die jeweiligen Einheiten und ihre Ergebnisse. Vorsichtig sollte man bei der Verteilung schriftlicher Berichte über die jeweilige Einheit hinaus oder bezüglich der Vergleiche auf horizontaler Ebene zwischen verschiedenen Einheiten vorgehen. Es ist sicherlich nicht zu empfehlen, dass Berichte einer Vorgesetztenbeurteilung auch in schriftlicher Form an die Mitarbeiter verteilt werden, sind es doch die persönlichen Ergebnisse des jeweiligen Vorgesetzten. Wenn dieser es will, kann er dies selbst tun. Ebenso ist bei Teamdiagnosen für teilautonome Arbeitgruppen zu überlegen, ob die Führungskräfte die Berichte erhalten müssen, sind es doch die Ergebnisse der einzelnen Gruppe. Insbesondere wenn die Befragungsberichte in die Nähe von Beurteilungen rücken, sollte man nicht nur auf die Anonymität der Befragten, sondern auch auf die Anonymität der Beurteilten achten – zumindest über den eigenen Bereich hinausgehend.

Abschließend ist als letzter Gestaltungsaspekt der *Ablauf und das Controlling zur Maßnahmenumsetzung* hervorzuheben. Leider ist in der Praxis immer wieder zu beobachten, dass durch Befragungen Verbesserungsprozesse angestoßen werden, dann aber schnell im Alltagsgeschäft wieder in Vergessenheit geraten. Daher ist die Sicherstellung der Verbindlichkeit und Nachhaltigkeit der Veränderungsprozesse das zweite Herzstück des Feedbackkonzepts, das im vierten Abschnitt behandelt wird.

Zuvor wird auf das erste Herzstück eingegangen – auf die Durchführung von Feedback-workshops, ihre Moderation und bisherige Erfahrungen.

3   Durchführung von Feedbackworkshops

Die Durchführung von Feedbackworkshops lässt sich in zwei Stufen unterteilen. Im ersten Schritt werden die Ergebnisse präsentiert und diskutiert, um Konsens über die Interpretation der Befunde herzustellen und gemeinsam die zentralen Problemschwer-punkte zu identifizieren. Im zweiten Schritt geht es um die Erarbeitung und Diskussion von erforderlichen Maßnahmen, woran sich ihre Umsetzung und das Controlling an-schließen. Wenngleich sich diese beiden Schritte nicht gänzlich voneinander trennen lassen, soll im Zusammenhang mit dem ersten Schritt in diesem Abschnitt die Frage der Moderation behandelt werden, ob Führungskräfte die Ergebnisrückmeldung selbst durchführen können oder ob neutrale Moderatoren eingebunden werden sollen.

3.1   Moderation durch neutrale Personen oder durch Führungskräfte

Die Frage nach der Moderation wird im Folgenden auf der Ebene einzelner Gruppen oder Abteilungen diskutiert, nachdem zuvor festgehalten wurde, dass auf obersten Ebe-nen zumeist das externe Beratungsinstitut die Ergebnisse präsentiert. Aber bereits die Präsentation von Gesamtergebnissen auf einer Betriebsversammlung würde man wahr-scheinlich nicht einem externen Institut übertragen, sondern würde vom Management zusammen mit einem Statement zu den abgeleiteten Konsequenzen selbst übernommen. Mitarbeiter erwarten von ihrem Management, dass sie selbst Rede und Antwort stehen.

Warum wird in der Literatur oft davon ausgegangen, dass Feedbackworkshops zu Mitar-beiterbefragungen, Vorgesetztenbeurteilungen oder Teamdiagnosen nur von externen Beratern, Trainern oder anderen neutralen Moderatoren durchgeführt werden sollten. Im Prinzip lässt sich die Argumentation an drei Begründungen festmachen:

1. Für externe Berater spricht ihre Fach- und Methodenkompetenz. Dies wird sicherlich immer dann zu diskutieren sein, wenn Befragungen im Kontext von spezifischen Pro-jekten bzw. strategischen Ansätzen durchgeführt werden, die in Zusammenarbeit mit einem Beratungsinstitut eingeführt werden. Allerdings besitzen bekanntermaßen die externen Berater nicht die erforderliche Situationskompetenz, so dass sich die Frage stellt, ob nicht die inhaltsspezifischen Kenntnisse und Methoden sowieso von den Führungskräften erworben werden müssen. Als eine weitere Variante wird die Mode-ration durch höhere Führungskräfte aus anderen Bereichen diskutiert, die über die un-ternehmensspezifische Kompetenz verfügen, in die strategischen Projekte eingebun-den sind und entsprechend für die Workshopmoderation qualifiziert werden (vgl. Borg, 2002).

2. Für externe oder interne Trainer oder andere neutrale Personen, die hier von inhalt-lichen Beratern im Sinne einer Prozessberatung bzw. -moderation abgegrenzt werden, spricht vor allem ihre Moderationskompetenz (vgl. Hofmann, 1995a). Allerdings ist dies eine Kompetenz, die Führungskräften zum Beispiel – ginge es um die Rückmel-dung von Qualitätsdaten – durchaus zugetraut wird, so dass sich die Frage stellt, ob

die bei Befragungsdaten spezifische Kompetenz nicht den Führungskräften vermittelt werden könnte. Unbestritten spricht für die Rückmeldung durch den Trainer, wenn die Befragung in umfassendere Teamentwicklungsmaßnahmen direkt eingebunden ist, wie dies bei Ansätzen der Teamentwicklung häufig der Fall ist (vgl. Comelli, in diesem Band).

3. Damit bleibt letztlich als drittes Argument für die neutrale Moderation durch Berater oder Trainer bzw. gegen die Moderation durch die Führungskraft ihre persönliche Betroffenheit, die der erforderlichen Sachlichkeit und Neutralität entgegen stehen könnte. Da die persönliche Betroffenheit je nach Feedbackinstrument unterschiedlich einzustufen ist, wird inzwischen bei Mitarbeiterbefragungen häufiger die Moderation durch die jeweiligen Führungskräfte empfohlen (vgl. auch Borg, 2002), während man der Selbstmoderation bei Vorgesetztenbeurteilungen immer noch skeptisch gegenübersteht.

Die entsprechenden Vor- und Nachteile sind in Tabelle 2 zusammengefasst.

Tabelle 2: Vor- und Nachteile der Moderation durch neutrale Personen im Vergleich zur Moderation durch den Vorgesetzten (nach Hofmann, 1995a, S. 80)

Vorteile	Nachteile
• Entlastung des Vorgesetzten (Konzentration auf das Gespräch)	• „künstliche/peinliche" Situation (entspricht nicht dem Alltag)
• professionelle Moderation und zielorientierter Ablauf	• Moderation als Einmischung in interne Angelegenheiten
• konfliktbehaftete Themen können intensiver bearbeitet werden	• widerspricht der Erwartung anderer Personen und dem Selbstverständnis von Vorgesetzten, das Gespräch in Eigenregie durchzuführen
• bewusst umgangene Konfliktpunkte und unterbewusste Handlungsmuster können thematisiert werden	• geringere Offenheit der Mitarbeiter
• Vorgesetzter hat nicht alle Machtmittel zur Gesprächssteuerung in seiner Hand	• geringere Glaubwürdigkeit, Änderungsbereitschaft der Führungskraft
	• Verantwortung für den Prozess kann auf den Moderator geschoben werden
	• Moderator kostet zusätzliches Geld

Im Unterschied zu den theoretischen Argumenten, die sich oft für eine neutrale Moderation aussprechen, wünschen sich die Mitarbeiter selbst zumeist, dass ihre eigenen direkten oder nächsthöheren Vorgesetzten mit ihnen über die Ergebnisse sprechen, denn nur sie können gegenüber ihren Mitarbeitern die Verantwortung für Konsequenzen aus den Diagnosen übernehmen und verbindliche Zusagen machen (vgl. Fettel, 1997). Unabdingbar ist bei selbstmoderierten Feedbackworkshops, die durch die jeweiligen Führungskräfte bei Mitarbeiterbefragungen und Vorgesetztenbeurteilungen oder auch durch die jeweiligen Gruppensprecher bei Teamfeedback (vgl. Erke et al. u. a. in diesem Band) geleitet werden, dass die Führungskräfte nicht nur in Moderationstechniken geschult und durch Materialien und Unterlagen unterstützt werden, sondern vor allem auch auf ihre Rolle vorbereitet werden (vgl. Jöns, 1997; Trost, Jöns & Bungard, 1999).

3.2   Erfahrungen mit fremd- und selbstmoderierten Feedbackworkshops

Auf der Suche nach Antworten ist zum empirischen Forschungsstand festzustellen, dass erstens wenige Untersuchungen zu derartigen datengestützten Veränderungsprozessen vorliegen und zweitens die Frage der Moderation selten explizit berücksichtigt wird.

Sowohl in den Studien zu Befragungsprojekten mit externer Begleitung oder Moderation (Leupold, 1983; Binder & Weider, 1998; Kholghi-Münkel, 1998; Smither et al. 1995) als auch mit selbstmoderierten Prozessen (Jöns, 2000; Birk, 2003) werden positive Einschätzungen der Befragten als auch positive Veränderungen in der Führung und Zusammenarbeit im Längsschnitt berichtet. Im Hinblick auf die Frage der Moderation der Feedbackworkshops sind die Befunde aus vier Evaluationsstudien anzuführen:

Evaluationsstudien von Hofmann, Schönsee, Blandfort und Köhler (1995)

Die Studien von Hofmann et al. (1995) beziehen sich auf Projekte bei der BASF AG und der BASF Magnetics, in denen die Vorgesetztenbeurteilung in einem Fall verpflichtend und im anderen Fall freiwillig für die Führungskräften war. In beiden Fällen fanden anschließend Teamgespräche mit und ohne neutrale Moderation statt. Dabei wurden im Fall der freiwilligen Teilnahme – entsprechend der dringenden Empfehlung – häufiger eine neutrale Moderation hinzugezogen als im Fall der organisationsweit und verpflichtenden Teilnahme, bei der eine neutrale Moderation lediglich „im Bedarfsfall" angeboten wurde.

Interessant ist der Befund zum Vergleich bezüglich der Offenheit im Teamgespräch. Sie wird von den Führungskräften unabhängig von der Moderation gleich hoch und im Vergleich zu den Mitarbeitern höher eingestuft. Bei den Mitarbeitern zeigt sich ein deutlicher Unterschied. In den Fällen ohne Moderation wird die Offenheit höher eingestuft, insbesondere im Fall der verpflichtenden Variante. Dieser Befund entspricht nicht nur den oben angeführten Nachteilen, sondern ist insbesondere deshalb als ein gewichtiges Gegenargument anzusehen, weil mit diesen Workshops gerade die Offenheit und das Vertrauen zunächst einmal in den Prozessen selbst gefördert werden soll.

Evaluationsstudie von Bergmann und Krist (1998)

Die Studie von Bergmann und Krist (1998) basiert auf einem Pilotprojekt zur Vorgesetztenbeurteilung in einem Werk der Siemens AG. Die relevanten Merkmale dieses Projekts sind die verpflichtende Teilnahme für Führungskräfte und die verbindliche Durchführung von Feedbackworkshops durch einen Moderator. Nach den Befragungsergebnissen direkt im Anschluss an die Workshops fanden die Führungskräfte den Workshop deutlich seltener hilfreich für die Zusammenarbeit als die Mitarbeiter. Zudem äußern sich die Führungskräfte im Vergleich zu den Mitarbeitern skeptischer zur Umsetzung, für welche sie eigentlich selbst verantwortlich sind.

Interessanter noch sind die berichteten signifikanten Unterschiede der gebildeten Gruppen von Vorgesetzten nach dem Führungsverhalten (positiv, neutral, kritisch) und der Selbsteinschätzung (positiver, gleich, negativer als Fremdbild). Erwartungsgemäß erhalten danach Führungskräfte mit kritischem Führungsverhalten deutlich häufiger neue Rückmeldungen. Die Mitarbeiter erachten den Workshop insbesondere bei Vorgesetzten mit positivem Führungsverhalten als hilfreich und zweifeln die beabsichtigte Umsetzung am meisten bei Vorgesetzten mit kritischem Führungsverhalten an. Dieser Befund widerspricht zumindest dem Verbesserungsbedarf.

Bei den Führungskräften selbst zeigte sich insbesondere, dass Vorgesetzte mit positiver Selbst-Fremd-Differenz eher angespannt waren, eine neutrale Moderation seltener für sinnvoll hielten, mit dem Vorgehen weniger zufrieden waren, während sie das Ergebnis im Unterschied zu ihren Mitarbeitern relativ hoch bewerteten. Als mögliche Interpretation führen Bergmann und Krist (1998) an: „Ihre Ablehnung attribuiert ein Teil der Vorgesetzten [...] auf die Moderation; bei der Einschätzung der Ergebnisse reproduziert sich ihre eigene Selbst-Fremdbild-Differenz" (S. 45).

Evaluationsstudien zu Vorgesetztenbeurteilungen von Jöns (1998, 2000)

In einer eigenen Studie wurden drei Varianten von organisationsweiten Vorgesetztenbeurteilungen mit verpflichtender Teilnahme miteinander verglichen: Fälle mit empfohlenen selbstmoderierten Feedbackworkshops oder entsprechend ohne Feedbackworkshops sowie Fälle mit verpflichtenden Workshops durch neutrale Moderatoren. Weiterhin wurden die Fälle nach der Qualität der Vorgesetztenbeurteilung eingeteilt: sehr gut, gut und befriedigend beurteilte Vorgesetzte.

Ob Führungskräfte einen Workshop selbst durchführten, hing wesentlich stärker von der Verbindlichkeit der Empfehlung in den Unternehmen als von der Qualität der Vorgesetztenbeurteilung ab. Bei den Fällen ohne Feedbackworkshop konnte im Vergleich zu den beiden anderen Varianten sowie bei Betrachtung der absoluten Ergebnisse (durchschnittlich ergab sich „trifft eher nicht zu") aber auch keine positive Entwicklung festgestellt werden.

Beim Vergleich nach der Moderation zeigen sich keine Unterschiede hinsichtlich der Verbesserung des Führungsverhaltens bei sehr gut und bei gut beurteilten Vorgesetzten. Bezüglich der Verbesserung der Zusammenarbeit erweist sich in diesen Fällen die neutrale Moderation als effizienter. Ein Grund liegt darin, dass neutrale Moderatoren leichter die beidseitige Verantwortung für die Zusammenarbeit thematisieren können, während die Führungskräfte insbesondere bei der ersten Durchführung ihr eigenes Verhalten und ihre eigene Veränderungsbereitschaft in den Vordergrund gestellt haben. Entgegen den Erwartungen erwies sich bei den eher kritisch oder befriedigend beurteilten Führungskräften die Selbstmoderation effizienter. Wenn diese Führungskräfte den Workshop selbst durchführen, wird ihnen im Mittel eine deutlich höhere Verbesserung im Verhalten und in der Zusammenarbeit von den Mitarbeitern bestätigt.

Entsprechend dieses Gesamtergebnisses wird die Qualität der Workshops, ob mit oder ohne Moderation grundsätzlich gleich beurteilt – außer bei eher kritisch beurteilten Führungskräften, bei welchen die Selbstmoderation zu deutlich besseren Ergebnissen als die neutrale Moderation führt. Dieser Effekt resultiert daraus, dass die Qualität der Workshops bei der dritten Gruppe bei der Selbstmoderation besser und bei der neutralen Moderation schlechter im Vergleich zu den Vorgesetzten mit sehr guter und guter Vorgesetztenbeurteilung ausfällt. Diese Effekte lassen sich erstens dadurch begründen, dass neutrale Moderationen eher standardisierte Professionalität aufweisen, die aber den Anforderungen bei kritisch beurteilten Führungskräfte nicht unbedingt gerecht wird. Zweitens wird den Führungskräften eine höhere Offenheit und Glaubwürdigkeit im Hinblick auf ihre Änderungsbereitschaft attribuiert, wenn sie sich selbst und alleine der Kritik ihrer Mitarbeiter stellen. Durch die gefundenen Zusammenhänge zwischen der Qualität der Workshops und der Verbesserung im Verhalten wird zusätzlich die Annahme gestützt, dass Führungskräfte dazu neigen, die Verantwortung auf den neutralen Moderator zu übertragen, während Mitarbeiter sich bei ihren Bewertungen daran orientieren, wie sich der eigene Vorgesetzte im Workshop und danach im Arbeitsalltag verhält.

Evaluationsstudie zu Mitarbeiterbefragungen von Jöns (2000)

Die vierte Studie betrachtet die Qualität und Effizienz von selbstmoderierten Feedbackprozessen zu Mitarbeiterbefragungen über drei Jahre. Abgesehen davon, dass die Befunde die positiven Effekte in Abhängigkeit von der Führungsbeurteilung untermauern, weisen die Befunde auch auf die Lernfähigkeit der Führungskräfte hin. Führungskräfte können nicht nur aufgrund der datenbasierten Feedbackprozesse ihr Verhalten im Alltag verbessern, sondern sie lernen auch, die Feedbackprozesse besser zu moderieren.

Allerdings zeigen sich im Laufe der Jahre auch Effekte, wonach Mitarbeiter die Feedbackprozesse bzw. die Befragungsprojekte anfangen kritisch zu beurteilen, wenn sie den Eindruck gewinnen, dass sich nach den anfänglichen atmosphärischen Verbesserungen nicht auch konkrete Situationsveränderungen einstellen. Dieser Befund leitet zum zweiten Schwerpunkt über – der Frage nach der Maßnahmenableitung und -umsetzung.

4 Maßnahmenableitung und -umsetzung

Im Verlauf des weiteren Prozesses gilt es, nachdem aufgrund der Befragungsergebnisse die zentralen Themen bzw. die zu bearbeitenden Problemfelder im Rahmen des ersten Feedbackworkshops identifiziert wurden, in Workshops oder Kleingruppen die Ursachen zu analysieren und Maßnahmen zu ihrer Lösung zu entwickeln. Nach ihrer Verabschiedung in der Abteilung oder gegebenenfalls durch andere Gremien müssen die Beschlüsse umgesetzt und schließlich im Hinblick auf ihre gewünschten und auch unbeabsichtigten Wirkungen überprüft werden. Die spezifischen Anforderungen und mögliche Empfehlungen zu diesen beiden Aufgaben, um letztlich wirklich zu Verbesserungen zu gelangen, sind Gegenstand dieses Kapitels.

4.1 Vorgehen, Inhalte und Kompetenzen zur Maßnahmenableitung

Bezüglich des Vorgehens bei der Problembearbeitung sind unabhängig vom konkreten Feedbackinstrument in Zusammenhang mit den Inhalten zwei Arten zu unterscheiden:

1. *Technisch-organisatorische oder fachliche Probleme*, zu deren Lösung konkrete Maßnahmen vereinbart werden können. Das grundsätzliche Vorgehen unterscheidet sich dabei nicht von anderen Projekten, so dass die typischen Methoden aus der Zirkel- und Projektarbeit, zum Beispiel das Brainstorming, die Ishikawa- oder die ABC-Analyse, zur Anwendung kommen.

2. *Soziale Verhaltens- bzw. Interaktionsprobleme*, zu deren Lösung eine Verhaltensänderung zumeist mehrerer Personen erforderlich ist. Beispiele sind Kommunikation in Sitzungen, Verhalten gegenüber Kunden oder Konfliktverhalten zwischen Gruppen. Neben unterstützenden Maßnahmen in Form von Schulungen oder Trainings sind in solchen Fällen oft Vereinbarungen von Spielregeln einschließlich Kontrollmechanismen erforderlich. Ein Beispiel ist die Einführung einer maximalen Redezeit auf Sitzungen und eines Schiedsrichters, der auf die Einhaltung achtet.

Einschränkend ist zu dieser Unterscheidung anzumerken, dass oft auch bei den sachlichen Themen, wenn also beispielsweise Arbeitsabläufe neu strukturiert werden, sich auch das Arbeitsverhalten entsprechend ändern muss. Am schwierigsten sind für die Beteiligten dennoch zumeist die Probleme, die im zwischenmenschlichen Verhalten liegen. Hierzu bedarf es des Aufbrechens alter Einstellungen, Denkgewohnheiten und Verhaltensstile, dann ihrer gemeinsamen Änderung und vor allem ihrer Festigung in der alltäglichen Interaktion – ganz im Sinne des bekannten Ansatzes von Lewin (unfreezing – move – refreezing).

Wenn man im Anschluss an den vorangegangenen Abschnitt zu der Erkenntnis kommt, dass Führungskräfte die Feedbackprozesse selbst moderieren sollten, weil sie dann die Verantwortung für den Prozess übernehmen, mehr Wert auf die Umsetzung der Veränderung legen – und dieses auch von Mitarbeitern glaubwürdiger wahrgenommen wird, so bleibt die Hauptfrage nach ihrer Kompetenz zur gemeinsamen Maßnahmenableitung. Abgesehen von der Annahme fehlender Moderationskompetenzen wird häufig argumentiert, dass in den Gesprächen ohne professionelle Moderation die wichtigsten Defizite nicht bearbeitet und insbesondere die heiklen, konfliktbehafteten Themen ausgeklammert werden.

Sucht man nach näheren Hinweisen oder gar nach Belegen hierzu in der Literatur, dann liegt es in der Natur der Sache, dass selbst unter den zahlreichen Erfahrungsberichten keine ausführlichen Berichte über selbstmoderierte Feebackworkshops vorliegen, da in diesem Fall kein Externer anwesend ist, der hierüber berichten könnte. Zudem gilt unabhängig von der Moderation, dass die Gespräche vertraulich behandelt und keine Informationen nach außen gegeben werden. Einzige Ausnahme bilden die schriftlichen Aktionspläne, die in manchen Unternehmen an die Personalabteilung weitergeleitet werden oder auch Eingang in Zielvereinbarungsprozesse finden. Hinweise können zudem die festgestellten Veränderungen liefern, sofern sie sich auf einzelne Inhalte beziehen.

Einzelne Befunde und Studien werden im Folgenden zusammengefasst.

Veränderungen nach Vorgesetztenbeurteilungen (Kholghi-Münkel, 1998)

In dieser Studie von Kholghi-Münkel (1998) werden die Befunde aus einem Projekt zur Vorgesetztenbeurteilung in einem kleinen Dienstleistungsunternehmen (insgesamt 25 Beschäftigte) mit intensiver externer Betreuung berichtet. Nach 10 Monaten werden Veränderungen auf einer Skala von -3 bis +3 vor allem im „partnerschaftlichen Umgang" (M= 1,0) ermittelt, während alle anderen Themen im Mittel zwischen 0,75 („Art und Weise der Kommunikation" und „Delegation von Aufgaben") und 0,44 („Förderung der MitarbeiterInnen" und „Kompetenzregelung zwischen Bereichen") liegen.

Aktionspläne nach Vorgesetztenbeurteilungen (Jöns & Schmitt, 1998)

Ebenso mit einer Vorgesetztenbeurteilung, in der Ist- und Soll-Profile erhoben wurden, setzt sich diese Studie anhand der entwickelten Aktionsplänen auseinander (Jöns & Schmitt, 1998). Die Erstellung war den 80 Vorgesetzten in den selbstmoderierten Feedbackprozessen verpflichtend vorgegeben und wurde durch intensives Nachfassen in 84% der Fälle erfüllt. Die Analyse der Aktionspläne erfolgte nach der Differenziertheit und Verbindlichkeit der vereinbarten Maßnahmen sowie nach den Inhalten der Maßnahmen und ihrer Entsprechung zu den Defiziten (auffällige Soll-Ist-Differenzen) in der Vorgesetztenbeurteilung.

Hinsichtlich der Konkretheit bzw. Differenziertheit ergibt sich der erwartete Zusammenhang, dass mit höherer Anzahl an auffälligen Defiziten auch mehr und konkretere Aktionen vereinbart werden. Dabei fallen bei guter Vorgesetztenbeurteilung die Aktionspläne weniger differenziert aus, während bei schlechter Beurteilung bis auf Einzelfälle zumindest ein mittlerer Differenzierungsgrad ermittelt wird. Nach der Verbindlichkeit der Vereinbarungen ist festzustellen, dass ca. 75 % der Aktionspläne überhaupt keine oder nur geringe Verbindlichkeit – in Form von Verantwortlichen oder Terminen – aufwiesen, wobei sich keine bedeutsamen Unterschiede nach der Vorgesetztenbeurteilung ergaben.

Beim Vergleich der Inhalte der Maßnahmen und der Defizite nach der Vorgesetztenbeurteilung ergibt sich folgendes Bild: Die Inhalte spiegeln grob die Defizite wider. An erster Stelle stehen die eher konkreten Themen „Information" und „Förderung der Mitarbeiter", zu denen auch dann Maßnahmen abgeleitet wurden, wenn hierin nicht die zentralen Defizite bestanden. Im Unterschied dazu sind die eher verhaltens- und beziehungsbezogenen Themen „Offenheit" und „Partnerschaftlicher Umgang" seltener Gegenstand der Aktionspläne, zu denen bei bestehenden Defiziten nur in etwa der Hälfte der Fälle Maßnahmen abgeleitet wurden. Darüber hinaus weisen jene Führungskräfte, die keine Aktionspläne erstellt haben, in diesen Bereichen häufiger Defizite auf.

Bevor diese Befunde bewertet werden, muss angeführt werden, dass es sich um eine erste selbstmoderierte Erstellung von Aktionsplänen handelt, wozu es lediglich im Rahmen der Präsentation von Gesamtergebnissen und eines kleinen Leitfadens einige Tipps für die Führungskräfte gab. In der späteren Evaluation sind die Mitarbeiter mit dem Vorgehen weitgehend zufrieden und die Einschätzungen zur Ausführlichkeit und Vereinbarung entsprechen den ermittelten Differenzierungsgraden der Aktionspläne.

Wenngleich die Aktionspläne nicht den Qualitätsanforderungen vollkommen entsprechen, so sind die Maßnahmen zumindest relativ konkret formuliert und bedarfsorientiert aus den Beurteilungen abgeleitet. Dabei zeigen sich keine systematischen Unterschiede nach der Gesamtbeurteilung, sondern nach spezifischen Kompetenzen oder Problemen, die soziale Einstellungen und Verhaltensweisen der Führungskräfte betreffen.

Maßnahmen nach Vorgesetztenbeurteilung (Lehmann, 1999)

In einer weiteren Studie wurden wiederum die Maßnahmen aus selbstmoderierten Feedbackprozessen zu Vorgesetztenbeurteilungen von Lehmann (1999) ausgewertet. Insgesamt dominieren auch hier fachlich/kognitive Maßnahmen, die zudem langfristig ausgerichtet und auf der interpersonellen Ebene angesiedelt sind. Aufgrund ansonsten heterogener Qualitätsmerkmale können keine signifikanten Effekte nachgewiesen werden.

Maßnahmen und Veränderungen nach Mitarbeiterbefragungen (Birk, 2003)

Im Rahmen der Analysen zu Feedbackprozessen im Anschluss an Mitarbeiterbefragungen anhand der Aktionspläne und Evaluationsdaten von Birk (2003) zeigte sich, dass doch ca. 70% der Abteilungen Feedbackprozesse durchführten. Im Längsschnitt zeigen sie deutlich positivere Veränderungen als Abteilungen ohne Feedbackprozesse.

In den meisten Fällen wurden Maßnahmen vereinbart, die aber z.T. nicht schriftlich festgehalten wurden oder nicht öffentlich kommuniziert wurden, – oder es wurde gemeinsam keine Notwendigkeit für Maßnahmen gesehen. Dies spricht wiederum für die bedarfsorientierte Ableitung bei großen Kompetenz- und Umsetzungsunterschieden im Projektmanagement. Das inhaltliche Spektrum wies Schwerpunkte bei der Information und den Arbeitsbedingungen auf, die als vergleichsweise konkrete Themen angesehen werden können. Die differenzierte Analyse der Inhalte und Defizite weist eine breite Streuung der Maßnahmen unabhängig von den Defiziten auf. Einerseits könnte dies gegen eine bedarfsorientierte Ableitung bzw. gegen die Kompetenz sprechen, andererseits könnte dies auf eine intensive Diskussion und Interpretation der allgemeinen Befragungsergebnisse hinweisen, die zu anderen Gewichtungen führen.

Veränderungen nach Mitarbeiterbefragungen (Jöns, 2000)

Ähnliche Befunde zum Einfluss spezifischer Verhaltensaspekte von Führungskräften auf die Qualität selbstmoderierter Feedbackprozesse nach Vorgesetztenbeurteilungen zeigten sich in der Studie zu Mitarbeiterbefragungen von Jöns (2000). Ebenso erwies sich die beobachtete Reaktion der Führungskräfte als stärkster Einflussfaktor für die Zufriedenheit der Mitarbeiter mit der Maßnahmenableitung im Anschluss an die Befragung.

In dieser Studie konnten zudem Veränderungen infolge der Vorgesetztenbeurteilung und der Mitarbeiterbefragung miteinander verglichen werden. Erstens zeigen sich bedarfsentsprechende Effekte: Je kritischer die Ausgangssituation desto höher sind die Verbesserungen nach einem Jahr. Zweitens werden instrumentspezifische Effekte ermittelt: Die vertrauensbildende und kulturförderliche Wirkung zeigt sich primär bei der Mitarbeiterbefragung, während der Schwerpunkt bei der Vorgesetztenbeurteilung in gruppenbezogenen Verbesserungen lag.

Die verschiedenen Befunde zusammenfassend kann Führungskräften durchaus die Moderation ihrer eigenen Feedbackprozesse übertragen werden. Allerdings müssen sie intensiv – insbesondere hinsichtlich des Umgangs mit heiklen Themen und möglicher Lösungsansätze – qualifiziert werden. Zusätzlich müssen die Feedback- und Verbesserungsprozesse für alle Führungskräfte verbindlich sein. Aufgrund fehlender Einsicht, Kompetenzen oder Zeit neigen ansonsten Führungskräfte oft dazu, die Einhaltung von Spielregeln und die Umsetzung der Maßnahmen nicht energisch genug zu verfolgen.

4.2   Nachhaltigkeit und Kontrolle der Maßnahmenumsetzung

Nach der Ableitung von Maßnahmen und entsprechender Beschlussfassung sollte sich ihre Umsetzung anschließen. Bei einmaligen Aktionen ist dies oft noch kein Problem. Wenn es sich aber um längere und aufwendigere Prozesse handelt und zudem noch Verhaltensänderungen der Beteiligten erfordern, dann kann die Umsetzung aus den verschiedensten Gründen ins Stocken geraten oder ganz einschlafen. Umso wichtiger ist es, von vornherein ein Prozesscontrolling zu etablieren.

Darüber hinaus ist die Wirkung der Maßnahmen zu kontrollieren. Wenn initiierte Veränderungen nicht zu dem erhofften Erfolg führen, kann dies daran liegen, dass nicht die richtigen Maßnahmen abgeleitet wurden, die abgeleiteten Maßnahmen nicht richtig umgesetzt wurden, sich die Rahmenbedingungen verändert haben und andere Problemfelder eine höhere Priorität haben. Zusätzlich zum Prozesscontrolling ist ein Ergebniscontrolling unabdingbar, um letztlich nachhaltige Verbesserungen zu erreichen.

Ansätze des Prozesscontrollings

Durch ein Prozesscontrolling soll im Wesentlichen sichergestellt werden,
- dass bei selbstmoderierten Feedbackprozessen die Führungskräfte die Ergebnisse an ihre Mitarbeiter rückmelden und mit ihnen Maßnahmen ableiten und
- dass unabhängig von Moderation der Feedbackworkshops anschließend die gemeinsam beschlossenen Maßnahmen umgesetzt bzw. Vereinbarungen eingehalten werden.

Die Durchführung von Feedbackprozessen sollte als eine zentrale Aufgabe mit den Führungskräfte verbindlich vereinbart werden. Gleichzeitig sollte die Rückmeldung an eine zentrale Instanz, an höhere Führungskräfte oder an die Projektgruppe vorgesehen werden. Hierdurch wird erstens die Einhaltung der Verpflichtung durch die einzelnen Führungskräfte selbst kontrolliert. Zweitens unterstreicht diese Vereinbarung die Bedeutung, die den Verbesserungsprozessen von Seiten des Managements beigemessen wird. Letzteres wirkt nicht nur auf die Führungskräfte selbst, sondern vermittelt auch Mitarbeitern aus Einheiten, in denen die Prozesse nicht erfolgreich laufen, die intendierte Verbesserung von Seiten des Managements.

Das Controlling der Maßnahmenumsetzung ist in erster Linie Aufgabe der einzelnen Einheiten selbst, was wie bei jedem anderen Projekt normalerweise anhand von Aktionsplänen mit der Angabe von Meilensteinen und regelmäßiger Aktualisierung der Bearbeitungsstände geschieht. Dabei geht es vor allem darum, Hemmnisse in der Umsetzung zu identifizieren, um sie möglichst rasch auszuräumen bzw. die Maßnahmen entsprechend anzupassen. Soweit es sich nicht um individuelle und gruppenbezogene Aktivitäten handelt, die vertraulich zu behandeln sind, ist das Prozesscontrolling um Zwischenberichte und Folgeworkshops auf übergeordneten Ebenen zu ergänzen. Diese Instrumente dienen vor allem zur gegenseitigen Information und zur bereichsübergreifenden Koordination der verschiedenen Aktivitäten.

Über den einzelnen Verbesserungszyklus hinaus ist die Nachbefragung der Mitarbeiter zum Ablauf der Feedback- und Verbesserungsprozesse als eine weitere Möglichkeit des Prozesscontrolling zu erwähnen, die zwischendurch oder im Rahmen der regelmäßigen Erhebungen durchgeführt werden kann. Dadurch erfolgt neben der Rückmeldung an die einzelnen Einheiten und Führungskräfte auch eine Überprüfung des zentralen Projektmanagements, so dass zum Beispiel die unterstützenden Informationskonzepte ebenso einer ständigen Verbesserung unterzogen werden können.

Ansätze des Ergebniscontrollings

Bereits im Rahmen des Prozesscontrollings sollten die Effekte oder Wirkungen der Maßnahmen überprüft werden. Bezüglich der einzelnen Maßnahmen sollten die Kriterien bereits bei der Aktionsplanung festgelegt werden.

Bei den technisch-organisatorischen Problemfeldern können hierzu oft objektive Daten oder allgemeine Kennziffern herangezogen werden. Die verhaltens- und beziehungsbezogenen Veränderungen sind oft nur im Rahmen der nächsten Befragung überprüfbar. Dabei stellen sich all die bekannten Probleme einer direkten oder indirekten Veränderungsmessung. Hervorzuheben ist die Frage nach dem Anspruchsniveau, das bekanntermaßen oft dann steigt, wenn gute Veränderungsprozesse begonnen wurden.

An der Schnittstelle zu den alltäglichen Arbeits- und Führungsprozessen bietet sich die Einbindung der angestrebten Ergebnisverbesserungen in die regulären Zielvereinbarungsprozesse an. Allerdings wird man eher die konkreten Maßnahmen und Ziele aus den Feedbackworkshops aufgreifen können, da die subjektiven Daten aus den Feedbackinstrumenten oft noch anderen Einflüssen unterliegen.

Bei all den verschiedenen Controllingansätzen gilt es zu beachten, dass sie primär der Unterstützung der Verbesserungsprozesse dienen sollen, indem sie über die erforderlichen Daten hinaus die Verbindlichkeit und Nachhaltigkeit der angestrebten Veränderungen sicherzustellen.

Aus den eigenen Erfahrungen und Untersuchungen im Längsschnitt (Jöns, 2000) können zur Untermauerung dieser Grundsätze folgende Befunde angeführt werden:

- Mit dem Grad der Verpflichtung zur Durchführung von Feedbackprozessen steigt auch die Wahrscheinlichkeit, dass Führungskräfte dies tun. Bei professionell gesteuerten Projekten und guter Unterstützung sammeln die Führungskräfte fast immer positive Erfahrungen in den selbstmoderierten Feedbackworkshops, die sie dann wiederum für Folgeprozesse motivieren. Wenn höhere Führungskräfte gute Feedbackprozesse vorleben, fördert dies ein entsprechendes Engagement auf den nachgeordneten Ebenen.

- Im Zuge der wiederholten Durchführung zeigen sich in erster Linie positive Effekte in atmosphärischer und kultureller Hinsicht, die möglicherweise eine Übertragung oder

Generalisierung der Erfahrungen in den Feedbackprozessen auf den Alltag darstellen. Wenn den kulturellen Veränderungen nicht konkrete Änderungen in den Organisationsstrukturen und Leistungsprozessen folgen, dann sinkt die positive Einstellung gegenüber datenbasierten Veränderungsprozessen insgesamt.

Abschließend ist zur Nachhaltigkeit noch anzuführen, dass die Feedbackinstrumente derart in langfristige Entwicklungsprozesse eingebunden sein sollten, dass die generelle Ausrichtung oder strategische Zielorientierung beibehalten wird, aber im und am Prozess selbst gelernt wird.

5 Fazit zu zentralen Erfolgsfaktoren

Wenn sich auch die Ausführungen im Wesentlichen auf Feedbackworkshops bei Vorgesetztenbeurteilungen und Mitarbeiterbefragungen konzentrierten, so lassen sich die meisten Überlegungen auch auf andere Feedbackinstrumente übertragen bzw. sind von ihnen abzuleiten. Als zentraler Erfolgsfaktor für die Verbesserungsprozesse wurde der anschließende Feedbackworkshop herausgestellt. Bei Leistungsbeurteilungen wird zum Beispiel ebenso das Mitarbeitergespräch als Schlüsselfaktor hervorgehoben. Auch hier gilt es, klare Ziele für die weitere berufliche Entwicklung zu definieren und Maßnahmen zu ihrer Erreichung festzulegen. Schließlich erfolgt die Überprüfung spätestens beim nächsten Mitarbeitergespräch, d. h. hierdurch wird die Verbindlichkeit durch ein angekündigtes Controlling hergestellt.

Mit Blick auf die bisherige Praxis ist hervorzuheben, dass zumeist viel Zeit und Engergie in die Konstruktion der Feedbackinstrumente investiert wird, aber kaum systematische Konzepte für die anschließenden Feedback- und Veränderungsprozesse entwickelt werden. Im Zweifel wird über externe Berater und Moderatoren diese Kompetenz eingekauft, doch dann ist sie nur für die Zeit des Auftrags im Unternehmen. Lohnenswerter scheint die Investition in die eigenen Führungskräfte. Allerdings fehlt für die Prozessberatung und das Coaching der Führungskräfte das Verständnis bei den Projektverantwortlichen und beim oberen Management, nicht zuletzt deshalb, weil sie die Rückmeldung von externen Berater erhalten und die Verbesserung an nachgelagerte Führungskräfte und Experten delegieren. Die erste Aufgabe besteht daher oft darin, das oberste Management von seiner eigenen Verantwortung und Rolle im Veränderungsprozess zu überzeugen.

Wolf-Bertram von Bismarck

Die Rolle von Feedback im Vorschlagswesen

1 Einleitung

Das Vorschlagswesen ist in deutschen Unternehmen weit verbreitet. Damit geben die Betriebe ihren Mitarbeitern die Möglichkeit, sich durch eigene Ideen kreativ an der Gestaltung ihrer Arbeitsumwelt zu beteiligen. Die Mitarbeiter erhalten auf der anderen Seite die Chance, dem Unternehmen ein Feedback über bestehende Probleme in ihrer eigenen Arbeitsumgebung rückzumelden. Dennoch sind viele Unternehmen unzufrieden mit den Ergebnissen ihres Vorschlagswesens. Eine Ausnahme hiervon bilden Betriebe, die ein so genanntes Vorgesetztenmodell haben. Denn dort werden die Mitarbeiterideen nicht auf die lange Bank geschoben. Stattdessen erhalten die Mitarbeiter eine direkte Rückmeldung über ihre Vorschläge, oftmals sogar in Form einer direkten Umsetzung ihrer Ideen.

Viele Unternehmen geraten zunehmend unter Kosten-, Leistungs- und Servicedruck. Zur Lösung des Problems gehen die Unternehmen sehr unterschiedliche Wege. Die einen investieren in teure und aufwendige Technik. Sie hoffen, auf diese Weise für zukünftige Anforderungen gerüstet zu sein und unabhängiger von ihren Mitarbeitern die Serviceaufgaben der Zukunft besser bewältigen zu können. Dieses Investment bringt die Betriebe zwar auf den neuesten Stand, legt sie aber auch langfristig fest und reduziert somit ihre Flexibilität. Ein weiterer Nachteil ist, dass der Mitarbeiter durch diese Entwicklungen zunehmend in den Hintergrund gerät. Der Mitarbeiter wird auf diese Weise langfristig zum Bediener der Technik. Er verliert seine Selbstbestimmung und schließlich seine Arbeitsmotivation.

Eine grundsätzlich andere, aber ergänzende Herangehensweise an dieses Problem ist die Investition in bereits vorhandene Faktoren – die eigenen Mitarbeiter. Weiterbildungen, Wissensmanagementsysteme oder aber innovative Führungskonzepte sind dann geeignete Methoden, um in Mitarbeiter zu investieren.

Zu den wichtigen Führungsmethoden zählt neben etwa Zielvereinbarungen und flexiblen Arbeitszeitmodellen auch das Vorschlagswesen (v. Bismarck, 1999; Nickel & Krems, 1998). Besonders wenn es um die Frage geht, wie Unternehmen ihr Innovationspotenzial vergrößern oder ihre Kraftreserven besser ausnutzen können, kommt dem Vorschlagswesen ein besonderer Stellenwert zu.

Das Vorschlagswesen gehört damit zu diesen Führungskonzepten und kann bei richtiger Ausgestaltung nicht nur vorhandenes Wissen der Mitarbeiter in produktive Verbesserungsvorschläge umwandeln, sondern auch ein Feedback-System darstellen, welches im kontinuierlichem Rollentausch spiegelbildlich die unterschiedlichen Positionen des Feedback-Gebers und Feedback-Nehmers auf Seiten des Mitarbeiters aber auch der Organisation abbildet.

Nicht alle Unternehmen wissen diesen Feedback-Prozess jedoch optimal zu nutzen. Im klassischen Vorschlagswesen gibt der Mitarbeiter seinem Unternehmen oftmals anhand eines schriftlichen Verbesserungsvorschlags ein Feedback über einen Missstand, erhält dann aber wiederum kein direktes Feedback über Qualität und Status oder die weitere Verfahrensweise mit dem Vorschlag. Feedback-Geber wie zum Beispiel BVW-Beauftragter oder Gutachter sind oft nicht die kompetentesten Ansprechpartner, sie haben mit dem eigentlichen Problem oftmals nur teilweise zu tun.

Das Vorgesetztenmodell verschafft genau hier Abhilfe und schafft durch eine direkte Interaktion des Mitarbeiters mit seinem Vorgesetzten einen optimierten Feedback-Prozess, der dem Mitarbeiter umgehend eine konkrete und qualifizierte Rückmeldung gibt, möglicherweise bis hin zur direkten Umsetzung der Idee.

Damit hat das Vorschlagswesen in den letzten Jahren eine Renaissance erfahren. Es wird vielfach als Plattform angesehen, die es den Mitarbeitern ermöglicht, sich kreativ in ihren Arbeitsalltag einzubringen. Dabei wird dem Bedürfnis der Mitarbeiter nach Partizipation und direkter Rückmeldung nachgekommen sowie die Motivation der Mitarbeiter nicht zuletzt durch die ausgezahlten Prämien erhöht.

2   Das klassische Vorschlagswesen

In vielen Unternehmen ist das Vorschlagswesen nichts Neues: Die historischen Wurzeln reichen bis zu den Briefkästen der Dogenpaläste in Venedig zurück. Ein byzantinischer Beamter erkannte das Potenzial seiner Bürger und ließ an einer Mauer seines Palastes einen solchen Briefkasten aufstellen, in den die Bürger der Stadt Vorschläge zur Verbesserung der Verwaltung des Staates, der Hafenanlagen und der Flotte einwerfen sollten. In Deutschland liegen die Wurzeln nur unwesentlich später. Meist wird in diesem Zusammenhang das Generalregulativ des Alfred Krupp von 1888 zitiert, der als erster deutscher Unternehmer seinen Mitarbeitern eine Plattform bereitstellte, um ihre Arbeitsumgebung systematisch und kontinuierlich mit Ideen zu verbessern.

So ist das klassische Vorschlagswesen in vielen deutschen Unternehmen fest verankert. Es gibt den Mitarbeitern die Möglichkeit, ihre Ideen in Form eines Feedbacks zur Verbesserung des Arbeitsumfelds offiziell bei einer dafür eingerichteten Instanz einzureichen. Der für das Vorschlagswesen zuständige Referent sorgt für die Weiterverfolgung und gegebenenfalls die Umsetzung der Idee. Und sollte es sich tatsächlich um einen guten Vorschlag handeln, erhält der Mitarbeiter in der Regel durch die Institution sogar eine Prämie für seinen Mehraufwand.

3   Probleme des klassischen Vorschlagswesens

Obwohl sich das Konzept zunächst gut anhört, funktioniert das klassische Vorschlagswesen nur in sehr wenigen Betrieben. Ursache ist ein nicht funktionierender Feedback-Prozess (Brinkmann, 1998; Fengler, 2004) bei dem der Mitarbeiter

- aufgrund mangelnder Prozesse im schlimmsten Fall gar keine Rückmeldung über seinen Vorschlag erhält,

- ein unqualifiziertes Feedback erhält, da der Vorschlag von einer zentralen Stelle – einem Vorschlagsreferenten – beurteilt wird, der gegebenenfalls über kein ausreichendes Problemverständnis verfügt,

- ein sehr spätes Feedback erhält, da eine zwar kompetente, aber nur periodisch tagende Kommission die Vorschläge bewertet oder

- der Mitarbeiter das Feedback nicht oder viel zu spät in der gewünschten Form erhält, nämlich in der Umsetzung seines Vorschlags.

Abbildung 1 stellt Befragungsergebnisse von 1.934 Mitarbeitern und Führungskräften dar, die nach Gründen gefragt wurden, die sie bislang davon abgehalten haben, Verbesserungsvorschläge einzureichen. Die Ergebnisse zeigen, dass die Gründe, warum Mitarbeiter ihr kreatives Potenzial nicht einbringen, in erster Linie an einem mangelnden prozessualen Feedback (Umsetzung dauert zu lange, Zeiten bis Prämierung/Ablehnung dauern zu lange) oder verbalen Feedback (z. B. schlechte Stellungnahmen) liegen.

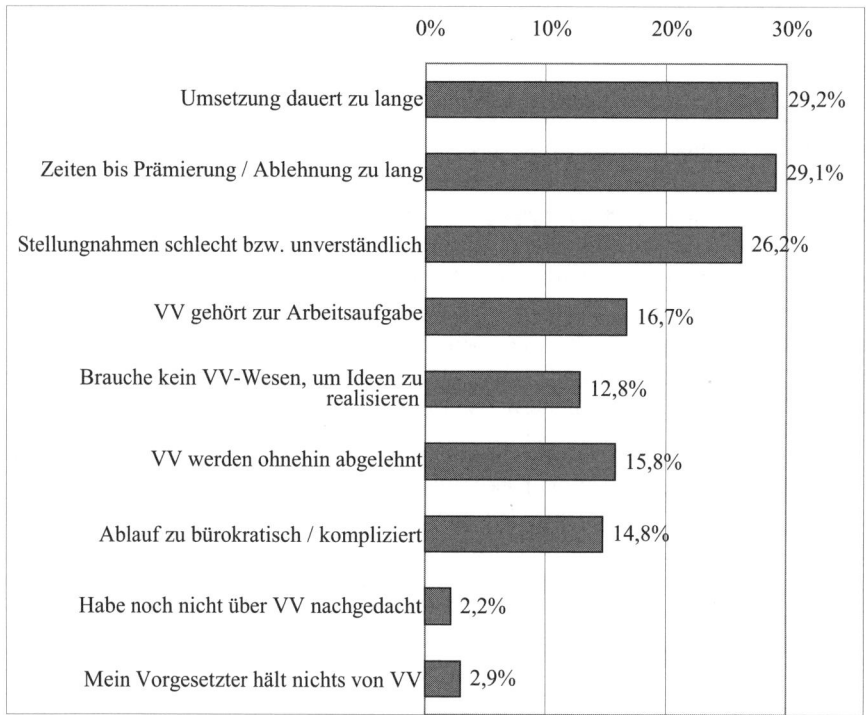

Abbildung 1: Gründe, einen Vorschlag nicht einzureichen

Insgesamt gestalten sich die Schwierigkeiten des klassischen Vorschlagswesens damit folgendermaßen:

- Das Vorschlagswesen ist in vielen Unternehmen mit Bürokratie überfrachtet. Selbst kleinste Vorschläge müssen über mühsame Wege eingereicht werden und verursachen so enormen Verwaltungsaufwand. Meist sind die Vorschläge schriftlich zu formulieren und in dafür vorgesehene Briefkästen einzuwerfen. Es folgt ein aufwendiger Erfassungs- und Begutachtungsprozess. Schließlich werden die Vorschläge auch bei kleinen Beträgen oft monatelang von einem Gutachter zum anderen geschoben, bis der Mitarbeiter endlich sein Feedback erhält. So geht wichtige Zeit bis zur Rückmeldung an den Mitarbeiter oder bis zur Umsetzung verloren.

- Die Vorgesetzten fühlen sich häufig von den Vorschlägen ihrer Mitarbeiter übergangen: „Warum sollte ein Mitarbeiter etwas in dem von mir geführten Arbeitsbereich bemängeln?" Dies hat in vielen Betrieben zu der absurden Regelung geführt, in dem die Mitarbeiter ihre Vorschläge nicht im eigenen Bereich einreichen dürfen. Absurd deshalb, weil die nähere Umgebung des eigenen Arbeitsplatzes genau der Bereich ist, wo die Mitarbeiter ihre Kernkompetenz haben. Auch ist in den meisten Fällen davon auszugehen, dass der Vorgesetzte der kompetenteste Feedback-Geber an den Mitarbeiter ist.

- Der Prozess, den ein Vorschlag im Unternehmen von der kreativen Idee bis zur Umsetzung zu durchlaufen hat, ist meist sehr langwierig. Nicht selten braucht ein Vorschlag vier bis sechs Monate bis zur Realisierung. Viele Vorschläge werden – selbst wenn sie prämiert werden – trotzdem nicht umgesetzt. Gerade dies ist aber für den motivierten Mitarbeiter, der gerne sein Arbeitsumfeld verbessern möchte, wie ein Schlag ins Gesicht. Er hat dadurch quasi Schweigegeld erhalten, profitiert aber nicht von der eigentlichen Verbesserung.

- Oftmals wird jeder Vorschlag, sei er auch noch so klein, von einer dafür zuständigen Führungskraft begutachtet. Diese aber fühlt sich für Verbesserungsvorschläge nicht zuständig oder erachtet gar die Gutachtertätigkeit als unbezahlte Zusatzaufgabe. Ergebnis: Vorschläge werden verschleppt, die Rückmeldung an den Mitarbeiter und die Entscheidung rücken in weite Ferne. Und weder der Mitarbeiter noch das Unternehmen können von der Verbesserung profitieren.

Insgesamt lässt sich feststellen, dass es nur den wenigsten Unternehmen gelingt, die kreativen Potenziale des Erfolgsfaktors Mitarbeiter effektiv zu nutzen. In den meisten Vorschlagswesen werden die Mitarbeiter eher in ihrer Kreativität gehindert als gefördert. Und mit kaum einem dieser klassischen Vorschlagswesen gelingt es einem Unternehmen, seine Mitarbeiter zielgerichtet zu mobilisieren. So haben die mangelnde Beachtung grundlegender Feedbackregeln das klassische Briefkastenmodell zu Recht zu einem verstaubten Meckerkasten an der Wand verkommen lassen.

4 Feedback-Regeln im Vorschlagswesen

Das klassische Vorschlagswesen ist wenig geeignet, den Mitarbeiter zum Einbringen seines kreativen Verbesserungspotenzials zu bewegen, weil insbesondere die formellen Feedback-Prozesse nicht den Mitarbeiteranforderungen an direkte und informelle Rückmeldung entsprechen (Farr, 1991). Im Einzelnen werden folgende Anforderungen an Feedback gestellt und vom klassischen Vorschlagswesen nur unzureichend erfüllt:

*Tabelle 1: Anfoderungen an Feedback und Gegebenheiten im klassischen Vorschlags-
wesen*

Anforderungen an Feedback:	Klassisches Vorschlagswesen
– Rechtzeitig	– Oftmals dauert die Bewertung von Vorschlägen mehrere Monate
– Klar und genau formuliert; konkret, angemessen und brauchbar	– Viele Gutachten sind unter Zeitdruck und mit wenig Priorität schriftlich formuliert; sie sind für den Mitarbeiter nicht verständlich
– Möglichst beschreibend, aber weniger wertend	– Ziel ist es, Mitarbeitervorschläge schriftlich zu bewerten
– Neue Informationen geben	– Viele Vorschläge werden abgelehnt, vorhandene Ideen werden aber nicht weitergeführt und optimiert

5 Das dezentrale Vorschlagswesen

Um das Vorschlagswesen zur Mitarbeiter-Vorgesetzten Interaktion nutzbar zu machen, wurde inzwischen in zahlreichen Unternehmen das vorhandene Vorschlagswesen überarbeitet und im Detail auf die wertschöpfenden Anteile im Prozess einerseits und die interaktiven Anteile andererseits untersucht (v. Bismarck, 2000; Frey & Schulz-Hardt, 2000). Überflüssige Prozessbestandteile wurden rigoros eliminiert. Die Interaktion zwischen Mitarbeiter und Vorschlagswesen wurde soweit möglich durch persönliche, direkte und schnelle Interaktion zwischen Mitarbeiter und Vorgesetztem ersetzt in der Erwartung, dass sich so der Feedback-Prozess aus Sicht des Mitarbeiters verbessert. Übrig blieb ein innovatives, persönlich-interaktives und vor allem unbürokratisches dezentrales Vorschlagswesen. Bei diesem so genannten Vorgesetztenmodell besprechen die Mitarbeiter ihre Ideen mündlich mit ihrer Führungskraft, erhalten von dieser direkt ihr Feedback und setzen die Vorschläge anschließend weitgehend selbstständig um. Dabei wird auf die interaktive und kooperative Beziehung zwischen Mitarbeiter und Führungskraft abgezielt und ein Prozess geschaffen, welcher die Regeln eines positiven Feedbacks zum Nutzen des Mitarbeiters, der Führungsbeziehung und der Innovation hebelt.

Kernelement des neuen Vorschlagswesens sind kurze, direkte Feedback-Wege (vgl. Abbildung 2). Es lassen sich zwei Abläufe eines Vorschlags unterscheiden. Bei dem bevorzugten, weil unmittelbaren Direkt-Vorschlag bespricht der Mitarbeiter seine Idee zunächst persönlich mit dem Vorgesetzten. Dabei kann es sich um den eigenen oder den Vorgesetzten aus einem anderen Bereich handeln, wenn der Vorschlag dessen Bereich entstammt. Er erhält sein Feedback oftmals sofort und von der Person, die dafür zuständig ist. Kann der Mitarbeiter den Vorschlag in Zusammenarbeit mit dem Vorgesetzten umsetzen oder kann der Vorgesetzte den Vorschlag unmittelbar umsetzen lassen, wird die Verbesserung als Direkt-Vorschlag vom Mitarbeiter bzw. Vorgesetzten realisiert und anschließend bewertet und prämiert.

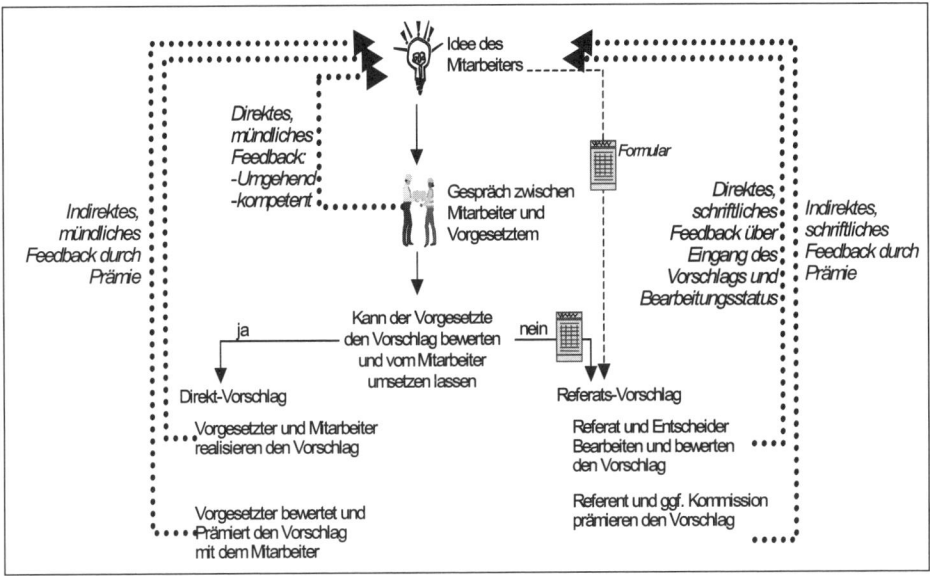

Abbildung 2: Ablauf eines Vorschlags im dezentralen Vorschlagswesen

Beim konsequent gestalteten Vorgesetztenmodell wird insbesondere auch die kooperative Bewertung und gegebenenfalls sogar die Prämierung vom Mitarbeiter gemeinsam mit seinem Vorgesetzten durchgeführt. Dadurch erhält der Mitarbeiter nicht nur schnell ein Feedback über die Qualität seiner Idee, sondern sogar über den messbaren Wert. Ist der Vorschlag umgesetzt, zahlt der Vorgesetzte direkt die Prämie anhand eines Gutscheins aus. Der Vorschlag wird mit einem Stichwort in eine kurze Liste eingetragen und an keiner weiteren Stelle schriftlich fixiert. Der Vorschlag wird also mündlich eingereicht.

Kann der Vorschlag nicht direkt umgesetzt und prämiert werden oder entscheidet sich der Mitarbeiter für den indirekten Weg über das Vorschlagsreferat, wird der Vorschlag schriftlich formuliert im Referat eingereicht. Dort wird die Idee vom Referenten eventuell in Zusammenarbeit mit einem Entscheider und ggf. unter Einbezug des Mitarbeiters bearbeitet. Der Mitarbeiter erhält umgehend ein direktes Feedback über Eingang und Bearbeitungsstatus seines Vorschlages und in Abstimmung mit einer Kommission erfolgt schließlich die Bewertung.

6 Die Ergebnisse sprechen für das dezentrale Vorschlagswesen

Das Vorgesetztenmodell wurde inzwischen in zahlreichen Unternehmen erfolgreich implementiert, so auch im Rahmen einer Pilotierung bei einem deutschen Großunternehmen (v. Bismarck 2000). Dafür wurden alle Führungskräfte im Rahmen einer Kurzschulung auf ihre neuen Aufgaben im Rahmen des Feedback-Prozesses vorbereitet, also das Bewerten, Prämieren und Nachverfolgen von Ideen ihrer Mitarbeiter. Sie haben mit ihren Mitarbeitern entsprechende Feedback-Gespräche zu führen, sie zu informieren und zu der neuen Vorgehensweise zu motivieren. Entsprechende Marketingmaßnahmen sowie Verlosungen erfolgten flankierend zur Mobilisierung.

Laufend wurde die Anzahl der umgesetzten Ideen erfasst und nach einer kurzen Anlaufphase ein rascher Anstieg der Mitarbeiterideen verzeichnet. Eingereichte, aber nicht zur Bewertung angenommene und somit auch nicht umgesetzte Vorschläge wurden konsequenterweise nicht erfasst. Schließlich erbringen sie keine Wertschöpfung. Nach einem halben Jahr Pilotierungserfahrung wurden die Mitarbeiter außerdem mittels Interviews befragt und anhand von Fragebögen wurde ermittelt, was ihnen an der neuen Vorgehensweise gefällt bzw. wo Optimierungsbedarf besteht. Entsprechende Maßnahmen wurden anschließend eingeleitet.

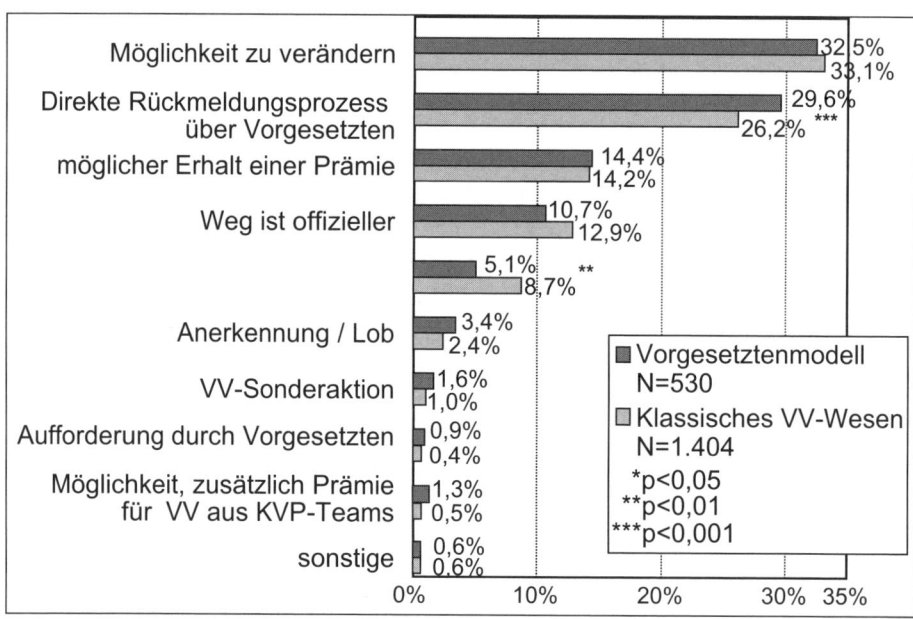

Abbildung 3: Gründe, einen Vorschlag einzureichen

Die Befragungsergebnisse bestätigen, dass das neue Instrument den Bedürfnissen der Mitarbeiter wesentlich besser gerecht wird als die anonyme Vorgehensweise des klassischen Vorschlagswesens (vgl. Abbildung 3). Vor allem gelingt es im Vorgesetztenmodell, über den Rückmelde- und Feedbackprozess dem Bedürfnis der Mitarbeiter nach Mitgestaltung des eigenen Arbeitsplatzes besser zu entsprechen. Darüber hinaus wird das Vorschlagswesen auf diese Art und Weise durch die direkte Interaktion zwischen Mitarbeiter und Führungskraft zu einem effektiven Führungsinstrument, welches den oftmals längst verlorengegangenen Kommunikationsprozess zwischen Mitarbeiter und seinem direktem Vorgesetzten neu entfacht oder zumindest aber begünstigt.

7 Das Vorgesetztenmodell baut auf die Beziehung zwischen Mitarbeiter und Führungskraft

Dass eine derartige Vorgehensweise nicht immer unproblematisch abläuft, liegt auf der Hand. Denn nicht jeder Mitarbeiter hat ein gutes Verhältnis und das erforderliche Vertrauen zu seinem Vorgesetzten. Auch läuft man bei ausnahmslos mündlich eingereichten Verbesserungen natürlich Gefahr, dass Streitigkeiten darüber entstehen, wer denn der geistige Urheber einer Idee sei. Und schließlich lässt sich trotz detaillierter Bewertungskriterien für die Führungskräfte nicht ausschließen, dass ähnliche Vorschläge von zwei Vorgesetzten unterschiedlich bewertet werden.

Die Erfahrungen haben diesbezüglich aber gezeigt, dass der erwartete Nutzen, der durch den beschleunigten Ablauf nach Ansicht der Mitarbeiter entsteht, die Nachteile bei weitem übersteigt. Es hat sich zudem insbesondere hinsichtlich der Prämie für die Einreicher gezeigt, dass diese zwar durchaus eine wichtige motivationale Rolle spielt, dass jedoch das innere Bedürfnis eines Mitarbeiters, sich am Betriebsgeschehen zu beteiligen und eine direkte Rückmeldung über seine Ideen zu erhalten, wesentlich schwerer wiegt. Letztendlich kann er auf diese Art und Weise seinen eigenen Arbeitsplatz sichern.

8 Fazit

Das Vorschlagswesen hat sich durch die Gestaltung eines aktiven Kommunikations- und Feedback-Prozesses zwischen Mitarbeiter und Vorgesetzten bereits zu einem Instrument entwickelt, mit dem sich die kreativen Potenziale der Mitarbeiter gezielt nutzen lassen. Mechanistische Systemprozesse wurden durch direkte Interaktion, falsche Feedback-Geber durch kompetente Ansprechpartner ersetzt, das Feedback-Gespräch und damit der Führungsprozess stehen im Vordergrund.

Wolfgang Böhm

Feedbackprozesse: Rechte der Mitarbeiter/ Mitbestimmung des Betriebsrats

1   Einleitung

Feedback-Prozesse und ihre Organisation sind von Haus aus keine juristischen Themen. Sobald Organisation und Umsetzung von Feedback-Prozessen konkrete Gestalt annehmen, ergeben sich auch für die Praxis relevante Rechtsfragen. Vor Durchführung etwa einer Mitarbeiterbefragung wäre es schon zweckmäßig, sich Klarheit darüber zu verschaffen, ob der Mitarbeiter überhaupt verpflichtet ist, sich daran zu beteiligen, oder ob er das Recht hat, sich einer solchen Maßnahme sanktionsfrei zu verweigern (individualrechtlicher Aspekt). Ebenso wichtig ist es, die Rolle des Betriebsrats richtig einzuschätzen: Muss der Betriebsrat an einer solchen Maßnahme beteiligt werden und ggfs. in welcher Form: Bloße Information? Mitbestimmung beim Konzept und bei den Modalitäten oder gar ein durchgehendes Beteiligungsrecht bis hin zu allen Einzelheiten (kollektivrechtlicher Aspekt)? Versteht man unter Feedback sogar Maßnahmen der Mitarbeiterüberwachung, kommt diesen Aspekten fundamentale Bedeutung zu: Führt ein unerlaubter Eingriff in das Persönlichkeitsrecht des Mitarbeiters oder die Missachtung von Mitbestimmungsrechten des Betriebsrats dazu, dass bei eindeutiger Beweislage der Arbeitgeber eine gerichtliche Auseinandersetzung in Form des Kündigungsschutzprozesses dennoch verliert, weil der Berücksichtigung der vorhandenen Beweismittel ein verfahrensrechtliches Verwertungsverbot entgegensteht? Diese auch für die Praxis relevanten juristischen Aspekte knüpfen jedoch nicht an den Sammelbegriff Feedback an. Vielmehr ist ausgehend von den einzelnen Maßnahmen – von der Mitarbeiterbefragung über Mitarbeitergespräch und Mitarbeiterüberwachung bis hin zur Kundenbefragung – zu klären, welche rechtlichen Rahmenbedingungen zu beachten sind. Und dabei ist jeweils zu differenzieren nach dem individualrechtlichen und dem kollektivrechtlichen Aspekt:

• Welche Rechte hat der Mitarbeiter bei den einzelnen Maßnahmen?

• Und wie sieht es mit den Beteiligungsrechten des Betriebsrats aus?

Im Folgenden geht es nicht um die Grenzen, die sich aus dem Datenschutz ergeben. Hier sei lediglich darauf hingewiesen, dass die mit dem Persönlichkeitsschutz verfolgten Ziele zwar weitgehend mit den Aufgaben des Datenschutzes korrespondieren. Insofern ist Datenschutz Persönlichkeitsschutz. Der Schutz des Mitarbeiters vor willkürlichem oder gar missbräuchlichem Umgang mit anvertrauten Daten geht jedoch über das Bundesdatenschutzgesetz hinaus. Dieses Gesetz setzt stets eine *dateimäßig* organisierte Erhebung, Speicherung und Verarbeitung von Daten voraus. Werden Feedback-Prozesse systematisch organisiert und durchgeführt, verdrängt der Datenschutz als speziellere gesetzliche Regelung typischerweise den aus dem Persönlichkeitsrecht des Mitarbeiters abgeleiteten individuellen Schutz. Werden aber zum Beispiel in einem Mitarbeitergespräch bestimmte Fragen gezielt einem einzelnen Mitarbeiter gestellt, geht es nicht um Datenschutz, sehr wohl sind jedoch die sich aus dem Persönlichkeitsrecht des Mitarbeiters ergebenden Grenzen zu beachten.

2 Mitarbeiterbefragung/Mitarbeitergespräch

2.1 Fragerecht des Arbeitgebers/Offenbarungspflicht des Mitarbeiters

Das deutsche Recht kennt (noch?) kein generelles Verbot, anderen Fragen zu stellen. Das gilt selbst für indiskrete oder gar peinliche Fragen. Hier zu Lande ist das eine Frage des Stils. Und eine freie Gesellschaft wäre schlecht beraten, alles und jedes – also auch Stilfragen – zu „verrechtlichen". Eine vermeintliche Ausnahme gilt dann, wenn die Frage ihrer Form nach beleidigend ist und im Kern eine lediglich in Frageform gekleidete ehrenrührige Behauptung enthält: „Wann endlich wollen Sie mit Ihren betrügerischen Manipulationen Schluss machen?". In diesen Fällen ist jedoch ersichtlich nicht die Frage das Problem, sondern ihre *Form* oder die in ihr enthaltene *Tatsachenbehauptung*. So wie es vom Recht her jedem freisteht, überflüssige, dumme und sogar taktlose Fragen zu stellen, so steht es andererseits vom Recht her grundsätzlich jedem frei, auf derartige Fragen entweder gar nicht oder beliebig – also auch bewusst wahrheitswidrig – zu antworten. Auf die Frage „Wie geht es Ihnen?" kann man trotz heftigster Zahnschmerzen antworten: „Kein Anlass zur Schadenfreude. Mir geht es gut." Man kann den Fragesteller aber auch mehr oder minder direkt wissen lassen, dass ihn dies nichts angehe. Insoweit vorbildlich die englische Regelung, wonach die Frage „How do you do?" mit einer wortgleichen Gegenfrage „beantwortet" wird.

Diese Grundsätze gelten nicht, wenn es um Fragerecht und Offenbarungspflicht in bestehenden oder anzubahnenden Rechtsverhältnissen geht. Wer einen Kredit beantragt, muss zutreffende Angaben über alle seine Kreditwürdigkeit betreffenden Umstände machen. Wer sich um einen Arbeitsplatz bewirbt, ist auch rechtlich verpflichtet, alle – aber auch nur die sich hierauf beziehenden – Fragen richtig zu beantworten. Dennoch handelt es sich in beiden Fällen nicht um eine echte – also einklagbare – Rechtspflicht. In beiden Fällen kann der Bewerber sich unerwünschten Fragen dadurch entziehen, dass er seine Bemühungen um einen Vertragsabschluss einstellt. In *bestehenden* Rechtsverhältnissen ist dies anders. Hier gibt es kein „Ausweichen" durch Abbruch der Verhandlungen. Hier muss Farbe bekannt werden: Verweigert der Mitarbeiter zu Unrecht die Beantwortung einer Frage, geht es um die Verletzung einer echten Rechtspflicht, die zur Abmahnung und in letzter Konsequenz sogar zur Kündigung führen kann. Hier ist die zentrale Frage, ob dem Arbeitgeber auch im Rechtssinne ein Fragerecht zusteht, welches eine Offenbarungspflicht (= echte Rechtspflicht) des Arbeitnehmers auslöst. Ein solches Fragerecht des Arbeitgebers und die daraus abgeleitete Offenbarungspflicht des Arbeitnehmers wird aus jenem Kranz ungeschriebener Loyalitätspflichten abgeleitet, die für das Funktionieren einer vernünftigen Zusammenarbeit unverzichtbar sind.

Soweit es überhaupt höchstrichterliche Entscheidungen gibt, betreffen sie nicht etwa „klassische" Mitarbeiterbefragungen, sondern können überwiegend dem Themenkreis „Vergangenheitsbewältigung" zugeordnet werden. Die Grenzen des Fragerechts waren zunächst am berühmt-berüchtigten Radikalenerlass von der Rechtsprechung herausgearbeitet worden. Radikalenerlass und die so genannte Regelanfrage sind inzwischen Rechtsgeschichte. Die Problematik Fragerecht des Arbeitgebers und die dadurch ausgelöste Offenbarungspflicht des Mitarbeiters sind geblieben und haben im Zuge der Wiedervereinigung eine Neuauflage erlebt: Nun ging es darum, inwieweit Arbeitgeber nach früherer SED-Zugehörigkeit oder Stasi-Tätigkeit fragen dürfen. Unter Berufung auf eine „gewohnheitsrechtlich bestehende Auskunftspflicht" hatte das Bundesarbeitsgericht (BAG) derartige Fragen – zumindest im Bereich des öffentlichen Dienstes – weitgehend für zulässig erklärt. Durch die Grundsatzentscheidung des Bundesverfassungsgerichts vom 08.07.1997 (in: Neue Zeitschrift für Arbeitsrecht (NZA) 1997 S. 992) sind dem Fragerecht des Arbeitgebers wesentlich engere Grenzen gezogen worden. Die jüngste Entscheidung des BAG hat eine Mitarbeiterbefragung durch einen privaten Arbeitgeber zum Gegenstand.

> Eine Redakteurin tritt 1973 in die Dienste einer von der SED-Bezirksleitung herausgegebenen Tageszeitung. Diese wird 1990 von einem westdeutschen Verlag übernommen. Die Verlagsleitung äußert gegenüber allen Redakteuren die Erwartung, dass diese sich bei etwaigen Stasi-Verstrickung offenbaren. Die Redakteurin äußert sich nicht, obwohl sie eine Verpflichtungserklärung bei der Staatssicherheit unterschrieben hatte. Unter anderem deswegen kündigt der Verlag ordentlich.
>
> Das BAG (vom 13.06.2002, NZA 2003 S. 265) stellt zunächst fest, dass auch bei einem privaten Arbeitgeber die Frage nach Stasi-Verstrickungen zulässig sein und zu einer Offenbarungspflicht führen kann. Allerdings: Bloßes Schweigen steht einer bewusst falschen Beantwortung nicht gleich. Sodann muss die Frage so konkret gestellt sein, dass der Arbeitnehmer erkennen kann, wonach genau gefragt wird. Nur dann kann er erkennen, ob die Frage zulässig ist und mithin eine Offenbarungspflicht auslöst. Und schließlich: Nicht jeder wie auch immer geartete Kontakt bzw. nicht jede Verstrickung im Zusammenhang mit der Arbeit des MfS gefährdet die publizistische Glaubwürdigkeit einer Tageszeitung. Solche Kontakte können auch passiver, schuldloser und marginaler Natur sein. Deshalb muss die Frage nach früheren Stasi-Kontakten bzw. -Verstrickungen so präzise gestellt sein, dass der Befragte das Ziel und die Berechtigung der Frage erkennen und einschätzen kann.

Beispiel 1:   Mitarbeiterbefragung und Offenbarungspflicht

Wenngleich die Aussagen des BAG nicht gerade einen typischen Fall der Mitarbeiterbefragung betreffen, so stellt diese Entscheidung doch grundsätzlich klar, dass kraft Gewohnheitsrecht ein Fragerecht des Arbeitgebers mit einer entsprechenden Auskunftspflicht des Arbeitnehmers besteht, sofern der Arbeitgeber ein berechtigtes Interesse dartun kann und nicht in den Intim- oder Privatbereich des Arbeitnehmers eingegriffen wird. Zur Bestimmung der rechtlichen Rahmenbedingungen bei Mitarbeiterbefragungen reichen solche Grundsätze völlig aus. Denn das Kernproblem für den Arbeitgeber ist bei Mitarbeiterbefragungen (MAB) vernünftigerweise nicht, „richtige" Antworten zu erzwingen, sondern ob und inwieweit er sich mit einer solchen Aktion noch im Bereich des arbeitsrechtlich Erlaubten bewegt. Hierfür hat das BAG immerhin den Rahmen abgesteckt: Weigert sich ein Mitarbeiter rundweg, sich an einer MAB überhaupt zu beteiligen, obwohl der Arbeitgeber für das Ob und Wie nachvollziehbare Gründe darlegen kann, verstößt er gegen Nebenpflichten aus dem Arbeitsvertrag. Die Verletzung von Nebenpflichten kann arbeitsrechtlich genauso sanktioniert werden wie der Verstoß gegen die eigentliche Arbeitspflicht: nämlich zunächst durch Abmahnung und bei uneinsichtiger und beharrlicher Weigerung notfalls sogar durch Kündigung. Hingegen dürfte die Frage danach, welche Sanktionsmöglichkeiten bei unrichtiger Beantwortung der Fragen bestehen, müßig sein. In den landläufigen Fragebögen geht es höchst selten um „harte" Fakten, sondern vielmehr überwiegend um „weiche" Einschätzungen und Beurteilungen. Es geht also gar nicht darum, ob richtige oder falsche Antworten gegeben werden, sondern ob eine *ehrliche* Meinung ermittelt oder eine *realistische* Einschätzung erzielt werden kann. Beides ist unter Androhung von (arbeitsrechtlichen) Zwangsmaßnahmen mit Sicherheit nicht zu erreichen.

2.2   Informations- und Mitbestimmungsrechte des Betriebsrats

Mag es auch wie eine bare Selbstverständlichkeit anmuten, so selbstverständlich ist die folgende Maxime in vielen Betrieben leider nicht: Betriebliche Probleme sollte man nie in der Weise angehen, dass zunächst einmal Rechtsfragen geklärt werden, um sich auf dieser Basis über die Lösung von Sachfragen zu unterhalten. Richtig ist es, mit allen Betroffenen (Vorgesetzten, Mitarbeitern, Betriebsrat) über die Ziele und die möglichen Wege dorthin zu sprechen. Kommt es unter allen Beteiligten zu einem Konsens hierüber, stellt sich aus rechtlicher Sicht allein noch die Frage, in welcher Form das Ergebnis zweckmäßigerweise festgehalten werden soll: mündliche Übereinkunft, schriftliches Ergebnisprotokoll, förmliche Betriebsvereinbarung?

Hingegen ist es in dieser Situation völlig müßig, juristisch klären zu wollen, welche Teile der Vereinbarung lediglich informations-, weitgehend beratungs- oder gar mitbestimmungspflichtig sind. Dagegen wird zuweilen eingewandt, dass eine Vereinbarung über mitbestimmungspflichtige Angelegenheiten ganz andere rechtliche Konsequenzen hat als eine so genannte freiwillige Betriebsvereinbarung. Denn nur im Bereich erzwingbarer Mitbestimmung greift die in § 77 Abs. 6 Betriebsverfassungsgesetz (BetrVG) vorgesehene Nachwirkung gekündigter oder ausgelaufener Betriebsvereinbarungen. Freiwillige Betriebsvereinbarungen laufen hingegen zum Zeitpunkt ihrer Befristung bzw. Kündigung „rückstandslos" aus. Diese Fragen stellen sich jedoch erst bei *Auslauf* der Betriebsvereinbarung. Bei ihrem Abschluss sind sie irrelevant. Denn für die Frage der Nachwirkung kommt es nicht auf die Bezeichnung der Vereinbarung an, sondern auf ihren Inhalt. Die gesetzlich angeordnete Nachwirkung entfällt nicht deshalb, weil eine Betriebsvereinbarung als „freiwillig" bezeichnet wird; andererseits haben selbst informelle Absprachen (Regelungsabreden) gesetzliche Nachwirkung, wenn ihr Gegenstand unter die Mitbestimmung des Betriebsrats fällt. Dies bereits bei Abschluss der Vereinbarung klären zu wollen, schafft Konflikte statt Klarheit.

Nun sollte man aus dieser Empfehlung zum Procedere freilich nicht den Schluss ziehen, Rechte und Standpunkt des Betriebsrats als cura posterior einzustufen. Ganz im Gegenteil: Der Erfolg jeder letztlich auf Akzeptanz und Kooperationsbereitschaft angewiesenen Aktion hängt entscheidend davon ab, ob sie *mit* dem Betriebsrat durchgeführt werden kann oder *gegen* ihn durchgesetzt werden muss. Die genaue Kenntnis und peinliche Beachtung der Rechte des Betriebsrats ist aus folgenden Gründen unerlässlich: Wann immer der Betriebsrat im Nachhinein von Aktivitäten erfährt, über die man ihn nach dem Gesetz vorher hätte informieren müssen, empfindet er dies als einen Affront oder gar gezielte Provokation. Nun mag zwar die traurige Erkenntnis, dass die meisten Rechtsverletzungen auf Unkenntnis oder Gedankenlosigkeit beruhen, der Wirklichkeit viel näher kommen. Übergangene Betriebsräte erklären sich Gesetzesverstöße vorzugsweise mit Bosheit und neigen zu Trotzreaktionen. Viel Zeit und Energie werden vergeudet, zerschlagenes Porzellan beiseite zu kehren, bevor überhaupt in sachhaltige Diskussionen eingetreten werden kann. So mancher mit den betrieblichen Ritualen unvertraute Unternehmensberater scheitert sogar mit vorzüglichen Ideen aus diesem Grund endgültig. Die Maxime kann deshalb nur lauten: Rechte des Betriebsrats – und seien es auch nur Informationsrechte – müssen peinlich genau beachtet werden, will man nicht bestenfalls Zeit verlieren und schlimmstenfalls scheitern.

Ikea führt 1994 und erneut 1996 mittels eines Fragebogens eine MAB durch. Unter anderem wird gefragt, wie der Mitarbeiter Ikea insgesamt, seine Arbeitsaufgaben, Entwicklungsmöglichkeiten, Gehalt und Sozialleistungen, den unmittelbaren Vorgesetzten, die Geschäftsleitung und das Betriebsklima sieht. Die ausgefüllten Fragebögen werden von einer externen Unternehmensberatung vor allem in Form so genannter Radardiagramme betriebs- und abteilungsbezogen ausgewertet. Die Originalfragebögen werden vernichtet. Der Betriebsrat erhält Informationen über die Fragebögen und die betriebsbezogene Auswertung. Er verlangt darüber hinaus Auskunft über die abteilungsbezogenen Listen und Darstellungen. Sein Antrag wird vom BAG (v. 08.06. 1999, NZA 1999 S. 1345) abgewiesen.

Der Auskunftsanspruch nach § 80 Abs. 2 BetrVG besteht nicht erst dann und nicht nur insoweit, als Beteiligungsrechte aktuell sind. Vielmehr soll es dem Betriebsrat durch die Informationen ermöglicht werden, in eigener Verantwortung zu prüfen, ob sich Aufgaben im Sinne des BetrVG ergeben und ob er zur Wahrnehmung dieser Aufgaben tätig werden kann. Ob der Arbeitgeber irgendwelche mitbestimmungspflichtigen Maßnahmen überhaupt plant, ist unerheblich, weil dem Betriebsrat in sozialen Angelegenheiten grundsätzlich ein Initiativrecht zusteht. Die Grenzen des Auskunftsanspruchs liegen dort, wo Anhaltspunkte dafür fehlen, dass ein Beteiligungsrecht in Betracht kommt. Dabei reicht der Auskunftsanspruch des Betriebsrats umso weiter, je weniger er aufgrund der ihm zugänglichen Informationen beurteilen kann, ob die begehrten Auskünfte tatsächlich zur Durchführung seiner Aufgaben erforderlich sind oder nicht. Kennt der Betriebsrat sowohl die Fragebogenformulare als auch die betriebsbezogenen Auswertungen, so kann er bereits anhand dieser Informationen beurteilen, ob seine gesetzlichen Aufgaben von der Umfrage betroffen sind oder nicht. Er kann entscheiden, ob er im Hinblick auf Ordnungsregeln oder Fragen der Lohngestaltung initiativ werden will. Erst wenn die vorhandenen Informationen hierfür nicht ausreichen, können fallbezogen und konkret weitere Auskünfte verlangt werden.

Beispiel 2:   *Informationsrechte des Betriebsrats*

Genaue Kenntnis der Rechte des Betriebsrats und ihre frühestmögliche Berücksichtigung bereits bei der Planung rechtfertigen sich noch aus einem anderen Grund: Selbstverständlich sollte man Gespräche über praktische Fragen und Probleme mit der Erörterung von Sachfragen und nicht mit einem betriebsverfassungsrechtlichen Colloquium beginnen. Aber jedes Gespräch kann damit enden, dass sich der angestrebte Konsens als nicht erreichbar erweist. Die unabweisliche Frage, wie es nun weitergeht, hängt davon ab, ob dem Betriebsrat in dieser Sache ein echtes Mitbestimmungsrecht oder lediglich ein Informations- und Beratungsrecht zusteht. Verlangt das Gesetz nur Information und Beratung, entscheidet der Arbeitgeber. Geht es um echte Mitbestimmung, lautet die lapidare Auskunft des Gesetzes: „Kommt eine Einigung nicht zustande, so entscheidet die Einigungsstelle. Der Spruch der Einigungsstelle ersetzt die Einigung zwischen Arbeitgeber und Betriebsrat." Bei einer so typischen „betriebshygienischen" Maßnahme wie einer Mitarbeiterfragung bedeutet das „Nein" des Betriebsrats praktisch das „Aus".

Nach § 87 Abs. 1 Nr. 1 BetrVG hat der Betriebsrat mitzubestimmen bei Fragen der „Ordnung des Betriebes und des Verhaltens der Arbeitnehmer im Betrieb". Gemeint ist hier – im Gegensatz zur Arbeitspflicht, die allein dem Direktionsrecht des Arbeitgebers unterliegt – das so genannte Ordnungs- oder Sozialverhalten. Wichtigster Anwendungsfall sind Betriebsordnungen, die Rauchen, Alkohol, Torkontrollen, Parkplatzbenutzung usw. im Betrieb regeln. Aber auch eine allen Vorgesetzten zugeleitete Anweisung, Kritik- oder Fehlzeitengespräche nach einem einheitlichen Muster durchzuführen, betreffen das Ordnungsverhalten der Mitarbeiter und unterliegen deshalb der Mitbestimmung des Betriebsrats (BAG vom 08.11.1994, NZA 1995, S. 857). Sollte also eine MAB so organisiert sein, dass Vorgesetzte aufgrund einheitlicher Vorgaben standarisierte Gespräche führen und fixieren, würde das zugrundeliegende „Befragungsmuster" (nicht das einzelne Gespräch) der Mitbestimmung des Betriebsrats unterliegen. Es ist deshalb sowohl praktisch wie auch juristisch empfehlenswert, mit anonym auszufüllenden Fragebögen zu arbeiten. Wird eine MAB völlig anonym durchgeführt, unterliegt sie nicht den Mitbestimmungsrechten des Betriebsrats nach § 87 Abs. 1 Nr. 1 BetrVG. Kann oder soll die Anonymität aus irgendwelchen Gründen nicht gewahrt werden, so ist dies keineswegs unzulässig. Das Ob und Wie muss jedoch in diesem Falle mit dem Betriebsrat vereinbart werden.

Nach § 94 BetrVG bedürfen Personalfragebögen der Zustimmung des Betriebsrats. Nun sind jedoch nicht alle in der betrieblichen Praxis verwendeten und von den Mitarbeitern auszufüllenden Fragebögen „Personalfragebögen" im Sinne dieser Vorschrift. Wie aus § 94 Abs. 2 BetrVG erhellt, geht es hier allein um Fragebögen, die auf „persönliche Angaben" abzielen.

Das Handelsblatt will für Wirtschaftsredakteure so genannte Ethikregeln einführen. Darin wird es Redakteuren, die regelmäßig über bestimmte Branchen berichten, untersagt, mit Wertpapieren dieser Branchen zu handeln. Darüber hinaus wird Auskunft über den Besitz von Wertpapieren unter Verwendung eines Formblatts verlangt.

Der Betriebsrat hält beide Maßnahmen für mitbestimmungspflichtig und verlangt
– die Einführung von Ethikregeln für Redakteure zu unterlassen und
– die Verwendung eines Formblatts zur Mitteilung von Aktienbesitz zu unterlassen.

Das BAG (v. 28.5.2002, NZA 2003 S. 166) führt zunächst aus, dass § 75 Abs. 1 Satz 1 BetrVG dem Betriebsrat kein Recht gibt, vom Arbeitgeber zu verlangen, persönlichkeitsverletzende Maßnahmen gegenüber den betroffenen Arbeitnehmern zu unterlassen. Bei der Einführung eines Formulars, in dem Redakteure einer Wirtschaftszeitung aufgrund einer vertraglichen Nebenabrede den Besitz bestimmter Wertpapiere dem Arbeitgeber anzuzeigen haben, hat der Betriebsrat ein Mitbestimmungsrecht nach § 87 Abs. 1 Nr. 1 BetrVG.

Beispiel 3:   Mitbestimmung des Betriebsrats bei Mitarbeiterbefragung

Sofern mit Hilfe technischer Einrichtungen Daten über „das Verhalten oder die Leistung der Arbeitnehmer" erhoben oder verarbeitet werden – und dafür genügt die EDV-mäßige Verarbeitung manuell erhobener Daten – ist das Mitbestimmungsrecht des Betriebsrats nach § 87 Abs. 1 Nr. 6 BetrVG zu beachten. Unabhängig von allen juristischen Erwägungen sollte bei MAB von vornherein ausgeschlossen werden, dass aus den erhobenen Daten Rückschlüsse auf Leistung und Verhalten des einzelnen Mitarbeiters gezogen werden können. Wenn bei den Befragten auch nur die geringste Befürchtung in dieser Richtung aufkommt, gefährdet dies den Erfolg der gesamten Aktion.

Die Erfahrung lehrt zudem: Wenn Mitarbeitergespräch und MAB erfolgreich als *Führungsinstrumente* eingesetzt werden sollen, müssen sie unbedingt von Entgeltfragen und Disziplinierungsmöglichkeiten getrennt werden. Wenn es um die richtige Vergütung geht, sollte offen über Geld gesprochen werden. Ist Kritik aus gegebenem Anlass erforderlich, muss – auch aus juristischen Gründen – Klarheit darüber geschaffen werden, dass es sich um eine Abmahnung handelt. Die Verquickung von Führungsinstrumenten mit Entgeltfragen oder Sanktionen verleitet die Mitarbeiter zu defensiven Reaktionen und führt nicht zur angestrebten Offenheit. Es gibt mithin gute juristische und praktische Gründe, MAB von vornherein so anzulegen, dass Rückschlüsse auf Verhalten und Leistung einzelner Mitarbeiter definitiv ausgeschlossen sind.

3 Mitarbeiteraudit/Mitarbeiterüberwachung

Auditierung und Überwachung von Mitarbeitern mögen im sozialwissenschaftlichen Sinne nicht unter den Begriff Feedback fallen. Beide Maßnahmen sind jedoch kein Selbstzweck. Sie dienen regelmäßig dazu, geeignete Reaktionen des Arbeitgebers auszulösen. Deshalb haben alle einschlägigen Entscheidungen es entweder mit Abmahnung/Kündigung oder mit der Erzeugung von Leistungsdruck durch den Arbeitgeber zu tun. Auch hier ist – wie schon bei Mitarbeitergespräch/Mitarbeiterbefragung – zu trennen nach den Rechten des einzelnen Mitarbeiters und den Beteiligungsrechten des Betriebsrats.

3.1 Überwachung und Persönlichkeitsschutz

Es ist das selbstverständliche Recht eines jeden Gläubigers, in geeigneter Weise sicherzustellen, dass er die ihm versprochene und zu vergütende Leistung tatsächlich erhält. Das gilt auch für den Arbeitgeber im Hinblick auf die Arbeitsleistung des Arbeitnehmers. Er kann durch geeignete Kontrolle des Arbeitsverhaltens oder der Arbeitsergebnisse überprüfen, ob sein Vertragspartner, der Arbeitnehmer, seine Vertragspflichten korrekt erfüllt. Ob dies durch (betriebsinterne) Vorgesetzte oder durch (betriebsexterne) Privatdetektive erfolgt, spielt dabei juristisch keine Rolle (BAG v. 26.3.1991, NZA 1991 S. 729).

> Im Getränkemarkt eines Warenhauses treten überdurchschnittlich hohe Inventurdifferenzen auf. Es wird eine Videokamera direkt, aber verdeckt über der Kasse installiert sowie eine weitere verdeckte Kamera zur Beobachtung des Ganges. Nach Auswertung der Videoaufzeichnungen geht der Arbeitgeber davon aus, dass eine Kassiererin im dringenden Verdacht stehe, fiktive Leergutbons ausgestellt, diese gescannt, den Gegenwert der Kasse entnommen und auf dem Gang in ihre Tasche gesteckt zu haben. Im Anhörungsverfahren werden die Videobänder in Anwesenheit der Kassiererin und des Betriebsratsvorsitzenden abgespielt. Mit Zustimmung des Betriebsrats wird fristlos gekündigt. Die Kassiererin erhebt Kündigungsschutzklage u.a. mit der Begründung: Die Videoaufnahmen dürften nicht zu Beweiszwecken verwertet werden, weil durch die heimliche Anbringung der Videokameras in ihr Persönlichkeitsrecht eingegriffen worden sei.
>
> Die Kündigungsschutzklage bleibt in allen Instanzen bis zum BAG (vom 27.03.2003, NZA 2003 S. 1193) erfolglos: Das allgemeine Persönlichkeitsrecht schützt den Arbeitnehmer vor einer lückenlosen technischen Überwachung am Arbeitsplatz durch heimliche Videoaufnahmen. Durch solche heimlichen Videoaufzeichnungen würde der Arbeitnehmer einem ständigen Überwachungsdruck ausgesetzt, dem er sich während seiner Tätigkeit nicht entziehen kann. – Die heimliche Videoüberwachung eines Arbeitnehmers ist jedoch dann zulässig, wenn der konkrete Verdacht einer strafbaren Handlung oder einer anderen schweren Verfehlung zu Lasten des Arbeitgebers besteht, weniger einschneidende Mittel zur Aufklärung des Verdachts ausgeschöpft sind, die verdeckte Video-Überwachung praktisch das einzig verbleibende Mittel darstellt und insgesamt nicht unverhältnismäßig ist.

Beispiel 4:   *Heimliche Videoaufnahmen und Verwertungsverbot*

3.2 Überwachung und Rechte des Betriebsrats

So wenig die offene Steuerung und Kontrolle des Arbeitsverhaltens Persönlichkeitsrechte des einzelnen Mitarbeiters verletzt, so wenig unterliegen diese beiden Aktivitäten der Mitbestimmung des Betriebsrats. Wird zum Beispiel die Leistung der Mitarbeiter in Form einer Arbeitszeitmessung durch Einsatz einer manuell betätigten Stoppuhr erfasst, bedarf diese Maßnahme nicht der vorherigen Genehmigung durch den Betriebsrat (BAG vom 08.11.1994, NZA 1995 S. 313). Das ändert sich, sobald Verhalten oder Leistung durch Einsatz technischer Überwachungseinrichtungen kontrolliert werden. Hier hat der Betriebsrat ein gesetzliches Mitbestimmungsrecht (§ 87 Abs. 1 Nr. 6 BetrVG). Zweck dieses Mitbestimmungsrechts ist jedoch nicht der Schutz der Arbeitnehmer vor jeglicher Überwachung, sondern nur der Schutz vor den besonderen Gefahren derjenigen Überwachungsmethoden, die sich für das Persönlichkeitsrecht der Arbeitnehmer aus dem Einsatz technischer Einrichtungen ergeben, zum Beispiel durch technische Datenerhebung und -verarbeitung (BAG v. 30.08.1995, NZA 1996 S. 218: Bedienplatzgruppenreport, Warteschleifenreport und Bedienplatzreports bei Einsatz einer ACD-Telefonanlage). Dabei kommt es für das Mitbestimmungsrecht des Betriebsrats nicht darauf an, ob Leistung und Verhalten von vorn herein individuell bezogen auf den einzelnen Mitarbeiter erfasst werden. Es genügt, dass der einzelne Mitarbeiter indirekt von der Maßnahme berührt wird, weil zum Beispiel seine Arbeitsgruppe Druck auf ihn ausüben könnte.

> Ein Küchenmöbelhersteller mit über 300 Arbeitnehmern will das EDV-gestützte Arbeitswirtschaftsinformationssystem ARWIS einführen. Das System besteht aus einem Softwarepaket, das auf Personalcomputern eingesetzt werden kann. Es erfasst und vergleicht täglich Soll- und Ist-Leistung, aufgewendete zu „erwirtschafteter" Zeit, Leistungsunterschiede unter den einzelnen Produktionsgruppen usw. Es wird vom Anbieter als System „aktiver Selbstkontrolle" bezeichnet, weil die Ergebnisse nicht nur dem Betriebsleiter, sondern auch allen Arbeitsgruppen laufend zur Kenntnis gebracht werden. Nachdem Verhandlungen über die Einführung von ARWIS gescheitert sind, führt der Unternehmer das System einseitig ein. Er hält dies für rechtens, weil die anfallenden Daten lediglich Auskünfte über die Produktivität und ihre Veränderung gäben, nicht aber über das Verhalten und die Leistung einzelner Mitarbeiter. Der Betriebsrat geht davon aus, dass die gruppenweise erfassten und den Beteiligten bekannt gegebenen Leistungsdaten zunächst Druck auf die Gruppe ausüben, der dann als Druck der Gruppe an die schwächeren Mitarbeiter in der Gruppe weitergegeben werde bzw. weitergegeben werden könne.

> Das BAG (vom 26.07.1994, NZA 1995 S. 185) gibt dem Betriebsrat Recht:

> Die technische Auswertung von Leistungsdaten, die nicht auf einzelne Arbeitnehmer, sondern auf eine Arbeitsgruppe in ihrer Gesamtheit bezogen sind, ist dann eine Überwachung im Sinne von § 87 Abs. 1 Nr. 6 BetrVG, wenn der Überwachungsdruck auf die einzelnen Gruppenmitglieder weitergeleitet wird bzw. weitergeleitet werden kann. Dazu genügt es, dass sich infolge der Größe und Or-

ganisation der Gruppe sowie der Art ihrer Tätigkeit für das einzelne Gruppenmitglied entsprechende Anpassungszwänge ergeben. Die Entlohnung z. B. im Gruppenakkord ist nur eines von verschiedenen Mitteln, die solche Anpassungszwänge erzeugen können.

Beispiel 5:   Rechnergestützte Erfassung von Produktivitätsdaten einer Arbeitsgruppe

4   Kundenbefragungen

Anders als die Mitarbeiterüberwachung ist die Kundenbefragung – wie alle Befragungen – ein „klassischer" Feedback-Prozess. Aber die Interaktion findet im ersten Schritt nicht zwischen dem Arbeitgeber und den Mitarbeitern statt, sondern mit dem Kunden und damit einem Dritten. Bei der Befragung von Kunden geht es mithin nicht primär um den Schutz der Persönlichkeit des abhängig Beschäftigten. Andererseits ist Ziel jeder Kundenbefragung, die Kundenzufriedenheit festzustellen und konkrete Schwachstellen aufzudecken. Durch die Maßnahmen zur Erhöhung der Kundenzufriedenheit bzw. Eliminierung von Schwachstellen wird regelmäßig auch das Personal tangiert.

4.1   Kundenbefragung und Persönlichkeitsschutz der Mitarbeiter

Wegen dieser möglichen und vom Unternehmen durchaus gewollten Rückwirkung auf die Mitarbeiter und ihr Verhalten wird gefordert, das Fragerecht zum Persönlichkeitsschutz der Mitarbeiter auch gegenüber Dritten einzuschränken. Das lässt sich rechtssystematisch nicht rechtfertigen. Denn die von A an B gerichtete Frage den C betreffend kann nicht als Eingriff in die Persönlichkeitsrechte von C angesehen werden. Es stünde einer freien und offenen Gesellschaft zudem schlecht zu Gesicht, Frageverbote zu statuieren, solange der Befragte frei darüber entscheiden kann, ob er überhaupt antworten und ob er wahrheitsgemäß antworten will. Eine ganz andere Frage ist, ob der Befragte seinerseits wegen Sonderrechtsbeziehungen berechtigt ist, jede gewünschte Auskunft über einen Dritten zu erteilen. Hier hat das BAG (v. 18.12.1984, NZA 1985 S. 811) einerseits festgestellt, dass es kein generelles Verbot gibt, ohne Einverständnis des betreffenden Mitarbeiters über ihn Auskünfte an Dritte zu erteilen. Dies gilt allerdings – auch bei früheren Arbeitgebern – nur im Hinblick auf Leistung und Verhalten von Arbeitnehmern. Anders steht es mit anvertrauten Daten, die dem Angefragten im Hinblick auf eine Sonderrechtsbeziehung zugänglich gemacht werden mussten oder tatsächlich zugänglich gemacht worden sind. Hier verbietet es der Persönlichkeitsschutz, dass zum Beispiel der frühere Arbeitgeber ohne Einwilligung des Betroffenen Dritten Auskünfte über familiäre Verhältnisse, Fehlgeburten, Krankheiten, Engagement im Betriebsrat oder für die Gewerkschaft gibt. Professionell durchgeführte Kundenbefragungen haben aber dies (anvertraute Daten) gar nicht zum Gegenstand. Ziel der Kundenbefragung ist es vielmehr, Auskünfte des Kunden über eigene Wahrnehmungen und Einschätzungen zu erhalten. Das hat mit dem Schutz vor unbefugter Weitergabe anvertrauter Daten nichts zu tun.

4.2 Kundenbefragung und Mitbestimmung des Betriebsrats

Deshalb befasst sich die Rechtsprechung der Arbeitsgerichte beim Thema Kundenbefragung – anders als die Literatur – nicht mit dem (individualrechtlichen) Persönlichkeitsschutz. Zentrale Frage ist vielmehr, ob und inwieweit dem Betriebsrat bei derartigen Maßnahmen ein Mitbestimmungsrecht zusteht. An der Mitbestimmung des Betriebsrats und den dafür geltenden Maßstäben ändert sich auch nichts dadurch, dass die Kundenbefragung von einem Dritten (Fremdfirma oder Institut) durchgeführt wird.

Eine Bank betreibt Wechselstuben in Bahnhöfen und Flughäfen. Sie informiert den Gesamtbetriebsrat darüber, dass eine Drittfirma in zufällig ausgewählten Geschäftsstellen Schaltertests durchführen werde („Mystery-Shopping"). Ziel ist eine Verbesserung des Erscheinungsbildes, der Arbeitsabläufe und der Beratungsqualität. Die Testkäufer der Fremdfirma sollen als „normale" Kunden auftreten, anschließend nach einem vorgegebenen Schema Gedächtnisprotokolle erstellen, deren Ergebnisse von der Fremdfirma in Form einer Bestandsaufnahme und daraus abgeleiteten Empfehlungen an die Bank weitergegeben werden. Eine Zuordnung der gemachten Beobachtungen zu einzelnen Arbeitnehmern oder Filialen ist nicht möglich. Sämtliche Arbeitsunterlagen verbleiben bei der Fremdfirma. Der Gesamtbetriebsrat beansprucht Mitbestimmung.

Das BAG (vom 18.04.2000, NZA 2000 S. 1176) folgt dem nicht: Ein gesetzliches Mitbestimmungsrecht wird nicht dadurch ausgeschlossen, dass die mitbestimmungspflichtigen Maßnahmen von einem Drittunternehmen durchgeführt werden. In mitbestimmungspflichtigen Angelegenheiten kann sich der Arbeitgeber Dritten gegenüber nicht in einer Weise binden, die eine Einflussnahme der zuständigen Arbeitnehmervertretung faktisch ausschließen würde. Vielmehr muss der Arbeitgeber durch eine entsprechende Vertragsgestaltung sicherstellen, dass die ordnungsgemäße Wahrnehmung des Mitbestimmungsrechts gewährleistet ist. Geht es in einer in Auftrag gegebenen Studie über die Service- und Beratungsqualität um eine Bestandsaufnahme aus der Sicht der Kunden, so soll ein bestimmtes Mitarbeiterverhalten lediglich festgestellt, aber nicht beeinflusst werden. Es geht deshalb nicht um Regelungen für die Ordnung des Betriebes und des Verhaltens der Arbeitnehmer im Betrieb. Im Übrigen besteht dieses Mitbestimmungsrecht nur, wenn es sich um das so genannte Sozialverhalten handelt, nicht aber beim so genannten Arbeitsverhalten. Nicht jede „Überwachung" oder Kontrolle der Arbeitnehmer als solche ist mitbestimmungspflichtig. Das Mitbestimmungsrecht kommt erst zum Tragen, wenn die Kontrolle mit Hilfe technischer Einrichtungen erfolgt (§ 87 Abs. 1 Nr. 6 BetrVG).

Beispiel 6:   Mitbestimmung bei Schaltertests („Mystery-Shopping")

Eine andere, aber nicht minder wichtige Frage ist, ob und inwieweit der Betriebsrat bei Mitarbeiter- oder Kundenbefragungen ein Informationsrecht hat. Für Unbeteiligte schwer nachvollziehbar ist, weshalb ein Management mit seinem Betriebsrat jahrelang

bis in die letzte Instanz darüber streitet, ob und inwieweit der Betriebsrat bei Kundenbefragungen zu informieren ist.

Ein SB-Warenhaus beauftragt das Emnid-Institut mit einer Kundenbefragung.
Die befragten Kunden sollen das Personal u.a. nach den Kriterien „freundlich",
„hilfsbereit" und „fachkundig" mit Noten von 1 bis 6 bewerten. Der Betriebsrat
verlangt Mitteilung des Ergebnisses einschließlich Vorlage aller Unterlagen. Der
Arbeitgeber lehnt ab, weil die Befragung lediglich sein Verhältnis zu den Kunden
betreffe und damit keine Betriebsratsangelegenheit sei. Es seien auch keine Ar-
beitnehmerdaten erhoben worden, da die Auswertung global erfolge und nicht in-
dividualisiert werden könne.

Das BAG (vom 28.01.1992, NZA 1993 S. 707) stellt nicht entscheidend darauf
ab, ob Kunden oder Mitarbeiter befragt worden sind. Rechtserheblich sei allein,
ob dem Arbeitgeber vom beauftragten Institut lediglich ein zusammenfassender
Bericht erstattet werde oder Rückschlüsse auf Verhalten und Leistung der einzelnen Mitarbeiter möglich seien. Damit der Betriebsrat dies prüfen könne, sei es jedoch erforderlich, ihm den Aufbau, die Struktur, den abstrakten Inhalt von Berichten, Aussagen, Übersichten und Statistiken mitzuteilen. Anders ausgedrückt:
Es müssen bei jeder Befragung dem Betriebsrat das System, die Methodik und
die Aussagefähigkeit der erhobenen Daten dargestellt und erläutert werden.

*Beispiel 7:   Informationsrecht des Betriebsrats bei Mitarbeiter- oder Kunden-
befragungen*

Der Fall ist symptomatisch für die Beobachtung, dass die Verletzung von Informations-
und Beratungspflichten viel häufiger zu Konflikten führt als das Ringen um inhaltliche
Fragen. Psychologisch ist das leicht zu erklären: Wer nach hartem Ringen mit einem
akzeptablen Kompromiss aufwarten kann, findet Anerkennung. Wer sich nach demüti-
gender Nichtbeachtung mit der anderen Seite an einen Tisch setzt, so als wenn nichts
geschehen wäre, gilt als rückgratlos. Folge verletzter Informations- und Beratungsrechte
des Betriebsrats ist deshalb ein mit allen Mitteln der Theatralik in Szene gesetzter Konflikt, der keinen anderen Zweck hat, als sich selbst, dem Management und den Mitarbeitern zu beweisen, dass der Betriebsrat sich nichts gefallen lässt. Erst wenn dieser „Thea-
terdonner" vorüber ist, kann man sich – wenn überhaupt – in bereinigter Atmosphäre den
eigentlichen Sachfragen zuwenden. Das Management neigt nicht selten dazu, Informati-
ons- und Beratungsrechte als *quantité négligeable* zu behandeln, weil man ja am Ende
doch das berühmte „letzte Wort" habe. Das letzte Wort zu haben hat aber durchaus eine
doppelte Bedeutung.

Es meint einerseits, dass nach umfassender Information und Beratung auch und gerade
im Dezenzfall der Unternehmer frei und so entscheiden kann, wie er es für richtig hält.
Daran vor allem denkt das Management.

Das letzte Wort zu haben heißt aber andererseits auch, dass der Unternehmer nicht entscheiden darf, *bevor* der Betriebsrat alle erforderlichen Informationen und Unterlagen

erhalten hat, alle seine Fragen beantwortet sind und der Beratungsprozess abgeschlossen ist. Das wird vom Management gern und häufig übersehen.

Durch Nichtinformation, nicht rechtzeitige oder lediglich lückenhafte Information fühlt der Betriebsrat sich nicht nur gekränkt und nicht ernst genommen, er sieht sich auch um seine einzige Chance gebracht, durch kritische Fragen, Hinweise auf Probleme und Schwachstellen, konstruktive Gegenvorschläge usw. die Unternehmerentscheidung zu beeinflussen. Es geht also nicht nur um Formalien, wenn der Betriebsrat darauf besteht, dass sein Recht auf rechtzeitige und umfassende Information genauso ernst genommen werden muss wie das Recht auf Mitbestimmung. Bei Informationspflichten handelt es sich um eine Bringschuld, der der Arbeitgeber unaufgefordert und *rechtzeitig* nachkommen muss. In der Praxis kommt es immer wieder zu Streit darüber, was unter „rechtzeitig" zu verstehen ist. Die lehrbuchmäßige Formel ist: Der Informationsfluss muss so organisiert werden, dass Änderungs- und Ergänzungswünsche des Betriebsrats, wenn man sie denn berücksichtigen wollte, auch tatsächlich berücksichtig werden könnten. Einfacher gesagt: Wenn man sich darüber streitet, war es wohl nicht rechtzeitig.

Durch die Wahl des unbestimmten Rechtsbegriffs „rechtzeitig" hat der Gesetzgeber bewusst eine auslegungs- und damit anpassungsfähige Formulierung gewählt. Es macht deshalb keinen Sinn, die vom Gesetzgeber gewollte Problem- und Situationsbezogenheit durch eine begriffsjuristische Definition „klären" zu wollen. Sachgerechter ist eine Regelung durch Verfahren, z. B. durch Bildung eines gemeinsamen Ausschusses, Schaffung eines *jour fixe*. Bei der Vorbereitung auf die Sitzung muss sich dann jeder Manager Gedanken darüber machen, was dem Betriebsrat mitzuteilen ist und welche Unterlagen ihm demzufolge zugänglich gemacht werden müssen. Für das Management und auch die mit Feedback-Prozessen beauftragten Institutionen sollte bei der Information des Betriebsrats die Maxime gelten: Lieber eine Woche zu früh als einen Tag zu spät – lieber einen Satz zu viel als ein Wort zu wenig.

IV. Erfahrungsberichte zu Feedbackinstrumenten

Walter Bungard & Susanne Steimer

Feedback-Kultur in deutschen Unternehmen: Ergebnisse einer Expertenstudie bei den 100 umsatzstärksten Unternehmen

1   Zielsetzung und Inhalte der Studie

Die Zielsetzung der Experten-Studie war eine Bestandsaufnahme hinsichtlich der Verbreitung und der Erfahrungen mit dem Thema Feedback in den 100 umsatzstärksten Unternehmen in Deutschland. In welcher Weise wird Feedback gegeben und eingeholt, welche Instrumente und Systeme kommen zum Einsatz und wie nützlich sind diese für die Unternehmen? Diese und andere Fragestellungen konnten im Rahmen einer Expertenstudie beantwortet werden.

Für die Studie wurden die 100 umsatzstärksten Unternehmen in Deutschland im Zeitraum von Oktober 2003 bis März 2004 im Rahmen von leitfadengestützten Interviews angesprochen. Die Teilnehmer wurden anhand der jährlich erscheinenden Sonderbeilage der Frankfurter Allgemeinen Zeitung (FAZ vom 08.07.2003) ausgewählt.

Der für die Studie entwickelte Leitfaden bestand zum großen Teil aus Fragen mit vorgegebenen Antwortmöglichkeiten. Darüber hinaus konnten einige Fragen, z. B. zu den Vor- und Nachteilen der einzelnen Feedback-Instrumente, offen beantwortet werden. Insgesamt beinhaltete der Leitfaden 88 Fragen, die in ein- bis dreistündigen Interviews beantwortet wurden.

Der Leitfaden wurde entsprechend der Zielsetzung der Studie in folgende Themenbereiche gegliedert:
- Teil A   Angaben zum Unternehmen
- Teil B   Einsatz von Feedback-Instrumenten
- Teil C   Spezifische Fragen zur Mitarbeiterbefragung
- Teil D   Spezifische Fragen zur Kundenbefragung
- Teil E   Spezifische Fragen zur Vorgesetztenbeurteilung
- Teil F   Fragen zur Feedback-Kultur

Einen Schwerpunkt dieser Studie lag auf dem Themenkomplex Mitarbeiterbefragung und den in den letzten Jahren eingetretenen Entwicklungen hinsichtlich der Implementierung und des Nutzen von umfassenden Mitarbeiterbefragungen in den Unternehmen. Dafür konnte auf eine vergleichbare Studie aus dem Jahr 1996 zurück gegriffen (Bungard, Fettel & Jöns, 1996) und einige der damals untersuchten Aspekte in der aktuellen Studie aufgegriffen werden.

Um den hier zur Verfügung stehenden Rahmen nicht zu sprengen, werden im Folgenden nur die aus unserer Sicht wichtigsten Ergebnisse vorgestellt, die einen Vergleich der Feedback-Instrumente ermöglichen. Wer sich für die Ergebnisse im Detail interessiert oder Einsicht in den Interview-Leitfaden nehmen möchte, sei auf die ausführliche Ergebnisdokumentation verwiesen (Steimer, 2004).

2   Stichprobe

Von den Top 100 konnten insgesamt 46 Unternehmen für eine Teilnahme gewonnen und eine repräsentative Stichprobe sichergestellt werden. Als Ansprechpartner in den Unternehmen wurden diejenigen Mitarbeiter kontaktiert, die bereits konkrete Erfahrungen mit der Gestaltung oder Entwicklung von Feedback-Instrumenten hatten. In den meisten Fällen waren dies Mitarbeiter der Personalabteilungen oder interne Berater.

Die Gewinnung der Teilnehmer stellt bei umfassenden Studien ein nicht zu unterschätzendes Problem dar. Wir möchten daher kurz skizzieren, aus welchen Gründen sich einige Unternehmen gegen eine Teilnahme ausgesprochen haben. Die *Gründe gegen eine Teilnahme* waren zum einen die fehlende Erfahrung mit Feedback-Instrumenten (12 Prozent der Teilnehmer) oder die fehlende Vergleichbarkeit der Angaben (11 Prozent), da die Instrumente laut Aussage der Mitarbeiter in den einzelnen Unternehmensbereichen unterschiedlich gehandhabt werden. Zum anderen wurden aktuelle organisatorische Veränderungen genannt, die auch eine Veränderung im Einsatz der Feedback-Instrumente zukünftig mit sich bringen werden (10 Prozent) und sonstige Gründe (21 Prozent), wie eine grundsätzlich ablehnende Haltung gegenüber der Teilnahme an wissenschaftlichen Studien oder die fehlende Zeit für ein Interview.

Zur Einordnung der nachfolgenden Ergebnisse wird die Verteilung der befragten Unternehmen dargestellt.

2.1 Stichprobenverteilung nach Branchen

Die Hälfte der Unternehmen, die an der Studie teilgenommen haben, sind Dienstleistungs-, Handels- oder Transportunternehmen (50,0 Prozent) gefolgt von Industrieunternehmen (41,3 Prozent). Von den 46 Teilnehmern stammen noch 6,5 Prozent aus den Branchen Energie und Bergbau und 2,2 Prozent aus anderen Branchen (z. B. Consulting). Der Branchenschwerpunkt der Stichprobe liegt damit in den Dienstleistungs- und Industriesektoren. Die Verteilung der Stichprobe entspricht somit der Branchenstruktur des zugrunde liegenden FAZ-Rankings.

2.2 Stichprobenverteilung nach Unternehmensgröße

Ähnliches gilt für die Unternehmensgröße der beteiligten Unternehmen in der Stichprobe, die der Größenstruktur des FAZ-Rankings entspricht: Zwei Drittel der teilnehmenden Unternehmen beschäftigen mehr als 10.000 Mitarbeiter in Deutschland (67,4 Prozent). Unternehmen mit 5.001 bis 10.000 Mitarbeitern sind mit 10,9 Prozent, Unternehmen mit 1.001 bis 5.000 Mitarbeitern mit 19,6 Prozent in der Stichprobe vertreten. Nur 2,2 Prozent der Unternehmen in der Stichprobe beschäftigen weniger als 1.000 Mitarbeiter.

Diese Studie bietet somit einen Einblick in die Feedback-Kultur der großen Industrie- und Dienstleistungsunternehmen in Deutschland. Wer sich für die Praxis der kleinen und mittelständischen Unternehmen im Zusammenhang mit umfassenden Mitarbeiterbefragungen interessiert, sei auf eine Publikation aus dem Jahr 1999 verwiesen (Bungard, Puhl & Trost, 1999), in der die Erfahrungen mit Mitarbeiterbefragungen in klein- und mittelständischen Unternehmen in Deutschland untersucht wurden.

2.3   Stichprobenverteilung nach Umfeldbedingungen

Da in vielen Publikationen vom Wandel, von starken Veränderungen oder einem turbulenten Umfeld die Rede ist, wollten wir diesem Aspekt mit zwei eigenen Fragen nachgehen. So baten wir die Interviewteilnehmer einzuschätzen, ob sich ihr Unternehmen in einem Umfeld mit eher starken konjunkturellen Schwankungen bzw. strukturellen Veränderungen befindet.

Die Ergebnisse fallen wie erwartet aus, zwei Drittel der Befragten (67,4 Prozent) gaben an, dass sich ihr Unternehmen in einem *Umfeld mit starken konjunkturellen Schwankungen* bewegt, 30,4 Prozent sehen sich eher geringen konjunkturellen Schwankungen ausgesetzt und 2,2 Prozent der Befragten wollten dazu keine Aussage machen.

Ein noch deutlicheres Bild zeigte sich bei der zweiten Frage nach den *strukturellen Veränderungen*, hier sprechen mehr als zwei Drittel der Befragten (71,7 Prozent) von starken strukturellen Veränderungen, 23,9 Prozent von geringen strukturellen Veränderungen im Unternehmensumfeld und 4,3 Prozent treffen keine Aussage dazu.

Damit konnten die in der Literatur formulierten Umfeldbedingungen durch die Aussagen der Befragten bestätigt werden. Zwei Drittel der in Deutschland tätigen Unternehmen sind von starken konjunkturellen Schwankungen und starken strukturellen Veränderungen betroffen.

3   Ergebnisse zur Feedback-Kultur in deutschen Unternehmen

Nach der Darstellung der Stichprobe folgen nun die wichtigsten Ergebnisse. Bevor auf einzelne Feedback-Instrumente eingegangen wurde, sind wir der Frage nachgegangen, ob sich in den untersuchten Unternehmen bereits eine positive Feedback-Kultur etabliert hat und was eine solche Kultur auszeichnen könnte.

3.1   Ist eine positive Feedback-Kultur in Ihrem Unternehmen vorhanden?

Mehr als ein Drittel der Befragten (35,7 Prozent) sprechen sich dafür aus, dass sich in ihrem Unternehmen eine positive Feedback-Kultur (fast) überall etabliert hat. Dazu die typische Aussage eines Teilnehmers:

„Ja, wir haben eine und sie funktioniert. Sie ist wesentlicher Bestandteil unseres Unternehmen. Bei uns wird Wert auf vertrauensvolles und konstruktives Feedback gelegt, das uns helfen soll, noch besser zu werden."

Beinahe die Hälfte der Befragten (46,4 Prozent) sieht das eigene Unternehmen auf dem Weg, eine positive Feedback-Kultur zu entwickeln.

„Durch den vielfältigen Einsatz von unterschiedlichen Tools hat sich bereits eine Veränderung ergeben. Die Manager fordern heute stärker konstruktives Feedback ein."

17,8 Prozent der Befragten sprechen sich klar dagegen aus und sind der Meinung, dass sich eine positive Kultur des Feedbacks im Unternehmen noch nicht etablieren konnte.

„Trotz guter Instrumente kann man noch nicht von einer echten Feedback-Kultur sprechen. Es kommt dabei noch sehr auf die einzelnen Führungskräfte an.“

3.2   Was zeichnet eine positive Feedback-Kultur aus?

Eine zweite Frage ging den Besonderheiten einer positiven Feedback-Kultur im Unternehmen nach. Hier hatten wir die Teilnehmer aufgefordert zu beschreiben, was eine solche Kultur im Unternehmen ausmacht. Dabei zeigte sich, das Feedback eng mit dem Thema persönliche Kommunikation in Zusammenhang gebracht und daher eine „offene Kommunikation“ gefordert wurde. Diese Aussagen spiegeln das Verständnis von Feedback im Sinne einer Rückmeldung über das Verhalten oder die Wirkung einer anderen Person im Rahmen eines persönlichen Gesprächs wider (vgl. Ilgen, Fisher & Taylor, 1979; Schulz v. Thun, 2001; Watzlawick, Beavin & Jackson, 2003). Eine positive Feedback-Kultur in den Unternehmen hängt somit nach Ansicht der Befragten eng mit einer offenen Kommunikations- und Gesprächskultur im Unternehmen zusammen. Dazu wieder einige typische Aussagen der Teilnehmer:

„Wenn es eine offene Kommunikation, eine Kommunikation unabhängig von Hierarchien gibt... .“

„Eine Feedback-Kultur ist gekennzeichnet durch konstruktive Kritik und ein echtes Interesse der Mitarbeiter am Mitgestalten.“

„Wenn ein ausgewogenes Verhältnis von Lob, Würdigung und der Fähigkeit herrscht, kritische Themen anzusprechen.“

3.3   Welche Faktoren fördern eine positive Feedback-Kultur?

In einer weiteren Frage sind wir den Faktoren nachgegangen, die die Entwicklung einer positiven Feedback-Kultur im Unternehmen unterstützen. Dabei konnten drei wesentliche Faktoren identifiziert werden:
- Fehlertoleranz,
- eine offene Unternehmenskultur und
- die Unterstützung des vorbildlichen Verhaltens durch entsprechendes Vorleben durch die Unternehmensleitung und die Führungskräfte.

3.4   Was wäre dann anders als heute?

In einer vierten und letzten Frage zum Thema Feedback-Kultur haben wir die Teilnehmer auf eine kurze „Fantasie-Reise“ eingeladen und sie gebeten, sich einmal vorzustellen, es hätte sich im Unternehmen bereits eine positive Feedback-Kultur etabliert und zu erläutern, was dann anders wäre als heute. Für die Mehrzahl der Befragten (62,5 Prozent) wäre dann keine Notwendigkeit mehr vorhanden, um auf institutionalisierte Feedback-Instrumente zurück zugreifen. Der Umgang mit Feedback wäre eine Selbstverständlichkeit geworden, Feedback könnte jederzeit und von allen konstruktiv genutzt werden. Hierzu wieder die Aussagen einiger Teilnehmer:

„Wenn außerhalb von bestimmten Instrumenten Feedback gegeben werden kann."

„Wenn eine offene Kommunikation über Stärken und Schwächen auch außerhalb der Komfortzone des direkten Umfelds möglich wäre."

„Wenn wir in der Lage sind, über Stärken und Schwächen zu sprechen, zum Teil ohne institutionalisierte Verfahren, und auf individuelles Verhalten bezogen."

Ein Drittel der Befragten (37,5 Prozent) sieht die Vorteile einer funktionierenden Feedback-Kultur in der persönlichen und beruflichen Weiterentwicklung und der Verbesserung der internen Arbeitsprozesse.

„Es wäre eine höhere Transparenz von Stärken und Schwächen möglich, wodurch sich noch bessere Möglichkeiten für Verbesserungen ergeben würden. Es wäre eine realistischere Einschätzung der eigenen Leistung möglich."

„Wenn man kritische Dinge ansprechen kann und trotzdem gut weiter zusammen arbeiten kann. Die Arbeit würde dadurch einfacher."

Für ein Viertel der Befragten (25,0 Prozent) zeigen sich die Veränderungen aufgrund funktionierenden Feedbacks vor allem in einer Erhöhung der Problemlösefähigkeit und der Realisierung von notwendigen Veränderungen im Unternehmen.

„Probleme würden frühzeitiger erkannt und gelöst. Veränderungen würden auch als Chance erkannt werden und Führungskräfte und Mitarbeiter würden bewusster mit Ihren Stärken und Schwächen umgehen."

Die Ergebnisse zeigen zusammenfassend, dass sich in einem Drittel der deutschen Unternehmen bereits eine positive Feedback-Kultur etabliert hat. Etwa die Hälfte ist auf dem Wege, eine solche Kultur zu entwickeln, während in den restlichen Unternehmen noch nicht von einer funktionierenden Feedback-Kultur gesprochen werden kann. Die Chancen, die sich durch die Etablierung einer Feedback-Kultur im Unternehmen bieten, machen deutlich, dass es wichtig ist, an dieser Entwicklung festzuhalten. Die Chancen sind zum einen die Verbesserung der Veränderungs- und Problemlösefähigkeit des Unternehmen und zum anderen die Förderung der persönlichen Entwicklung der Mitarbeiter. Wie in den Ergebnissen deutlich wird, ist die Unterstützung einer Feedback-Kultur durch institutionalisierte Instrumente zumindest zu Beginn noch notwendig. Welche Instrumente zum Einsatz kommen und wie deren Nutzen von den Befragten bewertet wird, werden wir im nächsten Abschnitt vorstellen.

4 Ergebnisse zu Verbreitung, Zielsetzung und den Erfahrungen mit Feedback-Instrumenten

Nach den Fragen zur Feedback-Kultur haben wir die Teilnehmer um eine Beurteilung von vier unterschiedlichen Feedback-Instrumenten gebeten. Wir haben dazu die unserer Ansicht nach gängigsten Instrumente ausgewählt, um ein realistische Bild der Unternehmensbedingungen gewinnen zu können.

Da Feedback hinsichtlich seines inhaltlichen Bezugs auf unterschiedliche Sozialsysteme variieren kann, auf das Individuum, die Gruppe oder die Organisation (Wunder, 1999), wurde zur Eingrenzung des Themenfeldes der Fokus in dieser Studie auf zwei Bezugssysteme gelegt: Zum einen auf das (inter)*personale Feedback*, am Beispiel des Mitarbeitergesprächs (MAG) und der Vorgesetztenbeurteilung (VGB), zum anderen auf das *organisationale Feedback*, am Beispiel der Mitarbeiterbefragung (MAB) und der Kundenbefragung (KUB). Beim personalen Feedback ist das Verhalten von Einzelnen Gegenstand des Feedbacks, beim organisationalen Feedback ist es die Wirkung der Organisation und ihrer Systeme (z. B. Führungs-, Entlohnungs-, Arbeitszeitsysteme) auf die Mitarbeiter (Innensicht) oder die Kunden (Außensicht). Vor diesem Hintergrund werden in den nachfolgenden Fragestellungen die Ergebnisse bezüglich der einzelnen Instrumente vorgestellt.

4.1 Welche Feedback-Instrumente kommen in Ihrem Unternehmen zum Einsatz?

Zu Beginn sind wir der Frage nachgegangen, welche der genannten Instrumente zum Einsatz kommen bzw. inwieweit geplant wird, diese Instrumente zukünftig im Unternehmen einzusetzen. Die Verteilung der Antworten auf die einzelnen Instrumente zeigt die Abbildung 1.

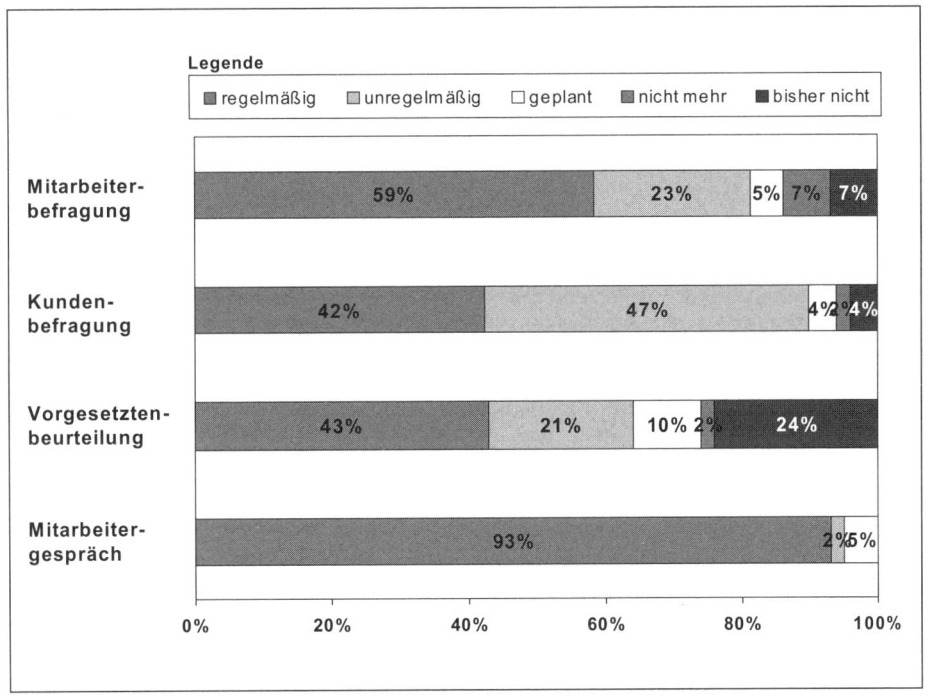

Abbildung 1: Einsatz der Instrumente (Häufigkeiten in Prozent)

Die Ergebnisse zeigen, dass in fast allen Unternehmen das *Mitarbeitergespräch* zum Einsatz kommt, 95 Prozent der Befragten setzen es regelmäßig oder unregelmäßig ein. An zweiter Stelle folgt die *Kundenbefragung*, die von 89 Prozent der Befragten eingesetzt wird, gefolgt von der *Mitarbeiterbefragung* (82 Prozent). An letzter Stelle steht die *Vorgesetztenbeurteilung*, von der mehr als die Hälfte der Unternehmen (64 Prozent) regelmäßig oder unregelmäßig Gebrauch machen.

Im Zusammenhang mit umfassenden Mitarbeiterbefragungen konnten wir feststellen, dass der Einsatz von Mitarbeiterbefragungen im Vergleich zu 1996 deutlich zugenommen hat. Etwa die Hälfte aller befragten Unternehmen (49 Prozent) in 1996 setzten die Mitarbeiterbefragung ein, während es in 2004 bereits 82 Prozent der Unternehmen sind (vgl. Bungard, Fettel & Jöns, 1996, S. 248).

Tabelle 1: Einsatz der Instrumente nach Branchen

Branche	Einsatz*	MAB	KUB	VGB	MAG
Industrie, Energie, Bergbau	ja	85,7 %	95,5 %	60,0 %	100 %
	geplant	4,8 %		5,0 %	
	nein	9,5 %	4,5 %	35,0 %	
Dienstleistung, Handel, Tourismus, Consulting	ja	78,3 %	82,6 %	68,2 %	90,9 %
	geplant	4,3 %	8,7 %	13,6 %	9,1 %
	nein	17,4 %	8,7 %	18,2 %	
	n	44	45	42	43

* *In der Kategorie „ja" wurden die Antwortenhäufigkeiten von „regelmäßig" und „unregelmäßig", in der Kategorie „nein" die Antworthäufigkeiten von „nicht mehr" und „bisher nicht" aggregiert.*

Ein Vergleich des Einsatzes der unterschiedlichen Instrumente nach Branchen zeigt Tabelle 1, aufgrund der unterschiedlichen Stichprobengrößen wurden die Branchen Energie und Bergbau mit der Branche Industrie sowie die Branchen Dienstleistung, Handel und Transport mit der Branche Consulting zusammengefasst.

Der Einsatz der Instrumente in den einzelnen Branchen und vor dem Hintergrund des konjunkturellen bzw. strukturellen Umfeldes unterscheidet sich *nicht* signifikant voneinander, d. h. die Entscheidung für den Einsatz der Instrumente erfolgt unabhängig von der Branchenzugehörigkeit oder den Umfeldbedingungen (vgl. Steimer, 2004).

4.2 Wie sind die Feedback-Instrumente im Unternehmen positioniert?

Im Zusammenhang mit der Implementierung steht die strategische Positionierung der einzelnen Instrumente im Unternehmen. Dabei wollten wir erfahren, inwieweit aktuelle Managementkonzepte in den Unternehmen gelebt werden und welche Bedeutung dabei die einzelnen Feedback-Instrumente einnehmen. Diese Frage wurde in Form einer offenen Frage gestellt, wobei einzelne Konzepte beispielhaft genannt wurden.

Tabelle 2: Ranking der Instrumente nach der Positionierung in Managementkonzepten

Mitarbeiterbefragung	Kundenbefragung	Vorgesetztenbeurteilung	Mitarbeitergespräch
1. Qualitätsmanage- ment, EFQM, KVP (35,2 %)	1. Qualitätsmana- gement, EFQM, KVP (52,4 %)	1. Führungsleitbild, Per- sonal-Strategie (34,8 %)	1. Führungsleitbild, Personal-Strategie (20,5 %)
2. Change Manage- ment, OE (29,6 %)	2. Balanced Score- card (11,9 %)	2. OE, PE (26,1 %)	2. OE, PE (20,5 %)
3. Balanced Scorecard (9,3 %)	3. Lernende Or- ganisation (7,1 %)	3. Balanced Scorecard (13,0 %)	3. Balanced Scorecard (15,4 %)
4. Lernende Organisa- tion (7,4 %)	4. Change Mana- gement (2,4 %)	4. Andere (8,7 %)	4. Qualitätsmanage- ment, EFQM, KVP (10,3 %)
5. Andere (5,6 %)	5. Andere (7,1 %)		5. Zielvereinbarung (7,7 %)
			6. Lernende Organi- sation (5,1 %)
Keine explizite Positionierung (13,0 %)	Keine explizite Positionierung (19,1 %)	Keine explizite Positionierung (17,4 %)	Keine explizite Positionierung (10,3 %)
n=54	n=42	n=23	n=39
Anmerkung: Mehrfachnennungen waren möglich.			

Die Ergebnisse in Tabelle2 zeigen, dass die organisationalen Instrumente Mitarbeiter- und Kundenbefragung am häufigsten im Rahmen des Qualitätsmanagements eingesetzt werden. Die personalen Instrumente Vorgesetztenbeurteilung und Mitarbeitergespräch stehen im engen Zusammenhang zum Führungsleitbild oder der Personal- bzw. Unter- nehmensstrategie. Dass Mitarbeiter- und Kundenbefragungen in Qualitätskonzepte ein- gebunden sind, wird sicherlich auch durch die wachsende Bekanntheit dieser Konzepte und der darin geforderten Durchführung von regelmäßigen Befragungen gefördert. So hatten im Jahr 2000 bereits 56,1 Prozent der deutschen Unternehmen ein umfassendes Qualitätsmanagement vollständig im Unternehmen implementiert (Bading & Frech, 2000, S. 7).

In den Interviews wurde allerdings deutlich, dass in den meisten Unternehmen nicht ein bestimmtes Konzept oder eine explizite Strategie verfolgt werden, sondern mehrere Konzepte auf der Agenda stehen. Dies könnte einer der Gründe dafür sein, warum in den Interviews oftmals von Hindernissen bei der Umsetzung von Maßnahmen im Anschluß an das Feedback berichtet wurde. Die Vielfalt der nebeneinander eingesetzten Konzepte und Modelle könnte es den Mitarbeitern schwer machen, den Nutzen der einzelnen Konzepte zu erkennen. Auch mag es für einen internen Projektleiter schwierig sein, die Neu-artigkeit oder Besonderheit des von ihm entwickelten Konzepts den Mitarbeitern zu vermitteln oder Mitarbeiter wie Führungskräfte dafür zu begeistern.

4.3 Abstimmung der Feedback-Inhalte mit Unternehmenskennzahlen

In diesem Zusammenhang stand auch die Frage, wie mit den Inhalten und Ergebnisse aus dem Feedback-Prozess im Unternehmen verfahren wird. *Finden die Ergebnisse z. B. Eingang in die bestehenden Zielvereinbarungs- und Incentive-Systeme?* Dabei zeigte sich, dass ein Drittel der Unternehmen (32,4 Prozent der Befragten) das Feedback-Ergebnis in den Incentive-Systemen berücksichtigt. Am häufigsten (68,9 Prozent) gehen dabei die Ergebnisse des Mitarbeitergesprächs in die persönliche Zielvereinbarung ein, wobei der Grad der Zielerreichung dann den variablen Gehaltsbestandteil bestimmt. Immerhin noch 6,9 Prozent der Unternehmen greifen auch die Ergebnisse aus der Kun-denbefragung auf und legen damit einen Teil des variablen Gehalts fest. Ebenfalls 6,9 Prozent der Unternehmen verknüpfen die Ergebnisse der Vorgesetztenbeurteilung mit dem flexiblen Gehaltsbestandteil, nur 3,4 Prozent der Unternehmen arbeiten in ähnlicher Weise mit den Ergebnissen der Mitarbeiterbefragung.

Darüber hinaus stellte sich die Frage, *ob die Ergebnisse aus Kunden- und Mitarbeiterbe-fragungen integriert oder ob Zusammenhänge zwischen Kunden- und Mitarbeiterbefra-gungsdaten in den Unternehmen aufgezeigt werden?* 40 Prozent der Unternehmen neh-men eine Abstimmung der Ergebnisse von Kunden- und Mitarbeiterbefragungen vor. Falls diese erfolgen, wird dabei jedoch in der Mehrzahl der Fälle in unsystematischer oder unregelmäßiger Weise vorgegangen. So werden die Ergebnisse z. B. nur auf der Ebene des Gesamtunternehmens betrachtet. Eine differenzierte Betrachtung der Ergeb-nisse für einzelne Unternehmenseinheiten wie Bereiche oder Abteilungen erfolgt eher selten. Die Unternehmen, die die Ergebnisse in systematischer oder regelmäßiger Weise berücksichtigen, aggregieren entweder die Daten zu organisationsweiten Kennzahlen (z. B. in Form eines Gesamtzufriedenheitsindex oder Commitmentindex) oder berechnen auf Individual- oder Abteilungsebene weitere Kennzahlen, die Eingang in Scorecards finden.

Zuletzt wollten wir erfahren, *ob die Feedback-Ergebnisse auch mit Personalkennzahlen wie z. B. Fehlzeiten- oder Fluktuationsdaten validiert werden.* Auch hier sind es wieder etwas mehr als ein Drittel der Unternehmen (35,3 Prozent), die diese Möglichkeit auf-greifen und Fehlzeitendaten z. B. mit den Ergebnissen über die Mitarbeiterzufriedenheit in Beziehung setzen. Von den Unternehmen, die diese Möglichkeiten nutzen, sind es nicht einmal die Hälfte, die dies in systematischer oder regelmäßiger Form tun. Dabei zeigte sich ein breites Spektrum an Vorgehensweisen, vom Abgleich der ermittelten Kundenbindung mit erzielten Umsatzerlösen bis hin zum Abgleich von Zufriedenheits-daten mit Produktivitätszahlen. In der Tabelle 3 werden nochmals alle Ergebnisse zu den hier vorgestellten Fragestellungen aufgeführt.

Tabelle 3: Abstimmung von Feedback-Inhalten mit Unternehmenskennzahlen

	n	ja *	teils-teils	nein **
Incentivierung der Feedback-Ergebnisse	34	32,4 %	35,3 %	32,4 %
Integration von Mitarbeiter- und Kundenbefragungsdaten	35	40,0 %	17,1 %	42,9 %
Validierung der Feedback-Ergebnisse mit Personalkennzahlen	34	35,3 %	20,6 %	44,1 %
* in der Kategorie „ja" wurden die Antworthäufigkeiten von „ja" und „eher ja" aggregiert ||			
** in der Kategorie „nein" wurden die Antworthäufigkeiten von „eher nein" und „nein" aggregiert ||			

In den Interviews haben wir den Eindruck gewonnen, dass all diese Bemühungen noch am Anfang stehen und erst wenig Erfahrungen mit Verrechnungsschlüsseln oder den Wirkungen derartiger „Zahlenspiele" zur Verfügung stehen. Aus unserer Sicht sehen wir hier ein enormes Potenzial an Möglichkeiten, wie mit dem Datenmaterial, welches durch umfassende Feedback-Prozesse gewonnen, weiter gearbeitet werden kann.

4.4   Welche Ziele werden mit den Feedback-Instrumenten verfolgt?

Das Vorgehen bei der Implementierung der Feedback-Instrumente im Unternehmen richtet sich idealer Weise nach der verfolgten Zielsetzung aus. Es war daher für uns von Interesse zu erfahren, welche konkreten Ziele mit den einzelnen Instrumenten verfolgt werden. Da für diese Frage keine Antwortmöglichkeiten vorgegeben wurden, sind die Antworten entsprechend vielfältig ausgefallen (siehe Tabelle 4).

Ein Großteil der Unternehmen (39,7 Prozent) setzt die *Mitarbeiterbefragung* als Messinstrument ein, um die Zufriedenheit oder das Engagement der Mitarbeiter zu ermitteln. An zweiter Stelle steht das Anstoßen von Verbesserungen oftmals im Sinne eines kontinuierlichen Verbesserungsprozesses. Dies ist insbesondere dann besonders wirkungsvoll, wenn die Mitarbeiterbefragung regelmäßig durchgeführt wird. Mehr als die Hälfte der Befragten (59,1 Prozent) führt die Mitarbeiterbefragung regelmäßig in einem Ein- oder Zwei-Jahres-Rhythmus durch.

Im Zusammenhang mit der *Mitarbeiterbefragung* haben sich im Vergleich zu 1996 die Zielsetzungen deutlich verändert: Vorrangiges Ziel war damals die Gewinnung von Informationen über das Unternehmen und die Etablierung der MAB als Führungsinstrument. Die Analyse von Stärken und Schwächen sowie das Anstoßen von Verbesserungen folgten erst an vierter und fünfter Stelle. In 2004 sind die Diagnose des Organisationsklimas und das Anstoßen von Verbesserungen die wichtigsten Zielsetzungen. Wir haben den Eindruck gewonnen, dass die Erfahrungen, die bei der Durchführung von Mitarbeiterbefragungen in in den letzten Jahren in den Unternehmen gewonnen wurden, dazu geführt haben, dass die konkreten Gestaltungs- und Veränderungsmöglichkeiten einer Mitarbeiterbefragung nun erkannt und genutzt werden.

Tabelle 4: Ziele der einzelnen Feedback-Instrumente

Ziele der Mitarbeiterbefragung (n=63)	Prozent
Analyse und Messung des Unternehmensklimas (z. B. von Zufriedenheit, Motivation, Kultur, Führung, Engagement, Identifikation, Stärken und Schwächen)	39,7
Anstoßen von Verbesserungen (z. B. im Sinne von KVP, Beseitigen von Leistungshemmnissen, Förderung der Kommunikation)	25,4
Beteiligung der Mitarbeiter sicherstellen (z. B. Mitgestaltung ermöglichen, Ideenmanagement)	11,1
Veränderung der Unternehmenskultur (z. B. der Zufriedenheit, Motivation, Commitment)	11,1
MAB als Führungsinstrument etablieren	7,9
Andere (z. B. strategisches Personalcontrolling)	4,8
Ziele der Kundenbefragung (n=45)	**Prozent**
Unterstützung der strategischen Planung (z. B. Grundlage für Markt- oder Kundensegmentierung, Produktentwicklung, Wettbewerbsposition ermitteln)	31,1
Verbesserung der Servicekultur (z. B. der Kundenzufriedenheit, Dienstleistungsqualität)	26,7
Analyse und Messung der Servicekultur (z. B. der Kundenzufriedenheit, Kundenbindung, Akzeptanz neuer Produkte, Stärken und Schwächen aus Sicht des Kunden)	26,7
TQM (z. B. Qualitätssicherung, Überprüfung von Qualitätsstandards)	11,1
Andere (z. B. Lösung von Einzelfragen)	4,4
Ziele der Vorgesetztenbeurteilung (n=37)	**Prozent**
Verbesserung der Führungskultur (z. B. der Führungsqualität, des Führungshandeln, der Feedback-Kultur, Kommunikation)	40,5
Analyse und Messung der Führungskultur (z. B. des Führungsstils, Führungsverhaltens, Umsetzung der Führungsleitlinien, Transparenz über wechselseitige Erwartungen)	27,0
Entwicklung der Führungskräfte (z. B. persönliche Weiterentwicklung)	18,9
Beteiligung der Mitarbeiter sicherstellen	5,4
Andere (z. B. Kommunikation von Unternehmenszielen)	8,1
Ziele des Mitarbeitergesprächs (n=49)	**Prozent**
Personalentwicklung sicherstellen (z. B. Analyse des Weiterbildungsbedarfs, Aufzeigen von Entwicklungsperspektiven, Verbesserung der Zusammenarbeit, Würdigung der Leistung)	53,1
Vereinbarung von Zielen (z. B. Beurteilung der Zielerreichung und Vereinbarung von persönlichen Entwicklungszielen)	42,9
Andere (z. B. Übereinstimmung der Führung mit Strategie sicherstellen)	4,1
Anmerkung: Mehrfachnennungen waren möglich.	

Mit der *Kundenbefragung* verfolgen ein Drittel der Befragten (31,1 Prozent) eher strategische Ziele, wie eine Marktsegmentierung oder eine Produkttestung z. B. im Rahmen einer Produktentwicklung. Danach folgen neben der Analyse, die unmittelbare Verbesserung der Servicekultur, die an Kriterien wie Kundenzufriedenheit oder Kundenbindung festgemacht wird. Dass mit einer Kundenbefragung eher differierende Ziele verfolgt werden, zeigt sich auch in der Durchführung, denn fast die Hälfte der Befragten (46,7 Prozent) führen Kundenbefragungen im unregelmäßigen Rhythmus durch, wobei sich der zeitliche Einsatz am Etat, dem verantwortlichen Organisationsbereich oder dem eigentlichen Befragungsthema orientieren kann.

Die *Vorgesetztenbeurteilung* wird vorrangig eingesetzt, um die Führungskultur im Unternehmen zu verbessern (40,5 Prozent der Befragten). Daneben ist die eigentliche Analyse und Messung der Führungskultur eine Zielsetzung der Vorgesetztenbeurteilung (27 Prozent). An dritter Stelle folgt die Entwicklung der Führungskräfte, die durch die Beurteilung und Rückmeldung der Ergebnisse angeregt werden soll. Die letztgenannte Personalentwicklungsfunktion soll auch dadurch unterstützt werden, dass die Vorgesetztenbeurteilung von beinahe der Hälfte der Befragten (42,9 Prozent) regelmäßig und dabei am häufigsten im Zwei-Jahres-Rhythmus (44,4 Prozent der Befragten) durchgeführt wird.

Vorrangiges Ziel des *Mitarbeitergesprächs* ist die Sicherstellung der Personalentwicklung, mehr als die Hälfte der Befragten (53,1 Prozent) sieht darin deren Zielsetzung. An zweiter Stelle folgt die Vereinbarung von individuellen Zielen. Da fast alle Befragten (93%) das Mitarbeitergespräch einmal jährlich regelmäßig durchführen, macht deutlich, dass sich dieses Instrument inzwischen in den Unternehmen etabliert hat.

4.5   Wie schätzen Sie den Grad der Zielerreichung ein?

Neben den formulierten Zielen sind wir der Frage nachgegangen, inwieweit mit den einzelnen Feedback-Instrumenten die Zielsetzungen tatsächlich erreicht werden. Die Ergebnisse zur Einschätzung der Zielerreichung werden in Abbildung 2 dargestellt.

Dabei zeigte sich, dass an erster Stelle das Mitarbeitergespräch in der Lage ist, die geforderten Ziele zu erreichen (MW = 2,03; n = 38; 1 = „voll erreicht", 5 = „nicht erreicht"). An zweiter Stelle steht die Kundenbefragung (MW = 2,11; n = 28), gefolgt von der Mitarbeiterbefragung (MW = 2,19; n = 36) und der Vorgesetztenbeurteilung (MW = 2,27; n = 22). Abbildung 2 stellt die differenzierte Einschätzung der Ziellereichung der einzelnen Instrumente dar.

Trotz der Vielfältigkeit der mit den einzelnen Instrumenten verfolgten Ziele, wird die Zielerreichung insgesamt recht positiv eingeschätzt. Es lohnt sich dennoch ein wenig genauer die Ergebnisse zu betrachten. So zeigte sich, dass bis zu einem Drittel der Befragten insbesondere im Zusammenhang mit der Vorgesetztenbeurteilung die Zielerreichung mit „teils-teils" beurteilte. Dies könnte darauf hinweisen, dass nicht alle Ziele wie angestrebt erreicht wurden. Was könnten die Gründe hierfür sein?

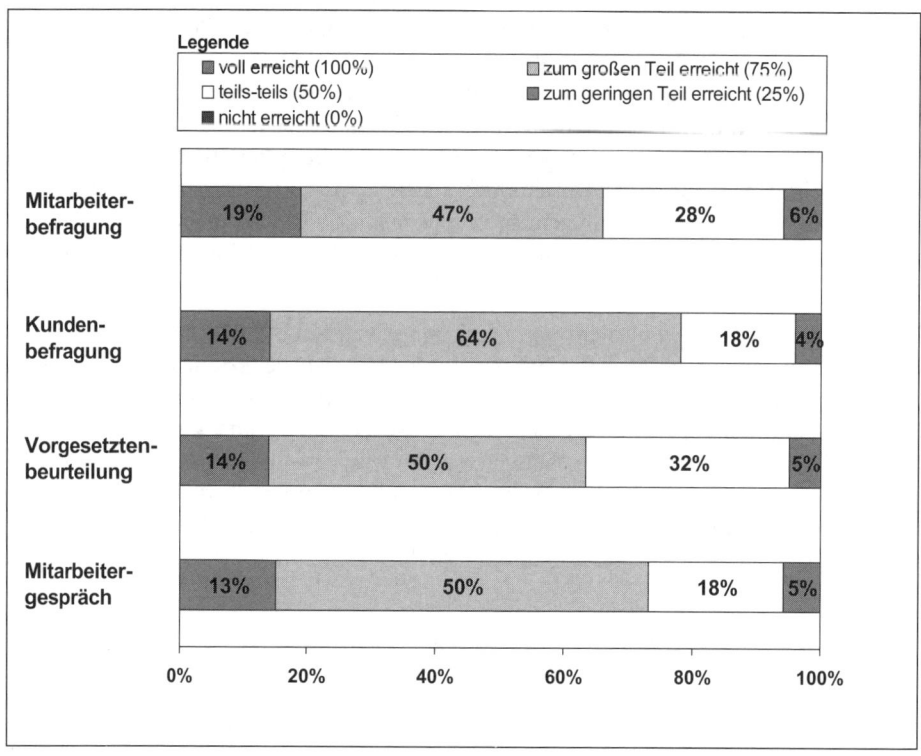

Abbildung 2: Einschätzung der Zielerreichung der Feedback-Instrumente
(Häufigkeiten in Prozent)

Es wurde im Laufe der Interviews deutlich, dass hier ein deutlicher Zusammenhang mit den Maßnahmen besteht, die im Anschluss an das Feedback formuliert wurden. War es möglich, die angestrebten Maßnahmen umzusetzen, dann wurde auch die Zielerreichung sowie das konkrete Feedback-Instrument positiv beurteilt. War es dagegen nicht möglich, angestrebte Maßnahmen einzuleiten, z. B. weil Ressourcen nicht freigegeben wurden, so wurden zwangsläufig die Zielerreichung aber auch das konkrete Feedback-Instrument negativ eingeschätzt. Der Zusammenhang zwischen dem Instrumenteneinsatz und der anschließenden Prozessgestaltung zeigt somit eine direkte Wirkung auf die Beurteilung des Instrumentes. Es könnte daher umso wichtiger werden, in der Planungs-phase eines Feedback-Prozesses die Zielsetzungen exakt zu formulieren und unrealisti-sche Zielerwartungen im Vorfeld auszuräumen. Dies könnte sich positiv auf die Beurtei-lung des Instrumentes auswirken und letztendlich zu einer erhöhten Bereitschaft auf Seiten der Mitarbeiter führen, an Feedback-Prozessen teilzunehmen.

4.6   Wie zufrieden sind Sie mit der Umsetzung von Maßnahmen, die im Zusammenhang mit den Feedback-Instrumenten initiiert werden?

Mit den hier untersuchten Feedback-Instrumenten ist es im Idealfall also nicht nur möglich, Feedback einzuholen oder Feedback zu geben, sondern auch Maßnahmen zu formulieren, die organisatorische Verbesserungen oder persönliche Entwicklungen ermöglichen. Daher kommt, wie bereits angesprochen, der Entwicklung und Umsetzung von Maßnahmen eine wichtige Rolle im Feedback-Prozess zu. Es war daher von besonderem Interesse, inwieweit es den Unternehmen gelingt, die selbst gesetzten Entwicklungsziele durch geeignete Maßnahmen zu erreichen.

Wie die Ergebnisse in Abbildung 3 zeigen, gelingt es den Unternehmen am ehesten, die im Zusammenhang mit den Mitarbeitergesprächen formulierten Maßnahmen umzusetzen (MW = 2,0; n = 37; 1 = „zufrieden", 5 = „unzufrieden"). An zweiter Stelle stehen die Maßnahmen im Zusammenhang mit der Vorgesetztenbeurteilung (MW = 2,05; n = 22), gefolgt von den Maßnahmen der Kundenbefragung (MW = 2,43; n = 28) und der Mitarbeiterbefragung (MW = 2,62; n = 34).

Wie bereits angesprochen, mag die Vielfalt der eingesetzten Konzepte oder der (häufige) Wechsel der Methoden ebenfalls ein Grund dafür sein, warum die Umsetzung von Maßnahmen nicht in allen Fällen zufriedenstellend gelingt.

Wir haben daher die Teilnehmer gebeten, Faktoren zu formulieren, die die Umsetzung von Maßnahmen in den Unternehmen unterstützen. Die von den Teilnehmern genannten Faktoren lassen sich zu sechs zentralen *Erfolgsfaktoren zur Umsetzung von Maßnahmen* zusammen fassen:

1. Commitment und Verantwortungsübernahme (26,6 % der Befragten)

2. Professionelles Projektmanagement (21,9 %)

3. Einbindung aller Beteiligten (14,3 %)

4. Verlinkung mit Unternehmensstrategie und Führungssystemen (12,5 %)

5. Gutes Kommunikationskonzept (12,5 %)

6. Unterstützung durch Personalabteilung (6,3 %)

So zeigte sich, dass die Maßnahmenumsetzung immer dann gelungen ist, wenn Management und Führungskräfte die Instrumente erst genommen, bei Bedarf „Druck gemacht" und sich persönlich für das Gelingen eingesetzt haben. Dabei wurde die Umsetzung durch ein gutes Projektmanagement unterstützt und durch interne Abteilungen (z. B. Personalabteilung, interne Berater) nachgehalten. Besondere Bedeutung kam in dem Zusammenhang auch der Vorbereitung und Unterstützung der Führungskräfte im Umgang mit den Feedback-Instrumenten zu. Ohne ausreichende Vorbereitung und Unterstützung durch die Personalabteilung oder Andere, war der Umgang mit Feedback gerade für die Führungskräfte problematisch, die eigentlich am stärksten vom Feedback profitieren sollten.

Der Umsetzung von Maßnahmen kommt auch deshalb eine besondere Rolle im Zusammenhang mit den Feedback-Instrumenten zu, da die Akzeptanz und der Nutzen der Instrumente im Zusammenhang mit den Maßnahmen steht. Erfolgt auf ein Feedback, z. B. im Rahmen einer Vorgesetztenbeurteilung, keine Veränderung der als problematisch beurteilten Situation, wird die Bereitschaft von Seiten der Mitarbeiter bei einer nachfolgenden Feedback-Situation nur schwer zu gewinnen sein. Oftmals heißt es dann von Seiten der Mitarbeiter „das bringt nichts, da passiert nichts" und die Gelegenheit, durch konstruktives Feedback die Zusammenarbeit für beide Seiten zu verbessern, wird nicht mehr ernsthaft wahrgenommen.

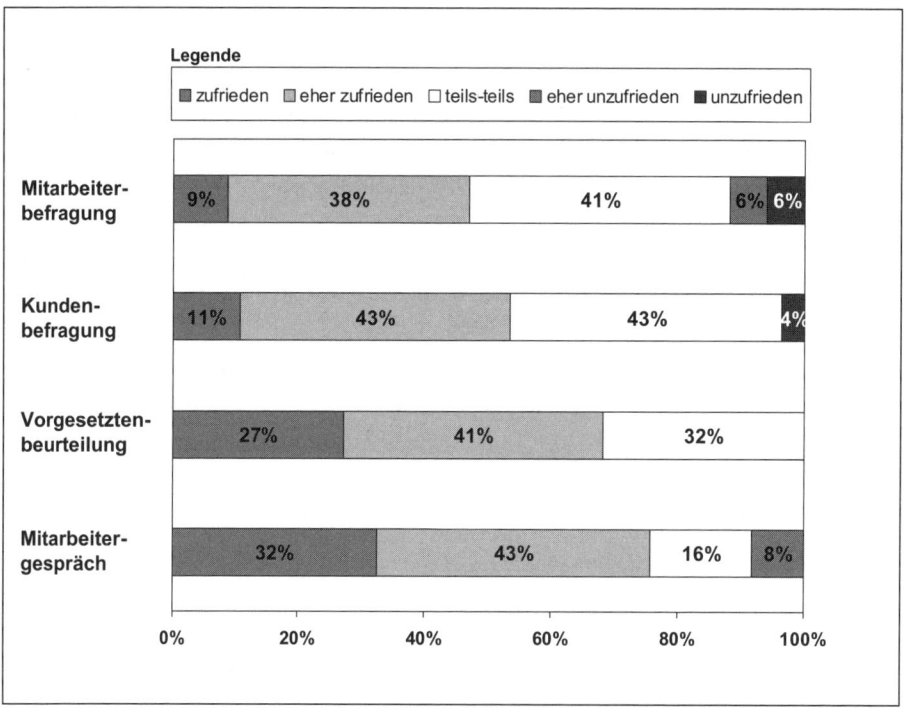

Abbildung 3: Zufriedenheit mit der Umsetzung von Maßnahmen im Anschluss an das Feedback (Häufigkeiten in Prozent)

In diesem Zusammenhang sind wir der Frage nachgegangen, wie hoch der Nutzen für das Unternehmen durch den Einsatz der unterschiedlichen Feedback-Instrumente eingeschätzt wird. Die Ergebnisse werden im folgenden Abschnitt vorgestellt.

4.7   Wie beurteilen Sie, in Bezug auf die einzelnen Instrumente, den Nutzen für Ihr Unternehmen?

Die Ergebnisse in Abbildung 4 zeigen, dass der Nutzen für das Unternehmen durch den Einsatz der Feedback-Instrumente im Zusammenhang mit der Vorgesetztenbeurteilung am größten eingeschätzt wird (MW = 1,46; n = 24; 1 = „von großem Nutzen", 5 = „kein Nutzen"). An zweiter Stelle folgt der Nutzen durch den Einsatz des Mitarbeitergesprächs (MW = 1,48; n = 40), gefolgt von der Kundenbefragung (MW = 1,50; n = 32) und der Mitarbeiterbefragung (MW = 1,86; n = 36).

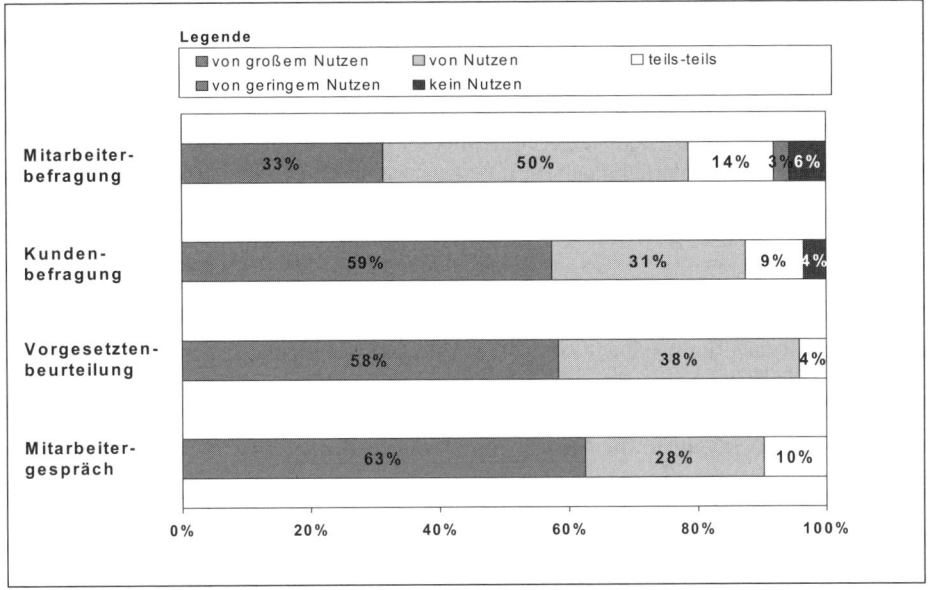

Abbildung 4: Einschätzung des Nutzens der Feedback-Instrumente
(Häufigkeiten in Prozent)

Trotz auftretender Schwierigkeiten in der Umsetzung von Maßnahmen und der Akzeptanz der Instrumente wird der Nutzen von den Befragten über alle Instrumente hinweg positiv eingeschätzt. Dabei zeigt sich ein ähnliches Bild wie bei der Zufriedenheit mit der Umsetzung von Maßnahmen, die personalen Instrumente greifen hier stärker als die organisationalen Instrumente. Eine Begründung für die eher negative Einschätzung des Nutzens von Mitarbeiterbefragungen mag eventuell in der Komplexität von unternehmensweiten Befragungen liegen. Werden im Rahmen einer Vorgesetztenbeurteilung oder eines Mitarbeitergesprächs einzelne, sehr konkrete auf den jeweiligen Mitarbeiter zugeschnittene Maßnahmen formuliert, sind es bei der Mitarbeiterbefragung oftmals viele unterschiedliche Themen oder Ziele, die formuliert werden. Das Abstimmen und Nachhalten der Maßnahmen bindet Ressourcen und benötigt Zeit. Aus diesem Grund besteht die Gefahr, dass formulierte Ziele nicht erreicht werden oder auf halber Strecke die Energie verloren geht. Bei einzelnen Maßnahmen, die von wenigen Mitarbeitern oder Führungskräften verfolgt werden, besteht eher die Chance, dass diese mit entsprechenden Ressourcen ausgestattet und erfolgreich umgesetzt werden.

5 Zusammenfassung und Diskussion der Ergebnisse

Mit den hier vorgestellten Ergebnissen der Top 100-Studie wollten wir einen Einblick in den Umgang mit Feedback in den umsatzstärksten Unternehmen in Deutschland ermöglichen. Zwei Themenkomplexe wurden dabei untersucht: Zum einen das Vorhandensein einer konstruktiven Feedback-Kultur und der Einsatz von spezifischen Feedback-Instrumenten im Unternehmen.

Wie die Ergebnisse zur Feedback-Kultur zeigen, gehen ein Drittel der Befragten bereits von einer konstruktiven Feedback-Kultur im Unternehmen aus. Beinahe die Hälfte der Befragten sieht das Unternehmen erst auf dem Wege eine Feedback-Kultur zu entwickeln, während sich in den restlichen Unternehmen noch keine entsprechende Kultur entwickelen konnte und sich daher der Einsatz von Feedback-Instrumenten schwierig gestaltet.

Die Ergebnisse zu den einzelnen Feedback-Instrumenten machen deutlich, dass es einen Lernprozeß bedarf, um Feedback sinnvoll nutzen zu können. Zu Anfang dieses Lernprozesses ist der Einsatz von spezifischen Feedback-Instrumenten notwendig. In dieser Studie wurden daher vier Instrumente untersucht, die typischerweise in den Unternehmen zum Einsatz kommen: die Mitarbeiterbefragung, die Kundenbefragung, das Mitarbeitergespräch und die Vorgesetztenbeurteilung.

Es zeigte sich, dass in beinahe allen Unternehmen (93 %) das Mitarbeitergespräch regelmäßig eingesetzt wird. Umfassende Mitarbeiterbefragungen werden von 59 Prozent der Unternehmen, das Vorgesetztenfeedback von 43 Prozent und die Kundenbefragung von 42% der Unternehmen regelmäßig durchgeführt.

Der Nutzen für die Unternehmen durch den Einsatz der einzelnen Instrumente wird insgesamt sehr positiv eingeschätzt, obwohl es nicht immer gelingt, formulierte Veränderungsziele zu erreichen. Schwierigkeiten treten meist dann auf, wenn es um die konkrete Umsetzung von Verbesserungsmaßnahmen geht. In diesem Zusammenhang wurden sechs zentrale Erfolgsfaktoren formuliert, mit deren Unterstützung Verbesserungen in den Unternehmen vorangetrieben werden können. Dabei spielen das Commitment sowie die Verantwortungsübernahme von Unternehmensleitung wie Führungskräften eine ganz zentrale Rolle. Ohne diese Signale stehen jegliche Veränderungsprojekte von Beginn an unter schwierigen Bedingungen.

Gerade der Umgang mit dem sensiblen Thema Feedback bedarf der Unterstützung der Unternehmensleitung wie einem professionellen Vorgehen bei der Implementierung der Instrumente. Wird hier nur halbherzig vorgegangen, kann eine Unternehmenskultur mehr Schaden nehmen, als vom Feedback zu profitieren. Zur Entwicklung einer eigenen Feedback-Kultur bedarf es daher eines langfristigen Lernprozesses, in dem Vertrauen aufgebaut und der regelmäßige Austausch von Feedback gefördert werden sollte. Letztendlich tragen die Ziele, die mit dem Einsatz von Feedback verbunden werden, ganz wesentlich zur Überlebensfähigkeit einer Organisation bei: Die Erhöhung der Effizienz der Organisation und ihrer Prozesse sowie eine Verbesserung der gemeinsamen Arbeit durch die persönliche Weiterentwicklung der Mitarbeiter. Sicherlich geht es auch um die Befriedigung emotionaler kommunikativer Bedürfnisse. Aber diese emotionalen Bedürfnisse sollten unserer Ansicht in den Kontext des Arbeitsprozesses eingebunden werden und ihre Inhalte daran ausrichten. Denn letztendlich sagt Feedback mehr über das momentane Erleben der feedbackgebenden Person aus, als über deren Gegenüber.

Abschließend lassen sich zwei Entwicklungen im Zusammenhang mit Feedback-Prozessen in den Unternehmen feststellen: Der *Einsatz* spezifischer Feedback-Instrumente *hat im Laufe der letzten Jahre zugenommen*. Es werden immer häufiger umfassende Befragungsprojekte gestartet und regelmäßig eingesetzt. Dabei wird eine große Menge an Datenmaterial gesammelt und ausgewertet. Die Daten werden allerdings bisher nur auf eher grobem Aggregationsniveau ausgewertet und in nur wenigen Fällen in bestehende Managementkonzepte integriert. Auch werden bisher nur wenige Validierungsstudien in den Unternehmen vorgenommen, um die Aussagekraft des gesammelten Datenmaterial mit der Unternehmensrealität zu untersuchen. Hier besteht unserer Ansicht noch ein enormes Potenzial an Möglichkeiten, wie mit den gewonnen Daten sinnvoll weiter gearbeitet werden kann.

Eine weitere Entwicklung zeigt sich in der *Beurteilung des Nutzens* durch den Einsatz von Feedback-Instrumenten. Hier zeigte sich ein deutlicher Zusammenhang zwischen dem Instrumenteneinsatz und der anschließenden Prozessgestaltung auf die Beurteilung des Instrumentes. Ein Feedback-Instrument wird immer dann als sinnvoll und wichtig eingeschätzt, wenn es gelungen war, die initiierten Verbesserungsprozesse und Aktivitäten in den Unternehmen nachhaltig umzusetzen. Zu Beginn der Planungsphase eines Feedback-Prozesses sollte daher immer die Überlegung stehen, wie gehen wir im Unternehmen mit den Ergebnissen um, besteht tatsächlich die Bereitschaft Bestehendes zu verändern und können wir die notwendigen Ressourcen zur Verfügung stellen, um aufgezeigte Mängel zu beheben. Sind diese Anforderungen realisierbar, dann ist der Einsatz von Feedback-Instrumenten wichtig und nützlich für die Mitarbeiter wie das Unternehmen. Feedback-Prozesse sind eben nicht „nice to have", sondern „hard to work".

Jeannette Zempel, Christiane Alberternst & Klaus Moser

Einführung des Mitarbeitergesprächs im öffentlichen Dienst

1 Feedback durch regelmäßige Mitarbeitergespräche

Mitarbeitergespräche gelten im Management von Profitorganisationen inzwischen als etabliertes Instrument der Organisations- und Personalentwicklung und sowie Personalführung (Leonhardt, 1991). Aber das Verständnis des Begriffs Mitarbeitergespräch ist in der einschlägigen Literatur bisher mehrdeutig. Zum einen wird er als ein Oberbegriff für verschiedene Personalgespräche (Neuberger, 1998; Düll, 1993) verwendet, wie z. B. Zielvereinbarungs- oder Kritikgespräche. Zum anderen findet sich in der eher praxisbezogenen Literatur eine Eingrenzung auf ein klar umrissenes, turnusmäßiges Gespräch zwischen Mitarbeiter und Vorgesetztem mit spezifischen Merkmalen und Zielsetzungen (Bechinie, 1992; Leonhardt, 1991; Nagel, Oswald & Wimmer, 1999; Papenfuß & Pfeuffer, 1993). Die Zusammenfassung der Darstellungen dieser Autoren führt zu folgender Definition des Mitarbeitergesprächs: „Ein Mitarbeitergespräch ist ein Arbeitsgespräch zwischen Mitarbeiter und direktem Vorgesetzten mit den Mindestmerkmalen Besprechen der Stärken und Schwächen des Mitarbeiters, gegenseitiges Feedback zur Zusammenarbeit, Erörterung von Entwicklungsperspektiven und Vereinbarung von Zielen" (Alberternst, 2003, S. 12). Ein solches Gespräch ist terminiert und beide Gesprächspartner bereiten sich im optimalen Fall mit einem zur Verfügung stehenden Leitfaden darauf vor. Das Gespräch findet in der Regel einmal im Jahr statt und bezieht sich nicht auf einen konkreten Anlass.

Durch diese Definition lässt sich das Mitarbeitergespräch von anderen Führungsgesprächen abgrenzen, wie z. B. von Kritik- oder Leistungsbeurteilungsgesprächen. Ein reines Kritikgespräch beinhaltet beispielsweise kein gegenseitiges Feedback zur Zusammenarbeit innerhalb eines längeren Zeitraums, sondern hat einen konkreten Anlass und bezieht sich auf eine kritikwürdige Situation, die der Vorgesetzte mit dem Mitarbeiter klären will. Leistungsbeurteilungsgespräche (performance appraisal interviews) weisen zwar diesbezüglich eine Ähnlichkeit zu Mitarbeitergesprächen auf, weil sie ebenfalls Stärken und Schwächen des Mitarbeiters thematisieren und weil Entwicklungsziele des Mitarbeiters diskutiert und vereinbart werden. Sie können aber von Mitarbeitergesprächen dadurch eindeutig abgegrenzt werden, dass Vorgesetzte zur Beurteilung standardisierte Einstufungsskalen verwenden, um dem Mitarbeiter wahrgenommene Stärken und Schwächen rückzumelden. Diese Beurteilungen dienen zudem oft der Festsetzung von monetären Leistungszulagen. Beim Mitarbeitergespräch dagegen wird das Feedback zur Leistung des Mitarbeiters in unstandardisierter und narrativer Form gegeben. Zudem zeichnet es sich dadurch aus, dass es gegenseitig erfolgt, was bedeutet, dass sowohl der Mitarbeiter vom Vorgesetzten, als auch der Vorgesetzte vom Mitarbeiter Feedback in Form von Anerkennung und Kritik zu verschiedenen Aspekten erhält. Diese Umkehrbarkeit der Kommunikation (Neuberger, 1998) ist besonders charakteristisch für Mitarbeitergespräche und findet in Leistungsbeurteilungsgesprächen keine Anwendung.

In den letzten Jahren wurden im Rahmen des New Public Management auch in vielen Organisationen der öffentlichen Verwaltung Mitarbeitergespräche als Instrument moderner Personalarbeit eingeführt (z. B. in allen Behörden des Freistaats Bayern aufgrund der

Rahmenregelung des Bayerischen Staatsministeriums der Finanzen zur Einführung von Mitarbeitergesprächen, 28.05.1999). Zielsetzung der Mitarbeitergespräche ist es auch hier, Vorgesetzten die Möglichkeit zu geben, Rückmeldungen über ihr Führungsverhalten zu erhalten und Mitarbeiter stärker in Informations- und Entscheidungsprozesse einzubinden. Durch das gegenseitige Feedback und die Förderung des Dialogs zwischen Mitarbeitern und Vorgesetzten wird eine Intensivierung des Dialogs und somit eine positive Gestaltung der Beziehung der Gesprächspartner angestrebt. Eine weitere wichtige Funktion der Gespräche besteht darin, über die kurzfristige Arbeitsplanung hinaus Vereinbarungen für die zukünftige Zusammenarbeit zu treffen und systematisch deren weitere Entwicklung zu verfolgen.

Im Folgenden wird berichtet, welche Erfahrungen die Autoren bei der Implementierung von Mitarbeitergesprächen in einer Organisation des öffentlichen Dienstes gemacht haben (vgl. auch Alberternst, Zempel, Wolff & Moser, 2000). Bei dieser handelt es sich um eine Universität inklusive Klinikum mit insgesamt über 10.000 Beschäftigten. Im Anschluss daran werden Ergebnisse aus zwei Studien zur Durchführung der Gespräche und ihrer Effekte auf die Zufriedenheit der Mitarbeiter und das Vertrauen zum Vorgesetzten dargestellt.

2   Gestaltung der Implementierung

An der Universität hatte sich ein halbes Jahr vor dem Stichtag zur Einführung der Mitarbeitergespräche eine Arbeitsgruppe konstituiert, um die Implementierung auszugestalten. In der Arbeitsgruppe befanden sich zwei Vertreter der Universitätsverwaltung, ein Vertreter der Klinikverwaltung, der Pflegedirektor des Klinikums und drei Vertreter des Gesamtpersonalrats. Die fachliche Unterstützung und wissenschaftliche Begleitung erfolgte von Seiten der Autoren und Autorinnen dieses Beitrags.

2.1   Leitfaden

Der Vorbereitungsleitfaden, den die ministeriellen Rahmenregelungen fordern, berücksichtigte die in den Rahmenregelungen genannten Gesprächsinhalte:
- Arbeitsaufgaben
- Arbeitsumfeld
- Zusammenarbeit und Führung sowie
- Veränderungs- und Entwicklungsperspektiven.

Für die vier Bereiche wurden Unterpunkte entwickelt, die diese inhaltlich konkretisieren. So bilden unter anderem die Punkte „Planung und Organisation der Arbeitsabläufe" oder „Qualifikation, Kenntnisse, Fertigkeiten" den Bereich „Arbeitsaufgaben". Diese Unterpunkte können ausgewählt werden, wenn der Betreffende sie besprechen möchte. Durch die beispielhafte Auflistung von Unterpunkten bietet der Leitfaden bei der Vorbereitung auf das Gespräch Anregungen für die Themenfindung. Weitere eigene Themenvorschläge können ebenfalls im Leitfaden unter dem Punkt „weitere Vorschläge" notiert werden. Während des Gesprächs dient der Leitfaden als Gedächtnisstütze und hilft als roter Faden, das Gespräch zu strukturieren. Dem Leitfaden ist ein Protokollbogen beigefügt, auf dem die wichtigsten Gesprächsergebnisse und gemeinsamen Vereinbarungen notiert werden. Der Leitfaden wurde vorab auf seine Verständlichkeit und Nützlichkeit hin geprüft. Das war wichtig, da der Leitfaden für jeden Mitarbeiter der Universität gelten sollte und daher für unterschiedliche Berufs- und Bildungsschichten gleichermaßen geeignet sein musste.

An der Universität hat der Personalrat durchgesetzt, dass dieser Protokollbogen sowie alle Informationen, die in dem Gespräch ausgetauscht werden, vertraulich behandelt werden. Der Protokollbogen wird nur von den beiden Gesprächspartnern längstens bis zum nächsten Gespräch aufbewahrt. Wenn in der Zwischenzeit einer der beiden aus seiner Funktion ausscheidet, so werden die gemeinsamen Vereinbarungen hinfällig und das Protokoll ist zu vernichten.

Durch diese Regelung werden die Mitarbeiter zu größerer Offenheit im Gespräch ermutigt. Die Offenheit ist von zentraler Bedeutung, weil ohne sie kein Erwartungsabgleich der Gesprächspartner gelingen kann. Zum anderen wird durch dieses Vorgehen deutlich gemacht, dass die zwei Gesprächspartner nicht lediglich als Vertreter ihrer Funktionen miteinander sprechen.

Der Leitfaden war zunächst nur für die Vorgesetzten in dem ergänzend angebotenen, freiwilligen Schulungsprogramm erhältlich. Damit sollte zum einen ein zusätzlicher Anreiz zur Teilnahme gegeben werden. Zum anderen konnte so eher dafür gesorgt werden, dass keine Missverständnisse über die Handhabung entstehen bzw. bei bestehenden Fragen diese geklärt werden. Seit Abschluss der Schulungsmaßnahmen steht der Leitfaden im Internet online zur Verfügung und kann von dort heruntergeladen werden. Mitarbeiter, die keinen Internetzugang haben, können den Leitfaden von der Universitätsverwaltung beziehen.

2.2   Information

Die Implementierung begann mit einem Informationsschreiben an alle Vorgesetzten und Mitarbeiter. In diesem erläuterten Kanzler und Rektor der Universität die Ziele und Inhalte von Mitarbeitergesprächen. Für die Vorgesetzten war zusätzlich die Rahmenregelung des Finanzministeriums beigefügt.

Zwei Monate später wurden dann Informationsveranstaltungen für alle Mitarbeiterinnen und Mitarbeiter angeboten, bei denen die Inhalte, Ziele und Rahmenbedingungen der Mitarbeitergespräche vorgestellt wurden. An den fünf Informationsveranstaltungen nahmen insgesamt ca. 700 Mitarbeiter teil.

Zusätzlich wurden Informationsseiten im Internet eingerichtet. Neben der Möglichkeit sich zu informieren boten die Internetseiten Mitarbeitern und Vorgesetzten bei Fragen und Problemen auch eine direkte Möglichkeit Kontakt aufzunehmen. Per E-Mail konnten Fragen zu einzelnen Aspekten der Mitarbeitergespräche gestellt werden, die ebenfalls per E-Mail beantwortet wurden. Fragen und Antworten, die für alle Mitarbeiter interessant waren, wurden auf einer eigenen Seite veröffentlicht, der sogenannten FAQ-

Seite (FAQ = Frequently Asked Questions = häufig gestellte Fragen). Ein weiteres Angebot bestand in der telefonischen Hotline, die täglich erreichbar war und dazu diente, Fragen und Probleme schnell und unter Umständen anonym zu klären. Die Hotline wurde vor allem für organisatorische Rücksprachen genutzt, die die Vorgesetztenschulungen betrafen. Zu einem geringeren Teil gingen Fragen ein, die die Beschaffung des Vorbereitungsleitfadens betrafen. In den zwölf Monaten der Hotline wurde dreimal Rat von Mitarbeitern gesucht, die Probleme mit ihrem Vorgesetzten hatten und einmal von einem Vorgesetzten, dessen Problem darin bestand, dass sich jemand aus seinem Team selbst zum nachgeordneten Vorgesetzten ernennen wollte.

Darüber hinaus wurden für die laufende Information weitere Medien benutzt. In den offiziellen Organen der Pressestelle und des Gesamtpersonalrats erschienen regelmäßig Artikel zum aktuellen Stand des Projekts. Auch auf den Personalversammlungen wurde jeweils über den aktuellen Projektstand berichtet.

Die Information der Betroffenen spielte als Akzeptanzstrategie eine sehr große Rolle. Eine schriftliche Befragung (400 Fragebögen versandt; Rücklauf von 86 = 21,5 %) zum Grad der Informiertheit ergab, dass mit 92 Prozent der Großteil der Befragten wusste, dass die Möglichkeit besteht, mit dem Vorgesetzten ein Mitarbeitergespräch zu führen. Tabelle 1 zeigt die Nutzung der unterschiedlichen Informationsquellen.

Tabelle 1: Nutzung der Informationsquellen

Informationsquelle		Prozentsatz der Nutzer
1	Rundschreiben der Universitätsverwaltung	83
2	Vorgesetzte/Vorgesetzter	47
3	Informationsorgan des Gesamtpersonalrats	33
4	Kolleginnen/Kollegen	30
5	Informationsveranstaltungen	21
6	Internet	11
Anmerkung: Mehrfachnennungen möglich		

Weitere gute Nutzungsquoten offizieller Informationsquellen waren das Organ des Gesamtpersonalrats, das etwa jeden dritten Befragten erreichte, und die Informationsveranstaltungen, die jeder fünfte Befragte als Quelle angab. Da an den offiziellen, für die Informierung über Mitarbeitergespräche konzipierten Veranstaltungen nur etwa 7 Prozent der Universitätsangehörigen teilgenommen hatten, haben die Befragten vermutlich auch die Präsentationen auf Personalversammlungen zu den an 5. Stelle genannten Informationsveranstaltungen gerechnet.

2.3 Schulung

Schulungen sind im Zuge von Implementierungen ein wichtiges Instrument zum Abbau von Befürchtungen durch Aufbau von Kompetenzen. Ob im Zuge der Implementierung eine neue Technik eingeführt wird (Frese & Brodbeck, 1989) oder eine neue Organisationsstruktur (Vorwerk, 1993) – Schulung ist immer dann angebracht, wenn Wissen oder Fertigkeiten aufgefrischt oder neu erlernt werden müssen und wenn Befürchtungen bestehen, die Neuerung nicht ohne Unterstützung bewältigen zu können. Im Rahmen der Einführung von Mitarbeitergesprächen war es wichtig, zunächst Wissen über die Inhalte und Ziele des Gesprächs zu vermitteln. Weiterhin erfordert das Mitarbeitergespräch gewisse Techniken z. B. der nicht-direktiven Gesprächsführung und optimalen Zielformulierung, Fertigkeiten, die bei den meisten Vorgesetzten nicht vorausgesetzt werden konnten.

Es wurde beschlossen, die Schulungen in zwei Teilen anzubieten, wobei der erste Teil eher informativen Charakter hatte, während der zweite Teil dem Einüben von Gesprächs- und Zielvereinbarungstechniken diente. Ziel seitens der Arbeitsgruppe war es, so viele Vorgesetzte wie möglich zur Teilnahme am ersten Schulungsteil zu motivieren, um sicher zu stellen, dass Sinn und Zweck der Gespräche universitätsweit gleich aufgefasst und die Gespräche einheitlich durchgeführt werden. Zur Philosophie der Mitarbeitergespräche passt es nicht die Vorgesetzten zur Teilnahme zu zwingen, daher wurde allen Vorgesetzten lediglich „unbedingt empfohlen", die Schulung zu besuchen. Diese fünf Stunden dauernde Schulung wurde während eines Zeitraums von zehn Monaten in regelmäßigen Abständen angeboten. Etwa die Hälfte der Vorgesetzten der Universität hat an diesem ersten Schulungsteil teilgenommen

Je nach individuellem Bedarf der Schulungsteilnehmer im Bereich der Gesprächsführungstechniken wurden diese im Rahmen des ersten Schulungsteils dazu motiviert sich für den zweiten Teil des Seminars anzumelden, der in die spezifischen Gesprächsführungs- und Zielvereinbarungstechniken einführte, die für die Durchführung von Mitarbeitergesprächen benötigt werden. Der zweite Schulungsteil behandelte Gesprächstechniken wie aktives Zuhören, Umgang mit Feedback, Anerkennung und Kritik sowie weiterhin die Motivationsfunktion von Zielen. Die Vorbereitung und Durchführung dieses Schulungsteils dauerten zwei Tage (zugunsten einer hohen Flexibilität alternativ angeboten als zwei Wochen- oder Wochenendtage, sechs Abende oder drei Abende plus einen Samstag). Eine effektive Methode, diese Techniken zu erlernen, besteht in der Verhaltensmodellierung (Holling, 1998). Dabei wird das zu erlernende Verhalten vorgestellt, im Rollenspiel geübt und durch Feedback modelliert und stabilisiert. Entsprechend waren die Schulungen so konzipiert, dass das zu erlernende Verhalten in Kurzreferaten von den Trainerinnen vorgestellt und anschließend im Rollenspiel erprobt wurde. Das für die Verhaltensmodellierung erforderliche Feedback erfolgte in Form eines Videofeedbacks, durch die Gruppe und die Trainerinnen. Insgesamt nahmen ca. 20 Prozent der Vorgesetzten an der zweiten Schulung teil.

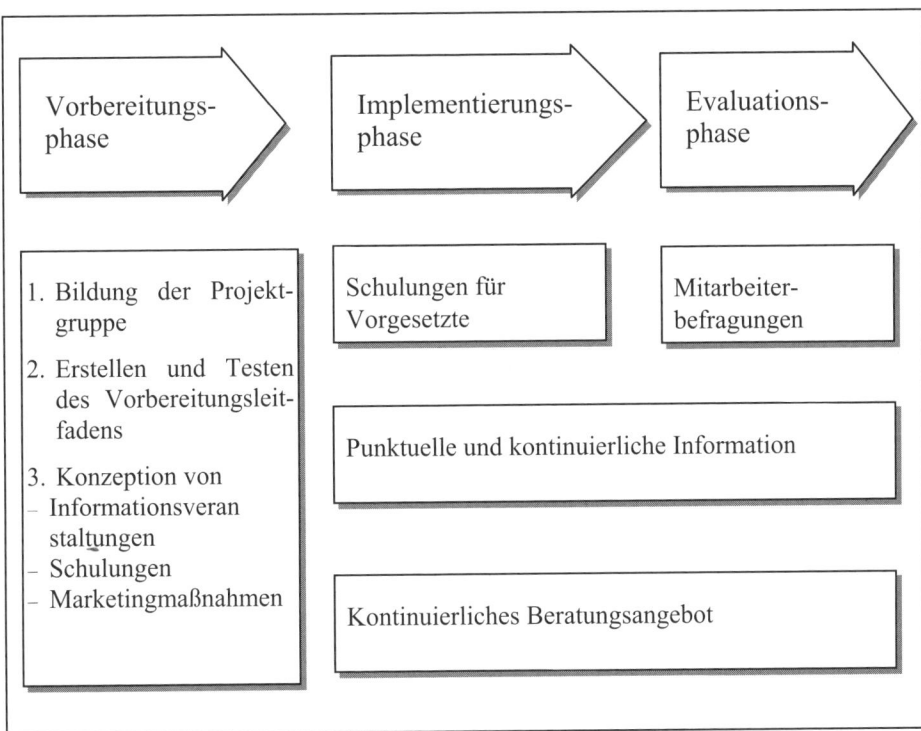

Abbildung 1: Phasen und Maßnahmen des Implementierungsprozesses

2.4   Partizipation

Partizipation gehört zu den in der Literatur am häufigsten genannten Strategien, um die Akzeptanz von Veränderungsprozessen in Organisationen zu fördern (Frese & Brodbeck, 1989; Kirsch, Esser & Gabele, 1979). Im Folgenden soll eine kurze Bewertung dieser Strategie im vorgestellten Projekt vorgenommen werden.

Direkte Partizipation der von Maßnahmen Betroffenen wird von diesen vorgezogen und führt zu höherer Akzeptanz der Maßnahme und höherer Zufriedenheit damit (Coch & French, 1948; Rosenstiel, 1989). Da in unserem Fall die Organisation über 10.000 Mitarbeiter hatte, wurde wegen der Schwierigkeiten, diese in die Entscheidungsprozesse einzubinden, die indirekte Partizipation durch Interessenvertreter in der Arbeitsgruppe gewählt. Interessant ist, dass dennoch einige Betroffene sich nicht die Möglichkeit der direkten Partizipation nehmen lassen wollten. Wenn keine Möglichkeit besteht, offiziell direkt zu partizipieren, so muss „wild" direkt partizipiert werden. So taten einige Vorgesetzte schriftlich ihre Meinung zu der geplanten Maßnahme kund, indem sie zum Ausdruck brachten, dass sie den Sinn des Mitarbeitergesprächs anzweifelten oder über eine ohnehin bereits zu große zeitliche Belastung durch ihre Aufgaben als Lehrstuhlinhaber klagten.

Wenn auch die Mitarbeiter der Universität nur indirekt partizipieren konnten, so stand doch den Vorgesetzten die direkte Partizipation über die Schulungen offen. Frese und Brodbeck (1989) räumen ein, dass es bei flächendeckender Einführung neuer Maßnahmen und einer großen Mitarbeiterzahl schwierig ist, Partizipation zu organisieren, die sich auf grundsätzliche Parameter der Maßnahme bezieht. Sie weisen jedoch darauf hin, dass häufig eine Einflußnahme auf die Gestaltung der Einführungsprozesse möglich ist. Unter diesem Aspekt hielten die Schulungen Möglichkeiten zur direkten Partizipation der Vorgesetzten bereit. Mit Unterstützung der Trainerinnen erarbeiteten die Vorgesetzten gemeinsam, welche Vorgehensweise bei der Einführung der Gespräche an der eigenen Dienststelle generell günstig erschien. Trotz Gruppenlösungen blieb es dennoch jedem Vorgesetzten überlassen zu entscheiden, welche Maßnahmen und welche Vorgehensweise für ihn und seine Mitarbeiter optimal sind.

3 Empirische Ergebnisse zum Mitarbeitergespräch und seinen Effekten

Im Folgenden werden zentrale Ergebnisse zweier Studien dargestellt, die wir in zwei Organisationen des öffentlichen Dienstes durchgeführt haben. Zum einen wollen wir darauf eingehen, welche Faktoren die Einstellung zum Gespräch und die tatsächliche Durchführung determinieren. Zum anderen wird der Frage nachgegangen, welche Effekte des Mitarbeitergesprächs nachgewiesen werden konnten. Die Ergebnisse beruhen auf längsschnittlichen Befragungen zweier Mitarbeiterstichproben aus 1) der oben angeführten Universität (Alberternst, 2003) und 2) einer Stadtverwaltung (Alberternst & Moser, 2003; Alberternst & Moser, 2004).

3.1 Einstellung zum Gespräch und seine Durchführung

Zuerst wollen wir der Frage nachgehen, unter welchen Bedingungen die Einstellung zum Mitarbeitergespräch bei den Mitarbeitern positiv ausgeprägt ist. Dann wird die Frage aufgegriffen, welche Faktoren einen Einfluss darauf haben, dass das Gespräch tatsächlich durchgeführt wird.

3.1.1 Determinanten der Einstellung zum Gespräch

Es konnte gezeigt werden, dass Mitarbeiter mit höherem Vertrauen zu ihrem Vorgesetzten auch eine positivere Einstellung zum Mitarbeitergespräch aufwiesen (Alberternst & Moser, 2004). Mitarbeiter, die ihren Vorgesetzten eher als integer einschätzten, d. h. ihn als gerecht und kongruent in Wort und Tat wahrnahmen, scheinen diese Einschätzung auf das Verhalten des Vorgesetzten im Mitarbeitergespräch projiziert zu haben. Angenommen wurde auch, dass Mitarbeiter, die ein hohes affektives Commitment aufweisen, d. h. die sich stärker mit den Zielen und Werten der Organisation identifizieren und bereit sind, sich für diese Organisation einzusetzen, eher eine positive Einstellung zu dem Gespräch haben. Entgegen den Erwartungen zeigte sich aber kein genereller Zusammenhang zwischen affektivem Commitment und der Einstellung zu Mitarbeitergesprächen. Vielmehr war festzustellen, dass der Zusammenhang zwischen Commitment und der Einstellung zum Mitarbeitergespräch von der Zufriedenheit mit der Kommunikationsbeziehung mit dem Vorgesetzten beeinflusst wurde: Bei Mitarbeitern, die mit der Kommunikation mit ihrem Vorgesetzten zufrieden waren, hatte affektives Commitment keinen Einfluss auf die Einstellung zu Mitarbeitergesprächen. Dagegen wiesen mit der Kommunikationsbeziehung unzufriedene Personen eine positivere Einstellung auf, wenn sie hohes affektives Commitment hatten, bzw. eine negativere Einstellung, wenn sie über geringes affektives Commitment verfügten.

Es kann angenommen werden, dass Mitarbeiter mit hoher Zufriedenheit mit der Kommunikation mit ihrem Vorgesetzten aus ihrer Sicht kein Mitarbeitergespräch benötigen. Selbst hohes Commitment führt bei ihnen nicht zu einer positiveren Einstellung zum Mitarbeitergespräch, weil sie vermutlich keine weitere Verbesserung der Kommunikation erwarten, die sie bereits als gut einschätzen. Und bei geringem Commitment besteht selbst bei hoher Kommunikationszufriedenheit für die Mitarbeiter die Gefahr, mit dem Vorgesetzten über die eigene geringe Leistungsbereitschaft sprechen zu müssen.

Entscheidend ist das Commitment aber bei unzufriedenen Mitarbeitern. Sind beide Aspekte – affektives Commitment und die Zufriedenheit mit der Kommunikation mit dem Vorgesetzten – gering ausgeprägt, dann erhoffen sich die Personen möglicherweise nicht viel von dem Mitarbeitergespräch. Wenn die Kommunikation mit dem Vorgesetzten ohnehin als schlecht empfunden wird, wieso sollten sie dann erwarten können, dass die Kommunikation im Rahmen des Mitarbeitergesprächs besser funktioniert als im täglichen Arbeitskontakt? Zudem können sie aufgrund ihrer geringen Leistungsbereitschaft erwarten, dass sie im Mitarbeitergespräch eher negatives Feedback erhalten. Es ist daher denkbar, dass diese Mitarbeiter dem Mitarbeitergespräch aktiv aus dem Weg gehen, um dieses negative Feedback zu vermeiden. Bei geringer Bindung an das Unternehmen besteht womöglich auch nicht die Bereitschaft, sich auf das Mitarbeitergespräch vorzubereiten. Ist kein Commitment und damit keine hohe Anstrengungsbereitschaft vorhanden, dann setzen diese Mitarbeiter möglicherweise voraus, dass sie arbeitsrelevante Informationen grundsätzlich von ihrem Vorgesetzten erhalten und nicht erst durch ein Mitarbeitergespräch. Ist hingegen bei mit der Kommunikation unzufriedenen Mitarbeitern Commitment vorhanden, dann sind sie eher bereit, sich für das Gespräch Zeit zu nehmen und sich darauf vorzubereiten. Diese Personen stehen dem Mitarbeitergespräch positiv gegenüber und sehen es als Chance für eine bessere Informationsversorgung, um ihre Aufgaben noch besser bewältigen zu können – ganz im Sinne ihrer hohen Leistungsbereitschaft. Zudem haben sie ein starkes Bedürfnis weiterhin der Organisation anzugehören und damit ein Interesse, ihre berufliche Zukunft in der Organisation aktiv mit zu gestalten. Das Mitarbeitergespräch bietet genau die Möglichkeit dazu, gemeinsam mit dem Vorgesetzten Vereinbarungen zur beruflichen Entwicklung und Gestaltung der Tätigkeiten zu treffen.

Die prinzipielle Einstellung zur eigenen Organisation (Commitment) allein beeinflusst die Einstellung zum Mitarbeitergespräch demnach nicht. Vielmehr kommt es darauf an, wie Mitarbeiter weitere Faktoren ihrer Arbeitsumwelt einschätzen, wie diese Studie am Beispiel der Zufriedenheit mit der Kommunikation mit dem Vorgesetzten deutlich macht. Die Einstellung zum Mitarbeitergespräch ist nicht einfach ein abstraktes Urteil über das Instrument selbst oder Resultat der allgemeinen Einstellung zu den verschiedenen Aspekten der Arbeit in einem Unternehmen. Vielmehr drückt sie aus, wie die Mitarbeiter die Passung zwischen ihren Bedürfnissen und den angestrebten Zielen des Mitarbeitergesprächs vor dem Hintergrund ihrer Einstellung zur Organisation und zu ihrem Vorgesetzten einschätzen.

3.1.2 Determinanten der Gesprächsdurchführung

Eine Analyse potenzieller Determinanten der Gesprächsführung ergab, dass vier Faktoren einen Einfluss darauf hatten, ob die Gespräche tatsächlich durchgeführt wurden:
- die Einstellung der Mitarbeiter zum Gespräch (s. 3.1.1)
- die Integrität des Vorgesetzten
- die Zugehörigkeit zu spezifischen Funktionsbereichen
- die Tatsache, dass Vorgesetzter und Mitarbeiter bereits früher ähnliche Gespräche geführt haben (Alberternst, 2003)

Der Zusammenhang zwischen der Einstellung des Mitarbeiters zum Gespräch und der tatsächlichen Durchführung fiel allerdings eher gering aus. Das führt zu dem Schluss, dass in der untersuchten Universität die tatsächliche Durchführung des Gesprächs in hohem Maß von den Rahmenbedingungen abhängig war. Diese Vermutung lässt sich durch den Befund stützen, dass in einzelnen Funktionsbereichen unterschiedlich häufig Gespräche geführt wurden. Im Bereich der Verwaltung/nicht-wissenschaftliche Funktionen und im wissenschaftlichen Bereich wurden signifikant seltener Gespräche geführt. Wobei aber die Mitarbeiter der Verwaltung und nicht-wissenschaftlicher Funktionen eher eine positive Einstellung zu dem Gespräch hatten, also eher darauf ausgerichtet waren ein solches Gespräch durchzuführen, während im wissenschaftlichen Bereich nur eine geringe Intention zur Durchführung der Gespräche vorlag. Der Zusammenhang zwischen wissenschaftlichem Funktionsbereich und tatsächlicher Gesprächsführung reduzierte sich bei Kontrolle der Intention der Befragten deutlich. Im Bereich der Verwaltung und nichtwissenschaftlicher Funktionen haben wohl eher Rahmenbedingungen die Durchführung eines Gesprächs erschwert. Als Erklärung sind die Berufskultur und das Selbstverständnis der Vorgesetzten im öffentlichen Dienst anzuführen. In dieser Berufskultur hat die Aus- und Weiterbildung einen geringen Stellenwert, es werden selten Ziele vereinbart (Bargehr, Promberger & Strehl, 1993) und Maßnahmen, die von den Werten der Organisation abweichen, erfahren weniger Unterstützung durch Verantwortliche und werden daher weniger wahrscheinlich realisiert (Pinkwart, 2000). Damit ergibt sich die paradoxe Situation, dass Maßnahmen wie das Mitarbeitergespräch, die Werte und Normen verändern sollen, aufgrund ihres Veränderungspotenzials im öffentlichen Dienst nicht durchgeführt werden. Im Weiteren kann auch das Führungsverhalten der Vorgesetzten als potenzielle Ursache angeführt werden. So vernachlässigen sie die

Entwicklung und Führung ihrer Mitarbeiter häufig zugunsten verstärkter aufgabenbezogener Tätigkeiten (Klages, 1990) und praktizieren zu einem nicht geringen Teil einen eher autokratischen, wenig mitarbeiterorientierten Führungsstil. Beide Aspekte führen eher zu einem geringen Interesse am Mitarbeitergespräch, was die Vorgesetzten durch ihr Verhalten auch den Mitarbeitern signalisieren.

Ein bedeutender Faktor für die tatsächliche Durchführung ist das vorherige Verhalten, d. h. ob in der Vergangenheit schon Beratungs- und Zielvereinbarungsgespräche geführt wurden. Diese Erkenntnis ist weniger trivial, als sie auf den ersten Blick zu sein scheint, wenn man bedenkt, dass Vorgesetzte, die solche Gespräche schon geführt haben, auch reaktant auf zentrale Vorgaben und eine institutionalisierte Einführung reagieren könnten. Dies war aber nicht der Fall. Vielmehr wurde das neue Instrument dort tatsächlich häufiger umgesetzt, wo schon früher ähnliche Gespräche geführt worden waren (Alberternst, 2003).

3.2   Effekte des Mitarbeitergesprächs

Allgemein wird angenommen, dass Mitarbeitergespräche u. a. zur Verbesserung der Kommunikation und des Vertrauens zwischen Mitarbeiter und Vorgesetztem und der Arbeitszufriedenheit beitragen (Bechinie, 1992; Leonhardt, 1991). Berichtet werden Ergebnisse einer Studie, in der die Effekte von Mitarbeitergesprächen auf die Kommunikation mit dem Vorgesetzten, auf das Vertrauen zu ihm und auf die Arbeitszufriedenheit untersucht wurden. Die moderierende Wirkung der Definitionstreue des Gesprächs (vgl. Alberternst, 2003, S. 12) sowie seiner prozeduralen Fairness auf die oben genannten abhängigen Variablen wurde analysiert.

3.2.1   Zur Bedeutung der prozeduralen Gerechtigkeit und der Definitionstreue des Mitarbeitergesprächs

Wann sind Mitarbeiter zufrieden mit einem Mitarbeitergespräch? Man kann annehmen, dass Zufriedenheit dann entsteht, wenn das Gespräch den eigenen Erwartungen entspricht. Nach der Referent Cognition Theory (Folger, 1986) haben Menschen Vorstellungen darüber, wie Verfahren und Prozesse ablaufen können. Ihre Einschätzung der Fairness eines Verfahrens und ihre Reaktion auf Ergebnis und Prozess des Verfahrens hängen davon ab, wie sehr das aktuelle Verfahren von dem vorgestellten, möglichen Verfahren abweicht. Das idealtypische Mitarbeitergespräch zeichnet sich dadurch aus, dass beide Gesprächspartner gleichermaßen ihre Meinung äußern und den Gesprächsverlauf beeinflussen können. Eine hohe Ausprägung an wahrgenommenem Einfluss im Mitarbeitergespräch (instrumentelle Meinungsäußerung) ermöglicht es eigene Interessen durchzusetzen und die Durchsetzung eigener Interessen sollte zu Zufriedenheit mit dem Gespräch führen. Aber auch die Möglichkeit, die eigene Meinung zu äußern (nichtinstrumentelle Meinungsäußerung), wird als Respekt durch den Gesprächspartner wahrgenommen und sollte sich positiv auf die Zufriedenheit auswirken. So ist anzunehmen, dass die Zufriedenheit mit dem Mitarbeitergespräch in Abhängigkeit von der empfundenen prozeduralen Fairness, d.h. vom Ausmaß an Einfluss und Meinungsäußerung im Gespräch variiert.

Ebenso wurde für die Definitionstreue des in der Praxis geführten Gesprächs angenommen, dass die Zufriedenheit mit dem Gespräch davon abhängt, in welchem Ausmaß das Gespräch den Definitionsmerkmalen des Mitarbeitergesprächs entsprach. Die Definitionstreue wurde wie folgt klassifiziert (Alberternst & Moser, 2003):

- Stärken *und* Schwächen des Mitarbeiters wurden besprochen.

- Die gemeinsame Zusammenarbeit wurde angesprochen oder es erfolgte Feedback an den Vorgesetzten.

- Die Entwicklungsperspektiven des Mitarbeiters oder seine Fort- und Weiterbildung wurden diskutiert.

- Es wurden Zielvereinbarungen getroffen.

Für jede Kategorie, die in einem Gespräch erfüllt war, gab es einen Punkt. Je höher die Punktezahl, desto höher die Definitionstreue des Gesprächs.

3.2.2 Zufriedenheit mit dem Gespräch und Vertrauen zum Vorgesetzten

Alberternst und Moser (2003) konnten zeigen, dass die in der Praxis geführten Gespräche im Vergleich zu den Fällen, in denen kein Gespräch geführt wurde, keine signifikanten Auswirkungen auf die Zufriedenheit der Kommunikation mit dem Vorgesetzten, auf das Vertrauen zum Vorgesetzten und auf die Arbeitszufriedenheit hatten. Wenn die Gespräche jedoch mindestens drei Definitionskriterien eines Mitarbeitergesprächs erfüllten, so zeigten sich signifikante Verbesserungen der Zufriedenheit bezüglich der Kommunikation mit dem Vorgesetzten und des Vertrauens zum Vorgesetzten. Die Autoren stellten fest, dass die in der Praxis geführten Gespräche nur zu einem Teil wirklich als Mitarbeitergespräche bezeichnet werden können. Wenn in der Praxis geführte Gespräche kaum Wirkungen zeigen, so darf nicht daraus geschlossen werden, dass Mitarbeitergespräche per se keine Wirkung haben, sondern es muss geprüft werden, ob die Gespräche kriteriumsvalide sind. Diese Ergebnisse zeigen, dass Mitarbeitergespräche sich positiv auf die Zufriedenheit mit der Kommunikation und auf das Vertrauen zum Vorgesetzten auswirken, wenn sie weitgehend definitionsgetreu geführt werden.

Dabei könnte es angesichts der Erkenntnisse jahrzehntelanger Forschung zu Zielsetzung und Feedback auf den ersten Blick trivial erscheinen, dass Mitarbeitergespräche dann wirksamer sind, wenn sie *auch* Zielvereinbarungen und Feedback enthalten. An den Ergebnissen ist jedoch bemerkenswert, dass ein Mitarbeitergespräch auch dann zur Verbesserung der Beziehung zum Vorgesetzten beiträgt, wenn es drei Definitionskriterien eines Mitarbeitergesprächs erfüllt, Zielsetzung sich aber nicht darunter befindet. Zusätzlich ist zu bedenken, dass die Effekte sich nicht auf Arbeitsleistung beziehen, wie überwiegend in der Forschung zu Zielsetzung, sondern auf das Vertrauen zum Vorgesetzten und die Zufriedenheit bezüglich der Kommunikation mit ihm.

Unbenommen von der Übereinstimmung des geführten Gesprächs mit der Definition eines Mitarbeitergesprächs haben prozedural faire Gespräche einen positiven Einfluss auf das Vertrauen zum Vorgesetzten. Mitarbeiter mit einem prozedural fairen Gespräch verzeichnen einen Vertrauenszuwachs, während Mitarbeiter mit einem unfairen Gespräch und solche, die gar kein Gespräch geführt haben, einen Vertrauensverlust erleiden. Diese Ergebnisse replizieren Resultate von Alberternst (2003) und untermauern die Annahme, dass das Vertrauen zwischen Mitarbeiter und Vorgesetztem durch die Fairness der kommunikativen Prozesse zwischen den beiden beeinflusst wird.

Die Arbeitszufriedenheit wurde durch die Gespräche nicht beeinflusst. Möglicherweise setzt sich die Arbeitszufriedenheit aus zu vielen Punkten zusammen, die durch ein Mitarbeitergespräch nicht direkt beeinflusst werden, wie beispielsweise die Zufriedenheit mit den Kollegen und die Bezahlung. Es ist bei der Interpretation der Ergebnisse auch zu berücksichtigen, dass die Arbeitszufriedenheit schon vor der Einführung der Mitarbeitergespräche recht hoch ausfiel, so dass unter Umständen eine Steigerung durch ein einmaliges Ereignis nicht erreicht werden konnte.

4   Handlungsempfehlungen

Auf Basis unserer Erfahrungen mit der Einführung des Instruments und den empirischen Studien zu den Determinanten und Effekten des Mitarbeitergesprächs im öffentlichen Dienst möchten wir einige Empfehlungen ausführen, die bei der Einführung und Anwendung eines solchen Instruments Berücksichtigung finden sollten.

Empfehlung 1: Die Betroffenen sollten den Eindruck haben, dass die Änderung ihre gegenwärtige Belastung eher reduziert als vergrößert.

Bei den Vorgesetzten herrschte während der Einführung zunächst eher der Eindruck vor, dass auf sie eine nicht unerhebliche Mehrbelastung zukam. Vor allem der zeitliche Aufwand für die Schulung musste häufiger gerechtfertigt werden. Auch war damit zu rechnen, dass der erste Gesprächsdurchgang noch nicht so routiniert und damit zeitaufwendiger als künftige sein würde. Durch die Beschränkung der Leitungsspanne auf maximal 15 Mitarbeiter wurde Sorge getragen, dass die zeitliche Belastung keine unzumutbaren Ausmaße annahm. An dieser Stelle muss angemerkt werden, dass die Gestaltung der eigenen Rolle als Vorgesetzter dazu beitragen kann, ob die Maßnahme belastend wirkt oder nicht. Ein Vorgesetzter, dessen Rollenverständnis die Beratung, Entwicklung und Förderung der Mitarbeiter einschließt, wird ein Mitarbeitergespräch als Instrument sehen, diese Ziele zu erreichen. Die Wahrscheinlichkeit, dass er das Instrument als Belastung ansieht, ist daher eher gering einzuschätzen. Dagegen reagiert ein Vorgesetzter, dessen Rollenverständnis diese Elemente weniger beinhaltet und welcher die Planung, Koordination und Kontrolle der Arbeitsaufgaben stärker in den Mittelpunkt rückt, unter Umständen mit Unverständnis auf das Mitarbeitergespräch, da er diese Aufgaben doch bereits in anderen Arbeitsgesprächen behandeln wird. Das Mitarbeitergespräch, das in verstärktem Maß den Mitarbeiter in den Mittelpunkt rückt, wird für ihn weniger Sinn machen und aus diesem Grunde von ihm als eine zusätzliche Aufgabe angesehen, die eine überflüssige Belastung darstellt.

Von Mitarbeiterseite aus stellte die Zeit für die Vorbereitung und Durchführung des eigenen Gesprächs sicher keinen Belastungsfaktor dar. Allerdings wurden in der frühen Einführungsphase Befürchtungen seitens der Mitarbeiter laut, die Gespräche dienten dazu, von ihnen noch mehr Leistung bei gleicher Bezahlung zu fordern. Es waren vor allem Vorgesetzte, die in den Schulungen über diese Befürchtungen berichteten. Durch eine in den Schulungen erfolgte Klärung der Ziele und Inhalte eines Mitarbeitergesprächs wurden die Vorgesetzten in die Lage versetzt, ihren Mitarbeitern diese zu vermitteln und auf Befürchtungen der oben angeführten Art eingehen zu können.

Empfehlung 2: Die Änderung sollte mit den Wertvorstellungen der Beteiligten in Einklang stehen.

Dem Gedanken des Mitarbeitergesprächs liegt ein bestimmtes Bild vom Mitarbeiter zugrunde. Es geht davon aus, dass Mitarbeiter als gleichberechtigte Gesprächspartner angesehen werden. Empfehlungen zu Mitarbeitergesprächen betonen, dass das Gespräch Zwei-Wege-Kommunikation ermöglichen soll, damit besonders die Sichtweise des Mitarbeiters zum Ausdruck kommt (Neuberger, 1998). Das bedeutet, dass der Vorgesetzte den Mitarbeiter aktiviert, ihn aussprechen lässt, ihn nicht belehrt und die Lösungen von Problemen und Vereinbarungen gemeinsam mit ihm erarbeitet. Das kann er nur, wenn er den Mitarbeiter als Gesprächspartner akzeptiert. Inwieweit ist in der Organisationskultur im öffentlichen Dienst dieses Bild von Mitarbeiter und Vorgesetztem integriert?

Für die Beantwortung dieser Frage muss man sicher unterschiedliche Funktionsbereiche einzeln betrachten. An der Universität, in der das Instrument eingeführt wurde, sind verschiedene Berufsgruppen mit eigenen Berufskulturen vertreten, deren Werte und Ideale sehr starke Unterschiede aufweisen. So scheint die demokratische, die Mitbestimmung des Mitarbeiters fördernde Philosophie des Mitarbeitergesprächs mit den Werten bspw. im Pflegebereich des Klinikums sehr gut überein zu stimmen. Dagegen passt das dieser Philosophie zugrunde liegende Menschenbild weniger gut zur stark von Hierarchiedenken geprägten Berufskultur von Verwaltungsbeamten und -angestellten. In diesen Bereichen scheinen Mitbestimmung und Teilhabe an Entscheidungen seitens der Mitarbeiter weniger typisch zu sein.

Auch im wissenschaftlichen Bereich scheint das Rollenverständnis der Vorgesetzten sich eher darauf zu beschränken, den wissenschaftlichen Nachwuchs rein fachlich zu betreuen. Eine Beratung über das Fachliche hinaus oder gar das Annehmen von Feedback über eigenes Führungsverhalten scheint weniger zum eigenen Rollenverständnis zu gehören. Möglicherweise haben viele Professoren die eigene Rolle so definiert, dass sie der Kopf einer wissenschaftlichen Forschungseinheit sind, sich jedoch nicht als Personalführende betrachten.

Empfehlung 3: Die Beteiligten müssen das Gefühl haben, dass ihre Sicherheit und Autonomie nicht gefährdet sind.

In einigen Schulungen wurden seitens der Vorgesetzten Befürchtungen laut, die sich auf das Protokoll bezogen, in das das Mitarbeitergespräch mündet. Die Teilnehmer befürchteten, dass das Protokoll, welches von ihnen unterschrieben werden soll, gegen sie verwendet werden könnte. Konkret wurden Befürchtungen laut, die von ihnen gemachten Vereinbarungen und Zusagen könnten arbeitsrechtlich von ihren Mitarbeitern eingefordert werden. Bei ihnen war ein starkes Bedürfnis nach Rechtssicherheit zu spüren, das mit dem Hinweis auf den entsprechenden Verantwortlichen in der Universitätsverwaltung und Versprechen, bei konkreten Vorkommnissen beratend zur Seite zu stehen, zumindest aufgefangen werden konnte.

Interessant ist, dass diejenigen, die diese Befürchtungen hinsichtlich der Unterschrift hegten, das Argument, bei dem Protokoll handele es sich nicht um ein rechtsgültiges Dokument, so auffassten, dass sie daraufhin die notierten Vereinbarungen als nutzlos betrachteten. Für sie war nicht einleuchtend, dass ein „psychologischer Vertrag" ebenso verpflichtend sein kann wie ein rechtlicher Vertrag. Möglicherweise spiegelt sich auch in diesem Punkt eine Besonderheit der jeweiligen Arbeitskultur wider. Die Wirksamkeit dieses psychologischen Kontrakts wurde typischerweise von den Vorgesetzten aus den Verwaltungen angezweifelt. In einer stark bürokratisch geprägten Kultur, in der jegliche Verfahrensweise reglementiert und verbindlich schriftlich festgehalten ist, ist es nicht notwendig, Vertrauen in mündliche oder schriftliche Zusagen ohne Rechtsbindung zu haben. Möglicherweise wird dieses Vertrauen durch die schriftliche Fixierung sogar verlernt. Dagegen wurden diese Zweifel niemals laut im Bereich der Pflege, in dem die Menschen weitaus weniger schriftlich fixieren und sich unter Umständen stärker auf mündliche Zusagen verlassen.

Empfehlung 4: Die Beteiligten müssen mit der Definition des Grundproblems übereinstimmen, das gelöst werden soll, und es für relevant halten.

Hier ergab sich eine Schwierigkeit, die in den Vorgesetztenschulungen immer wieder zur Sprache kam: Zentrale Probleme im öffentlichen Dienst schienen von vielen Vorgesetzten an anderen Stellen gesehen zu werden. Die Betroffenen berichteten am häufigsten über folgende Probleme:
- wenig Personal bzw. hoher Krankenstand
- keine Möglichkeit, Beförderungen und monetäre Leistungsanreize zu gewähren
- geringes Budget für Fort- und Weiterbildung

In den Schulungen wurde immer wieder erarbeitet, wie die Mitarbeitergespräche dazu beitragen können, diese Probleme zu lösen. Beispielsweise kann sich ein gelungenes Mitarbeitergespräch in höherer Arbeitszufriedenheit niederschlagen, die wiederum zu geringerem Krankenstand führt. Wenn kein Budget für Weiterbildung vorhanden ist, kann gemeinsam überlegt werden, welche Ressourcen stattdessen zur Verfügung stehen, z. B. durch gegenseitiges Anlernen im Kollegenkreis. In Mitarbeitergesprächen lassen sich kreative Lösungen finden, an die Vorgesetzte alleine nicht denken. Die Ideen von

Mitarbeitern sollten nicht unterschätzt werden. Zwar findet eine Motivationsförderung durch monetäre Anreize im öffentlichen Dienst selten statt. Aber die intrinsische Arbeitsmotivation kann durch Mitarbeitergespräche gefördert werden, indem die Mitarbeiter ein höheres Ausmaß an Autonomie durch Delegation und Variabilität der Aufgaben durch neue Tätigkeiten erhalten. Durch die Anerkennung ihrer Leistungen kann neben der Arbeitsmotivation auch die generelle Arbeitszufriedenheit steigen (Head & Sorensen, 1985).

Empfehlung 5: Der Vorgesetzte und weitere Faktoren der Arbeitsumgebung sind im Einführungsprozess zu berücksichtigen.

Die Ergebnisse der Studie von Alberternst und Moser (2004) verdeutlichen, dass die Einstellung zum Mitarbeitergespräch ein Resultat der allgemeinen Einschätzung von Faktoren der Arbeitsumgebung ist. Deshalb ist es insbesondere unter ungünstigen Arbeitsbedingungen bzw. bei einer weniger positiven Einstellung der Mitarbeiter zur eigenen Organisation (geringes affektives Commitment) problematisch, Akzeptanz für dieses Instrument zu gewinnen. In solchen Fällen ist besonders darauf zu achten, dass Vorgesetzte gut geschult sind und angestrebte Arbeitsziele zu den Bedürfnissen der Mitarbeiter passen. Andernfalls ist mit einer weniger positiven Haltung der Mitarbeiter und einer geringeren Annahme des Instruments zu rechnen. Unter solchen Bedingungen dürfte das Mitarbeitergespräch wenig geeignet sein, die Kommunikations- und Arbeitsbeziehung zwischen Vorgesetztem und Mitarbeiter zu verbessern. Zu bedenken ist aber, dass eine ablehnende Haltung auch das Ergebnis hoher Zufriedenheit mit der Vorgesetztenkommunikation sein kann. In solchen Fällen wird das Gespräch als unnötig empfunden. Hier ist von Seiten des Vorgesetzten darauf zu achten, ob anderweitig ausreichend Vereinbarungen zur beruflichen Entwicklung und zur Gestaltung der Tätigkeit getroffen werden.

Empfehlung 6: Rahmenbedingungen wie Berufskultur, Selbstverständnis von Vorgesetzten und Stellenwert der beruflichen Weiterentwicklung von Mitarbeitern, sind für die Sicherstellung der tatsächlichen Durchführung zu beachten.

Die Ergebnisse von Alberternst (2003) zeigen, dass die tatsächliche Durchführung der Mitarbeitergespräche nur zu einem geringen Teil von der Einstellung der Mitarbeiter zum Gespräch bestimmt wird. Wesentlich stärkeren Einfluss haben Rahmenbedingungen, die der tatsächlichen Durchführung im Wege stehen können. Bei Vorgesetzten, die gegenseitigem Feedback, der Förderung und der beruflichen Weiterentwicklung ihrer Mitarbeiter einen geringen Stellenwert zumessen, reicht eine positive Intention von Mitarbeitern zum Gespräch nicht aus um die Durchführung sicher zu stellen. Hier sind weitere Organisations- und Personalentwicklungsmaßnahmen im Rahmen der gesamten Organisation erforderlich, um zentrale Werte und Normen neu zu gestalten, die einer veränderten Kommunikation entgegenstehen.

Empfehlung 7: Mitsprache und Einfluss des Mitarbeiters (prozedurale Fairness) sollten den kommunikativen Prozess eines Mitarbeitergespräch kennzeichnen, um die Beziehung zwischen Mitarbeiter und Vorgesetztem zu optimieren.

In zwei Studien wurde gezeigt (Alberternst & Moser, 2003; Alberternst, 2003), dass eine faire Gestaltung des Kommunikationsprozesses im Mitarbeitergespräch positive Effekte auf die Beziehung zwischen Mitarbeiter und Vorgesetztem zur Folge hat. Damit der Mitarbeiter seine Meinung äußern und Einfluss auf das Gespräch nehmen kann, ist eine nicht-direktive oder mitarbeiterorientierte Gesprächsführung des Vorgesetzten erforderlich (u. a. aktives Zuhören, offene Fragen, Empathie; Schulz von Thun, Ruppel & Stratmann, 2003), die in Schulungen vermittelt werden kann, indem entsprechende Verhaltensweisen gezielt modelliert werden.

Empfehlung 8: Gegenseitiges Feedback, Zielvereinbarung und Besprechen von Entwicklungsperspektiven sollten die zentralen Bestandteile eines Mitarbeitergesprächs bilden, um die Kommunikations- und Arbeitsbeziehung zum Vorgesetzten zu verbessern.

Die Ausprägung der Definitionskriterien des Mitarbeitergesprächs (gegenseitiges Feedback, Zielvereinbarung und Klärung beruflicher Entwicklungsperspektiven) bestimmt die Effekte des Gesprächs auf die Kommunikations- und Arbeitsbeziehung zwischen Mitarbeiter und Vorgesetztem. Deshalb muss in der Praxis besonders darauf geachtet werden, dass den Beteiligten in Organisationen deutlich wird, dass diese gewünschten Effekte zwischen Mitarbeiter und Vorgesetztem nur dann erzielt werden können, wenn die Mitarbeitergespräche auch tatsächlich Mitarbeitergespräche sind, also die Themen enthalten, die sie per Definition enthalten sollen.

Walter Bungard & Christian Liebig

Mitarbeiterbefragung als Feedback-Instrument zur Evaluation von Mitarbeitergesprächen: Fallstudie in einer Behörde

1 Hintergrund und Situation der Organisation

Seit dem Jahr 1999 hat sich die Aufgabenstellung der Behörde, in der die hier vorliegende Studie durchgeführt wurde, durch Umgestaltungen der Rahmenbedingungen verändert. Diese Zäsur berührte nicht allein unternehmenspolitische Fragen, sondern hatte vor allem auch auf ihre interne Organisationsstruktur Einfluss; sie zog massive Umstrukturierungen der Behörde nach sich. Die mit der Aufgabenneugestaltung verbundene Organisationsumstrukturierung war nur dann zu meistern, wenn sich Einstellungen und Verhaltensweisen der Betroffenen entsprechend änderten. Die Reorganisation und die damit einhergehende Akzentverschiebung der Organisationskultur implizierte eine wesentlich stärkere Mitarbeiterorientierung als bislang. Die beteiligten und verantwortlichen Personen haben, um diesen Kulturwandel zu gestalten, ein ganzes Bündel von Maßnahmen in die Wege geleitet.

Eine wesentliche Maßnahme unter anderen war die Implementierung von Mitarbeitergesprächen. Dieses Instrument hat den Zweck, die Organisationskultur und vor allem die Führungskultur positiv zu beeinflussen (zur genauen Charakterisierung und Positionierung der Mitarbeitergespräche siehe Abschnitt 2.1). Die mit den neu eingeführten Personalführungsinstrumenten betrauten Personen vereinbarten, nach einer Frist von zwei Jahren die Mitarbeitergespräche durch eine Mitarbeiterbefragung zu evaluieren.

Grundsätzlich können Evaluationen unterschiedliche Ziele bzw. Fragestellungen verfolgen (Mittag & Hager, 2000; Patry & Perrez, 2000):

1. Überprüfung der Effektivität einer Intervention

2. Aufstellen eines Wirkmodells der Intervention

3. Überprüfung, ob eine Maßnahme konzeptionsgerecht umgesetzt wurde

4. Ermitteln der Reichweite, in welchem Umfang eine Maßnahme die intendierte Zielgruppe tatsächlich erreicht hat.

Im Sinne dieser Taxonomie zielt diese Evaluation vorrangig auf die Punkte 1 und 3 und in zweiter Linie auf Punkt 4 ab. Die Überprüfung eines Modells der Effektivität von Mitarbeitergesprächen ist bei der aktuellen Studie von nachrangigem Interesse und wurde daher nicht weiterverfolgt (einen guten Überblick über mögliche Wirkmodelle bei Mitarbeitergesprächen bietet Alberternst, 2002).

2 Rahmenkonzept der Evaluation von Mitarbeitergesprächen

Um die Ergebnisse zu verstehen, sollen zunächst die Positionierung der hier implementierten Mitarbeitergespräche, deren Charakteristika und schließlich die Positionierung der zur Evaluation durchgeführten Mitarbeiterbefragung dargestellt werden.

2.1   Positionierung der Mitarbeitergespräche

Zu Beginn des Jahres 1999 wurde mit der Änderung der Personalbeurteilungsrichtlinien die Durchführung von jährlich stattfindenden Mitarbeitergesprächen eingeführt. Die Mitarbeitergespräche wurden neben weiteren personalentwicklungs- und personalbeurteilungsrelevanten Gesprächen positioniert und institutionalisiert. Mit den Mitarbeitergesprächen wurde neben den Beurteilungsgesprächen eine weitere Form des institutionalisierten Feedbacks eingeführt – die jedoch nicht redundant zu den Beurteilungsgesprächen sein sollte, sondern diese um die Facette der Personalentwicklung ergänzen sollte.

Die Einführung der Mitarbeitergespräche wurde neben verschiedenen Publikationen in der Mitarbeiterzeitschrift durch einen persönlichen Brief der Personalabteilung an alle Beschäftigten begleitet. Zusätzlich zur schriftlichen Kommunikation über die Zielsetzung der Mitarbeitergespräche wurden von der Personalabteilung flankierende Maßnahmen angeboten: So konnten sich die Mitarbeiter direkt an benannte Personen wenden, wenn sie Fragen zu den Mitarbeitergesprächen hatten. Darüber hinaus wurde für Mitarbeiter und Führungskräfte eine Orientierungshilfe erstellt, anhand derer sich die Gesprächsteilnehmer vorbereiten konnten. Weiterhin wurden Workshops zu Gesprächsführung und Mitarbeitergesprächen angeboten.

2.2   Charakteristika der Mitarbeitergespräche

Gespräche zwischen Mitarbeitern und Vorgesetzten finden während der Arbeitszeit ständig statt; sie sind jedoch meistens auf das Tagesgeschäft bezogen. Ferner steht häufig zu wenig Zeit zur Verfügung, um sich ausführlich über berufliche Erwartungen und persönliche Belange zu unterhalten. Die vom Tagesgeschäft losgelösten Mitarbeitergespräche bieten ein Forum, in dem genau diese Themen besprochen werden können. Mithin werden sie in der betreffenden Organisation als essentiell für die Qualität der Zusammenarbeit angesehen.

Mit Hilfe der Mitarbeitergespräche soll die Kommunikation und damit in einem weiteren Schritt die Zusammenarbeit zwischen Vorgesetztem und Mitarbeiter durch einen offenen Gedankenaustausch verbessert werden. Das Mitarbeitergespräch in der hier eingeführten Form ist als partnerschaftlicher, dialogischer Austausch und als Feedbackrunde konzipiert. Die Mitarbeitergespräche sollten sich konzeptuell von den so genannten *Beurteilungsgesprächen* unterscheiden:

- Die *Mitarbeitergespräche* dienen der Besprechung von Stärken und Schwächen, einer Potenzialanalyse, dem Formulieren von persönlichen Entwicklungszielen und dem beiderseitigen Feedbackgeben und -nehmen. Mit den Mitarbeitergesprächen wird ein individueller Ansatz verfolgt. Das bedeutet, dass die Inhalte der Gespräche vertraulich bleiben; sie werden also nicht in die Personalakte aufgenommen. Ob über die Gespräche Protokolle geführt werden, hängt von den jeweiligen Gesprächspartnern ab.

- Im *Beurteilungsgespräch* (*dienstliche Beurteilung*) werden die erbrachten Leistungen und das Arbeitsverhalten der Mitarbeiter durch den Vorgesetzten bewertet. Beurteilungsgespräche sind ein offizieller Akt der Personalbeurteilung, dessen Ergebnis sich auch in der Personalakte wiederfindet.

Während das primäre Ziel der Beurteilungsgespräche somit die Beurteilung ist, steht im Mitarbeitergespräch klar die Förderung der Mitarbeiter im Mittelpunkt. Es ist wesentlich, hier diese Unterscheidung zu treffen; denn – im Vorgriff auf die Ergebnisdarstellung in Abschnitt 3 – während der Evaluation hat sich herausgestellt, dass die Abgrenzung zwischen diesen beiden Arten der Gespräche von der Belegschaft teilweise unscharf wahrgenommen wurde. Hinsichtlich der unterschiedlichen Zielsetzungen in den jeweiligen Gesprächen setzen die Mitarbeiter – nachvollziehbar – sehr unterschiedliche Akzente. Aus plausiblen Gründen wird ein Mitarbeiter bei Beurteilungsgesprächen kaum Defizite ansprechen, während in Mitarbeitergesprächen dieses durchaus sinnvoll sein kann, wenn daraus eine gewünschte Schulungsmaßnahme resultiert.

In der Literatur sind vielfältige Möglichkeiten der Ausgestaltung von Mitarbeitergesprächen beschrieben (z. B. Alberternst, 2002). Die hier implementierte Form lässt sich über folgende Kernelemente charakterisieren, wobei diese Kernelemente in Leitfäden für Vorgesetzte und Mitarbeiter umrissen wurden; die exakte Ausgestaltung ist jedoch den Gesprächsteilnehmern überlassen.

Die in den Mitarbeitergesprächen thematisierten Inhalte bzw. der Gegenstand der Gespräche konnten und sollten von den jeweiligen Partnern selbstständig bestimmt werden. Das Mitarbeitergespräch bietet beiden Seiten die Gelegenheit, Aufgabenstellung und Arbeitsergebnisse der vergangenen Monate zu betrachten und nach Möglichkeiten zu suchen, wie Ergebnisse und Prozesse verbessert werden können. Arbeitsergebnisse hängen neben individuellen auch von organisatorischen Gegebenheiten ab. Umstände, die außerhalb des eigenen Einflussbereichs (wie etwa unklare Verantwortlichkeiten und Zuständigkeiten, Arbeitsabläufe etc.) liegen, können sich sowohl negativ wie auch positiv auf die Arbeitsergebnisse auswirken.

Weiterhin konnten in diesem Zusammenhang die Gespräche dazu genutzt werden, Ziele für die kommenden Monate festzulegen. Sie sollten Zielvereinbarungsgespräche nicht substituieren; die Intention, die mit den Mitarbeitergesprächen verbunden ist, fokussiert stärker die persönliche Weiterentwicklung, wobei Arbeitsziele und -prozesse nicht ausgeklammert werden müssen. Den Mitarbeitern bieten die Gespräche Gelegenheit, die eigenen beruflichen Entwicklungsmöglichkeiten zu thematisieren. Die Fördermaßnahmen können sich auf den Arbeitsplatz selbst oder auch auf darüber hinausführende Themen beziehen. Maßnahmen der beruflichen Fortbildung sind ebenfalls eingeschlossen.

Die Mitarbeitergespräche sollten darüber hinaus ermöglichen, Unzufriedenheiten und mögliche Konflikte frühzeitig zu erkennen und auszuräumen. In den Gesprächen sollten die entsprechenden Befindlichkeiten ausgelotet werden, um so Störungen rechtzeitig beheben zu können.

Im Übrigen sollten die Mitarbeitergespräche im Sinne eines dyadischen Feedbacks ebenso den Führungskräften Aufschlüsse über ihr Führungsverhalten geben. Die Mitarbeitergespräche sollten den Führungskräften die Gelegenheit bieten, von ihren jeweiligen Mitarbeitern ein ehrliches und für die Mitarbeiter sanktionsloses Feedback zu bekommen, um selbst wiederum ihr Führungsverhalten zu verbessern. Aus den vielfältigen Möglichkeiten, ein Mitarbeitergespräch inhaltlich zu gestalten, ergibt sich, dass diese Gespräche einen geschützten Rahmen benötigen. Das bedeutet eine feste Dauer (als Richtlinie wurde die Dauer von ca. 60 Minuten veranschlagt) und einen Ort, an dem man sich ungestört unterhalten kann.

Die Mitarbeitergespräche sind für Mitarbeiter nicht verpflichtend, während Vorgesetzte angehalten sind, ein Gespräch anzubieten; das Führen von Mitarbeitergesprächen wurde in den Beurteilungsrichtlinien für Vorgesetzte verbindlich festgesetzt. Die Gespräche und die sich daraus ergebenden Ergebnisse sollen *vertraulich* behandelt werden. Sie sind als Vier-Augen-Gespräch zwischen direktem Vorgesetzten und Mitarbeiter konzipiert. Während also Inhalte und Vereinbarungen nicht aktenkundig werden, wird die Tatsache, ob Mitarbeitergespräche angeboten wurden, von den Fachbereichen aufgezeichnet.

Haben die Ergebnisse der Mitarbeitergespräche einen größeren Adressatenkreis oder werden einzelne Maßnahmen vereinbart, so besteht die Sollbestimmung, dass entsprechende Stellen darüber informiert werden. Das geschieht aus praktischer Notwendigkeit: Soll ein Mitarbeiter als Ergebnis eines Mitarbeitergesprächs an einer bestimmten Personalentwicklungsmaßnahme teilnehmen, ist es sinnvoll, die anbietende Stelle zu kontaktieren – in diesem Fall die für Fort- und Weiterbildung verantwortlichen Personen.

2.3   Positionierung der Evaluationsstudie

Die Behörde hat mit der Einführung der Mitarbeitergespräche beschlossen, dieses Instrument im Rahmen einer Mitarbeiterbefragung zu evaluieren. Die Zielsetzung der Mitarbeiterbefragung bestand in der Erfassung sowohl der Meinungen und Einstellungen als auch der Erwartungen und Wünsche aller an den Mitarbeitergesprächen beteiligten Personen. Die Ergebnisse sollten nach der Befragungsaktion den Beteiligten zurückgespiegelt werden, um dann als Grundlage zu dienen, bestimmte Problemfelder zu erkennen, zu analysieren und auf Basis der Datenlage Verbesserungsmaßnahmen bezüglich der Mitarbeitergespräche zu erstellen. Im Einzelnen wurden zur Evaluation folgende Schritte unternommen (vgl. auch Abbildung 1):

1. Vorbefragung (in Form eines halbstrukturierten Interviews) mit 50 Personen

2. Rückspiegeln der Ergebnisse aus der Vorbefragung an die Projektgruppe

3. Generierung des Fragebogens unter Verwendung der Ergebnisse aus den Gesprächen

4. Flächendeckende Befragung (Vollerhebung)

5. Auswertung und Reporting

6. Feedback der Ergebnisse an die jeweiligen Führungskräfte

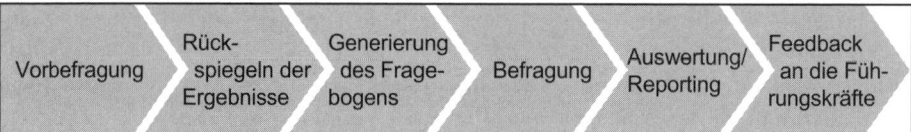

Abbildung 1: Schritte der Evaluationsstudie

Die Befindlichkeit in der Belegschaft war zum Zeitpunkt der Evaluation aufgrund der teilweise bereits durchgeführten und der zum Teil noch bevorstehenden organisatorischen Veränderungen von Ängsten und Ungewissheiten geprägt. Um dieser Befindlichkeit Rechnung zu tragen, wurde die Evaluation in einem mehrstufigen Prozess durchgeführt: Im Vorfeld wurden 50 qualitative Interviews geführt; mit den Interviews sollten insgesamt drei Zielsetzungen bedient werden. (1) In erster Linie sollten kritische Problemfelder identifiziert werden, die wesentlich für die Evaluation der Mitarbeitergespräche sind. (2) Mit den Interviews war ein klarer Marketing-Auftrag verbunden: Die geplante Befragung hatte in dieser Form keine Tradition in der Organisation. Mit den Interviews sollten die Ressentiments gegen die Befragung ausgelotet und ihnen teilweise schon im Vorfeld begegnet werden. Die diesbezüglichen Ergebnisse aus den Interviews wurden in einem danach erstellten Kommunikationskonzept umgesetzt. Nebenbei sollte der Boden bereitet werden, um die Befragung auch durchführen zu können. (3) Die dritte Zielsetzung der Interviews war schließlich, die oben angesprochene Befindlichkeit einzuschätzen, um rechtzeitig die Befragung daraufhin abzustimmen.

Die Daten aus den Interviews wurden nach dem Schema von Mayring (2003) inhaltsanalytisch ausgewertet. Die Ergebnisse wurden danach an die Projektgruppe zurückgespiegelt und darauf basierend der Fragebogen für die Vollbefragung konstruiert.

Die Mitarbeiterbefragung selbst wurde als Vollerhebung konzipiert, an der alle Beschäftigten teilnehmen sollten. Dazu wurde der Fragebogen in Papierform an alle 3.500 Mitarbeiter versendet. Nach dem Ausfüllen konnten die Befragten ihren Antwortbogen einzeln in einem Rückumschlag an das auswertende Institut senden. (Diese etwas aufwendigere Methode wurde wegen der Signalwirkung für die anonyme Datenhandhabung gewählt.) Dort wurden die Bögen elektronisch erfasst, ausgewertet, die Ergebnisberichte erstellt und diese schließlich an die im Vorfeld definierten Adressaten (meist Führungskräfte) versendet. Im Anschluss daran wurde ein Workshop zur Interpretation der Ergebnisberichte durchgeführt, an dem die Führungskräfte teilnehmen konnten. Ein Ergebnisbericht wurde für jede im Voraus definierte Einheit (in der Regel eine Abteilung) erstellt, sofern mindestens zehn Fragebögen verteilt werden konnten und von diesen wiederum mindestens fünf an das Institut zurückgesendet wurden. In einzelnen Fällen wurden Ergebnisse, die eine eindeutige Zuordnung zu Personen ermöglichten, anonymisiert bzw. in aggregierter Form dargestellt. Ebenso wurden Antworten auf offene Fragen gegebenenfalls anonymisiert und auf Einheitenebene zurückgespiegelt.

Neben den Ergebnissen für die jeweilige Einheit wurden zusätzliche Vergleichszahlen geliefert. Diese dienten der Orientierung, der Wertung und der Interpretation der Ergebnisse in den Einheiten. Diese Vergleichszahlen entsprechen den Ergebnissen vergleichbarer Hierarchieebenen bzw. übergeordneter Ebenen. Bei Fragen zu den Ergebnisberichten und Fragen zur Interpretation konnten die Führungskräfte die Hilfe einer Hotline des auswertenden Instituts in Anspruch nehmen.

Die Führungskräfte wurden aufgefordert, im Sinne einer klassischen Survey-Feedback-Methode anhand der Berichte die Ergebnisse mit ihren jeweiligen Mitarbeitern zu diskutieren, Maßnahmen zur Verbesserung der Gespräche abzuleiten und diese auch umzusetzen. Manche Ergebnisse wiesen darauf hin, dass Teilaspekte der Mitarbeitergespräche nicht in der operativen Umsetzung verbessert werden konnten, sondern dass teilweise eine Neukonzeptionierung des Instruments Mitarbeitergespräch erforderlich war – die entsprechenden Aufgabenpakete wurden selbstverständlich von zentraler Stelle übernommen.

3 Darstellung ausgewählter Ergebnisse

Alle oder die Mehrzahl der interessanten Ergebnisse zu berichten, würde sicherlich den Umfang des Artikels sprengen; immerhin umfasste ein Ergebnisbericht in der Regel zwischen 70 und 90 Seiten. Es liegt darüber hinaus in der Natur solcher Befragungen, dass ein Unternehmensfremder mit derart detaillierten Ergebnissen wenig bis gar nichts anfangen kann. Im Übrigen wurde in dieser Befragungsaktion an einzelnen Prozessen Kritik geübt – von den Initiatoren der Befragung auch durchaus intendiert –, die Publikation dieser Ergebnisse dürfte aber der Zielsetzung dieses Beitrags wenig dienlich sein. Stattdessen sollen die zentralen Ergebnisse beschrieben werden, um Funktion und Wirkungsweise dieser Evaluationsstudie nachvollziehbar zu machen.

3.1 Rücklauf

Der Rücklauf der Befragung betrug ca. 50 Prozent. Von anderen Befragungen dieser Art berichtet man Rückläufe zwischen 10 und 90 Prozent (Neuberger, 1997). Angesichts der Tatsache, dass hier eine solche Befragung zum ersten Mal durchgeführt wurde, ist die Rücklaufquote dennoch beachtlich.

Sehr überraschend wurden außergewöhnlich viele Antworten bei den offenen Fragen (also denjenigen Fragen, bei denen das Antwortformat nicht durch Ankreuzen von „sehr zufrieden" bis „sehr unzufrieden" vorgegeben war) registriert. Diese Auffälligkeit kann als Indiz für das Interesse der Belegschaft an den Mitarbeitergesprächen gewertet werden.

3.2 Unterschiede in der Wahrnehmung zwischen Mitarbeitern und Vorgesetzten

In der Regel findet man bei Mitarbeiterbefragungen eine bessere Bewertung seitens der Vorgesetzten als der Mitarbeiter. Interessant an den Ergebnissen ist also nicht, dass auch hier (erwartungsgemäß) die Vorgesetzten die Mitarbeitergespräche durchweg positiver beurteilen als die Mitarbeiter, sondern wie stark die jeweiligen Abweichungen sind und welche Themenfelder sie betreffen. Hier dienen die Ergebnisse – wie in anderen Survey-Feedback-Instrumenten auch – als Korrektiv der eigenen Wahrnehmung von Sachverhalten. Insbesondere betrifft diese abweichende Wahrnehmung die Punkte „Inhalte" und „Vereinbarungen aus den Mitarbeitergesprächen" (vgl. Abschnitte 3.6 und 3.7).

3.3   Akzeptanz des Instruments „Mitarbeiterbefragung"

Besonders akzeptiert scheint das Instrument in kleinen Abteilungen zu sein; in Abteilungen, die größere Mitarbeiterzahlen haben, war die Akzeptanz des Instruments deutlich geringer. Eventuell spielen bei der Bewertung zusätzliche Aspekte hinein, die im engeren Sinn nur indirekt mit den Mitarbeitergesprächen zusammenhängen (z. B. Intensität des Kontakts mit Vorgesetzten und Kollegen, allgemeine Zufriedenheit in der Arbeitsgruppe, Arbeitsbelastung oder Klima).

Insgesamt wird von einer Steigerung der Akzeptanz berichtet, die sich vor allem auf konkrete positive Erfahrungen mit dem Instrument begründen. Die anfängliche Skepsis gegenüber den Gesprächen haben viele Mitarbeiter nicht aufrechterhalten. Dennoch beklagen einige Gesprächsteilnehmer eine mangelnde Akzeptanz seitens der Vorgesetzten – insbesondere bei solchen, die im Mitarbeitergespräch eine lästige und zeitraubende Veranstaltung sehen. Darüber hinaus schlägt es sich negativ auf die Akzeptanz nieder, wenn keine tatsächlichen Konsequenzen aus den Gesprächen erfolgen, d.h. wenn die Gespräche als Feigenblatt angesehen werden. Manche Vorgesetzten sehen sich – oft unberechtigt – nicht in der Lage, in einem Mitarbeitergespräch verbindliche Maßnahmen zu vereinbaren: „Die Mitarbeitergespräche sind eine einzige Farce, es soll der Eindruck vermittelt werden, als ob eine Perspektive aufgezeigt werden könne; jedoch habe ich als Vorgesetzter keinerlei Befugnis, die relevanten und erforderlichen Maßnahmen zu vereinbaren."[1]

3.4   Umsetzungsgrad des Instruments „Mitarbeitergespräche"

In ca. 82 Prozent der Fälle wurde ein Mitarbeitergespräch geführt. Von denjenigen Personen, die kein Mitarbeitergespräch geführt haben, geben wiederum zwei Drittel an, auf das Gespräch verzichtet zu haben, da sie zur Zeit der Befragung an anderen Standorten arbeiteten, länger beurlaubt oder wegen Fort- und Weiterbildung längere Zeit nicht im Haus anwesend waren. Diese Zahlen sprechen dafür, dass die Mitarbeitergespräche durchweg Resonanz fanden und entsprechend der Konzeption von den Vorgesetzten angeboten und von den Mitarbeitern in Anspruch genommen wurden. Einzelstimmen verwiesen darauf, dass auf die Mitarbeitergespräche verzichtet wurde, da die Vorgesetzten die fehlende Notwendigkeit für bzw. die Unlust auf die Gespräche klar kommunizierten. Wenn Mitarbeitergespräche von den Mitarbeitern nicht gewünscht wurden, so ist

---

[1] Zitate in wörtlicher Rede sind prototypische Aussagen zu offenen Fragen in den entsprechenden Frageblöcken.

das zum Teil auf die fehlende Akzeptanz aufgrund negativer Erfahrungen bei vorangegangenen Gesprächen zurückzuführen.

Die Ergebnisse weisen darauf hin, dass die Kommunikationsmaßnahmen bezüglich der Einführung von Mitarbeitergesprächen erfolgreich waren. Die große Mehrheit der Befragten kannte das Instrument und die mit den Gesprächen verbundenen Zielsetzungen. Jedoch wird das Bild getrübt, wenn die einzelnen Zielsetzungen des Mitarbeitergesprächs dezidiert beurteilt werden sollen. Noch ein Großteil bejahte, dass durch Mitarbeitergespräche die Kommunikation verbessert werden kann und auch verbessert wird; jedoch waren die Befragten der Ansicht, dass die Mitarbeitergespräche kaum zur Lösung von im Arbeitsalltag vernachlässigten Probleme dienen. Dass damit Konflikten frühzeitig begegnet werden kann, meinte nur noch ca. die Hälfte der Befragten. Dazu würden die Mitarbeitergespräche zu sporadisch und zudem mit zu großem Zeitverzug zu den Konflikten stattfinden.

3.5   Dauer der Mitarbeitergespräche und Rahmenbedingungen

Die Mitarbeitergespräche dauerten im Schnitt ca. 40 Minuten; ca. 50 Prozent der Gespräche waren 30 Minuten lang; mit dieser Länge waren die beteiligten Personen sehr

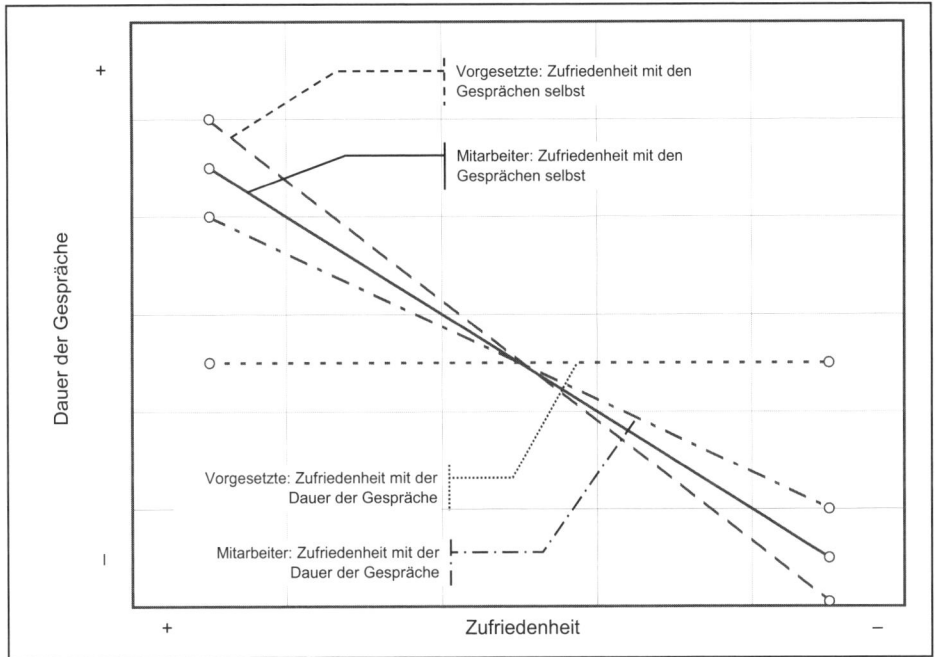

*Abbildung 2: Schematisierte Darstellung des Zusammenhangs zwischen Dauer der und
Zufriedenheit mit den Gesprächen differenziert nach Mitarbeitern und
Vorgesetzten*

zufrieden – wobei die Vorgesetzten dabei sogar noch zufriedener mit der Länge der Gespräche waren als die Mitarbeiter. Da Gespräche zwischen Mitarbeiter und Führungskraft in aller Regel von den Vorgesetzten eröffnet und auch beendet werden, überrascht dieses Ergebnis kaum.

Bezüglich der Dauer gibt es einzelne Ausreißerwerte (sowohl nach oben wie nach unten). Einzelne Gespräche dauerten bis zu drei Stunden. Auf der anderen Seite dauerten 20 Prozent der Gespräche bedenkliche 15 Minuten oder weniger. Die Zufriedenheit mit den Gesprächen selbst korreliert mit der Dauer positiv, d. h. je kürzer die Gespräche sind, desto unzufriedener äußern sich die Beteiligten (vgl. Abbildung 2). Dieser Zusammenhang besteht sowohl aus der Sicht der Mitarbeiter wie auch aus der Sicht der Vorgesetzten in ihrer Rolle als Gesprächsführer. Betrachtet man die Vorgesetzten allein, so besteht zwar eine positive Korrelation zwischen Dauer und Zufriedenheit mit den Gesprächen, allerdings besteht kein systematischer Zusammenhang zwischen Dauer und Zufriedenheit mit der *Dauer der Gespräche*.

Die Bewertung der Rahmenbedingungen (räumliche Gegebenheiten, Störungen oder Unterbrechungen) war positiv; dieses Ergebnis hat gerade aufgrund der Vorgespräche überrascht, in denen die Interviewpartner mehrheitlich angaben, dass die Gespräche gerade wegen inadäquater Räumlichkeiten massiv an Qualität eingebüßt haben.

3.6 Beurteilung der in den Mitarbeitergesprächen vereinbarten Maßnahmen

Konzeptionsgemäß besteht ein Mitarbeitergespräch nicht allein aus der Rückblende auf das vergangene Jahr, sondern hat einen klaren Personalentwicklungsauftrag. Daher heben die Richtlinien zu den Mitarbeitergesprächen die Wichtigkeit der Vereinbarung von Zielen hervor, sowohl bezüglich der Arbeitsprozesse wie auch bezüglich der persönlichen Weiterentwicklung. Die Bewertung der Items zu diesem Themenbereich spricht jedoch eine andere Sprache (vgl. Abbildung 3). Überwiegend berichten die Befragten davon, dass in den Mitarbeitergesprächen nur ungenügend Ziele oder Maßnahmen zur Weiterentwicklung besprochen wurden. Wenn entsprechende Vereinbarungen getroffen wurden, wurden diese in den wenigsten Fällen auch schriftlich festgehalten.

Darüber hinaus erwecken die Vorgesetzten aus dem Blickwinkel der Mitarbeiter gesehen nicht den Eindruck, sich für die Umsetzung der Vereinbarungen einzusetzen – obwohl sie es nach eigenem Bekunden tun. Konsequenz daraus ist eine geringe Zufriedenheit mit den in den Mitarbeitergesprächen getroffenen Vereinbarungen.

Die hohe Diskrepanz zwischen Mitarbeiter- und Vorgesetzten-Bewertung beim Item, ob sich der Vorgesetzte die Umsetzung der Vereinbarungen betreffend eingesetzt hat, kann mehrere Ursachen haben. Zum Teil ist sie der Mentalität des Bedientwerdens geschuldet – der Vorgesetzte ist aus Sicht der Mitarbeiter für das Wohl und Wehe seiner Mitarbeiter verantwortlich und hat daher auch die Aufgabe, sich für die Vereinbarungen einzusetzen. Der wesentlichere Punkt betrifft die Transparenz: Es fehlt mitunter an Transparenz,

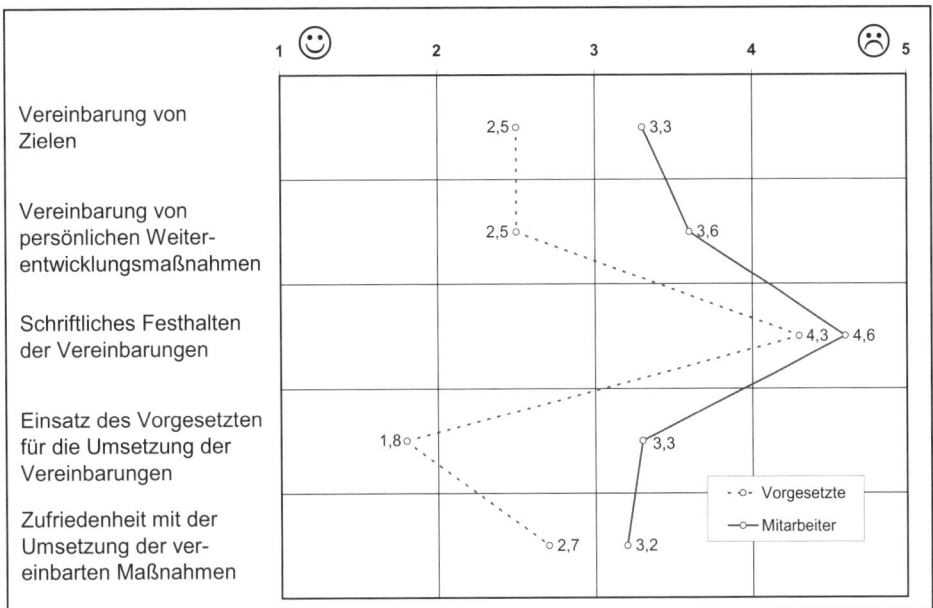

Abbildung 3: Übersicht über die Ergebnisse zum Themenblock „Maßnahmen und Vereinbarungen"

welche Punkte von Vorgesetzten und Mitarbeiter in Angriff genommen wurden, welche Umsetzungen erreicht wurden und welche scheiterten.

„Hat sich durch die Mitarbeitergespräche etwas für die Mitarbeiter geändert?" Auf diese Frage, die den Vorgesetzten zusätzlich gestellt wurde, antworteten diese mit einem Nein. Auch in diesem Ergebnis manifestiert sich die zum Teil unbefriedigende Verbindlichkeit bzw. das geringe Commitment, mit der die aus den Mitarbeitergesprächen resultierenden Maßnahmen bearbeitet werden. Die Mitarbeitergespräche werden dann als nutzlos angesehen, sofern aus den Gesprächen keine Konsequenzen gezogen werden. Sie entfalten ihren Zweck dann, wenn beide Seiten sich auf Regelungen und Maßnahmen festlegen, die von allen am Gespräch Beteiligten als verbindlich angesehen werden.

3.7   Beurteilung der Inhalte

Neben einem Rückblick auf das vergangene Jahr soll das Mitarbeitergespräch im Wesentlichen auch einen Ausblick auf das folgende Jahr und eine Diskussion über Themen bieten, die im Arbeitsalltag zu kurz kommen. Zudem sollen Orientierungspunkte für die berufliche Zukunft und Entwicklungspotenziale besprochen werden. Das Mitarbeitergespräch soll eine Perspektive für die Zukunft aufzeigen (vgl. Abbildung 4). Hier besteht aus der Sicht der Mitarbeiter ein Manko an entscheidender Stelle.

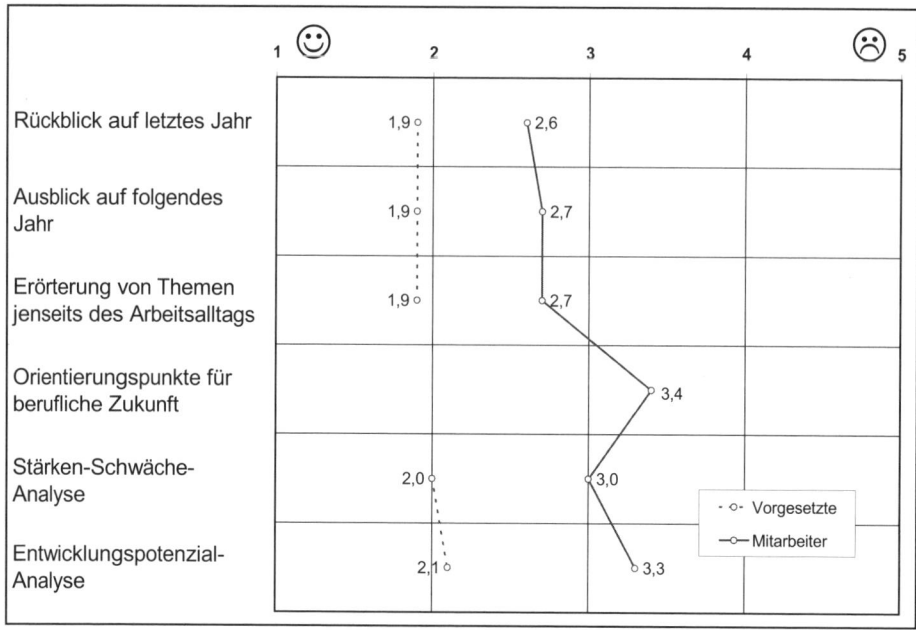

Abbildung 4: Bewertung einzelner inhaltlicher Blöcke im Mitarbeitergespräch.

Auch hier zeichnet sich eine deutlich bessere Bewertung durch die Vorgesetzten ab. Diese Abweichung kann (aufgrund der Ergebnisse der Vorbefragung bzw. durch die Anmerkungen bei den offenen Fragen) durch eine „Agenda-Setting-Funktion" erklärt werden – d.h. in der Regel nehmen die Vorgesetzten auf die inhaltliche Gestaltung der Gespräche starken Einfluss.

4 Integration und zusammenfassende Bewertung

4.1 Integration und zusammenfassende Bewertung der Befunde

Zusammenfassend lässt sich sagen, dass die Qualität der geführten Gespräche variiert; sehr viele Gespräche verlaufen zur Zufriedenheit der jeweiligen Gesprächspartner. Einige Gespräche werden jedoch der Zielsetzung dieses Instruments nicht gerecht. Insbesondere aufgrund dieser kritischen Stimmen kann das Instrument weiter verbessert werden. Die hauptsächliche Kritik bezog sich im Einzelnen auf die Punkte Kommunikation, Stellenwert der Gespräche und Verbindlichkeit der vereinbarten Ergebnisse.

Der Führungsstil einer Führungskraft spiegelt sich unter anderem in der Kommunikation in den Mitarbeitergesprächen wider. Überspitzt formuliert: „Wer nicht gut führt, führt auch kein gutes Mitarbeitergespräch." Zu einem kleinen Teil werden die Mitarbeitergespräche als leidige Pflichtübung angesehen; die Chance, in den Mitarbeitergesprächen Freiräume für Themen außerhalb der Tagesordnung zu schaffen, wird hier kurzerhand vertan. Hierbei wird der Sinn und Zweck der Mitarbeitergespräche oft in sein Gegenteil verkehrt: „Man braucht keine Mitarbeitergespräche, denn Mitarbeiter und Vorgesetzter reden sowieso jeden Tag miteinander."

Da in der hier besprochenen Form der Mitarbeitergespräche die Mitarbeiter ein Recht haben, ein Gespräch zu führen, und die Vorgesetzten gleichzeitig die Pflicht, ein Gespräch anzubieten, ist der hohe Umsetzungsgrad (83 Prozent der Gespräche wurden geführt) positiv zu werten. Zu denken geben allerdings die Gründe, warum ein Gespräch nicht geführt wurde: Auf wessen Intention haben die Mitarbeiter ihr Gespräch abgelehnt? Vom Grundgedanken her sollen nur die Mitarbeiter in der Lage sein, Gespräche auszuschlagen – in vorauseilendem Gehorsam kann es jedoch durchaus passieren, dass Mitarbeiter die Wünsche ihrer Vorgesetzten antizipieren und ein Gespräch ablehnen – was natürlich von (entsprechenden) Vorgesetzten nur scheinbar mit Bedauern, tatsächlich aber mit großer Freude akzeptiert wird.

Da in der Konzeption verankert wurde, die Ergebnisse der Gespräche nicht in Personalakten aufzunehmen, hat dies zum Teil zur Konsequenz, dass die Gespräche bzw. die Ergebnisse als nicht verpflichtend erachtet werden. Die Gespräche bekommen dadurch den Charakter der Beliebigkeit. Bekommt ein Gespräch einen solchen Charakter, dann wird dies von vielen Befragten als das zentrale Manko angesehen. Unter Wahrung der Vertraulichkeit von Ergebnissen der Gespräche sollten diese tatsächlich festgehalten werden, was in der Konzeption so angelegt war, jedoch in der Umsetzung zum Teil wenig berücksichtigt wurde. Ein Festhalten der Ergebnisse würde das Commitment gegenüber den Gesprächen und den Gesprächsergebnissen erhöhen.

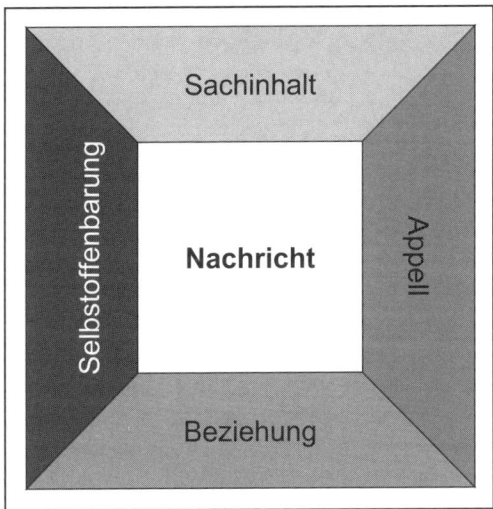

Abbildung 5: Die vier Seiten einer Nachricht nach Schulz von Thun (1977; 1993)

Das Kommunikationsmodell von Schulz von Thun (1977; 1993; vgl. auch Lay, 1991; Neuberger, 1992) fasst Kommunikation als interaktiven Prozess auf, bei dem ein Sender eine Nachricht an den Empfänger übermittelt. Die Nachricht selbst ist nun nicht eineindeutig, sondern besitzt vier psychologisch bedeutsame Aspekte (vgl. Abbildung 5): Neben der Facette Sachinhalt (also der Tatsachendarstellung dessen, worüber informiert werden soll) besteht eine Nachricht aus den Facetten Selbstoffenbarung, Appell und Beziehung. Der Empfänger interpretiert die Nachricht und reagiert auf die Kommunikationsepisode mit einem Feedback, das wiederum die vier Aspekte einer Nachricht beinhaltet. Dabei ist der komplette Prozess der Kommunikation durch den unternehmensinternen Kontext (z. B. Unternehmenskultur) überformt (Wahren, 1987).

Die Mitarbeitergespräche wurden unter anderem als unternehmenskulturveränderndes Instrument eingeführt. Zur Zeit der Studie wurde jedoch weder das Nicht-Führen von Gesprächen mit negativen noch das Führen mit positiven Konsequenzen sanktioniert. Ein Instrument erfährt bei der Implementierung in eine bestehende Unternehmenskultur üblicherweise eine Transformation. Die in der Unternehmenskultur (implizit) festgelegten Spielregeln sind in der Regel aber nicht stante pede zu ändern. Das Ziel des kulturverändernden Moments durch die Mitarbeitergespräche konnten daher (noch) nicht verwirklichen werden.

Verschiedentlich werden die Mitarbeitergespräche mit der täglichen Bürokommunikation oder mit Beurteilungsgesprächen gleichgesetzt. Hier ist ein Nachschärfen der Konzeptionierung erforderlich. Eine Abgrenzung zwischen Beurteilungs- und Entwicklungsgespräch ist gerade wegen der unterschiedlichen Motivationslage der Gesprächsteilnehmer zu verdeutlichen.

4.2 Resümee

Der Fokus der Befragungsaktion lag neben einer zentral zu steuernden Überarbeitung der Konzeption der Mitarbeitergespräche darin, einen Dialog über das Führungsinstrument zu initiieren. Es sollten Meinungen und Stimmungen aufgedeckt werden, die dann in den dyadischen Situationen im Mitarbeitergespräch aufgegriffen werden und somit zu einer Verbesserung der Mitarbeitergespräche führen sollten. Diese Befragung stand symbolisch als Akt einer veränderten Kultur, in der die Mitarbeiter ein gewichtiges Wort bei der Ausgestaltung bestimmter Maßnahmen und Prozesse mitzureden haben. Es ist im Sinne der Initiatoren gewesen, kritische Stimmen aufzunehmen und in eine konkrete Verbesserung einfließen zu lassen. Es liegt daher in der Natur der Sache, dass nach der zweijährigen Pilotierung etliche „Kinderkrankheiten" aufgedeckt wurden. In der Summe sind die Gespräche als ernstzunehmendes Instrument der Personalführung und -entwicklung anzusehen. Die Gespräche besitzen einen großen Nutzen, der nach der Umsetzung der Verbesserungen noch deutlicher zutage tritt.

Werner Sarges & Friedemann Stracke

Feedback schon während des Assessment Centers: Das Lernpotenzial-Assessment Center

1 Einleitung

Ausgangspunkt aller Überlegungen zur Gestaltung von validen Assessment Centern (ACn) für den Managementbereich ist immer die Frage, was einen leistungsstarken von einem leistungsschwachen Manager unterscheidet. Das hängt natürlich auch von dem Umfeld ab, in dem ein Manager wirken soll: von der Branche, von der gegenwärtigen Entwicklungsphase des Unternehmens/der Organisation, von der Organisationskultur, von dem weiteren (inter-) kulturellen Kontext, von dem funktionalen Bereich innerhalb der Organisation, von der Hierarchiestufe, von den spezifischen Anforderungsmerkmalen der konkreten Position etc.

Gleichwohl lassen sich unabhängig davon einige generalisierende Aussagen für alle Managementfunktionen treffen: Von den zukünftigen Managern sind auch und vor allem Kompetenzen mitzubringen bzw. weiterzuentwickeln, die sie befähigen, die stetig ansteigende Dynamik und Komplexität der wirschaftlichen Prozesse zu bewältigen.

Der beschleunigte Wandel in den wirschaftlichen Prozessen kommt von den größten Veränderungskräften unserer Zeit: der Technologisierung und der Globalisierung. Technologisierung bedingt die schnelle Veränderung der Produktionsprozesse und der Produkte, Globalisierung ist die Folge des steigenden Verbundes von Informations- und Warentransport: Die ganze Welt ist zugreifbar und versorgbar geworden. Wegen der dadurch immer schneller wachsenden Dynamik und Komplexität der In- und Umsysteme der Unternehmungen verlieren wir zunehmend technische und marktliche Gewißheiten.

Von daher wird – trotz aller Vorhersageprobleme im Einzelnen – augenfällig, welche Merkmale es vor allem sein werden, in denen sich später erfolgreiche Manager von später weniger erfolgreichen unterscheiden werden, nämlich *in dem Willen und dem Vermögen, sich schneller an neue Anforderungssituationen anzupassen und diese zielführend zu gestalten.* Damit rückt das Merkmal *Lernpotenzial* (Lern*fähigkeit* plus Lern*willigkeit* bzw. „skill and will") ins Zentrum der Aufmerksamkeit: als breites Adaptationspotenzial im kognitiven, emotional-motivationalen und sozial-interaktiven Bereich (Sarges, 2000).

Gerade für den Managementbereich dürfte die Fähigkeit zu lernen, aktiviert durch die Willigkeit zu lernen, die in Zukunft immer entscheidendere Grundlage für Erfolg bilden. Wir reklamieren somit hier lediglich aufs Neue die – nunmehr allerdings verschärfte – Gültigkeit einer alten Erkenntnis, die keiner anschaulicher formuliert hat als Benjamin Franklin: „Lernen ist wie das Rudern gegen den Strom, sobald man aufhört, treibt man zurück." Ähnliches sagt das ökologische Gesetz des Lernens: Eine Spezies wird nur überleben, wenn sie mindestens so schnell lernt, wie sich ihre Umwelt verändert. Analoges dürfte auch für Unternehmen gelten (Yeung, Ulrich, Nason & von Glinow, 1999).

Aus diesen Gründen hat der Erstautor bereits 1992 vorgeschlagen, das klassische AC in ein *Lernpotenzial-AC* (LP-AC) umzufunktionieren (Sarges, 1993; 2001). Mit dem hier vorzustellenden LP-AC wurde an die Idee des Lerntest- (Guthke, 1991) bzw. des Trainability-Konzepts (Downs, 1985) für die Eignungsdiagnostik angeknüpft, um sie auf den AC-Bereich zu übertragen.

2 Struktur des LP-ACs

Üblicherweise haben Lerntests (z. B. im Intelligenzbereich) einen Untersuchungsplan mit den drei Stationen „Testung zum Zeitpunkt 1", „Trainingsphase", „Testung zum Zeitpunkt 2". Indikator für die Lernfähigkeit ist dann die Differenz zwischen zweiter und erster Testung.

Ein solches Untersuchungsarrangement ist aber bei so vielen und komplexen Verhaltensmerkmalen – wie für den Führungsbereich nötig – in einer 2-Tages-Veranstaltung eines ACs nur bedingt bzw. teilweise zu leisten. Wir nutzen deshalb die Tatsache aus, dass die Differenzwerte zwischen End- und Anfangsleistung hoch mit der Endleistung korrelieren und verlegen die Haupt-Lernphase schon vor den Testzeitpunkt 1 (vor Beginn des LP-ACs) und setzen sie während des LP-ACs fort (s. Abbildung 1).

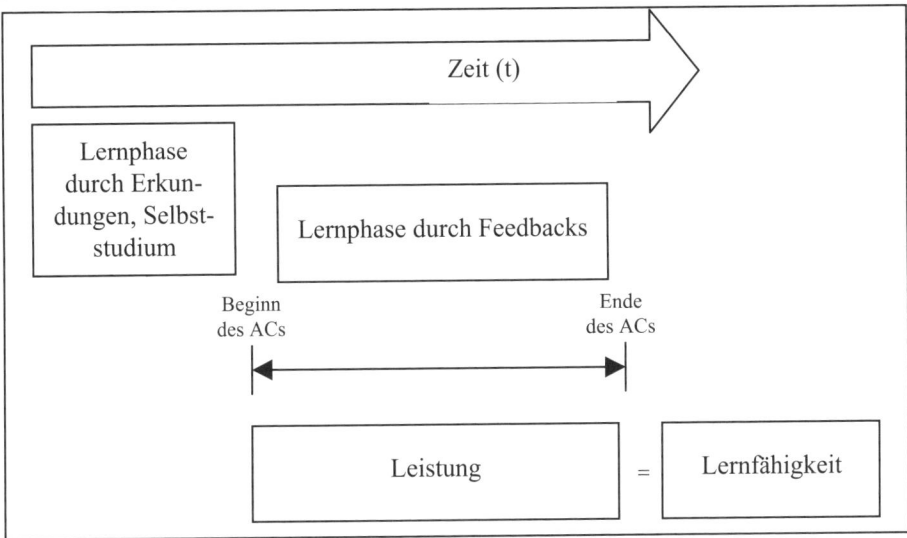

Abbildung 1: Zeitliche Gestaltung eines LP-ACs

Gut talentierte und motivierte Kandidaten lernen in der Phase vor dem LP-AC in der Regel mehr, haben also zu Anfang des LP-ACs einen höheren Status-quo, der sich während des LP-ACs bis zum Ende noch erhöhen kann. Übrigens entwickelt sich Lernpotenzial (als Summe – bzw. gar Produkt – von Lernfähigkeit und Lernwilligkeit) nicht aus dem bloßen Zusammenspiel von mitgebrachten Anlagen und äußeren Anregungen, sondern bedarf auch und vor allem des eigenen Engagements (Lombardo & Eichinger, 2000).

3   Inhalte des LP-ACs

Bei der erfolgreichen Führung eines Unternehmens geht es letztendlich um die Errin-gung, den Erhalt und den Ausbau von *Wettbewerbsvorteilen* (Porter, 1989). Und Wett-bewerb spielt sich im strategischen Dreieck „Unternehmen – Kunde – Konkurrenz" ab (Ohmae, 1982). Deshalb leitet uns dieses Dreieck bei der inhaltlichen Auswahl von Problemen, mit denen wir die Kandidaten herausfordern, zur kognitiven und sozial-interaktiven Auseinandersetzung und zum entsprechenden Lernen.

Konkret heißt dies für die inhaltliche Gestaltung der Übungen im LP-AC,
– dass Probleme wichtiger Schnittstellen im Produktionsprozess des eigenen Unterneh-mens behandelt werden,
– dass (enge und weite) Konkurrenzanalysen betrieben werden,
– dass über persönliche Kundenkontakte berichtet und Kundenbehandlung demonstriert wird,
– dass innovative Ansätze und Geschäftsideen entworfen und bewertet werden,
– dass aktuelle gesellschaftliche, politische oder wirtschaftliche Fragestellungen und Konzepte bearbeitet und Lösungsansätze entwickelt werden,
– dass Personalentscheidungen vorbereitet und getroffen werden.

Wir geben so wenige Übungen wie möglich inhaltlich als Fälle/Texte vor, sondern ledig-lich deren Themen und die Modi der Behandlung (Diskussion, Präsentation etc.). Da-durch fordern wir – ganz im Sinne des entdeckenden Lernens – die investigatorischen und explorativen Fähigkeiten der Kandidaten schon vor dem LP-AC und natürlich wäh-renddessen heraus und leiten zugleich Lernprozesse ein, die weit über den Tag hinaus dauern können.

Mit bezug auf die *Methodenkompetenz* werden die Kandidaten hinreichend lange vor dem LP-AC im Rahmen einer Informationsveranstaltung aufgefordert, einige relevante praktische Managementliteratur zu studieren, insbesondere zu Gesprächsführung, Mode-ration, Präsentation, Problemlösung, Verhandeln (Boyatzis, 1994). Dies geschieht, damit sie sich schon vorher methodisch kompetenter machen können und wissen, welche Ver-haltenserwartungen wir haben.

4   Ablauf des LP-ACs

Wichtigstes innovatives Kennzeichen des Ablaufs ist es dementsprechend, dass die Kan-didaten zeitnah nach jeder Übung ein Feedback hinsichtlich der Diskrepanzen von ge-zeigtem Verhalten zu einem als mehr funktional oder effizient angesehenen Verhalten bekommen, und zwar zunächst von den Peers (in der Gruppe), dann vom Moderator und danach von den Beobachtern (in Einzelgesprächen). Ziel ist es, dadurch wirkliche Lern-möglichkeiten zu schaffen. Denn nur durch hinreichende Iterationen von Verhalten und Feedback, von Konfrontationen der Selbstwahrnehmung mit den diversen Fremdwahr-nehmungen, die im Übrigen vorher nicht abgestimmt wurden, werden zielgerechte Ver-haltensänderungen bewirkt (Dauenheimer, Stahlberg & Petersen, 1999) – was Hochleister (wie Sportler oder Musiker) mit der Maxime auszudrücken pflegen: „Feedback is the breakfast for champions."

Mit dem hier dargestellten Ansatz (viele einzelne Feedbacks aus unterschiedlichen Quellen während des ganzen Assessment-Prozesses und nicht erst summarisch an dessen Ende) erfüllen wir die schon seit langem erhobene, fundamentale Forderung nach einer Wende von der Abbild-(Zustands-)Diagnostik zur Änderungs-(Prozess-)Diagnostik (Hofsommer, 1991; Jüttemann, 2000) weitaus stärker als das herkömmliche AC: Im offenen Dialog zwischen beiden Partnern – Kandidat und Beobachter – versuchen wir, kooperativ und iterativ eine gemeinsame Problemlösung zu erreichen, in der Diagnose und Beratung als einheitlicher Prozess aufgefasst werden.

Zweifellos kann man sagen, dass die diversen Feedbacks die eigentliche und besondere Qualität der AC-Veranstaltung erst ermöglichen. Sie haben eine stark motivierende Wirkung, weil sie den Kandidaten in einer Situation erhöhter Sensibilität erreichen. Dazu tragen beim Gruppenfeedback nach jeder Übung auch die kleinen Inputeinheiten seitens des Moderators bei (zu Themen wie Präsentieren, Moderieren, Mitarbeitergespräche etc.): Sie verstärken den Lerneffekt erheblich und erhöhen die Differenzierung zwischen den Teilnehmern.

Ansonsten folgt die Dramaturgie der Übungen bewährten Erfahrungen, nämlich dem anregenden Wechsel von Themen (Unternehmen – Markt – Kunde – Mitarbeiter), sozialen Arrangements (Gruppendiskussion, dyadisches Rollenspiel, Präsentation) und sonstigen „Methoden" (Einzelarbeit, Persönlichkeitstest, Computersimulation – ein Interview zur Abklärung von Interessen, Neigungen, Bestrebungen und tiefergehenden Motiven ist dem LP-AC zeitlich vorgeschaltet).

Nach zwei Tagen Übungen im bunten inhaltlichen und methodischen Wechsel mit Feedbacks zu Verhaltensfortschritten – ein positiver Grundstress ist erwünscht und wird durch Tempomotivation unterstützt – lassen sich die abschließenden Beurteilungen in der Beobachterkonferenz viel schneller bilden und die Abschluss-Feedback-Gespräche auch zügiger durchführen.

5 Beurteilungsquellen im LP-AC

Normalerweise fungieren im klassischen AC lediglich die Beobachter als Quelle der Beurteilung, manchmal auch die Kandidaten, aber dann nur als Self-Rater. Im LP-AC werden als weitere Quelle auch die Kandidaten als Beurteiler der anderen Kandidaten herangezogen (Kollegenurteile), aber auch der Moderator gibt seine Eindrücke wider. Dies dient der Steigerung von Objektivität und Akzeptanz zugleich, denn solche zusätzlichen Peer- und Moderator-Feedbacks erweitern die Perspektivitäten, erhöhen die Fairness und die ökologische Validität.

6 Praktische Erfahrungen mit dem LP-AC

Das hier vorgestellte LP-AC wird seit nunmehr zwölf Jahren in einem großen deutschen Handelsunternehmen (OTTO), seit acht Jahren in einem deutschen Chemie-Konzern (BAYER) und seit drei Jahren bei einem schweizerischen Finanzdienstleister (BALOISE) eingesetzt. Die Resonanz auf das LP-AC ist sowohl auf Seiten der früheren Kandidaten als auch der veranstaltenden Unternehmen ausgesprochen positiv.

Zur methodologischen Einordnung: Das LP-AC ist weniger psychometrisch als qualitativ-dynamisch ausgerichtet. Außer mit Bezug auf das Globalkonstrukt „Lernpotenzial" wird auf Eigenschaften kaum fokussiert, sondern auf Verhalten und dessen zielorientierte Veränderung. Insofern wird Inhaltsvalidität als in besonderer Weise gegeben angenommen, wohingegen Objektivität, Reliabilität und Konstrukt-Validität dem LP-AC-Konzept entsprechend nicht sinnvoll prüfbar sind. Eine Prüfung externer Validität dagegen ist anzustreben, auch wenn sie sich komplizierter als sonst üblich gestalten dürfte. Erste Versuche dazu gibt es und sie sind ermutigend (Stangel-Meseke, 2001).

So lange aber eine umfassende und systematische Evaluation von LP-ACn noch aussteht, mögen die bisherigen Erfahrungen von Veranstaltern und Kandidaten als Belege für den Nutzen von LP-ACn fungieren:

- Das Ego-Involvement der Kandidaten, das durch die Vorbereitung auf das LP-AC und die LP-AC-Übungsinhalte erzielt werden kann, ist deutlich stärker als sonst in ACn: Sie diskutieren nach Ablauf der Zeit für die entsprechenden Übungen oft noch hochengagiert weiter und sind dann nur schwer zu einem Ende zu bewegen.

- Nicht zuletzt dadurch fühlen sich die Beurteiler besser imstande zu differenzierter Wahrnehmung und entwickeln ein Bedürfnis nach Rückmeldung an die Kandidaten, d. h. auch die Beobachter erleben deutlich mehr Engagement und entfalten über die Zeit eine steigende Qualität ihrer Rückmeldungen. Aber auch die Bereitschaft von weiteren Führungskräften, als Beobachter zu fungieren, ist über die Jahre stark angestiegen.

- Durch die intensiven Einzelfeedbacks im Verlauf des LP-ACs wird eine starke Betroffenheit bei den Kandidaten erreicht (Fortune & Peters, 1995) und in der Folge davon eine hohe Beziehungsqualität zwischen Kandidaten und Beobachtern, wobei insbesondere der wachsende Vertrauenszuwachs konstruktiv wirkt.

- Sehr häufig gibt es in der dem LP-AC nachfolgenden Zeit weitere Gespräche zwischen den einzelnen Kandidaten und Beobachtern über den weiteren beruflichen Weg des Kandidaten, so dass praktisch eine Art Patenschaft entsteht.

- Multimethodalität ist unterstützend: Die Einschätzung auf Basis des LP-ACs im Abschlussfeedback wird mit den anderen in der Vorauswahl genutzten Verfahren, dem Potenzialinterview und dem Persönlichkeitstest (meist der Predictive Index (PI); siehe hierzu Sarges & Wottawa, 2005, S. 637 ff.) verglichen, mögliche Unterschiede werden herausgearbeitet und in die Entwicklungsempfehlungen miteinbezogen.

- Eine weitere Erhöhung der Verbindlichkeit der Feedbacks für jeden Betroffenen wird dadurch erreicht, dass die Zusammenfassung des Abschlussfeedbacks in die Personalakte kommt.

Ohne Übertreibung können wir nach Durchführung von mehr als 100 LP-ACn resümieren: Im Bereich der Entwicklung von Führungskräften und Professionals derjenigen Firmen, die das LP-AC einsetzen, gibt es kaum eine vergleichbare Veranstaltung mit einer so konzentrierten Aufmerksamkeit für einen Potenzialkandidaten. Die meisten der Teilnehmer empfinden das LP-AC noch nach Jahren als die wichtigste seminaristische Erfahrung in ihrer bisherigen beruflichen Laufbahn. Viele berichten, dass ihre Lernkompetenz durch die Reduzierung des blinden Flecks in der Selbstwahrnehmung deutlich gefördert wurde und dass die inzwischen habitualisierte aktive Suche nach Feedback ein zentraler Faktor für die Erhöhung der eigenen Effektivität geworden sei – ganz im Sinne von Ashford und Tsui (1991).

Bisher haben wir das LP-AC nur als Entwicklungs-AC für im Unternehmen schon vorhandene Mitarbeiter konstruiert und implementiert. Es sind aber durchaus auch Möglichkeiten zur Gestaltung von LP-ACn zur Auswahl von externen Kandidaten denkbar (im Ansatz z. B. schon Letzing, Montel & Wottawa, 2001).

Heike M. Kunstmann & Manfred Bock

Management Feedback im Knorr-Bremse Konzern

1   Einleitung

Wenn fast 11.000 Mitarbeiter auf allen Kontinenten erfolgreich an der Erreichung einer gemeinsamen Zielstruktur arbeiten sollen, dann müssen sie miteinander effizient, klar und in einem gemeinsamen Geist kommunizieren, entscheiden und handeln können. Ein global ausgerichtetes Unternehmen ist als kulturelle Einheit bestimmt durch die Summe der Inhalte seiner (Grund-)Werte. Diese Unternehmenswerte erwachen zum Leben durch ihre Definition, gelebt werden sie jedoch durch die Mitarbeiterinnen und Mitarbeiter. Eine besondere Rolle nehmen die Führungskräfte ein, denn nur wenn diese die Unternehmenswerte nicht nur intellektuell verstanden haben, sondern in ihrer täglichen Arbeit umsetzen, entscheiden sie über den Untergang oder den Erhalt der Unternehmenskultur.

Mit welchen Kriterien aber kann gemessen werden, ob und wie die Führungskräfte die Unternehmenskultur bzw. die Werte praktizieren?

Von der Ergebnisseite der EFQM-Kriterien kommen für die Beantwortung drei Zielgruppen in Frage: die Gesellschaft, die Kunden sowie die Gesamtheit der Mitarbeiterinnen und Mitarbeiter.

Der folgende Erfahrungsbericht befasst sich im Rahmen der Vorgesetztenbeurteilung ausschließlich mit der Wahrnehmung des Führungsverhaltens und damit der gelebten Unternehmenskultur aus der Sicht der Mitarbeiterinnen und Mitarbeiter. Als Vergleichswerte dienen die aus den Ergebnissen der Mitarbeiterbefragung gewonnen Indizes Führung, Management, Commitment sowie Gesamtzufriedenheit. Beispielhaft wird die Bewertung am Standort des Headquarters des Knorr-Bremse Konzerns, München, dargestellt.

1.1   Vorstellung des Unternehmens

Bei der Entwicklung und Durchführung der Führungsinstrumente sind grundsätzlich die Historie und damit eng verbunden die Werte eines Unternehmens miteinander verknüpft.

Die Knorr-Bremse wird im kommenden Jahr ihr 100jähriges Jubiläum feiern. Das in Berlin gegründete Unternehmen besteht aus den Unternehmensbereichen „Systeme für Schienenfahrzeuge", welcher Bremssysteme und On-Board-Lösungen für Schienenfahrzeuge fertigt, und „Systeme für Nutzfahrzeuge", welcher Bremssysteme für Nutzfahrzeuge erstellt. Das in 25 Ländern vertretene, eigentümergeführte Unternehmen erwirtschaftet mit seinen ca. 11.000 Mitarbeiterinnen und Mitarbeitern aus 52 Nationen einen Umsatz von über 2,2 Mrd. Euro im Jahre 2003. Im Rahmen der Globalisierung hat sich durch zahlreiche Akquisitionen, Innovationen und Prozessverbesserungen der Umsatz des Unternehmens in den letzten zehn Jahren nahezu verdreifacht. Diese Entwicklung kann nur dann beibehalten werden, wenn die Zusammenarbeit von Mitarbeitern und Führungskräften von einer stabilen Unternehmenskultur getragen wird.

1.2   Die Führungsinstrumente

Die Vorgesetztenbeurteilung bei der Knorr-Bremse stellt nur eines der Elemente aus der Gesamtheit der Führungsinstrumente dar. Grundsätzlich lassen sich die Führungsinstrumente durch die Frequenz ihrer Durchführung in jährliche bzw. zweijährlich durchgeführte Instrumente unterscheiden.

Jährliche Instrumente:

- Die Leistungsbeurteilung ist das standardisierte, schriftlich fixierte Feedback anhand vorgegebener Kriterien der Führungskraft an die Mitarbeiterinnen und Mitarbeiter in einem Kalenderjahr. Sie ist wesentliche Basis der Entgeltfindung.

- Im Rahmen der Qualifikationsanalyse wird für jede Job-Familie ein Soll-Profil von Kernkompetenzen erstellt und mit dem Ist-Wert des jeweiligen Stelleninhabers verglichen. Der Bedarf an künftigen Personalentwicklungsmaßnahmen ergibt sich aus dem negativen Delta.

- Das Management Resources Review stellt die Führungskräfte anhand der Dimensionen Verhalten, Zielerreichung und Potenzial in einem Koordinatensystem vergleichend dar.

- Einen wesentlichen Beitrag zum dauerhaften Unternehmenserfolg leistet die Nachfolgeplanung, in der die möglichen Nachfolger mit Zeitangaben für jede Position auf der Basis des Management Resources Review festgehalten werden

- Einen monetären Motivationsfaktor für Führungskräfte stellt das Bonussystem dar, in dem anhand der Vertragsgruppe ein entsprechender Anteil des Bruttoeinkommens als leistungsabhängiger, variabler Faktor ausbezahlt wird. Ab der zweiten Berichtsebene dient hierfür die Zielvereinbarung als Basis.

In Abständen von zwei Jahren durchgeführte Instrumente:

- Die *Mitarbeiterbefragung* wird weltweit durchgeführt und von der Universität Mannheim ausgewertet. Sie misst die unterschiedlichen Dimensionen in dem gesamten Arbeitsumfeld jedes Mitarbeiters. Aus den Ergebnissen werden die in der Einführung erwähnten Indizes berechnet.

- Die *Vorgesetztenbeurteilung* wird als Management Feedback „bottom-up" zur Beurteilung des Führungsverhaltens aus Sicht der Betroffenen eingesetzt. Sie führt unmittelbar zur aktiven Auseinandersetzung mit dem eigenen Führungsstil und zu Verbesserungsmaßnahmen.

2   Die Vorgesetztenbeurteilung im Knorr-Bremse Konzern

Im Rahmen von Total Quality Management wird die Vorgesetztenbeurteilung bei der Knorr-Bremse seit 1995, seit dem Jahre 2001 als integraler Bestandteil des Business Excellence Modells regelmäßig durchgeführt.

2.1   Begriffsbestimmung

Die Planung und Durchführung einer Vorgesetztenbeurteilung hängt im Wesentlichen von dem Ziel sowie einem gemeinsamen Durchführungsverständnis der Betriebsparteien ab. Im Knorr-Bremse Konzern wird das Verfahren gemeinsam diskutiert und nach intensiven Feedbackanalysen optimiert. Es herrscht ein einheitliches Verständnis.

2.1.1 Definition

Als personalwirtschaftliches Führungsinstrument der „Aufwärtsbeurteilung" beurteilen die disziplinarisch unterstellten Mitarbeiter das Verhalten der Führungskraft anhand eines systematischen Fragebogens.

2.1.2 Funktionen

Mit der Vorgesetztenbeurteilung lassen sich im Prozess der Evaluation von Führungsverhalten verschiedene Verhaltensweisen analysieren.

Im Fokus steht die *Diagnosefunktion*, nämlich die Analyse des Verhaltens von Führungskräften sowohl auf individueller als auch kollektiver Basis (Hierarchieebenen, Bereiche). Eng verbunden ist damit das Kennenlernen der Sichtweise des Vorgesetzten im Vergleich zu der Wahrnehmung und den Erwartungen der Mitarbeiter. Dass die Objektivität von manchen Mitarbeitern aufgrund von „sich am Vorgesetzten rächen wollen" und anderen emotionalen Regungen getrübt sein könnte, gilt als widerlegt (Zander & Knebel, 1993). Es wird davon ausgegangen, dass die Mitarbeiter aus einer anderen Perspektive differenziertere und validere Beurteilungen abgeben können als die Vorgesetzten der Vorgesetzten (top-down-Ansatz).

Die *Interventions-Funktion* bezieht sich auf die Vermittlung der Werte und des aus diesen abgeleiteten, korrekten Führungsverhaltens. Dies liegt insbesondere im Interesse des Vorstands und der Geschäftsführung. Da sowohl die Mitglieder des Vorstands, als auch die der Geschäftsführung sich ebenfalls beurteilen ließen, erübrigt sich der mögliche Einwand von Vorgesetzten, die Organisation sei dazu noch nicht bereit. Die *Kontroll- und Evaluationsfunktion* dient der Wirksamkeit der gesamten Maßnahme, indem der Grad der Umsetzung von konkret geplanten Maßnahmen und Prozessen im Zeitverlauf und damit die Annäherung an die Unternehmenswerte gemessen werden.

Die Ergebnisse sollen als *Feedbackinstrument* eine Basis darstellen für die Verbesserung des Dialogs von Mitarbeitern und Führungskräften und damit einen kontinuierlichen Verbesserungsprozess starten. Dieses Ziel stellt einen zentralen Punkt dar, da in vielen Unternehmen die Vorgesetztenbeurteilung für die Führungskräfte mit einer schlechten Beurteilung negative Konsequenzen hat. Diese zum Teil berechtigte Befürchtung kann nur durch Transparenz und einen nachfolgenden Trainings- und Coachingprozess entkräftet werden (McKinsey Lernformen Vergleich 2000 in Killius, Kluge & Reisch, 2002).

2.1.3 Mitbestimmung des Betriebsrats

Gemäß §87 BetrVG hat der Betriebsrat ein Mitbestimmungsrecht in „Fragen der Ordnung des Betriebes und des Verhaltens der Arbeitnehmer im Betrieb". Die Zusammenarbeit mit den beiden Vertretern des Betriebsrats beginnt bereits im Vorfeld durch die aktive Einbindung in die Erstellung des Fragebogens und in die Ablaufplanung. Innovative Vorschläge des Betriebsrats fließen ein.

Ein Beispiel: Vorgesetzte, an welche weniger als fünf Mitarbeiter direkt berichten, werden auch dann berücksichtigt, wenn ihnen mit den darunter liegenden zwei Hierarchieebenen insgesamt fünf Mitarbeiter unterstellt sind. Diese besondere Konstellation der Führungsspanne wird bei der Ergebnisinterpretation berücksichtigt.

2.2 Vorbereitung

Die Vorbereitung der Vorgesetztenbeurteilung beinhaltet die Erstellung eines Projektplans mit den jeweiligen inhaltlich und zeitlich definierten Prozessschritten, die Erstellung des Fragebogens, die Datenverarbeitung mit dem Auswertungstool, die exakte Abbildung der Organisation aller Vorgesetzten mit ihren jeweiligen Führungskräften, die Bekanntgabe des Roll-Out an die Belegschaft sowie die Zusammenarbeit mit dem Betriebsrat.

2.2.1 Erstellung des Projektplans

Bei der inhaltlichen und zeitlichen Präzisierung der einzelnen Prozessschritte sind die jeweiligen Ressourcen zu berücksichtigen. Bei der kompletten Durchführung des Projekts kann kein Mitarbeiter aufgrund der Durchführung paralleler Aufgabenstellungen ausschließlich für das Projekt freigestellt werden. Zwei Mitarbeiter sowie die Leiterin des Bereichs Personalentwicklung sind insgesamt mit einer Arbeitskraft berechnet. Es ist das definierte Ziel, die Bedeutung der Vorgesetztenbeurteilung zu unterstreichen und die Gefahr der „in der Hektik des Alltags untergehenden Nebensache" zu vermeiden. Der Projektplan ist aufgrund der Erfahrungswerte der involvierten Personen an einem Tag erstellt. Er sieht folgende vier Phasen vor: Der Vorbereitungsprozess, der ca. zwei Wochen benötigt, der Durchführungsprozess inklusive Rücklauf und der Auswertung der Fragebögen, der mit sechs Wochen terminiert ist, der anschließende Follow-up-Prozess mit weiteren drei Monaten, in dem Maßnahmen zur Verbesserung der Zusammenarbeit definiert werden. Der sich damit überschneidende Controllingprozess, in dem der jeweils aktuelle Stand der Umsetzung mit den resultierenden Personalentwicklungsmaßnahmen festgehalten wird, ist ein kontinuierlicher Verbesserungsprozess, der sein Ende und seinen Neu-Anfang in der kommenden Vorgesetztenbewertung 2005 haben wird.

2.2.2 Erstellung des Fragebogens

Die Herausforderung eines Fragebogens ist, dass man genau die Informationen ermittelt, die man tatsächlich messen möchte. Deshalb ist es wichtig, dass einerseits die Fragen konkret und nicht doppeldeutig gestellt sind und andererseits die Abstufung bzw. die Skalierung ihren Zweck erfüllt.

Die ethische Kultur des Knorr-Bremse Konzerns ruht auf fünf global geltenden Werten. Aus diesen Unternehmenswerten sind entsprechende Verhaltensgruppen abgeleitet. Die konkreten Verhaltensweisen repräsentieren und beschreiben den Wert und die Verhaltensgruppe im Headquarter am Standort München. Dieses gewünschte Verhalten wird in den Fragen nach den Unternehmenswerten positiv formuliert (vgl. Abbildung 1).

In den Zielen der Beurteilung wird die Diagnose des Führungsverhaltens erwähnt. Hierfür wird nicht nur die Sichtweise der Mitarbeiter herangezogen, sondern auch die Relation zur Selbsteinschätzung der jeweiligen Vorgesetzten in Augenschein genommen. Somit sind die Fragen des Fragebogens für die Selbsteinschätzung der Vorgesetzten entsprechend umformuliert.

Da auch die Meinungen erfasst werden, welche nicht mit einer Frage abgedeckt sind, ist am unteren Rand noch Platz für persönliche Kommentare.

Die Skalierung übersetzt die Ausprägung des speziellen Verhaltens in einen numerischen Wert. Bei den im Anhang A beigefügten Fragebögen ist die bereits aus der Leistungsbeurteilung bekannte und den Mitarbeitern vertraute siebenstufige Skala gewählt. Das Risiko der Mittelwertproblematik ist bewusst in Kauf genommen. Um dem oben erwähnten Ziel „Verbesserung des Dialogs" zu Lasten einer möglicherweise trennschärferen, jedoch eher negativ besetzten Beurteilung gerecht zu werden, sind die sieben Kästchen sehr positiv in folgenden drei verbalen Kategorien formuliert:
- „bin mehr als zufrieden"
- „bin zufrieden"
- „wünsche ich mir mehr"

2.2.3 Informationsverarbeitung

Die oberste Priorität für die Akzeptanz und die Wirksamkeit des Management Feedback ist die Gewährleistung der Anonymität bei einer gleichzeitig hohen Beteiligung. Da 20 Prozent der Gesamt-Belegschaft aus Mitarbeitern des gewerblichen Bereichs besteht, welche keinen PC zur Verfügung haben und möglicherweise teilweise im Umgang mit dem Computer nicht vertraut sind, wird anstatt einer Online-Befragung eine klassische Papier-und-Bleistift-Befragung durchgeführt.

Zur Messung der Ausprägung der gewünschten Verhaltensweisen ist jedem der sieben Kästchen ein numerischer Wert von 1 („bin mehr als zufrieden") bis 7 („wünsche ich mirmehr") zugeordnet. Die Auswertung wird mittels eines Scanners vorgenommen, der die Daten in eine Access-Datenbank transportiert. Das von einer Unternehmensberatung entworfene Auswertungstool hat die Daten nach unseren, im Folgenden erwähnten Anforderungen aufbereitet:

1. In welchen Verhaltensweisen sehen die Mitarbeiter Stärken bzw. Schwächen bei ihren Führungskräften?

2. Wie ist das Individualergebnis im Vergleich von Führungskräften derselben Hierachieebene?

Tabelle1: Ableitung der Fragen aus den Unternehmenswerten

Unternehmenswert	Verhaltensgruppe	Konkretes Verhalten/ Frage
Respect for every individual – **We are proud of our** **diverse blend of cultures**	Förderung und Unterstützung	Bei Schwierigkeiten und Problemen steht mir mein Vorgesetzter jederzeit zur Verfügung.
		Mein Vorgesetzter kann gut zuhören.
		Ich werde von meinem Vorgesetzten in meiner Arbeit angemessen unterstützt.
		Mein Vorgesetzter vereinbart mit mir klare berufliche Entwicklungsziele für die nächsten 12 Monate
		Ich werde entsprechend meiner Kenntnisse und
		Fähigkeiten eingesetzt.
		Mein Vorgesetzter steht zu seinen Zusagen.
	Zuverlässigkeit	Mein Vorgesetzter geht Konflikten nicht aus dem Weg.
Responsibility and team-spirit – **Together we will succeed !**	Beteiligung der Mitarbeiter	Mein Vorgesetzter ist offen für Anregungen und
		Vorschläge und lässt auch andere Meinungen gelten. Ich werde an Entscheidungsprozessen beteiligt.
Reliability and honesty – **We keep our promises !**	Planung und Organisation	Mein Vorgesetzter kennt die Arbeitssituation
		und den Arbeitsstand der Mitarbeiter.
		Mein Vorgesetzter setzt klare Prioritäten.
Loyalty and mutual commitment – **We make Knorr-Bremse´s interests our own!**	Delegation	Mein Vorgesetzter delegiert auch wichtige Aufgaben und Projekte. Mein Vorgesetzter überträgt mir die entsprechende Verantwortung zum eigenständigen Arbeiten/ Entscheiden.
Openness and Trust – **We consistently demonstrate reponsible behaviors !**	Information Lob und Kritik	Ich erhalte von meinem Vorgesetzten rechtzeitig alle notwendigen Informationen. Mein Vorgesetzter führt regelmäßig Teambesprechungen durch.
		Mein Vorgesetzter bespricht mit mir ausführlich meine Aufgaben und Ziele. Über übergreifende Unternehmensziele werde ich informiert.
		Mein Vorgesetzter fördert die Zusammenarbeit unter den Mitarbeitern. Mein Vorgesetzter versteht es, konstruktive Kritik zu üben.

Hierzu ist ein Kodierungsplan erforderlich, aus dem numerisch der Geschäftsbereich, die genaue Abteilungsbezeichnung und die jeweilige Führungskraft hervorgeht. Jeder Fragebogen eines Vorgesetzten, d. h. sowohl die gekennzeichnete Eigenbeurteilung als auch die Fremdbeurteilung, hat folglich die identische Kodierung. Mittels des Scanners ist die Dateneingabe unkompliziert und schnell, lediglich die „Kommentare" müssen händisch eingegeben werden. Fragebögen, bei denen keine Frage beantwortet ist, werden nicht zur Auswertung heran gezogen, einzeln nicht angekreuzte Fragen sind durch den Mittelwert der Kollegen in der jeweiligen Frage ergänzt. Die bis einen Tag vor der Überreichung der Ergebnisse an den Vorgesetzten eingegangenen Fragebögen sind noch in die Ergebnisse integriert.

2.2.4 Die organisatorische Abbildung

Die exakte Zuordnung aller Mitarbeiter zu den Vorgesetzten ist dem Organisationsmanagement des SAP entnommen. Ergänzt sind diese mit Hinweisen der Kollegen aus dem operativen Personalwesen von kürzlich durchgeführten oder in naher Zukunft stattfindenden Änderungen. In Zusammenarbeit mit dem Betriebsrat wird im Einzelfall entschieden, ob eine Führungskraft aufgrund zu kurzer Führungstätigkeit in der jeweiligen Funktion beurteilt wird oder nicht. Gemäß der Vereinbarung mit dem Betriebsrat sind alle Führungskräfte mit mindestens insgesamt fünf Mitarbeitern selektiert.

2.3 Durchführung

Bei der Durchführung muss sichergestellt sein, dass jeder Mitarbeiter über die Befragung informiert ist, das Verfahren verstanden hat und die richtigen Unterlagen pünktlich erhält.

2.3.1 Das Marketing

Die Bekanntgabe der Vorgesetztenbeurteilung erfolgt in einem ersten Schritt bei der Informationsveranstaltung für leitende Führungskräfte. Das Verfahren wird ausgiebig erläutert, es wird auf sämtliche Fragen eingegangen. In einem zweiten Schritt wird ein persönliches Schreiben der Leiterin Personalentwicklung an alle Führungskräfte und Mitarbeiter per E-mail versendet, in dem der gesamte Prozess mit den entsprechenden Inhalten beschrieben ist. Es wird explizit auf die Gewährleistung der Anonymität eingegangen und die Bitte ausgesprochen, einen aktiven Beitrag zur Verbesserung des Dialogs von Mitarbeitern und Führungskräften zu leisten. Die Führungskräfte werden explizit zur konstruktiven Mitarbeit gebeten. Dieser Brief wird in Ergänzung zu einer All-User-Mail an allen schwarzen Brettern ausgehängt und an den beiden Haupteingängen und in der Kantine händisch verteilt.

2.3.2 Der Versand

Zwei Tage nach der Ankündigung erhalten alle Vorgesetzten, welche bei dieser Befragung verbindlich teilnehmen werden, für sich und jeden disziplinarisch zugeordneten Mitarbeiter einen Brief mit einem Fragebogen, in dem das Verfahren erneut beschrieben ist. Auf jedem Brief stehen die Namen sowohl sämtlicher Mitarbeiter als auch des Vorgesetzten. Somit erhält jeder Vorgesetzte einen Brief mit einem Selbstbeurteilungsbogen, jeder Mitarbeiter einen von dem Vorgesetzten persönlich ausgehändigten Brief, bei dem sein Name markiert und ein Fremdbeurteilungsbogen angeheftet ist. Auf diese Weise wird vermieden, dass ein Vorgesetzter versehentlich einen Fremdbeurteilungsbogen, ein Mitarbeiter versehentlich einen Selbstbeurteilungsbogen erhält oder ein Mitarbeiter sogar vergessen wird.

2.3.3 Die Ergebnisse

Mit Bezug auf das erwähnte Ziel, das „Verhalten von Führungskräften auf individueller als auch kollektiver Basis (Hierarchieebenen, Bereiche) zu *diagnostizieren*" werden im Folgenden auch beide getrennt voneinander erklärt.

Einzelergebnisse

Zunächst werden nur den Vorgesetzten die Ergebnisse persönlich überreicht. Der nächsthöhere Vorgesetzte sowie die operative Personalabteilung erhalten kein Exemplar der Ergebnisse. Jede Führungskraft ist angehalten, die Ergebnisse mit seinem Vorgesetzten in einem persönlichen Gespräch zu besprechen.

Bei der Darstellung der Einzelergebnisse ist hinsichtlich der Ziele wichtig, die Sichtweisen sowohl der Vorgesetzten als auch der Mitarbeiter im direkten Vergleich kennen zu lernen. Um eine detaillierte Sichtweise der Mitarbeiter zu erhalten, werden nicht nur die Mittelwerte jeder Frage eines Vorgesetzten errechnet. Es wird auch gezeigt, aus welchen Einzelwerten sich dieser Mittelwert zusammensetzt.

Somit setzt sich das Ergebnis jeder Führungskraft zusammen aus folgenden vier Charts sowie dem Kommentarfeld:
- Vergleich der Mittelwerte der Fremdbewertung mit der Eigenbeurteilung des Vorgesetzten
- Vergleich der Beurteilungen der jeweiligen Führungskraft mit Kollegen, welche in der gleichen Hierarchieebene des Geschäftsbereichs organisiert ist
- der Mittelwert einer Frage im Verglich zu dem jeweils „zufriedensten" bzw. „unzufriedensten' Wert (Spread)
- eine prozentuale Verteilung der Beurteilungen für die Führungskraft in jeder Frage

Kollektive Ergebnisse

Mit den zusammengefassten Ergebnissen gilt es herauszufinden, inwiefern die Führungskräfte ihr Verhalten an das erwartete Verhalten bereits angeglichen haben und ob gegebenenfalls Unterschiede zwischen den einzelnen Geschäftsbereichen existieren.

Zunächst wird mittels des statistischen Verfahrens der Faktorenanalyse überprüft, ob die fünf Unternehmenswerte, aus denen die Fragen abgeleitet waren, bestätigt werden können. Es ergeben sich vier, aufgrund der korrelativen Zusammengehörigkeit der Fragen folgendermaßen benannte Faktoren:

- Kommunikation
- Führen mit Zielen
- Beteiligung/Delegation
- Zusammenarbeit

Die kumulierten Ergebnisse werden in der nächsten Informationsveranstaltung für leitende Angestellte präsentiert. Das entscheidende Moment hinsichtlich der Bedeutung der Vorgesetztenbeurteilung ist die Rücklaufquote. Ist diese gering, so sind die Ergebnisse nicht valide, da der Anteil der Personen, welche sich nicht bei der Befragung beteiligt haben, überproportional hoch ist. Mit 90,5 Prozent ist die Rücklaufquote in 2003 überraschend hoch ausgefallen. Der Gesamtzufriedenheitsindex liegt bei 3,37, d. h. im Durchschnitt hat jeder Mitarbeiter von drei Fragen zweimal das dritte und einmal das vierte Kästchen angekreuzt. Unter der Berücksichtigung, dass das vierte Kästchen „bin zufrieden" bedeutet, ist das Ergebnis insgesamt als zufriedenstellend zu bezeichnen. Die Faktoren unterscheiden sich in ihrem Mittel nicht signifikant voneinander, am besten schneidet der Faktor „Beteiligung/Delegation" ab. Von den befragten Unternehmensteilen am Standort München liegt insgesamt die konzernleitende Knorr-Bremse AG leicht über dem Durchschnitt der beiden Unternehmensbereiche. Dieses Gesamtergebnis bestätigt das Antwortverhalten der im Jahr zuvor durchgeführten Mitarbeiterbefragung im Faktor (Index) „Zusammenarbeit und Führung".

Follow-up

Bezugnehmend auf die *Kontroll- und Evaluationsfunktion* der Vorgesetztenbeurteilung soll der Grad der Umsetzung von konkret geplanten Maßnahmen und Prozessen im Zeitverlauf und damit die Annäherung an das „gewünschte Verhalten" gemessen werden.

Als Moderatoren stehen fünf geschulte Mitarbeiter der Personalentwicklung zur Verfügung. Sie sind von einem externen Trainer auf ihre Moderatorenrolle vorbereitet.

2.3.4 Die Workshops

Wie in dem Schreiben an die Belegschaft angekündigt, laden im Anschluss an die Ergebnisbekanntgabe die Führungskräfte ihre Mitarbeiter zu einem Workshop unter der Moderation eines Mitarbeiters der Personalentwicklung ein. In Zusammenarbeit mit dem Betriebsrat ist der Ablauf der Workshops wie folgt festgelegt:
- Präsentation der kollektiven Ergebnisse am Standort München
- Präsentation und Diskussion der Ergebnisse des Vorgesetzten auf Basis der Faktoren
- Beschluss von Maßnahmen zur Verbesserung der allgemeinen Zusammenarbeit und Erstellung des Maßnahmenplans

Die Erfahrungen aus den Moderationen haben gezeigt, dass insbesondere konfliktbehaftete Themen strukturierter, offener und lösungsorientierter angesprochen wurden. Der Vorgesetzte kann sich somit besser auf die Inhalte konzentrieren bzw. „unbequeme Themen" durch geschicktes Taktieren nicht einfach ignorieren. In keinem einzigen Fall wird die Moderation durch einen Mitarbeiter des Bereichs Personalentwicklung als „störend" oder „sich einmischend" empfunden. Der im Anhang D befindliche Maßnahmenplan wird im Anschluss an den Workshop von dem Vorgesetzten mit den vereinbarten Maßnahmen ausgefüllt und mit seiner nächsthöheren Führungskraft besprochen und unterzeichnet. Anschließend wird eine Kopie an den Bereich Personalentwicklung zurückgesendet.

2.3.5 Das Controlling

Über die Durchführung der Moderation sowie die Abgabe der Maßnahmenpläne wird Buch geführt. Es wird festgehalten, welcher Mitarbeiter des Bereichs Personal an welchem Datum den jeweiligen Workshop moderiert hat, ob es besondere Vorkommnisse gibt und ob der Maßnahmenplan korrekt abgegeben wird. Im Abstand von vier Wochen werden noch mit den Workshops fällige Führungskräfte per Email auf die noch zu erfolgende Durchführung bzw. das Zurücksenden der Maßnahmenpläne erinnert. Die Ernsthaftigkeit wird unterstrichen, indem die Geschäftsführung und der Betriebsrat eine Kopie der Email erhalten. Aus den Ergebnissen werden in Absprache mit dem operativen Personalwesen und dem Betriebsrat im Einzelfall spezielle Personalentwicklungsmaßnahmen wie z. B. Einzelcoaching beschlossen und den jeweiligen Vorgesetzten im Vier-Augengespräch empfohlen.

2.4 Trainingsplan

Unabhängig von der Verfolgung der Maßnahmenpläne, die in der Verantwortung der Vorgesetzten selbst liegt, ist die Ermittlung individueller Entwicklungsmaßnahmen für einzelne Vorgesetzte und für Teams von wesentlicher Bedeutung. Die Hoheit über den Prozess der Definition von Maßnahmen liegt zentral bei der Personalentwicklung. Der Prozess vollzieht sich in folgenden Schritten:
- Auswertung der einzelnen Ergebnisse der Vorgesetzten hinsichtlich der Antworten der Mitarbeiter sowie der aus den moderierten Feedback-Gesprächen gewonnenen Erkenntnisse (Bildung von Clustern nach der Tiefe des anstehenden Trainings);
- Zuweisung von Problemlösungsmaßnahmen zum Ausgleich individueller Führungsdefizite;
- Auswahl der Trainer, Zuordnung zu den Betroffenen und Beauftragung;
- Begleitung bei der Durchführung der Maßnahmen.

Bei der Festlegung der Coachings wird zwischen Team- und Einzelmaßnahmen unterschieden. Ein Teamtraining wird lediglich für zwei Teams angesetzt. Die Probleme in diesen Teams sind sehr unterschiedlich gelagert, so dass mit verschiedenen Trainern unterschiedliche Trainings-Konzepte erarbeitet werden müssen. Die Konzeptionshoheit liegt bei der Personalentwicklung.

Für Einzelmaßnahmen zur Verbesserung des Führungsverhaltens werden 14 Prozent der Befragten (20 Führungskräfte) vorgesehen. Sie alle werden im ersten Schritt zu einem persönlichen Entwicklungsgespräch zur Leitung Personalentwicklung gebeten. Hier wird – teilweise unter Teilnahme des operativen HR-Verantwortlichen – das Ergebnis der Vorgesetztenbewertung kritisch analysiert und eine Annäherung an die aufgetretenen Konflikte in der Wahrnehmung des Führungsverhaltens durch die Mitarbeiter unternommen. In einem zweiten Schritt werden die Trainings zur Verbesserung der Führungsqualifikation bestimmt.

Sieben Vorgesetzte werden in einem innovativen Workshop, moderiert durch einen Knorr-Bremse erfahrenen Coach, miteinander die Führungsprobleme mit ihren Teams gemeinsam analysieren und Lösungen für ihre zukünftige Führungstätigkeit erarbeiten. Der erste Workshop wird zunächst 24 Stunden dauern (von mittags bis mittags), Follow-up-Termine sind vorgesehen.

Drei Manager, deren Leistung für das Unternehmen von hohem Wert ist, deren Führungsverhalten jedoch größere Defizite aufweist, werden individuell gecoacht. Die Auswahl des Coachs erfolgt gemeinsam mit den Betroffenen, um einen möglichst hohen „Fit" beider Persönlichkeiten zu erreichen.

Alle anderen Führungskräfte bleiben unter Beobachtung. Der Betriebsrat spielt bei der täglichen Evaluierung des Verhaltens eine wesentliche Rolle, er verfolgt den Fortschritt durch Gespräche mit den Teams. Der Prozess der Vorgesetztenbewertung 2003 ist abgeschlossen, wenn in der nächsten „bottom up"-Bewertungsrunde eine Verbesserung der Einschätzung stattgefunden hat. Die neue Befragung setzt dann allerdings einen erneuten Follow up-Prozess in Gang.

3 Ausblick

Im Sinne von Business Excellence und eines „Continuous Improvement Process" werden im Anschluss an das Projekt verbesserungswürdige Punkte für die nächste Vorgesetztenbeurteilung festgehalten und umgesetzt. Die Skalierung wird in der kommenden Befragung benannt und mit einer in der Psychologie gängigen Intervallskala ausgestattet sein, um eine noch höhere Messgenauigkeit zu erreichen. Die Unterschiede im subjektiven Empfinden von Mitarbeitern hinsichtlich „bin mehr als zufrieden", „bin zufrieden" und „wünsche ich mir mehr" schwanken erheblich. Es gibt Mitarbeiter, für die der emotionale Zustand „bin mehr als zufrieden" nicht existiert, andere Mitarbeiter haben die Skalierung ähnlich dem Schulnotenprinzip interpretiert.

In der Diskussion ist eine Verknüpfung der Ergebnisse der Vorgesetztenbeurteilung mit anderen Instrumenten, z. B. der Zielvereinbarung und dem Bonus-System sowie der Nachfolgeplanung.

Innerhalb des Systems der Personalinstrumente hat sich die Vorgesetztenbeurteilung als nützliche Methode erwiesen, die definierten Unternehmenswerte, operationalisiert in Verhaltensbeispielen, zu messen. Die Identifikation der Stärken und Schwächen stellt für die Unternehmensleitung die Basis auf dem Weg zu einer exzellenten Führungskultur dar.

Die Rücklaufquote bestätigt die hohe Akzeptanz des Instruments bei Führungskräften und Mitarbeitern und die Validität der Ergebnisse. Das Feedback der Ergebnisse wird von den Führungskräften dankbar aufgenommen und führt zur Selbstreflexion in den

Turbulenzen des beruflichen Alltags. Maßnahmen zur Verbesserung der gemeinsamen Zusammenarbeit werden nicht zwischen, sondern zusammen mit den Beteiligten offen diskutiert. Einige Bereiche führen seit dem ersten Workshop regelmäßige Feedbackrunden durch, so dass Konflikte künftig schon präventiv behandelt werden können. Mittels Moderation werden die Workshops strukturiert und zielorientiert auf Lösungen ausgerichtet. Somit entsteht ein offener Umgang mit konfliktbehafteten Themen, welcher die Bereitschaft und den Mut des Einzelnen fördert, neue (Verhaltens-)Wege auszuprobieren. Unterstützt werden die Führungskräfte durch die Personalentwicklung in der Planung, Durchführung und Nachbetreuung von Einzel- und Gruppencoachings. Die bisher guten Erfahrungen dieser beiden Maßnahmen führen zu einer Institutionalisierung und globalen Ausrichtung für das kommende Bildungsprogramm 2005. Die Knorr-Bremse befindet sich noch nicht am Ziel, jedoch auf einem sehr guten Wege miteinander effizient, klar und in einem gemeinsamen Geist zu kommunizieren, zu entscheiden und zu handeln.

Thomas Staufenbiel & Christian Dries

MediCircle®: 360-Grad-Feedback im Krankenhaus

1 Einleitung

Die Strukturen im Gesundheitswesen befinden sich in einer bisher nicht da gewesenen Situation des Umbruchs. Die Altersstruktur in der Bevölkerung, die gestiegene Lebenserwartung und eine hohe Arbeitslosenquote gefährden die Finanzierung der bestehenden Systeme und erfordern massive Strukturveränderungen (vgl. Arthur Anderson Studie, 1999). Die Krankenhäuser als ein wichtiger Bestandteil dieses Gesundheitssystems sehen sich dabei einem ständig wachsenden Kostendruck sowie steigenden Leistungsanforderungen gegenüber. Die Einführung des Fallpauschalensystems oder die Anforderungen von Qualitätszertifizierungen, um nur zwei Beispiele zu nennen, erfordern umfassende Organisationsveränderungen. Das Veränderungsmanagement wird dadurch neben der eigentlichen Patientenversorgung zu einem kritischen Erfolgsfaktor für die Krankenhäuser (Bellabarba & Schnappauf, 1996). Den Führungskräften kommt dabei eine Schlüsselrolle zu. „Leitungskräfte", die sich in ihrem Selbstverständnis ausschließlich über ihre fachliche Kompetenz definieren und Führung eher im Nebengeschäft betreiben (vgl. Hoefert, 1997), sind den Aufgaben nicht mehr gewachsen.

Neben diesen neuen Herausforderungen in der Rolle als Manager haben die Führungskräfte im Krankenhaus natürlich die „klassischen" Aufgaben zu bewältigen. Dazu gehört die Führung der unterstellten Mitarbeiter, die Kooperation mit Kollegen im Team sowie die Kommunikation mit verschiedenen internen und externen Kunden, darunter andere Krankenhausabteilungen, niedergelassene Ärzte und schließlich die Patienten. In diesem komplexen Umfeld ist es für die Führungskräfte meist schwierig, ihre persönlichen Stärken und Schwächen in den sehr unterschiedlichen Rollenanforderungen akurat wahrzunehmen. Das im Folgenden dargestellte 360°-Feedback ist eine Intervention, die hier ansetzt.

2 360-Grad-Feedback als Personalentwicklungsmaßnahme

Unter einem 360°-Feedback wird eine systematische Beurteilung des Verhaltens einer Führungskraft durch verschiedene Gruppen von beruflich relevanten Interaktionspartnern verstanden, deren Einschätzungen an die Führungskraft zurückgemeldet und mit einer Selbstbeurteilung verglichen werden (Scherm & Sarges, 2002). Die Einschätzungen werden meist mittels standardisierter Fragebögen erhoben, mit denen multiple Verhaltensdimensionen erfasst werden. Als Beurteilergruppen kommen in der Maximalvariante Vorgesetzte, Kollegen, Mitarbeiter sowie Kunden in Frage, die den Feedbackempfänger aus den verschiedenen Perspektiven einschätzen (daher der Begriff 360°). Die Rückmeldung erfolgt meist in der Form individueller Rückmeldeberichte, in denen die Einschätzungen der Feedbackgeber anonymisiert und aggregiert aufbereitet werden. Auf das Feedback können Personalentwicklungsmaßnahmen wie etwa eine individuelle Entwicklungsplanung oder Workshops mit den Beurteilergruppen aufbauen.

3 Zielsetzung und Stichproben

Das 360°-Feedback wurde in identischer Weise nacheinander in zwei Klinikbereichen des Gesundheitszentrums Evangelisches Stift St. Martin in Koblenz, heute Teil des Stiftungsklinikums Mittelrhein, durchgeführt. Das Krankenhaus befindet sich in freier Trägerschaft, verfügt über 420 Betten und beschäftigt über 1000 Mitarbeiter in neun Klinikbereichen. Die Maßnahmen wurden durch die Chefärzte und die Geschäftsleitung mit dem Ziel initiiert, den Veränderungsprozess auf der Führungsebene zu beschleunigen und die Führungskräfte (Ärzte und Pflegeleitungen) in ihrer persönlichen Entwicklung zu unterstützen.

An dem ersten Projekt nahmen alle 11 Führungskräfte aus der Abteilung Neurochirurgie (kurz „NC") teil, darunter waren zwei Pflegeleiter aus dem nicht-ärztlichen Bereich. Die Befragung erfolgte im Sommer 2001. Das zweite Projekt wurde ein Jahr später in der Unfallchirurgie („UC") mit 25 Führungskräften realisiert, davon 12 Ärzte, zehn Pflegeführungskräfte, zwei Führungskräfte aus der Verwaltung und einer aus dem psychologischen Dienst.

3.1 Ablauf der Befragung

Zur Steuerung des Ablaufs des 360°-Feedbacks wurde zu Beginn ein Projektteam konstituiert. Es setzte sich aus je einem Vertreter der Ärzteschaft, der Pflegeleitung, der Verwaltung, des Personalrats sowie der externen Unternehmensberatung zusammen (vgl. Dries, Meier & Hecht, 2002).

Die Einführung des 360°-Systems wurde von einer umfassenden Informationskampagne flankiert. Die Feedbackempfänger wurden vorab durch vielfältigste Kommunikationskanäle (u.a. durch einen für diesen Zweck produzierten Lehrfilm und eine Informations-Hotline) über Zweck, Ablauf und Möglichkeiten des Feedbacksystems informiert. Von Anfang an wurde deutlich gemacht, dass das 360°-Feedback ausschließlich der Personalentwicklung dient und keine Grundlage für personalpolitische Entscheidungen darstellt. Besonders herausgestellt wurden darüber hinaus die Vertraulichkeit in der Durchführung und die Anonymität der Ergebnisse. Die Teilnahme war für die Feedbackempfänger verbindlich.

Zum Start der Befragung erhielt jeder Feedbackempfänger einen kleinen Koffer mit den farblich gekennzeichneten Fragebögen der verschiedenen Urteilergruppen, einschließlich der an die Unternehmensberatung adressierten Rückumschläge. Die Feedbackempfänger wählten sich dann die Feedbackgeber selber aus und übergaben ihnen die Fragebögen mit der Bitte um Teilnahme. Nach Ablauf der Rücksendefrist wurden von der Unternehmensberatung die Zahlen der eingegangenen Fragenbögen getrennt nach Urteilergruppen an die Feedbackempfänger zurückgemeldet, so dass diese bei einem geringen Rücklauf die Möglichkeit hatten, innerhalb einer Verlängerungsfrist ihre Feedbackgruppen nochmals um die Teilnahme zu bitten.

Die Fragebogendaten wurden von der Unternehmensberatung ausgewertet und in Form von differenzierten Feedbackberichten aufbereitet, die nur den jeweiligen Feedbackempfängern zugesandt wurden. Ungefähr eine Woche danach führte jeder Feedbackempfänger ein ausführliches, persönliches Feedbackgespräch mit einem Berater des externen Instituts, in dem die Ergebnisse erläutert, Fragen geklärt und mögliche Maßnahmen diskutiert wurden. Darüber hinaus waren die Feedbackempfänger gehalten, mit ihren Führungskräften ein weiteres persönliches Gespräch zu führen. Wie spezifisch sie dabei die Ergebnisse aus den Berichten offen legten, konnten die Feedbackempfänger selbst bestimmen.

Im Sommer 2004 (also ca. 2,5 bzw. 1,5 Jahre nach der Rückmeldung) wurden nochmals alle Feedbacknehmer für eine Follow-Up-Erhebung kontaktiert. Dabei wurde mit ihnen ein teilstrukturiertes Interview geführt, in dem es um ihre Bewertung der zurückliegenden Intervention, ihre persönlichen Verhaltensveränderungen als Reaktion darauf und mögliche Optimierungen geführt. Zusätzlich wurde ein kurzer Fragebogen mit einigen geschlossenen Fragen beantwortet, auf den unten näher eingegangen wird.

3.2   Befragungsinstrumente

Für die Führungskräfte im Krankenhaus sind neben den typischerweise in 360°-Feedbacks vorzufindenden Gruppen von Fremdbeurteilern „Vorgesetzte", „Kollegen" und „unterstellte Mitarbeiter" drei Kundengruppen relevant: Patienten, Konziliarärzte des Krankenhauses (im Folgenden als „interne Kunden" bezeichnet) und einweisende, niedergelassene Ärzte („externe Kunden").

Abweichend vom Vorgehen bei vielen 360°-Feedbacks (z. B. Benchmarks, vgl. Lombardo & McCauley, 1996) wurde hier davon ausgegangen, dass es nicht sinnvoll ist, allen Urteilergruppen die gleichen Fragen vorzulegen. So kann unserer Meinung nach etwa das Teamverhalten am besten durch Peers und das kundenorientierte Verhalten durch Patienten und andere Kunden eingeschätzt werden. Tabelle 1 zeigt die Verhaltensbereiche und deren Skalen, wie sie den verschiedenen Urteilergruppen vorgelegt wurden. Ein weiterer Akzeptanz fördernder Vorteil dieser urteilerspezifischen Itemauswahl liegt darin, dass jeder Feedbackgeber nur einen kürzeren Fragebogen zu bearbeiten hat. In der Selbstbeurteilung durch alle Feedbackempfänger wurden alle Items beantwortet (dann jeweils in der „Ich"-Formulierung). Dasselbe gilt für eine hier ebenfalls erhobene „Pseudofremd"-Fragebogenvariante, in der die Feedbackempfänger jeweils angaben, was sie glaubten, wie sie im Durchschnitt von den Feedbackgebern eingeschätzt wurden.

Auf der Basis von Befragungsinstrumenten, die die Unternehmensberatung bereits bei 360°-Feedbacks für Führungskräfte in der Industrie erfolgreich eingesetzt hatte, entwickelte das Projektteam einen Fragebogen, der pro Urteilergruppe zwischen 17 und 35 Items beinhaltet. Alle Likert-Items wurden auf einer siebenstufigen Antwortskala von 1 = „stimme überhaupt nicht zu" bis 7 = „stimme voll und ganz zu" eingeschätzt (für Beispiele vgl. Tabelle 1).

Tabelle 1: Verhaltensbereiche, Skalen und Beurteilergruppen

Verhaltensbereich und Beurteilergruppe	Skala	k	Beispiel-Item
Managementverhalten, beurteilt durch Vorgesetzte	Planen & Koordinieren	6	Er stellt alle notwendigen Ressourcen bereit, damit vereinbarte Ziele erreicht werden können.
	Entscheiden & Problem-lösen	7	Um Fehler zu vermeiden, zögert er Entscheidungen zu lange heraus.
	Ausführen & Kontrollie-ren	7	Er informiert sich laufend über den Stand aller wichtigen Arbeiten und Projekte.
Teamverhalten, beurteilt durch Kollegen	Partizipieren & Koope-rieren	7	Er behandelt mich als gleichwertigen Partner.
	Sozial verantwortliches Handeln & Unterstützen	8	Er tauscht mit mir Informationen offen aus.
Führungsverhalten, beurteilt durch Mitarbeiter	Ziele & Aufgaben klar darstellen	7	Er erläutert mir, wo meine Kompetenzen und Entscheidungsspielräume liegen.
	Delegieren & Fördern	8	Er fördert mich durch geeignete Maß-nahmen.
	Motivieren & Vorleben	9	Ich kann mich auf sein Wort verlassen.
	Kooperieren & Konflikte lösen	8	Es gelingt ihm, Konflikte so zu lösen, dass die Lösung von allen getragen wird.
Kundenorientiertes Verhalten, getrennt beurteilt durch interne, externe Kunden und Patienten	Beratungs- & Behand-lungsqualität	9	Er ist für mich ein kompetenter Gesprächspartner.
	Betreuungsorientiertes Handeln	8	Er hört mir aufmerksam zu.
	Serviceverfügbarkeit	8	Er ist für mich gut erreichbar.

Anmerkung: k=Zahl der Items (jeweils ohne abschließendes summarisches Item)

Als abschließende Frage wurde zudem bei jeder Skala eine summarische Einschätzung verlangt. (Item-Bsp. für Skala „Planen und Koordinieren: „Insgesamt sehe ich sein füh-rungsbezogenes Verhalten im Bereich „Planen und Koordinieren" als sehr gut an.")

4 Ergebnisse

In beiden Stichproben wurden von allen 36 Feedbackempfängern zusammen insgesamt 1060 Fragebögen verteilt. Da einer der Feedbackempfänger keine Selbsteinschätzung abgab, wurden auch seine übrigen Daten aus den folgenden Analysen eliminiert (17 Fragebögen). Von den Feedbackempfängern waren zehn weiblich, das mittlere Alter betrug 42 Jahre ($SD = 7.6$).

Die Rücklaufquote der Fremdeinschätzungen lag bei 84,9 Prozent in der Abteilung Neurochirurgie und 87,8 Prozent in der Unfallchirurgie; die genauen Rücklaufzahlen gehen aus Tabelle 2 hervor. Im Durchschnitt entfielen auf jeden Feedbackempfänger 31,1 (NC) bzw. 23,4 (UC) zurückerhaltene Fragebögen. Für die Teilnahme an der Follow-Up-Erhebung konnten noch 30 der 35 Feedbackempfänger gewonnen werden.

Tabelle 2: Rücklaufzahlen und -quoten der Fremdbeurteilungen

Urteilergruppe	Neurochirurgie (NC)	Unfallchirurgie (UC)	durchschnittliche Rücklaufquote in %
Vorgesetzte	31	68	89,2
Kollegen	86	188	92,3
Mitarbeiter	116	163	90,0
Patienten	48	62	76,4
interne Kunden	37	46	76,9
externe Kunden	24	35	80,8
Summe:	342	562	86,7

Anmerkung. $N = 11$ (NC) und $N = 24$ (UC) Feedbackempfänger.

Analysiert man die interne Struktur der Fragebögen für die verschiedenen Verhaltensbereiche, so stellt man fest, dass es wenig Evidenz für die jeweils postulierte Skalenstruktur gibt. Vielmehr zeigt sich in allen Hauptkomponentenanalysen der Fremdurteilsdaten ein dominanter erster Faktor, so dass im Folgenden alle Items eines Verhaltensbereichs in einen globalen Skalenwert aggregiert werden. Die internen Konsistenzen dieser Skalen liegen alle über .80 und sind in Tabelle 3 zusammengestellt.

Multivariate Mittelwertsvergleiche mit allen 14 Skalen (für die in Tabelle 3 die Reliabilitäten berichtet wurden) als abhängige Variablen zeigen keine statistisch signifikanten Effekte für das Geschlecht, Wilks $\Lambda=0.14$, $F(11, 1)<1$, *ns*, und die Abteilung $\Lambda=0.18$, $F(11, 1)<1$, *ns* ($\alpha=.20$), so dass im Folgenden alle Analysen für die Gesamtstichprobe berichtet werden.

Tabelle 3: Reliabilitäten der Selbst- und Fremdbeurteilungen

Verhaltensbereich	Fremdurteiler	k	α_F	α_S	α_P
Managementverhalten	Vorgesetzte	20	.96	.81	.92
Teamverhalten	Kollegen	15	.93	.82	.88
Führungsverhalten	Mitarbeiter	32	.97	.88	.92
Kundenorientiertes Verhalten	Patienten	25	.94		
	interne Kunden	25	.93	.88	.91
	externe Kunden	25	.93		

Anmerkungen. k = Zahl der Items, α = Cronbach's Alpha für F = Fremdurteile, S = Selbsteinschätzung und P = Pseudofremdurteile.

Interessante Fragen beziehen sich auf das Niveau und die Zusammenhänge zwischen den verschiedenen Urteilsperspektiven. Man erkennt in Tabelle 4, dass – in Übereinstimmung mit der Literatur – die Selbsturteile in allen vier Verhaltensbereichen höher ausfallen als die Fremdurteile. Die Pseudofremdurteile liegen vom Niveau nahe an den Fremdurteilen. Die Übereinstimmungen von Selbst- und Fremdurteilen, bestimmt als Produkt-Moment Korrelationen, sind insgesamt sehr niedrig. Auch diese Befunde stehen im Einklang mit der Literatur: In der Metaanalyse von Conway und Huffcutt (1997) resultieren mittlere Korrelationen von .22 (Vorgesetzte), .19 (Kollegen) und .14 (Mitarbeiter) mit den Selbsteinschätzungen. Die Pseudofremdurteile korrelieren sehr hoch mit den Selbsteinschätzungen und ebenfalls gering mit den Fremdurteilen.

Tabelle 4: Deskriptive Statistiken und Übereinstimmungen zwischen Urteilen

Quelle:	Selbst			Pseudofremd			Fremd					
Verhaltensbereich	M	SD	N	M	SD	N	M	SD	N	r_{SF}	r_{PF}	r_{SP}
Managementverhalten	5.82	.52	35	5.49	.68	35	5.50	.65	32	.28	.34	.76**
Teamverhalten	5.97	.56	35	5.56	.74	35	5.68	.64	35	.11	-.16	.73**
Führungsverhalten	5.66	.50	34	5.24	.64	34	5.19	.82	32	-.12	-.16	.74**
Kundenor. Verhalten (KV)	6.01	.49	35	5.56	.61	34	6.16[†]	.36[†]	32[†]	.12[†]	.30[†]	.61**
KV: Patienten							6.10	.63	30	.04	-.06	
KV: interne Kunden							6.14	.56	28	-.02	.20	
KV: externe Kunden							6.31	.50	22	.13	.16	

Anmerkungen. r = Produkt-Moment Korrelationen zwischen S = Selbsteinschätzungen, P = Pseudofremdeinschätzungen und F = Fremdurteilen. [†] Diese Angaben basieren auf den mittleren Urteilen über alle Fremdurteiler, die das kundenorientierte Verhalten eingeschätzt haben. ** $p < .01$

In den Follow-Up-Einschätzungen der Feedbacknehmer spiegelte sich noch 1,5 (UC) bzw. 2,5 Jahre (NC) nach der Durchführung der Intervention eine positive Einstellung gegenüber der Maßnahme wieder. So äußerten sich 55,2 Prozent der Befragten zustimmend zu der Aussage „Das 360°-Feedback war für mich nützlich" (20,7 % antworteten „stimmt teils-teils", $M = 4.83$, $SD = 1.67$ auf siebenstufiger Antwortskala) und ebenfalls rund die Hälfte stimmte der Aussage zu „Ich würde es begrüßen, wenn erneut ein 360°-Feedback durchgeführt würde." (48,1 % Zustimmung, 14,8 % teils-teils, $M = 4.37$, $SD = 2.20$).

In den Interviews wurde als Stärke des 360°-Feedbacks besonders häufig die „Objektivität" des Urteils durch die Vielzahl der Urteiler bzw. Urteilerquellen gesehen. Zudem wurde dem Feedback ein großer Anregungscharakter zur Selbstreflexion attestiert. Als besonders wichtig in dem Prozess wurde von Führungskräften (die in verschiedenen Rollen ja auch Feedbackgeber waren) die Anonymität des Feedbacks angesehen.

Als Optimierungsvorschlag wurde von einigen Teilnehmern geäußert, in den Fragebögen auch differenzierterer Form offene Fragen zu stellen (Am Ende jedes Skalenblocks im Fragebogen wurden nur zwei globale Fragen gestellt, eine nach Anmerkungen für den Feedbackempfänger – „Was Sie sonst noch zu „Planung und Koordinieren" sagen möchten …" – sowie Anmerkungen zu den Fragen). Auch eine für alle Führungskräfte verbindlichere Festlegung der Folgeaktionen und der Konsequenzen der Rückmeldung wurde mehrfach eingefordert.

Für weitere Analysen wurden folgende zwei Skalen gebildet:

1. Der bewertete Nutzen wurde als Summenscore aus folgenden drei Items gebildet: „Das 360°-Feedback war für mich nützlich.", „Ich halte die Durchführung eines 360°-Feedbacks für sinnvoll." und „Das Coaching-Gespräch auf der Basis des 360°-Ergebnisberichts war für mich nützlich.". Die interne Konsistenz dieser Skala betrug $\alpha = .75$ ($M = 5.04$, $SD = 1.33$).

2. Die selbst berichtete, durch das 360°-Feedback initiierte Verhaltensänderung wurde durch sieben Items erfasst, die alle die Aussage beinhalteten „Das 360°-Feedback hat dazu beigetragen, dass sich mein Verhalten gegenüber x zum Positiven verändert hat", wobei $x=\{$meinem Vorgesetzten, meinen Kollegen, meinen Mitarbeitern, Patienten, internen Kunden, externen Kunden$\}$ darstellte, sowie einer summarischen Frage ohne Bezug zur Referenzgruppe. Die interne Konsistenz betrug $\alpha = .91$ ($M = 3.51$, $SD = 1.53$).

Es wurde erwartet, dass Feedbackempfänger ihr Verhalten besonders dann ändern, wenn sie dem 360°-Feedback gegenüber positiv eingestellt sind und es als nützlich ansehen. Ferner sollte dann mehr Anlass bestehen, das Verhalten zu modifizieren, wenn die Pseudofremdeinschätzungen positiver ausfallen als die Fremdurteile. Ist dies der Fall, so erhalten die Teilnehmer die Rückmeldung, dass sie von den Feedbackgebern kritischer eingeschätzt wurden, als sie es erwartet haben. Schließlich vermuteten wir, dass dann, wenn die Ergebnisse des 360°-Feedbacks in die Ziel- und Fördergespräche einbezogen wurden, durch die stärkere Verbindlichkeit ein positiver Effekt auf das Verhalten zu erwarten sein sollte.

Alle drei Hypothesen konnten bestätigt werden. Das Ausmaß der selbst berichteten Verhaltensänderung steht in einem positiven Zusammenhang mit der Nutzeneinschätzung ($r = .44$, $p<.05$), der Einbeziehung in die Fördergespräche ($r = .49$, $p<.01$, $M = 0.31$, $SD = 0.47$) sowie der Diskrepanz von Pseudofremdbild und Fremdbild ($r = .39$, $p<.05$; $M = -0.24$, $SD = 0.74$, bestimmt als durchschnittliche Differenz zwischen den Pseudofremd- und Fremdeinschätzungen in den Skalenwerten der vier Verhaltensbereiche. Die Korrelation der Diskrepanz zwischen Selbst- und Fremdschätzung lag zum Vergleich etwas geringer, $r = .35$, $p<.10$). Gemeinsam erklären die drei Variablen in einer multiplen Regression 52 Prozent der Varianz ($p<.01$; $\beta_{Nutzen} = .31$, $p<.10$, $\beta_{Fördergespräch} = .44$, $p<.01$, $\beta_{Diskrepanz} = .33$, $p<.05$). Wenngleich hier nur Selbstbeurteilungen an einer vergleichsweise kleinen Stichprobe vorliegen, so deuten die Ergebnisse doch darauf hin, dass positive Verhaltensänderungen vor allem dann zu erwarten sind, wenn insgesamt eine positive Einstellung gegenüber der Intervention besteht, das Feedback tatsächlich neue Informationen für die Führungskraft beinhaltet und verbindliche Aktionen folgen. Auf zwei dieser Bedingungen kann Einfluss genommen werden. Die Wahrscheinlichkeit einer positiven Einstellung wird vermutlich durch eine professionelle Durchführung der Intervention erhöht. Eine Integration der im Rahmen des 360°-Feedbacks gewonnenen Informationen in die Planung von Personalentwicklungsaktivitäten ist – so die zweite plausi-ble Erkenntnis – besser als die Umsetzung der gewonnen Einsichten den Teilnehmern selbst zu überlassen.

Alena Erke, Sabine Racky, Ingela Jöns & Martin Boelter

Teamfeedback mit dem Gruppencheck

1 Einleitung

Im Zusammenhang mit Gruppenarbeit sind die Kompetenz und Entwicklung der Gruppe als soziale Leistungseinheit Themen, mit denen wir uns im Forschungsprojekt „Unterstützungssysteme Selbstregulierter Gruppenarbeit" (USG) der Universität Mannheim, das im Rahmen des Sonderforschungsbereichs 467 von der Deutschen Forschungsgemeinschaft gefördert wird, seit 1997 beschäftigen. Ausgangspunkt unserer Überlegungen ist, dass die verschiedenen Führungsinstrumente und Managementsysteme weniger auf die Fremdsteuerung der Gruppen als vielmehr auf die Unterstützung der Selbstregulation der Gruppen ausgerichtet sein sollten, um eine effiziente Gruppenleistung und -entwicklung zu erzielen (Hey, Jöns & Pietruschka, 1997).

Eine bundesweite Umfrage zur Unterstützung der Gruppenarbeit in der Praxis ergab bezüglich der eingesetzten Beurteilungsverfahren als Feedbackquellen, dass überwiegend lediglich die klassische Einzelbeurteilung (68 Prozent) und manchmal zusätzlich eine Gruppenbeurteilung (30 Prozent) durch den Vorgesetzten durchgeführt wird. Entsprechend wurde die Meinung vertreten, dass andere Verfahren wie Kollegenbeurteilungen (30 Prozent) und Selbstbeurteilungen (67 Prozent) stärker berücksichtigt werden sollten (Bungard & Jöns, 1997b).

In drei Unternehmen wurde anschließend u. a. die Gestaltung und Einschätzung verschiedener Feedbackinstrumente bei Gruppenarbeit intensiv untersucht. Die Ergebnisse zeigen, dass in den meisten Fällen die Kriterien für effiziente Feedbackprozesse kaum hinreichend erfüllt waren, so dass die einzelnen Instrumente kaum geeignet waren, Leistungs- und Entwicklungsprozesse zu fördern. Ein Gruppenfeedbacksystem, das den Austausch von arbeitsbezogenem und interpersonellem Feedback innerhalb der Gruppen und damit die Entwicklung der Gruppen selbst in den Mittelpunkt stellt, wurde in keinem der befragten Unternehmen eingesetzt (Hey, Pietruschka, Jöns & Bungard, 1999).

Vor diesem Hintergrund erfolgte in Zusammenarbeit mit der Heidelberger Druckmaschinen AG die Entwicklung des Gruppencheck als Teamfeedbackinstrument (Erke, Racky & Jöns, 2003). Inzwischen wird der Gruppencheck in einem Montagebereich dieses Unternehmens seit drei Jahren eingesetzt. Die Hintergründe im Unternehmen, die Entwicklung des Gruppencheck und die Erfahrungen mit dessen Einsatz stehen im Zentrum dieses Beitrags.

2 Teamdiagnose und -feedback für Selbstregulierte Arbeitsgruppen

In diesem Abschnitt wird – aufbauend auf den allgemeinen Grundlagen zu Teamfeedback (vgl. Kauffeld in diesem Band) – kurz auf die spezifische Bedeutung und auf Merkmale von Instrumenten zu Teamdiagnose und -feedback bei Selbstregulierten Arbeitsgruppen eingegangen, um eine theoretische Einordnung des Gruppencheck zu ermöglichen.

2.1   Bedeutung und Merkmale von Teamfeedbackprozessen

Der Gruppencheck als Teamfeedbackinstrument wurde für Teilautonome bzw. Selbstregulierte Arbeitsgruppen in Produktionsbereichen entwickelt, deren potenzielle Vorteile gegenüber Einzelarbeit in Bezug auf Leistung, Flexibilität und Motivation im Wesentlichen auf der Selbstregulation der Arbeitsgruppen beruhen: Indem den Arbeitsgruppen ganzheitliche Aufgaben und erweiterte Handlungs- und Entscheidungsspielräume übertragen werden, steigt das Ausmaß, in dem die Gruppen ihre eigenen Arbeitsprozesse eigenständig planen und ausführen. Dazu gehört nicht nur die konkrete Ausführung einzelner Arbeitsschritte, sondern auch deren Planung und Koordination innerhalb der Gruppen (Antoni & Bungard, 2004). Die Gruppen müssen sich also nicht nur mit den fachlichen Aspekten ihrer Aufgaben beschäftigen, sondern auch mit sozialen Aspekten.

Selbstregulation bedeutet aber nicht „von selbst". Eine aktive Auseinandersetzung der Gruppen mit ihren Arbeitsprozessen ist erforderlich, um Verbesserungsbedarf erkennen und in konkrete Verbesserungsmaßnahmen umsetzen zu können. Solche Reflexionsprozesse entstehen im Normalfall nicht von selbst, sondern sie benötigen einen externen Anstoß, beispielsweise in Form von auftretenden Problemen und Hindernissen bei der Aufgabenausführung (West, 1996). Eine weitere Möglichkeit zum Anstoßen von Reflexionsprozessen besteht in einer systematischen Analyse der vorhandenen Aufgaben und Prozesse durch den Einsatz von Instrumenten zu Teamdiagnose und -feedback (vgl. Kauffeld in diesem Band). Eine wesentliche Voraussetzung für den Einsatz solcher Instrumente ist, dass sie Gruppenprozesse erfassen, die in der jeweiligen Gruppe für deren erfolgreiche Zusammenarbeit ausschlaggebend sind. Entsprechend unterschiedlich fallen beispielsweise Instrumente für Projektgruppen und Produktionsgruppen aus.

Bei der Einführung von Gruppenarbeit werden von Gruppenbeauftragten in Zusammenarbeit mit internen Personalentwicklern oder externen Beratern häufig Teamdiagnosen durchgeführt, um den Einführungsprozess besser steuern zu können. An die befragten Gruppen erfolgt dabei oft – wenn überhaupt – nur ein allgemeines Feedback auf der Basis von Durchschnittswerten. Eine intensive Reflexion wird aber nur auf der Basis gruppenspezifischer Rückmeldungen angeregt werden können. Eine gezielte Weiterentwicklung wird darüber hinaus nur dann erfolgen können, wenn Teamdiagnose und -feedback nicht nur ein- oder zweimal in der Einführungsphase durchgeführt werden, sondern als regelmäßiger Teamfeedbackprozess etabliert werden.

Dem Prinzip der Selbstregulation als dem zentralen Erfolgsfaktor von Arbeitsgruppen folgend ist es zudem sinnvoll, wenn Gruppen die Instrumente eigenständig einsetzen und die Prozesse selbst moderieren können. Auf diese Weise wird nicht nur die Reflexion der Prozesse in den Gruppen unterstützt, sondern auch die Kompetenz zur eigenständigen Reflexion weiterentwickelt. Wie bei anderen Aufgaben und Kompetenzen wird man die Gruppen hierbei zu Beginn unterstützen, um nach der Einführung des Instruments die Durchführung und Verantwortung den Gruppen selbst zu übertragen.

2.2 Ziele und Merkmale des Gruppencheck im Überblick

Der Gruppencheck als Teamfeedbackinstrument wird mit dem Ziel eingesetzt, Arbeitsgruppen in Produktionsbereichen dabei zu unterstützen, ihre gruppeninternen Arbeitsprozesse zu verbessern. Der Gruppencheck ist ein Fragebogen zur Messung der Kompetenz der Gruppen, die als deren Fähigkeit definiert ist, selbstständig und effizient die Gruppenziele zu erreichen. Daher werden im Gruppencheck verschiedene Aspekte gruppeninterner Arbeitsprozesse bewertet, die für die eigenständige und erfolgreiche Bewältigung der Gruppenaufgaben ausschlaggebend sind. Diese Bewertungen werden anhand von konkreten Beschreibungen vorgenommen.

Die Erhebung mit dem Gruppencheck wird von den Gruppen eigenständig durchgeführt. Der Fragebogen wird von allen Mitgliedern der Gruppe ausgefüllt. Somit gehen die Erfahrungen aller Gruppenmitarbeiter in die Ergebnisse ein. Die Meister können ebenfalls in den Beurteilungsprozess einbezogen werden, d. h. ihre Gruppen anhand des Fragebogens einstufen. Allerdings wurde der Gruppencheck in erster Linie zur Selbsteinschätzung durch die Gruppenmitglieder entwickelt.

Die Ergebnisse des Gruppencheck verdeutlichen den Gruppen mögliche Ansatzpunkte für konkrete Verbesserungen. Durch den Vergleich der verschiedenen Kompetenzaspekte können Stärken und Schwachstellen der Gruppenarbeit identifiziert werden, woraus sich anschließend Maßnahmen zur Verbesserung ableiten lassen. Eine Erfolgskontrolle wird spätestens durch eine erneute Durchführung des Gruppencheck vorgenommen.

Der Gesamtprozess des Gruppencheck von der Erhebung und Auswertung über die Maßnahmenableitung und -umsetzung bis zur Erfolgskontrolle sollte weitgehend selbstständig von den Gruppen durchgeführt werden. Dieser Prozess hat somit gleichzeitig die Funktion einer eigenständigen Entwicklungsmaßnahme. Die Gruppen lernen anhand des gemeinsamen Reflexionsprozesses, auch in ihrem Arbeitsalltag ihre eigene Zusammenarbeit systematisch zu reflektieren und gegebenenfalls zu verbessern.

3 Entwicklung und Durchführung des Gruppencheck

Die konkrete Entwicklung und inhaltliche Gestaltung des Gruppencheck erfolgte wie einleitend erwähnt in Zusammenarbeit mit der Heidelberger Druckmaschinen AG. Der Gruppencheck wurde in einem Montagebereich entwickelt, in dem bereits seit mehreren Jahren in Gruppenarbeit gearbeitet wird. Zunächst wird die Gruppenarbeit in diesem Montagebereich kurz vorgestellt, bevor auf die Grundideen und Gestaltung des entwickelten Instruments sowie auf den Gesamtprozess des Gruppencheck eingegangen wird.

3.1 Gruppenarbeitskonzept in der Montage

Selbstregulierte Gruppenarbeit zeichnet sich dadurch aus, dass mehrere Mitarbeiter an gemeinsamen Aufgaben arbeiten, für die gemeinsame Ziele bestehen und für die Aufgabenteilung, Koordination und Absprachen zwischen den Gruppenmitgliedern erforderlich sind (Antoni, 1996). In diesem Sinne wird in dem Montagebereich bereits seit 1995 mit Gruppenarbeit gearbeitet. Zwischen 31 und 34 Gruppen mit je zehn bis 15 Mitarbeitern haben jeweils einen Teil des Montageprozesses von Druckwerken in ihrer Verantwortung. Diese Montageprozesse umfassen innerhalb jeder Gruppe verschiedene Aufgaben, für die unterschiedliche Qualifikationen erforderlich sind. Die Teilaufgaben müssen innerhalb der Gruppen so verteilt und koordiniert werden, dass in der vorgesehenen Zeitspanne (meist 45 Minuten) an jedem Druckwerk alle erforderlichen Arbeitsschritte ausgeführt werden. Zusätzlich haben die Gruppen indirekte Aufgaben wie die Bereitstellung der Arbeitsmaterialien, die Budgetverwaltung und die Urlaubs- und teilweise auch Arbeitszeitplanung. All diese Aufgaben müssen die Gruppen, so weit es ihnen möglich ist, eigenständig bewältigen.

Daraus ergibt sich die Anforderung an die Gruppen, nicht nur technische, sondern auch organisatorische und soziale Aspekte ihrer Arbeit im Griff haben zu müssen. In einer ersten Untersuchung zum allgemeinen Stand der Gruppenarbeit zeigte sich, dass die Gruppen sehr unterschiedliche Vorstellungen darüber haben, welche Aufgabenaufteilung zwischen Gruppen und Meistern bestehen sollte, wie die Zusammenarbeit in den Gruppen aussehen sollte, wann sie am effektivsten ist und wie sie verbessert werden könnte. Praktische Probleme ergaben sich aus diesen unterschiedlichen Vorstellungen u. a. beim Vergleich mehrerer Gruppen untereinander sowie bei der Zusammenarbeit zwischen Gruppen.

Eine systematische Unterstützung aller Gruppen in Richtung auf eine erhöhte Eigenständigkeit und Eigenverantwortlichkeit schien kaum möglich, ohne auf Kriterien zurückgreifen zu können, die für alle Gruppen bedeutsam sind und von allen Gruppen akzeptiert werden. Aus dieser Situation heraus entstand das Vorhaben, den Gruppencheck als ein von Gruppen selbst einsetzbares Teamfeedbackinstrument zu entwickeln, um den Gruppen eine Möglichkeit zur eigenständigen Bewertung und Verbesserung ihrer Kompetenz in Bezug auf organisatorische und soziale Aspekte ihrer Zusammenarbeit zu geben.

3.2   Entwicklung des Gruppencheck als Teamfeedbackinstrument

Der Gruppencheck ist eine Checkliste, mit deren Hilfe Gruppen ihre eigene Kompetenz bewerten. Für verschiedene organisatorische und soziale Aspekte der Zusammenarbeit in den Gruppen sind vier aufeinander aufbauende „Stufen" anhand konkreter Beschreibungen definiert, von denen jeweils die am besten zutreffende auszuwählen ist. Somit erlaubt der Gruppencheck eine Einstufung jeder Gruppe für jeden einzelnen Aspekt und die Berechnung eines Gesamtwerts der Kompetenz der Gruppen, in den alle Aspekte eingehen.

Ausgangspunkt der Entwicklung des Gruppencheck war ein *vierstufiges „Entwicklungsmodell"*, anhand dessen sich alle Gruppen bereits auf eine von vier möglichen Stufen der Kompetenz eingestuft hatten. Von diesen vier Stufen ist jede Stufe eine Voraussetzung für das Erreichen der nächsthöheren Stufe (vgl. Abbildung 1). Bislang waren allerdings die Kriterien, nach denen die Gruppen ihre eigene Gruppenstufe bestimmten, weitgehend den Gruppen überlassen und somit zwischen den Gruppen sehr unterschiedlich. Durch den Gruppencheck sollte die Bewertung der Gruppenstufe anhand von konkreten und vergleichbaren Kriterien ermöglicht werden.

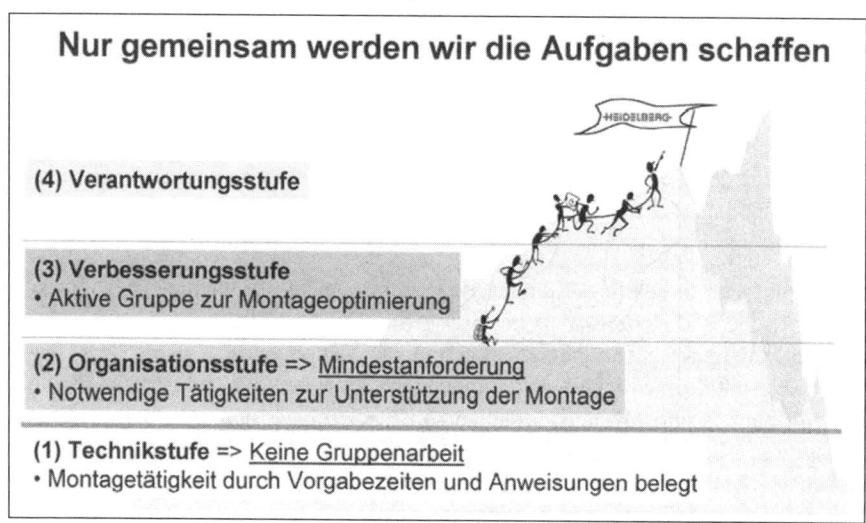

Abbildung 1: Kompetenz-Stufen der Gruppen bei der Heidelberger Druckmaschinen AG

Für die Entwicklung des Gruppencheck war es daher zunächst erforderlich, relevante *Kompetenzaspekte* zu identifizieren, also diejenigen Aspekte der Zusammenarbeit in den Gruppen, die dafür ausschlaggebend sind, wie eigenständig und erfolgreich in der Gruppe gearbeitet wird. Diese Aspekte sollten von den Gruppen beeinflussbar sein, also nicht ausschließlich von externen Einflussfaktoren (wie z. B. dem technischen Arbeitssystem) bestimmt sein. Sie sollten auch von den Mitarbeitern in den Gruppen für wichtig gehalten werden. Die Mitarbeiter sind diejenigen, die ihre eigenen Arbeitsabläufe vermutlich am besten kennen und beurteilen können. Zudem ist es wichtig, dass auch die Mitarbeiter ein Interesse daran haben, Verbesserungen herbeizuführen.

Als Ausgangspunkt für die Entwicklung der Kompetenzaspekte wurde auf vorhandene Kriterienkataloge zurückgegriffen, z. B. auf die Autonomiekriterien nach Gulowsen (1972), das Tätigkeitsbewertungssystem (TBS) von Hacker, Fritsche, Richter & Iwanowa (1995) und das Teamklima-Inventar (TKI) von Brodbeck, Anderson & West (2000). Bei der firmenspezifischen Entwicklung wurde gemeinsam mit den Gruppen partizipativ vorgegangen: Aus den meisten Gruppen wurden mehrere Mitarbeiter dazu befragt, was aus ihrer Sicht wichtig für den Erfolg ihrer Arbeit ist, in welchen Punkten besonderer Verbesserungsbedarf besteht und worin sie gerne unabhängiger von ihrem Meister entscheiden oder arbeiten würden. Die Aussagen der befragten Mitarbeiter wurden inhaltlich gruppiert und zusammengefasst. Das Ergebnis sind die in Tabelle 1 dargestellten 15 Kompetenzaspekte.

Tabelle 1: Kompetenzaspekte im Gruppencheck

1.	Urlaubs- und Arbeitszeitplanung	9.	Kunden-Lieferanten-Beziehungen
2.	Qualifikation und Job Rotation	10.	Zusammenarbeit zwischen Untergruppen
3.	Aufgabenaufteilung	11.	Gegenseitige Unterstützung
4.	Gruppengespräche	12.	Problemlösung
5.	Zielvereinbarungen	13.	Reflexion
6.	Kennzahlen	14.	Klima in der Gruppe
7.	Verbesserungen	15.	Gruppenzusammensetzung
8.	Informationsaustausch		

Im nächsten Schritt wurden für jeden Kompetenzaspekt die *Beschreibungen der vier Stufen* erarbeitet. Dafür wurde auf die Ergebnisse der Befragung zu den relevanten Aspekten der Zusammenarbeit zurückgegriffen. Die sich daraus ergebenden Beschreibungen wurden anschließend mit weiteren Gruppenmitarbeitern und Meistern besprochen. Es sollte sichergestellt werden, dass die Beschreibungen so formuliert sind, dass sie für alle Gruppenmitarbeiter verständlich sind. Sie sollten auch die in den Gruppen vorhandene Spannweite von Kompetenz abdecken, so dass für jede Gruppe eine der Stufen genau zutreffend ist. Als Orientierung für die Stufenbeschreibungen diente das Entwicklungsmodell, mit dem bereits vor der Entwicklung des Gruppencheck gearbeitet wurde, so dass sich jede dieser Stufen durch ein spezifisches Maß an Eigenständigkeit und Eigenverantwortlichkeit der Gruppen auszeichnet. Die konkreten Beschreibungen im Gruppencheck ermöglichen also eine transparente und zwischen den Gruppen vergleichbare Einstufung der Gruppen. Ein Beispiel für einen Kompetenzaspekt mit den Stufenbeschreibungen zeigt Abbildung 2.

Nach der Entwicklung der Stufenbeschreibungen für alle Kompetenzaspekte wurde der Gruppencheck in dem Montagebereich durchgeführt, in dem zuvor die Befragungen und Gespräche mit Mitarbeitern und Meistern stattgefunden hatten. Es wurden alle zum Zeitpunkt der Erhebung anwesenden 378 Mitarbeiter befragt, was 74 Prozent aller Mitarbeiter in den Arbeitsgruppen entspricht. Zudem haben die Meister den Gruppencheck für jede ihrer Gruppen einmal ausgefüllt, um die Übereinstimmung der Beurteilungen überprüfen zu können.

Aufgrund der Ergebnisse dieser ersten Erhebung wurde die Qualität des Gruppencheck anhand verschiedener Kriterien geprüft. Es wurde festgestellt, dass es innerhalb der Gruppe eine hohe Übereinstimmung der individuellen Antworten gibt und dass der Gruppencheck sehr gut in der Lage ist, zwischen verschiedenen Gruppen zu differenzieren. Zudem ist die Übereinstimmung zwischen den Einschätzungen der Gruppenmitarbeiter und der die Gruppen betreuenden Meister hoch (siehe ausführlicher in Erke & Jöns, 2003).

Kennzahlen (Qualität, Kosten, Reklamationsverhalten)

①   Die Gruppe arbeitet nicht mit Kennzahlen.

②   Der Meister bestimmt Kennzahlen für die Gruppe.

③   Die Gruppe arbeitet weitgehend selbstständig mit Kennzahlen (Kennzahlen bestimmen, Maßnahmen ableiten). Der Meister überprüft das Erreichen der Kennzahlen.

④   Die Gruppe arbeitet selbstständig mit Kennzahlen (Kennzahlen bestimmen, Maßnahmen ableiten, Erfolg überprüfen). Der Meister steht als Ansprechpartner zur Verfügung.

Abbildung 2: Beispiel für die Darstellung der Gruppenstufen zu einem Kompetenzaspekt

3.3   Einsatz und Ablauf des Gruppencheck

Der Gruppencheck wurde in dem Montagebereich bereits dreimal mit Unterstützung durch das Projekt USG eingesetzt. Durch die externe Unterstützung, die mit jedem Mal weiter reduziert wurde, sollten die Gruppen von vornherein in die Lage versetzt werden, unabhängig von ihrem Meister mit dem Gruppencheck zu arbeiten. Inzwischen wurden auch die Erhebung und Auswertung den Gruppen übertragen, die den Gruppencheck nun insgesamt eigenständig durchführen. Eine Unterstützung durch den Meister findet dabei nur in Ausnahmefällen statt. Der im Folgenden beschriebene Gesamtprozess zum Gruppencheck beinhaltet nach der Erhebung der Selbsteinschätzungen die Rückmeldung der Ergebnisse, das Ableiten von Verbesserungsbedarf sowie das Planen und Umsetzen von Maßnahmen. Als Erfolgskontrolle schließt sich eine erneute Erhebung an, die zu einer Überprüfung der bisherigen Maßnahmen sowie zur Identifizierung neuer Verbesserungsbedarfe herangezogen wird. Dieser Prozess ist im Überblick in Abbildung 3 dargestellt und wird nun ausführlicher beschrieben.

Die *Erhebung* mit dem Gruppencheck findet einmal jährlich in allen Gruppen statt. Dabei füllen alle Mitarbeiter den Fragebogen aus. Die Erhebung wird im Rahmen der wöchentlich stattfindenden Gruppensitzungen durchgeführt, so dass alle Mitarbeiter genügend Zeit für das Ausfüllen haben. Dadurch ist es zudem auch möglich, jeder Gruppe direkt im Anschluss an die Erhebung ihre eigenen Ergebnisse zurückzumelden. Weitere Erhebungen werden von einzelnen Gruppen nach Bedarf durchgeführt, z. B. um den Erfolg bestimmter Maßnahmen in kürzeren Zeitabständen zu überprüfen.

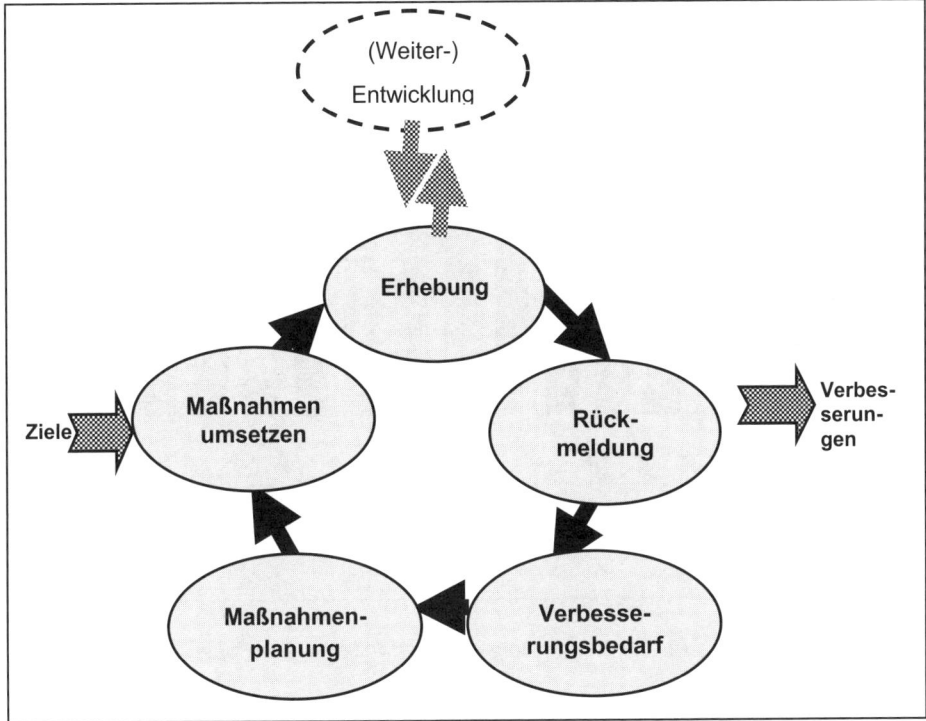

Abbildung 3: Gesamtprozess des Gruppencheck

Für die *Rückmeldungen* der Ergebnisse werden vom Projekt USG entwickelte Excel-Dateien verwendet. Die ausgefüllten Fragebögen werden während bzw. direkt im An

schluss an die Erhebung in die Tabellen eingegeben. Aus diesen werden dann die Ergebnisse „automatisch generiert" und grafisch dargestellt, wie beispielhaft in Abbildung 4 dargestellt wird. So können die Ergebnisse direkt in den Gruppensitzungen veranschaulicht und diskutiert werden. In diesen Diskussionen wird gemeinsam der *Verbesserungsbedarf festgestellt* und es können Maßnahmen zur Verbesserung geplant werden. Bei der Wiederholung sind in den Exceltabellen jeweils auch die Ergebnisse der vorherigen Erhebung dargestellt, so dass sich auch der Erfolg von bereits umgesetzten Maßnahmen und von Veränderungen direkt diskutieren lässt.

Die *Planung und Umsetzung von Verbesserungsmaßnahmen* sind in dem Montagebereich in ein Zielvereinbarungssystem eingebunden. Die Zielvereinbarungen der Gruppen beinhalten neben anderen Zielen auch die Verbesserung der Kompetenz, wobei die jeweiligen Voraussetzungen in den Gruppen sowie die Rahmenbedingungen jeder Gruppe berücksichtigt werden. In den Zielvereinbarungen wird zwischen Gruppen und Meistern verbindlich festgehalten, wie viele und welche Aspekte jede Gruppe in welchem Maße verbessern will, so dass nach Ablauf einer Zielvereinbarungsperiode eine Erfolgskontrol

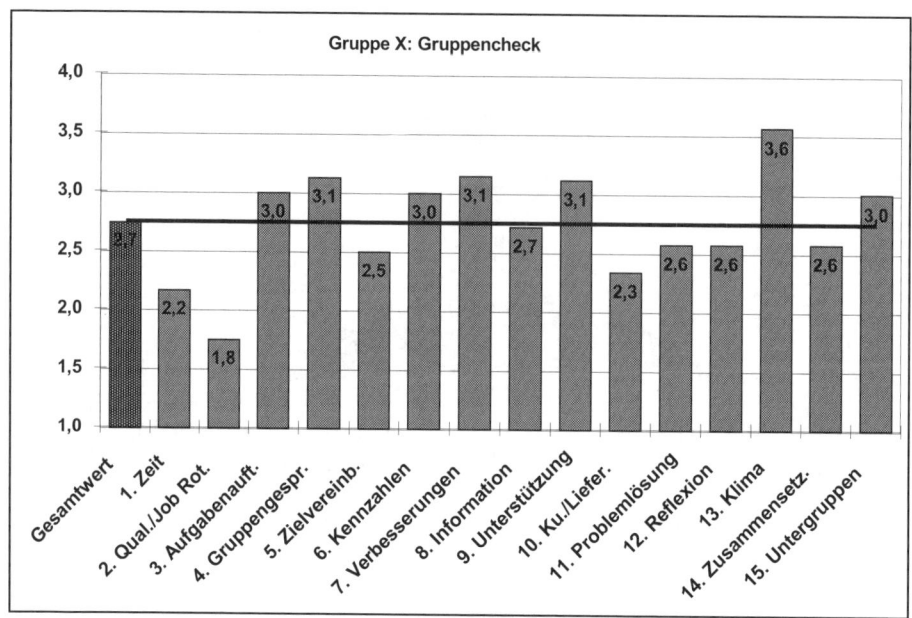

Abbildung 4: Beispiel für die Darstellung der Ergebnisse des Gruppencheck

le und ein Vergleich zwischen Gruppen möglich sind. Die Erfolgskontrolle findet im Zuge der nächsten Erhebung mit dem Gruppencheck statt. Dabei erfolgen wiederum gemeinsame Diskussionen, was der Ausgangpunkt für einen neuen Zyklus im Gruppen-check-Prozess ist.

Im weiteren Verlauf des Einsatzes des Gruppencheck können *Weiterentwicklungen oder Änderungen* des Instruments Gruppencheck erforderlich werden. Beispielsweise mussten die Stufenbeschreibungen des Aspekts Urlaubs- und Arbeitszeitplanung umformuliert werden, nachdem ein neues Arbeitszeitsystem eingeführt wurde, das den Gruppen größe-re Spielräume bei der Planung der individuellen Anwesenheitszeiten lässt. Auch eine Weiterentwicklung des Gesamtprozesses und weitere Maßnahmen zur Unterstützung der Selbstregulation der Gruppen können aufgrund der Ergebnisse des Gruppencheck erfor-derlich werden. Hierfür ist es wichtig, auch für den gesamten Bereich zuständige Grup-penbeauftragte bzw. Prozessbegleiter und die verantwortlichen Führungskräfte einzu-binden.

4 Erfahrungen mit dem Gruppencheck

In diesem Abschnitt werden die mit dem Instrument und dem Gesamtprozess zum Grup-pencheck gesammelten Erfahrungen zusammengefasst. Dabei wird zunächst auf die Förderung der Akzeptanz und anschließend auf die Effektivität der Arbeit mit dem Gruppencheck eingegangen.

4.1   Akzeptanz des Gruppencheck

Die Akzeptanz des Feedbackinstruments durch die Gruppenmitarbeiter ist ein wesentlicher Erfolgsfaktor für den Gesamtprozess, da dieser weitgehend eigenständig von den Gruppen durchzuführen ist. Daher werden die wichtigsten Faktoren zusammengefasst, die in der praktischen Arbeit mit dem Gruppencheck bzw. bei dessen Entwicklung zur Akzeptanz beigetragen haben.

Partizipatives Vorgehen: Alle Gruppen wurden bereits zu einem frühen Zeitpunkt in die Entwicklung einbezogen. Dies hat nicht nur zur Qualität des Instruments beigetragen, das auf die Voraussetzungen und Anforderungen in den Gruppen zugeschnitten ist. Dieses Vorgehen hat den Gruppen auch vermittelt, dass ihre Erfahrungen und Bedürfnisse für wichtig gehalten werden.

Gegenseitigkeit: Bereits in den Vorgesprächen zur Entwicklung des Gruppencheck wurde das Instrument als etwas dargestellt, mit dem sich die Gruppen nicht beschäftigen, damit es „woanders schick aussieht". Ein Hauptziel des Gruppencheck ist, die Eigenständigkeit der Gruppen zu fördern und zu unterstützen. Die Eigenständigkeit in Verbindung mit der Eigenverantwortlichkeit wird von vielen Mitarbeitern als eine nur mehr oder weniger gerechtfertigte Forderung des Unternehmens wahrgenommen. Dem steht das zweite Ziel gegenüber, wonach den Gruppen die Möglichkeit gegeben wird, selbst Forderungen zu stellen. Anhand der konkreten Aspekte können sie sehr genau formulieren, an welchen Punkten ihnen z. B. die erforderliche Unterstützung oder die notwendigen Freiräume fehlen.

Zielvereinbarungen: Der Gruppencheck wird im Rahmen von Zielvereinbarungen eingesetzt, indem die Verbesserung der Gruppenstufe als Ziel formuliert wird. Dies unterstreicht die Bedeutung des Gruppencheck und kann (je nach Art der Zielvereinbarungen) Anreize zu entsprechenden Verbesserungen aufgrund des Gruppencheck bieten.

Begleitende Workshops: Während der Einführung des Gruppencheck wurden mit allen Gruppen begleitende Workshops durchgeführt. In den Workshops lernten die Gruppen nicht nur den praktischen Umgang mit dem Instrument (z. B. Eingabe der Daten und grafische Darstellung der Ergebnisse). Mit ihnen wurde auch das Vorgehen bei der Interpretation und Diskussion der Ergebnisse sowie bei der Ableitung von Verbesserungsmaßnahmen erarbeitet. Hierzu gehörten allgemeine Regeln für die Gesprächsführung (z. B. Feedbackregeln) und für die erfolgreiche Maßnahmenvereinbarung (z. B. Festlegung konkreter Termine und Verantwortlichkeiten). Auf diese Weise wurden die Gruppen in die Lage versetzt, den Gruppencheck weitgehend ohne Unterstützung der Meister durchzuführen.

Einbindung: Der Gruppencheck darf nicht als isoliertes Instrument betrachtet werden, sondern muss einen immer selbstverständlicheren Teil der Arbeit darstellen. Es ist notwendig, ihn in regelmäßige Kommunikations- und Verbesserungsprozesse einzubinden, insbesondere in die Gruppenbesprechungen und Gruppensprechertreffen. Ebenso kann eine Einbindung in die Mitarbeitergespräche und damit eine Abstimmung mit Personalentwicklungsmaßnahmen zur Förderung individueller Kompetenzen, die entsprechend der Kriterien oder Diskussionen im Rahmen des Gruppencheck für sinnvoll erachtet werden, von Vorteil sein. Wenn die Arbeit mit dem Gruppencheck als „dazu gehörend" und nicht als Zusatzbelastung wahrgenommen wird, wirkt sich dies zusätzlich positiv auf die Akzeptanz aus.

Vorhersehbarkeit und Vertrauen: Die Einführung des Gruppencheck sollte so transparent sein, dass die Mitarbeiter das Vertrauen gewinnen, dass er zu ihrer Unterstützung eingesetzt wird und nicht zu ihrer Kontrolle. Die Konsequenzen sollten ebenfalls transparent sein und es sollte auf jeden Fall vermieden werden, dass die Gruppen mit erhöhter Arbeitsbelastung durch den Gruppencheck zu rechnen haben. Diese könnte entstehen, wenn den Gruppen nicht genügend Zeit für die Erhebung und Diskussion eingeräumt wird.

Eigene Erfahrungen: Durch den konstruktiven Umgang mit dem Gruppencheck und seinen Ergebnissen ist es den Gruppen möglich, die Vorteile für die Verbesserung ihrer eigenen Zusammenarbeit zu erkennen und zu nutzen, was ebenfalls zur Akzeptanz und zur eigenständigen und motivierten Arbeit mit dem Gruppencheck beiträgt. Hier gilt es vor allem, einen konstruktiven Umgang mit gruppenübergreifenden Auswertungen durch die Führungskräfte vorzuleben. Wichtig ist auch, die Meister für eine konstruktive Auseinandersetzung mit den Gruppen zu qualifizieren, insbesondere wenn Selbst- und Fremdeinschätzungen deutlich von einander abweichen.

4.2   Effektivität des Gruppencheck

Das Ziel des Einsatzes des Gruppencheck ist die Verbesserung der Kompetenz der Gruppen. Die Effektivität des Gruppencheck lässt sich – abgesehen von objektiven Kriterien – am besten überprüfen, indem ermittelt wird, inwieweit sein Einsatz einen positiven Einfluss auf die Entwicklung der Kompetenz der Gruppen hat. Da alle Gruppen des untersuchten Montagebereichs mit dem Gruppencheck arbeiten, ist ein Vergleich zwischen Gruppen mit und ohne Einsatz nicht möglich. Es wurde aber überprüft, inwieweit sich die Kompetenz aller Gruppen nach Beginn der Arbeit mit dem Gruppencheck verbessert hat und welche Faktoren darauf einen Einfluss haben.

4.2.1 Verbesserung der Kompetenz der Gruppen

Zur Überprüfung der Effektivität liegen die Daten aus den ersten drei Erhebungen für alle Montagegruppen vor, die sich auf vier Segmente verteilen. Die Mittelwerte der Gruppen für jeden der drei Erhebungszeitpunkte sind in Abbildung 5 für alle vier Segmente dargestellt. Es zeigt sich, dass sich die Kompetenz im Durchschnitt über alle Gruppen/Segmente im Laufe der Zeit verbessert hat. Zwischen den Segmenten gibt es jedoch Unterschiede.

Im Segment 4 waren die Voraussetzungen für die Gruppenarbeit zu Beginn sehr günstig, insbesondere die Qualifikationen der Mitarbeiter waren hoch und in diesem Segment fanden die meisten Maßnahmen zur Förderung der Gruppenarbeit statt. Dies spiegelt sich darin wieder, dass die Kompetenz dieser Gruppen vor allem in der ersten Erhebung deutlich besser eingestuft wurde als in den anderen Segmenten. Das Absinken der Kompetenz bis zum dritten Erhebungszeitpunkt ist durch organisationale Umstrukturierungen in Folge externer Ereignisse zu erklären, die sich auf dieses, nicht aber auf die anderen Segmente ungünstig auswirkten (z. B. Verminderung der Kontakthäufigkeit zwischen Schichten oder Untergruppen innerhalb der Gruppen durch Änderungen der Arbeitszeitverteilung).

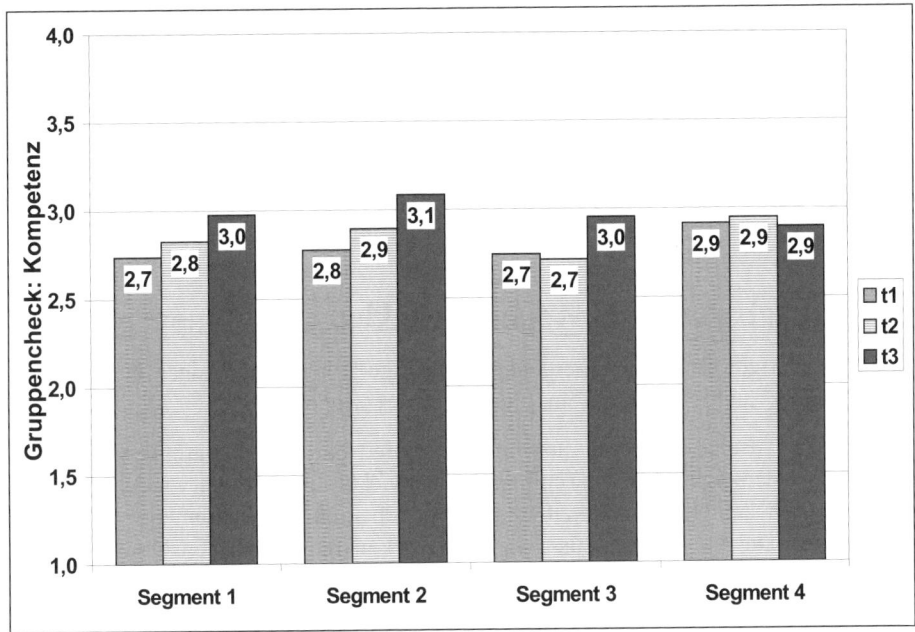

Abbildung 5: Veränderung der Kompetenz über drei Erhebungszeitpunkte
in unterschiedlichen Segmenten

Diese Ergebnisse zeigen, dass sich die Kompetenz im Laufe der Arbeit mit dem Gruppencheck in den meisten Gruppen verbessert hat. Sie zeigen aber auch, dass sich externe Faktoren auf die Einschätzungen der Kompetenz auswirken, was bei der Interpretation der Ergebnisse und insbesondere bei der vergleichenden Bewertung der Gruppen berücksichtigt werden muss.

4.2.2 Zielvereinbarungen zum Gruppencheck

Mit der Einführung des Gruppencheck wurde im Rahmen der regelmäßig durchgeführten Zielvereinbarungen verbunden, dass alle Gruppen ihre Gruppenstufe verbessern sollen. Aus dieser sehr allgemeinen Vorgabe konkrete Ziele abzuleiten, wurde der Verantwortung der einzelnen Gruppen übertragen. Sie mussten in Absprache mit dem Meister festlegen, welche der Aspekte sie in welchem Maß und in welcher Weise verbessern wollen. Die Überprüfung der Zielerreichung erfolgte dann im Zuge der Wiederholung des Gruppencheck.

Um zu überprüfen, inwieweit die Festlegung derartiger Kompetenzziele tatsächlich zu einer Verbesserung beiträgt, können Daten von Befragungen herangezogen werden, die zeitgleich mit der ersten Durchführung des Gruppencheck stattfanden. Darin wurden alle Gruppen gefragt, für wie sinnvoll sie erstens dieses Kompetenzziel und zweitens verschiedene Leistungsziele halten, die ebenfalls in den Zielvereinbarungen festgelegt wurden. Es hat sich gezeigt, dass die Akzeptanz des Kompetenzziels signifikant positiv mit der gleichzeitig gemessenen Kompetenz zusammenhängt (die Korrelation beträgt r = .50). Mit der Akzeptanz der Leistungsziele dagegen hängt die Kompetenz kaum zusammen (r = .10). Die Akzeptanz des Kompetenzziels hängt auch mit der im Folgejahr gemessenen Kompetenz hoch positiv zusammen (r = .46). Dies kann als Hinweis darauf interpretiert werden, dass die Akzeptanz des Kompetenzziels sich positiv auf die Kompetenz auswirkt. Dennoch ist nicht auszuschließen, dass Gruppen mit hoher Kompetenz den Wert der Kompetenzverbesserung mehr zu schätzen wissen und somit auch das Kompetenzziel eher akzeptieren als Gruppen mit geringer Kompetenz.

5 Übertragbarkeit und Weiterentwicklung des Gruppencheck

Aus den bisherigen Erfahrungen ergeben sich einige Schlussfolgerungen in Bezug auf weitere Einsatz- und Entwicklungsmöglichkeiten des Gruppencheck.

Nachdem der Gruppencheck in Zusammenarbeit mit den Montagegruppen eines Bereichs der Heidelberger Druckmaschinen AG entwickelt und erprobt wurde, stellt sich die Frage nach der Übertragbarkeit bzw. Anwendbarkeit des Instruments in anderen Unternehmen. Die Konstruktion als Checkliste mit konkreten Verhaltensbeschreibungen zu einzelnen Kriterien, die aber dennoch vergleichsweise allgemein gehalten sind, ermöglichte bereits den Einsatz bei verschiedenen Gruppen in dem Montagebereich der Heidelberger Druckmaschinen AG.

Aufgrund von Erfahrungen mit dem Gruppencheck in anderen Unternehmen konnte bestätigt werden, dass eine Übertragung auf andere Arbeitsgruppen in der Produktion möglich ist. Insbesondere die Relevanz der Kompetenzaspekte hat sich wiederholt gezeigt. Häufig waren lediglich Umformulierungen bei ergänzenden Erläuterungen erforderlich, z. B. welche Kennzahlen gemeint sind oder worauf sich Verbesserungen beziehen. Als ein Vorteil des Instruments kann die Beschränkung auf wenige, zentrale Kriterien angesehen werden. Viele Erhebungsbogen umfassen weit mehr als 15 Fragen, da man schnell dazu neigt, weitere Kriterien anzufügen. Eine Grenze sollte bei maximal 20 Fragen liegen. Jede weitere Differenzierung kann im Rahmen der Diskussion erfolgen.

Eine Überprüfung und Anpassung der Stufenbeschreibungen einzelner Kompetenzaspekte ist gegebenenfalls in Abhängigkeit von den jeweiligen Arbeitssystemen und Gruppenarbeitsformen erforderlich. So wurde beispielsweise in einem Unternehmen die Arbeit mit Zielvereinbarungen und Kennzahlen auf Gruppenebene erst eingeführt, so dass die Stufenbeschreibungen nicht zutreffend waren und entsprechend angepasst wurden. Sobald die Arbeit mit Zielvereinbarungen in diesem Unternehmen zum regulären Bestandteil der Gruppenarbeit geworden ist, wird eine erneute Umformulierung erforderlich werden. Solche Änderungen in Formulierungen müssen selbstverständlich bei der Interpretation von Ergebnissen berücksichtigt werden.

Ebenso gründet die Festlegung auf vier Stufen auf dem spezifischen Bewertungssystem bei der Heidelberger Druckmaschinen AG. Der Vorteil liegt in der einfachen Handhabung. Ein Nachteil ist in der begrenzten Möglichkeit der Differenzierung und Weiterentwicklung von Gruppen zu sehen. Denkbar ist auch eine höhere Anzahl von Stufen oder die Einführung von Zwischenstufen. Bei ihrer Konstruktion muss aber die klare Abgrenzbarkeit der einzelnen Stufen beachtet werden.

Grundsätzlich ist festzuhalten, dass sich der Gruppencheck als Feedbackinstrument vor allem durch seine einfache Handhabung durch die Gruppen selbst bewährt hat. Als Teamentwicklungskonzept zeichnet er sich erstens durch die Konzentration auf die Kompetenz der Gruppe als Verbindung von funktionalen und sozialen Kriterien der Zusammenarbeit aus. Zweitens entspricht seine Einbettung in die alltäglichen Kommunikations- und Verbesserungsprozesse und regelmäßigen Zielvereinbarungen dem Grundgedanken, dass Entwicklungsarbeit nicht nur Teil der alltäglichen Zusammenarbeit ist, sondern dass arbeitsimmanente Kompetenzentwicklung auch die Zusammenarbeit einschließt. Eine Schwierigkeit bei der Einführung des Gruppencheck ist die Herstellung einer Balance zwischen der Unterstützung durch externe Institute oder interne Prozessbegleiter und der Forderung der selbstständigen Durchführung durch die Gruppen.

Christian Freudling & Irina Schultze-Willebrand

Feedback und Reflexion als Steuerungsinstrumente von Veränderungsprojekten bei der ZF Friedrichshafen AG

1 Ausgangssituation

Aufgrund der zunehmenden Globalisierung und des damit verbundenen, weltweit wachsenden Wettbewerbs stehen die Unternehmen unter einem immer stärkeren Konkurrenzdruck. In der Automobilzuliefererindustrie erfordern die steigende Variantenvielfalt sowie Absatz- und Nachfrageschwankungen höhere Flexibilität und schnellere Anpassung an die Kundenwünsche. Zudem werden trotz steigender Lohn- und Rohmaterialkosten von Seiten der Kunden kontinuierlich Preissenkungen erwartet. Ein effizientes Produktionssystem soll helfen, dem Kostendruck zu begegnen und stellt einen entscheidenden Wettbewerbsfaktor dar.

Im Unternehmensbereich Nutzfahrzeug- und Sonder-Antriebstechnik der ZF Friedrichshafen AG wurde im Rahmen eines großflächigen Veränderungsprozesses ein neues Produktionssystem eingeführt, das „Formel ZF" genannt wird. Der Name stellt eine bewusste Anspielung auf die Formel 1 dar und symbolisiert die Ambition des Traditionsunternehmens, jährlich „Weltmeister" auf dem Getriebesektor schwerer Nutzkraftwagen zu werden, d. h. die Marktführerschaft zu erhalten und auszubauen. Durch die Umgestaltung der Fertigungsstrukturen und die Optimierung der Unternehmensprozesse sollte die Produktivität erhöht, die Qualität verbessert und die Durchlaufzeit verringert werden. Dies geschah in einem ganzheitlichen Veränderungsprozess, in dem unterschiedliche Themen, von der Fließfertigung bis zur Teamarbeit, in verschiedenen Rationalisierungs- und Optimierungsprojekten angegangen wurden. Unterstützt und vorangetrieben wird dieser Veränderungsprozess durch interne Berater.

Eines der Projekte dieses Umstrukturierungsprozesses war das Projekt „Ganzheitliche Prozessgestaltung und Optimierung der Hauptwelle". Das Projekt sollte Verbesserungen in einem Fertigungsbereich erzielen, der die Hauptwelle, eine zentrale Komponente in einem Getriebe, herstellt. Die Inhalte des Projekts bezogen sich auf folgende Themen:

1. Entwicklung und Implementierung eines Kennzahlensystems, durch das die Mitarbeiter Möglichkeiten zur Selbststeuerung und eigenverantwortlichen Problemlösung erhalten sollen

2. Verbesserung des Materialflusses und Reduktion der Bestände durch die Einführung einer Kanban-Auftragssteuerung

3. Optimierung der Prozesskette

Um eine ganzheitliche Veränderung zu realisieren, genügte es jedoch nicht, ein verbessertes technisches System zu implementieren. Insbesondere da es darum ging, die Potenziale der Mitarbeiter zu nutzen und ihnen mittels eines Kennzahlensystems Möglichkeiten zum eigenverantwortlichen Handeln an die Hand zu geben, war es für den Erfolg des Projekts entscheidend, dass die Mitarbeiter sich mit dem neuen Arbeitssystem identifizieren. Mit der Umgestaltung der Strukturen und Arbeitsabläufe änderten sich auch die Anforderungen an die Mitarbeiter und deren Tätigkeiten. Es galt, die Kenntnisse und Fertigkeiten zur Bewältigung der neuen Anforderungen zu vermitteln und die Betroffenen im Entwicklungsverlauf zu unterstützen.

Aus diesem Wissen heraus wurden im Projektauftrag neben quantitativen Projektzielen, wie der Steigerung der Kostenproduktivität, Senkung der Durchlaufzeit und Reduzierung der Fehlerrate, auch ausdrücklich so genannte qualitative Ziele festgelegt, die sich auf den Mitarbeiter als Teil des zu verändernden Systems bezogen:

1. Die Mitarbeiter richten ihre Aktivitäten am Steuerungssystem aus

2. Einbindung der Mitarbeiter in das Projekt

3. Verständnis der Mitarbeiter für das Produktionssystem „Formel ZF" fördern

4. Förderung von Gruppenarbeit und Arbeitsorganisation

Um die Projektverantwortlichen bei der Erreichung dieser Ziele zu beraten und ihnen in regelmäßigen Abständen *Rückmeldung* über den aktuellen Stand des Projekts, insbesondere im Hinblick auf die Zielerreichung, zu liefern, wurde prozessbegleitend eine regelmäßige Befragung der Mitarbeiter zu deren Wahrnehmung des Veränderungsprozesses konzipiert. Durch die Auswertung der Daten und die *Reflexion* der Ergebnisse sollte Handlungsbedarf aufgezeigt und Steuerungsinformationen für die weitere Gestaltung des Veränderungsprozesses bereitgestellt werden.

Abbildung 1: Struktur des Veränderungsprojekts

Abbildung 1 stellt die Projektstruktur und die Rolle dieser Prozessbegleitung im Rahmen des Veränderungsprojekts dar. Sie unterstützt das Projektmanagement durch die Rückmeldung und Reflexion der Mitarbeiterperspektive bei der Projektsteuerung, ist aber durch die wiederholte Datenerhebung und die dadurch angestoßenen mitarbeiterbezogenen Maßnahmen (vgl. hierzu Abschnitt 3.3) auch direkt mit dem Projektstrang Mitarbeitereinbindung verbunden.

Bevor der Ablauf dieses Feedback- und Reflexionsprozesses im Abschnitt 3 genauer beschrieben wird, soll zunächst auf einige Grundgedanken der systemischen Organisationsberatung eingegangen werden, da diese für seine Konzeption bestimmend waren.

2 Feedback in der systemischen Organisationsberatung

„Systemisch" zu arbeiten ist heute modern, für manche Berater sogar ein Standard der prozessorientierten Organisationsberatung (Gloger, 2004). Doch nicht überall wo „systemisches Arbeiten" vorgegeben wird, orientiert man sich im Kern an systemischen Prinzipien. Letztendlich geht es dabei um eine Grundhaltung, die die Prämissen für das beraterische Vorgehen bilden (Königswieser & Exner, 1998). Zentraler Punkt der systemischen Organisationsberatung sind daher weniger die spezifischen Interventionsformen (Hilse, 2001) als viel mehr die Art und Weise, wie soziale Systeme, z. B. Organisationen, Abteilungen oder Projekte, und die „Wirklichkeit der Welt" wahrgenommen werden.

So erzeugen soziale Systeme durch ihre spezifische Art der Informationsauswahl bzw. durch ihre Handlungen und Entscheidungen Ereignisse, die in ihrer Zirkularität und Selbstreferenz zu einer operationalen Geschlossenheit des Systems führen. Die so hervorgebrachten Organisations- und Verhaltenmuster haben aus der Sicht des Systems den Zweck der Selbsterhaltung. Neue bzw. andere Sicht- und Verhaltensweisen, die eine Anpassung an die Veränderungen in der Umwelt ermöglichen würden, werden zunächst nicht betrachtet bzw. abgelehnt. Die eigene Wirklichkeit wird „passend" konstruiert (vgl. Glasersfeld 1997).

Feedback-Prozesse haben in der systemischen Organisationsberatung die wichtige Funktion, alternative Beobachtungen (Wirklichkeiten) in das System einzuführen und somit auf der Basis dieser unterschiedlichen Perspektiven Reflexionsprozesse auszulösen. Diese ermöglichen dem System, eingefahrene Verhaltensmuster zu überdenken und bilden eine wichtige Voraussetzung für die Gestaltung von organisationalen Veränderungen. So bieten bewusst gestaltete Feedbackprozesse eine Möglichkeit, die oben erwähnte operationale Geschlossenheit von Systemen zu unterbrechen

Hinter diesem Interventionsverständnis steckt die Annahme, dass Veränderungen von außen nicht direkt instruiert werden können (vgl. Maturana & Varela, 1987). Der Berater hat aber die Möglichkeit, für konstruktive Irritation zu sorgen, Anregungen zu geben und das System mit Informationen zu versorgen, die diesem bisher noch nicht zugänglich waren.

Als Grund-Arbeitsmodell durchlaufen systemische Berater immer wieder die so genannte systemische Schleife (siehe Abbildung 2): Informationen sammeln – Interpretieren und Hypothesen bilden (dabei auf Vieldeutigkeit achten und Interventionsräume öffnen) – Interventionsstoßrichtung festlegen und Interventionen planen – Interventionen setzen (Königswieser & Exner, 1998).

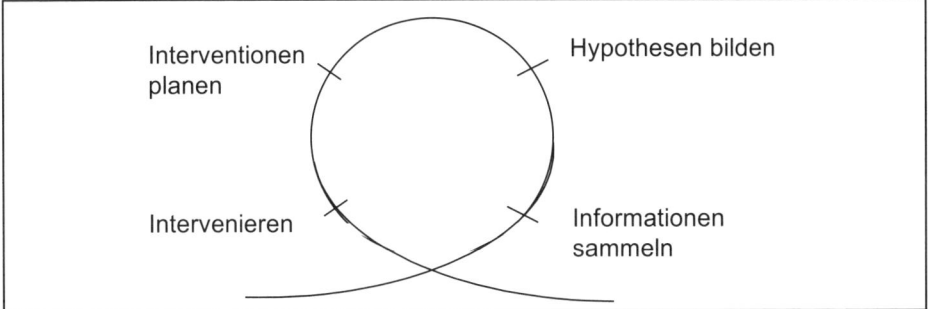

Abbildung 2: Die systemische Schleife

Diese Vorgehensweise ermöglicht es, theoriegeleitet, bewusst und aus einer gewissen Distanz heraus auf das System „einzuwirken". Der Unterschied im Vergleich zu traditionellen Survey-Feedbackprozessen liegt hier besonders in der Phase der Hypothesenbildung. Die Interventionsräume werden bewusst ressourcen- und lösungsorientiert betrachtet bzw. „konstruiert" und alte, für die Entwicklung und Veränderung des Systems dysfunktionale Muster unterbrochen.

3 Prozessbegleitung und Steuerung des Veränderungsprojekts

3.1 Auftrag

In der Auftragsklärung für die datengestützte Prozessbegleitung wurden eine Reihe von Zielen bzw. Gestaltungsprämissen festgelegt. Sie sind im folgenden Kasten verkürzt wiedergegeben.

Auftrag:

- Veränderungsmessung der qualitativen Ziele mit einem system- und zielgruppenadäquaten Instrument

- Entwicklung und Anwendung verschiedener Verfahren, um Einblicke in die Wirkung und den Zusammenhang der „soft-facts" zu ermöglichen

- Dabei geht es mehr um die Nachvollziehbarkeit von Entwicklungen im Veränderungsprojekt und weniger um die absolute Messung von Daten

- Die gewonnen Erkenntnisse dienen dem Projektteam als wichtige Steuerungsinformationen für die weitere Gestaltung des Veränderungsprozesses

---

Wie aus dem Auftrag hervorgeht, lag ein Schwerpunkt der Zielsetzung darin, „weiche Faktoren", die für den Erfolg des Veränderungsprojekts relevant waren, durch die Entwicklung und den Einsatz sozialwissenschaftlicher Methoden ebenfalls messbar zu machen. So sollte z. B. der aktuelle Kenntnisstand der Mitarbeiter zu den Kennzahlen wiederholt erfasst werden, um im Projektverlauf Veränderungen festzustellen.

Weiterhin wurde verlangt, dass diese Informationen dem Projektteam für die Planung der nächsten Projektschritte und somit zur Steuerung des Veränderungsprozesses zur Verfügung stehen sollten.

3.2   Ablauf

In Anlehnung an das Modell der systemischen Schleife wurde der Feedback- und Reflexionsprozess als ein Zyklus konzipiert, der jeweils sechs Phasen beinhaltet (siehe Abbildung 3).

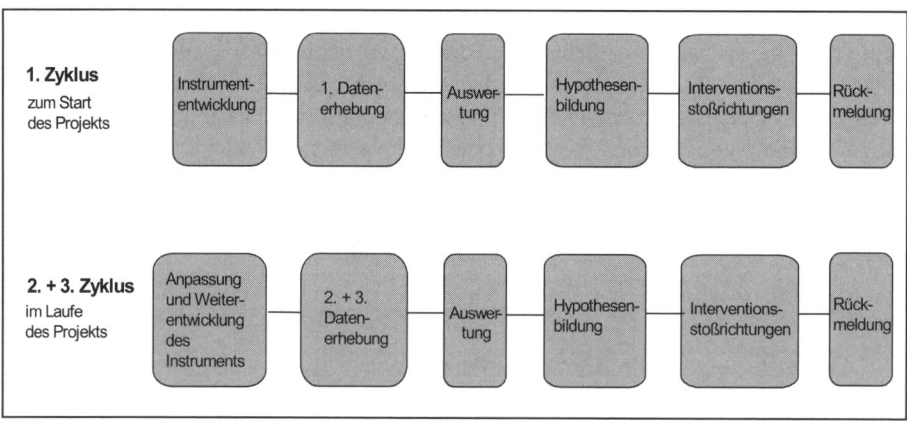

Abbildung 3: Ablauf des Feedback- und Reflexionsprozesses

1. Instrumententwicklung

In der *ersten Phase* wurde gemeinsam mit den Verantwortlichen des Veränderungsprojekts ein Fragebogen sowie ein offener Interviewleitfaden entwickelt. Zielsetzung war, mit dem Fragebogen Veränderungen in den qualitativen Zielen (siehe Abschnitt 1) zu

	stimmt gar nicht	stimmt überwiegend nicht	stimmt eher nicht	stimmt eher	stimmt überwiegend	stimmt genau
Über Veränderungen in meinem Bereich werde ich rechtzeitig informiert.	☐	☐	☐	☐	☐	☐
Ideen und Vorschläge von Mitarbeitern werden von unseren Vorgesetzten berücksichtigt.	☐	☐	☐	☐	☐	☐

Abbildung 4: Beispielfragen zur Einbindung der Mitarbeiter in das Projekt

erfassen. Aus diesem Grund wurden zu jedem der vier Themengebiete Fragen konstruiert, die als Indikatoren die jeweilige Zieldimension abbilden sollten. Zur Veranschaulichung sind in Abbildung 4 und 5 Beispielitems zu zwei Themenbereichen dargestellt. Im Fragebogenteil zur Einbindung in das Projekt konnten die Mitarbeiter z. B. mittels einer Ratingskala ihre wahrgenommene Form der Beteiligung beurteilen.

Zum Thema Umgang der Mitarbeiter mit dem Selbststeuerungssystem wurden Multiple-choice-Fragen gestellt, um den aktuellen Kenntnisstand der Mitarbeiter zu erfassen.

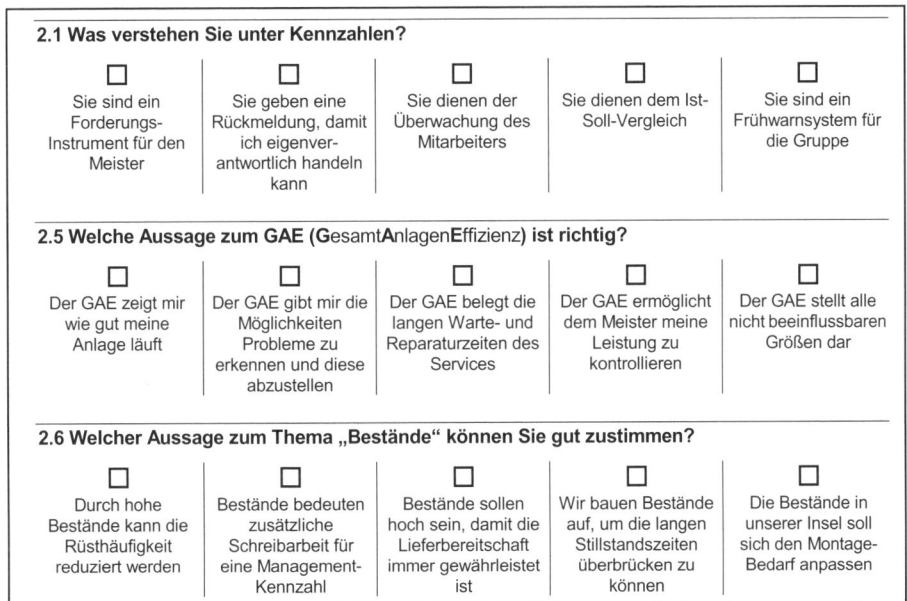

Abbildung 5: Beispielfragen zum Umgang mit dem Steuerungssystem

2. Datenerhebung

Während der Datenerhebung in der *zweite Phase* füllten die Mitarbeiter den Fragebogen aus. Zudem konnten sie im Rahmen einer Gruppendiskussion zusätzliche Aspekte zur Sprache zu bringen, die ihnen in Zusammenhang mit dem Veränderungsprojekt wichtig waren. Ihre Äußerungen, Erfahrungen und Kritikpunkte wurden protokolliert und gaben ein plastisches Meinungsbild der Betroffenen vor Ort zu den anstehenden oder bereits eingeführten Veränderungen wieder.

3. Auswertung

In der *dritten Phase* wurden die Fragebogendaten mittels einfacher statistischer Operationen ausgewertet und die Aussagen nach Inhalten systematisiert. Diese aufbereiteten

Daten bildeten die Grundlage für den entscheidenden Arbeitsschritt, die Hypothesenbildung.

4. Hypothesenbildung

In der *vierten Phase* fand die gemeinsame Reflexion der Befragungsergebnisse, angeregt durch Fragen des Organisationsberaters, statt. Die unterschiedlichen Erklärungsmuster und vermuteten Zusammenhänge der Beteiligten wurden zum Thema gemacht. Dies diente dazu, alle zur Betrachtung des Prozesses notwendigen Perspektiven zusammenzuführen und auszutauschen. Schließlich wurde eine „abgesprochene" Wirklichkeit (Pechtl, 1995) in Form von Hypothesen erzeugt und schriftlich festgehalten. Hypothesen hatten hier die Funktion, Komplexität zu reduzieren. Der Nutzen einer gemeinsamen Wirklichkeitskonstruktion lag darin, eine gemeinsame strategische Ausrichtung zu schaffen und so zielgerichtetes, „vergemeinschaftetes" Handeln zu ermöglichen.

5. Formulierung von Interventionsstoßrichtungen

In der *fünften Phase* des Zyklus erfolgte die Erarbeitung und Vereinbarung von Interventionsstoßrichtungen. Im Rahmen der Prozessbegleitung wurden bewusst keine operativen Maßnahmenpläne abgeleitet, sondern auf strategischer Ebene konkretisiert, in welche Richtung die weiteren Schritte des Veränderungsprozesses abzielen sollten. Die Konzeption und Umsetzungsplanung von konkreten Maßnahmen wurde in eigenen Arbeitssequenzen im Projektmanagement vorgenommen. Sie werden im folgenden Abschnitt überblicksartig dargestellt.

6. Rückmeldung

Den Abschluss des Zyklus bildet die Rückmeldung der Erkenntnisse an die Mitarbeiter. Dieser Punkt darf nicht außer acht gelassen werden, da eine Befragung als zweckgerichtetes Sammeln von Daten immer gleichzeitig eine Intervention im Untersuchungsfeld darstellt. Sie ist von Vermutungen über hinter der Befragung stehende Intentionen und Erwartungen begleitet. Deshalb wurden die Schlussfolgerungen der Projektverantwortlichen den Mitarbeitern im Rahmen der wöchentlichen Arbeitszirkel mitgeteilt.

Der gesamte Feedbackzyklus wurde während des Veränderungsprojekts dreimal durchlaufen. Wie in Abbildung 6 zu erkennen ist, fanden die Datenerhebungen etwa im Abstand eines halben Jahres statt.

3.3   Architektur des Projektstrangs Mitarbeitereinbindung

Die konkreten Maßnahmen der Prozessbegleitung wurden im Anschluss an die Phase 5 (Formulierung der Interventionsstoßrichtungen) entwickelt und durchgeführt. Diese werden als „Architekturelemente" bezeichnet und sind in Abbildung 4 in ihrem Zusammenspiel schematisch dargestellt.

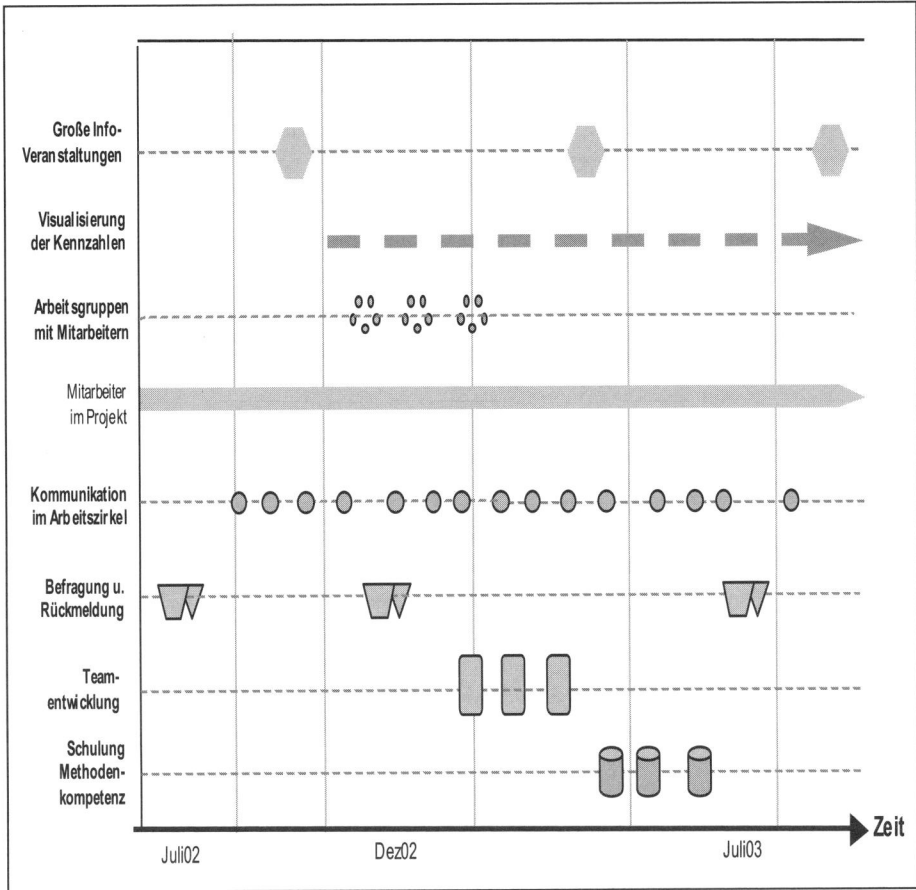

Abbildung 6: Architektur des Projektstrangs Mitarbeitereinbindung

In halbtägigen Informations- und Kommunikationsveranstaltungen wurden die zentralen Ziele und Projektschritte bekannt gegeben und es konnten im Austausch mit den Führungskräften die ersten Gedanken und emotionalen Empfindungen besprochen werden. Um einen regelmäßigen Informationsfluss sicher zu stellen, wurde der Status des Projekts als fester Punkt in die Tagesordnung der wöchentlichen Arbeitszirkel aufgenommen. Eine besonders intensive Form der Auseinandersetzung hinsichtlich der sich verändernden Arbeitsinhalte und Arbeitsformen (z. B. Auswirkungen auf die Zusammenarbeit) erfolgte in den Teamentwicklungsworkshops. Die Architekturelemente „Visualisierung der Kennzahlen" durch die Mitarbeiter, temporäre „Arbeitsgruppen mit Mitarbeitern" zu spezifischen Arbeitspaketen aus dem Projekt und die Freistellungen von Mitarbeiter für die Arbeit im Projektteam boten verschiedene Formen der konkreten Mitgestaltung. Qualifizierungsmaßnahmen (z. B. „Schulung Methodenkompetenz") bereiteten die Mitarbeiter auf die Übernahme neuer Aufgaben vor.

4 Evaluation der Feedback- und Reflexionsschleifen

Im Anschluss an die drei Feedback- und Reflexionsschleifen war es für die ZF Friedrichshafen AG von Interesse, eine abschließende Bewertung dieser, zugegebenermaßen mit Aufwand verbundenen, Form der Prozessbegleitung und Projektsteuerung vorzunehmen. Deshalb wurde das Verfahren zum Gegenstand einer Diplomarbeit im Rahmen des Projekts „Optimierung der Hauptwelle" (vgl. Schultze-Willebrand, 2003).

Mit Hilfe von Interviews wurde der Nutzen, den die Projektverantwortlichen durch das Feedback und die Reflexion der Perspektive der Mitarbeiter ziehen konnten, herausgearbeitet. Des weiteren wurden die Mitarbeiter in einer Gruppendiskussion aufgefordert, zum Sinn und Zweck des Verfahrens aus ihrer Sicht Stellung zu nehmen. Schließlich

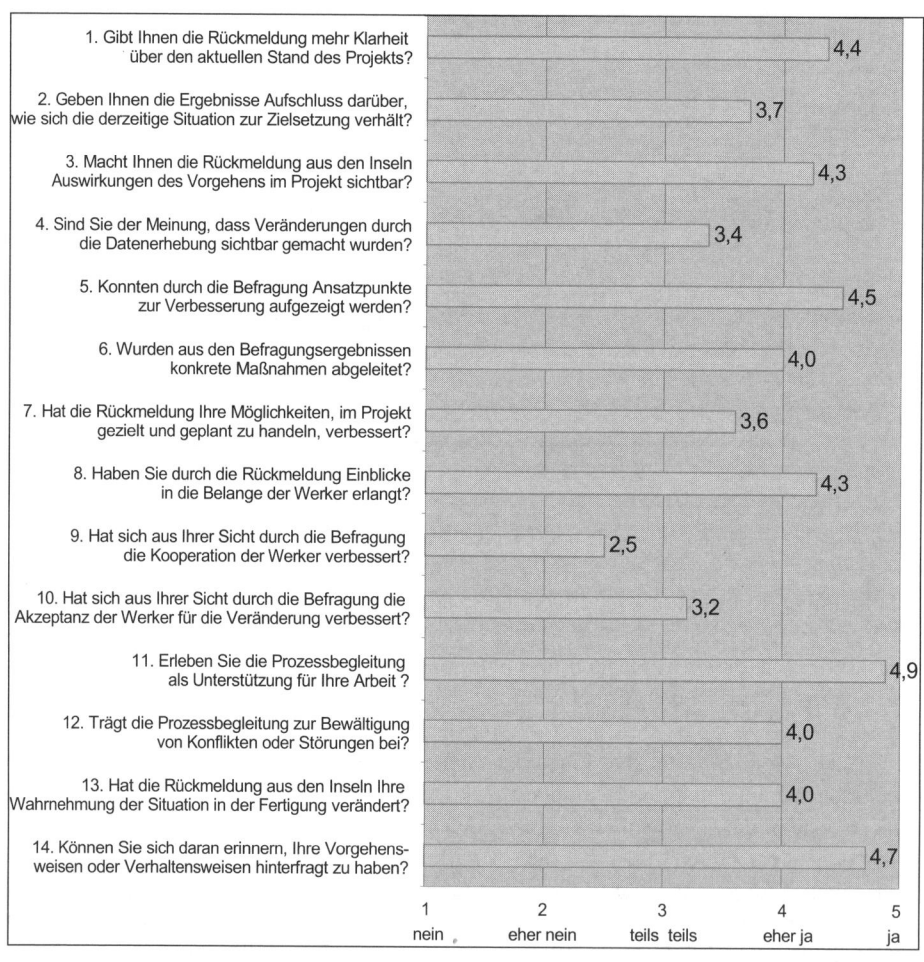

Abbildung 7: Durchschnittliche Beurteilung der Prozessbegleitung

sollte dadurch eine Aussage ermöglicht werden, welchen Beitrag die Prozessbegleitung für das Veränderungsprojekt geleistet hat.

Im Rahmen der Evaluationsinterviews wurden den Projektverantwortlichen zunächst eine Reihe von geschlossenen Fragen zu dem Vorgehen im Rahmen der Prozessbegleitung gestellt. Aufgrund der kleinen Stichprobe (N=8) sind Mess- und Urteilsfehler zwar nicht ausgeschlossen, die in Abbildung 7 dargestellten Antworten sollen jedoch einen deskriptiven Eindruck von der abschließenden Bewertung der Projektverantwortlichen vermitteln.

Aus Abbildung 7 geht z. B. hervor, dass alle Projektverantwortlichen die Begleitung als Unterstützung empfunden haben (Frage 11) und ihre Vorgehens- oder Verhaltensweisen daraufhin hinterfragt haben (Frage 14). Die meisten sind auch der Meinung, dass die Rückmeldung der Mitarbeiter mehr Klarheit über den aktuellen Stand des Projekts gibt (Frage 1) und dass dadurch Ansatzpunkte zur Verbesserung aufgezeigt werden konnten (Frage 5). Skeptischer beurteilen sie das Sichtbarmachen von Veränderungen durch die Datenerhebung (Frage 4) und vor allem die Wirkung der Befragung bei den Mitarbeitern. Zu einer Verbesserung der Kooperation oder Akzeptanz der Mitarbeiter hat die Befragung aus ihrer Sicht eher nicht oder nur teils-teils geführt (Fragen 9 und 10).

Im folgenden Abschnitt werden die zentralen Ergebnisse der offenen Fragen der Evaluationsinterviews zusammengefasst dargestellt.

4.1 Bereitstellen von Information und Ansatzpunkten zur Verbesserung

Die Interviews mit den Projektverantwortlichen ergaben, dass die unmittelbare Leistung des Feedback- und Reflexionsprozesses vor allem darin bestand, mit den Befragungsergebnissen den Projektverantwortlichen vielfältige Informationen zur Verfügung zu stellen (Schultze-Willebrand, 2003). Durch die Kombination aus Wissensfragen, anonymer Beurteilung der Mitarbeitereinbindung und offener Diskussion über das Veränderungsprojekt, wurde sowohl der Kenntnisstand als auch die Akzeptanz der Mitarbeiter gegenüber dem bisherigen Vorgehen im Veränderungsprojekt rückgemeldet. Aus den von den Mitarbeitern geschilderten Schwierigkeiten bei der Umsetzung konnten die Projektverantwortlichen Handlungsbedarfe erkennen, auf die in der Folge gezielt reagiert werden konnte.

4.2 Hinterfragen des eigenen Verhaltens und des Projektvorgehens

Darüber hinaus wurden die Projektverantwortlichen zuweilen auch mit Bedenken oder Kritik konfrontiert. Diese Rückmeldungen lösten bei einigen zunächst heftige emotionale Reaktionen (z. B. Wut, Enttäuschung) aus, da sie auch persönliches Feedback beinhalteten. In den Sitzungen zur Hypothesenbildung ging es darum, Erklärungen für die Ergebnisse zu finden. Trotz der ausgelösten Betroffenheit wurden die Teilnehmer aufgefordert, die Aussagen ressourcenorientiert, lösungsorientiert und den Mitarbeitern gegenüber wertschätzend zu interpretieren. Mit Problematisierung der Situation, Rechtfertigungen und Schuldzuweisungen sollte bewusst umgegangen werden. Dadurch wurden die Projektverantwortlichen dazu bewegt, eigenes Verhalten zu hinterfragen und mit Kritik konstruktiv umgehen zu lernen. Zusätzlich führte die gemeinsame Auseinandersetzung mit den Erfolgen und Problemen, zu einer stärkeren Geschlossenheit der Projektverantwortlichen.

4.3 Veränderungen in der Kommunikation mit den Mitarbeitern

Nach Angaben der Projektverantwortlichen erzeugte das wiederholte Einholen der Sichtweise der Mitarbeiter mehr Offenheit und Aktivität bei den Mitarbeitern und veränderte die Kommunikation zwischen Führungskräften und Mitarbeitern. Dies ist z. B. dadurch zu erklären, dass die Aktivitäten im Rahmen des Feedbackprozesses den Führungskräften die Gelegenheit boten, anders mit den Mitarbeitern in Dialog zu treten, als sie es im Alltag gewohnt waren.

4.4 Beratung bei der Gestaltung des Veränderungsprozesses

Für die Projektverantwortlichen bestand der inkrementelle Nutzen in erster Linie in der Unterstützung beim Management des Veränderungsprozesses. Sie wurden hier mit der Herausforderung konfrontiert, sich besonders mit der Nutzung des Mitarbeiterpotenzials zu beschäftigen. Neben der Weiterentwicklung des Arbeitssystems waren zusätzliche Qualifikationen und veränderte Verhaltensweisen seitens der Mitarbeiter für den Erfolg des Veränderungsprojekts entscheidend. In den Auswertungsphasen konnte der momentane Stand des Projekts auf der Basis der unterschiedlichen Sichtweisen reflektiert werden und Probleme, die sich im Projektverlauf ergaben, aufgegriffen werden. Die Prozessbegleitung erhöhte das Verständnis für charakteristische Phasen, die bei tiefgreifenden Veränderungen durchlaufen werden (vgl. Heitger & Doujak, 2002). Die Projektverantwortlichen gaben an, sich dadurch im Umgang mit Veränderungsprozessen kompetenter zu fühlen.

4.5 Beitrag zur Qualitätssicherung der Projektarbeit

Schließlich sei erwähnt, dass das Veränderungsprojekt „Optimierung der Hauptwelle" im Unternehmen als sehr erfolgreich angesehen wurde und Vorbildcharakter für andere Projekte hatte. Die Leistung der Projektverantwortlichen wurde mit dem ersten Preis in einem jährlich ausgeschriebenen TQM-Wettbewerb offiziell anerkannt. Aus wissenschaftlicher Sicht ist ein Kausalschluss von der Prozessbegleitung auf die Qualität des Veränderungsprojekts zwar nicht zulässig, aus Sicht der Projektverantwortlichen führte die Beschäftigung mit den Ergebnissen der eigenen Arbeit und die Umsetzung von Verbesserungen jedoch zu einer Qualitätssteigerung des Gesamtprojekts.

4.6 Schwachstellen der Prozessbegleitung

Neben dem Nutzen, den die Prozessbegleitung für das Veränderungsprojekt bedeutete, muss an dieser Stelle auch auf die Schwachstellen hingewiesen werden. Wie in Frage 4 der geschlossenen Fragen bereits angedeutet ist, konnte der Auftrag, eine Veränderungsmessung der qualitativen Projektziele (siehe Abschnitt 3.1) vorzunehmen, nur bedingt erfüllt werden. So erschwerte vor allem die vage und sehr allgemeine Formulierung der qualitativen Projektziele (vgl. Abschnitt 1) die Operationalisierung einzelner Ziele bzw. das Konstruieren von geeigneten Zielindikatoren, so dass sich eine Messung des Projekterfolgs im Hinblick auf die qualitativen Ziele nicht realisieren ließ.

Eine weitere Schwäche des Verfahrens bestand darin, dass die Mitarbeiter, von der Datenerhebung abgesehen, wenig von dem Feedback- und Reflexionsprozess mitbekamen. Die Mehrzahl der Mitarbeiter nutzte zwar die Gelegenheit, ihre Meinung zu kommunizieren und beteiligte sich aktiv an den Befragungen. Auf die Frage, ob sich dadurch etwas verändert habe, berichteten die Mitarbeiter allerdings, sie sehen schon einen positiven Effekt, es falle ihnen aber schwer, ihn an konkreten Dingen festzumachen. Zumindest hatten sie den Eindruck, dass aufgrund der Rückmeldung Geschwindigkeit und Druck aus dem Veränderungsprozess genommen wurde und die Projektschritte an die Mitarbeiter angepasst wurden. Dieser Aspekt ist jedoch nicht zu vernachlässigen, denn die Dauer von Veränderungsprozessen, insbesondere wenn sie den kulturellen Bereich betreffen, wird häufig unterschätzt, wodurch der langfristige Erfolg der Veränderung gefährdet werden kann (Streich, 1997).

5 Gesamtbewertung und Schlussfolgerung

Wie aus dem vorangegangenen Abschnitt deutlich wurde, bot die Rückmeldung der Mitarbeiterperspektive durch die Kombination eines quantitativen und eines qualitativen Datenerhebungsinstruments wichtige Informationen für die Projektverantwortlichen. Der Fragebogen war besonders hilfreich bei der Erfassung des Kenntnisstands und Verständnisses zum Projektgegenstand „Selbststeuerung durch Kennzahlen". Mit dem Gruppengespräch konnten vor allem die emotionale Situation, Fragestellungen die die betroffenen Mitarbeiter besonders bewegten, sowie Informationen, die für die Projektverantwortlichen unbekannt und neu waren, erfasst werden. Die Auswertung der Daten und die anschließende Hypothesenbildung im Sinne der systemischen Schleife unterbrach die selbstreferentielle Geschlossenheit des Systems der Projektverantwortlichen. Die Beteiligten bildeten neue mentale Konstrukte, die ihnen erweiterte Handlungsoptionen zur Steuerung des Veränderungsprozesses boten.

Durch die mehrmalige Datenerhebung ließen sich Veränderungen oder auch Nicht-Veränderungen verfolgen. Eine Veränderungs"messung" im Sinne der Quantifizierung eines Zustands auf einer festgelegten Skala ließ sich dagegen nicht realisieren. Hierfür hätten entsprechende Kriterien, an denen die Messung vorgenommen wird, bzw. Zielzustände, deren Erfüllungsgrad festgestellt werden soll, definiert werden müssen. Dies war für die Akteure zum Start des Projektes noch nicht möglich, da man sich in vielen Feldern des Projekts auf Neuland begeben hatte und auf Expertenaussagen hinsichtlich „der" richtigen *Form der Beteiligung von Mitarbeitern* oder „der" richtigen *Gestaltung von Gruppenarbeit* verzichtet wurde. Für kommende Projekte lassen sich auf der Basis der gewonnenen Erfahrungen jetzt auch quantifizierbare „soft-Ziele" ableiten und formulieren.

Ein weiterer Lerneffekt für die Durchführung einer zukünftigen datenbasierten Prozessbegleitung und Projektsteuerung besteht darin, den Mitarbeitern den Zusammenhang zwischen den Befragungen und der Architektur des Veränderungsprojekts stärker zu vermitteln. Sie waren zwar der Befragung positiv oder im ungünstigsten Fall neutral gegenüber eingestellt, mit einer intensiveren Vorbereitung könnten sie das Verfahren aber nicht nur zur Rückmeldung ihrer Meinung nutzen, sondern als systematisches Feedforward-Instrument, in dem sie bottom-up Anregungen geben und Probleme benennen. Bei der Rückmeldung der Schlussfolgerungen durch die Projektverantwortlichen könnten sie feststellen, ob diese aufgegriffen wurden und ob das Ziel, die Mitarbeiter am Veränderungsprozess zu beteiligen, mehr ist als ein Lippenbekenntnis. Damit würde das Verfahren den Mitarbeitern noch stärker die Möglichkeit geben, aktiv Einfluss auf den Veränderungsprozess zu nehmen.

Der Unterschied zu einer klassischen Mitarbeiterbefragung besteht in diesem Fall darin, dass nicht auf der Ebene der Mitarbeiter aus den Daten Maßnahmen abgeleitet wurden, sondern dass die Projektverantwortlichen im Rahmen der Prozessbegleitung mit den Daten im systemischen Sinne arbeiteten. Die Methoden der Mitarbeiterbefragung wurden in der Auswertungsphase mit der systemischen Intervention der Hypothesenbildung verknüpft. Die enge zeitliche Abfolge der Feedbackzyklen sowie die Spezifität und Projektbezogenheit der Inhalte ermöglichten den Projektverantwortlichen eine Feinsteuerung des Veränderungsprozesses.

Neben den erhobenen Daten flossen in der Hypothesenbildung weitere Informationen ein. Zum einen waren dies Beobachtungen der Projektverantwortlichen aus dem Führungs- und Projektalltag, zum anderen boten Modelle aus der (systemischen) Organisationsberatung Orientierung und alternative Erklärungsformen für den Verlauf des Veränderungsprozesses. Beispielsweise war die „Emotionskurve in Veränderungsprozessen" (vgl. Heitger & Doujak 2002) ein wichtiges Modell um die eigenen Irritationen im Veränderungsprozess be- und verarbeitbar zu machen. Die emotionalen Phasen lassen sich unterscheiden in: Alltagsroutine, Interesse, Angst/Unsicherheit, Ärger, Aggression, Enttäuschung/Trauer, Freude, Mut fassen. Das Feedback in der dritten Datenerhebung konfrontierte die Projektverantwortlichen mit der „Aggression und Enttäuschung" der Mitarbeiter zu jenem Zeitpunkt, was bei diesen selbst wiederum „Aggression und Enttäuschung" auslöste, obwohl man sich bereits in der Phase des „Mutes und Aufbruchs" sah. Erst die gemeinsame Reflexion ermöglichte es, von einer eher kognitiven Ebene auf eine Ebene der persönlichen Betroffenheit zu gelangen und so die alten Muster im Zusammenspiel von Führung und Mitarbeitern zu unterbrechen und neue Verhaltensaktivitäten zu etablieren.

Durch diese institutionalisierte Form von Feedback und Reflexion konnten relevante Steuerungsinformationen für die Gestaltung eines Veränderungsprozesses gewonnen werden. Darüber hinaus fand Lernen sowohl auf persönlichen Ebene als auch im Gesamtsystem (Projekt und Bereich) statt. Ein wichtiger Schritt in Richtung Lernender Organisation wurde somit gemacht.

Walter Bungard & Barbara Koop

Mitarbeiterbefragung bei der Deutschen Lufthansa AG: Veränderungen und Entwicklungstrends des Instruments

1   Einleitung

Mitarbeiterbefragungen (MAB) unterliefen in den letzten Jahrzehnten konzeptionellen und auch methodischen Modifikationen und Entwicklungen. Zu Beginn stand die Untersuchung des allgemeinen Betriebsklimas und der Organisationskultur im Vordergrund, eine statische Betrachtungsweise, die in erster Linie globale Aussagen über die gesamte Organisation zuließ. In den 90er Jahren verschob sich der Fokus in Richtung einer vermehrt prozessbezogenen Betrachtung. Dies drückt sich darin aus, dass zum einen neben individuellen Einstellungen auch innerbetriebliche Prozesse beurteilt werden und zum anderen eine Einbindung der MAB in laufende Veränderungsprozesse im Sinne der Organisationsentwicklung erfolgt. Zudem rückt die strategische Bedeutung von MAB im Rahmen übergreifender Konzepte zunehmend in den Vordergrund.

MAB stellen bei der Deutschen Lufthansa AG ein traditionelles Instrument der Personalführung dar und blicken auf eine lange Entwicklungsgeschichte zurück. Die erste Befragung wurde bereits 1954 nach der Neugründung des Unternehmens durchgeführt und im Laufe der Jahre zunehmend weiterentwickelt und systematisiert.

Ziel des vorliegenden Beitrags ist es, sowohl die Konzeption als auch den Ablauf der MAB bei der Deutschen Lufthansa AG vorzustellen. Vor dem Hintergrund der langen Entwicklungsgeschichte der MAB im Konzern wird hierbei insbesondere auf Weiterentwicklungen und Veränderungen des Instruments und der Durchführung eingegangen. Aufgrund der Heterogenität der eingesetzten Instrumente und der strategischen Positionierung der MAB in den einzelnen Gesellschaften des Konzerns und aufgrund der damit einhergehenden unterschiedlichen Weiterentwicklungen und Veränderungen werden in den jeweiligen Abschnitten Erfahrungen exemplarisch für die jeweilige Konzerngesellschaft berichtet.

2   Mitarbeiterbefragungen im Lufthansa-Konzern

2.1   Situation des Unternehmens

Die Deutsche Lufthansa AG ist eine der weltweit führenden Fluggesellschaften. Als Luftfahrt-Konzern richtet sie sich konsequent nach wirtschaftlichen und strategischen Kriterien aus. Hierbei stehen Qualität und Innovation, Sicherheit und Zuverlässigkeit im Mittelpunkt. Das Unternehmen konzentriert sich hierbei auf sechs Geschäftsfelder: Passage, Logistik (Cargo), Technik, Catering, Touristik und IT-Services.

In vier Konzerngesellschaften, der Lufthansa Passage Airline, der Lufthansa CityLine, der Lufthansa Cargo und der Lufthansa Flight Training wird seit vielen Jahren eine systematische Befragung der Mitarbeiter in Zusammenarbeit mit dem Mannheimer Institut für Wirtschafts- und Organisationspsychologische Forschung e.V. (Mannheimer W.O.-Institut) durchgeführt.

Die *Lufthansa Passage Airline* ist ein eigenständiger Bereich unter dem Dach des Lufthansa Konzerns und beschäftigt über 34.000 Mitarbeiter. An allen großen Verkehrsflughäfen unterhält die Lufthansa Passage Airline eigene Stationen und erbringt Serviceleistungen gegenüber den Passagieren wie Einchecken und Ticketverkauf. Im Jahre 2003 beförderte sie 45,4 Millionen Fluggäste. Die *Lufthansa CityLine*, die zweite Passage Airline des Konzerns, beschäftigt 2.336 Mitarbeiter. Die Airline bedient in eigener wirtschaftlicher Verantwortung für Lufthansa ein Drittel der Europa-Strecken. 2002 hat Lufthansa CityLine mehr als 6,2 Millionen Fluggäste befördert. Die *Lufthansa Cargo*, deren Aufgabe der Verkauf und die Abwicklung des Frachttransports im Lufthansa Konzern darstellt, ist weltweit die Nr. 1 im internationalen Luftfrachtverkehr. Die Konzerngesellschaft beschäftigt ca. 5000 Mitarbeiter. Die *Lufthansa Flight Training* (LFT) bietet weltweit Trainingsleistungen an wie Simulatortrainings, Sicherheitstrainings oder computergestützte Lernprogramme für Cockpit- und Kabinenpersonal. Neben den internen Kunden nutzen über 40 Airlines weltweit die Kompetenz und die Trainingseinrichtungen der Lufthansa Tochter. Mit 400 Mitarbeitern zählt sie weltweit zu den größten Anbietern von Schulungsdienstleistungen.

Nach einer jahrzehntelangen erfolgreichen Phase geriet das Unternehmen 2001 durch den Einbruch der Reiseaktivitäten in Folge der Terroranschläge vom 11. September und der Infektionskrankheit SARS in Schwierigkeiten. Zudem zeigten sich massive Auswirkungen des anschließenden allgemeinen wirtschaftlichen Einbruchs auf die Touristikbranche. In den folgenden Jahren war das Unternehmen daher gezwungen durch außerordentliche Kosteneinsparprogramme die Existenz des Konzerns in Zukunft sicher zu stellen. Diese bezogen sich auf alle Bereiche und Aktivitäten des Unternehmens und zeigten somit auch Auswirkungen auf die MAB. Nach reiflichen Überlegungen wurde die Befragung in der Passage Airline im Jahr 2001 ausgesetzt, während in den weiteren Gesellschaften ohne Unterbrechung befragt wurde. Trotz der anhaltenden Krise wurde in den folgenden Jahren entschieden, eine systematische Befragung der Mitarbeiter unabhängig von der wirtschaftlichen Lage des Unternehmens weiter zu verfolgen.

2.2 Planung und Durchführung der Mitarbeiterbefragung

Die Durchführung von MAB in der Deutschen Lufthansa AG blickt auf eine lange Tradition zurück. Bereits im Jahr 1997 schrieb Peter M. Pittner einen Erfahrungsbericht über die strategische Ausrichtung und Durchführung von MAB innerhalb des Konzerns[1]. Von jeher wurden Befragungen der Mitarbeiter im Lufthansa-Konzern als Instrument der Personalpolitik eingesetzt mit dem Ziel der Diagnose, Gestaltung und Kontrolle von betrieblichen Maßnahmen. In der Zeit vor 1998 fanden verschiedene Befragungen mit zum Teil unterschiedlichen Fragestellungen statt.

Auch vor dieser Zeit gab es bereits Befragungen. Im Zeitraum zwischen 1954 und 1995 wurden 37 Befragungen durchgeführt mit einer über die Jahre zunehmenden Häufigkeit. Der Umfang der Fragebögen der einzelnen Befragungen fiel meist unterschiedlich aus. Es variierte ebenfalls stark die Anzahl der befragten Mitarbeiter und die Homogenität der befragten Mitarbeitergruppen. Die Durchführung einer Befragung war meist auf eine

---

[1] siehe hierzu Pittner (1997); Bungard & Jöns (1997a)

konkrete Fragestellung oder einen Anlass bezogen. Eine systematische, sich zu regelmäßigen Zeitabständen wiederholende Befragung mit gleichen Inhalten gab es zu diesem
Zeitpunkt nicht. Im Rahmen eines umfassenden Projekts zur kontinuierlichen Entwicklung der Servicequalität erfolgt erstmals 1998 die standardisierte Befragung aller Mitarbeiter der Lufthansa Passage Airline in Zusammenarbeit mit dem Mannheimer W.O.-
Institut. In den folgenden Jahren schließen sich dieser Konzeption noch drei weitere
Gesellschaften des Konzerns an (siehe Tabelle 1).

Tabelle 1: Übersicht über die in der jeweiligen Konzerngesellschaft durchgeführte
Befragung

Passage Airline	CityLine	Cargo	LFT
1998, 1999, 2000, 2002	2002, 2004	1999, 2000, 2001, 2002, 2003, 2004	2000, 2001, 2002, 2003

Ausgangspunkt für alle weiteren MAB war die ursprüngliche Konzeption aus dem Jahr
1998. Diese musste allerdings in den Folgejahren den allgemeinen Veränderungen des
Unternehmens und den jeweiligen Bedürfnissen der einzelnen Gesellschaften angepasst
werden. Hierbei konnte eine breite Basis des Erhebunsinstruments, der Durchführung
und der Folgeprozesse beibehalten werden, dennoch ergaben sich im Laufe der Jahre
einige wichtige Veränderungen.

3 Veränderungen und Entwicklungstrends über die Jahre

Im Rahmen des vorliegenden Beitrags ist die Darstellung der einzelnen Ergebnisse der
vergangenen Jahre für die jeweiligen Gesellschaften weniger bedeutend. Zudem bringen
die Ergebnisse von quantitativen Befragungen mit sich, dass mit den detaillierten Informationen ohnehin meist nur die Betroffenen selbst etwas anfangen können. Darüber
hinaus ist die Wahrung der Anonymität im Rahmen von Mitarbeiterbefragungen oberste
Prämisse und würde mit einer ausführlichen Ergebnisdarstellung konfligieren. In Anbetracht dessen werden im Rahmen der Publikation wichtige Veränderungen in der Befragungen und den Ergebnissen vorgestellt.

3.1 Zielsetzung

Am Anfang jeder MAB steht zunächst die Bestimmung der strategischen personalpolitischen Zielsetzungen, da die MAB in Einklang mit den lang- und mittelfristigen Zielen
des Unternehmens stehen sollte. Eine solche Zielbestimmung wurde bereits bei der ersten Befragung im Jahr 1998 bei der Passage Airline vorgenommen. Die MAB – im Konzern als Employee Feedback Management (EFM) bezeichnet, dient als Instrument der
Organisationsführung und -entwicklung mit dessen Hilfe Erkenntnisse und Informationen über allgemeine Einstellungen der Mitarbeiter zu den Themen Arbeitszufriedenheit,
Commitment und Engagement gewonnen werden sollen, die eine mitarbeiterorientierte

Führung des Konzerns ermöglichen. Diese Zielsetzung hat sich grundsätzlich nicht verändert, wenn sie auch teilweise ergänzt wurde.

Ein wesentlicher Trend im Zuge der strategischen Zielsetzung besteht darin, die MAB im Rahmen eines umfassenden Qualitätsmanagements zu positionieren. Die Lufthansa CityLine führt bereits seit 1996 MAB intern durch und seit dem Jahr 2002 mit einem standardisierten Instrument im Zwei-Jahres-Rhythmus. Der Fokus der Lufthansa CityLine liegt auf der Einbindung der MAB in ein übergeordnetes Qualitätsmanagment. Im Zeitraum von April bis Juni 2001 wurde mit externer Unterstützung das erste Self-Assessment für eine Bewerbung für den EQA durchgeführt. Hierzu wurden sechs Mitarbeiter zu EFQM-Assessoren ausgebildet. Im ersten Schritt wurden vom obersten Management Stärken und Ziele des Unternehmens formuliert. Im zweiten Schritt wurden die Führungskräfte des gesamten Unternehmen in Teams zu diesen Aussagen mittels Interviews befragt. Die Ergebnisse wurden im Anschluss auf einer Managementtagung vorgestellt und Teilprojekte verabschiedet. Im Wettbewerb um den Ludwig-Erhard-Preis hat Lufthansa CityLine im November 2002 auf Anhieb einen der drei Finalplätze errungen. Außerdem erhielt die Airline die europäische Anerkennung „Recognition for Excellence", die von der European Foundation for Quality Management (EFQM) vergeben wird.

Eine weitere aktuelle Entwicklung zeichnet sich dahingehend ab, dass eine strategische Verknüpfung der Daten der MAB mit entsprechenden Zufriedenheitsdaten der Kundenbefragung erfolgt. Wenn das Vorhaben auch erst am Anfang steht, so wurde bereits im Rahmen eines Pilotprojekts bei der Lufthansa Cargo eine empirische Studie auf Basis von Mitarbeiter- und Kundendaten über drei Jahre durchgeführt. Die Ergebnisse unterstützen die Annahme eines Zusammenhangs zwischen den Mitarbeiter- und Kundenurteilen. Vor diesem Hintergrund liegt die Konsequenz nahe, die Zufriedenheit der Mitarbeiter und der Kunden in Zukunft auf einer breiten Basis gemeinsam zu betrachten und zu steuern. In diesem Zusammenhang sind ganzheitliche Managementsysteme, die eine Integration verschiedener Datenquellen und Informationen vorsehen, von besonderer Relevanz. Konzepte, wie die Balanced Scorecard oder das EFQM-Excellence Modell fokussieren auf eine gemeinsame Betrachtung von mitarbeiter- und kundenbezogenen Aspekten.

3.2   Konzeption und Fragebogen

Aus Tabelle 2 ist ersichtlich, dass der größte Teil der Themenkomplexe über die Gesellschaften und Jahre hinweg nahezu unverändert geblieben ist. Innerhalb der Themengebiete wurden allerdings einzelne Items modifiziert, weggelassen oder neu aufgenommen.

Tabelle 2: Übersicht über die Themenkomplexe der MAB

Themengebiet	Passage Airline	CityLine	Cargo	LFT
Tätigkeit	1998, 1999, 2000, 2002	2002	1999, 2000, 2001, 2002, 2003	2000, 2001, 2002, 2003
Arbeitsbedingungen	1998, 1999, 2000, 2002	2002	1999, 2000, 2001, 2002, 2003	2000, 2001, 2002, 2003
Arbeitszeit	1998, 1999, 2000, 2002	2002	1999, 2000, 2001, 2002, 2003	2000, 2001
Entlohnung	1998, 1999, 2000		1999, 2000, 2001, 2002, 2003	2000, 2001
Zusammenarbeit Vorgesetzter	1998, 1999, 2000, 2002	2002	1999, 2000, 2001, 2002, 2003	2000, 2001, 2002, 2003
Zusammenarbeit nächsthöherer Vorgesetzter				2001, 2002, 2003
Weiterbildung	1998, 1999, 2000, 2002	2002	1999, 2000, 2001, 2002, 2003	2000, 2001
Berufliche Entwicklung	1998, 1999, 2000, 2002	2002	1999, 2000, 2001, 2002, 2003	2000, 2001
Information & Kommunikation	1998, 1999, 2000, 2002	2002	1999, 2000, 2001, 2002, 2003	2000, 2001, 2002, 2003
Zusammenarbeit Kollegen	1998, 1999, 2000, 2002	2002	1999, 2000, 2001, 2002, 2003	2000, 2001, 2002, 2003
Zusammenarbeit andere Bereiche	1998, 1999, 2000, 2002	2002	1999, 2000, 2001, 2002, 2003	
Kundenorientierung & Qualität	1998, 1999, 2000	2002	1999, 2000, 2001, 2002, 2003	2000, 2001, 2002, 2003
Innovation & Veränderung	1998, 1999, 2000, 2002	2002	1999, 2000, 2001, 2002, 2003	2000, 2001, 2002, 2003
Wirtschaftlichkeit	1998, 1999, 2000, 2002	2002	1999, 2000, 2001, 2002, 2003	2000, 2001, 2002, 2003
Management (& Strategie)	1998, 1999, 2000, 2002	2002	1999, 2000, 2001, 2002, 2003	2000, 2001, 2002, 2003
Partnerschaften, Lieferanten, Gesellschaft			2003	
TQM		2002		
Ihr Unternehmen	1998, 1999, 2000, 2002	2002	1999, 2000, 2001, 2002, 2003	2000, 2001

Die Fragen zu diesen Themengebieten bestehen aus Beurteilungsfragen, die anhand einer fünfstufigen Skala zu beantworten sind. Ähnlich einem Schulnotensystem wurde die Skala mit dem numerischen Kontinuum von 1 bis 5 und der verbalen Verankerung 1 = „sehr zufrieden" bzw. „ja", 3 = „teils-teils", 5 = „unzufrieden" bzw. „nein" konstruiert. Ferner konnten die Mitarbeiter für jede Skala ein zusammenfassendes Urteil abgeben (z. B. „Wie zufrieden sind Sie insgesamt mit Ihrer Tätigkeit?"). Nur teilweise wurden ausschließlich diese zusammenfassenden Fragen in ein anderes Modul aufgenommen, um den Umfang des Fragebogens geringer zu halten.

Zu Anfang der Befragungen wurden zum Teil noch einzelne offene Fragen mit aufgenommen, zumeist aber in der Folgebefragung dann weggelassen, da der Informationsgehalt nicht dem gewünschten Umgang entsprach und diese Informationen ebenfalls im Rahmen der folgenden Rückmeldegespräche gesammelt werden konnten. Die Fragebögen bestehen daher nur noch aus geschlossenen Fragen, die allerdings in der Anzahl unterschiedlich ausfallen: Der Umfang variiert zwischen zwölf Items bei einer Kurzbefragung und über 100 Items.

Eine aktuelle Entwicklung, die die Gestaltung des Erhebungsinstruments betrifft, besteht in einer zunehmenden Spezifizierung und Ausrichtung der Inhalte des Fragebogens auf die unterschiedlichen Mitarbeitergruppen eines Unternehmens. Gerade in der Lufthansa AG variiert das Tätigkeitsfeld und damit die Aufgaben der Mitarbeiter besonders stark. Denkt man hierbei an die Tätigkeit eines Piloten an Bord eines Flugzeugs im Vergleich zur Tätigkeit eines Check-In-Mitarbeiters auf einer Bodenstation, erscheint die Notwendigkeit einer Anpassung der Inhalte des Fragebogens an das jeweilige Tätigkeitsfeld und damit an die besonderen Bedingungen und Bedürfnisse der unterschiedlichen Berufsgruppen unmittelbar nachvollziehbar. Besonders heterogen fallen die Tätigkeiten und Arbeitsbedingungen der einzelnen Berufsgruppen in der Passage Airline aus. Aus diesem Grund wurde in der letzten Befragung der bisher für alle Mitarbeiter identische Fragebogen dementsprechend modifiziert, dass neben einem allgemeinen, für alle Mitarbeiter gleichen Fragenteil, ein spezifischer Teil folgte, dessen Fragen speziell auf fünf unterschiedliche Ziel- bzw. Berufsgruppen ausgerichtet waren (Cockpit, Kabine, Station, Vertrieb und Managementfunktionen). Die Fragen des allgemeinen Teils beziehen sich im Wesentlichen auf Themen, von welchen alle Mitarbeiter gleichermaßen betroffen sind, wie beispielsweise die Bewertung des Unternehmens, während die spezifischen Fragen insbesondere auf die Zusammenarbeit mit dem Vorgesetzten und die spezifischen Rahmenbedingungen fokussieren. Letztere wurden in Zusammenarbeit mit Vertretern der einzelnen Berufsgruppen entwickelt, um den jeweiligen Anforderungen gerecht zu werden. Das Verhältnis der beiden Teile ist ausgeglichen, wobei die Anzahl der Fragen in den spezifischen Teilen variiert. Trotz der Erhöhung der Komplexität der Logistik und der späteren Auswertung, wurde von allen Beteiligten der Gewinn durchweg als hoch eingestuft. Dies liegt zum einen darin begründet, dass die einzelnen Themen tätigkeitsnah zu bewerten sind und sich die befragten Mitarbeiter in ihren Anliegen auch ernst genommen fühlen, und zum anderen erleichtert diese Spezifität gerade die Vorgehensweise im Folgeprozess. Die direkte Ableitung von Stärken und Schwächen und entsprechenden Maßnahmen wird dadurch unmittelbar möglich.

Weiterhin zeigt sich die Tendenz zur kontinuierlichen Anpassung und Weiterentwicklung der eingesetzten Erhebungsinstrumente. In der Folgebefragung wurden Items umformuliert, die problematisch erschienen, aber auch neue Items mit aktuellen Inhalten zusätzlich aufgenommen. In der Befragung bei der Passage Airline wurde bereits in der letzten Befragung ein Modul integriert, welches wechselnde Items zu gerade aktuellen Themen innerhalb des Unternehmens beinhaltet.

Die ersten Befragungen waren dadurch geprägt, dass in erster Linie die Zufriedenheit mit verschiedenen Aspekten der Tätigkeit und der Arbeitsumgebung beurteilt wurde. Im Unterschied dazu zeigt sich in der Ausrichtung der Instrumente eine Erweiterung des Fragenspektrums um ebenfalls affektive Aspekte. In der letzten Befragung der Passage Airline wurde aus diesem Grund ein eigener Themenblock zur Erfassung der Identifikation bzw. des affektiven Commitments aufgenommen. Daraus ist zu folgern, dass neben der rein kognitiven Bewertung von Zufriedenheitsaspekten zudem der affektiven Beurteilung und der Erfassung der Motivation und des Engagements der Mitarbeiter zunehmend höhere Relevanz zukommt.

3.3 Durchführung

Als wesentliche Veränderung im Zuge der Durchführung von MAB im Laufe der Jahre zeichnet sich der zunehmend größere Stellenwert und Einsatz von onlinebasierten Verfahren ab. Die Gründe für diese Entwicklung liegen in den mit der Online-Methode verbundenen Vorteilen, wie zum Beispiel einem wesentlich schnelleren Transfer der Daten, Einsparung von Versandkosten, Echtzeit-Monitoring der Beteiligungsrate und deskriptiver Statistiken sowie eine Minimierung des logistischen Aufwands. Insgesamt steht der Konzern vor dem Problem, dass der größte Teil der Mitarbeiter zum fliegenden Personal gehört und damit nicht über einen festen Arbeitsplatz mit PC-Zugang verfügt. Es war hierbei naheliegend, mit einem Pilot-Projekt zu starten, indem Mitarbeiter online befragt wurden, die problemlos Zugang zu einem PC und auch ins Internet haben. Im Jahr 2003 wurden somit bei der Lufthansa Cargo zunächst die administrativen Bereiche mit ca. 2500 Mitarbeitern befragt, die alle über einen eigenen PC mit Zugang zum Internet verfügen. Die Erfahrung mit der Online-Befragung fielen durchweg positiv aus, der Rücklauf der online-befragten Pilotgruppe konnte dabei zum Vorjahr um 6 Prozent gesteigert werden und lag auch insgesamt über dem Wert der Paper-Pencil-Befragten.

3.4 Ergebnisse

Im Rahmen dieses Abschnitts wird ein Überblick über die Entwicklung ausgewählter Ergebnisse der einzelnen Befragungen gegeben. Von Interesse ist insbesondere die *Entwicklung des Rücklaufs* im Verlauf der Jahre. Zudem werden die *Entwicklung der Gesamtzufriedenheit* innerhalb der einzelnen Gesellschaften und die *Zufriedenheit mit den umgesetzten Maßnahmen* vorgestellt (siehe Abbildung 1).

Im Hinblick auf die Entwicklung der Rücklaufquote ist festzuhalten, dass diese kontinuierlich über die Befragungen hinweg angestiegen ist. Nur vereinzelt zeigen sich Schwankungen, die aber alle durch unternehmensspezifische Aspekte bedingt waren. Insgesamt deuten die Ergebnisse auf eine zunehmende Akzeptanz des Instruments durch die Mitarbeiter hin.

Betrachtet man zudem den Verlauf der Gesamtzufriedenheit in den einzelnen Gesellschaften, fällt auf, dass diese ebenfalls kontinuierlich ansteigt. Die hierfür anzuführenden Gründe können vielfältig sein, eine Ursache ist allerdings in der zunehmenden Verankerung des Instruments der MAB und der Folgeprozesse zu sehen und dass diese im Laufe der Zeit zu Verbesserungen aus Sicht der Mitarbeiter geführt haben.

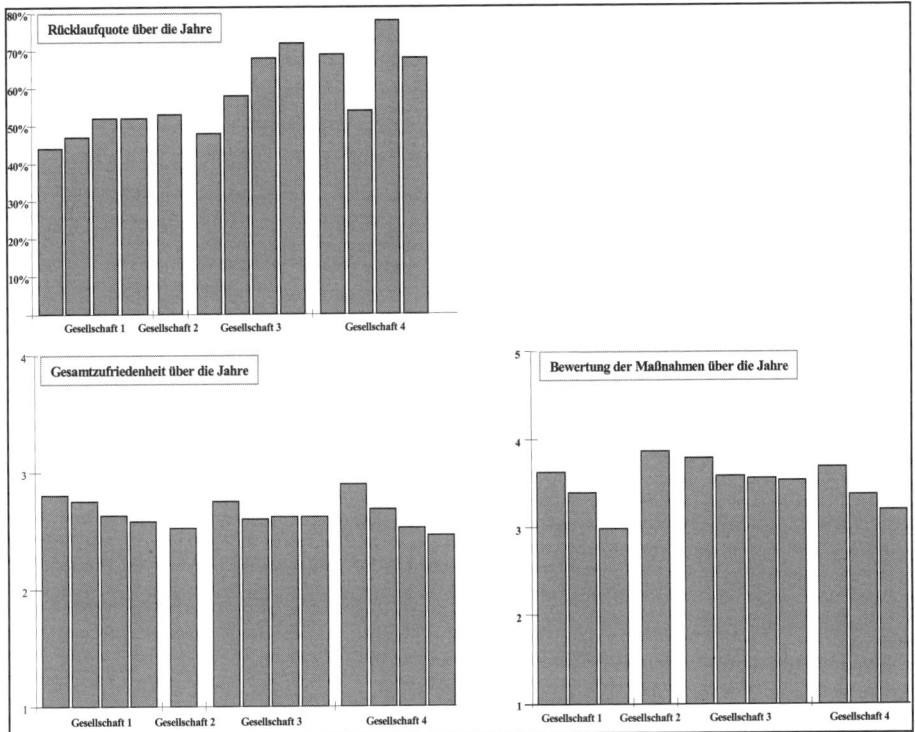

Abbildung 1: Darstellung des Verlaufs des Rücklaufs, der Gesamtzufriedenheit und der Beurteilung der umgesetzten Maßnahmen

Auffällig an der Beurteilung der Umsetzung der Maßnahmen ist, dass diese über die einzelnen Konzerngesellschaften hinweg insgesamt schlecht beurteilt wird. Dennoch zeigt sich der Trend einer deutlich positiveren Bewertung bereits bei der nächsten Befragung und einer insgesamt verbesserten Bewertung im Laufe der Jahre. Dies deutet darauf hin, dass eine Verbesserung des Prozesses durch gewonnene Lerneffekte stattzufinden scheint. Dies überrascht nicht, da gerade die Umsetzung der Maßnahmen im Anschluss an eine MAB auch in anderen Unternehmen meist mit Problemen verknüpft ist. Durch die Durchführung wiederholter Befragungen werden die einzelnen Prozesse transparenter und damit leichter umsetzbar.

3.5   Ergebnisrückmeldung

Die Daten der MAB werden auf der Ebene von Abteilungen ausgewertet, die allerdings in ihrer Größe stark variieren, und die Ergebnisse in Form von *Berichten* für die Führungskräfte der jeweiligen Abteilung zusammengestellt. Die Berichte sind in verständlicher Weise strukturiert. Hierbei wird nach dem Prinzip vorgegangen, dass von der Darstellung allgemeiner Ergebnisse zu einer detaillierten Wiedergabe der Ergebnisse übergegangen wird. Die Ergebnisse werden tabellarisch und grafisch dargestellt. Der Bericht jeder Organisationseinheit enthält zum Vergleich auch die Ergebnisse einer oder mehrerer übergeordneter Einheiten und/oder die des Gesamtunternehmens.

Welche Entwicklungstrends zeigen sich in Bezug auf die Rückmeldung und Aufbereitung der Ergebnisse? Veränderungen liegen hier vor allem in der zunehmend bedarfsorientierten Zusammenstellung der Ergebnisse für das Management, um diesem die weiterführenden Prozesse zu erleichtern. Wurden bei den ersten Befragungen Berichte generiert, die umfassende und zum Teil redundante Informationenen zu allen Fragen beinhalteten, enthalten die Berichte auch jetzt noch Ergebnisse zu allen Fragen, werden aber sequenziell aufgebaut. Ein so genanntes Management-Summary zu Beginn des Berichts gibt einen zusammenfassenden Überblick über elementare Ergebnisse. Im Anschluss gibt ein Portfolio zum Handlungsbedarf einen Einblick in die dringlichsten Verbesserungen. Nach der Darstellung der zusammenfassenden Fragen folgt die detaillierte Wiedergabe der Ergebnisse zu jedem einzelnen Item. Je nach Bedarf kann die Führungskraft sich einen Überblick über die wichtigsten Befunde verschaffen oder detaillierte Informationen zu jedem Item abrufen.

Weiterhin wurde die Darstellung der Ergebnisse dahingehend modifiziert, dass den Frührungskräften unmittelbar die Möglichkeit geboten wird, die Ergebnisse den Mitarbeitern zu präsentieren. Wurden die Berichte zuvor in Excel erstellt und mussten sich die Führungskräfte eigene Präsentationen zusammenstellen, so werden die Berichte jetzt im pdf-Format erstellt und können direkt als Präsentation verwendet werden. Weitere Hilfestellung bieten vorgefertigte und im Intranet bereitgestellte Vorlagen für Präsentationen, in welche nur noch die entsprechenden Werte eingetragen werden müssen.

Ein weiterer Trend liegt in der zunehmenden Durchführung von weiterführenden statistische Analysen unabhängig von der jeweiligen Berichtseinheit. Es handelt sich hierbei in erster Linie um Zusammenhangsanalysen, wie beispielsweise Korrelations- und Regressionsanalysen zur Untersuchung von Zusammenhängen zwischen den einzelnen Themengebieten oder unterschiedlichen Datenquellen. Ziel ist die Generierung von Ansatzpunkten für Verbesserungen und die Identifikation der Themengebiete, die auf die Gesamtzufriedenheit der Mitarbeiter einen besonders starken Einfluss nehmen.

3.6   Maßnahmen und Controlling

Es ist die Aufgabe der Führungskräfte, die Ergebnisse der MAB an die Mitarbeiter rückzumelden und gemeinsam mit den Mitarbeitern Ursachen zu analysieren und Maßnahmen abzuleiten. Es ist daher wichtig, die Führungskräfte auf diese Aufgabe vorzubereiten. In den ersten Jahren wurden die Führungskräfte im Rahmen entsprechender Führungskräfteseminare darin geschult, wie die Ergebnisberichte gelesen werden sollen, wie Stärken und Schwächen erkannt und präsentiert werden können und wie im Idealfall Techniken zur Entwicklung von Verbesserungsmaßnahmen erarbeitet und Maßnahmen für ein Controlling der Umsetzung entwickelt werden.

Aktuell zeigt sich der Trend zur Bereitstellung von Unterstützungssystemen für die Führungskräfte und dies vor allem über das Intranet. Dort werden entsprechende Materialien hinterlegt, wie beispielsweise Informationen zum Umgang mit den Berichten, die Vorlage für die Präsentation der Ergebnisse oder Maßnahmenpläne.

Ein umfassendes, konzernweites Controlling erfolgt im Rahmen der MAB bisher nicht. Die LFT verfolgt intern ein systematisches Controlling, dessen wesentliches Element in der Integration der MAB-Ergebnisse in den Prozess der Zielvereinbarungen besteht. Hierbei werden mit den einzelnen Führungskräften Ziele vereinbart. Die direkte Messung der Wirksamkeit der getroffenen Maßnahmen erfolgt durch die im nächsten Jahr folgende MAB.

4 Abschließende Bewertung

Wie aus den vorherigen Ausführungen deutlich wurde, kann die MAB bei der Deutschen Lufthansa auf eine lange Tradition verweisen. Von einzelnen unzusammenhängenden Befragungen wurde der Weg hin zu einer systematischen Befragung der Mitarbeiter in bisher vier Konzerngesellschaften seit 1998 gefunden. Ebenfalls als Ziel sollte zudem eine weitere Homogenisierung dieser Befragungen zur Nutzung von Synergieeffekten stattfinden. Wenn auch die Themengebiete fast identisch sind, so fallen dennoch die Items innerhalb dieser und die Struktur der Fragebögen und der Berichte stark unterschiedlich aus.

Gerade durch die langjährige Durchführung von MAB genießt diese eine hohe Akzeptanz im Unternehmen, was sich insbesondere an einer kontinuierlich steigenden Rücklaufquote über die Jahre wiederspiegelt. Auch die Beurteilung der Maßnahmen zeigt stetig positiver werdende Werte, jedoch sind die Bewertungen insgesamt eher negativ zu beurteilen. Ziel sollte daher eine konsequente Verfolgung der Folgeprozesse und der Umsetzung der Maßnahmen sein, da diesen für die Akzeptanz des Instruments auf Seiten der Mitarbeiter besondere Relevanz zukommt.

Wilhelm Dahms

Der ECS – ein Standard Feedback der Continental AG

1   Ausgangssituation – Verwendungsabsicht – Lastenheft

Das Unternehmen führt jährlich für alle Funktionen und in allen Standorten drei Feedbacks durch: ein *persönliches Mitarbeitergespräch*, bei dem es um die Leistung und die entsprechenden beruflichen Entwicklungschancen des Mitarbeiters geht, ein *360 Grad Feedback*, um Vorgesetzten Rückmeldungen aus Mitarbeitersicht zu geben und den ECS, einen fragebogengestützten *Employee Commitment Survey*. Über letztere Form des Feedbacks soll im Folgenden ausführlicher berichtet werden. Ausgehend von der Annahme, dass eine Reihe von Unternehmen vergleichbare Ansätze für sich planen oder doch zumindest darüber nachdenken, möchte ich, gestützt auf Continentals Erfahrungen, vor allem methodische Entscheidungshilfen und ggf. praktische Anregungen anbieten[1].

Im vorliegenden Bericht benutzen wir die Abkürzung ECS im Sinne eines Entwicklungsnamens: Bis zum Jahre 2003 firmierte der ECS unter dem Namen ESI (Employee Satisfaction Index). Im Rahmen des gegenwärtig laufenden Reviews des Survey geht es u. a. darum, den Commitment-Gedanken stärker in den Mittelpunkt zu stellen. Ob sich dies auch in einer zukünftigen Umbenennung ausdrücken soll oder nicht und wie der Survey in Zukunft benannt werden wird, sind gegenwärtig noch offene Fragen. Um den Leser durch solcherlei interne Überlegungen nicht unnötig zu irritieren, wurde ECS als durchgängiger Entwicklungsname gewählt. Das Instrumentarium wird in seiner gegenwärtig gültigen Fassung vorgestellt, Änderungen sind aber wahrscheinlich.

Bevor ich zum Kern dieses Berichts komme, nämlich der Vorstellung des ECS-Prozesses und seines Instrumentariums, möchte ich einige Bemerkungen zur Ausgangssituation und Verwendungsabsicht voranstellen. Ich tue dies vor allem, um verschiedene methodische und ablauforganisatorische Entscheidungen im Zusammenhang verständlich zu machen.

Die Anfänge des ECS gehen bis in die erste Hälfte der 90er Jahre zurück oder anders formuliert, die Continental AG nutzt solche Surveys bereits seit relativ langer Zeit und kann mithin auf eine nicht unerhebliche Praxiserfahrung auf diesem Gebiet verweisen.

Rückblickend betrachtet lassen sich verschiedene Ausgangspunkte für den heute genutzten ECS festmachen. Die Entscheidung für einen Standard-Survey richtete sich ursprünglich gegen den Mitte der 90er Jahre im Unternehmen üblich gewordenen Befragungswildwuchs. Es war seinerzeit in Mode gekommen, die Mitarbeiter zu allen möglichen Themen zu befragen. Zumeist lagen diese Fragebogenaktionen in den Händen junger Mitarbeiter, welche zwar viel Engagement aber selten methodisches Wissen auf diesem Gebiet mitbrachten. Man ging einfach frei nach dem Motto zu Werke „was wir schon immer einmal wissen oder denen da oben beweisen wollten". Da im Regelfalle weder Auswertungs- noch Umsetzungsprobleme mitbedacht wurden, endeten solche

---

[1] Der Autor berichtet Erfahrungen, welche er als ECS-Team-Verantwortlicher in der Zeit von 1996 bis 2003 machte. Er ist seit 2004 nicht mehr Mitarbeiter des Unternehmens und verantwortet daher alle Einschätzungen oder Schlussfolgerungen persönlich.

Aktionen, wenn überhaupt, in kaum problemdienlichen Prozentzahlenbetrachtungen „im kleinen Kreis". Es war dieser Mangel an Professionalität (und die damit verbundene Konsequenzlosigkeit), der das an sich nützliche Instrument der Befragung nachhaltig zu diskreditieren drohte. Eben dies wollte man sich aber aus zwei Gründen nicht länger leisten. Erstens begann die Continental Mitte der 90er Jahre mit der Balanced Scorecard (BSC) – einem auf Zielzahlen basierenden Führungsinstrument – zu experimentieren und wollte dazu jährlich wiederkehrend die Mitarbeiterzufriedenheit kontrollieren und zwar mit Hilfe eines Fragebogens. Außerdem gab sich das Unternehmen um die Jahrhundertwende Leitlinien – Continental BASICS – und beschloss, deren Realisierung mittels eines Survey in regelmäßigen Abständen zu kontrollieren.

Aufgrund gemachter Erfahrungen entschied man sich von Anfang an gegen eine reine Befragung. Stattdessen sollte es vom Charakter her um einen kontinuierlichen Verbesserungsprozess gehen. Befragungsergebnisse, welche (als Prozentzahlen aufbereitet) nur im kleinen Kreis betrachtet oder spekulativ diskutiert würden, erschienen einfach nicht zweckdienlich; im besten Falle befriedigen sie die Neugierde einiger Hierarchen oder Stabsfunktionen, bewegen tun sie nichts, bergen aber dafür die Gefahr der Denunziation oder des Labelling einzelner Führungskräfte, welche sich nur selten gegen solchen Datenmissbrauch wehren können.

Das heute gültige ECS-Lastenheft lässt sich in den folgenden sechs Punkten zusammenfassen:

1. *Der ECS soll als KVP – orientiert am D-M-A-I-C (Abbildung 1) – konzipiert sein*[2]. Aus dieser Zielvorgabe folgt u. a. die Forderung nach empirischen Messinstrumenten. Sie sollen zwei Randbedingungen genügen: Mittels eines *Kurzfragebogens* soll zu Beginn des Prozesses ein Screening der Situation vorgenommen werden. Die nachfolgende Operationalisierung des KVP soll dem Gedanken des Mitarbeiter-Involvements Rechnung tragen.

2. *Der ECS soll zielgruppenunspezifisch entwickelt sein.* Konkret bedeutet dies für die Entwicklung des Screening zweierlei: Erstens müssen Indikatoren (Items) gewählt werden, welche sowohl in der Produktion als auch der Entwicklung oder den AFP-Bereichen vergleichbare Sachverhalte valide erfassen und zweitens muss eine Sprache gefunden werden, welche für alle Mitarbeitergruppierungen – Arbeiter und Angestellte – gleichermaßen verständlich ist.

3. *Vom ECS wird erwartet, dass er ein zuverlässiger Indikator für Mitarbeiter-Commitment ist.*

4. *Der ECS soll den Realisierungsgrad der Basics diagnostizieren können.* Die inhaltliche Verknüpfung der Frage nach dem Commitment mit den Unternehmensleitlinien setzt voraus, dass das Dimensions- oder Themenspektrum der Basics breit genug ist, um alle wesentlichen Determinanten unseres Zielkonzepts zu erfassen. Das thematische Spektrum der Basics deckt die folgenden Punkte ab: Das Bekenntnis

---

[2] Beim D-M-A-I-C-Zyklus (GE, 1998, S.1 ff.) handelt es sich um eine von *General Electrics* allgemein für KVP-Zwecke empfohlene Methodologie.

zur Leistung und Wertschöpfung für die Stakeholder des Unternehmens, die Vision der Führerschaft bzgl. Technologie und Innovation, die Verpflichtung gegenüber der Gesellschaft vor allem bzgl. des Schutzes der Umwelt, die Verpflichtung gegenüber dem Kunden und in diesem Zusammenhang vor allem die Verpflichtung zur Qualität ohne jeden Kompromiss und nicht zuletzt die Verpflichtung gegenüber den Zulieferern und Mitarbeitern. Soweit es die Mitarbeiterverpflichtung anbelangt, betonen die Basics insbesondere die folgenden Themen: Verantwortung des Managements für die Mitarbeiter, Förderung von Kooperation und Teamwork, das Gleichheitsgebot (im Sinne der fairen Chance) und den Willen zu Lernen und Wissensmanagement.

5. Die *statistische Auswertung* muss auf zwei Verwendungszusammenhänge ausgelegt sein: Sie *muss einen D-M-A-I-C-Zyklus treiben* können und sie muss die *BSC-Erfordernisse bezüglich eines zusammenfassenden Index* erfüllen.

6. *Die Auswertung muss durch eine geeignete Software unterstützt werden.* Die in diesem Zusammenhang formulierten Randbedingungen sind: Generierung von Standardauswertungen „auf Knopfdruck", Bedienbarkeit durch statistische Laien, kein besonderer Trainingsaufwand, keine außerhalb des Industriestandards liegenden Hardware-Voraussetzungen, keine Bindung an das Office Paket oder ähnliche Vertragssoftware. Die Software soll – einem Template vergleichbar – für möglichst alle Surveys der Continental einsetzbar sein. Sie soll Datenexporte in allgemein gängigen Formaten erlauben (z. B. d-base für SPSS).

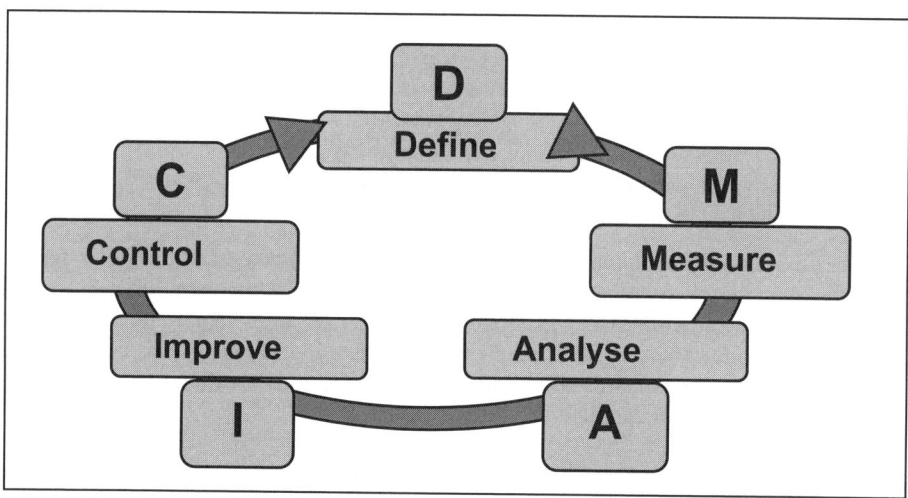

Abbildung 1: D-M-A-I-C-Zyklus

Im Sommer 2003 entschied der Unternehmensvorstand, den ECS einem generellen Review zu unterziehen. Die im Zuge dieses Reviews geplanten Änderungen am Prozess und Instrumentarium werden sich weiterhin im Rahmen des oben wiedergegebenen Lastenhefts bewegen.

2 Der Survey: Verantwortungen – Ablauf – Instrumente

2.1 Verantwortungen

Der Survey wird einmal jährlich in den verschiedenen Bereichen oder Standorten des Unternehmens durchgeführt. Ob und wann dies geschieht liegt ebenso in der Entscheidungsverantwortung des jeweiligen Bereichsmanagements wie die konkrete Zusammensetzung der Gruppen, welche in den Survey einbezogen werden. Demgegenüber liegt die Durchführungsverantwortung des Gesamtablaufs in den Händen eines ECS-Teams (es handelt sich hier um eine bei der zentralen Qualität aufgehängten Stabsstelle, welche neben ihren sonstigen Aufgaben das Instrument konstruierte und nach wie vor weiterentwickelt; zum Team gehören außerdem die den Survey jeweils „vor Ort" unterstützenden Moderatoren). Dieses Team verantwortet die professionelle Beratung des Bereichsmanagements in allen Organisationsfragen; vor allem übernimmt es aber alle praktischen Durchführungs- und Auswertungsaufgaben (und damit auch die Einhaltung aller vereinbarten Anonymitätsvereinbarungen; ich werde im weiteren Verlauf darauf zurückkommen).

Im Rahmen des bereits angesprochenen ECS-Reviews ist angedacht, die Verantwortung für den ECS in die Hände des Personalwesens zu legen und auch die Durchführung vor Ort durch die örtlichen Personalverantwortlichen zu steuern. Über mögliche Probleme, welche sich aus dieser Änderung ergeben könnten, ließe sich zum gegenwärtigen Zeitpunkt nur spekulieren, da die konkrete Erfahrung fehlt.

2.2 Prozessablauf

Das Prozessdesign orientiert sich, der Managementvorgabe entsprechend, am D-M-I-A-C-Modell. Der Kerngedanke ist, einen mitarbeitergetragenen KVP-Ansatz zu kreieren. Hinter dieser Grundsatzentscheidung stehen utilitaristische Überlegungen. Man will nicht nur, dass sich „etwas bewegt", man will vor allem, dass sich das Richtige bewegt und dies mit möglichst großer Nachhaltigkeit. Dazu baut man auf Wheatleys Hypothese, der zu Folge *people involvement* die Methode der Wahl ist: „people (only) support what they create". Nur das, was Menschen selbst entwickelt haben, werden sie später auch gegen Widerstände tragen und durchsetzen (Wheatley, 1993, S. 66f)[3].

Zurück zum Prozessdesign: Rein formal und vom Ablauf her betrachtet verläuft der ECS über 4 Schritte:

1. Das Bereichsmanagement klärt in einem ersten Schritt die Frage nach den „Untersuchungseinheiten". Als Regel gilt, dass die „Untersuchungseinheiten" klar erkennbare

---

[3] Wenngleich es also vor allem allgemeine Nützlichkeitserwägungen waren, welche den Ausschlag für das Design gaben, so scheinen doch hinter anderen Entscheidungen, wie z. B. der nach der Ownership der Ergebnisse (Stichwort: Familienkonferenz – ich komme darauf zurück) spezifische Wertvorstellungen bzgl. Führung auf. Es wäre sicherlich nicht ohne Reiz, die hinter den getroffenen Einzelentscheidungen erkennbare ethische Basis näher zu beleuchten und auch zu werten. Dies würde allerdings den selbst gesetzten Rahmen eines *Erfahrungsberichts* sprengen.

Arbeitszusammenhänge bilden sollen (mehrheitlich wird es sich also um Abteilungen oder – wenn diese zu groß sind – Gruppen handeln). Die Stärke einer Einheit sollte – um effektiv diskutieren und arbeiten zu können – maximal um 10 bis 15 Personen liegen.

2. Den zweiten Schritt des Prozesses bildet das fragebogengestützte Screening der Ausgangssituation (Näheres zum Bogen später). Dieses Screening findet im Rahmen eines Abteilungs- bzw. Gruppen-Meetings statt. Im Normalfall dauert es 45 Minuten. Unterstützt wird es durch eine professionelle Moderation. Der Ablauf folgt einem Standard, für dessen Einhaltung die jeweiligen Moderatoren Verantwortung tragen. Seine Elemente sind:
   - Eingangsinformationen, welche über den Zweck des ECS, den Gesamtablauf, das Auswertungsverfahren und die Anonymitätsvereinbarungen aufklären
   - Erläuterungen zum Screening-Bogen und dessen Bearbeitung (Die Items des Bogens sollten so ausführlich besprochen werden, dass möglichst ausgeschlossen werden kann, dass zentrale Ergebnisse auf Missverständnissen beruhen.)
   - Offerierung eines zwanzigminütigen Zeitblocks für die Bearbeitung des Bogens (während dieser Zeit sollten Itemdiskussionen erlaubt bleiben)
   - Einsammeln der Bögen und abschließende Informationen zum Zeitrahmen für die Auswertung und das nachfolgende Feedback. Der Moderator verantwortet, dass die Bögen in keine dritten Hände kommen, sondern von ihm – entsprechend der Anonymitätsvereinbarungen – persönlich an das Auswertungsteam weitergegeben werden. Die praktische Auswertung und Ergebnisaufbereitung für das Feedback erfolgt zentral.

3. Die Ergebnisfeedbacks beanspruchen zwei bis drei Stunden und bilden den dritten Prozessschritt. Auch dieser Schritt folgt einem Standardablauf (Abbildung 2) Seine wesentlichen Aufgaben sind, die Beteiligten über „ihr Ergebnis" zu informieren, um im Anschluss daran das Ergebnis in der Gruppe zu analysieren und Verbesserungsmöglichkeiten zu diskutieren. Diese wiederum sollen in einem verbindlichen Aktionsplan festgehalten werden. Als Regeln für diesen Schritt gelten: (a) Alle Mitarbeiter, welche am Screening teilnahmen, nehmen auch am Feedback teil, (b) Die Ergebnisse sind Eigentum der Gruppe, sie sieht sie zuerst und sie entscheidet, wer sie außerdem sehen wird.

Dem bestehenden Standard entsprechend nehmen alle befragten Mitarbeiter auch am Feedback teil. Gegenwärtig experimentiert das ECS-Team alternativ – vor allem dort, wo die Untersuchungseinheiten zu groß sind (Produktionsschichten!) – mit der Möglichkeit von „Stichproben", also einem Vorgehen, wie es aus der Q-Zirkel-Arbeit bekannt ist (es scheint zu funktionieren!).

Die Feedbacks finden auf zwei Ebenen statt: Auf der Ebene der einzelnen Untersuchungseinheit (Gruppen) und auf der Managementebene. Das Ergebnis auf der Gruppenebene sind auf 9 bis 12 Monate ausgelegte Aktionspläne sowie gesonderte Listen, auf welchen all jene Items von den Gruppen festgehalten werden, welche sie nicht bearbeiten können, da sie außerhalb ihrer Kompetenzen bzw. der der Gruppenvorgesetzten liegen. Letztere werden vom ECS-Team für ein zusammenfassendes Feedback auf der Bereichsebene aufbereitet. Als Regel für das Management-Feedback gilt: Die

Mitarbeiter des Bereichs haben ein Anrecht darauf, in angemessener Zeit zu erfahren, wie ihre Bereichsführung mit den festgestellten Problemen umzugehen gedenkt.

4. Den letzten formalen Schritt eines jeden Zyklus bildet das Follow-up Meeting. Es findet etwa 9 Monate nach dem Ergebnisfeedback der Gruppe statt. Als Regel für das Follow-up gilt: Welche Konsequenzen die einzelnen Teams aus ihren Ergebnissen ziehen bzw. welche Verbesserungsmaßnahmen sie planen, ist Angelegenheit der Gruppe und ihres Vorgesetzten. Allerdings nicht in deren Ermessen liegt, ob und mit welcher Ernsthaftigkeit sie ihren Aktionsplan abarbeiten. Dies zu prüfen ist Aufgabe des Follow-up. Einem vergleichbaren Zweck dienen auch die letzten drei Items des Screenings, welche danach fragen, ob und mit welcher Konsequenz an verabredeten Verbesserungen gearbeitet wurde.

---

1. Feedback statistischer Ergebnisse

Vorstellung der statistischen Ergebnisse

2. Schieflage beschreibbar machen

Kernfrage der Moderation: *„Was ist bemerkenswert an dem Ergebnis; was ist das Problem? Wie bzw. wodurch denken Sie ist das Ergebnis zustande gekommen?“*

3. Bedeutung der Schieflage herausarbeiten

Kernfrage der Moderation: *„Welche Bedeutung hat das Ergebnis bzw. haben die erkennbaren Probleme?“*

4. Alternativszenarien diskutieren

Kernfrage der Moderation: *„Was kann anders werden? Welche prinzipiellen Alternativen gibt es aus der gegenwärtigen Situation heraus?“*

5. Management-Feedback zusammenstellen

Kernfrage der Moderation: *„Welche Ergebnisse dieser Diskussion und insbesondere welche Forderungen sollen an das Management weitergegeben werden?“*

6. Vereinbarung von Organisationsentwicklungs- bzw. Personalentwicklungszielen zwischen Abteilungsmitgliedern und –management treffen

Kernfrage der Moderation: *„Was wollen wir in der nächsten Zeit gezielt anfassen und was wollen wir damit erreichen?“*

7. Realisierungsverträge abschließen

Kernfrage der Moderation: *„Wer fasst was konkret an und wie soll das Follow-up dazu aussehen?“*

8. Konsequenzen für die Vertragsparteien transparent machen

Kernfrage der Moderation: *„Über was müssen wir uns im Klaren sein, wenn wir die verabredeten Veränderungen herbeiführen?“*

Abbildung 2: Standardablauf des Feedbacks (Moderator steuert über Kernfragen (kursiv))

2.3 Das Instrumentarium des ECS – Screening, Standardauswertung, Software

2.3.1 Screening Bogen

In seiner heutigen Form besteht das Screening aus 44 Pflicht-Items. Den einzelnen Bereichen steht es allerdings frei, Einzelitems oder ganze Konzepte hinzufügen, um ihr besonderes Informationsinteresse ebenfalls abbilden zu können. Diese 44 Pflicht-Items lassen sich 14 Konzepten zuordnen, sie wiederum können unter 6 Basics-Dimensionen zusammengefasst werden.

Im Folgenden werde ich mich auf die wesentlichen methodischen Überlegungen[4] und Entscheidungen konzentrieren, welche der Konstruktion des Screening-Bogens zugrunde liegen.

Das praktische Interesse der Continental AG ist, Commitment auf Seiten ihrer Mitarbeiter weiter zu stärken und zu entwickeln. Mit Blick auf die Konstruktion des Screening-Bogens bedeutet dies, dass man diesen Zielbegriff zum einen in ein operationales Messkonzept umsetzen und zum anderen Commitment-erklärende Konzepte in das Instrument integrieren muss.

Commitment wird im Zusammenhang des ECS als „*Verpflichtung der Mitarbeiter gegenüber ihrem bzw. deren Einsatzbereitschaft für ihr Unternehmen und dessen Ziele*" aufgefasst – der Begriff ist der gegenwärtig gebräuchlichen Management-Sprache entlehnt – im Kern deckt er wohl weitgehend das ab, was die empirische Betriebspsychologie als „Motivation" misst. Dem Motivationskonzept vergleichbar, ist Commitment als hypothetisches Konstrukt aufzufassen – man meint damit eine begrifflich gefasste Verhaltenstendenz, welche nicht direkt messbar ist, sondern auf welche man nur aufgrund beobachtbarer Indikatoren schließen kann. Als solche Indikatoren werden vom ECS betrachtet (bzw. gemessen): *die Zustimmung zum Arbeitsplatz und Arbeitsinhalt, die Zustimmung zur Leistung auf diesem Platz für das Unternehmen, das Empfinden, dass man selbst und das Unternehmen gut zueinander passen, die empfundene Wertschätzung für sein Unternehmen* und *die empfundene persönliche Verpflichtung gegenüber dem Unternehmen.*

Der Screening Bogen enthält insgesamt zwölf Konzepte. Angenommen wird, dass Commitment (mindestens aber die Verbleibensbereitschaft der Mitarbeiter im Unternehmen) aus ihnen heraus hinreichend erklärt werden kann (methodisch gesprochen werden sie also als mögliche Prädiktoren betrachtet). Konzeptquellen sind:
- Basics
- empirische Literatur (vor allem die Ergebnisse der „Gallup Studie" (Buckingham & Coffman, 2001)

---

[4] Um nicht den Rahmen eines Erfahrungsberichts zu sprengen, wird darauf verzichtet, die getroffenen methodischen Entscheidungen in ihren Vor- und Nachteilen gegenüber den möglichen, aber nicht gewählten Optionen zu diskutieren. Es muss an dieser Stelle genügen, auf die diesbezüglich gute Übersicht bei v. Holtz (1997, S.29 ff.) zu verweisen.

– erprobte unternehmensinterne Entwicklungen.

Tabelle 1 bietet einen zusammenfassenden Überblick über die Struktur des Bogens.

Tabelle 1: Struktur des Screening-Bogens

Basics	ECS-Konzept	Konzeptbeschreibung
Mitarbeiteridentifikation und Commitment	1.1 Arbeitszufriedenheit	Der Arbeitsplatz wird als „passend" empfunden; die Arbeit erscheint sinnvoll.
	1.2 Unternehmensbindung	Die Continental wird als „passend" und als berufliche Heimat empfunden, der man sich verpflichtet fühlt.
Wertschöpfung und Leistung	2.1 Kultur der Höchstleistung und Wertschöpfung	Das Team hat „Drive", zeigt Leistung und bringt dem Unternehmen Mehrwert.
Kooperation und Teamwork	3.1 Team-Klima	Die Zusammenarbeit ist gut, man ist gegeneinander offen, kollegial und konfliktfähig.
	3.2 Bereichsübergreifende Zusammenarbeit	Der Informationsfluss und die Kooperation zwischen den zusammenarbeitenden Gruppen sind gut.
Verantwortung und Führung	4.1 Führungskultur	Die Vorgesetzten können delegieren, sie involvieren die Mitarbeiter. Der gegenseitige Respekt und Ton stimmen.
	4.2 Mitarbeiterförderung	Die Mitarbeiter bekommen Rückmeldung und gute Förderung, das Unternehmen eröffnet Perspektiven.
	4.3 Diversity	Das Unternehmen bietet seinen Mitarbeitern faire Chancen, unabhängig von Geschlecht oder Herkunft.
	4.4 Kompensation	Die persönliche Gehaltsperspektive ist in Ordnung. Das Gehaltgefüge stimmt. Mehrarbeit wird kompensiert.
Lernen, Wissen und Kommunikation	5.1 Wissensaustausch und Lernkultur	Das Unternehmen ist bereit, aus Fehlern zu lernen, und hat dazu ein Wissensmanagement aufgebaut.
	5.2 (Strategie) Kommunikation	Die Mitarbeiter kennen die Unternehmensstrategie, diese wird mit ihnen besprochen, ihre Ansichten werden gehört.
Unternehmenspositionierung	6.1 Qualitäts- und Kundenorientierung	Das Unternehmen lebt seine Kunden- und Qualitäts- philosophie.
	6.2 Umwelt, Sicherheit, Gesundheit	Das Unternehmen lebt seine Umwelt- und Arbeitssicherheitsphilosophie.
	6.3 Unternehmensimage	Bezüglich seiner Produkt- und Produktionstechnologie gehört das Unternehmen zur Spitzenklasse.
Effektivität des ECS	7.1 Wirksamkeit des vorangegangenen Zyklus	Die ECS-Ergebnisse wurden in Pläne umgesetzt, welche auch realisiert wurden.

Das Screening ist als *Zweikomponentenmessung* konzipiert (vgl. Abbildung 3): Die einzelnen Statements des Bogens beschreiben Zielsituationen, zu denen die Mitarbeiter aufgefordert werden, in zweifacher Weise Stellung zu nehmen: Sie werden zum einen gebeten, die in den Items enthaltenen Situationsbeschreibungen mit ihrer Alltagserfahrung zu vergleichen (Ist-Komponente), und sie werden zweitens darum gebeten, Auskunft darüber zu geben, welche Bedeutung das im Statement angesprochene Thema für sie hat, genauer für ihre Zufriedenheit und ihr Commitment gegenüber dem Unternehmen (Soll-Komponente). Methodisch verbinden wir mit diesem Ansatz den Gedanken, dass der für sinkendes Commitment ausschlaggebende Faktor der Situationsunzufriedenheit am besten als (innerpsychisch wahrgenommene) Diskrepanz (Spannung) zwischen Alltagsrealität und Erwartung gemessen werden kann. In der Konsequenz dieser Hypothese liegt auch, die Konzeptwerte auf die Differenzsummen zu basieren.

Der EC-Index wird durch ein *nicht-kompensatorisches* und *gewichtetes* Berechnungsverfahren bestimmt: Für das nicht-kompensatorische Verfahren haben wir uns entschieden, weil wir gute Gründe für unsere Vermutung zu haben glauben, dass allein die negativen Erfahrungen der Mitarbeiter für deren Maß an Unzufriedenheit mit ihrer Arbeitssituation ausschlaggebend sind und wir nicht darauf hoffen sollten, dass „Übererfüllungen" gleichsam kompensatorisch wirkten. Für ein gewichtetes Verfahren spricht, dass mit guten Gründen davon ausgegangen werden kann, dass eine Differenz von Ist und Soll innerpsychisch um so schwerer wiegt, je mehr Bedeutung dem jeweiligen Thema von Seiten der Mitarbeiter beigemessen wird.

Entscheiden Sie bitte, ob und in welchem Maße die jeweils aufgestellten Behauptungen mit der Realität in Ihrem Arbeitsbereich übereinstimmen. Gibt eine These Ihre Situation sehr gut wieder, so entscheiden Sie sich bitte für einen Wert nahe "6"; können Sie kaum Übereinstimmungen finden, so geben Sie einen Wert nahe "1" an. Die Zahlen von "1" bis "6" bezeichnen einen zunehmenden Grad an Übereinstimmung zwischen These und Ihrer Arbeitsrealität.
Geben Sie zusätzlich in der äußeren rechten Spalte an, **welche Bedeutung das gerade angesprochene Thema für Sie bzw. Ihren Spaß** an der Arbeit hat. Hat das Thema einen sehr hohen Stellenwert für Sie, so kennzeichnen Sie dieses bitte durch eine „6". In dem Maße, wie das Thema Sie persönlich unberührt lässt, sollte auch der von Ihnen vergebene Wert sinken.

	Erfahrung	Bedeutung
1. Die Arbeitsabläufe in meiner Abteilung sind logisch und transparent, sie sind o.k.	1 2 3 4 5 6	1 2 3 4 5 6
2. Die fachliche Zusammenarbeit in meiner Gruppe funktioniert gut.	1 2 3 4 5 6	1 2 3 4 5 6
3. Meine Arbeitsaufgaben und Ziele werden mit mir ausführlich besprochen, ich weiß, was ich zu tun habe.	1 2 3 4 5 6	1 2 3 4 5 6

Abbildung 3: Fragebogenausriss (Zweikomponentenmessung)

2.3.2 Ergebnisaufbereitung – Standardauswertungen für das Feedback

Unsere Auswertungssoftware erlaubt, Items des ECS entsprechend der in Tabelle 1 vorgestellten Struktur zu Skalen (Konzepten) zusammenzufassen und diese wiederum unter
Hauptdimensionen (Überkonzepten) zu ordnen. Sie erlaubt weiterhin Standardauswertungen abzurufen: Eine Ergebnisübersicht, die Identifikation so genannter kritischer
Konzepte und die Zusammenfassung des Ergebnisses zu einem Index (ECI).

Ergebnisübersicht (Abbildung 4): Diese Standardauswertung beantwortet die Frage, wie
die Mitarbeiter ihre Arbeitsrealität – repräsentiert durch die 14 Konzepte – mehrheitlich
wahrnehmen und welche Bedeutung sie dieser beimessen. Es werden also Ist- und Soll-
Werte einander gegenübergestellt. Bei beiden Werten handelt es sich um arithmetische
Mittel. Man erhält dieses Mittel, indem man die Summe aller Werte durch die Anzahl
aller Werte dividiert. Auf dem Standardauswertungschart erscheinen sie als Punkte,
welche durch eine Linie verbunden wurden (der Einwand, dies sei eine nicht ganz angemessene Darstellungsform von Mittelwerten ist zutreffend; sie hat sich jedoch bei statistisch ungeübten Teilnehmern als recht eingängig erwiesen und wurde aus diesem Grund
gewählt).

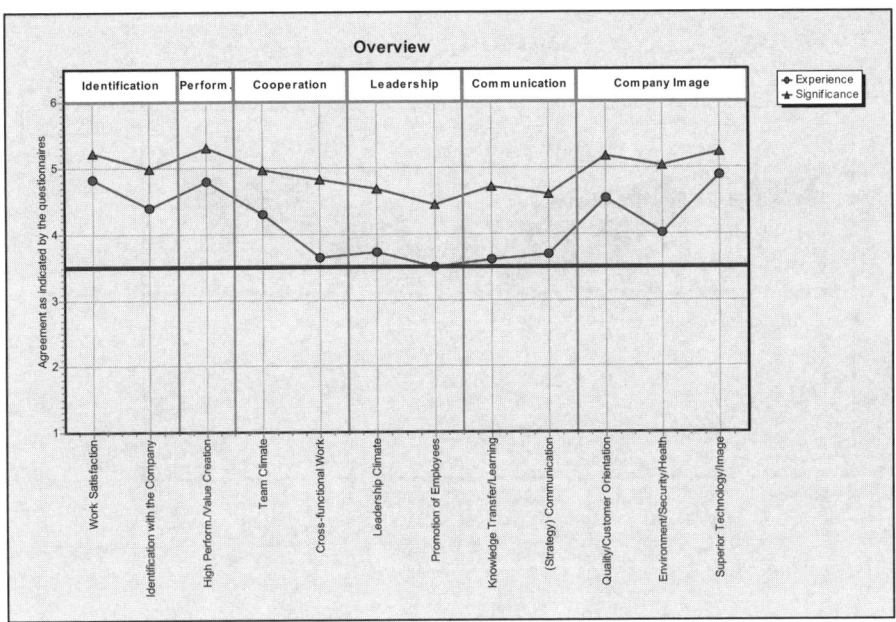

Abbildung 4: Ergebnisübersicht (Standardauswertung-SRT)

Identifikation kritischer Konzepte (Abbildung 5): Für den geübten Betrachter mag die
einfache Ergebnisübersicht völlig ausreichend sein, um in eine problemfokussierte Diskussion einsteigen zu können. Unsere Erfahrung zeigt allerdings, dass unsere Mitarbeiter
diese Übung in der Regel nicht mitbringen, und mit einem Auswertungsansatz mehr

anfangen können, der deutlicher jene Konzepte identifiziert, welche eine besonders große Diskrepanz zwischen Ist und Soll aufweisen. Methodisch wird dazu in zwei Schritten vorgegangen: Ausgehend von der Ergebnisübersicht werden durch einfache Subtraktion des Ist- vom Sollwert die Differenzmaße über alle 14 Konzepte bestimmt und diese dann – entsprechend ihrer Größe – in eine Rangreihe gebracht und graphisch dargestellt.

Zusammenfassung der Ergebnisse zu einem Index (ECS): Zum Zwecke summarischer Fortschrittskontrollen können Indices gebildet werden. Der ECI – er ist eine solche Maßzahl – kann als Repräsentant der „kritischen Fläche" zwischen Ist- und Bedeutungswerten betrachtet werden (Abbildung 6). Seine Berechnung ist vergleichsweise einfach und robust: Der Index basiert (ausschließlich) auf den „positiven Differenzen" zwischen Soll und Ist (dies, weil wir annehmen, dass das Ausmaß der Unzufriedenheit ausschließlich durch die Situationsdefizite bestimmt wird). Wir gewichten diese „positiven" Differenzen mit dem jeweils dazugehörigen Soll-Wert (dies, um unserer Überlegung Rechnung zu tragen, dass Differenzen, welchen die Mitarbeiter geringere Bedeutung beimessen, auch mit geringerem Gewicht in den Index eingehen sollten). Der Index ergibt sich dann aus der Summe der gewichteten positiven Differenzen dividiert durch die Anzahl der Konzepte des Fragebogens.

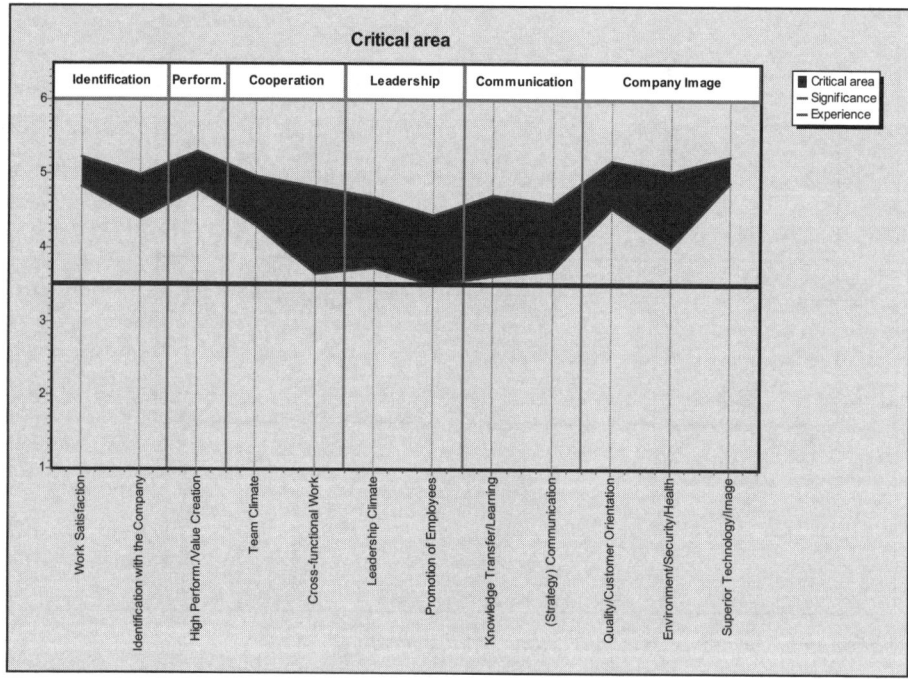

Abbildung 5: Kritische Konzepte (Standardauswertung – SRT)

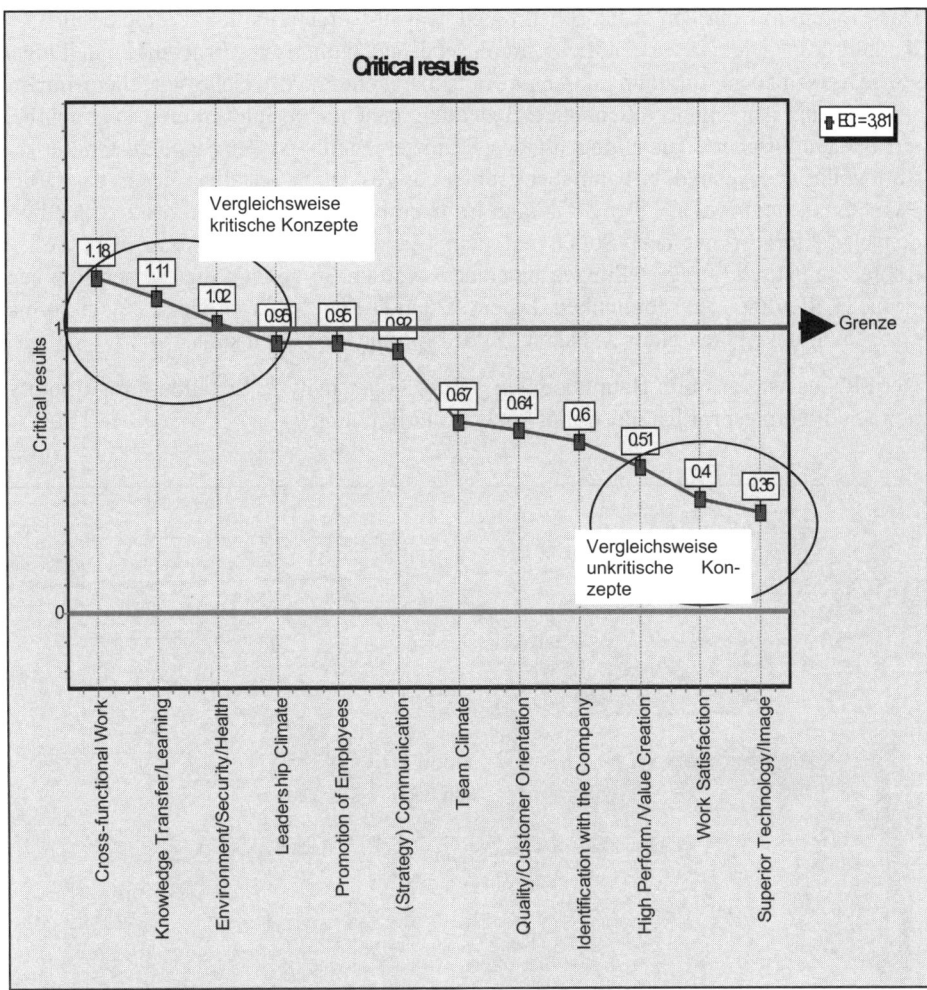

Abbildung 6: Kritische Fläche (Standardauswertung – SRT)

2.3.3 Auswertungssoftware – der SRT

Mit dem SRT[5] nutzen wir eine Software, welche alle im Zusammenhang von Kunden-
oder Mitarbeiterzufriedenheitsbefragungen, Imageuntersuchungen und Optionsportfolios
gängigen Fragebogenkonstruktionen unterstützt. Da wir annehmen, dass dieses Programm für Unternehmen, welche Befragungen mit eigenen Ressourcen planen und nicht
bereits über Auswertungsmöglichkeiten verfügen von einigem Wert sein könnte, wollen
wir es im Folgenden steckbriefartig vorstellen.

---

[5] Das Programmdesign wurde gemeinsam mit der MT-GbR (Hannover) erarbeitet; die Programmentwicklung
lag in den Händen von O. Reinhard und St. Pietsch. Der Programmvertrieb liegt bei der MT-GbR.

Das Programm kann von statistischen Laien bedient werden. Es liefert – gleichsam „auf Knopfdruck" – leicht verständliche graphische und numerische Ergebnisdarstellungen sowie verschiedene zusammenfassende Indexberechnungen, welche vor allem im Zusammenhang der Balanced Scorecard Bedeutung haben. Der Schwerpunkt liegt deutlich auf der graphischen Darstellung für das Feedback (dafür ist der Standard Output des SRT völlig ausreichend, er kann aber problemlos zusätzlich gestaltet oder in das Office Paket exportiert werden). Der SRT kann im oben beschriebenen Sinn als zweckgebunden charakterisiert werden. Sollen mit dem Datenmaterial komplexere, insbesondere inferenzstatistische Fragestellungen untersucht werden, so sprengt dies seinen Rahmen. Er bietet allerdings die Möglichkeit, Datensätze in D-Base zu exportieren, einem Format also, das alle gängigen Statistik Pakete (SPSS!) problemlos lesen kann.

Der SRT besteht aus drei Hauptmodulen – Fragebogenanalyse, Erstellung und Exploration von Polaritätsprofilen, Portfolio-Analysen (Abbildung 7).

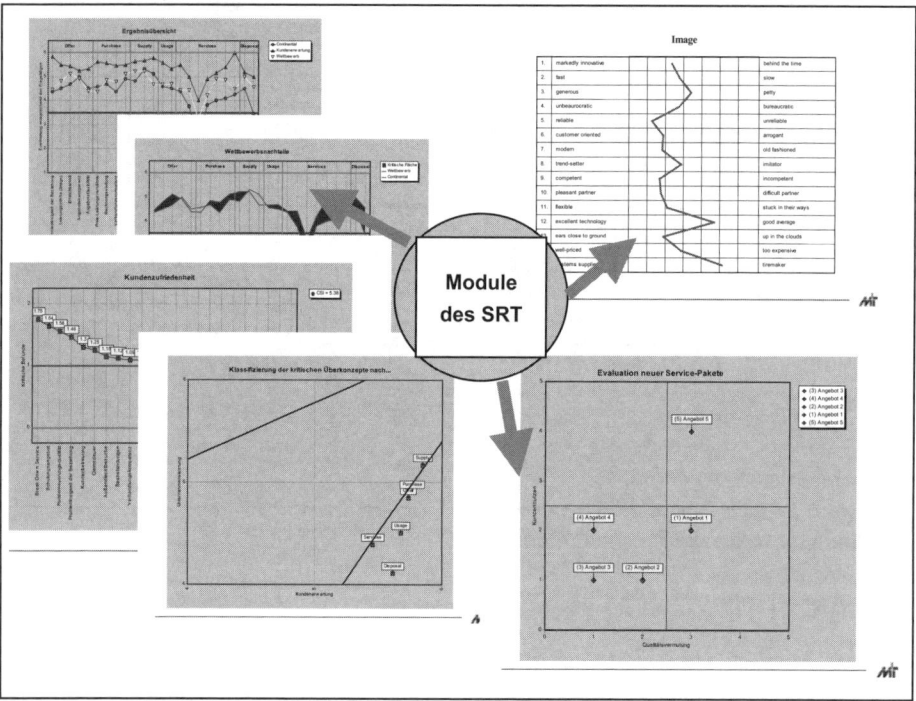

Abbildung 7: SRT-Module im Überblick

Das Modul *Fragebogenanalyse* erlaubt Items eines Fragebogens zu Skalen bzw. Konzepten zusammenzufassen und diese wiederum Hauptdimensionen bzw. Überkonzepten zuzuordnen und das Ergebnis sowohl graphisch als auch numerisch darzustellen und zu Indices zusammenzufassen. Da das Programm mehrdimensional konstruierte Antwortmodi verarbeiten kann, ist es für Zufriedenheitsuntersuchungen, welche an der Dis-

Confirmation von Ist- und Erwartungswert ansetzen (wie wir es mit dem ECS tun), von entscheidendem Wert.

Im Rahmen des ECS spielen zwar die weiteren Module *Polaritätenprofile* und *Portfolioanalyse* keine Rolle, der Vollständigkeit halber seien sie jedoch kurz skizziert: Das Modul *Polaritätenprofile* erlaubt – dem Modul *Fragebogen*analyse im Großen und Ganzen vergleichbar – Items zu Skalen und Skalen unter Dimensionen zu ordnen sowie ein- und mehrdimensionale Beantwortungen variabel darzustellen und auszuwerten. Für Indexberechnungen können die Items unterschiedlich gewichtet werden. Das Modul eignet sich gut für Imageanalysen und bietet Möglichkeiten entsprechender Index-Berechnungen. Das Modul *Portfolioanalyse* erlaubt, methodisch basierend auf der sog. Präferenzmatrix, Sets von Optionen in Rangreihen zu bringen und das Ergebnis graphisch zweidimensional darzustellen.

3 Bearbeitung des Akzeptanzproblems

Wir haben nach mehreren ECS-Zyklen gelernt, die folgende drei Punkte als akzeptanz-kritisch zu werten: Erstens Befragungen, aus denen keine Konsequenzen folgen, zweitens mangelnde Einsichten in das Sicherheitsbedürfnis der Mitarbeiter und drittens der Versuch, ohne den Betriebsrats zu operieren.

Es hat in der Continental die verschiedensten Surveys gegeben, und sie hatten, waren sie als reine Befragungen angelegt, eines gemeinsam: Sie waren den Aufwand nicht wert, den sie erforderten. Sie verändern nichts. Und eigentlich lernte auch niemand aus ihnen, nicht einmal jene, die auf Grund ihrer hierarchischen Position freien Zugang zu den Daten und Ergebnissen haben (wie sollte das auch gehen, die Messung kann doch bestenfalls Indikatoren dafür liefern, wo die Diskussion anzusetzen hätte, sie kann sie aber nicht ersetzen!). Surveys der klassischen Art sind jedoch nicht nur ihren Aufwand nicht Wert, sie sind darüber hinaus konterproduktiv. Bleiben nämlich für die Mitarbeiter spürbare Reaktionen auf die Befragung hin aus, so stellt sich sehr schnell der Eindruck ein, lediglich für dritte Zwecke benutzt worden zu sein. Und welchen Grund sollte es für einen Mitarbeiter geben, hier auf Dauer ernsthaft mitzuspielen – so oder so ähnlich haben wir es immer wieder von unseren Mitarbeitern zu hören bekommen! Wir haben daraus das folgende Fazit gezogen: Will man Zustimmung zu Verfahren wie den ECS, so muss man darauf verzichten, in Unternehmenszusammenhängen Ansätze zu verfolgen, welche, der klassischen Umfrage vergleichbar, zwar gut geeignet sind, die Interessen (oder Neugier) der Befrager und deren Auftraggeber zu befriedigen, dabei aber die Befragten zu reinen Objekten der Aktion macht.

Alle Befragungsaktionen, und insbesondere jene, welche mit Feedbackdiskussion verbunden werden, wie es der ECS tut, produzieren auf Seiten der Mitarbeiter auch Ängste. Dafür gibt es konkrete Gründe: Zum einen kann nur schwer kontrolliert werden, was mit den Bögen, Daten und Ergebnissen passiert, in welche Hände sie geraten und welche Rückwirkungen das alles für den einzelnen Mitarbeiter hat und zweitens, bezogen auf die Feedbackdiskussion, kann er nur schwer steuern, wie „Dritte" mit seinen Diskussionsbeiträgen umgehen und was dies für ihn oder seinen direkten Vorgesetzten (und evtl. damit wiederum ihn) bedeutet. Aus der empirischen Forschung ist hinreichend bekannt, wie Befragte mit solchen Ängsten umgehen. Sie versuchen, der Gefahr aus dem Wege zu gehen (Boykott) oder falls dieses nicht geht, sie zu minimieren. Die Methode für letzteres ist das so genannte „sozial erwünschte" Antwortmuster. Ich sehe auf Grund unserer Erfahrungen zwei Wege, mit diesem Problem umzugehen: erstens, bezogen auf das Situationsscreening, die Verabredung und strikte (glaubwürdige) Einhaltung von *Vertraulichkeitsvereinbarungen* (Abbildung 8)[6] und zweitens, bezogen auf das Ergebnisfeedback, die Organisation eines „geschützten Raums".

Die ECS-Verantwortlichen sprechen im Zusammenhang vom Konzept der *Familienkonferenz*[7]. Weder die statistischen Ergebnisse einer Gruppe noch die während des Feedback

---

Employee Commitment Survey

4

Mißbrauchssicherungen:

1. Bei der *Konstruktion des Instruments* wurde bewußt auf die Erfassung biographischer Gruppendaten verzichtet – dies mit zwei Ausnahmen: um sowohl den Abteilungen ihr Ergebnis als auch dem Management aggregierte Auswertungen anbieten zu können, werden die Abteilungen verschlüsselt erfasst (der Schlüssel ist nur den zentralen ECS-Team bekannt). Der Status der Befragten – Führungskraft oder Mitarbeiter – wird erhoben. Damit wird dem Vorgesetzten einer Abteilung die Option geboten, seine Sicht mit der der Abteilung zu vergleichen. Diese Auswertung erfolgt nur auf ausdrücklichen Wunsch des Vorgesetzten. Im übrigen steht es dem Vorgesetzten frei, auf diese Option von vorn herein zu verzichten und sich bei der Status-Frage als Mitarbeiter einzustufen.
   Wir gehen davon aus, dass durch diese Konstruktion *Auswertungen im Stil der Rasterfahndung* ausgeschlossen sind.

2. Für den Fall, dass die Abteilungen ihre Befragungen und Auswertung selbst vornehmen – eine Option, die für Wiederholungsuntersuchungen gewählt werden kann – besteht aufgrund *eingebauter Programmlimitierungen* keine Möglichkeit, in andere als die eigenen Datensätze zu schauen.

3. Für *zusammenfassende Auswertungen* liegt ein Datensatz bei den ECS-Team. Nur das Team hat Datenzugriff. Die von ihm vorgenommenen *Auswertungen müssen von allen Betroffenen einvernehmlich beauftragt* werden.

4. Die physischen Fragebögen werden nach der Eingabe in das System vernichtet.

Abbildung 8: Vertraulichkeitsvereinbarungen (Vorlage für die Startsitzung)

vorgenommene Analyse oder Aktionsplanung geht jemanden außerhalb der Gruppe etwas an. Genauso würde es eine Familienkonferenz handhaben! Entscheidend für das

---

[6] Mit den verantwortlichen Betriebsräten sowie auch dem Datenschutzbeauftragen des Unternehmens wurden Anonymitätsregeln vereinbart, über welche die Gruppen vor Beginn eines jeden ECS-Zyklus im Rahmen der allgemeinen Eingangsinformationen ausführlich informiert werden.

[7] In diesem Zusammenhang ist anzumerken: Bisher liegen die Daten und Auswertungen in den Händen des ECS-Teams. Aufgrund ihrer Jobbeschreibungen und organisatorischen Verortungen können seine Mitglieder ohne Interessenkonflikte mit den Informationen umgehen und auch das Konzept glaubwürdig vermitteln. Uns fehlen die Erfahrungen, um fundiert einschätzen zu können, was passiert, wenn die Funktionen des ECS-Teams in den Händen des Personalwesens liegen, wo solche Konflikte naturgemäß „vorprogrammiert" sind.

Unternehmen oder seine Hierarchen ist ja auch nicht, was besprochen wurde, sondern das etwas passiert, und dass dies von den Betroffenen getragen wird.

Ob allgemeine Surveys überhaupt unter die Mitbestimmungsvorbehalte des BetrVG fallen und wenn ja, welche Machtmöglichkeiten ein Betriebsrat hat, eine solches Vorhaben zu blockieren oder Änderungen im Erhebungsinstrument oder Prozess zu erzwingen, wird gerne als strittige Frage betrachtet. Auf Betriebsratseite stützt man sich in diesem Streit auf den § 94, Abs. 1, Satz 1 BetrVG. Dort heißt es: „Personalfragebogen bedürfen der Zustimmung des Betriebsrats", im Konfliktfalle sei die Einigungsstelle anzurufen. Alle gängigen Einwände gegen diesen Anspruch basieren auf einer Differenzierung zwischen „*Personal*fragebogen" und einem „*anonymisierten* Fragebogen"; es wird darauf verwiesen, dass das berechtigte Schutzbedürfnis des einzelnen Mitarbeiters vor Informationsmissbrauch im Falle des anonymen Survey nicht greife, mithin der Betriebsrat bestenfalls einen Anspruch darauf anmelden könnte, zu prüfen, ob die Anonymisierungsvorkehrungen ausreichend seien bzw. Rückschlüsse auf einzelne Personen ausschlössen, er jedoch keinen Anspruch habe, gegen einzelne Inhalte des Survey Einsprüche zu erheben. Wie dem auch sei, meines Erachtens ist dieser Streit nicht Wert, gefochten zu werden, und zwar schon deshalb nicht, weil er konterproduktiv ist: Erstens gelingt es ohnehin nicht, die Arbeitnehmervertretung aus der Aktion herauszuhalten, sie hat nämlich mindestens unbestreitbar das Recht, zu prüfen, ob der Bogen die Schutzbedürfnisse der Mitarbeiter verletzt und zweitens (und dies ist für den Erfolg des ECS-Prozesses entscheidend) braucht man die Zustimmung der Arbeitnehmervertretung, wenn man eben diese von den Mitarbeitern möchte. Unsere Schlussfolgerung daraus ist, es nicht auf den oben skizzierten Rechtsstreit ankommen zu lassen. Es ist einfach vernünftiger, den Betriebsrat über das Projekt von Anfang an zu informieren und auch seinen Mitbestimmungsanspruch zu bejahen, und zwar auch bezüglich der für die Entwicklung des Instrumentariums notwendigen Testläufe.

4 Reliabilitäts- und Validitätsprobleme des ECS

Validität meint in der Fachsprache der Fragebogenmethode die *Gültigkeit der Messung*. In anderen Worten: Misst der ECS, was er vorgibt zu messen; wird er seinen beiden Hauptanliegen gerecht, nämlich erstens, ein guter Hebel für KVPs und zweitens, ein verlässliches Diagnoseinstrument für Commitment der Mitarbeiter zu sein? Dass die Items des Bogens von den Mitarbeitern zuverlässig verstanden werden, und nicht etwa Formulierungen benutzt wurden, welche zwar fachsprachlichen oder literarischen Ansprüchen genügen, aber (vielleicht gerade deswegen) nicht den Sprachgebrauch oder das Sprachverständnis der Mitarbeiter treffen, wird gemeinhin als Voraussetzung für Validität betrachtet – diskutiert man die Qualität des Bogens unter diesem Gesichtswinkel, so spricht man von der Zuverlässigkeit oder *Reliabilität*.

So lange Fragebögen als Screening Instrumentarien im Kontext von KVPs verwendet werden, stellt sich das Reliabilitätsproblem nicht ernsthaft: Die Ergebnisse werden ohnehin an die Befragten zurückgespiegelt und in der nachfolgenden Diskussion lassen sich Missverständnisse etc. unschwer aufklären. Anders ist das Problem zu bewerten, wenn die Screening Ergebnisse ohne solche Feedback Schleifen genutzt, wenn also etwa aggregierte Ergebnisse auf Hauptabteilung- oder Bereichsebene betrachtet oder als Basis für weitergehende statistische Analysen herangezogen werden. Das ECS-Team hat zur ständigen Verbesserung der Reliabilität des Bogens ein vergleichsweise naheliegendes Verfahren gewählt. Am Ende eines jeden ECS Zyklus (also einmal jährlich) werden im Rahmen der obligatorischen Review Sitzung auch Qualitätsfragen des Bogens diskutiert und ggf. notwendige sprachlich Adjustierungen vorgenommen. Außerdem werden die Konzepte jährlich mittels der dafür einschlägigen statistischen Verfahren – Itemtrennschärfe und Konzeptstabilität (Cronbach's Alpha) – überprüft.

Unter Validitätsgesichtspunkten stellt sich zum einen die Frage, ob unsere Auswertung, genauer, unsere Fokussierung auf sogenannte *kritische Konzepte*, die gefühlte Unzufriedenheit der Gruppe angemessen erfasst. Da mehr als 90 Prozent aller Aktionspläne auf die zuvor von der Gruppe als kritisch identifizierten Konzepten aufbauen, glauben wir uneingeschränkt davon ausgehen zu können, dass das Instrumentarium für KVPs valide ist. Vergleichbares lässt sich auch für seinen Wert, Diskussionen zu fokussieren und zielorientiert zu treiben sagen. Zum anderen ist zu diskutieren bzw. zu prüfen, welche Vorhersagekraft die Screening Ergebnisse für die Verbleibensbereitschaft und gefühlte Verpflichtung der Mitarbeiter für ihr Unternehmen haben, in diesem Sinne also valide sind. Die Empirie zieht zur Klärung solcher Fragen die Regressionsanalyse heran. Sie erlaubt – unter bestimmten Voraussetzungen – aus der Kenntnis von Prädiktorvariablen auf interessierende Zielvariablen (Kriteriumsvariablen) zu schließen (zum statistischen Modell siehe: Bortz, 1977, S. 208ff). Unsere Ergebnisse legen nahe, die Screening Ergebnisse als kontextabhängig zu betrachten. Anders formuliert: *Nur bestimmte und von Kontext zu Kontext wechselnde Konzeptkonfigurationen können als valide Prädiktoren betrachtet werden. Überdies sind sie nicht unbedingt identisch mit jenen, welche die Mitarbeiter konkret als kritisch beschreiben. Daraus folgen zwei praktische Überlegungen: Erstens sollten Konsequenzen beide Ergebnisse berücksichtigen und zweitens macht es sicherlich keinen Sinn, einfache Quervergleiche über die verschiedenen Locations, Funktionen oder Mitarbeitergruppen hinweg vorzunehmen.*

Abschließend soll die unterstellte Kontextabhängigkeit an den Ergebnissen zweier Extremgruppen nochmals exemplifiziert werden: Am Konzernstandort – die Befragten kamen vorwiegend aus dem technischen Bereich – haben wir über mehrere ECS-Zyklen hinweg die Gallup Ergebnisse gut bestätigen können; alle Ergebnisse belegten die Hypothese, die Führungs- und insbesondere die Personalentwicklungsthematik seien indikativ für Verbleibensbereitschaft und Commitment. Ein völlig anderer Zusammenhang lassen dem gegenüber die Ergebnisse des osteuropäischen Produktionsstandorts vermuten. Nur das Verhalten der Angestellten aus den Stäben und der Administration ist dem der Kollegen aus der Konzernzentrale vergleichbar, die überwiegende Mehrheit des fixen wie variablen Produktionspersonals bindet sein Commitment an völlig andere Bedingungen: Es sind das Image und die Marktstärke des Unternehmens und die Bereitschaft des Managements, über Strategie sowohl zu reden als auch die Mitarbeiter in solche Frage einzubinden.

Es wäre sicherlich nicht uninteressant, über eine Erklärung für die gefundenen Unterschiede zu spekulieren, dies ist aber ein neues Thema und sicherlich auch ein weiterer Aufsatz. Wir wollen uns daher an dieser Stelle auf die abschließende Bemerkung beschränken, dass es die Konstrukteure des ECS-Instrumentarium als eine noch ausstehende Aufgabe im Rahmen des gegenwärtig laufenden ECS-Review ansehen, durch systematische Analysen Schritt für Schritt ein valides Gesamtbild zu entwickeln.

5 Zusammenfassung

Dem Bericht wurde die Vermutung voran gestellt, dass eine Reihe von Unternehmen, und zwar, weil sie vergleichbares planen, und dazu nach praktischen Anregungen und methodischen Entscheidungshilfen suchen, an unseren Erfahrungen interessiert sein könnten. Unter diesem Gesichtswinkel sind es vor allem die folgenden Punkte, die nochmals zusammenfassend betont werden sollen:

Unsere Erfahrungen sprechen gegen eine reine Befragung. Nicht weil sie nur in keinem Verhältnis zum Aufwand steht, welchen sie verlangt, sondern vor allem weil sie unter Umständen Schaden anrichtet. Denkbar sind hier vor allem zwei negative Folgen: Erstens rufen sie Widerstände bei jenen hervor, die nur als Informationsquelle benutzt werden, ohne in die Verwendung der Ergebnisse einbezogen zu werden. Zweitens geraten diese Ergebnisse immer wieder in die Hände von Menschen oder Unternehmensfunktionen, welche sie eher als Waffe denn als Hebel für Veränderungen nutzen (unter den Begriff „als Waffe" fallen hier auch alle Quervergleiche, etwa mit dem Ziel, Führungsfähigkeiten des einen gegenüber dem anderen Vorgesetzen zu beurteilen).

Unsere Erfahrungen sprechen für die konsequente Integration von Befragungen in einen mitarbeitergetragenen KVP. Die Argumente dafür sind erstens die Akzeptanz durch die Betroffenen und zweitens die Chance auf Bewegung!

Auch der reduzierte Anspruch, den man an einen Screeningbogen stellen mag, sollte nicht dazu verleiten, empirisch unprofessionell entwickelte Messinstrumente zu verwenden. Zwar ist es völlig zutreffend, dass die Ablaufschritte, in welche das Screening eingebunden ist, Instrumentenfehler leicht erkennen lassen. Richtig ist aber auch, dass man zum Zwecke der Fortschrittskontrolle vernünftigerweise mit Indices arbeitet, und das auf den verschiedenen hierarchischen Ebenen einer Organisation. Soll dies mit hinreichender Reliabilität und Validität geschehen, so muss das Instrument den dafür definierten Qualitätskriterien entsprechen.

Für die Entwicklung der Instrumente gilt, dass sich in der einschlägigen Literatur gut geprüfte Konzepte finden. Es ist immer sinnvoller, auf diese aufzubauen, als jeweils selbst von Null anzufangen. Aber Vorsicht: Unsere Erfahrungen zeigen, dass auch sehr gut abgesicherte Konzepte, wie beispielsweise die Gallup Items *kulturabhängig* sind. In anderen Worten heißt dies, dass Fehlinterpretationen und Fehlschlüsse vorprogrammiert sind, wenn das Unternehmen es unterlässt, zu prüfen, was genau diese Konzepte im

jeweiligen Kontext messen, und dies geht nicht ohne inferenzstatistische Modellkennt-
nisse.

Ein letzter Hinweis sei dem Akzeptanzproblem gewidmet: Wir haben nach mehreren
ECS-Zyklen gelernt, die folgende drei Punkte als akzeptanzkritisch zu werten: (1) Befragungen, aus denen keine Konsequenzen folgen, (2) mangelnde Einsichten in das Sicherheitsbedürfnis der Mitarbeiter und (3) der Versuch, ohne den Betriebsrats zu operieren.

Nicole Njå

SAP Nordic Employee Survey – eine dynamische Mitarbeiterbefragung

1 Hintergrund und Überblick

SAP – drittgrößter unabhängiger Softwarelieferant der Welt mit Hauptsitz in Walldorf ist in der nordischen Region in den Ländern Dänemark, Finnland, Norwegen und Schweden mit ca. 650 Mitarbeitern vertreten.

Die SAP Nordic Employee Survey – kurz NES – wurde im Jahr 2001 ins Leben gerufen. Hintergrund war eine tiefgreifende Unternehmenstransformation, die durch eine neue Marktstrategie und eine darauf ausgerichtete Organisationsstruktur gekennzeichnet war.

Mit NES wurden folgende Ziele verfolgt:
– Monitoring und Feedback zu der Unternehmenstransformation
– Erhaltung bzw. Erreichung einer angemessenen Mitarbeiterzufriedenheit
– Etablierung einer Feedback- und Verbesserungskultur

NES wurde als Ergänzung zu der globalen SAP Mitarbeiterbefragung gesehen, die seit vielen Jahren in zweijährlichem Rhythmus durchführt wird. Während diese globale Befragung umfassend alle Themen der Mitarbeiterzufriedenheit abdeckt und ein globales Benchmarking ermöglicht, sollte mit NES ein dynamisches, leicht zu handhabendes Instrument geschaffen werden, das speziell auf die Belange der nordischen Länder zugeschnitten war. Dabei wurde bei der Planung von NES auf Kompatibilität geachtet: Frage- und Antwortformat wurden von der globalen Befragung übernommen, allerdings konzentrierte man sich auf einige wenige Themen, entwickelte einen eigenen Berichtsstandard und plante einen intensiveren Follow-up Prozess.

Die wesentlichen Merkmale von NES sind in der folgenden Übersicht zusammengefasst:

Zielsetzung:	Etablierung einer Feedback- und Verbesserungskultur mit Fokus auf die Mitarbeiter
Zielgruppe:	Ca. 650 Mitarbeiter in SAP Nordic: Dänemark, Finnland, Norwegen, Schweden
Frequenz:	Halbjährlich
Themenschwerpunkt:	Arbeitszufriedenheit
Durchführung:	Elektronisch
Ergebnisrückmeldung:	Abteilungsspezifische Berichte mit Gruppen- und historischen Vergleichen
Follow-up Prozess:	Abteilungs-Workshops mit Handlungsplanung; Integration in Führungs- und Personalsysteme

Abbildung 1: Merkmale der Nordic Employee Survey

Insbesondere sind es drei Aspekte, die die Besonderheit von NES ausmachen:
– hohe Intensität durch halbjährlichen Befragungsrhythmus
– Fokus auf wenige, ausgewählte Themengebiete

– ein intensiver Follow-up-Prozess mit Integration in andere Führungs- und Personalsysteme

Diese drei Aspekte sollen im folgenden Beitrag näher beschrieben werden.

2 Halbjährlicher Befragungsrhythmus – hohe Intensität

Als das nordische Managementteam NES in Auftrag gab, sah man vor sich ein kurzes, fokussiertes Instrument, das in kürzeren Abständen den Puls der Organisation messen konnte und damit dem Management Steuerungsmöglichkeiten in einer kritischen Unternehmenssituation gab. Aus diesem Grund entschied man sich für einen halbjährlichen Befragungsrhythmus. NES 1 wurde im Juni 2001 durchgeführt, NES 2 im Januar 2002, NES 3 im August 2002 und NES 4 im März 2003. Danach ging man zu einem jährlichen Befragungsrhythmus über.

Voraussetzung für eine Befragung in so kurzen Intervallen war eine straffe Durchführung mit kurzer, automatisierter Analyse- und Berichtserstellungsphase, sowie ein vorab geplanter Feedback-Prozess. Unser Zeitplan sah folgendermaßen aus: Die Vorbereitung der Befragung dauerte ca. ein Monat bis sechs Wochen, Befragungsperiode war ein bis zwei Wochen, Ergebnisse wurden nach ca. einer Woche nach Ende der Befragung veröffentlicht; Workshops schlossen sich möglichst unmittelbar an und erstreckten sich über einen Zeitraum von vier bis sechs Wochen.

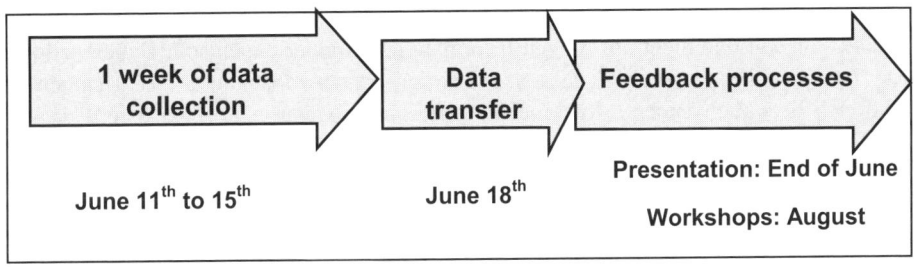

Abbildung 2: Zeitplan der NES 1 im Jahr 2001

Eine wichtige Erfahrung war, dass die Befragung unbedingt in den Jahresablauf der Organisation passen muss. In SAP Nordic galt es dabei beispielsweise, die Halb- und Ganzjahresabschlüsse zu meiden sowie klassische Ferienzeiten auszuklammern. Auch die Anlaufzeit nach den Ferien erwies sich als nicht optimal, da hier erst Momentum aufgebaut werden muss und Mitarbeiter nicht aus ihrem Arbeitsalltag heraus antworten. Für SAP Nordic ergaben sich damit März und September als ideale Befragungszeitpunkte.

Welche Erfahrungen hat SAP Nordic mit diesem intensiven Befragungsansatz gemacht? Vor- und Nachteile werden im Folgenden diskutiert. Abbildung 3 liefert einen Überblick.

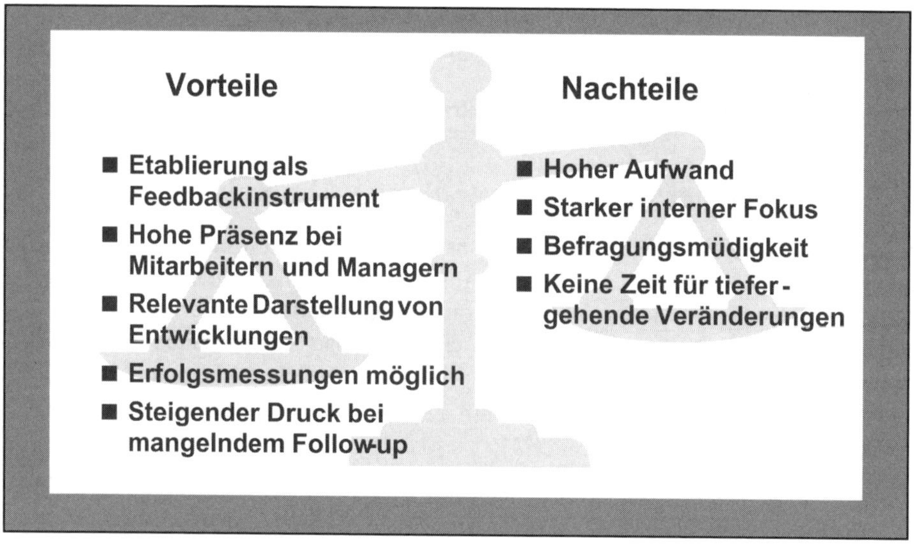

Vorteile	Nachteile
■ Etablierung als Feedbackinstrument ■ Hohe Präsenz bei Mitarbeitern und Managern ■ Relevante Darstellung von Entwicklungen ■ Erfolgsmessungen möglich ■ Steigender Druck bei mangelndem Follow-up	■ Hoher Aufwand ■ Starker interner Fokus ■ Befragungsmüdigkeit ■ Keine Zeit für tiefer-gehende Veränderungen

Abbildung 3: Vor- und Nachteile eines halbjährlichen Befragungsrhythmus

Ein wichtiges Argument für die halbjährliche Durchführung ist, dass so – und vielleicht nur so – die Befragung als zentrales Instrument für Feedback und kontinuierliche Verbesserung verankert werden kann. Feedback muss häufig kommen, wenn es handlungsleitend sein soll und nicht nur bloßen Informationscharakter haben soll. Dabei stellte die Befragung nicht nur Feedback in sich selbst dar, sondern löste auch Diskussionen und Aktionen bezüglich anderer Rückmeldekanäle aus. So wurde z. B. kritisiert, dass die Anonymität der Befragung im Widerspruch zu einer offenen und direkten Unternehmenskultur stünde – und dementsprechend verbesserte man den direkten Dialog.

Ein zweiter Vorteil der hohen Befragungsfrequenz ist, dass der Prozess frisch im Gedächtnis der Mitarbeiter und auf der Agenda des Managements bleibt. Themen, Eindrücke und Erfahrungen von der letzten Befragung sind noch aktuell und können weiterführend bearbeitet werden. Dies führt zu einer höheren Effektivität und Effizienz im Kommunikations- und Motivationsprozess rund um die Befragung.

Aufgrund des halbjährlichen Befragungsrhythmus ermöglicht man, relevante Trends und Entwicklungen durch historische Benchmarks auf Abteilungsebene darzustellen. Bei einer zweijährigen Durchführung kann es vorkommen, dass Führungskräfte und Team sich signifikant verändert haben und sich nicht mehr mit früheren Ergebnissen identifizieren können. Dieses Argument gilt insbesondere in einer sich so schnell bewegenden Branche wie der Informationstechnologie.

Durch die Zeitvergleiche kann sehr schnell festgestellt werden, ob Aktionen durchgeführt wurden und ob Verbesserungen stattfanden. Wegen der Kürze des Zeitraums können veränderte Ergebnisse klarer auf einzelne auslösende Momente zurückgeführt und Ursache-Wirkungs-Zusammenhänge erstellt werden. So wurde z. B. in NES 1 festgestellt, dass die Mitarbeiter Probleme beim Erklären der SAP-Strategie hatten. Eine Informationskampagne resultierte in deutlich verbesserten Werten bei der zweiten Befragung.

Wenn Erfolg dokumentierbar und zuschreibbar ist, so gilt dies natürlich auch für fehlenden Erfolg: Führungskräfte und Teams, die nicht mit den Ergebnissen der Befragung gearbeitet haben, bekommen nach einem halben Jahr die gleichen oder schlechtere Ergebnisse wieder zurückgemeldet. Der Druck erhöht sich, ebenfalls Verbesserungen durchzuführen.

Natürlich sind mit der halbjährlichen Durchführung auch eine Reihe von Nachteilen verbunden. An erster Stelle steht hier der zeitliche und finanzielle Aufwand. Möglich war diese Vorgehensweise wohl nur aufgrund des relativ übersichtlichen organisatorischen Umfangs: Ein kleines Projektteam konnte innerhalb nur weniger Wochen auf Teilzeitbasis die Befragung vorbereiten. Erstaunlich war hierbei die Lernkurve z. B. bei der Vorbereitung der organisatorischen Daten und der Kommunikationsaktivitäten. Der Hauptaufwand liegt daher in der Involvierung aller Mitarbeiter in Abteilungsworkshops und deren Folgeaktivitäten.

Diese Workshops gaben auch Anlass zu einem zweiten wesentlichen Kritikpunkt: NES hat großen Fokus auf interne Themen gelegt, und damit von dem eigentlichen Fokus abgelenkt – der Arbeit mit den Kunden. Hier stellt sich die grundsätzliche Frage: Wie viel Internarbeit braucht eine Organisation, um effektiv und effizient arbeiten zu können und wo fängt eine ungesunde Nabelschau an?

Schließlich war auch eine gewisse Befragungsmüdigkeit bei den Mitarbeitern festzustellen: Schon wieder? Gesteigert wurde dies noch dadurch, dass verschiedene interne Abteilungen umfassende Kundenbefragungen durchführten. So wird ein durchschnittlicher Mitarbeiter nicht nur zu seiner Arbeitszufriedenheit, sondern auch zu seiner Meinung bzgl. der internen Schulungsangebote, der IT-Services etc. befragt, ohne dass diese Themen in irgendeiner Form abgestimmt wären. Hier gibt es klare Verbesserungsmöglichkeiten in der generellen Handhabung von Befragungen.

Ein weiterer Einwand ist, dass die Zeit zwischen den Befragungen zu kurz ist, um tiefergreifende Veränderungen durchführen und sichtbar in den Ergebnissen dokumentieren zu können. Obwohl dies sicherlich für einige Themen zutrifft – beispielsweise im Bereich der persönlichen Entwicklung oder dem Stolz auf das Unternehmen – so zwingt das hohe Tempo doch dazu, auch diese schwierigen, weil häufig sehr „weichen" Themen, fühlbar in Angriff zu nehmen. Als Herausforderung bleibt jedoch, dass Resultate vermutlich nicht sichtbar werden und dies zu einer In-Frage-Stellung des eingeschlagenen Weges führen kann.

Als Fazit ist festzuhalten, dass der von SAP Nordic gewählte Weg der halbjährlichen Befragungen in der gegebenen Unternehmenssituation einen großen Nutzen für die Organisation hatte, wobei der Aufwand dank des begrenzten Umfangs vertretbar blieb. Die Befragungen wurden zu einem Teil der Unternehmenskultur und haben nützliches Feedback in einer Phase des Umbruchs geliefert. Allerdings kam nach vier Befragungen der

Zeitpunkt, auf jährliche Befragungen umzusteigen. Insbesondere die Abstimmung mit der globalen Befragung war wichtig. Dementsprechend sieht das aktuelle Modell so aus, dass NES jedes zweite Jahr alternierend mit der ebenfalls zweijährigen, umfassenderen globalen Befragung durchgeführt wird. Dies sollte allerdings nicht ausschließen, dass man die Frequenz bei Bedarf wieder erhöht – mit Fokus auf die dann relevanten Feedbackthemen.

3 Wenige Themen – Fokus auf das Wesentliche

Eine Besonderheit der NES war die Beschränkung auf wenige, strategisch relevante Themen. So wurden in der ersten Befragung in 2001 lediglich fünf Themengebiete mit insgesamt 34 Fragen bearbeitet: „My goals, tasks, and actual work", „Employee Development", „Leadership", „SAP Nordic Strategy" und schließlich „Commitment and Trust". Diese Themen waren ausgewählt worden, weil sie zentrales Feedback für die Unternehmenstransformationsprozess lieferten: Wie empfanden Mitarbeiter ihre eigentlichen Aufgaben? Waren Ziele klar? Konnten sie sich genügend weiterqualifizieren? Fühlten sie sich vom Management unterstützt? War die neue Strategie klar? Fühlten sich die Mitarbeiter noch immer mit dem Unternehmen verbunden?

Das Konzept der Befragung sah also vor, nur wenige, aktuell relevante Themen anzusprechen, die dann auch bearbeitet und verbessert werden konnten. Sehr bewusst wurde auf Themen wie z. B. „Compensation and Benefits" verzichtet, da man nicht willig war, zu diesem Zeitpunkt Veränderungen in diesem Bereich durchzuführen. Geplant war auch, Themen über die Zeit auszutauschen, d. h. Themen, die „abgearbeitet" waren, zu reduzieren oder herauszunehmen und neue, aktuellere Themen zu ergänzen. Das Motto lautete: Reduce to the Max!

Hauptvorteil dieser Vorgehensweise war eine höhere Effizienz von Befragung und Follow-up – eine Voraussetzung, um die Befragung halbjährlich durchführen zu können. Außerdem wurde eine klare Priorisierung von Themen mit Blick auf die aktuelle Unternehmenssituation vorgenommen.

Während es leicht war, für die nächsten Befragungen weitere Themen zu identifizieren – in NES 2 wurden z. B. die Themen „Teamwork" und „Processes and Productivity" aufgenommen – fiel es insgesamt viel schwerer, sich wieder von etablierten Themen zu trennen. Dies führte dazu, dass die Befragung länger und länger wurde – eine eher unkonsequente Umsetzung des Konzepts. Allerdings gelang es, größere Themen zu kürzen (Beispiel Leadership), und nur die Fragen stehen zu lassen, die immer noch als wertvoll empfunden wurden. Ein Überblick über die Entwicklung der Befragungsthemen und Fragenanzahl liefert Tabelle 1.

Ein letzter Punkt, der in Zusammenhang mit Themenwahl und Fokussierung relevant erscheint, ist die Frage, ob ausschließlich Themen der Arbeitszufriedenheit in einer solchen Befragung einbezogen werden sollten oder ob auch andere Themen wie Kundenzu

Tabelle 1: Themen der vier NES

Topic	NES 1	NES 2	NES 3	NES 4
My goals, tasks, and actual work	7	7	7	7
Employee Development	5	5	5	5
Teamwork		6	5	5
Processes and Productivity		5	4	4
Leadership	11	8	8	8
External Customers			5	5
SAP Nordic Strategy	6	5	4	4
Commitment and Trust	5	5	5	5
Prioritätsfragen zu Business Impact				8
Anzahl Fragen insgesamt	**34**	**41**	**43**	**51**

friedenheit oder Produktivität einen Platz haben. Die NES 1 und 2 Themen wurden teilweise als zu intern fokussiert, ohne Zusammenhang zu und Wert für das eigentliche Geschäft von SAP kritisiert. Zum einen wurde deshalb argumentiert, das Thema Kundenzufriedenheit aufzunehmen, um der Diskussion eine neue Dimension zu geben, zum anderen wurde gesagt, dass Mitarbeiterbefragungen ja gerade zum Ziel haben, das Thema Arbeitszufriedenheit auf die Agenda zu setzen, während Kundenzufriedenheit auch durch andere Instrumente (z. B. Customer Satisfaction Survey) erhoben und diskutiert wurde. Verwässert man also diese Zielsetzung oder ist es eine kluge Maßnahme, Kundenzufriedenheit aufzunehmen, um die Relevanz der Diskussionen zu fördern? Bei SAP entschloss man sich für die Aufnahme von Kundenzufriedenheits- und Business Impact Fragen – dies ist als Teil der Kultur zu sehen.

4   Der Verbesserungsprozess

Während die Durchführung der Befragung und die Berichterstellung als die „Pflicht" des Gesamtprozesses Mitabeiterbefragung gesehen werden kann, die möglichst effizient abgearbeitet werden sollte, so ist der darauf aufbauende Verbesserungsprozess die „Kür". Hier gilt es unternehmens- und kulturspezifische Lösungen zu finden, die sich durch Kreativität und „Tiefe" auszeichnen.

Im Verbesserungsprozess liegt zugleich der größte potenzielle Nutzen und die größte Herausforderung der Mitarbeiterbefragung: Wie erreicht man, dass auf der Basis der Befragungsresultate bedeutungsvolle Aktionspunkte entwickelt werden? Sind die typischerweise durchgeführten Workshops das geeignete Medium? Es scheint, dass sich Workshopteilnehmer zuweilen auf Scheinthemen zurückziehen oder – wenn tiefergehende Themen auf den Tisch kommen – es schwer ist, eine konkrete Aktion zu entwickeln, die eine Verbesserung bewirkt.

Und dann die zweite Herausforderung: Wenn gute Handlungspläne erarbeitet worden sind, wie gelingt es dann, tatsächlich eine Umsetzung zu erreichen? Selbst enthusiastische Teams werden schnell vom Arbeitsalltag eingeholt, der oft keinen Raum für solche Verbesserungsaufgaben lässt. Wie schafft man diese Freiräume und wie motiviert man für die Umsetzung der Verbesserungspläne?

Im Rahmen der NES wurden diese beiden Herausforderungen vielfach diskutiert und folgende zentrale Lösungsansätze entwickelt:
- klare Richtlinien für Workshops und den Follow-up-Prozess
- intensivierter Fokus auf Moderatorqualifikation
- Betonung auf Mitarbeiterverantwortung in der Workshopdiskussion und im Follow-up
- umfassende Verankerung in Führungs- und Personalsystemen
- höhere Relevanz durch verstärkte Geschäfts- und Kundenorientierung

Im Folgenden werden die Lösungsansätze kurz erläutert.

4.1   Richtlinien für Workshop und Follow-up-Prozess

Als nach der dritten Durchführung von NES die Bilanz zum Erfolg der Follow-up-Prozesse gezogen wurde, musste festgestellt werden, dass zwar alle Voraussetzungen für einen erfolgreichen Prozess gegeben waren, dass aber die Umsetzung sehr stark von Land zu Land und auch von Abteilung zu Abteilung variierte. Hieraus zog man die Schlussfolgerung, dass es im Wesentlichen an zwei Dingen mangelte: einer gut dokumentierten „best practice" für den Follow-up-Prozess und mehr Konsequenz in deren Umsetzung.

Um dieses Problem zu lösen wurden verbindliche Richtlinien zum Follow-up-Prozess entwickelt. Sie sprachen folgende zentrale Themen an: Hintergrund und Verankerung von NES, Ergebnisinterpretation, Regeln zur Ergebnisveröffentlichung, Durchführung der Workshops und weitere Follow-up-Aktivitäten, wie z. B. Besprechungen im Managementteam. Das Inhaltsverzeichnis der Richtlinien ist in Abbildung 4 dargestellt.

4.2   Rolle und Qualifikation des Moderators

Wenn der Workshop nicht die erhofften Resultate liefert, so richtet sich der Blick auf die Moderatoren: Haben sie das richtige Profil im Verhältnis zur Gruppe? Sind sie gut genug trainiert? Sind sie in der Lage, Konflikte zu erkennen und gezielt deren Bearbeitung zu steuern?

Auch hier wurde in SAP Nordic experimentiert: Zunächst wurden die Workshops von HR-Verantwortlichen moderiert. Da dies einerseits zu einem personalen Engpass führte, andererseits auch nach anderen Profilen Ausschau gehalten wurde, wurden verschiedene weitere Modelle erprobt: Moderation durch den eigenen Manager, Moderation durch externe Berater und Moderation durch Management-Kollegen. Letztendlich wurde freigestellt, wer als Moderator agierte, solange ein dokumentierter Handlungsplan entstand. Da eine letztendliche Antwort hier nicht gegeben werden kann, scheint es als beste Lösung, individuell die geeignetste Lösung zu bestimmen – bei gleichzeitiger Wahlmöglichkeit für Manager und Team.

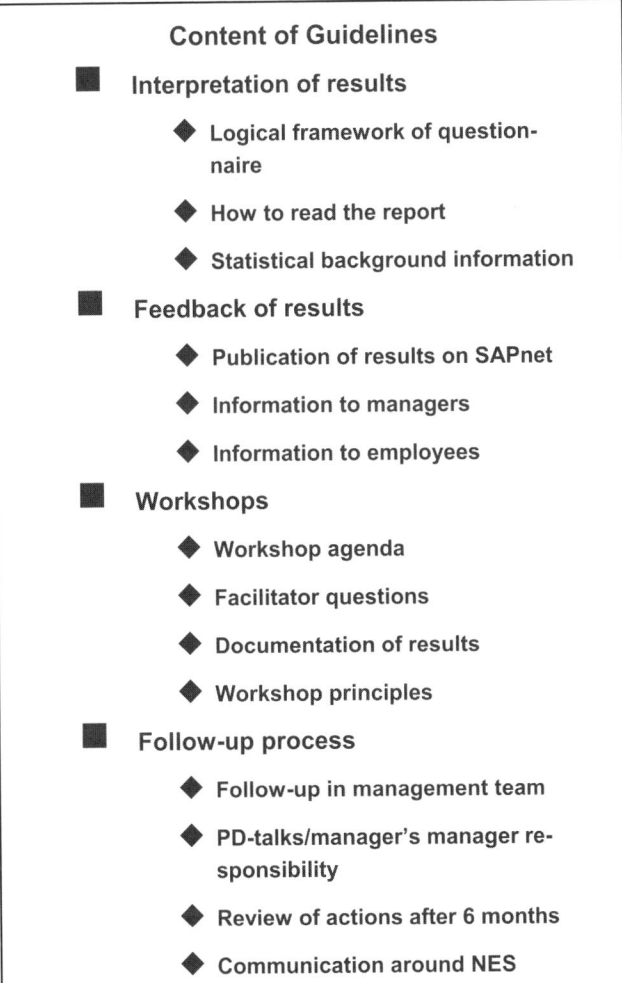

Content of Guidelines

■ **Interpretation of results**

♦ Logical framework of questionnaire

♦ How to read the report

♦ Statistical background information

■ **Feedback of results**

♦ Publication of results on SAPnet

♦ Information to managers

♦ Information to employees

■ **Workshops**

♦ Workshop agenda

♦ Facilitator questions

♦ Documentation of results

♦ Workshop principles

■ **Follow-up process**

♦ Follow-up in management team

♦ PD-talks/manager's manager re-
sponsibility

♦ Review of actions after 6 months

♦ Communication around NES

Abbildung 4: Richtlinien zum Follow-up

Eine Variante – die Moderation durch einen Manager-Kollegen – soll hier vertieft diskutiert werden, da diese Vorgehensweise in einem der vier nordischen Länder als die Methode der Wahl gekürt wurde. Konkret sah die Durchführung so aus, dass Manager der Ebene 0, 1 und 2 Workshops moderiert haben, in denen der Abteilungsleiter eine Ebene unter ihnen und nicht in direkter Berichtslinie stand. Vorab wurde ein übergeordneter „Einsatzplan" abgestimmt. Das Feedback von Mitarbeitern war in der Summe positiv. Folgende Vor- und Nachteile wurden gesehen:

Vorteile der Moderation durch einen Management-Kollegen:
- großer Signalwert: das Management übernimmt die Verantwortung und unterstützt den Prozess
- Ansteigen des Management Commitments durch stärkere Involvierung
- profunde Kenntnis des Geschäfts, gemeinsame Sprache von Anfang an
- Kosten und Zeit

Nachteile der Moderation durch einen Management-Kollegen:
- keine „neutrale" Person – Mitarbeiter verhalten sich unter Umständen loyal gegenüber ihrem Manager und geben kein kritisches Feedback
- Vertrauen muss erst schrittweise aufgebaut werden
- Qualifikation als Moderator nicht immer gegeben

4.3 Verantwortung von Mitarbeitern

Immer wieder tauchte im Zusammenhang mit dem NES Follow-up-Prozess die Frage auf, wer die Verantwortung für die Durchführung der vereinbarten Verbesserungsmaß-nahmen hat. Mitarbeiter klagten gerne, dass nach dem letzten Workshop nichts passiert wäre, ohne allerdings selbst Initiative ergriffen zu haben. Das Selbstverständnis war also offensichtlich, dass derartige Prozesse Managementaufgabe waren.

Für SAP Nordic war diese Einstellung nicht akzeptabel. In einem Unternehmen, das von der Initiative, dem Engagement und der Innovation seiner Mitarbeiter abhängig ist, kann es in keinem Bereich eine derart passive Haltung geben. Deshalb wurden in späteren Prozessen deutlich kommuniziert, dass der Verbesserungsprozess eine Aufgabe für alle wäre und dass dementsprechend auch alle Verantwortung übernehmen müssten. In den Handlungsplänen spiegelte sich diese gewünschte Einstellungsänderung darin wieder, dass deutlich mehr Mitarbeiter als Verantwortliche benannt wurden. Dass dieses Kon-zept der Verantwortungsübernahme tatsächlich durch eine relativ einfache Maßnahme erfolgreich war, ist wohl in erster Linie darauf zurückzuführen, dass die Mitarbeiter in ihrer fachlichen Aufgabenerfüllung ständig große Selbstständigkeit und Verantwortlich-keit zeigen. Es galt also nur, diese Haltung auf „interne" und „weiche" Aufgaben zu übertragen.

4.4 Verankerung in Führungs- und Personalsystemen

Soll die Mitarbeiterbefragung Teil der Unternehmenskultur werden – und diese damit auch beeinflussen – so muss sie sich als integraler Bestandteil der Führungs- und Perso-nalsysteme darstellen. Diese Integration unterstützt zugleich den Erfolg des Follow-up-Prozesses: Statt nur zum Zeitpunkt der Befragungs- und Workshopdurchführung präsent zu sein, wird Mitarbeiterzufriedenheit und deren Verbesserung an verschiedensten Stel-len thematisiert. Als letzter Vorteil einer solchen Integration sei genannt, dass damit natürlich ein viel übersichtlicheres und stimmigeres Bild der Führungs- und Personalsysteme entsteht und dadurch der Nutzen aller Systeme insgesamt erhöht wird.

NES wurde konkret mit folgenden Führungs- und Personalsystemen verwoben:

1. *Performance Feedback*
   Performance Feedback – das halbjährliche Feedback-Gespräch zwischen Mitarbeiter und Vorgesetztem – und NES stehen sich in ihrer Art sehr nahe und haben naturgemäß eine Reihe von Berührungspunkten. So werden z. B. hin und wieder Themen während der Workshops in die Performance Feedback-Gespräche verlegt – sei es, dass das Thema zu persönlich war oder dass es nur für eine Person relevant war. NES Resultate sind außerdem Teil der Key Performance Indicators für Manager, und werden als ein Aspekt der Managementleistung angesprochen. Hier geht es zum einen um die Resultate der Befragung – insbesondere im Bereich Leadership – es wird aber auch der Erfolg des Follow-up-Prozesses diskutiert.

2. *Balanced Scorecard*
   Entsprechend dem klassischen Modell der Balanced Scorecard, in dem die Mitarbeiterperspektive eine von vier Dimensionen darstellt, wurden die NES Ergebnisse auch in der nordischen Balanced Scorecard dokumentiert. Zusätzlich gab es die Möglichkeit, die NES Handlungspläne als Beilage der Balanced Scorecard zu führen – eine Methode, die sich insgesamt als zu statisch herausstellte und wenig genutzt wurde.

3. *Anreizsystem*
   Von Anfang an waren die Resultate der NES – gemessen in einem zusammenfassenden Zufriedenheitsindex – Teil des Anreizsystems für Manager: 15 Prozent des variablen Gehalts waren an die Erreichung eines gewissen Grades an Zufriedenheit geknüpft. Interessanterweise ging es dabei um die landesweite Zufriedenheit und nicht die Zufriedenheit der eigenen Gruppe. Grund hierfür war der Gedanke, dass man als Gemeinschaft diese Arbeitszufriedenheit erreichen sollte und einen gewissen Führungsstil als Kulturelement pflegen sollte. Während die Tatsache der Verankerung der Resultate im Anreizsysteme klar akzeptiert wurde, gab es immer wieder Fragen und Diskussionen zur Berechnung des Index und zu der Höhe der zu erreichenden Zufriedenheit – ein scheinbar weitverbreiteter Zustand.

4. *Führungskräfteentwicklung, Coaching und Management Excellence @ SAP*
   NES ist nicht nur ein Führungsinstrument sondern auch eine Basis für Führungskräfteentwicklung: In SAPs Programm „Leadership in the SAP Environment" wurde das Führungsfeedback von NES aufgegriffen und zusammen mit einem 360 Grad-Feedback thematisiert. NES war auch immer wieder Thema in den Coaching-Gesprächen für die SAP-Manager. Schließlich wurde umgekehrt auch versucht, die Führungsphilosophie von SAP, die im Handbuch „Management Excellence @ SAP" dokumentiert ist, in der Befragung abzubilden und Rückschlüsse auf den Stand der Umsetzung der Philosophie zu ziehen.

4.5 Verstärkte Geschäfts- und Kundenorientierung

Wie in Abschnitt 0 schon angesprochen, wurde in NES 3 und 4 das Themenspektrum durch Kunden- und Prozess-Fragen erweitert, um der Befragung eine zusätzliche Dimension zu geben. Hiervon versprach man sich Mehrwert im Verbesserungsprozess und eine Erhöhung des Management-Commitments. Die Ergebnisdarstellung wurde ebenfalls in diese Richtung bereichert, indem eine Reihe von Sonderanalysen durchgeführt wurden. Insbesondere war dies ein Business Impact Portfolio, das den Zusammenhang zwischen verschiedenen Arbeitszufriedenheitsthemen und deren wahrgenommener Wirkung auf die Geschäftsresultate darstellte. Dieses Portfolio sollte Unterstützung bei der Priorisierung der Diskussionsthemen liefern. Darüber hinaus wurde eine Delta-Analyse zwischen wahrgenommener Kundenzufriedenheit und realer Kundenzufriedenheit dargestellt – basierend auf Daten der Kundenuntersuchung.

Insgesamt hat diese Vorgehensweise der Befragung zu höherer Akzeptanz verholfen, ohne ihre eigentlichen Ziele zu gefährden.

5 Fazit und Ausblick – das einzig Konstante ist der Wandel

NES – eine dynamische Mitarbeiterbefragung: Diesen Titel verdient SAPs nordische Befragung nicht nur aufgrund ihrer hohen Befragungsfrequenz und ihres intensiven Follow-up-Prozesses. In erster Linie ist NES dynamisch, weil die Befragung selbst einem ständigen Veränderungs- und Verbesserungsprozess unterworfen war.

Während die erste Befragung ein „schneller Wurf" aus einer organisatorischen Umbruchsituation heraus war, wurde das Konzept durch Feedback aus der Organisation nach jeder Befragung geprüft und verbessert: Themen wurden verändert, das Berichtsformat wurde verbessert, zusätzliche Analysen wurden bereitgestellt und – am wichtigsten – der Follow-up-Prozess wurde kritisch betrachtet und Alternativen und Verbesserungsmöglichkeiten diskutiert.

Veränderungen kamen zustande, weil einzelne Aspekte der Befragung Verbesserungspotenzial hatten, aber auch, weil sich die Unternehmenssituation verändert hatte. Die Grundhaltung war dabei, dass alles in Frage gestellt werden kann, dass aber eine überzeugende Alternative vorgelegt werden muss, um eine Veränderung umzusetzen. Damit wurde NES zu einem lebenden Instrument, für das Mitarbeiter und insbesondere das Management Verantwortung übernommen hatten. NES wurde Bestandteil der Unternehmenskultur.

Mit der Kulturbildung rund um die Mitarbeiterbefragung ist es allerdings wie mit jeder Bildung: Es ist wie das Schwimmen gegen den Strom – in dem Moment, in dem man aufhört, treibt man zurück. Es bedarf also eines ständigen Anstoßens, Diskutierens, Verbesserns, Aufzeigens der Erfolge, um das Thema aktuell zu halten.

Ausgangspunkt der NES war eine Zeit der tiefgreifenden Veränderungen in SAP Nordic – deswegen wurde es für notwendig erachtet, einen nordischen Sonderweg zu gehen. In der aktuellen Unternehmenssituation, die durch Konsolidierung gekennzeichnet ist, hat man sich entschieden, nur noch jährliche Befragungen durchzuführen – und zwar NES alternierend mit der globalen SAP-Mitarbeiterbefragung. Aktuell wurde die globale Befragung im Mai 2004 durchgeführt, die Ergebnisse werden nach der Sommerpause bearbeitet werden. So kann zurecht gesagt werden: NES ist ein dynamisches Instrument, konstant ist allein der Wandel.

Daniela Birk, Edward Bednarek & Ingela Jöns

Durch Mitarbeiterbefragungen strategische Impulse für die Personalarbeit erkennen – Identifikation von Steuerungshebeln am Beispiel der BMW Group

1   Einleitung

Global agierende Unternehmen, wie auch die BMW Group, werden heutzutage mit einer immer größeren Vielzahl von Herausforderungen durch die Märkte, Kunden und Kapitaleigner konfrontiert. Simultan dazu wachsen die Unternehmen. Eine Vielzahl neuer Partner und Lieferanten müssen integriert werden und nicht zuletzt wächst die Produktpalette aufgrund der individuelleren Kundenanforderungen. Aber auch die eigenen Mitarbeiter stellen immer vielschichtigere Erwartungen an das Unternehmen.

Die marktspezifischen Gegebenheiten haben Unternehmen mitunter nicht selbst zu verantworten, dennoch müssen organisationsinterne Prozesse und Strukturen kontinuierlich an die jeweilige Marktsituation angepasst werden, um im nationalen wie internationalen Wettbewerb standhalten zu können. Unternehmensweit müssen sich alle Mitwirkenden, Führungskräfte wie Mitarbeiter, als „Unternehmensteam" der Herausforderung stellen, Veränderungen schnell und flexibel zu gestalten.

Als global agierendes Unternehmen sieht sich auch die BMW Group der Herausforderung gegenübergestellt, sich in Abhängigkeit von den marktspezifischen Gegebenheiten stetig, schnell und flexibel zu verändern. Für die BMW Group steht dabei immer im Vordergrund, dass die Mitarbeiter ein wichtiger Erfolgsfaktor sind. Die qualifizierten und engagierten Mitarbeiterinnen und Mitarbeiter der BMW Group bestimmen mit ihrer Leistung den Erfolg des Unternehmens. Diese Philosophie ist Kern der wert- und werteorientierten Personal- und Sozialpolitik der BMW Group. Seit mehr als 20 Jahren ist diese Bestandteil der Unternehmenskultur der BMW Group, die auf Vertrauen, Toleranz sowie Leistung und Gegenleistung beruht.

Vor diesem Hintergrund werden in der BMW Group seit 1991 regelmäßige Mitarbeiterbefragungen durchgeführt. Diese ermöglichen dem Unternehmen
- Kennzahlen zur Mitarbeiterzufriedenheit zu erheben und zu verfolgen sowie
- Steuerungshebel zu identifizieren, die es dem Unternehmen erlauben, schnell und flexibel auf Veränderungen zu reagieren.

Wie Kennzahlen zur Mitarbeiterzufriedenheit erhoben und wie Steuerungshebel identifiziert wurden, wird in diesem Beitrag beschrieben. Abschließend werden mögliche Implikationen für andere Unternehmen formuliert.

2   Erhebung der Kennzahl „Mitarbeiterzufriedenheit"

Die erste umfassende Befragung in der BMW Group erfolgte 1991 an einem der deutschen Produktionsstandorte.

Eine Beteiligung von mehr als 90 Prozent der Mitarbeiter an der Befragung und der folgende konsequente Kommunikations- und Verbesserungsprozess erwiesen sich als so überzeugend, dass dieses Vorgehen auch auf andere Unternehmensbereiche und -standorte ausgedehnt wurde.

In einem Projektteam wurden die Fragen so standardisiert, dass der Fragebogen und der anschließende Prozess für alle Mitarbeiter des Produktionsressorts angewandt werden konnte. Damit wurde sowohl ein Erfahrungsaustausch ermöglicht, als auch die Basis für die Erhebung von Kennzahlen vergrößert.

Vor diesem Hintergrund gab einer der zentralen Planungsbereiche der BMW Group in München seinen ca. 1000 Mitarbeitern in der Zeit zwischen 1998 und 2001 in drei Befragungen die Gelegenheit, sich und dem Management ein Feedback zu geben. Parallel dazu wurden sukzessive weitere Unternehmensbereiche für die Befragung gewonnen und in kurzer Zeit wurde weltweit und online über Intranet befragt.

Dabei wurden die folgenden Zielsetzungen verfolgt:

- Durch die Mitarbeiterbefragung sollte die Arbeitssituation nach den Anforderungen des umfassenden EFQM-Qualitätsmodells von den Mitarbeitern bewertet und entsprechend der vereinbarten Kennzahlen als Mitarbeiterzufriedenheit erhoben werden.

- In systematisch moderierten Prozessen sollten die Mitarbeiter mit ihren direkten Vorgesetzten Verbesserungen definieren und selbstständig umsetzen.

- Die Befragung diente als Kommunikationsinstrument, um den Dialog zwischen Vorgesetzten und Mitarbeitern zu fördern, die Zufriedenheit zu steigern und so die Unternehmensziele zu erreichen.

Die Zufriedenheit wurde mit rund 100 Fragen erhoben, die von 1 (sehr zufrieden) bis 7 (sehr unzufrieden) skaliert waren. Jeder Unternehmensbereich konnte zusätzlich zu den unternehmensweit standardisierten Fragen auch bereichsspezifische Fragen an seine Mitarbeiter stellen.

Die Fragen ließen sich folgenden Themenfeldern zuordnen:

Zufriedenheit mit dem Unternehmen insgesamt sowie Zufriedenheit mit den Arbeitsbedingungen, der Tätigkeit, der persönlichen Entwicklung und Weiterbildung, der Bezahlung, den Sozial- und Zusatzleistungen, den Kolleginnen/Kollegen, dem direkten Vorgesetzten und dem Management, Information und Kommunikation, sowie Image und Kultur.

Für alle Organisationseinheiten, die eine Führungskraft mit mindestens fünf Mitarbeitern umfassten, wurde ein individueller Ergebnisbericht erstellt und, auf freiwilliger und vertraulicher Basis, im Rahmen eines Verbesserungsworkshops diskutiert. Die dort entwickelten Maßnahmen wurden als individuelle Ziele im Zielmanagementprozess verankert und regelmäßig berichtet. Jede dieser Organisationseinheiten konnte mit Hilfe von Mittelwertsvergleichen ihre Ergebnisse mit denen der nächst höheren Organisationseinheit vergleichen.

3 Portfolio als Basis für die Kommunikation der Kennzahlen

Um die Entwicklung der Mitarbeiterzufriedenheit anhand von Kennzahlen strategisch vergleichen zu können, wurde die Darstellungsform eines Portfolios entwickelt (vgl. Abbildung 1).

Um die Daten auf zwei Achsen abtragen zu können, wurde neben der erhobenen Zufriedenheit mit jedem Themenfeld zusätzlich auch noch die Relevanz der Themenfelder für die Gesamtzufriedenheit dargestellt. Dazu wurden mit Hilfe einer Regressionsanalyse diejenigen Themenfelder herausgefiltert, die maßgeblich die Gesamtzufriedenheit beeinflussten. Diese „besonders wichtigen Themenfelder" bedeuteten für das Management eine aktive Einflussmöglichkeit beziehungsweise einen „Hebel", um die Mitarbeiterzufriedenheit zu gestalten und sich nicht in unzähligen Verbesserungsimpulsen zu verzetteln.

Von der Identifikation solcher Hebel verspricht man sich den Vorteil einer *gezielten* Verbesserung der Mitarbeiterzufriedenheit (vgl. Birk, 2000).

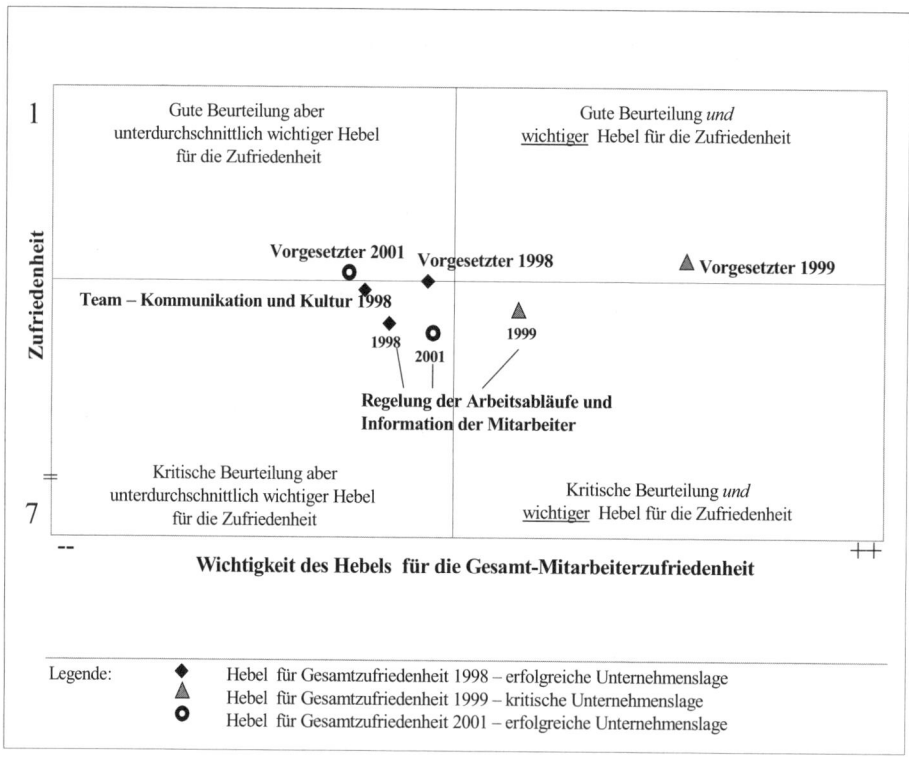

Abbildung 1: Portfoliodarstellung der Mitarbeiterzufriedenheit

Das Portfolio ermöglicht die visuelle Darstellung von Kennzahlen. Es bietet die Vorteile der Effizienz, Verständlichkeit, Transparenz und Kommunizierbarkeit. Seitenlange und oft unübersichtliche Vergleiche von Mittelwerten über mehrere Jahre entfallen, weil die Themenfelder effizient und verständlich auf einer Seite und über mehrere Jahre dargestellt und verglichen werden können. Dies unterstützt die Transparenz über die Verfolgung der Ziele, über die erreichte Leistung und ermöglicht es, betriebswirtschaftlich zu argumentieren.

Dies soll am Beispiel des Themenfelds „direkter Vorgesetzter" verdeutlicht werden. Die abgetragene Position zeigt nicht nur eine quantitative Veränderung der Zufriedenheit über die Jahre, sondern auch die Relevanz des Themenfelds für die Gesamtzufriedenheit. Das Themenfeld „direkter Vorgesetzter" stellte 1999 den wichtigsten Hebel dar, um die Mitarbeiterzufriedenheit zu beeinflussen.

Anhand der Ableitung aus dem Portfolio kann sich das Unternehmen auf die wesentlichen Themenbereiche konzentrieren und muss nicht allen Unzufriedenheiten der Mitarbeiter nachgehen. Denn mehr als das gleichzeitige Angehen aller Sorgen ist den Mitarbeitern wichtig, dass wesentliche Probleme gelöst und umgesetzt werden.

Zudem eignet sich das Portfolio insbesondere auch für Managementinformationsveranstaltungen, Kommunikationskampagnen oder andere Veranstaltungen, die eine große Zahl an Mitarbeitern schnell und effizient erreichen sollen. Die Ergebnisse jeder Befragung passen, als Portfolio dargestellt, auf jedes Chart oder Poster. Sogar Veränderungen wie die steigende oder sinkende Zufriedenheit über mehrere Jahre stellen sich der Zielgruppe auf einer Seite (und auf einen Blick) dar. Diese Art der „schnellen und komplexitätsreduzierenden" Kommunikation hat sich beispielsweise als Auftakt oder auch als Abschluss der individuellen Verbesserungsworkshops nach der Mitarbeiterbefragung bewährt.

Die Befragung bei BMW hat jeweils in allen Organisationseinheiten unterschiedliche Problemfelder aufgezeigt, die dort dann erfolgreich bearbeitet, über den Zielmanagementprozess verfolgt und in der Folgebefragung bewertet wurden. Mit Hilfe von Evaluationsfragen wurde die Wirksamkeit des Befragungs-, Verbesserungs- und Problemlöseprozesses in jeder Befragung überprüft. Es wurde z. B. gefragt, ob die Mitarbeiter dem Unternehmen glauben, dass ihre Daten vertraulich behandelt werden und wie professionell sie das Projektmanagement der Befragung beurteilen.

Die BMW Group gehört mit zu den ersten Unternehmen in Deutschland, die so genannte „soft facts" wie die Mitarbeiterzufriedenheit standardmäßig mit in den Zielmanagementprozess aufnehmen.

4   Mitarbeiterzufriedenheit in Abhängigkeit von der Unternehmenssituation

Betrachtet man die Gesamtergebnisse für den befragten Bereich im Portfolio, zeigen sich auf einen Blick auffällige Unterschiede für das Befragungsjahr 1999 im Vergleich zu

den Jahren 1998 und 2001 (vgl. Abbildung). 1999 befand sich das Unternehmen während der Roverdiskussion in einer kritischen Situation, da nicht absehbar war, ob und
wann die britische Tochter Rover mit ihrem Produktportfolio in die Gewinnzone kommen würde.

Wenn man die wichtigsten Hebel (vgl.Abbildung 2) für die Zufriedenheit bei Erfolg und
Krise vergleicht, zeigt sich:

• In erfolgreichen Jahren sind wechselseitige Kommunikation, Kultur und Team,
  Vorgesetzter sowie Arbeitsorganisation und Information wichtige Hebel für die
  Mitarbeiterzufriedenheit.

In Unternehmenskrisen dagegen gewinnen die Themenfelder Führung durch den direkten Vorgesetzten, Arbeitsorganisation im Sinne der Zuständigkeiten/ Regelungen und
eindeutige, klare Information im Sinne von Vorgaben, was zu tun ist, entscheidend an
Bedeutung.

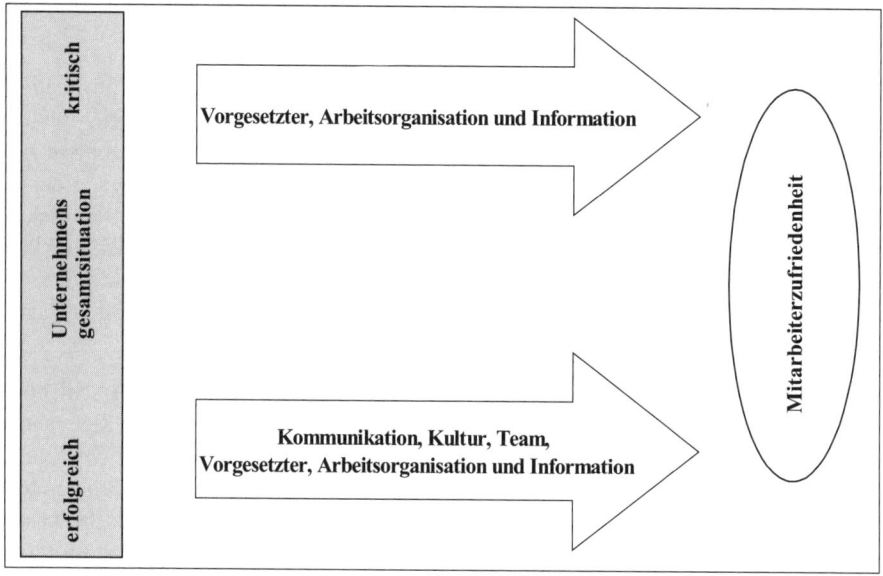

*Abbildung 2: Einflussfaktoren auf die Mitarbeiterzufriedenheit in Abhängigkeit von der
Unternehmenssituation*

5 Der Dialog als Erfolgsfaktor für den Verbesserungsprozess

Die Erfahrungen bei BMW zeigten, dass in fast allen Organisationseinheiten und in allen
Unternehmenslagen Feedbackprozesse zu den Ergebnissen und Problemlösungsgesprä-
che in den Teams erfolgreich durchgeführt wurden und die Mitarbeiterzufriedenheit
gesteigert werden konnte.

In weniger als 30 Prozent der Organisationseinheiten wurden allerdings keine Verbesserungsmaßnahmen eingeleitet. Da sich einige der Teams zudem durch eine geringe Mitarbeiterzufriedenheit auszeichneten, die sich über die Befragungen auch nicht steigerte, wurden diese Organisationseinheiten näher untersucht.

Innerhalb der Gruppe ohne Verbesserungsmaßnahmen ließen sich zwei Untergruppen identifizieren: In der einen Untergruppe, der die Mehrheit der Teams angehörte, wurden die Ergebnisse zwar diskutiert, es wurden aber keine Maßnahmen vereinbart. Für dieses Vorgehen wurden auch Gründe angegeben, wie beispielsweise geringer Handlungsbedarf. In diesen Gruppen wurden für die Mitarbeiterzufriedenheit gute Werte erzielt.

Auffällig ist aber die zweite Untergruppe. Hier war die Mitarbeiterzufriedenheit gering und die Ergebnisse der Befragungen wurden weder diskutiert, noch wurden Maßnahmen vereinbart. Auf Nachfragen wurde keine Begründung für dieses abweichende Vorgehen angegeben. Explorierende qualitative Interviews ergaben, dass diese „Verweigerungshaltung" gegenüber einem gemeinsamen Gespräch bzw. Dialog zwischen Vorgesetztem und Mitarbeitern sowie die nicht vorhandene Vereinbarung von Verbesserungsmaßnahmen nicht ausschließlich auf die Vorgesetzten zurückging, sondern auch auf die Mitarbeiter zurückzuführen war. In der zweiten Untergruppe lag daher beim Verbesserungsprozess eine unzureichende *Dialog*bereitschaft vor.

Die Mitarbeiter dieser Organisationseinheiten schätzten zudem das gesamte Befragungsprojekt gering und bewerteten überdurchschnittlich viele Themenfelder signifikant schlechter. Solche „Gruppen mit mangelnder Dialogbereitschaft" bergen ein Risikopotenzial für ein Unternehmen. Um die Mitarbeiterzufriedenheit beeinflussen zu können, muss durch übergreifende Führung der Kommunikationsstillstand wieder überwunden werden, beispielsweise durch teambildende Maßnahmen, die in einem Zielmanagementprozess regelmäßig auf Erfolg überprüft werden.

Dialog innerhalb eines Teams bedeutet im vorliegenden Fall mindestens die gemeinsame Diskussion der Ergebnisse zwischen Vorgesetztem und Mitarbeitern. Das Ergebnis der Diskussion kann dessen ungeachtet dann die gemeinsame Entscheidung für oder gegen Verbesserungsmaßnahmen sein (vgl. auch Feucht & Jöns, 1998).

Das heißt konkret: Für die Steigerung der Mitarbeiterzufriedenheit ist in der Mehrheit der Fälle ein Verbesserungsprozess mit der Vereinbarung von Maßnahmen zwingend erforderlich. Allerdings sind Organisationseinheiten, die keine Verbesserungsmaßnahmen vereinbaren, nicht pauschal zu „verurteilen". Für die Mitarbeiterzufriedenheit ist vielmehr entscheidend, ob ein kontinuierlicher Dialog stattfindet. Wenn im Dialog Konsens darüber erzielt wird, dass momentan keine Maßnahmen ergriffen werden sollen, dann muss dies die Zufriedenheit nicht beeinträchtigen. Der Dialog selbst kann dabei bereits zur Erhöhung der Mitarbeiterzufriedenheit beitragen.

6   Strategische Personalarbeit durch die Identifikation von Steuerungshebeln

Die Untersuchung der BMW Group zeigt, dass die Mitarbeiterzufriedenheit, abhängig von der Unternehmenssituation, durch unterschiedliche Hebel beeinflusst werden kann.

In der Praxis wird allerdings oft nicht differenziert, ob das Unternehmen auf Erfolgskurs ist oder sich in einer Krise befindet.

„Firmen motivieren ihre Fach- und Führungskräfte zu 50 Prozente durch Verbesserung der Kommunikation und Pflege des Betriebsklimas" (www.würzburger-personal-forum.de). Die Untersuchung der BMW Group zeigt, dass dies, zumindest in „guten Zeiten", ein wirksames Mittel sein kann.

Befinden sich Unternehmen auf *Erfolgskurs*, können so genannte „soft facts" wie Kommunikation und Kultur in Zusammenhang mit Führung verbessert werden, um die Mitarbeiterzufriedenheit zu optimieren. Dazu eignen sich beispielsweise kulturbildende Veranstaltungen, in denen Mitarbeitern und Führungskräften Ziele und Strategien des Unternehmens bzw. Unternehmensbereichs näher gebracht werden. Solche Veranstaltungen erhöhen gleichzeitig die Kommunikationstransparenz von Seiten des Managements.

Die höheren Führungskräfte sollten besonders in diesen Zeiten Nähe zu den Mitarbeitern zeigen und im Hinblick auf die Führungskultur und -kommunikation, die Bereitschaft vermitteln, Mitarbeiter einzubinden. Dazu haben sich Mitarbeitergesprächsrunden oder Veranstaltungen von höheren Führungskräften mit Mitarbeitern als hilfreich erwiesen.

Will man dagegen die Leistungsfähigkeit des Personalstands und damit des gesamten Unternehmens in *Krisensituationen* gewährleisten, dann muss aktiv in die Belegschaft investiert werden (vgl. Scheffer, 2004). Gerade in unsicheren Entscheidungssituationen schafft Offenheit der Führung, auch zur ungeschminkten Realität, bei den Mitarbeitern Loyalität, wenn Chancen und Risiken transparent gemacht werden und klare Ziele vorgeben werden.

Um die strategische Ressource „Mitarbeiter" zu sichern, hat die BMW Group die Hebel „direkter Vorgesetzter", „Regelung der Arbeitsorganisation" und „Information" angegriffen, um sie gezielt zu verbessern. Beispielsweise wurden in dem erwähnten Unternehmensbereich folgende Themen vordringlich behandelt:
- Verbesserung der Informationssteuerung sowie Informationen zu allgemeinen Themen und Projekten
- intensivierte und offene Diskussionen mit Management und Personalwesen
- professionelles Konfliktmanagement
- Verbesserung von Schnittstellen
- gezielte Unterstützung der Vernetzung auch über die eigene Abteilung hinaus
- Steigerung der Konsequenz, z.B. Verbesserungsthemen identifizieren, umsetzen und regelmäßig berichten
- stringenter Zielmanagementprozess bis auf Mitarbeiterebene
- Fortsetzung von Schulungen und Weiterbildung

Diese Themenfelder können auch in kritischen Zeiten und mit begrenzten Ressourcen gefördert werden. Je stärker es gelingt, die Arbeitsorganisation, Information und Führung zu verbessern und für die Mitarbeiter „spürbar" zu machen, umso mehr wird in unsicheren Situationen ein „Geländer" geschaffen, das den Mitarbeitern Orientierung gibt. Mehr Orientierung bietet wiederum Raum für Lern- und Leistungsbereitschaft und fördert so auch die Zufriedenheit und Veränderungsbereitschaft.

Zur Unterstützung bieten sich Führungskräfteveranstaltungen mit Schwerpunkt Coaching und Information an, um den Führungskräften selber mehr Sicherheit zu bieten.

Das heißt, die Mitarbeiterzufriedenheit lässt sich gezielt fördern, wenn man die Unternehmenssituation mit berücksichtigt und abhängig von Erfolg oder Krise an den *richtigen* „Hebeln" dreht.

7 Fazit

Unternehmen müssen sich, in Abhängigkeit von den marktspezifischen Gegebenheiten stetig, schnell und flexibel verändern, dürfen dies aber nicht „an ihren Mitarbeitern vorbei" tun, denn die Mitarbeiter stellen eine wichtige strategische Ressource dar. Für strategische Personalarbeit empfiehlt sich daher, die Mitarbeiterzufriedenheit als Kennzahl zu erheben und über die Jahre zu verfolgen.

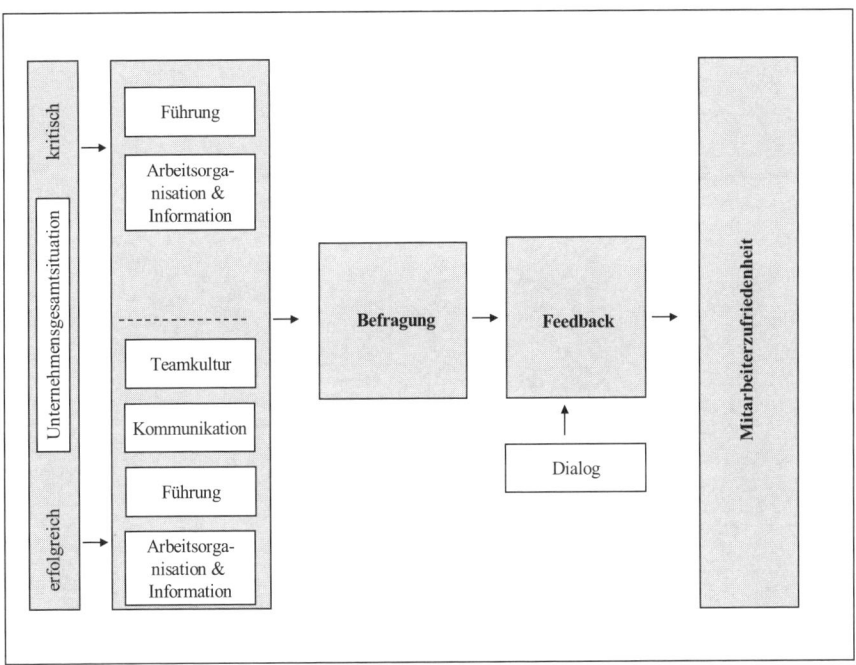

Abbildung 3: Einflussfaktoren auf die Mitarbeiterzufriedenheit

Aus den Erfahrungen und Analysen der BMW Group ergeben sich als Hinweise auf mögliche Steuerungshebel für andere Unternehmen die in Abbildung 3 aufgeführten Einflussfaktoren auf die Mitarbeiterzufriedenheit in Abhängigkeit von der Unternehmenssituation.

Gerät ein Unternehmen in eine Krise, weil es sich beispielsweise einer Vielzahl von Einschränkungen, gesetzlichen Regelungen und Verhaltensbarrieren gegenübersieht, Hierbei ist zu beachten, dass so genannte „Hebel" identifiziert werden müssen, die die Zufriedenheit maßgeblich beeinflussen. Zusätzlich sollte durch einen Zielmanagementprozess die Zusammenarbeit in den Teams gefordert und unterstützt werden. Denn nur wenn der Dialog erhalten bleibt, kann die Zufriedenheit gesteigert werden und nur so kann das Unternehmen lernfähig bleiben und Veränderungen gestalten, beziehungsweise der Konkurrenz immer einen Schritt voraus sein.besteht die Gefahr, dass Veränderung abgebremst werden und das Unternehmen so seine Wettbewerbsfähigkeit zu verlieren droht. Eine Mitarbeiterbefragung mit daraus abgeleitetem Verbesserungsprozess stellt in einem solchen Fall ein Mittel dar, um die unproduktiven Einschränkungen im Veränderungsprozess rechtzeitig zu erkennen und zu beeinflussen.

Auch Unternehmen in der Krise können die Mitarbeiterzufriedenheit beeinflussen und damit ihre Veränderungsfähigkeit positiv erhalten. Abgeleitet aus den Daten der BMW Group muss zuerst Stabilisierung durch Offenheit im Dialog hergestellt und die Zufriedenheit der Mitarbeiter gezielt gesteigert werden, um so Lernen und Veränderung wieder möglich zu machen (vgl. auch Jöns, 2000).

Heinrich W. Ahlemeyer, Holger Grimm & Klaus Rudiferia

Online oder offline? Klassische und internetbasierte Formen der Mitarbeiterbefragung in der Praxis

1   Einleitung

Mitarbeiterbefragungen gelten zu Recht als bewährtes Instrument der Unternehmens-
entwicklung und gehören in vielen Unternehmen inzwischen zum Standardrepertoire.[1] In
der Vergangenheit wurden Mitarbeiterbefragungen in der Regel per ausgedrucktem
Fragebogen erhoben, der dann postalisch oder in Urnen gesammelt zur Auswertung
gelangte.

Durch verbesserte EDV-Infrastrukturen in den Unternehmen und durch die Entwicklung
neuer Software ist es inzwischen möglich, Befragungen digital und online vorzunehmen.
Dieses ist für Unternehmen, in denen die meisten Arbeitsplätze über Zugangsmöglich-
keiten zum Intranet bzw. zum Internet verfügen, eine attraktive Alternative; für Unternehmen im IT-Bereich womöglich sogar ein Muss. Vor allem für Unternehmen mit
unterschiedlichen Standorten bieten sich Online-Befragungen als ebenso interessante wie
effiziente Form der Organisation von Feedback an.

In diesem Beitrag stellen wir anhand unserer Erfahrungen dar, wie Mitarbeiterbefragungen in heterogenen Unternehmen durchgeführt werden können, die sowohl technolo-
gisch hochentwickelte Arbeitsplätze am Bildschirm als auch eher traditionell geprägte
Arbeitsplätze in der manuellen Produktion und Montage umfassen. Wie ist mit der Differenz von herkömmlichen Fragebögen und Internet-Befragung, wie also mit *offline* und
online zu verfahren? Wir wollen anhand unserer Erfahrungen erste, vorläufige Antworten auf diese Frage anbieten und den Unterschieden nachgehen, die sich in Vorbereitung,
Durchführung und Resultaten einer Erhebung zeigen, wenn unterschiedliche Medien für
die Rückmeldung zur Verfügung stehen: das herkömmliche Medium des Papierfragebo-
gens und das neue Medium des digitalen Fragebogens, der online am Bildschirm bearbeitet wird. Wir stellen unsere Schlussfolgerungen zur praktischen Handhabung von
Online- und *Offline*-Befragungen vor.

2   Entscheidungen im Vorfeld: Projekt oder Linie?

Viele Unternehmen setzen inzwischen in regelmäßigen Abständen Mitarbeiterbefragungen als wichtiges Feedback-Instrument ein, um ihre Unternehmenskultur weiterzuentwickeln. Dabei werden diese Befragungen selbst nicht selten von einem bloßen Mittel zu
einem elementaren Bestandteil der Unternehmenskultur. Allein die Tatsache, dass sie
stattfinden, signalisiert, dass etwas weitergeht und dass das Interesse der Geschäftsführung an dem Urteil der Mitarbeiter keine „Eintagsfliege" war.

---

1 Wie gängig und vielseitig dieses Instrument ist, wird von einer Reihe von Handbüchern und Readern belegt,
  die zum Thema Mitarbeiterbefragung in den letzten Jahren erschienen sind: z. B. Töpfer & Zander (1985);
  Domsch & Schneble (1991); Freimuth & Kiefer (1995); Bungard & Jöns (1997a); Borg (2003). Daneben
  finden sich auch viele Praxisberichte in einschlägigen Fachzeitschriften, wie etwa Burkhardt (1992); Martin
  & Weber (1994); Ganserer & Laber (1996); Gutzeit (2003).

Was den „richtigen" zeitlichen Abstand betrifft, so ist der jeweils im Einzelfall zu entscheiden; in der Regel hat sich ein Rhythmus von zwei bis drei Jahren bewährt. Sind die Abstände zu kurz, bleibt nicht genug Zeit, um Probleme und Missstände zu beheben, und das Instrument läuft Gefahr, sich abzunutzen. Liegt zu viel Zeit zwischen den Erhebungen – fünf Jahre oder mehr – dann liegen die Benchmarks der letzten Befragung schon in grauer Vorzeit, an die sich kaum noch jemand erinnert.

Passt aber der zeitliche Abstand, dann erhält das Unternehmen periodisch aktualisierte Momentaufnahmen seitens seiner Mitarbeiter, die Qualitäten und Problemfelder sichtbar machen. Zugleich signalisiert die Geschäftsführung, dass die zielgerichtete Weiterentwicklung der Unternehmenskultur auf der Tagesordnung bleibt. Die Wiederholungsbefragungen ermöglichen zudem ein beobachtungsscharfes Controlling der Maßnahmen und Veränderungen, die aus vorherigen Mitarbeiterbefragungen entwickelt worden sind.

Im Vorfeld einer Mitarbeiterbefragung müssen eine Vielzahl von Entscheidungen getroffen werden. Grundlegend ist die Klärung der Ziele, die mit dem Instrument erreicht werden sollen. Passt der Einsatz des Instruments Mitarbeiterbefragung zu den strategischen Zielsetzungen des Auftraggebers – in der Regel der Vorstand, die Geschäftsführung – und wie kann es konkret dafür fruchtbar gemacht werden? Ist beispielsweise gerade die Grundentscheidung gefallen, eine strategische Allianz mit einem anderen Unternehmen einzugehen, die es im nächsten Schritt umzusetzen und mit Leben zu erfüllen gilt, so kann die Mitarbeiterbefragung feststellen, wie die Belegschaft zu der neuen strategischen Linie steht, ob sie sie schon verstanden hat und welche emotionalen Vorbehalte es möglicherweise noch gibt.

Eine zentrale Frage betrifft die Zuständigkeit für die Befragung: Soll sie innerhalb der Linienorganisation – zumeist in der Verantwortung der Personalabteilung – oder als Projekt durchgeführt werden?

Wenn es lediglich um die – möglichst rasche und kostengünstigste – Produktion von Daten geht, die die Personalabteilung der Geschäftsführung zwischendurch zur Verfügung stellt, dann kann die Zuständigkeit in der Linieverantwortung angezeigt sein. Fragebögen aus anderen Unternehmen oder früheren Befragungen reduzieren den Aufwand, und eine Excel-Datei in eine Grafik umsetzen kann inzwischen jeder Auszubildende.

Wenn es aber darum geht, wirksam einen folgenreichen Prozess im Unternehmen anzustoßen oder fortzuführen, für den es sensible Qualitätsindikatoren gibt, dann sprechen alle Gründe dafür, eine Projektgruppe mit der Aufgabe zu betrauen und die Durchführung der Mitarbeiterbefragung in ihre Zuständigkeit zu geben.

Die Projektgruppe vereint bereichsübergreifend Mitarbeiter mit und ohne Führungsaufgaben aus verschiedenen Organisationseinheiten und bezieht nach Möglichkeit die Arbeitnehmervertretung ebenso ein wie den Datenschutzbeauftragten; zudem kann es sinnvoll sein, einen externen Experten hinzuzuziehen, der hinreichend Erfahrung mit solchen Prozessen hat.

Eine von ihrer Aufgabe überzeugte Projektgruppe vermag ein Maß an Akzeptanz für das Instrument Mitarbeiterbefragung innerhalb der Belegschaft zu erzeugen, wie es keine Linienposition erreicht. Eine projektbasierte Mitarbeiterbefragung kann als vertrauensstiftende Intervention gelten, die signalisiert, dass die Befragung der Mitarbeiter nicht nur im Dienste der Hierarchie – für die Geschäftsleitung – veranstaltet wird, sondern eine Form der Selbstbeobachtung des Unternehmens darstellt, die für die gesamte Organisation und alle Mitglieder unmittelbar nützlich sein kann.

Die Projektgruppe wird damit zum Subjekt und ersten Träger des Vorhabens: Sie erklärt die Vorgehensweise; sie garantiert Vertraulichkeit und Anonymität; sie wirkt am Erhebungsdesign mit; sie steht für die Qualität der Daten; sie sorgt dafür, dass über die Ergebnisse verständlich und umfassend informiert und diskutiert wird; und sie sorgt in einer Rahmenverantwortung dafür, dass auf Unternehmensebene und in den Bereichen den Daten auch Taten folgen, also Maßnahmen abgeleitet werden, die die Problemfelder aufgreifen und beseitigen helfen.

Werden die Organisation der Erhebung, eine Erstbewertung der Ergebnisse, die Durchführung des Feedback- und Diskussionsprozesses und das Umsetzungscontrolling in die Verantwortung einer solchen Projektgruppe gegeben, dann kann ein sich selbst verstärkender Vertrauensbildungs- und Entwicklungsprozess im Unternehmen in Gang gesetzt werden, der Ausdruck in einem zentralen Qualitätsindikator findet: der Beteiligungsquote. In ihr werden – in einer einzigen Ziffer verdichtet – die Vertrauenswürdigkeit und die Erwartung von Folgenhaftigkeit seitens der ganzen Belegschaft sichtbar. Die Beteiligungsquote gibt in einer Vollerhebung das Fundament ab: Sie entscheidet über die Belastbarkeit und Reliabilität des Datenmaterials und sie gibt den Resultaten soziale Legitimation – oder verweigert sie ihnen. Wenn nur ein Drittel der Mitarbeiter an der Befragung teilnimmt, stellt sich unweigerlich die Frage, warum zwei Drittel nicht mitgemacht haben und wie deren Bewertungen denn ausgefallen wären.

3   Online oder offline?

Wir blenden uns an dieser Stelle in das Fallbeispiel ein. In der betreffenden Unternehmensgruppe sind bereits zwei Mitarbeiterbefragungen erfolgreich gelaufen, und es soll jetzt, nach zweieinhalb Jahren, erneut eine Erhebung geben. Der Vorstand trifft die Grundentscheidung und beauftragt – nach guten Erfahrungen mit dieser Lösung in der Vergangenheit – erneut eine Projektgruppe. Diese soll auch prüfen, ob eine Online-Befragung mit Hilfe des Internets für das Unternehmen geeignet ist.

In der Projektgruppe stellen die externen Experten zunächst die Vorteile der Online-Befragung dar. Sie führen sechs Argumente für die neue Erhebungsmethode an.

Einfache Handhabung: Eine über das Internet abgewickelte Online-Mitarbeiterbefragung stellt sich heutzutage vom technischen Ablauf her sehr einfach dar. Von Seiten des Unternehmens wird lediglich eine Personalliste (Excel-Datei) benötigt, in der die Teilnahmeberechtigten und ihre E-Mail-Adressen aufgeführt sind. Die Befragten erhalten via E-Mail einen individuellen Zugangscode, um an der Befragung teilzunehmen. Diesen brauchen sie nur anzuklicken und sie werden automatisch zum Online-Fragebogen geleitet. Dort werden sie aufgrund ihres Zugangscodes als legitimer Teilnehmer der Befragung erkannt. Mittels eines Internet-Browsers füllen sie den digitalen Fragebogen durch Anklicken der gewünschten Antworten aus. Am Ende schicken sie das Ganze mit einem Extrabefehl ab. Die Bearbeitung des Fragebogens kann jederzeit unterbrochen werden. Bei einem erneuten Einloggen wird der Teilnehmer wieder auf die zuletzt bearbeiteten Fragebogenseiten geführt.

Datensicherheit und vollständige Anonymität: Durch den Einsatz von SSL-Verbindungen ist die Sicherheit der Datenübertragung gewährleistet. Die technische Administration, die Verwaltung der Befragungsdaten und die Auswertung der Daten obliegen den externen Experten der Projektgruppe, so dass die Anonymität der Befragungsteilnehmer vollständig gewährleistet ist. Eine zertifizierte 128bit-Verschlüsselung wird auch beim Online-Banking angewandt. Eine SSL-Verbindung ist gegenüber Dritten „abhörsicher". Nach Abschluss der Feldphase und Sicherung der Rohdaten werden die Adressendatenbank und Bezüge gelöscht, die eine Reidentifikation ermöglichen würden. Der Rohdatensatz ist komplett anonymisiert.

Laufende Beobachtung des Teilnahmegrades und ggf. Nachsteuern: Durch die Echtzeit-Datenverarbeitung kann nach dem Start der Befragung die Teilnahmequote kontinuierlich mitverfolgt werden. Ist die Teilnahme unerwartet niedrig, können zusätzliche Impulse, die Mitarbeiterinnen und Mitarbeiter daran erinnern, noch an der Befragung teilzunehmen. Unter Umständen lässt sich die Beteiligungsquote somit verbessern.

Zeitgewinn: Da ganze Arbeitsschritte wie beispielsweise die Dateneingabe wegfallen, kann ein erster Ergebnisbericht nach Abschluss der Befragung sehr zeitnah erstellt werden.

Kostengesichtspunkte: Die Kosten für Online-Befragungen können geringer sein als bei schriftlichen Befragungen, wenn eine große Anzahl von Personen befragt wird, da die Materialkosten (z. B. Druck- und Portokosten) und die Kosten für die Dateneingabe entfallen. Höhere Anlaufkosten für die Programmierung des Online-Fragebogens und die Kosten für hinzuzumietende EDV-Strukturen werden ab einer hinreichenden Teilnehmerzahl kompensiert.

Komfortgewinn: Es gibt keine „Zettelwirtschaft"; Fragen der sicheren Aufbewahrung und des sicheren Transport der Fragebögen zum Auswertungsinstitut entfallen, ebenso die Gefahr, dass Unbefugte Einblick nehmen.

Die Experten zeigen sich mit ihrer Argumenten davon überzeugt, dass die Vorteile bei Online-Befragungen so gewichtig und attraktiv sind, dass das Online-Verfahren sich nachdrücklich empfehle und einer schriftlichen Befragung vorzuziehen sei.

Die Projektgruppe prüft die vorgetragenen Argumente für die Online-Befragung und lässt sich davon nicht beeindrucken. „Bei uns lässt sich eine Befragung online gar nicht verwirklichen", gibt der Mitarbeiter des Geschäftsbereichs Abfallwirtschaft zu bedenken, „neunzig Prozent der Kollegen haben keinen Bildschirm-Arbeitsplatz." Projektmitglieder aus anderen Bereichen pflichten bei: „Auch bei uns gibt es noch viele ohne Zugang zum digitalen Netz."

Die Experten haben diese Argumente vorhergesehen und empfehlen eine Auffanglösung: Man könne doch dort, wo man früher Urnen für die Abgabe der Befragungsbögen aufgestellt habe, jetzt PCs und Laptops mit Webzugang aufbauen. Dort könne jeder unter Verwendung seines persönlichen Zugangscodes den Fragebogen online aufrufen und ausfüllen.

Doch davon will die Projektgruppe nichts wissen: Es gibt nicht nur Zugangsprobleme. Vielen Mitarbeitern, gerade aus den Bereichen der körperlich betonten Tätigkeiten, aus dem so genannten „Blaumann-Bereich", sind die Medien Computer und Internet selbst noch fremd, oft auch suspekt. Bevor man sich blamiert, bleibt man der Befragung ganz fern. Zudem schürt das Medium alte Ängste: Kann man nicht mit dem Computer rasch ermitteln, wer wie geantwortet hat? Wie steht es eigentlich um die Vertraulichkeit in dem neuen Medium? Aus der Erfahrung mit vorausgegangenen Befragungen ist der Projektgruppe klar: Wenn sie diese Frage nicht überzeugend beantworten kann, werden die angestrebten Ziele einer hohen Teilnahmequote und damit aussagekräftiger und belastbarer Daten nicht erreichbar sein.

Im Ergebnis kommt die Projektgruppe zu dem Urteil, dass eine flächendeckende Online-Mitarbeiterbefragung mit Blick auf die Ziele und Qualitätskriterien der Mitarbeiterbefragung nicht angezeigt sei. In dem Unternehmen hat ca. die Hälfte der Beschäftigten die Möglichkeit, am Arbeitsplatz online an der Befragung teilzunehmen. Für die andere Hälfte besteht aufgrund ihrer Arbeitsplatzausstattung und ihrer ausgeübten Tätigkeiten diese Möglichkeit nicht. Die Projektgruppenmitglieder befürchten vor allem, dass das Medium Computer – wenn verbindlich als Erhebungsform vorgegeben – die Bereitschaft zur Teilnahme und das Vertrauen in die Datenanonymität beeinträchtigt und damit die Beteiligungsquote negativ beeinflussen könnte. Zugleich sehen sie aber auch, dass die Vorzüge des neuen Verfahrens nicht von der Hand zu weisen sind.

Angesichts dieses Dilemmas trifft die Projektgruppe eine Grundentscheidung: Sie will beide Erhebungstechniken gleichzeitig zum Einsatz zu bringen. Die Diskussionen führen zu dem einstimmig getragenen Ergebnis, dass es möglich und angezeigt sei, sowohl die neue Befragungstechnik – online – als auch die klassische Befragungsform – offline mit Fragebogen – parallel anzubieten, um die Vorteile der beiden Verfahrensformen zu kombinieren und die jeweiligen Nachteile zu minimieren.

4   Vorbereitung einer Mitarbeiterbefragung im „Medienmix"

Wie kann eine solche Entscheidung für eine „Mitarbeiterbefragung im Medienmix" konkret umgesetzt werden? In der Diskussion über die Online/Offline-Entscheidung spielen zwei Grunddifferenzen eine zentrale Rolle: der Zugang zu einem PC-Arbeitsplatz mit Internet-Zugang (ja/nein) und die Vertrautheit mit dem neuen Medium

PC (ja/nein). Eine Kreuztabellierung beider Unterscheidungen (Abbildung 1) zeigt innerhalb der Belegschaft vier Gruppen mit je eigenen Voraussetzungen. Die Gruppe derjenigen, die einen eigenen PC haben und mit dem Medium vertraut sind (Feld 1), kann problemlos an der Online-Befragung teilnehmen. Umgekehrt bietet es sich an, denjenigen, die keinen PC-Arbeitsplatz haben und die deshalb auch vermutlich nicht mit dem Medium sonderlich vertraut sind (Feld 4), zur Teilnahme an der Offline-Befragung einzuladen.

	PC vertraut	nicht vertraut
PC-Zugang	1	2
ohnePC-Zugang	3	4

Abbildung 1: PC-Zugang und Vertrautheit mit dem PC

Wie sind diejenigen Mitarbeiter zu beteiligen, die zwar einen PC-Arbeitsplatz haben, dort aber Routineaufgaben erfüllen und sich ansonsten, im Umgang mit dem Internet etwa, als nicht sonderlich kompetent erleben (Feld 2)? Und wie ist umzugehen mit denen, die einen PC mit Internet-Zugang zwar nicht in der Firma, wohl aber zu Hause haben und die darauf drängen, über das neue Medium teilzunehmen (Feld 3)?

Die Projektgruppe arbeitet eine Vorgehensweise aus, die jedem Mitarbeiter Wahlfreiheit für die Befragungsform einräumt, zugleich aber die Tätigkeitsstruktur im Unternehmen mitberücksichtigt und ein pragmatisches Vorgehen erlaubt. Nicht auf Anhieb zu überzeugen vermag die Variante, dass alle Mitarbeiter mit PC-Arbeitsplätzen verbindlich für die Online-Befragung und alle anderen für die schriftliche Befragung eingeteilt werden. Ebenso überzeugt die Variante nicht vollkommen, allen Mitarbeitern eine vollkommen freie Wahl ihrer Teilnahmeform zu überlassen. Die eine Variante gibt zu viel Struktur vor, die andere zu wenig.

Stattdessen werden beide Lösungswege miteinander verbunden: Die einzelnen Mitarbeiter werden zunächst auf Grundlage ihres Arbeitsplatzprofils entweder für die Online- oder die Offline-Beteiligung vorgesehen; gleichzeitig erhalten sie aber die Möglichkeit, den Teilnahme-Modus – im Rahmen einer vorgegeben Frist – zu wechseln. Zudem erhalten sie die Möglichkeit, den Fragebogen von zu Hause aus per Internet auszufüllen. Mit dieser Verfahrensweise sollen Vorbehalte, die den Erhebungsweg betreffen, so weit wie möglich ausgeräumt werden; etwaige negative Bewertungen, die der einen oder anderen Erhebungsform zugeschrieben werden könnten, finden keine Anhaltspunkte.

5 Fragebogen und Pretest

Eine zentrale Funktion der Projektgruppe besteht darin, ein passendes Befragungsinstrument zu entwickeln bzw. – wenn es das schon gibt – es veränderten Bedingungen und Wahrnehmungen anzupassen. Unter den Qualitätskriterien für einen Fragebogen rangiert an erster Stelle Validität, also ein hoher „Realitätsbezug" zu den Ereignissen und Verhaltensweisen, Strukturen und Wahrnehmungen im Unternehmen. Darüber hinaus sind Verständlichkeit, Klarheit und Übersichtlichkeit gefordert. Ein Fragebogen ist dann „gut", wenn er für möglichst alle Mitarbeiter, vom Pförtner bis zum Prokuristen, „anschlussfähig" ist. Er muss für den angelernten Arbeiter im Graben draußen ebenso verständlich sein wie für den akademisch ausgebildeten Angestellten in der Hauptverwaltung hinreichend differenziert und er sollte beiden das Gefühl geben, dass sie ihre wesentliche Wahrnehmungen und Urteile über das Unternehmen zum Ausdruck bringen können.

In unserem Fallbeispiel geht es um eine Wiederholungsbefragung. Die Projektgruppe überprüft den Fragebogen der zurückliegenden Erhebung zunächst inhaltlich: Welche Fragen fehlen und sind neu aufzunehmen? Welche sind inzwischen obsolet geworden? Welche Rückmeldungen aus der zurückliegenden Befragung machen eine noch präzisere Formulierung der einen oder anderen Frage notwendig?

Um den Benchmark der letzten Befragungen nicht zu verlieren und die Vergleichbarkeit der Daten unter allen Umständen zu sichern, empfiehlt es sich, solche Anpassungen schonend und in nur sehr begrenztem Umfang vorzunehmen.

Nachdem das Instrument inhaltlich „steht", überprüft die Projektgruppe im Rahmen eines Pretests die äußere Qualität und Funktionalität des Online-Fragebogens. Dabei geht es im Vorfeld der Befragung um zwei Qualitäten, die bereits online getestet werden:

Handling: Entspricht die optische Aufbereitung des Online-Fragebogens den Erwartungen? Sind die Bearbeitungshinweise für die Mitarbeiter ausreichend? Lässt sich der Fragebogen selbsterklärend ausfüllen?

Technik: Tauchen technische Probleme auf? Sind die technischen Bedingungen so, dass die installierten Browser auf den Systemen die HTML-Scripte korrekt interpretieren? Müssen gegebenenfalls durch die EDV-Abteilung Firewalls oder andere Sicherheitseinstellungen modifiziert werden? Kann umfassende Datensicherheit gewährleistet werden?

Die Durchläufe machen noch vorhandene kleinere Mängel im System sichtbar und helfen, es praxistauglich und belastbar zu machen. Wenn alle Tests zufriedenstellend verlaufen, kann sich die Projektgruppe ihrer nächsten Aufgabe zuwenden: der Information der Beschäftigten über die bevorstehende Befragung und der Mobilisierung für eine aktive Teilnahme möglichst vieler.

6   Information und Mobilisierung

Die Projektgruppe konzipiert zunächst ein Flugblatt. Es kündigt die Mitarbeiterbefragung an und stellt das mit der Durchführung betraute Projektteam vor. Es beantwortet Fragen, die die Mitarbeiter in diesem Zusammenhang beschäftigen: Was ist eine Mitarbeiterbefragung? Wann fand die letzte statt? Warum soll es eine neue geben? Warum sollte ich als Mitarbeiter teilnehmen? Wann soll die Befragung stattfinden? Wie läuft das konkret ab? Es findet eine Erstinformation über die geplanten Erhebungsformen online und offline statt, die man sich aussuchen kann. Eine Karikatur (Abbildung 2) aus der Feder eines Projektgruppenmitglieds macht die Information der bestehenden Wahlmöglichkeit anschaulich. Die Projektgruppenmitglieder verteilen – mit Zustimmung des Vorstands – das Flugblatt unternehmensweit. Die Projektgruppenmitglieder übernehmen für ihren Zuständigkeitsbereich – das ist zumeist der eigene Geschäftsbereich – persönlich die Verteilung des Flugblatts und tragen damit die wesentlichen Inhalte „hautnah" in das Unternehmen.

Abbildung 2: Klassisch oder modern?

Eine Woche später bekommt jede Mitarbeiterin, jeder Mitarbeiter zusätzlich einen Brief vom Vorstand an seine Privatadresse. Der Einzelne soll sich individuell und ohne jeden Gruppendruck für die eine oder andere Beteiligungsform entscheiden können. Auch hier erfolgt eine Vorstellung des Vorhabens Mitarbeiterbefragung und der damit verfolgten Ziele, die Einladung zur Teilnahme, der Hinweis auf die Wahlmöglichkeit und eine ausführliche Information über die nächsten Schritte; auch hier ein Hinweis auf die Projektmitglieder, auf die man bei Bedarf zukommen kann.

So unscheinbar der Vorbereitungsschritt der Information und Mobilisierung womöglich erscheinen mag, so grundlegend ist er für den Erfolg des ganzen Vorhabens. Aus unserer Sicht spielen die Projektgruppenmitglieder in dieser Phase die zentrale Rolle. Sie können die Fragen vor Ort beantworten; sie beteiligen sich an Diskussionen im Pausenraum oder am Kopierer. Mit ihrer Person stehen sie dafür, dass die Mitarbeiter Vertrauen zu dem Instrument Mitarbeiterbefragung fassen und davon ausgehen können, dass alles „mit rechten Dingen" zugeht.

Schließlich ist es so weit: Die Befragung kann beginnen. Etwas mehr als die Hälfte der Belegschaft (51,9 Prozent) sollte per Fragebogen teilnehmen; die andere knappe Hälfte (48, Prozent) nimmt online teil. Nur wenige machen von der Möglichkeit Gebrauch, die Beteiligungsform zu wechseln.

7 Die Feldphase: Probleme und Lösungen

Den Mitarbeitern, die sich für das Online-Verfahren entschieden haben, wird zeitgerecht eine E-Mail mit dem individuellen Zugangscode zusammen mit Datenschutzgarantien übermittelt. Als Erhebungszeitraum sind sechs Werktage festgelegt. An dem dazwischenliegenden Wochenende ist die Mitarbeiterbefragung ebenfalls *online* geschaltet. Es zeigt sich aber, dass niemand von dieser Möglichkeit Gebrauch macht.

In der „Feldphase", also in dem Abschnitt der laufenden Erhebung, stehen bei Schwierigkeiten oder Fragen wiederum die Projektgruppenmitglieder zur Verfügung. Gleichzeitig wird bei der technischen Administration eine Hotline eingerichtet, die für die Dauer der Feldphase ständig erreichbar ist. Das ist auch notwendig, wie sich zeigen soll.

Die Mobilisierung ist offenbar so überzeugend, dass sie paradoxerweise anfangs Probleme aufwirft. Die Mitarbeiter können es gar nicht abwarten, ihr Urteil abzugeben; sie loggen sich gleich zu Beginn so zahlreich ein, dass es im Firmennetz zu Engpässen kommt. Während der ersten zwei Stunden nehmen schon etwa 30 Prozent der Mitarbeiterinnen und Mitarbeiter an der Befragung teil. In dieser „Stoßzeit" werden die Netzwerkressourcen so stark belastet, dass sich der Zugriff auf die Fragebogenseiten extrem verlangsamt. Das wiederum führt zu Irritationen bei den Usern. Manche stellen die Bearbeitung des Fragebogens zunächst ein. Die Projektmitglieder vor Ort können das Problem schnell durch Telefonate klären und erklären. Sie wirken mit Erfolg auf eine Entzerrung der Eingabeaktivitäten hin. Die Fragebogenseiten werden jetzt wieder flüssig aufgebaut und in der Folge verläuft die Dateneingabe weitgehend reibungslos.

Es zeigt sich, dass trotz intensivster Vorbereitungen technische Probleme nie vollständig ausgeschlossen werden können. Insbesondere bei Teilnehmern, die von häuslichen PCs an der Befragung teilnehmen, lassen sich technische Eingabeprobleme oftmals nur individuell lösen, da hier eine sehr große Vielfalt an Browser- bzw. Systemkonfigurationen gegeben ist. Für alle diese Fälle hat sich die technische Hotline bewährt, die auftauchende Einzelprobleme per Telefon oder E-Mail zu lösen helfen kann.

Da sich die Beteiligung vom ersten Tag an sehr positiv entwickelt, beschließt die Projektgruppe, von der Möglichkeit keinen Gebrauch zu machen, Erinnerungsmails an die Teilnehmer zu versenden. Im Falle einer schwachen Beteiligung kann man die Möglichkeit erwägen, frühzeitig eine neuerliche Teilnahmeaufforderung herumzuschicken. Diese sollte jedoch als Massenmail an alle gehen, nicht als individuell adressierte Erinnerung nur an diejenigen, die noch nicht teilgenommen haben. Andernfalls könnten Zweifel an der Anonymität der Befragung aufkommen.

In dem angeführten Fallbeispiel wird kein Zusatzimpuls gebraucht. Offline wie online zeigt sich eine rege Teilnahme und am Ende des Erhebungszeitraums wird über das gesamte Unternehmen eine Teilnahmequote von über 90 Prozent erreicht. Die Projektgruppe kann ihr zentrales Qualitätsziel – wiederum eine hohe Teilnahmequote zu erreichen – als vollständig erreicht sehen.

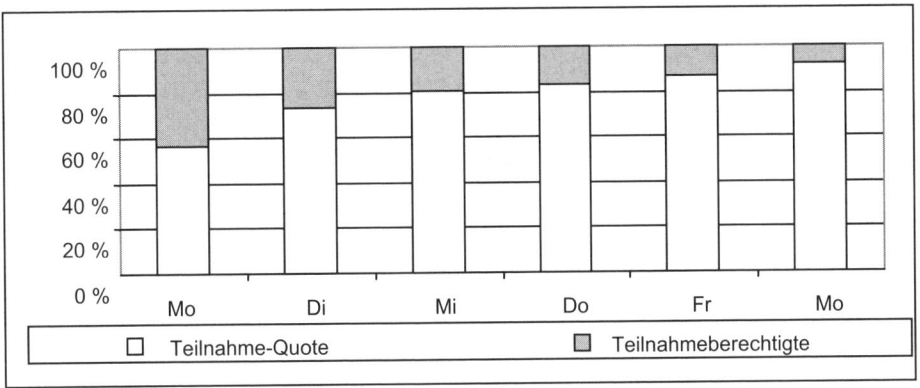

Abbildung 3: Entwicklung der Teilnahme-Quote an der Online-Befragung

Betrachtet man die Beteiligung unter der Differenz von online und offline, dann zeigen sich nur geringfügige Abweichungen: 92,2 Prozent der „Onliner" und 90,5 Prozent der „Offliner" nehmen teil, im Unternehmensschnitt 91,3 Prozent. Etwas größer fallen die Abweichungen aus, wenn man die Zahl der verwertbaren Antwortbögen errechnet: Die unternehmensweite Auswertungsquote von 86 Prozent setzt sich aus 88,7 Prozent online und 83,7 Prozent offline zusammen. Die Differenz von 5 Prozent in der Auswertbarkeit zeigt, dass herkömmliche Fragebögen durch unzulässige Doppeleinträge, Durchstreichungen und andere Mehrdeutigkeiten anfälliger sind für Benutzerfehler und Aussonderung als digitale Fragebögen mit ihrer Benutzersteuerung, die unzulässiges Antwortverhalten gar nicht erst erlaubt.

8   Ergebnisse und Ergebnisdifferenzen

Wenn die Erhebung, wie in diesem Falle, mithilfe von zwei ganz unterschiedlichen Medien durchgeführt wird, lassen sich Effekte der Teilnahmeform auf die Ergebnisse beobachten? Hat die Wahl des Teilnahmemodus einen Einfluss auf das Antwortverhalten? Fallen Online-Befragungen auf Grund des Mediums anders aus – positiver oder negativer – als herkömmliche Offline-Befragungen? Unser Fallbeispiel bietet sich an, um erste Antworten auf diese Fragen anzubieten.

Wie andere Forscher auch (vgl. Borg, 2003, S. 219) kommen wir nach einer Analyse der Daten zu dem Ergebnis, dass zwischen Offline- und Online-Befragungen insgesamt keine signifikanten Unterschiede in den Ergebnissen bestehen. Man kann generell davon ausgehen, dass durch die Erhebungsform methodisch bedingte Ergebnisunterschiede nicht erzeugt werden. Die Durchschnittswerte aller Online- und Offline-Antworten differieren nur geringfügig, um weniger als 0,8 Indexpunkte. Geradezu verblüffend zeigt sich eine beinahe „nahtlose" Kongruenz des Antwortverhaltens zu 12 (von 41) Items. Inhaltlich sind das Fragen zur Identifikation mit dem Unternehmen, zum Miteinander am Arbeitsplatz, zum Konfliktverhalten und zum Betriebsklima.

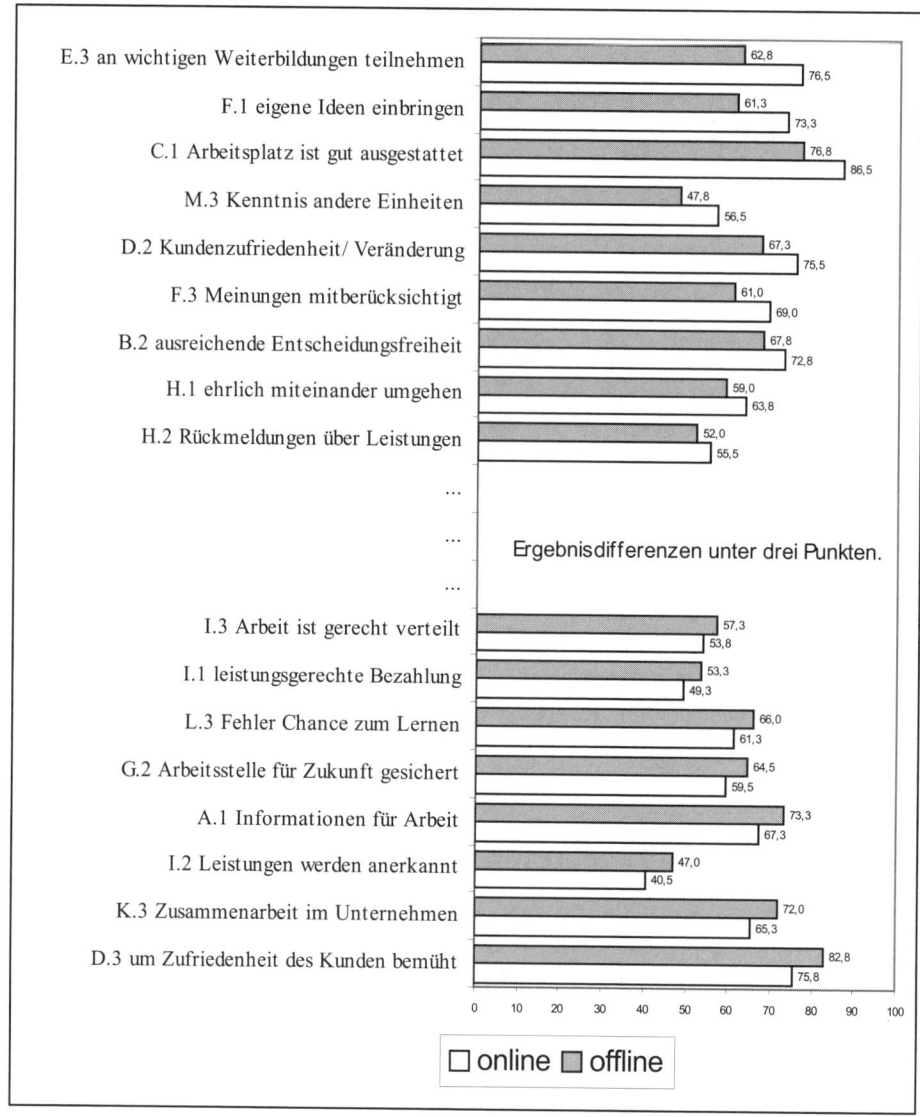

Abbildung 4: Unterschiede in den Beurteilungen bei Online- und Offline-Befragten
(Ausschnitt)

Freilich zeigen sich auch Unterschiede zwischen beiden Gruppen, und zwar in beide Richtungen. Abbildung 4 führt im oberen Bereich die Items an, in denen die digital Befragten signifikant höhere Werte aufweisen; im unteren Bereich finden sich die Items, in denen die herkömmlich Befragten signifikant bessere Bewertungen abgeben. Schaut man sich diese Differenzen näher an, so fällt die inhaltliche Konsistenz der Abweichungen auf. Onliner sind zufriedener, wenn es um Teilnahmemöglichkeiten an Weiterbildungen, das Einbringen eigener Ideen, die Bejahung von Veränderungen, die Mitgestaltung von Entscheidungsprozessen und – nicht überraschend! – um die Ausstattung des Arbeitsplatzes geht. Zusammenfassend können sie mit dem Begriff „Empowerment" beschrieben werden. Die digital Antwortenden sehen für sich größere Mitwirkungsmöglichkeiten und zeigen sich in diesen Themenfeldern zufriedener. Die Abweichungen machen bis zu 14 Indexpunkte aus und sind damit als signifikant zu werten.

Die Offliner bewerten Fragen des Bemühens um Kundenzufriedenheit, der Zusammenarbeit im Unternehmen, der Anerkennung von Leistungen und der Information besser als ihre digital antwortenden Kollegen, auch wenn die Unterschiede nicht ganz so ausgeprägt sind (max. 7 Indexpunkte).

Man muss diese Differenzen nicht überbewerten – schließlich gibt es Abweichungen in beide Richtungen, die sich im Gesamtergebnis wechselseitig ausgleichen. Befragt man sie aber auf ihre Kausalfaktoren, so finden wir keinerlei Anhaltspunkte dafür, dass sie ursächlich auf die unterschiedlichen Befragungsformen zurückgehen. Vielmehr spiegeln sich in den Befragungsformen Unterschiede zwischen den beiden Teilnehmergruppen online und offline hinsichtlich Funktion, Ausbildungsniveau, Arbeitsplatzausstattung und soziodemographischen Merkmalen wider. In der Gruppe der Onliner werden ganz überwiegend die *White collar*-Bereiche erfasst, also verkaufende, planende und verwaltende Schreibtisch-Tätigkeiten; in der Gruppe der Offliner finden sich hingegen die deutlich stärker ausführenden Tätigkeiten handwerklicher und industrieller Fertigung und Montage sowie einfache, oft handarbeitsbasierte Dienstleistungen des so genannten *Blue collar*-Bereichs.

Für diese Deutung der Ergebnisdifferenzen spricht auch das ganz unterschiedliche Antwortverhalten in der Kategorie der offenen Antworten. Hier treten die Unterschiede zwischen beiden Erhebungsformen sehr augenfällig hervor. Geben weniger als 10 Prozent der herkömmlich Befragten über die numerische Bewertung per Kreuzchen hinaus einen freien Kommentar ab, so sind es zweieinhalb mal so viel unter den digital Befragten, nämlich 25 Prozent. In teilweise umfangreichen Textbeiträgen gehen sie auf einzelne Themen ein, die ihnen unter den Nägeln brennen. In diesem Antwortverhalten spiegelt sich die größere Nähe der Onliner zur Kultur der Schriftlichkeit; zugleich verweist es aber auch darauf, dass Mitarbeiter bereit und interessiert sind, ihre Meinungen pointiert und differenziert zum Ausdruck zu bringen, wenn für sie ersichtlich ist, dass ihre Daten vertraulich und absolut anonym verarbeitet werden.

Abschließend möchten wir noch einmal herausstellen, dass es jenseits dieser Abweichungen im Detail, die auf unterschiedliche soziodemographische und Tätigkeitsmerkmale verweisen, über die Gesamtheit der Befragung keine signifikanten Unterschiede in den Ergebnissen gibt, die der Erhebungsmethode selber zuzurechnen wären – mit Ausnahme der offenen Antworten.

9 Schlussfolgerungen

Wir bilanzieren unseren Erfahrungsbericht einer Mitarbeiterbefragung „im Medienmix" von *online* und *offline* mit Hilfe der folgenden Schlussfolgerungen:

1. Online-Befragungen stellen eine interessante Alternative für die Durchführung von schriftlichen Mitarbeiterbefragungen dar. Gegenüber konventionellen Erhebungsmethoden überzeugen einfache Handhabung, reduzierter Verwaltungsaufwand, verringerte Fehlerquoten und Zeitgewinn in der Auswertung. Zudem erzeugt die digitale Befragung offenbar eine erhöhte Bereitschaft, offene Antworten abzugeben. Die Online-Befragung ist ein nützliches Instrument, das von einer bestimmten Beschäftigtenzahl an kostengünstig ist und schnelle Ergebnisse ermöglicht.

2. Abhängig von der Struktur und Heterogenität eines Unternehmens kann es sinnvoll sein, *online* und *offline* nicht als Alternative, sondern als wechselseitige Ergänzungen zu sehen und die Vorteile beider Erhebungsformen zu kombinieren. Entscheidend sind jeweils die Zielsetzungen, die mit dem Einsatz der Instrumente erreicht werden sollen.

3. Ein zentrales Qualitätskriterium von Mitarbeiterbefragungen stellt die Teilnahmequote dar. Mit dem Grad der Beteiligung bringt die Belegschaft gerade in Wiederholungsbefragungen zum Ausdruck, wie vertrauenswürdig, nützlich und praktisch folgenreich eine Mitarbeiterbefragung sich für sie darstellt. Die Teilnahmequote legitimiert das Vorhaben Mitarbeiterbefragung; sie legitimiert die Ergebnisse und die praktischen Maßnahmen im Unternehmensalltag.

4. Keine andere Organisationsform einer Mitarbeiterbefragung erreicht in Beteiligung, Akzeptanz und Umsetzung so hohe Qualitätsstandards wie eine bereichsübergreifende Projektgruppe, die für alle Phasen des Prozesses die Federführung inne hat.

5. Die Erhebungsmethode *online* oder *offline* erzeugt keine signifikanten Unterschiede; ihre Teilnahmequoten und Ergebnisse weichen nicht wesentlich voneinander ab. Lediglich bei den offenen Antworten zeigt sich digital eine erhöhte Auskunftsbereitschaft.

6. Die anhand von Tätigkeitsmerkmalen vorgenommene Einteilung, wem eine Online- und wem eine Offline-Befragung vorgeschlagen wird, hat kaum zu Veränderungswünschen der Befragten geführt. Dennoch war es richtig, an dieser Stelle eine Wahlmöglichkeit zu schaffen. Die Alternative für den Einzelnen hieß nicht: teilnehmen oder nicht teilnehmen, sondern: *online* oder *offline*. Diese frühe Entscheidungsmöglichkeit für den Einzelnen hat dazu beigetragen, das Zutrauen in das Vorhaben und damit die Teilnahmebereitschaft zu bestärken.

7. In der Perspektive stellt *online* das Verfahren dar, dem die Zukunft gehören wird, auch für die *Blue collar*-Bereiche. Dabei gilt es, Formen zu finden, um die handwerklichen Mitarbeiter zu unterstützen, die keinen eigenen EDV-Arbeitsplatz haben, und etwaige Vorbehalte weiter abzubauen, etwa durch ein Angebot von Betreuern vor Ort.

Ob die Daten nun *online* oder *offline* erhoben werden – die eigentliche Leistung einer Mitarbeiterbefragung entscheidet sich in der Phase der Folgeaktivitäten. Hier kommt es darauf an, mit Hilfe der Ergebnisse die etablierten Kommunikationsmuster der Organisation so aufzubrechen, dass praktische Konsequenzen Wirklichkeit werden; Konsequenzen, die die Unternehmenskultur spürbar voranbringen und die der Einzelne als Verbesserung erfährt (vgl. Ahlemeyer & Grimm, 1999).

Stefanie Jonas-Klemm & Cathrin Niethammer

Integration der Mitarbeiter- und Patientenperspektive in das Qualitätsmanagement im Krankenhaus

1   Aktualität des Themas

Der Gesundheitssektor befindet sich in einer Zeit des Umbruchs. Die finanziellen Ressourcen sind durch die Gesundheitsreformen der vergangenen Jahre zunehmend knapper geworden. Zudem kommt es durch die immer größer werdende Zahl an älteren Menschen und Langzeitkranken zu einem steigenden Bedarf an Pflegeleistungen und der Dienstleistungsversorgung. Dies führt dazu, dass sich Krankenhäuser einem zunehmenden Wettbewerbsdruck ausgesetzt sehen. Eines der wichtigsten Ziele ist somit die Steigerung der Wirtschaftlichkeit, damit auch in Zukunft eine patientennahe Versorgung und eine hohe Behandlungsqualität garantiert sind. Für die Gewährleistung der Qualität und der Sicherung im Wettbewerb gewinnt das Total Quality Management (TQM) als umfassender und kundenorientierter Managementansatz auch im Gesundheitswesen zunehmend an Bedeutung.

Der Qualitätsgedanke in der Medizin ist seit jeher verankert gewesen. Neu ist, dass gesetzliche Vorgaben (§ 137 SGB V) zugelassene Krankenhäuser dazu verpflichten, im Abstand von zwei Jahren strukturierte Qualitätsberichte zu veröffentlichen, die neben der Angabe von Struktur- und Leistungsdaten des Krankenhauses auch Aussagen zu Grundsätzen und Zielen der Qualitätspolitik, zur externen Qualitätssicherung und zum Aufbau eines Qualitätsmanagementsystems sowie ausgewählte Qualitätsprojekte beinhalten. Nach § 108 SGB V zugelassene Krankenhäuser sind im Jahr 2005 erstmals dazu angehalten, einen strukturierten Bericht für das Jahr 2004 zu erstellen.

Der zunehmende Wettbewerbsdruck und die genannten gesetzlichen Vorgaben verlangen von Krankenhäusern, ihre Qualität zielgerichtet und systematisiert zu sichern und zu fördern. Aufgrund gestiegener Patientenanforderungen werden darüber hinaus zukünftig Managementkonzeptionen den Erfolg eines Hauses bestimmen, die den Kundenbezug in den Mittelpunkt stellen. Neben diesem externen Fokus wird die interne Perspektive auf eigene Mitarbeiter zunehmend ebenfalls zum Qualitätsgarant.

Gerade durch den Einsatz eines umfassenden Qualitätsmanagements (QM) werden Faktoren wie Kundenzufriedenheit und Mitarbeiterzufriedenheit bei der Bewertung von Krankenhäusern ins Zentrum gestellt. Kontinuierliche Verbesserungsprozesse sind dann erfolgreich, wenn es gelingt, interne Prozesse zu beleuchten, zu bewerten und zu verändern. Eine solche Analyse mit anschließenden Handlungsoptionen kann am geeignetsten durch Kenner und Betroffene der internen Prozesse vorgenommen werden. Aus dieser Erkenntnis heraus setzen bekannte TQM-Modelle wie z. B. das „Excellence-Modell" der European Foundation for Quality Management (EFQM) sowohl auf Kunden- als auch auf Mitarbeiterorientierung und empfehlen daher das aktive und kontinuierliche Einholen von Feedback der beiden Zielgruppen.

Vor diesem Hintergrund entstand unser Interesse an der Frage, welche Qualitätsmanagementsysteme bereits im Gesundheitswesen verbreitet sind, welche Ziele mit diesen verfolgt werden und inwieweit Feedbacksysteme tatsächlich strategisch in kontinuierliche und partizipative Veränderungsprozesse im Rahmen von Qualitätsmanagement eingebunden werden.

Eine Umfrage in Krankenhäusern untersucht die momentane Verbreitung, die verschiedenen Einsatzformen und die bisher erlebten Erfahrungen mit Mitarbeiter- und Patientenbefragungen (MAB bzw. KUB) in deutschen Krankenhäusern.

Die Umfrageergebnisse, die in dem folgenden Beitrag nach einer kurzen Erläuterung der Durchführung und Stichprobe der Befragung zusammengefasst werden, bieten einen ersten Überblick über die aktuelle Praxis und die bisherigen Erfahrungen bei Mitarbeiter- und Patientenbefragungen in Krankenhäusern.

2   Durchführung und Stichprobe der Befragung

Im Zeitraum März bis Mai 2004 wurden Einrichtungen des Gesundheitssektors (Plankrankenhäuser, Hochschulkliniken und Fachkliniken) aus dem südwestlichen Bundesgebiet zum Einsatz verschiedener Qualitätsmanagementsysteme und Feedbackinstrumente (Mitarbeiter- und Kundenbefragungen) befragt.

Die Befragung erfolgte mittels eines standardisierten Fragebogens, der überwiegend aus Fragen mit vorgegebenen Antwortalternativen bestand. Zusätzlich wurden Fragen zu einigen Themen (z. B. Stärken und Schwächen der Instrumente) gestellt, die offen zu beantworten waren. Inhaltlich umfasste der Fragebogen Fragen zu eingesetzten Qualitätsmanagementsystemen, zu Zielen und Einsatzformen der Mitarbeiter- und Patientenbefragungen, zur strategischen Einbettung und zum Nutzen dieser Feedbackinstrumente. In den Themenblöcken „Spezifische Fragen zur Mitarbeiterbefragung" und „Spezifische Fragen zur Patientenbefragung" wurden konkrete Fragen zu den Instrumenten selbst (z. B. Inhalt, Umfang), zur Durchführung (z. B. Rückmeldung, Maßnahmenableitung und Controlling) und zu bisherigen Erfahrungen (z. B. wahrgenommener Nutzen für die eigene Organisation) gestellt.

Zunächst wurden die Fragebogen an die Kliniken per Post verschickt. Um einen höheren Rücklauf zu erzielen und die Möglichkeit des Nachfragens bei offenen Fragen zu nutzen, wurden später Ansprechpartner der Einrichtungen telefonisch kontaktiert und interviewt. Von den 158 zufällig ausgewählten Kliniken des südwestlichen Bundesgebiets nahmen 42 Einrichtungen an der Befragung teil. Die wichtigsten Ergebnisse werden im Folgenden vorgestellt.

3   Verbreitung von Qualitätsmanagementsystemen

Bevor auf die Ergebnisse zur Verbreitung von Mitarbeiter- und Kundenbefragung eingegangen wird, interessiert, inwieweit Qualitätsmanagementsysteme (DIN ISO, EFQM, KTQ) in Krankenhäusern bereits zur Anwendung kommen.

71 Prozent der 42 an der Befragung teilgenommenen Einrichtungen haben bereits ein Qualitätsmanagementsystem implementiert. 21 Prozent befanden sich zum Zeitpunkt der

Erhebung im Planungs- bzw. Einführungsprozess eines Qualitätsmanagementsystems und lediglich 7 Prozent geben an, bisher noch kein Qualitätsmanagementsystem eingeführt zu haben. Da viele der befragten Organisationen telefonisch kontaktiert wurden, bestand auch bei 58 Kliniken, die nicht an der Befragung teilnehmen wollten, die Möglichkeit, nach dem Einsatz von Qualitätsmanagementsystemen zu fragen. 51 Prozent dieser Einrichtungen geben an, bereits ein Qualitätsmanagementsystem eingeführt zu haben, während sich 22 Prozent der befragten Kliniken aus verschiedenen Gründen (Klinikgröße, befürchtete intensive Prozesspflege oder generell fehlendes Interesse an einem systematischen Qualitätsmanagement) gegen ein umfassendes Qualitätsmanagement entschieden haben. Von den restlichen Organisationen erhielten wir keine Aussagen zu dieser Frage.

Weiterhin wurde danach gefragt, welche Qualitätsmanagementsysteme zum aktuellen Zeitpunkt eingesetzt werden bzw. welche in den nächsten Jahren implementiert werden sollen. Abbildung 1 zeigt, dass zum aktuellen Zeitpunkt bei 33 Prozent der 42 Einrichtungen DIN EN ISO 9000ff, bei 26 Prozent EFQM und bei 33 Prozent KTQ eingesetzt werden.

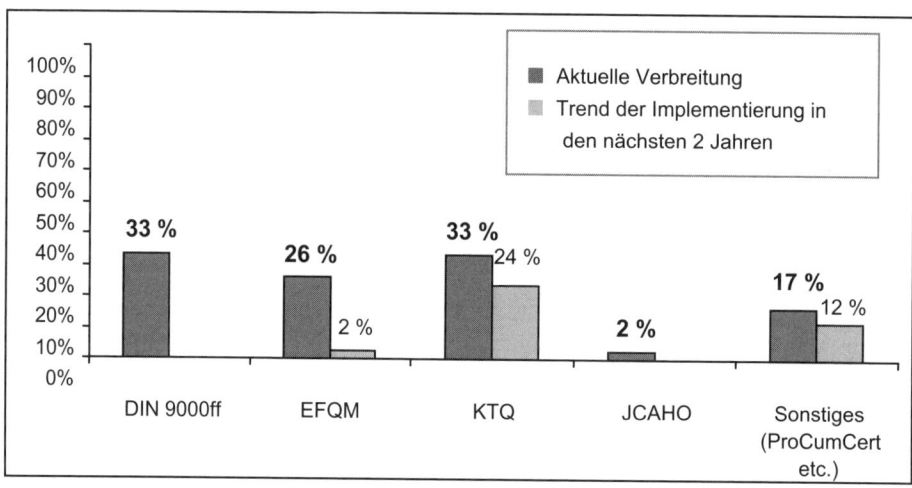

Abbildung 1: Momentane Verbreitung und Trend der Implementierung von QM-Systemen

Betrachtet man den Trend der Implementierung von Qualitätsmanagementkonzepten in den nächsten 2 Jahren, wird deutlich, dass die Bedeutung der klinikfokussierten Ansätze KTQ und ProCumCert zunehmen wird. Eine Einführung von DIN EN ISO-Normen und des EFQM-Modells ist bei den befragten Kliniken jedoch nicht geplant. Vielmehr scheint es so zu sein, dass einige Kliniken, die bisher mit anderen Qualitätsmanagementsystemen arbeiten, beabsichtigen zu KTQ zu wechseln.

TQM hat somit auch im Gesundheitswesen Einzug gehalten, jedoch scheinen die befragten Kliniken Ansätze zu favorisieren, die spezifisch auf das Gesundheitswesen ausgerichtet sind. Bei der Frage „Halten Sie eine Übertragung von Qualitätsmanagementsystemen aus der Wirtschaft auf den Gesundheitssektor für sinnvoll?" geben 80 Prozent der Befragten an, dass es ihrer Meinung nach zwar sinnvoll ist, die inhaltlichen Dimensionen bzw. den Grundgedanken der Qualitätsmanagementansätze aus der Wirtschaft in die eigene Einrichtung zu übertragen, jedoch ist der Großteil der Befragten (76 %) der Meinung, dass Spezifika der sozialen Dienstleistung (wie z. B. die Interaktion zwischen Mitarbeitern und Patienten) in der Konzeption berücksichtigt werden müssen.

Als Gründe für die Einführung von Qualitätsmanagementmodellen geben 33 Prozent der Befragten den „Druck von außen" (Wettbewerbsgründe, gesetzliche Vorgaben) an.

Als Ziele für den Einsatz eines Qualitätsmanagementsystems werden folgende Aspekte genannt:
- Prozessoptimierung/-verbesserung (n=16)
- Verbesserung der Wirtschaftlichkeit, Kosteneinsparung (n=12)
- Verbesserung der Kundenorientierung/der Versorgungsleistung (n=11)
- Marktpositionierung, Vergleichbarkeit am Markt (n=8)
- Verbesserung der Mitarbeiterorientierung (n=5)

4   Einsatz von Mitarbeiter- und Patientenbefragungen

Im zweiten Teil des Fragebogens wurde nach dem Einsatz verschiedener Feedbackinstrumente gefragt. 90 Prozent (n=38) der Befragten geben an, bereits Patientenbefragungen durchzuführen. Mitarbeiterbefragungen (MAB) werden von 59,5 Prozent (n=25) der befragten Kliniken eingesetzt. Weiterhin wurde danach gefragt, ob eine Einführung von Feedbackinstrumenten geplant ist. Acht der befragten Kliniken haben in den nächsten zwei Jahren vor, eine Mitarbeiterbefragung einzuführen und drei Häuser planen den Einsatz einer Patientenbefragung.

Die im Folgenden dargestellten Ergebnisse beziehen sich auf diejenigen Kliniken, die angegeben haben, Mitarbeiter- bzw. Patientenbefragungen durchzuführen.

4.1   Anlass für Einführung, strategische Einbettung und verfolgte Ziele der Feedbackinstrumente

Als Initialzündung für die Einführung der Feedbackinstrumente Mitarbeiter- und Kundenbefragung wurden vor allem die Einführung von Qualitätsmanagementkonzepten und der Druck zur Vermarktung genannt. In diesem Zusammenhang geben 84 Prozent der Kliniken an, dass die Mitarbeiterbefragung in ihrem Haus in umfassende Managementstrategien wie KVP, Lernende Organisation oder Qualitätsmanagement eingebettet ist. Eine strategische Einbettung der Patientenbefragung wird von 87 Prozent der Häuser angegeben. Auch finden sich die Ziele Mitarbeiterorientierung und Kundenorientierung bei 90 Prozent der befragten Kliniken in den Führungsleitlinien. Der Einsatz von Feedbacksystemen geht demnach bei vielen Krankenhäusern Hand in Hand mit den verwendeten Qualitätsmanagementkonzepten. Inwieweit die aus den Befragungen resultierenden Kennziffern aber auch tatsächlich in umfassende partizipative Veränderungsprozesse eingebettet werden, bleibt fraglich. Momentan scheint der Einsatz von Feedbacksystemen primär zur Information über organisationale Stärken und Schwächen (Mitarbeiterbefragung: 84 %; Kundenbefragung: 87 %) zu dienen. Die Mitarbeiterbefragung als Innovationsinstrument einzusetzen, um Erwartungen und Bedürfnisse der Mitarbeiter in Verbesserungsprozesse einzubinden, nennen dagegen 56 Prozent der Kliniken als Zielsetzung. Das Potenzial der Kundenbefragung als Innovationsinstrument wird im Vergleich zur Mitarbeiterbefragung scheinbar höher eingeschätzt. Hier geben 79 Prozent der Befragten als Zielsetzung der Patientenbefragung an, Erwartungen und Bedürfnisse der Kunden in Verbesserungsprozesse der Organisation einzubinden.

4.2   Häufigkeit und Bereiche der Durchführung von Mitarbeiter- und Patientenbefragungen

Ein wiederholter Einsatz der Feedbacksysteme Mitarbeiter- und Patientenbefragung bildet eine Voraussetzung, um die aus den Befragungen gewonnenen Daten für einen kontinuierlichen Verbesserungsprozess nutzen zu können. Auf die Frage nach der Häufigkeit des Einsatzes geben 52 Prozent der Häuser an, in regelmäßigen Abständen (jährlich oder alle zwei bis drei Jahre) Mitarbeiterbefragungen durchzuführen. Patientenbefragungen werden von 84 Prozent der Befragten regelmäßig eingesetzt. Der Schwerpunkt liegt hier zum einen auf der kontinuierlichen Erfassung der Patientenzufriedenheit über das ganze Jahr hinweg und zum anderen auf einer zeitlich begrenzten Erhebung, die alle ein bis zwei Jahre stattfindet.

Die Befragungen werden größtenteils organisationsweit durchgeführt (Mitarbeiterbefragung: 84 %; Kundenbefragungen: 82 %). Da die meisten Kliniken als „Initialzündung" für den Einsatz von Mitarbeiter- und Kundenbefragungen die Einführung von Qualitätsmanagementkonzepten angeben, verwundert dieses Ergebnis nicht. Da diese Konzepte mit umfassenden Veränderungsprozessen einhergehen sollten, ist es sinnvoll mit Hilfe organisationsweiter Befragungen das Feedback aller Zielgruppen einzuholen. Für die Mitarbeiterbefragung in Krankenhäusern bedeutet dies eine hierarchie- und berufsgruppenübergreifende Erhebung. Insgesamt geben 76 Prozent der befragten Krankenhäuser an, alle Mitarbeitergruppen zu befragen und nicht nur ausgewählte Gruppen (z. B. ärztliches Personal).

Da Krankenhäuser neben Patienten auch über eine Vielzahl anderer Kundengruppen (Angehörige der Patienten, Krankenkassen, niedergelassene Ärzte und andere Einrichtungen des Gesundheitswesens) verfügen, ist es sinnvoll, auch deren Ansichten mit Hilfe von Kundenbefragungen zu erfassen und in Veränderungsprozesse zu integrieren. Während der Großteil der befragten Krankenhäuser Patientenbefragungen durchführt, nimmt der Anteil der Häuser stark ab, die auch andere Kundengruppen berücksichtigen. So befragen 11 von 42 Kliniken (26 %) niedergelassene Ärzte, 21 Prozent die Angehörigen der Patienten, 9,5 Prozent Reha- und Pflegeeinrichtungen und lediglich 2 Prozent Krankenkassen.

Als Zwischenfazit lässt sich festhalten, dass organisationale Feedbackprozesse in Krankenhäusern zunehmend eingesetzt werden. Dazu tragen sicherlich notwendig gewordene umfassende Veränderungsprozesse bei. So geben insgesamt 90,5 Prozent aller befragten Kliniken an, in ihrer Organisation momentan strukturelle Veränderungen zu diskutieren. Generell gewinnt man den Eindruck, dass der Patientenbefragung ein größerer Stellenwert als der Mitarbeiterbefragung bei der Gestaltung dieser Veränderungen zugeschrieben wird. Patientenbefragungen werden nicht nur von mehr Kliniken eingesetzt als Mitarbeiterbefragungen, sondern ihre Durchführung erfolgt auch regelmäßiger.

5 Durchführung der Mitarbeiter- und Patientenbefragungen

Im folgenden Abschnitt werden Ergebnisse zu verschiedenen Aspekten der konkreten Durchführung von Mitarbeiter- und Patientenbefragungen dargestellt: Projektorganisation, Themen und Inhalte, Formen der Erhebung und Rückmeldung sowie Controllingmaßnahmen.

5.1 Projektorganisation

Bei der Durchführung von Mitarbeiter- bzw. Patientenbefragungen stellt sich zunächst die Frage nach dem verantwortlichen Personenkreis. Nach den Angaben der Befragten ergibt sich für die Durchführung einer Mitarbeiterbefragung folgendes Bild:
– Durchführung ausschließlich durch interne Mitarbeiter: 60 %
– Zusammenarbeit von internen Mitarbeitern mit externen Institutionen: 12 %
– Durchführung ausschließlich durch externe Institutionen: 24 %

Am häufigsten sind demnach interne Mitarbeiter für die Projektorganisation einer Mitarbeiterbefragung verantwortlich. Ähnlich sieht dies bei der Durchführung von Patientenbefragungen aus:
– Durchführung ausschließlich durch interne Mitarbeiter: 58 %
– Zusammenarbeit von internen Mitarbeitern mit externen Institutionen: 21 %
– Durchführung ausschließlich durch externe Institutionen: 13 %

Sowohl bei Mitarbeiter- als auch bei Patientenbefragungen ist der Anteil an Kliniken gering, die die Durchführung ausschließlich externen Institutionen überlassen bzw. mit externen Institutionen zusammenarbeiten. Demnach wird beim Großteil der befragten Kliniken auch die Auswertung der Daten selbstständig übernommen.

5.2 Themen und Inhalte

5.2.1 Themen und Inhalte der Mitarbeiterbefragungen

Insgesamt setzen 76 Prozent der befragten Krankenhäuser „umfassende" Mitarbeiterbefragungen mit breitem Themenspektrum ein. Durch diese kann ein allgemeines Bild über verschiedene Situationsaspekte aus Sicht der Mitarbeiter gewonnen werden. „Themenzentrierte" Mitarbeiterbefragungen (z. B. zum Thema Qualitätssicherung, Schnittstellen-problematik) werden von 24 Prozent der Befragten durchgeführt. Ein Einsatz „problem-zentrierter" Befragungen wird von keinem der Krankenhäuser angegeben. Abbildung 2 gibt die Ergebnisse zu konkreten Inhalten der Mitarbeiterbefragungen wieder.

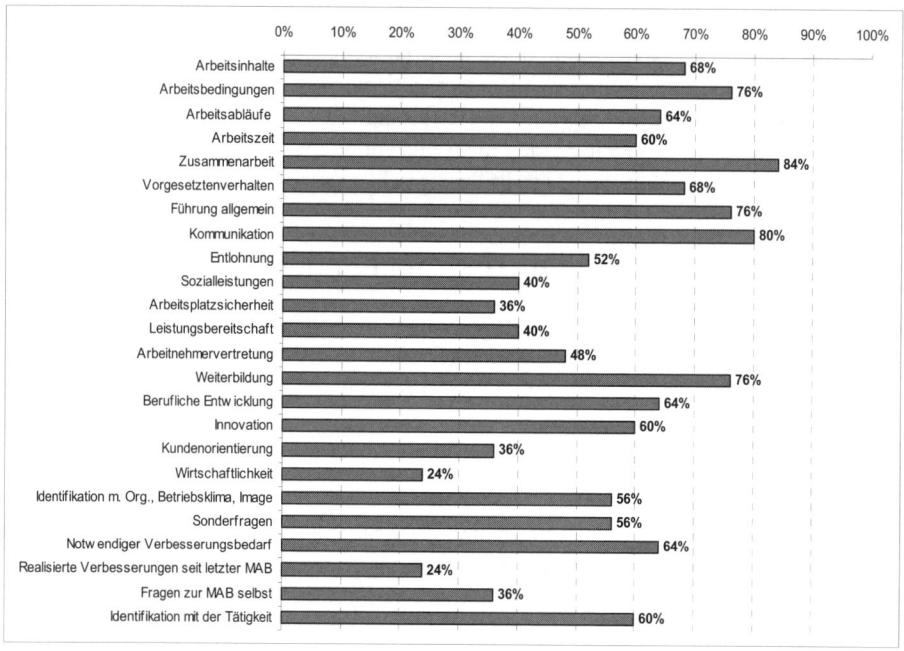

Abbildung 2: Themen der Mitarbeiterbefragungen

Mit 84 Prozent ist das Thema „Zusammenarbeit" am stärksten bei Mitarbeiterbefragun-gen der befragten Krankenhäuser vertreten, gefolgt von den Themen „Kommunikation" (80 %), „Arbeitsbedingungen", „Führung allgemein" und „Weiterbildung" (jeweils 76 %). Eine eher untergeordnete Rolle scheinen dagegen „Arbeitsplatzsicherheit", „Kundenorientierung", „Wirtschaftlichkeit", „Realisierte Verbesserungen seit der letzten MAB" und „Fragen zur MAB" selbst zu spielen.

5.2.2 Themen und Inhalte der Patientenbefragungen

Bei der Befragungen der Patienten wird von fast allen befragten Krankenhäusern (90 %) das Thema „Auskunft über die Behandlung" aufgegriffen. Ebenso sind die Themen „Fachliche Kompetenz des Personals", Krankenzimmer" (jeweils 84 %), sowie „Ausmaß der Zuwendung der Pflegekräfte" (82 %) und „Notwendiger Verbesserungsbedarf" stark vertreten. Im Vergleich hierzu kommen die Aspekte „Technische Ausstattung" (47 %), „Umgang mit Beanstandungen" (47 %), „Weck- und Essenszeiten" (45 %) und „Image des Krankenhauses" (45 %) weniger zum Tragen.

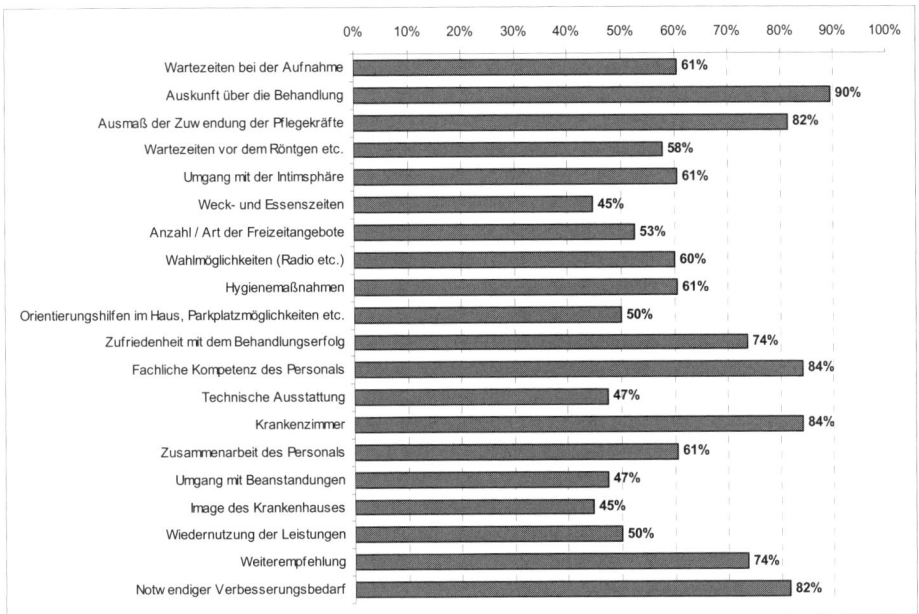

Abbildung 3: Themen der Patientenbefragungen

Als weitere Themengebiete wurden ergänzend in einer zusätzlichen offenen Frage u. a. „Information und Aufklärung", „Kommunikation" „Therapeutische Beziehung", „Situationsbewältigung", „Einschätzung des Gesundheitszustands", „Aufnahmeprozess", „Entlassungsvorbereitung", „Qualität des Essens" sowie „Berufsgruppenspezifische Fragen" genannt.

5.3   Erhebungsformen und -instrumente

Die Mitarbeiterbefragungen finden fast ausschließlich in schriftlicher Form statt (96 %), wobei meist geschlossene Fragen mit offenen Kommentaren kombiniert werden (71 %). Dabei wird hauptsächlich ein organisationsspezifisches Instrument verwendet (68 %), das entweder auf der Basis von Standardinstrumenten (53 %) oder vollkommen eigenentwickelt wurde (47 %). 27 Prozent der Befragten geben an, ein Standardinstrument eines Beratungsinstituts einzusetzen, und 5 Prozent der Krankenhäuser verwenden Standardinstrumente aus der Literatur. Insgesamt variiert der Umfang der Fragebögen sehr stark. So umfassen 37 Prozent der Fragebögen bis zu 40 Fragen, 32 Prozent 41 bis 60 Fragen und 18 Prozent 61 bis 100 Fragen. Mehr als 100 Fragen enthalten 13 Prozent der Fragebögen.

Wie bei den Mitarbeiterbefragungen werden im Rahmen der Patientenbefragung hauptsächlich schriftliche Fragebogen eingesetzt (95 %). Die Kombination von geschlossenen und offenen Fragen fällt hier mit 86 Prozent etwas höher aus als bei Mitarbeiterbefragungen. Auch bei der Patientenbefragung werden primär organisationsspezifische Instrumente eingesetzt (ebenfalls 68 %), jedoch ist hier der Anteil der komplett selbstentwickelten Instrumente mit 65 Prozent deutlich höher. Auch scheint der Umfang der Patientenfragebögen geringer zu sein. Insgesamt umfassen 63 Prozent der Fragebögen bis zu 40 Fragen, 17 Prozent 41 bis 60 Fragen und 20 Prozent 61 bis 100 Fragen. Die Kategorie „mehr als 100" wurde nicht angekreuzt.

Bei der Frage nach der Durchführung der Patientenbefragung geben 54 Prozent der Befragten an, die Bögen während des Aufenthalts zu verteilen. Dabei erfolgt die Verteilung in 37 Prozent der Fälle bereits bei der Aufnahme. 16 Prozent der Befragten geben an, die Bögen kurz vor der Entlassung durch das Pflegepersonal, Ärzte, Praktikanten oder Hilfskräfte austeilen zu lassen. Auch wurde die Methode der Stichtagerhebung genannt, bei der die Fragebögen durch eine Personengruppe ausgeteilt und wieder eingesammelt werden (16 %). Eine postalische Versendung nach der Entlassung erfolgt in 25 Prozent der Fälle, eine Verteilung der Fragebögen bei der Entlassung geben 20 Prozent der Befragten an.

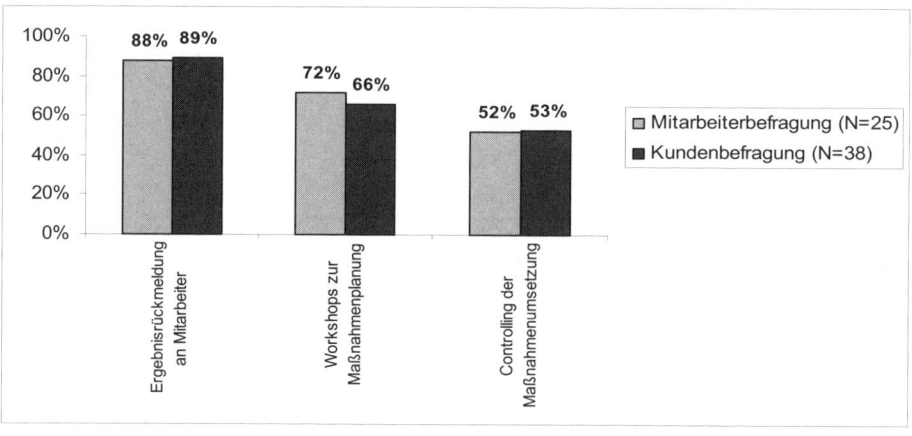

Abbildung 4: Einsatzhäufigkeit der Ergebnisrückmeldung, Maßnahmenworkshops und Controllingmaßnahmen

5.4 Ergebnisrückmeldung, Maßnahmenableitung und Controllingmaßnahmen

Um zu untersuchen, inwieweit Daten der Mitarbeiter- und Patientenbefragungen im Rahmen ganzheitlicher, partizipativer Veränderungsprozesse eingebunden werden, wurden Fragen zur Rückmeldung der Ergebnisse an die Mitarbeiter, zur Ableitung von Maßnahmen und zum Controlling der Maßnahmenumsetzung gestellt. Abbildung 4 gibt die Ergebnisse zur Einsatzhäufigkeit wieder.

5.4.1 Ergebnisrückmeldung und Maßnahmenableitung

Eine Voraussetzung für umfassende, partizipative Veränderungsprozesse ist die Rückmeldung der Ergebnisse an alle Mitarbeiter und die Einbindung dieser bei der Ableitung von Veränderungsmaßnahmen (z. B. in ihrer jeweiligen Einheit).

Der Großteil der Befragten gibt an die Ergebnisse aus den Befragungen an Mitarbeiter weiterzugeben (MAB: 88 %; KUB: 89 %). In welcher Form die Ergebnisrückmeldung an Mitarbeiter geschieht, zeigt Abbildung 5.

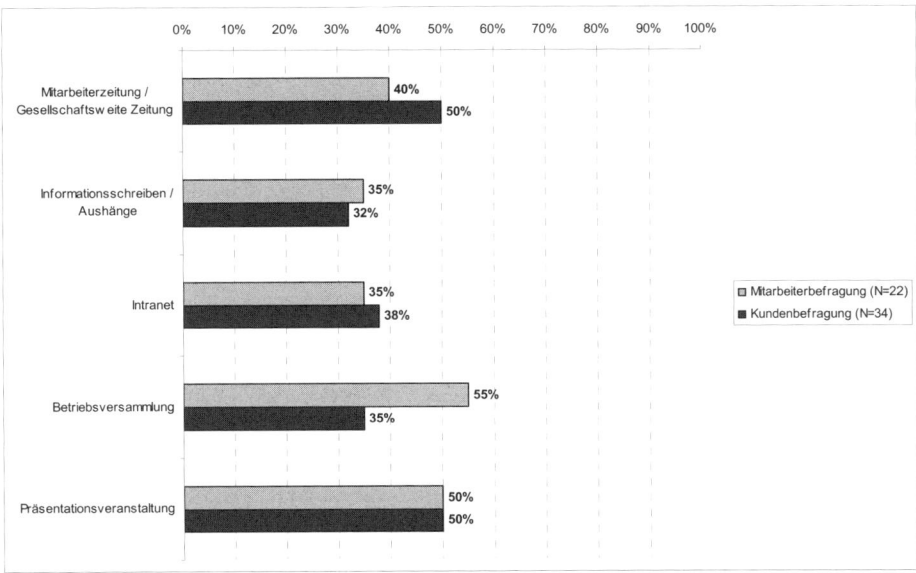

Abbildung 5:   Form der Ergebnisrückmeldung

Der Anteil der Kliniken, die die Ergebnisse der Befragungen in Präsentationsveranstaltungen bzw. Workshops für z. B. einzelne Abteilungen rückmelden, liegt sowohl im Rahmen von Mitarbeiterbefragungs- als auch von Patientenbefragungsprozessen bei 50 Prozent.

Interessant ist nun, inwieweit Workshops in den Unternehmen auch zur Ableitung von Maßnahmen eingesetzt werden und inwieweit Mitarbeiter hier mit einbezogen werden. Wie bereits erwähnt liegt der Prozentsatz der befragten Krankenhäuser, die Maßnahmenworkshops durchführen, bei Mitarbeiterbefragungen bei 72 Prozent und bei Patientenbefragungen bei 66 Prozent. Welche Gruppen an der Veranstaltung beteiligt werden, zeigt Abbildung 6.

Insgesamt geben 67 Prozent der befragten Häuser, die Workshops zur Ableitung von Maßnahmen aus den Ergebnissen der Mitarbeiterbefragung durchführen, als Zielgruppe die Stationsebene (Führungskräfte und Mitarbeiter) an. Bei den Workshops zur Ableitung von Maßnahmen aus den Patientenbefragungsdaten sind es 72 Prozent.

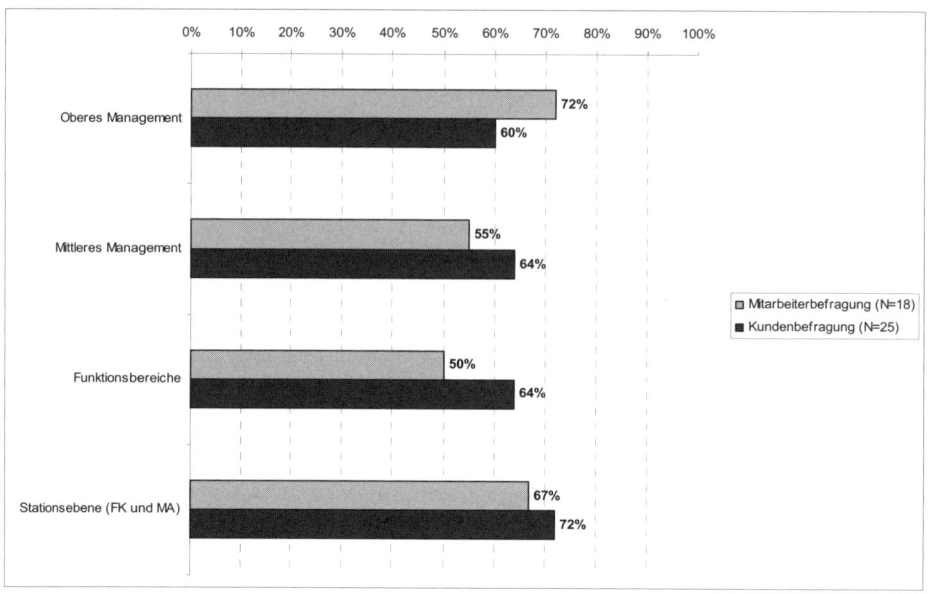

Abbildung 6:   Zielgruppen von Workshops zur Ableitung von Maßnahmen

Die Durchführung dieser Veranstaltungen ist im Rahmen der Mitarbeiterbefragung für 61 Prozent der befragten Kliniken verpflichtend für den Vorgesetzten, wobei dieser in 64 Prozent der Fällen durch einen internen Moderator unterstützt wird. Eine verpflichtende Durchführung der Veranstaltungen im Rahmen der Patientenbefragung trifft auf 68 Prozent der Befragten zu.

5.4.2 Controlling

Der Nutzen von Mitarbeiter- und Kundenbefragungen wird von den Beteiligten häufig an den Konsequenzen gemessen, die aus den Befragungen folgen. Die Durchführung von Mitarbeiter- und Kundenbefragungen erfordert daher ein Controlling, das die konsequente Umsetzung der aus den Befragungen abgeleiteten Maßnahmen unterstützt und überprüft. Insgesamt geben 52 Prozent der befragten Kliniken an, ein Controlling im Rahmen des Mitarbeiterbefragungsprozesses durchzuführen. Bei Patientenbefragungen liegt der Anteil der befragten Kliniken bei ca. 53 Prozent. Abbildung 7 gibt die in den befragten Kliniken praktizierten Formen des Controllings im Rahmen des MAB-Prozesses wieder.

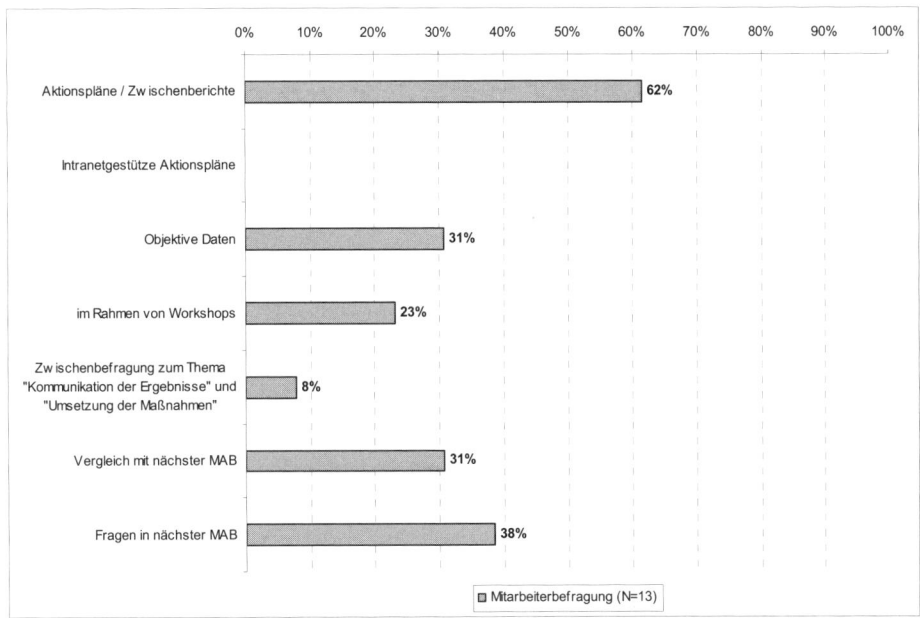

Abbildung 7:   Eingesetzte Formen des Controllings im Rahmen des MAB-Prozesses

Die Auswertung der offenen Frage nach Formen des Controllings im Rahmen des Patientenbefragungsprozesses ergibt, dass hier die befragten Kliniken „Aktionspläne" (25 %), „Vergleich mit nächster Befragung" (20 %), „interne Audits" (20 %), „Berichtswesen" (15 %), „Meinungskartencontrolling" (5 %) und „Nachfragen in Abteilungsbesprechungen" (5 %) einsetzen.

In einer offenen Frage wurden die Klinken weiterhin danach befragt, anhand welcher Kriterien sie insgesamt den Erfolg einer Mitarbeiter- oder Patientenbefragung festmachen. Als Kriterien für die Mitarbeiterbefragung nennen die befragten Häuser das „Ausmaß an abgeleiteten und umgesetzten konkreten Maßnahmen" (36 %), den „Rücklauf" (36 %), die „Ergebnisse der Folge-MAB" (16 %), den „wirtschaftlichen Faktor hinter den Verbesserungsvorschlägen" (8 %), das „informelle Feedback der Mitarbeiter" (8 %) und die „Ergebnisse des internen Beschwerdemanagement" (4 %). Für die Effizienz der Patientenbefragungen werden die Kriterien „Ergebnisse der Folge-Patientenbefragung (z. B. Häufigkeit der gleichen Kritikpunkte)" und „Rücklaufquote" am häufigsten genannt (jeweils 37 %), gefolgt von der Kategorie „Ausmaß an abgeleiteten und umgesetzten konkreten Maßnahmen" (21 %). Ebenso werden „Ergebnisse des Beschwerdemanagements" (11 %), das „informelle Feedback der Patienten" (10 %) und „objektive Daten (z. B. Belegungsplan, Operationszahlen)" (8 %) als Kriterien herangezogen. Zusätzlich wurde mehrfach die Bedeutung der freien Meinungsfreiheit der Patienten betont.

Zusammenfassend gewinnt man den Eindruck, dass in vielen Kliniken noch keine systematische Beurteilung des Nutzens der Befragungsinstrumente erfolgt. Ein Controlling anhand von Aktionsplänen/Zwischenberichten ist zwar geeignet, um Veränderungsprozesse zu unterstützen, jedoch liegt hier der Schwerpunkt auf der Beurteilung des Umsetzungsgrades. Welchen Nutzen die abgeleitete Maßnahme tatsächlich für die Organisation hat, wird meist nicht erfasst. Eine Möglichkeit liegt in der Erfassung von objektiven Kriterien. Schwierig gestaltet sich hierbei jedoch eine eindeutige Ursache-Wirkungs-Zuordnung, es sei denn, die Kriterien können mit konkreten Maßnahmen direkt in Verbindung gebracht werden. Neben einer Erfassung von objektiven Kriterien können auch Mitarbeiter nach ihrer Einschätzung der abgeleiteten Maßnahmen befragt werden. Einige Kliniken geben zwar an, dies in informeller Form zu praktizieren. Um jedoch ein umfassendes Meinungsbild zu erhalten, sind systematische Befragungen der Mitarbeiter sinnvoll, die konkrete Fragen zu den Befragungsinstrumenten und den abgeleiteten Maßnahmen enthalten. Diese erlauben zumindest die Beurteilung anhand subjektiver Einschätzungen der Mitarbeiter. Je nach Zeitabstand zwischen den Mitarbeiterbefragungen bieten sich auch zusätzliche Zwischenbefragungen an.

5.5   Erfahrungen bei bisherigen Mitarbeiter- und Patientenbefragungen

Abschließend zur Ergebnisdarstellung werden im Folgenden die Aussagen der Befragten zu den bisherigen Erfahrungen in ihrer Organisation dargestellt. Diese beziehen sich zum einen auf den Nutzen und die Akzeptanz von Mitarbeiter- und Patientenbefragungen und zum anderen auf die wahrgenommenen Stärken und Schwächen der Instrumente.

5.5.1 Beurteilung des Nutzens der Feedbackinstrumente

Im Hinblick auf den Nutzen der Feedbackinstrumente wurde zum einen gefragt, wie der Nutzen generell für die Organisation beurteilt wird, zum anderen, wie der Beitrag von Mitarbeiter- und Patientenbefragung zur Verbesserung von Aspekten wie z. B. Organisation oder auch Managementstrategien eingeschätzt wird. Die Einschätzung erfolgte jeweils mit Hilfe einer fünfstufigen Skala (1=„von großem Nutzen"/„hoch" bis 5= „kein Nutzen"/„gering").

Insgesamt wird ein deutlicher Nutzen der Feedbackinstrumente für die Organisation gesehen (MAB: m=1,71 / KUB: m=1,39), wobei der Nutzen der Kundenbefragung jedoch von den befragten Kliniken signifikant höher eingestuft wird (p=.059).

Die Ergebnisse der Frage nach dem Beitrag der Befragungsinstrumente zur Verbesserung einzelner Aspekte werden in Abbildung 8 dargestellt.

Wie die Abbildung 8 zeigt, wird der Beitrag der Mitarbeiterbefragung zur Verbesserung der Kommunikation durchschnittlich am höchsten eingestuft. Die übrigen Aspekte werden sowohl für die Mitarbeiterbefragung als auch für die Patientenbefragung eher mittelmäßig eingeschätzt. Der geringste Beitrag der Mitarbeiterbefragung wird im Durchschnitt bei der Stärkung der Wettbewerbsfähigkeit gesehen.

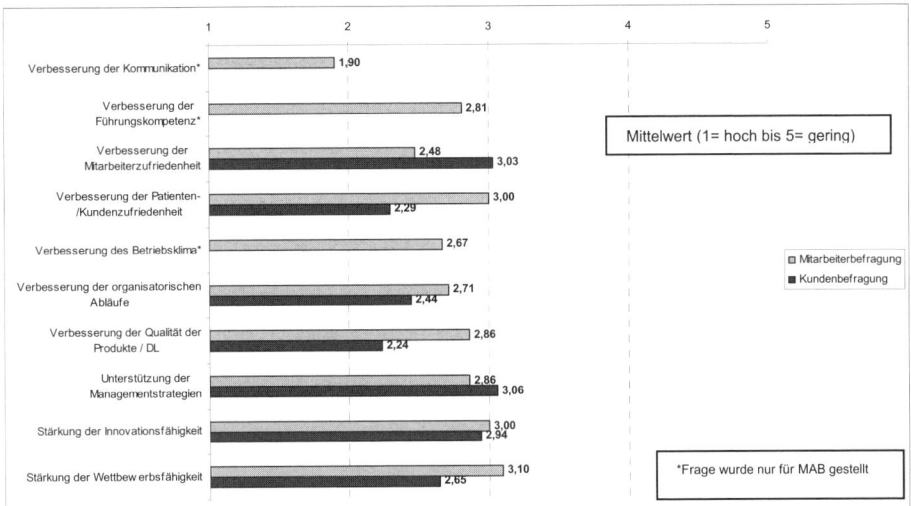

Abbildung 8: Befragung „Wie hoch ist der Beitrag von MAB- bzw. PAB zur ..."

Der T-Test für gepaarte Stichproben zeigt signifikante Unterschiede zwischen Mitarbeiter- und Patientenbefragungen für den jeweiligen Beitrag zur Mitarbeiterzufriedenheit (p=.021) und zur Kundenzufriedenheit (p=.036). Ebenso wird der Beitrag der Kunden- bzw. Patientenbefragung zur Verbesserung der Qualität signifikant höher eingeschätzt als der Beitrag der Mitarbeiterbefragung (p=.031). Auch der Beitrag zur Verbesserung organisatorischer Abläufe und zur Stärkung der Wettbewerbsfähigkeit wird bei Patientenbefragungen tendenziell höher eingestuft.

Zusammenfassend entsteht der Eindruck, dass die befragten Kliniken der Mitarbeiterbefragung vor allem als Informations- und Kommunikationsinstrument hohe Bedeutung beimessen, während der Nutzen von Kunden- bzw. Patientenbefragung vor allem in der Verbesserung der Qualität von Krankenhausdienstleistungen gesehen wird.

5.5.2 Akzeptanz von Feedbackinstrumenten

In Bezug auf die Akzeptanz von Feedbackinstrumenten interessiert zunächst die Rücklaufquote, die als Indikator hierfür angesehen werden kann. Diese liegt bei der Mitarbeiterbefragung über alle befragten Kliniken im Durchschnitt bei 52 Prozent. Bei der Kunden- bzw. Patientenbefragung wird im Durchschnitt ein Rücklauf von 60 Prozent angestrebt, der jedoch häufig nicht erreicht werden kann.

Wie die befragten Kliniken die Akzeptanz der Mitarbeiter- und Kundenbefragung bei unterschiedlichen Zielgruppen in ihrem Unternehmen einschätzen, wird in Abbildung 9 dargestellt.

Demnach wird die Akzeptanz von Mitarbeiterbefragungen beim oberen Management und bei der Arbeitnehmervertretung etwas höher eingestuft als für die mittlere und untere Führungsebene. Auffallend ist, dass die Akzeptanz des Instruments bei den Mitarbeitern selbst am geringsten zu sein scheint.

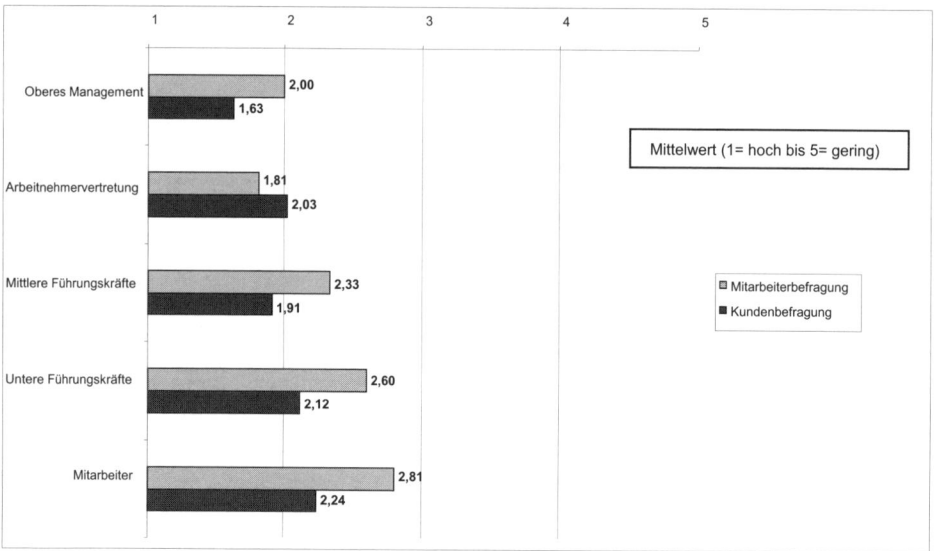

Abbildung 9: Befragung „Wie hoch ist die Akzeptanz der Feedbackinstrumente bei ...?"

Die Akzeptanz von Kunden- bzw. Patientenbefragungen wird im Vergleich zur Mitarbeiterbefragung von allen Zielgruppen (Ausnahme: Arbeitnehmervertretung) etwas höher eingestuft.

5.5.3 Erfahrungen mit den Feedbackinstrumenten und Empfehlungen

Abschließend interessieren die Stärken und Schwächen der Feedbackinstrumente sowie Empfehlungen aus Sicht der befragten Kliniken.

Wahrgenommene Stärken der Mitarbeiter- und Patientenbefragungen

Die wahrgenommenen Stärken der Mitarbeiter- und Kundenbefragungen unterscheiden sich bei den befragten Kliniken kaum. Beide Instrumente haben nach Meinung der Befragten das Potenzial, Veränderungsprozesse in Gang zu setzen und die Beteiligten für Probleme zu sensibilisieren. Auch wird die Möglichkeit der Integration/Partizipation aller Beteiligten als positiv bewertet. Durch den Einsatz der Instrumente besteht nach Meinung der Befragten die Chance, in strukturierter Form ein systematisches Feedback zu erhalten, das ein umfassendes Meinungsbild der Zielgruppen widerspiegeln und Verbesserungspotenziale aufzeigen kann. Hier wird auf die Anonymität sehr viel Wert gelegt, um ein ehrliches Feedback zu erhalten. Durch die strukturierte Form der Befragungen können in Wiederholungsmessungen Veränderungen sichtbar gemacht werden. Ebenso ermöglichen die erhaltenen Daten eine Standortbestimmung der Klinik durch ein externes Benchmarking. Mit Hilfe der Instrumente können Abläufe gesteuert und Führungsstrategien neu ausgerichtet werden. Als Stärke der Patientenbefragung wird hervorgehoben, dass durch die Befragung Patienten das Gefühl erhalten, ernstgenommen zu werden. Ebenso kann sie dazu beitragen, den Dialog zwischen Patienten und Mitarbeitern zu fördern.

Insgesamt decken sich die Antworten auf die Frage nach den Stärken der Feedbackinstrumente mit den in der Literatur genannten Vorteilen. Interessant ist es daher, die Angaben der befragten Kliniken zu den in ihrer Klinik wahrgenommenen Schwächen der Instrumente näher zu betrachten.

Wahrgenommene Schwächen der Mitarbeiter- und Patientenbefragungen

Sowohl beim Einsatz von Mitarbeiterbefragungen als auch bei Patientenbefragungen wird der hohe Zeit- und Kostenaufwand sowie die fehlende Einbettung in einen Gesamtprozess bemängelt. Ebenso werden die auftretenden Ängste der Mitarbeiter bei beiden Feedbackinstrumenten genannt. Während sich diese bei der Mitarbeiterbefragung eher auf das Vertrauen in die Anonymität der Befragung beziehen, steht bei der Patientenbefragung die Angst der Mitarbeiter vor Kritik im Vordergrund. Weiterhin besteht nach Meinung der Befragten die Gefahr, Bedürfnisse bei Mitarbeitern und Kunden zu wecken, die nicht immer erfüllt werden können. Dies führt vor allem bei Mitarbeitern zu einer starken Demotivation, da diese im Gegensatz zu Patienten an der Klinik verweilen und so unmittelbar eine fehlende Maßnahmenumsetzung miterleben. Im Rahmen des Mitarbeiterbefragungsprozesses wird die Erfahrung gemacht, dass dieses Instrument vor allem auf der mittleren Führungsebene geringe Akzeptanz erfährt, die Mitarbeiterbefragung unter Umständen gar nicht wahrgenommen wird und die Ergebnisse zu wenig kommuniziert werden. Auch wird bei der Mitarbeiterbefragung kritisiert, dass man aufgrund der Anonymität lediglich allgemeingültige Ergebnisse erhält. Im Rahmen des Patientenbefragungsprozesses wird bemängelt, dass den Patienten, die an der Befragung teilnehmen, selten die Ergebnisse rückgemeldet werden.

Ein kritischer Punkt der bei beiden Feedbackinstrumenten angesprochen wird, ist die Repräsentativität der Ergebnisse. Hier spielen zum einen der teilweise zu geringe Rücklauf eine starke Rolle und zum anderen die Gefahr, sozial erwünschte Antworten zu erhalten. In diesem Zusammenhang wird beim Einsatz einer Patientenbefragung der Einfluss des Erhebungszeitpunkts als bedeutsam empfunden. So haben einige der befragten Kliniken die Erfahrung gemacht, dass der Rücklauf bei einer Befragung nach Entlassung geringer ist als bei einer Erhebung während des Aufenthalts. Ebenso scheinen die Ergebnisse bei „Nach-Entlassungs-Befragungen" sehr stark vom Behandlungserfolg abzuhängen. Bei einer Befragung während des Aufenthalts steht man vor dem Problem, dass die Patienten aufgrund des Abhängigkeitsverhältnisses sozial erwünscht antworten. Dies führt häufig zu einer ausgesprochen positiven Bewertung, die keine Differenzierungen mehr zulassen. Auch ist es aufgrund des jeweiligen Gesundheitszustandes nicht möglich, jeden Patienten in der Klinik zu befragen. Weiterhin kann nicht sichergestellt werden, dass tatsächlich die Patienten und nicht die Angehörigen den Bogen ausfüllen. Als weiterer kritischer Punkt wurde von den befragten Krankenhäusern das Problem der Vergleichbarkeit der verschiedenen Erhebungsphasen angesprochen. So kann es passieren, dass zu einem Zeitpunkt die Betten voll ausgelastet sind und bei der zweiten Befragung nur wenige Betten belegt sind.

Abschließend wird auf die Erfahrungen der befragten Kliniken eingegangen, die das Erhebungsinstrument selbst betreffen. Einige Kliniken geben an, dass die Fragen des Mitarbeiterbefragungsbogens zu allgemein bzw. nicht detailliert genug gestellt wurden, was die spätere Interpretation der Ergebnisse erschwert hat. Bei Patientenbefragungen werden darüber hinaus noch einige weitere Punkte genannt. So wird von den befragten Kliniken angegeben, dass es generell an reliablen und validen Befragungsinstrumenten fehlt, die Patientenzufriedenheit erfassen können. Dies erklärt den verstärkten Einsatz von „selbstgestrickten" Instrumenten. Bei der Verwendung selbstentwickelter Instrumente wird von den Befragten jedoch kritisch angemerkt, dass hier häufig nur das abgefragt wird, „was man hören will". Auch ist es bei Patienten aufgrund des Gesundheitszustands häufig nicht zumutbar, ein breites Themenspektrum abzufragen. Weiterhin gestaltet sich bei einer schriftlichen Erhebung die Interpretation der Ergebnisse schwierig, da nur Hypothesen über Ursachen angestellt werden können.

Empfehlungen für die Durchführung

In Verbindung mit der Frage nach den wahrgenommenen Stärken und Schwächen der Instrumente wurde auch nach Erfolgsfaktoren bzw. Empfehlungen für die Durchführung von Befragungen aus Sicht der Kliniken gefragt. Tabelle 1 gibt die Aussagen wieder.

6   Zusammenfassende Diskussion

Den Hintergrund der durchgeführten Umfrage zum Thema „Feedbacksysteme im Rahmen von Qualitätsmanagement in Krankenhäusern" bildeten der zunehmende Wettbewerbsdruck und gesetzlichen Vorgaben im Gesundheitswesen, die Krankenhäusern dazu verpflichten, ihre Qualität systematisiert zu sichern und zu fördern. Qualitätsmanagement im Sinne des Total Quality Management setzt hier auf eine ganzheitliche strategische Ausrichtung des gesamten Krankenhauses auf die Erwartungen des Kunden. Dies bedeutet letztendlich auch die Einbindung der Mitarbeiter in kontinuierliche Veränderungsprozesse. Da Mitarbeiter- und Kundenbefragungen zur Einleitung und Förderung gemeinsamer Verbesserungsprozesse dienen können, interessierte uns die Frage, inwieweit in Krankenhäusern dieses Potenzial im Rahmen von Qualitätsmanagement bereits genutzt wird.

Es zeigt sich, dass umfassende Qualitätsmanagementkonzepte bereits Einzug in das Gesundheitswesen gehalten haben. Hierbei werden in der Regel Ansätze favorisiert, die spezifisch auf das Gesundheitswesen ausgerichtet sind. Auch Mitarbeiter- und Patientenbefragungen kommen vermehrt zum Einsatz, wobei allerdings erst etwa die Hälfte der

Tabelle 1: Erfolgsfaktoren der Feedbackinstrumente

1. Eingliederung der Instrumente in die strategische Ausrichtung der Klinik

2. Aktive Unterstützung der Führungskräfte durch das Management

3. Vertrauenskultur schaffen durch offene Informationen und Kommunikation im Vorfeld der Befragungen (Erläuterung der Hintergründe und Sinnhaltigkeit)

4. Schaffung einer positiven Fehlerkultur (Vermeidung einer Suche nach Schuldigen)

5. Schaffung von Freiräumen und Handlungsspielräumen

6. Gut definierte Projektstruktur (wer macht was, mit wem und wann)

7. Einbindung aller Beteiligten ernst nehmen

8. Transparenz bzgl. der Ergebnisse und der Folgeprozesse

9. Verpflichtung der Führungskräfte (v. a. mittlere Ebene) zur Maßnahmenableitung

10. Konkrete Vorgaben bzgl. der Bearbeitung der Ergebnisse

11. Einbindung der Arbeitnehmervertretung

12. Incentivesysteme

13. Konsequente Umsetzung von Maßnahmen

befragten Kliniken Mitarbeiterbefragungen durchführen. Als Initialzündung für die Einführung der Befragungen wird häufig die Implementierung von Qualitätsmanagementkonzepten genannt. Demnach geht der Einsatz von Feedbackinstrumenten bei vielen der befragten Kliniken Hand in Hand mit den verwendeten Qualitätsmanagementkonzepten.

Zur Klärung der Frage, inwieweit die Feedbackinstrumente in kontinuierliche und partizipative Verbesserungsprozesse integriert werden, werden im Folgenden stichpunktartig die Ergebnisse der Umfrage noch einmal zusammengefasst:

- Mitarbeiterbefragungen werden häufig als Informationsinstrument eingesetzt, während Patientenbefragungen auch vermehrt als Innovationsinstrument angesehen werden.

- Mitarbeiterbefragungen werden als umfassende Befragungen aller Mitarbeiter der gesamten Klinik durchgeführt. Bei den eingesetzten Kundenbefragungen liegt der Schwerpunkt deutlich bei der Durchführung von Patientenbefragungen, wobei eine Befragung aller Patienten je nach Erhebungszeitraum und Gesundheitszustand nicht immer möglich ist. Eine Befragung der anderen Kundengruppen wie niedergelassene Ärzte und Angehörige erfolgt im Vergleich zum Einsatz einer Patientenbefragung seltener.

- Die Durchführung der Befragungen liegt überwiegend bei internen Projektgruppen.

- Eine regelmäßige Durchführung der Mitarbeiterbefragungen erfolgt nur bei ca. 50 Prozent dcr bcfragten Kliniken. Der Einsatz von regelmäßigen Patientenbefragungen erfolgt im Vergleich hierzu wesentlich häufiger.

- Insgesamt wird bei den eingesetzten Befragungen ein breites Themenfeld abgedeckt. Dabei scheinen bei der Mitarbeiterbefragung aber Themen wie Entlohnung, Sozial-leistungen, Arbeitsplatzsicherheit und Wirtschaftlichkeit eine untergeordnete Rolle zu spielen. Ebenso wird die Möglichkeit, die von den Mitarbeitern wahrgenommene in-terne und externe Kundenorientierung zu erfassen, vergleichsweise selten genutzt. Bei den Patientenbefragungen kommen die Themen technische Ausstattung, Umgang mit Beanstandungen und Image des Krankenhauses im Vergleich zu anderen Themen weniger zum Tragen. Betont werden hier unter anderem Fragen zur Kommunikation und der Beziehungsgestaltung zwischen Klient und ärztlichem Personal bzw. Pflege-personal.

- Als Erhebungsinstrumente werden überwiegend schriftliche, organisations-spezi-fische bzw. angepasste Fragebogen eingesetzt, wobei der Anteil der vollständig selbstentwickelten Instrumente bei Patientenbefragungen höher ist. Der Umfang der Instrumente schwankt von 20 bis über 100 Fragen. Patientenfragebogen sind in der Regel etwas kürzer.

- Eine Ergebnisrückmeldung findet beim Großteil der befragten Kliniken statt, wobei nur etwa die Hälfte angibt, diese in Form von Präsentationsveranstaltungen für einzelne Stationen durchzuführen.

- Der Anteil der Kliniken, die im Anschluss der Befragung Workshops zur Ableitung von Maßnahmen durchführen ist, liegt bei ca. 70 Prozent. Diese finden bei Mitar-beiterbefragungen zu 67 Prozent und bei Kundenbefragungen zu 72 Prozent auf der Stations- bzw. Abteilungsebene statt. Die Durchführung ist bei mehr als der Hälfte der befragten Kliniken für die Vorgesetzten verpflichtend, wobei diese zum Teil durch interne Moderatoren unterstützt werden.

- Ein systematisches Controlling der Umsetzung der Maßnahmen wird nur noch von etwa der Hälfte der Befragten durchgeführt. Dieses erfolgt meist mit Hilfe von Aktionsplänen oder Zwischenberichten.

Wenn man die momentane Praxis bei den befragten Kliniken betrachtet, dann lässt sich feststellen, dass ca. 50 Prozent der Kliniken die Feedbackinstrumente als direkte Beteili-gungsinstrumente im Rahmen umfassender und partizipativer Veränderungsprozesse einsetzen oder zumindest auf dem Weg dahin sind. Die andere Hälfte führt die Befra-gungen in „klassischer" Form durch, wonach die Ergebnisse zwar an Mitarbeiter rück-gemeldet werden, diese aber nicht in die Entwicklung und Umsetzung von Maßnahmen eingebunden werden. Demnach überrascht es nicht, dass der Nutzen der Feedbackin-strumente zwar insgesamt sehr positiv bewertet wird, jedoch die Beiträge der Instrumen-te zur Verbesserung von Einzelaspekten wie z. B. organisatorische Abläufe nur mittel-mäßig eingestuft werden. Die Erfahrungen und Empfehlungen der befragten Kliniken zeigen die Notwendigkeit, die Befragungen im Sinne eines ganzheitlichen Organisati-onsentwicklungsprozesses zu konzipieren. So betonen die befragten Kliniken die Bedeutung der Eingliederung der Instrumente in die strategische Ausrichtung der Klinik, eine gute Projektstruktur, die Notwendigkeit der Information und Einbindung der Mitarbeiter sowie das konsequente Umsetzen von Maßnahmen. Während sich die genannten Schwachpunkte bei der Durchführung einer Mitarbeiterbefragung weniger auf das Erhebungsinstrument selbst beziehen, stellt dieses bei der Patientenbefragung einen starken Diskussionspunkt bei den befragten Kliniken dar. Bei schriftlichen Befragungen sollte darauf geachtet werden, dass nach Dimensionen gefragt wird, die sich bereits in anderen Dienstleistungssektoren bewährt haben, um eine reliable und valide Messung nicht zu gefährden. Dabei ist eine jeweilige Anpassung an organisationsspezifische Gegebenheiten zu empfehlen. Um die Interpretation der quantitativen Daten zu erleichtern, bietet es sich auf jeden Fall an, geschlossene und offene Fragen zu kombinieren. Eine sinnvolle Ergänzung stellen telefonische Interviews im Rahmen systematischer Patienten-Rückruf-Programme dar. Telefoninterviews nach der Entlassung haben mehrere Vorteile. Zum einen kann die Wahrscheinlichkeit sozial erwünschter Antworten reduziert werden, da sich der Patient nicht mehr in einem Abhängigkeitsverhältnis befindet, zum anderen kann der Rücklauf positiv beeinflusst werden. Zusätzlich kann man durch Nachfragen nach dem aktuellen Befinden des ehemaligen Patienten zum Ausdruck bringen, worum es letztendlich bei allen umfassenden Veränderungsprozessen im Rahmen eines ganzheitlichen Qualitätsmanagement im Krankenhaus geht: Das Krankenhaus kümmert sich um das Wohl des Patienten.

Literaturverzeichnis

Adler, N. J. (2002). *International dimensions of organizational behavior* (4. Aufl.). Cincinnati: South Western.

Agho, A., Mueller, C. & Price, J. (1993). Determinants of employee job satisfaction. An empirical test of a causal model. *Human Relations, 46*, 1007-1027.

Ahlemeyer, H. W. & Grimm, H. (1999). Die Organisation im Spiegel ihrer Mitglieder. Funktion und Ablauf partizipativer Mitarbeiterbefragungen. *Organisationsentwicklung, 18(3)*, 52-64.

Alberternst, C. & Moser, K. (2003). *Effekte von Mitarbeitergesprächen auf die Beziehung zum Vorgesetzten und die Arbeitszufriedenheit.* Unveröffentlichtes Manuskript, Friedrich-Alexander-Universität Erlangen-Nürnberg.

Alberternst, C. (2003). *Evaluation von Mitarbeitergesprächen.* Hamburg: Verlag Dr. Kovac.

Alberternst, C. & Moser, K. (2004). *Vertrauen zum Vorgesetzten, affektives Commitment und die Einstellung zum Mitarbeitergespräch.* Manuskript eingereicht zur Publikation.

Alberternst, C., Zempel, J., Wolff, H. -G. & Moser, K. (2000). Die Einführung von Mitarbeitergesprächen an einer Universität. *Personalführung, 5*, 20-32.

Allerbeck, M. (1978). Fragebögen zur Vorgesetzten-Verhaltensbeschreibung. Probleme und Ergebnisse. *Psychologie und Praxis, 22* (2), 69-83.

Alwart, S. (2003). Coachingerfolge meßbar machen. *Wirtschaft &Weiterbildung, 1*, 32-35.

Anderson, N. R. & West, M. A. (1994). *The Team Climate Inventory, Manual.* Windsor: ASE Press.

Antoni, C. H. (1994). Gruppenarbeit – mehr als ein Konzept. Darstellung und Vergleich unterschiedlicher Formen der Gruppenarbeit. In C. H. Antoni (Hrsg.), *Gruppenarbeit in Unternehmen. Konzepte, Erfahrungen, Perspektiven* (S. 19-48). Weinheim: Beltz Psychologie Verlags-Union.

Antoni, C. H. (1996). *Gruppenarbeit in Unternehmen - Konzepte, Erfahrungen, Perspektiven.* Weinheim: Beltz Psychologie VerlagsUnion.

Antoni, C. H. & Bungard, W. (2004). Arbeitsgruppen. In H. Schuler (Hrsg.), *Organisationspsychologie - Gruppe und Organisation* (Enzyklopädie der Psychologie, Serie III, Bd. 4, S. 129-191). Göttingen: Hogrefe Verlag für Angewandte Psychologie.

Antons, K. (1996). *Praxis der Gruppendynamik. Übungen und Techniken* (6. Aufl.). Göttingen: Hogrefe Verlag für Angewandte Psychologie.

Antons, K. (1998). *Praxis der Gruppendynamik. Übungen und Techniken* (7. Aufl.). Göttingen: Hogrefe Verlag für Angewandte Psychologie.

Ardelt-Gattinger, E. & Schlögl, W. (1998). Zwischen Freiheit und Geborgenheit. Gruppenfragebogen zu Normen und Gefühlen, Kohäsion und Konformität. In E. Ardelt-Gattinger, H. Lechner & W. Schlögl (Hrsg.), *Gruppendynamik – Anspruch und Wirklichkeit der Arbeit in Gruppen* (S. 207-216). Göttingen: Hogrefe Verlag für Angewandte Psychologie.

Argyle, M. (1972). Soziale Interaktion. Köln: Kienhauer & Witsch (Originalausgabe: *The Psychology of interpersonal behavior.* Harmondsworth: Penguin Books, 1967.).

Arthur Anderson (1999). *Krankenhaus 2015. Wege aus dem Paragraphendschungel.* Arthur Anderson Fachstudie.

Ashby, W. R. (1974). *Einführung in die Kybernetik.* Frankfurt am Main: Fischer.

Ashford, S. J. (1989). Self-assessments in organizations. A literature review and integrative model. *Research in Organizational Behavior, 11*, 133-174.

Ashford, S. J. & Cummings, L. L. (1983). Feedback as an individual resource: Personal strategies of creating information. *Organizational Behavior and Human Performance, 32*, 370-398.

Ashford, S. J. & Cummings, L. L. (1985). Proactive feedback seeking: The instrumental use of the information environment. *Journal of Occupational Psychology, 58*, 67-79.

Ashford, S. J. & Tsui, A. S. (1991). Self-regulation for managerial effectiveness. The role of active feedback seeking. *Academy of Management Journal, 34,* 251-280.

Atwater, L. E., Roush, P. & Fischthal, A. (1995). The influence of upward feedback on self- and follower ratings of leadership. *Personnel Psychology, 48,* 35-59.

Atwater, L. E., Waldman, D., Atwater, D. & Cartier, P. (2000). An upward feedback field experiment. Supervisors' cynicism, follow-up and commitment to subordinates. *Personnel Psychology, 53,* 275-297.

Atwater, L. E. & Yammarino, F. J. (1997). Self-other rating agreement. A review and model. In G. R. Ferris (Ed.), *Research in personnel and human resources management* (Vol. 15; pp. 121-174). Stanford: JAI Press.

Axelrod, R. (1976). *Structure of decision. The cognitive maps of political elites.* Princeton, NJ: Princeton University Press.

Bading, A. & J. Frech (2000). *Umfassendes Qualitätsmanagement und das EFQM Excellence Modell. Relevanz und Implementierung in Unternehmen in Deutschland.* Stuttgart: Fraunhofer Institut Arbeitswirtschaft und Organisation.

Bales, R. F. (1950). *Interaction process analysis. A method for the study of small groups.* Cambridge: Addison-Wesley.

Bales, R. F. & Cohen, S. P. (1982). *SYMLOG. Ein System für die mehrstufige Beobachtung von Gruppen* (Übersetzung aus dem Amerikanischen durch Schneider und Orlik). Stuttgart: Klett-Cotta.

Bargehr, B., Promberger, K. & Strehl, F. (1993). Leistungsbeurteilung als Instrument in der öffentlichen Verwaltung. In F. Strehl (Hrsg.), *Managementkonzepte für die öffentliche Verwaltung.* Wien: Österreichische Staatsdruckerei.

Barr, S. H. & Conlon, E. J. (1994). Effects of distribution on feedback in work groups. *Academy of Management Journal, 37*(3), 641-655.

Bartram, D. & Bayliss, R. (1984). The effects of organizational restructuring on frames of reference and cooperation. *Journal of Management, 14* (4), 579-592.

Bartscher, T. R., Brand, R. & Necker, G. (1990). Vorgesetztenbeurteilung. Ein Instrument des Führungsdialogs. *Personal, 42(8),* 324-329.

Bass, B. M. & Yammarino, F. (1991). Congruence of self and others' leadership ratings of naval officers for understanding successful performance. *Applied Psychology. An International Review, 40,* 437-454.

Batinic, B. & Bosnjak, M. (2000). Fragebogenuntersuchungen im Internet. In B. Batinic (Hrsg.), *Internet für Psychologen* (2. Aufl., S. 287-317). Göttingen: Hogrefe Verlag für Angewandte Psychologie.

Batinic, B. (2001). *Fragebogenuntersuchung im Internet.* Aachen: Shaker.

Bauer, T. N. & Taylor, S. (2001). Toward a globalized conceptualization of organizational socializations. In N. Anderson, D. S. Ones, H. K. Sinangil & C. Viswesvaran (Eds.), *Handbook of industrial, work and organizational psychology* (Vol. 1, pp. 409-423). London: Sage Publications.

Bechinie, E. (1992). Kooperative Mitarbeitergespräche - Ein Erfahrungsbericht zur Einführung und Praxis in einem Dienstleistungsunternehmen. In R. Selbach & K. -K. Pullig (Hrsg.), *Handbuch Mitarbeiterbeurteilung* (S. 489-514). Wiesbaden: Gabler.

Becker-Beck, U. (1991). *Methodenentwicklung in der Interaktionsprozeßdiagnostik. Eine Weiterentwicklung der SYMLOG-Interaktionskodierung unter besonderer Berücksichtigung der Inhaltsebene.* Universität Saarbrücken, Fachbereich Sozial- und Umweltwissenschaften.

Becker-Beck, U. & Schneider, J. F. (2003). Zur Rolle von Feedback im Rahmen von Teamentwicklungsprozessen. In S. Stumpf & A. Thomas (Hrsg.), *Teamarbeit und Teamentwicklung* (S. 241-264). Göttingen: Hogrefe Verlag für Angewandte Psychologie.

Beckhard, R. (1972 a). *Organisationsentwicklung. Strategien und Modelle.* Baden-Baden: Unternehmensführung.

Beckhard, R. (1972 b). Optimizing Team-Building Efforts. *Journal of Contemporary Business, 1,* 23-32.

Beehr, T. A., Ivanitskaya, L., Hansen, C. P., Erofeev, D. & Gudanowski, D. M. (2001). Evaluation of 360 degree feedback ratings. Relationships with each other and with performance and selection predictors. *Journal of Organizational Behavior, 22,* 775-788.

Beimel, J. (1990). *Qualitative und quantitative Analysen von Fragebogenkommentaren zur Arbeitszufriedenheit.* Unveröffentlichte Diplomarbeit, Universität Giessen.

Belbin, R. M. (1981). *Management Teams. Why they succeed or fail.* London: Heinemann.

Bellabarba, J. & Schnappauf, D. (Hrsg.). (1996). *Organisationsentwicklung im Krankenhaus.* Göttingen: Hogrefe Verlag für Angewandte Psychologie.

Benet-Martinez, V. & Karakitapoglu-Aygün, Z. (2003). The interplay of cultural syndromes and personality in predicting life satisfaction. *Journal of Cross-Cultural Psychology, 34,* 38-60.

Benne, K. D., Bradford, L. P. & Lippitt, R. (1964). The laboratory method. In L. P. Bradford, J. R. Gibb & K. D. Benne (Eds.), *T-group and the Laboratory Method* (pp. 11-64). New York, Wiley.

Berekoven, L., Eckert, W. & Ellenrieder, P. (2004). *Marktforschung. Methodische Grundlagen und praktische Anwendung.* Wiesbaden: Gabler.

Bergmann, G. & Krist, R. (1998). Evaluation von Feedback-Gesprächen im Rahmen einer systematischen Vorgesetzten-Einschätzung. *Mannheimer Beiträge zur Wirtschafts- und Organisationspsychologie,* (3), 30-49 (www. psychologie. uni-mannheim. de/psycho1/psycho1. htm).

Berkel, K. & Lochner, D. (2001). *Führung. Ziele vereinbaren und Coachen.* Weinheim und Basel: Beltz Psychologie VerlagsUnion.

Bernardin, H. J. & Beatty, R. W. (1984). *Performance appraisal. Assessing human behavior at work.* Boston: Kent.

Betz, G. & Wienecke, F. (in Druck). 360°-Feedback – Ein pragmatisches Instrument für Analyse und Entwicklung von Führungsverhalten. In M. Scherm (Hrsg.), *360-Grad-Beurteilungen. Diagnose und Entwicklung von Führungskompetenzen.* Göttingen: Hogrefe Verlag für Angewandte Psychologie.

Beutin, N. (2003). Verfahren zur Messung der Kundenzufriedenheit im Überblick. In C. Homburg, C. (Hrsg.), *Kundenzufriedenheit. Konzepte – Methoden – Erfahrungen* (S. 115-151). Wiesbaden: Gabler.

Binder, W. & Weider, P. (1998). Management Audit auf Basis eines 360° Feedback. *Personalwirtschaft,* (4), 20-29.

Birk, D. (2000). *Ermittlung wesentlicher Verbesserungspotenziale der Mitarbeiterzufriedenheit in Forschungs- und Entwicklungsbereichen vor dem Hintergrund des EFQM-Modells.* Diplomarbeit, Universität Konstanz.

Birk, D. (2003). *Situationsangepasstes und problemorientiertes Lernen bei Veränderungsprozessen. Eine Analyse am Beispiel von Mitarbeiterbefragungen.* Berlin: Dissertation.

Bischof, N. (1995). *Struktur und Bedeutung. Eine Einführung in die Systemtheorie.* Bern: Hans Huber Verlag.

Blanz, F. & Ghiselli, E. E. (1972). The mixed standard scale. A new rating system. *Personnel Psychology, 25,* 185-199.

Blickensderfer, E., Cannon-Bowers, J. A. & Salas, E. (1997). Theoretical bases for team self-correction: Fostering shared mental models. In M. M. Beyerlein, D. A. Johnson & S. T. Beyerlein (Eds.), *Advances in interdisciplinary studies of work teams. Team implementation issues* (Vol 4, pp. 249-279). Greenwich: JAI.

Blickensderfer, E., Cannon-Bowers, J. A. & Salas, E. (1997). Theoretical bases for team self-correction: Fostering shared mental models. In M. M. Beyerlein, D. A. Johnson & S. T. Beyerlein (Eds.), *Advances in interdisciplinary studies of work teams: Team implementation issues* (pp. 249-279). Greenwich: CT: JAI.

Blunt, P. (1973). Cultural and situational determinants of job satisfaction amongst management in South Africa - A research note. *Journal of Management Studies, 10* (2), 133-140.

Bögel, R. & v. Rosenstiel, L. (1993). Das Bild vom Menschen in den Köpfen der Macher. In B. Strümpel & M. Dierkes (Hrsg.), *Innovation und Beharrung in der Arbeitspolitik* (S. 243-276). Stuttgart: Schäffer-Poeschel.

Böhm, W. (1997). Mitarbeiterbefragung - Juristische Rahmenbedingungen. In W. Bungard & I. Jöns (Hrsg.), *Mitarbeiterbefragung – Ein Instrument des Innovations- und Qualitätsmanagements* (S. 236-245). Weinheim: Beltz Psychologie VerlagsUnion.

Boos, M. (1998). „Einer für alle", „jeder für sich" oder „mit den Augen des anderen". Führung und Zusammenarbeit in Gruppenentscheidungen. In E. Ardelt-Gattinger, H. Lechner & W. Schlögl (Hrsg.), *Gruppendynamik. Anspruch und Wirklichkeit der Arbeit in Gruppen* (S. 84-95). Göttingen: Hogrefe Verlag für Angewandte Psychologie.

Booth-Kewley, S., Edwards, J. E. & Rosenfeld, P. (1992). Impression management, social desirability, and computer administration of attitude questionnaires. Does the computer make a difference? *Journal of Applied Psychology, 77* (4), 562-566.

Borg, I. (1995). *Mitarbeiterbefragung: Strategisches Auftau- und Einbindungsmanagement.* Göttingen: Hogrefe Verlag für Angewandte Psychologie.

Borg, I. (2000). *Führungsinstrument Mitarbeiterbefragung.* Göttingen: Hogrefe Verlag für Angewandte Psychologie.

Borg, I. (2001). Mitarbeiterbefragungen. In H. Schuler (Hrsg.), *Lehrbuch der Personalpsychologie* (S. 371-396). Göttingen: Hogrefe Verlag für Angewandte Psychologie.

Borg, I. (2002). *Mitarbeiterbefragungen – kompakt.* Göttingen: Hogrefe Verlag für Angewandte Psychologie.

Borg, I. (2003). *Führungsinstrument Mitarbeiterbefragung. Theorien, Tools und Praxiserfahrungen* (3. Aufl.). Göttingen: Hogrefe Verlag für Angewandte Psychologie.

Bortz, J. (1977). *Lehrbuch der Statistik für Sozialwissenschaftler.* Berlin: Springer.

Bosnjak, M. (2002). *(Non)Response bei Web-Befragungen.* Aachen: Shaker.

Boyatzis, R. E. (1994). Stimulating self-directed learning through the managerial assessment and development course. *Journal of Management Education, 18,* 304-323.

Bozeman, D. P. (1997). Interrater agreement in multi-source performance appraisal. A commentary. *Journal of Organizational Behavior, 18,* 313-316.

Bracken, D. W. (1997). Maximizing the uses of multi-rater feedback. In D. W. Bracken, M. A. Dalton, R. A. Jako, C. D. McCauley & V. A. Pollman (Eds.), *Should 360-degree feedback be used only for developmental purposes?* (pp. 11-17). Greensboro: Center for Creative Leadership.

Bracken, D. W., Dalton, M. A., Jako, R. A., McCauley, C. D. & Pollman, V. A. (Eds.). (1997). *Should 360-degree feedback be used only for developmental purposes?* Greensboro: Center for Creative Leadership.

Bracken, D. W. & Timmreck, C. W. (2001). Guidelines for multisource feedback when used for decision making. In D. W. Bracken, C. W. Timmreck & A. H. Church (Eds.), *The handbook of multisource feedback* (pp. 495-510). San Francisco: Jossey-Bass.

Brandstätter, H. (1970). Die Beurteilung von Mitarbeitern. In A. Mayer & B. Herwig (Hrsg.), *Handbuch der Psychologie, Bd. 9. Betriebspsychologie* (2. Aufl., S. 668-734). Göttingen: Hogrefe Verlag für Angewandte Psychologie.

Brandstätter, H. (1977). Organisationsdiagnose. In A. Mayer (Hrsg.), *Organisationspsychologie* (S. 150-185). Stuttgart: Poeschel.

Brandstätter, H. (1978). Organisationsdiagnose. In A. Mayer (Hrsg.), *Organisationspsychologie* (S. 43-71). Stuttgart: Schäffer-Poeschel.

Brandstätter, H. & Schuler, H. (1974). *Overcoming halo and leniency. A new method of merit rating.* Vortrag zum 18. International Congress of Applied Psychology, Montreal. Nachdruck in H. Schuler (Hrsg.), *Beurteilung und Förderung beruflicher Leistung* (2. Aufl., S. 359-363). Göttingen: Hogrefe Verlag für Angewandte Psychologie.

Brauner, E. (1998). Die Qual der Wahl am Methodenbuffet – oder wie der Gegenstand nach der passenden Methode sucht. In E. Ardelt-Gattinger, H. Lechner, W. Schlögl (Hrsg.), *Gruppendynamik. Anspruch und Wirklichkeit der Arbeit in Gruppen* (S. 176-193). Göttingen: Hogrefe Verlag für Angewandte Psychologie.

Brennan, R. L. (1992). *Elements of generalizability theory (2nd Ed.).* Iowa City, IA: American College Testing Program.

Brief, A. P., Butcher, A. H. & Roberson, L. (1995). Cookies, disposition, and job attitudes. The effects of positive mood-inducing events and negative affectivity on job satisfaction in a field experiment. *Organizational Behavior and Human Decision Processes, 62*, 55-62.

Brinkmann, R. (1998). *Vorgesetzten-Feedback: Rückmeldung zum Führungsverhalten – Grundlagen und Anleitungen für die Praxis.* Heidelberg: Sauer.

Brislin, R. W. (1986). The wording and translation of research intruments. In W. J. Lonner & J. W. Berry (Eds.), *Field methods in cross-cultural research* (pp. 137-164). Beverly Hills, CA: Sage Publications.

Brockhaus (2002). *Multimedial Premium.* Mannheim: Bibliographisches Institut & F. A. Brockhaus AG.

Brodbeck, F. C., Anderson, N. R., & West, M. A. (2000). *Das Teamklima-Inventar.* Göttingen: Hogrefe Verlag für Angewandte Psychologie.

Brodbeck, F. C., Anderson, N. R. & West, M. A. (2001). *TKI Teamklima-Inventar Manual.* Göttingen: Hogrefe Verlag für Angewandte Psychologie.

Brutus, S., Fleenor, J. W. & London, M. (1998). In W. Tornow, M. London & CCL Associates (Eds.), *Maximizing the value of 360-degree feedback* (pp. 11-27). San Francisco: Jossey-Bass & Center for Creative Leadership.

Buckingham, M. & Coffman, C. (2001). *Erfolgreiche Führung gegen alle Regeln. Wie Sie wertvolle Mitarbeiter gewinnen, halten und fördern.* Frankfurt: Campus.

Bungard, W. (1984). *Sozialpsychologische Forschung im Labor: Ergebnisse, Konzeptualisierungen und Konsequenzen der sogenannten Artefaktforschung.* Göttingen: Hogrefe Verlag für Angewandte Psychologie.

Bungard, W. (Hrsg.). (1992). *Qualitätszirkel in der Arbeitswelt.* Göttingen: Hogrefe.

Bungard, W. (1996). Zur Implementierungsproblematik bei Business-Reengineering Projekten. In M. Perlitz, A. Offinger, M. Reinhardt & K. Schug (Hrsg.), *Reengineering zwischen Anspruch und Wirklichkeit* (S. 253-276). Wiesbaden: Gabler.

Bungard, W. (1997). Mitarbeiterbefragungen als Instrument modernen Innovations- und Qualitätsmanagements. In W. Bungard & I. Jöns (Hrsg.), *Mitarbeiterbefragungen. Ein Instrument des Qualitäts- und Innovationsmanagements* (S. 5-14). Weinheim: Beltz Psychologie Verlags-Union.

Bungard, W. (2000). Mitarbeiterbefragung als Feedbackinstrument im Rahmen eines systematischen Prozess-Controllings. *Wirtschaftspsychologie, 7* (3), 4-15.

Bungard, W. (2002). Mitarbeiterbefragungen. In E. Gaugler, W. Oechsler & W. Weber (Hrsg.), *Handwörterbuch des Personalwesens (HWP) (Band 3).* Stuttgart: Schäffer-Poeschel.

Bungard, W. (2004). Organisationspsychologische Forschung im Anwendungsfeld. In H. Schuler (Hrsg.), *Lehrbuch Organisationspsychologie* (S. 121-142). Bern: Hans Huber

Bungard, W., Fettel, A. & Jöns, I. (1997). Mitarbeiterbefragungen. Verbreitung, Einsatzformen und Erfahrungen bei den 100 umsatzgrößten Unternehmen in der Bundesrepublik Deutschland. In W. Bungard & I. Jöns (Hrsg.), *Mitarbeiterbefragung. Ein Instrument des Innovations- und Qualitätsmanagements* (S. 246-263). Weinheim: Beltz Psychologie VerlagsUnion.

Bungard, W. & Hamm, I. (2002). Ethnographie als explorative Sozialforschung. *Wirtschaftspsychologie 2003*, Heft 3.

Bungard, W., Holling, H. & Schulz-Gambard, J. (1996). *Methoden der Arbeits- und Organisationspsychologie.* Weinheim: Beltz PsychologieVerlagsUnion.

Bungard, W. & Jöns, I. (Hrsg.). (1997a). *Mitarbeiterbefragung. Ein Instrument des Innovations- und Qualitätsmanagements.* Weinheim: Beltz Psychologie VerlagsUnion.

Bungard, W. & Jöns, I. (1997b). Gruppenarbeit in Deutschland – eine Zwischenbilanz. *Zeitschrift für Arbeits- und Organisationspsychologie, 41* (3), 104-119.

Bungard, W. & Jöns, I. (2000). Der European Quality Award als Herausforderung für das Personalmanagement. In E. Regnet & L. M. Hoffmann (Hrsg.), *Personalmanagement in Europa* (S. 185-200). Göttingen: Hogrefe.

Bungard, W. & Kohnke, O. (Hrsg.). (2002). *Zielvereinbarungen erfolgreich umsetzen. Konzepte, Ideen und Praxisbeispiele auf Gruppen- und Organisationsebene* (2. Aufl.). Wiesbaden: Gabler.

Bungard, W., Puhl, S. & Trost, A. (1999). *Explorative Studie zum Thema Mitarbeiterbefragungen in mittelständischen Unternehmen.* Veröffentlichung des Instituts für Mittelstandsforschung der Universität Mannheim.

Burke, W. W. & Coruzzi, C. A., & Church, A. H.. (1996). The Organizational Survey as an Intervention of Change. In A. I. Kraut (Ed.), *Organizational surveys: Tools for assessment and change* (pp. 41-66). San Francisco, CA: Jossey-Bass Publishers.

Burkhardt, M. (1992). Die Meinungsumfrage als Teil des Management – Systems in der IBM. Weiterentwicklung eines traditionsreichen Führungsinstruments durch den Einsatz neuer Technologien. *Personalführung, 2,* 80-86.

Büssing, A. (1995). Organisationsdiagnose. In H. Schuler (Hrsg.), *Lehrbuch der Organisationspsychologie* (2. Aufl., S. 445-480). Bern: Huber.

Byrne, B. M. & Watkins, D. (2003). The issue of measurement invariance revisited. *Journal of Cross-Cultural Psychology, 34* (2), 155-175.

Candell, G. L. & Hulin, C. L. (1986). Cross-language and cross-cultural comparisons in scale translations - Independent sources of information about item nonequivalence. *Journal of Cross-Cultural Psychology, 17* (4), 417-440.

Caprara, G. V., Barbaranelli, C., Bermúdez, J., Maslach, C. & Ruch, W. (2000). Multivariate methods for the comparison of factor structures in cross-cultural research. An illustration with the Big Five Questionnaire. *Journal of Cross-Cultural Psychology, 31,* 437-464.

Carless, S. A., Mann, L. & Wearing, A. J. (1998). Leadership, managerial performance and 360-degree feedback. *Applied Psychology. An International Review, 47,* 481-496.

Carver, C. S. & Scheier, M. F. (1998). On the self-regulation of behavior. Cambridge: University press.

Cascio, W. F. (1987). *Applied psychology in personnel management* (3rd Ed.). Englewood Cliffs: Prentice Hall.

Cascio, W. F. (1995). Whither industrial and organizational psychology in a changing world of work? *American Psychologist, 50* (11), 928-939.

Cheung, G. W. & Rensvold, R. B. (2000). Assessing extreme and aquiescence response sets in cross-cultural research using structural equations modeling. *Journal of Cross-Cultural Psychology, 31* (2), 187-212.

Chiu, R. K. & Kosinski, F. A. (1999). The role of affective dispositions in job satisfaction. Comparing collectivist and individualist societies. *International Journal of Psychology, 34,* 19-28.

Church, A. & Waclawski, J. (1998). *Designing and using organizational surveys.* Aldershot: Gower.

Coch, L. & French, J. R. (1948). Overcoming resistance to change. *Human Relations, 19,* 39-56.

Comelli, G. (1985). Training als Beitrag zur Organisationsentwicklung. *Handbuch der Weiterbildung für die Praxis in Wirtschaft und Verwaltung (Bd. 4)*. München: Hanser.

Comelli, G. (1995). Qualifikation für Gruppenarbeit. Teamentwicklungstraining. In L. von Rosenstiel, E. Regnet & M. Domsch (Hrsg.), *Führung von Mitarbeitern. Handbuch für erfolgreiches Personalmanagement* (S. 387-409, 3. Aufl.). Stuttgart: Schäffer-Poeschel.

Comelli, G. (1997). Mitarbeiterbefragungen und Organisationsentwicklungsprozesse. In W. Bungard & I. Jöns (Hrsg.), *Mitarbeiterbefragung. Ein Instrument des Innovations- und Qualitätsmanagements* (S. 33-57). Weinheim: Beltz Psychologie VerlagsUnion.

Comelli, G. (1999). Qualifikation für Gruppenarbeit. Teamentwicklungstraining. In L. v. Rosenstiel, E. Regnet, & M. Domsch (Hrsg.), *Führung von Mitarbeitern. Handbuch für erfolgreiches Personalmanagement* (4. Aufl., S. 405-427). Stuttgart: Schäffer-Poeschel.

Comelli, G. (2003). Anlässe und Ziele von Teamentwicklungsmaßnahmen. In S. Stumpf und A. Thomas (Hrsg.), *Teamarbeit und Teamentwicklung*, (S. 169-189). Göttingen: Hogrefe Verlag für Angewandte Psychologie.

Comelli, G. & v. Rosenstiel, L. (2003). *Führung durch Motivation* (3. Aufl.), München: Franz Vahlen Verlag.

Continental AG (2000). *Basics.* Continental AG, Hannover.

Continental AG (2000). *MAS-Handbuch.* Continental AG, Hannover.

Conway, J. M. & Huffcutt, A. I. (1997). Psychometric properties of multisource performance ratings. A meta-analysis of subordinate, supervisor, peer, and self-ratings. *Human Performance, 10* (4), 331-360.

Costa, P. T. & McCrae, R. R. (1980). Influence of extraversion and neuroticism on subjective well-being. Happy and unhappy people. *Journal of Personality and Social Psychology, 38,* 668-678.

Cronbach, L. J., Gleser, G. C., Nanda, H. & Rajaratnam, N. (1972). *The dependability of behavioural measurements. Theory for generalizability for scores and profiles.* New York: John Wiley.

Cropanzano, R., James, K. & Konovsky, M. (1993). Dispositional affectivity as a predictor of work attitudes and job performance. *Journal of Organizational Behavior, 14,* 595-606.

Cummings, T.G. & Worley, C.G. (1997).*Organization Development and Change.* Cincinnati, Ohio: South-Western College.

Daniel, O. (1982). Beschreibung des Vorgesetztenverhaltens. Erfahrungen mit der Vorgesetztenbeurteilung durch die Mitarbeiter. In H. Schuler & W. Stehle (Hrsg.), *Psychologie in Wirtschaft und Verwaltung. Praktische Erfahrungen mit organisationspsychologischen Konzepten* (S. 101-114). Stuttgart: Schäffer-Poeschel.

Dauenheimer, D. (1996). *Der Einfluß des Selbstkonzeptes auf die Informationsverarbeitung.* Aachen: Shaker.

Dauenheimer, D., Stahlberg, D. & Petersen, L. -E. (1999). Self-discrepancy and elaboration of a self-conception as factors influencing reactions to feedback. *European Journal of Social Psychology, 29,* 725-739.

Davis, C. & Cowles, M. (1989). Automated psychological testing. Method of administration, need for approval, and measures of anxiety. *Educational and Psychological Measurement, 49,* 311-320.

De Boer, C. (1978). The polls. Attitudes toward work. *Public Opinion Quarterly, 42,* 414-423.

Deresky, H. (1994). *International management. Managing across borders and cultures.* New York: HarperCollins College Publishers.

Deutscher Bundestag (Hrsg.). (2002). *Schlussbericht der Enquete-Kommission „Globalisierung der Weltwirtschaft".* Opladen: Leske + Budrich.

Deutschmann, M. (1999). Mitarbeiterbefragungen via Intranet. In U.-D. Reips, B. Batinic, W. Bandilla, M. Bosnjak, L. Gräf, K. Moser & A. Werner (Hrsg.), *Current Internet science –*

trends, techniques, results. Aktuelle Online Forschung – Trends, Techniken, Ergebnisse. Zürich: Online Press. *Verfügbar unter:* http://dgof.de/tband99/.

Dickinson, T. L. (1993). Attitudes about performance appraisal. In H. Schuler, J. L. Farr & M. Smith (Eds.), *Personnel selection and assessment. Individual and organizational perspectives* (pp. 141-161). Hillsdale: Erlbaum.

Die 100 größten Unternehmen, FAZ vom 8. Juli 2003, Nr. 155, 45. Folge, Sonderbeilage U1-U10.

Diener, E. & Lucas, R. E. (1999). Personality and subjective well-being. In D. Kahnemann, E. Diener & N. Schwarz (Eds.), *Well-being. The foundations of hedonic psychology* (pp. 213-229). New York: Russell Sage Foundation.

Diener, E., Scollon, C. K. N., Oishi, S., Dzokoto, V. & Suh, M. E. (2000). Positivity and the construction of life satisfaction judgements. Global happiness is not the sum of its parts. *Journal of Hapiness Studies, 1*, 159-176.

Dillman, D. A. (1991). The design and administration of mail surveys. *Annual Review of Sociology, 17*, 225-249.

Domsch, M. E. (1992). Vorgesetztenbeurteilung. In R. Selbach & K. -K. Pullig (Hrsg.), *Handbuch Mitarbeiterbeurteilung.* (S. 255-282). Wiesbaden: Gabler.

Domsch, M. E. & Gerpott, T. J. (1985). Verhaltensorientierte Beurteilungsskalen. *Die Betriebswirtschaft, 45,* 666-680.

Domsch, M. E. & Ladwig, D. A. (1995). Zielbildungs- und Konzeptionsphase. In K. Hofmann, F. Köhler & F. Steinhoff (Hrsg.), *Vorgesetztenbeurteilung in der Praxis* (S. 23-35). Weinheim: Beltz Psychologie VerlagsUnion.

Domsch, M. E. & Ladwig, D. H. (1996). Orientierungsrahmen eines internationalen Führungskräfte-Trainings am Beispiel des I. P. A. Marktpotential-Modells. Internationales Führungskräftetrainings – Konzepte und Methoden. In K. Macharzina & J. Wolf (Hrsg.), *Handbuch internationales Führungskräfte-Management* (S. 299-322). Stuttgart: Raabe.

Domsch, M. E. & Schneble, A. (Hrsg.). (1991). *Mitarbeiterbefragungen.* Heidelberg: Physika.

Domsch, M. E. & Schneble, A. (Hrsg.). (1992). *Mitarbeiterbefragungen* (2. Aufl.). Heidelberg: Physica.

Donovan, M. A., Drasgow, F. & Probst, T. M. (2000). Does computerizing paper-and-pencil job attitude scales make a difference? New IRT analyses offer insight. *Journal of Applied Psychology, 85* (2), 305-313.

Dörner, D. (1987). *Problemlösen als Informationsverarbeitung.* Stuttgart: Kohlhammer.

Downs, S. (1985). *Testing trainability.* Windsor: NFER-Nelson.

Drasgow, F. & Kanfer, R. (1985). Equivalence of psychological measurement in heterogeneous populations. *Journal of Applied Psychology, 70,* 662-680.

Dries, C., Meier, B. & Hecht, L. (2002). Führungskräfte brauchen Ehrlichkeit. MediCircle®. 360-Grad-Feedback im Gesundheitswesen. *Führen und Wirtschaften im Krankenhaus, 19,* 614-616.

Duffy, M. K., Ganster, D. C. & Shaw, J. D. (1998). Positive affectivity and negative outcomes. The role of tenure and job satisfaction. *Journal of Applied Psychology, 83,* 950-959.

Düll, H. (1993). Das Mitarbeitergespräch aus Sicht der betrieblichen Personalforschung. In F. Becker (Hrsg.), *Empirische Personalforschung. Methoden und Beispiele* (S. 257-278). München: Hampp.

Dunham, R. B. & Smith, F. J. (1979). *Organizational Surveys. An internal assessment of organizational health.* Glenview: Scott, Foresmean and Company.

Dunnette, M. D. & Heneman, H. G. (1956). Influence of scale administrator on employee attitude response. *Journal of Applied Psychology, 40,* 73 – 77.

Duval, S. & Wicklund, R. A. (1972). *A theory of objective self-awareness.* New York: Academic press.

Duval, T. S., Silvia, P. J. & Lalwani, N. (2001). *Self-awareness and causal attribution – A dual systems theory.* Boston: Kluwer.

Dyer, W. G. (1974). Encouraging feedback. *Management Review, 9* , 43-45.

Earley P. C., Northcraft, G. B., Lee, C. & Lituchy, T. R. (1990). Impact of process and outcome feedback on the relation of goal setting to task performance. *Academy of Management Journal, 33*, 87-105.

Ebner, H. G. & Krell, G. (1991). *Vorgesetztenbeurteilung. Eine Analyse individueller und organisationaler Bedingungen.* Oldenburg: Universität.

England, G. W. & Negandhi, A. R. (1979). National contexts and technology as determinants of employee's perceptions. In G. W. England, A. R. Negandhi & B. Wilpert (Eds.), *Organizational functioning in a cross-cultural perspective* (pp. 175-190). Kent, Ohio: Comparative Administration Research Institute, Kent State University.

Erke, A., & Jöns, I. (2003). *Kompetenz in Teilautonomen Arbeitsgruppen und Entwicklungsmöglichkeiten im Rahmen von Zielvereinbarungen.* Wirtschaftspsychologie, 1, 46-49.

Erke, A., Racky, S. & Jöns, I. (2003). Der Gruppencheck. In L. v. Rosenstiel & J. Erpenbeck (Hrsg.), *Handbuch der Kompetenzmessung* (S. 147-159). Stuttgart: Schäffer-Poeschel.

Esser, H. (1986). Können Befragte lügen? Zum Konzept des „wahren Wertes" im Rahmen der handlungstheoretischen Erklärung von Situationseinflüssen bei der Befragung. *Kölner Zeitschrift für Soziologie und Sozialpsychologie, 38*, 314-336.

Esser, H. (1991). Die Erklärung systematischer Fehler in Interviews. Die Reichweite von Theorien der rationalen Wahl (am Beispiel der Erklärung des Befragtenverhaltens). In R. Wittenberg (Hrsg.), *Person – Situation – Institution – Kultur* (S. 59-78). Berlin: Duncker & Humblodt.

Evans, P., Pucik, V. & Barsoux, J. -L. (2002). *The global challenge. Frameworks for international human resource mangagement.* New York: McGraw-Hill.

Farr, J. L. (1991). Leistungsfeedback und Arbeitsverhalten. In H. Schuler (Hrsg.), *Beurteilung und Förderung beruflicher Leistung* (S. 57-80). Stuttgart: Verlag für Angewandte Psychologie.

Farr, J. L. (1993). Informal performance feedback: Seeking and giving. In H. Schuler, J. L. Farr, & M. Smith (Eds.), *Personnel selection and assessment: Individual and organizational perspective* (pp. 163-180). New Jersey: Lawrence Erlbaum.

Faßheber, P., Niemeyer, H. & Kordowski, C. (1990). *Methoden und Befunde der Interaktionsforschung mit dem SYMLOG-Konzept am Institut für Wirtschafts- und Sozialpsychologie Göttingen.* Unveröffentlichter Bericht. Universität Göttingen, Institut für Wirtschafts- und Sozialpsychologie.

Fedor, D. B., Buckley, M. R. & Eder, R. W. (1990). Measuring subordinate perceptions of supervisor feedback intentions: Some unsettling results. *Educational and psychological measurement, 50*, 73-89.

Felfe, J. (2000). Feedbackprozesse in Organisationen. Akzeptanz bei Vorgesetzten und Mitarbeitern. In R. Busch (Hrsg.), *Mitarbeitergespräch – Führungskräftefeedback. Instrumente in der Praxis.* (S. 37-63). München: Hampp.

Fengler, J. (1978). Editorial zum Schwerpunktthema „Aktionsforschung". *Gruppendynamik, 9*, 377-379.

Fengler J. (1995). Feedback als Interventionsmethode. In O. König (Hrsg.), *Gruppendynamik: Geschichte, Theorien, Methoden, Anwendungen, Ausbildung* (2. Aufl., S. 197-223). München: Profil.

Fengler, J. (2004). *Feedback geben: Strategien und Übungen.* Weinheim: Beltz Psychologie VerlagsUnion.

Ferris, G. R., Yates, V. L., Gilmore, D. C. & Rowland, K. M. (1985). The influence of subordinate age on performance ratings and causal attributions. *Personnel Psychology, 38*, 545-557.

Festinger, L. (1954). A theory of social comparison processes. *Human Relations, 7*, 117-140.

Fettel, A. (1997). Mitarbeiterbefragungen – Anforderungen und Erwartungen aus Sicht von Mitarbeitern. In W. Bungard & I. Jöns (Hrsg.), *Mitarbeiterbefragung. Ein Instrument des Innovations- und Qualitätsmanagements* (S. 97-113). Weinheim: Beltz Psychologie VerlagsUnion.

Feucht, A. & Jöns. I. (1998). Der Einfluss des Vorgesetzten auf den Survey-Feedback-Prozess. *Mannheimer Beiträge zur Wirtschafts- und Organisationspsychologie*, (4), 1-13 (www.psychologie.uni-mannheim.de/psychol/psychol. htm).

Fiege, R., Muck, P. & Schuler, H. (2001). Mitarbeitergespräche. In H. Schuler (Hrsg.), *Lehrbuch der Personalpsychologie* (S. 433-480). Göttingen: Hogrefe Verlag für Angewandte Psychologie.

Fies & Schmitt, (1997). Mitarbeiterbefragungen – Ausgangsbasis für Benchmarking? In W. Bungard & I. Jöns (Hrsg.), *Mitarbeiterbefragungen. Ein Instrument des Qualitäts- und Innovationsmanagements* (S. 195-213).Weinheim: Beltz Psychologie VerlagsUnion.

Finegan, J. E. & Allen, N. J. (1994). Computerized and written questionnaires. Are they equivalent? *Computers in Human Behavior, 10*, 483-496.

Fisch, R. (1994). Eine Methode zur Analyse von Interaktionsprozessen beim Problemlösen in Gruppen. *Gruppendynamik, 25* (2), 149-168.

Fischer-Epe, M. (2002). *Coaching. Miteinander Ziele erreichen*. Reinbek bei Hamburg: Rowohlt Taschenbuch Verlag.

Fittkau, B., Müller-Wolf, H. -M., Schulz von Thun, F. (1994). *Kommunizieren lernen (und umlernen)*. Aachen: Hahner-Verlagsgesellschaft mbH.

Flanagan, J. C. (1954). The critical incident technique. *Psychological Bulletin, 51*, 327-358.

Fleenor, J. W., McCauley, C. D. & Brutus, S. (1996). Self-other rating agreement and leader effectiveness. *Leadership Quarterly, 7*, 487-506.

Folger, R. (1986). Rethinking equity theory. A referent cognition model. In H. W. Bierhoff, R. L. Cohen & J. Greenberg (Eds.), *Justice in social relations* (pp. 145-162). New York: Plenum Press.

Fortune, J. & Peters, G. (1995). *Learning from failure – The systems approach*. New York: Wiley.

Freimuth, J. & Kiefer, B. -U. (Hrsg.). (1995). *Geschäftsberichte von unten. Konzepte für Mitarbeiterbefragungen*. Göttingen: Hogrefe Verlag für Angewandte Psychologie.

French, W. L. & Bell, C. H. (1977). *Organisationsentwicklung*. Bern: Haupt.

French, W. L. & Bell, C. H. (1990). *Organisationsentwicklung* (3. Aufl.). Bern: Haupt.

Frese, M. & Brodbeck, F. C. (1989). *Computer in Büro und Verwaltung*. Berlin: Springer.

Frey, D. & Schulz-Hardt, S. (2000). *Vom Vorschlagswesen zum Ideenmanagement: Zum Problem der Änderung von Mentalitäten, Verhalten und Strukturen*. Göttingen: Hogrefe Verlag für Angewandte Psychologie.

Frieling, E. & Freiboth, M. (1998). Gruppenfertigung in der Automobilindustrie – Internationaler Vergleich von Gruppenarbeit in der Montage. In E. H. Witte (Hrsg), *Sozialpsychologie der Gruppenleistung* (S. 10-40). Lengerich: Pabst.

Furnham, A. & Stringfield, P. (1998). Congruence in job-performance ratings. A study of 360° feedback examining self, manager, peers, and consultant ratings. *Human Relations, 51*, 517-530.

Futrell, D. (1994). Ten reasons why suveys fail. *Quality Progress*, April, 65-69.

Ganserer, J. & Laber, H. (1996). Das „Blumenkohl-Prinzip". Die Mitarbeiter-Meinungsumfrage der Bayrischen Vereinsbank. *Personalführung, 3*, 224-230.

Gay, F. (Hrsg.). (1998). *DISG-Persönlichkeits-Profil. Verstehen Sie sich selbst besser. Schöpfen Sie Ihre Möglichkeiten aus. Entdecken Sie Ihre Stärken und Schwächen* (10. Aufl.). Offenbach: Gabal.

GE Capital Services (1998). *Champion's Training. GE Capital's Process Improvement Strategy*, o. O.

Gebert D. (1995). Interventionen in Organisationen. In H. Schuler (Hrsg.), *Lehrbuch Organisationspsychologie* (2. Aufl., S. 481-494). Göttingen: Hans Huber.

Gebert, D. (2002). *Führung und Innovation*. Stuttgart: Kohlhammer.

Gebert, D. (2004). Organisationsentwicklung. In H. Schuler (Hrsg.), *Lehrbuch Organisationspsychologie* (3. Aufl., S. 601-616). Bern: Hans Huber.

Geier, J. G. (1992). *Persönlichkeits-Profil* (3. Aufl.). Gingen: DISG-Training.

Geißler, H. (2004). Coaching-Konzepte verstehen. Annäherung an einen Modebegriff. Ein mehrdimensionales und systemisches Rahmenkonzept für ein besseres Verständnis von Coaching-Ansätzen und -Ausbildungen. *Zeitschrift für Personalführung, 1*, 18-24.

Gloger, S. (2004). Systemische Organisationsberatung. Eine irritierende Leistung. *managerSeminare, 72*, (01/04), 62-71.

Goffmann, E. (1959). *The presentation of self in everyday life.* New York: Doubleday & Company.

Goldsmith, M. & Underhill, B. O. (2001). Multisource feedback for executive development. In D. W. Bracken, C. W. Timmreck & A. H. Church (Eds.), *The handbook of multisource feedback* (pp. 275-288). San Francisco: Jossey-Bass.

Gosselin, A., Werner, J. M. & Halle, N. (1997). Ratee preferences concerning management and appraisal. *Human Resource Development Quarterly, 8*(4), 315-333.

Greguras, G. J., Robie, C., Schleicher, D. J. & Goff, M. (2003). A field study of the effects of rating purpose on the quality of multisource ratings. *Personnel Psychology, 56*, 1-21.

Greif, S. (1983). *Konzepte der Organisationspsychologie.* Bern: Huber.

Greiner, L. E. (1972). Evolution and revolution as organizations grow. *Harvard Business Review, 50*, 37-46.

Grote, G. (1997). *Autonomie und Kontrolle. Zur Gestaltung automatisierter und risikoreicher Systeme.* Zürich: Hochschulverlag AG.

Gulowsen, J. (1972). A Measure of Work-Group Autonomy. In L. E. Davis & J. C. Taylor (Eds.), *Design of Jobs* (pp. 374-390). London: Penguin.

Günther, S. (1995). Workshopsequenz: Feedback zum Vorgesetztenverhalten. In K. Hofmann, F. Köhler & V. Steinhoff (Hrsg.), *Vorgesetztenbeurteilung in der Praxis* (S. 195-204). Weinheim: Beltz Psychologie VerlagsUnion.

Guthke, J. (1991). Das Lerntestkonzept in der Eignungsdiagnostik. In H. Schuler & U. Funke (Hrsg.), *Eignungsdiagnostik in Forschung und Praxis* (S. 33-35). Stuttgart: Verlag für Angewandte Psychologie.

Gutzeit, M. (2003). Online-Mitarbeiterbefragungen – kostengünstig und zeitsparend. *Personal, 12*, 19-21.

Guzzo, R. A., Jette, R. D. & Katzell, R. A. (1985). The effects of psychologically based intervention programs on workers productivity. A meta-analysis. *Personnel Psychology, 38*, 275-291.

Hacker, W., Fritsche, B., Richter, P. & Iwanowa, A. (1995). *Tätigkeitsbewertungssystem (TBS).* Stuttgart: Teubner.

Hager-van der Laan, J. & van der Laan, K. (1992). Beurteilungsverfahren in kooperativen Arbeitsbeziehungen. In R. Selbach und K.-K. Pullig (Hrsg.), *Handbuch Mitarbeiterbeurteilung* (S. 165-194). Wiesbaden: Gabler.

Haire, M., Ghiselli, E. F. & Porter, L. W. (1966). *Managerial thinking. An international study.* New York: Wiley.

Hall, A.D. & Fagen, R.E. (1971). Definition des Systems. In K. H. Tjaden (Hrsg.), *Soziale Systeme* (S. 94-103). Neuwied: Luchterhand.

Hanser, L. M. & Muchinsky, P. M. (1978). Work as an information environment. *Organizational Behavior and Human Performance, 21*, 47-60.

Harris, M. M. & Schaubroeck, J. (1988). A meta-analysis of self-supervisor, self-peer, and peer-supervisor ratings. *Personnel Psychology, 41*, 43-62.

Hattrup, K., Müller, K. & Jöns, I. (2004). *The effects of nation and organization on the structure and measurement of job satisfaction. A cross-cultural investigation.* Unveröffentlichtes Manuskript.

Hazucha, J. F., Hezlett, S. A. & Schneider, R. J. (1993). The impact of 360-degree feedback on management skills development. *Human Resource Management, 32*, 325-351.

Head, T. C. & Sorensen, P. (1985). A multiple site comparison of job redesign projects. Implications for consultants. *Organization Development Journal, Vol 3*(3), 37-44.

Heitger, B. & Doujak, A. (2002). *Harte Schnitte Neues Wachstum. Die Logik der Gefühle und die Macht der Zahlen im Change Management.* Frankfurt: Ueberreuter.

Held, M. (in Vorbereitung). *Intranetnutzung im Spannungsfeld von Mensch, Technik und Organisation.* Dissertation, Universität Mannheim.

Hell, B. & Schuler, H. (in Druck). Verwendung von Verfahren zur Personalentwicklung und internen Personalauswahl in deutschen Unternehmen. In K. Sonntag (Hrsg.), *Personalentwicklung in Organisationen* (3. Aufl.). Göttingen: Hogrefe Verlag für Angewandte Psychologie.

Heneman, R. L. (1986). The relationship between supervisory ratings and results-oriented measures of performance. A meta-analysis. *Personnel Psychology, 39,* 811-826.

Herbst, A. & Heimbrock, K. J. (1995). Führungskräfte im Spiegelbild ihrer Mitarbeiter. Vorgesetztenbeurteilung bei Daimler-Benz Aerospace Airbus. *Personalführung, 28* (12), 1068-1075.

Hermann, N. (1991). *Kreativität und Kompetenz. Das einmalige Gehirn.* Fulda: Paida.

Herold, D. M. & Parsons, C. K. (1985). Assessing the feedback environment in work organizations: Developing of the job feedback survey. *Journal of Applied Psychology, 70* (2), 290-305.

Heslin, P. A. & Latham, G. P. (2004). The effect of upward feedback on managerial behavior. *Applied Psychology. An International Review, 53*, 23-37.

Heß, T. & Roth, W. L. (2001). *Professionelles Coaching. Eine Expertenbefragung zur Qualitätseinschätzung und -entwicklung.* Heidelberg: Asanger Verlag.

Hey, A. H. (2001). *Feedback und Beurteilung bei selbstregulierter Gruppenarbeit.* Dissertation, Universität Mannheim.

Hey, A. H., Jöns, I. & Pietruschka, S. (1997). Unterstützung selbstregulierter Gruppenarbeit - Entwicklung eines Modells. *Mannheimer Beiträge zur Wirtschafts- und Organisationspsychologie*, (2), 2-10.

Hey, A. H., Pietruschka, S., Jöns, I. & Bungard, W. (1999). Feedback als Unterstützungssystem für Arbeitsgruppen. *Psychologie in Österreich, 19* (3), 138-145.

Higgs, A. C. & Ashworth, S. D. (1996). Organizational Surveys: Tools for Assessment and Research. In A. I. Kraut (Ed.), *Organizational surveys: Tools for assessment and change* (pp. 19-40). San Francisco, CA: Jossey-Bass Publishers.

Hillman, L. W., Schwandt, D. R. & Bartz, D. E. (1990). Enhancing Staff Members` performance through feedback and coaching. *Journal of Management Development, 9*(3), 20-27.

Hilse, H. (2001). Alte Bilder – neue Herausforderungen. Ein Zwischenruf zur systemischen Organisationsberatung. *Gruppendynamik und Organisationsberatung, 3*, 323-338.

Hoefert, H. -W. (1997). *Führung und Management im Krankenhaus.* Göttingen: Hogrefe Verlag für Angewandte Psychologie.

Hoffmann, C. (2001). *Das Intranet. Ein Medium der Mitarbeiterkommunikation.* Konstanz: UVK Verlagsgesellschaft.

Hoffmeister, H. (2002). Fragebogen zur Vorgesetzten-Verhaltens-Beschreibung (FVVB). In U. P. Kanning & H. Holling (Hrsg.), *Handbuch personaldiagnostischer Instrumente* (S. 404-409). Göttingen: Hogrefe Verlag für Angewandte Psychologie.

Hofmann, K. (1995a). *Führungsspanne und organisationale Effizienz: Eine Fallstudie bei Industriemeistern.* Weinheim: Beltz Psychologie VerlagsUnion.

Hofmann, K. (1995b). Rückmeldung an die Beurteiler. In K. Hofmann, F. Köhler & V. Steinhoff (Hrsg.), *Vorgesetztenbeurteilung in der Praxis. Konzepte, Analysen, Erfahrungen* (S. 75-85). Weinheim: Beltz Psychologie VerlagsUnion.

Hofmann, K. & Bungard, W. (1996). Beurteilungsverfahren für Gruppenarbeit. In E. Behrendt & G. Giest (Hrsg.), *Gruppenarbeit in der Industrie* (S. 53-69). Göttingen: Hogrefe Verlag für Angewandte Psychologie.

Hofmann, K., Köhler, F. & Steinhoff, V. (Hrsg.). (1995). *Vorgesetztenbeurteilung in der Praxis.* Weinheim: Beltz Psychologie VerlagsUnion.

Hofmann, A. & Schmitz, U. (1994). Motivation der Mitarbeiter als wesentlicher Erfolgsfaktor von Lean Production. In Institut für angewandte Arbeitswissenschaft e.V. (Hrsg.), *Lean Production: Erfahrungen und Erfolge in der M+E-Industrie* (S. 108-120). Köln: Bachem.

Hofmann, K., Schönsee, R., Blandfort, A. & Köhler, F. (1995). Ergebnisse einer Evaluation der verschiedenen Phasen der Vorgesetztenbeurteilung. In K. Hofmann, F. Köhler & V. Steinhoff (Hrsg.), *Vorgesetztenbeurteilung in der Praxis. Konzepte, Analysen, Erfahrungen* (S. 97-109). Weinheim: Beltz Psychologie VerlagsUnion.

Hofsommer, W. (1991). Eignungsdiagnostik als dialogische Entwicklungsdiagnostik. In H. Schuler & U. Funke (Hrsg.), *Eignungsdiagnostik in Forschung und Praxis* (S. 320-323). Stuttgart: Verlag für Angewandte Psychologie.

Höft, S. (1999). *Grundkonzepte der Generalisierbarkeitstheorie.* Skript zum Seminar Psychometrische Grundlagen der Konstrukterfassung in der Wirtschaftspsychologie. Universität Hohenheim.

Holling, H. (1998). Verhaltensmodellierung für die Durchführung von Mitarbeitergesprächen. In M. Kleinmann & B. Strauß (Hrsg.), *Potentialfeststellung und Potentialentwicklung* (S. 227-241). Göttingen: Hogrefe Verlag für Angewandte Psychologie.

Hölterhoff, H. (1978). Vorgesetztenbeurteilung. In *Personalenzyklopädie, Bd. 3.* (S. 612-615). München: moderne industrie.

Homburg, C. & Bucerius, M. (2003). Kundenzufriedenheit als Managementherausforderung. In C. Homburg, C. (Hrsg.), *Kundenzufriedenheit. Konzepte – Methoden – Erfahrungen* (S. 53-86). Wiesbaden: Gabler.

Horton, R., Buck, T., Waterson, P. & Clegg, C. (2001). Explaining intranet use with the technology acceptance model. *Journal of Information Technology, 16,* 237-249.

Horváth, P. (1995). Das Balanced-Scorecard-Managementsystem. *Die Unternehmung, 5,* 303-319.

Hossiep, R., Paschen, M. & Mühlhaus, O. (1999). *Persönlichkeitstests im Personalmanagement. Grundlagen, Instrumente und Anwendungen.* Göttingen: Hogrefe Verlag für Angewandte Psychologie.

Hui, C. H. & Triandis, H. C. (1985). Measurement in cross-cultural psychology – A review and comparisons of strategies. *Journal of Cross-Cultural Psychology, 16* (2), 131-152.

Hui, C. H., Yee, C. & Eastmann, K. L. (1995). International replication note. The relationship between individualism-collectivism and job satisfaction. *Applied Psychology. An International Review, 44,* 276-282.

Hulin, C. L., Drasgow, F. & Komocar, J. (1982). Applications of item response theory to analysis of attitudes scale translations. *Journal of Applied Psychology, 67* (6), 818-825.

Hulin, C. L. & Mayer, L. J. (1986). Psychometric equivalence of a translation of the Job Descriptive Index into Hebrew. *Journal of Applied Psychology, 71* (1), 83-94.

Hunt, J. W. (1995). Das 360-Grad-Feedback. *gdi impuls, 3,* 40-54.

Ilgen, D. R., Fisher, C. D. & Taylor, M. S. (1979). Consequences of Individual Feedback on Behavior in Organizations. *Journal of Applied Psychology, 64* (4), 349-371.

Imai, M. (1992). *Kaizen.* München: Wirtschaftsverlag Langen Müller/Herbig.

International Survey Reasearch. (2002). *Employee Satisfaction in the world's 10 largest economies. Glabalisation or diversity?* Verfügbar unter: www.isrsurveys.com/en/pdf/insight/employee_satisfaction. pdf (01. 12. 2004).

Jacobs, A., Marion, J., Norman, C. & Burke, J. (1974). Anonymous feedback: Credibility and desirability of structured emotional and behavioral feedback delivered in groups. *Journal of Counselling Psychology, 21*(2), 106-111.

Jacobs, M., Jacobs, A., Feldman, G. & Cavior, N. (1973a). Feedback II - The "Credibility Gap". *Journal of Consulting and Clinical Psychology, 41*(2), 215-223.

Jacobs, M., Jacobs, A., Gatz, M. & Schaible, T. (1973b). Credibility and desirability of positive and negative structured feedback in groups. *Journal of Consulting and Clinical Psychology, 40*(3), 244-252.

Jacoby, L., Mazursky, D., Troutman, T. & Kuss, A. (1984). When feedback is ignored: Disutility of outcame feedback. *Journal of applied psychology, 69*, 531 - 545.

Jeserich, W. (1995). Kollegenurteile. In W. Sarges (Hrsg.), *Management-Diagnostik* (2. Aufl., S. 671-677). Göttingen: Hogrefe Verlag für Angewandte Psychologie.

Jeserich, W. & Mailahn, J. (1992). *Führungsstil-Analyse. Organisations-/Klima-Analyse. Ein Programm zur Verbesserung der Führungsleistung.* Bergisch Gladbach: Gesellschaft für Qualitative Personalarbeit.

Jochum, E. (1987). *Gleichgestelltenbeurteilung. Führungsinstrument in der industriellen Forschung und Entwicklung.* Stuttgart: Poeschel.

Johnson, D. W. & Johnson, F. R. (1975). *Joining together, grouptheory and groupskills.* Englewood Cliffs, N. J. : Prentice-Hall.

Johnson, J. W. & Ferstl, K. L. (1999). The effects of interrater and self-other agreement on performance improvement following upward feedback. *Personnel Psychology, 52*, 271-303.

Johnson, S. R. (1996). The multinational opinion survey. In A. I. Kraut (Ed.), *Organizational surveys. Tools for assessment and change* (pp. 310-329). San Francisco, CA: Jossey-Bass Publishers.

Joinson, A. N. (1999). Social desirability, anonymity, and internet-based questionnaires. *Behavior Research Methods, Instruments, & Computers, 31*(3), 433-438.

Jöns, I. (1995). Entwicklung von Beurteilungsinstrumenten. In K. Hofmann, F. Köhler & V. Steinhoff (Hrsg.), *Vorgesetztenbeurteilung in der Praxis. Konzepte, Analysen, Erfahrungen* (S. 37-55). Weinheim: Beltz Psychologie VerlagsUnion.

Jöns, I. (1996). Rückmeldung von Befragungsergebnissen. Konzepte und Erfahrungen am Beispiel Vorgesetztenbeurteilungen. *Mannheimer Beiträge zur Wirtschafts- und Organisationspsychologie*, (1), 96-118 (www. psychologie. uni-mannheim. de/psychol/psychol. htm).

Jöns, I. (1997). Rückmeldung der Ergebnisse an Führungskräfte und Mitarbeiter. In W. Bungard & I. Jöns (Hrsg.), *Mitarbeiterbefragungen. Ein Instrument des Innovations- und Qualitätsmanagements* (S. 167-194). Weinheim: Beltz Psychologie VerlagsUnion.

Jöns, I. (1997a). Formen und Funktionen von Mitarbeiterbefragungen. In W. Bungard & I. Jöns (Hrsg.), *Mitarbeiterbefragungen: Ein Instrument des Innovations- und Qualitätsmanagements* (S. 15-32). Weinheim: Beltz Psychologie VerlagsUnion.

Jöns, I. (1997b). Rückmeldung der Ergebnisse an Führungskräfte und Mitarbeiter. In W. Bungard & I. Jöns (Hrsg.), *Mitarbeiterbefragungen: Ein Instrument des Innovations- und Qualitätsmanagements* (S. 167-194). Weinheim: Beltz Psychologie VerlagsUnion.

Jöns, I. (1997c). Rückmeldung von Befragungsergebnisse - Konzepte und Erfahrungen am Beispiel von Vorgesetztenbeurteilungen. *ABO aktuell, 4*(1),2-9.

Jöns, I. (1998). Konzepte des Führungsfeedbacks. Ergebnisse der Evaluation von verschiedenen Projekten der Vorgesetztenbeurteilung. *Mannheimer Beiträge zur Wirtschafts- und Organisationspsychologie, 03/98*, 1-28.

Jöns, I. (1998). Vorgesetztenbeurteilung. In P. Heinrich & J. Schulz zur Wiesch (Hrsg.), *Wörterbuch der Mikropolitik* (S. 287-290). Opladen: Leske + Budrich.

Jöns, I. (2000). *Organisationales Lernen als selbstmoderierten Survey-feedback-Prozessen.* Lengerich: Pabst Science Publishers.

Jöns, I. & Schmitt, L. (1998). Qualität der Maßnahmenableitung in selbstmoderierten Feedbackgesprächen zur Vorgesetztenbeurteilung. *Mannheimer Beiträge zur Wirtschafts- und Organisationspsychologie, (3)*, 96-118 (www.psychologie.uni-mannheim.de/psycho1/psycho1.htm).

Judge, T. A., Parker, S., Colbert, A. E., Heller, D. & Ilies, R. (2001). Job satisfaction. A cross-cultural review. In N. Anderson, D. S. Ones, H. K. Sinangil & C. Viswesvaran (Eds.), *Handbook of industrial, work and organizational psychology* (pp. 25-52). Thousand Oaks, CA: Sage: Publications.

Jüttemann, G. (2000). Eignung als Prozeß. In W. Sarges (Hrsg.), *Management-Diagnostik* (3. Aufl., S. 62-71). Göttingen: Hogrefe Verlag für Angewandte Psychologie.

Kanfer, F. H. (1973). Die Aufrechterhaltung des Verhaltens durch selbsterzeugte Stimuli und Verstärkung. In M. Harting (Hrsg.), *Selbstkontrolle*. München: Urban & Schwarzenberg.

Kantor, J. (1991). The effects of computer administration and identification on the job descriptive index (JDI). *Journal of Business and Psychology, 5*(3), 309-323.

Kanungo, R. N. & Wright, R. W. (1983). A cross-cultural comparative study of managerial job attitudes. *Journal of International Business Studies, 14*, 115-129.

Kaplan, R. S. & Norton, D. P. (1996). *Balanced-Scorecard – Translating Strategy into Action*. Boston, Mass.: Harvard Business School Press.

Katz, D. & Kahn, R. L. (1966). *The social psychology of organizations*. New York: Wiley.

Kauffeld, S. (2000). Das Kasseler-Kompetenz-Raster (KKR) zur Messung der beruflichen Handlungskompetenz. In Arbeitsgemeinschaft Qualifikations-Entwicklungs-Management (Hrsg.), *Flexibilität und Kompetenz. Schaffen flexible Unternehmen kompetente und flexible Mitarbeiter?* (S. 33-48). Münster: Waxmann.

Kauffeld, S. (2001). *Teamdiagnose*. Göttingen: Hogrefe Verlag für Angewandte Psychologie.

Kauffeld, S. (2003). Gruppensitzung unter der Lupe. Das Kasseler-Kompetenz-Raster als prozessanalytische Diagnosemethode zur Teamentwicklung. In S. Stumpf & A. Thomas (Hrsg.), *Teamarbeit und Teamentwicklung* (S. 389-406). Göttingen: Hogrefe Verlag für Angewandte Psychologie.

Kauffeld, S. (2004). *Der Fragebogen zur Arbeit im Team (FAT)*. Göttingen: Hogrefe Verlag für Angewandte Psychologie.

Kauffeld, S. & Frieling, E. (2001). Der Fragebogen zur Arbeit im Team (FAT). *Zeitschrift für Arbeits- und Organisationspsychologie, 45*(1), 26-33.

Kauffeld, S., Grote, S. & Frieling, E. (2003). Das Kasseler Kompetenz-Raster (KKR). In J. Erpenbeck & L. v. Rosenstiel (Hrsg.), *Handbuch Kompetenzmessung* (S. 261-282) Stuttgart: Schäffer-Poeschel.

Kehr, H. M. (2002). *Souveränes Selbstmanagement*. Weinheim: Beltz Psychologie VerlagsUnion.

Kholghi-Münkel, P. (1998). Vorgesetzten-Feedback in einem kleinen Dienstleistungsunternehmen. *Mannheimer Beiträge zur Wirtschafts- und Organisationspsychologie, (3)*, 78-95 (www.psychologie.uni-mannheim.de/psycho1/psycho1.htm).

Kiefer, B.-U. (1995). Mitarbeiterurteile. In W. Sarges (Hrsg.), *Management-Diagnostik* (2. Aufl., S. 655-671). Göttingen: Hogrefe Verlag für Angewandte Psychologie.

Kiesler, S. & Sproull, L. S. (1986). Response effects in the electronic survey. *Public Opinion Quarterly, 50*, 402-413.

Kiesler, S., Siegel, J. & McGuire, T. W. (1984). Social psychological aspects of computer-mediated communication. *American Psychologist, 39*(10), 1123-1134.

Kießling-Sonntag, J. (2000). *Handbuch Mitarbeitergespräche*. Berlin: Cornelsen.

Killius, N., Kluge, J. & Reisch, L. (Hrsg.). (2002). Die Zukunft der Bildung. Frankfurt a. M.: edition suhrkamp.

King, W. C. & Miles, E. W. (1995). A quasi-experimental assessment of the effect of computerizing noncognitive paper-and-pencil measures. A test of measurement equivalence. *Journal of Applied Psychology, 80*, 643-651.

Kirsch, W., Esser, W. M. & Gabele, E. (1979). *Das Management des geplanten Wandels von Organisationen.* Stuttgart: Poeschel.

Kitayama, S., Markus, H. R., Matsumo, H. & Norasakkunkit, V. (1997). Individual and collective processes in the construction of the self. Self-enhancement in the United States and self-criticism in Japan. *Journal of Personality and Social Psychology, 72*(6), 1245-1267.

Klages, H. (1990). *Öffentliche Verwaltung im Umbruch – neue Anforderungen an Führung und Arbeitsmotivation.* Gütersloh: Verlag Bertelsmann Stiftung.

Kleinbeck, U. (2004). Die Wirkung von Zielsetzungen auf die Leistung. In H. Schuler (Hrsg.), *Beurteilung und Förderung beruflicher Leistung* (2. Aufl., S. 215-237). Göttingen: Hogrefe Verlag für Angewandte Psychologie.

Klingner, Y., Schuler, H., Diemand, A. & Becker, K. (2004). Entwicklung eines multimodalen Systems zur Leistungsbeurteilung von Auszubildenden. In H. Schuler (Hrsg.), *Beurteilung und Förderung beruflicher Leistung* (2. Aufl., S. 187-213). Göttingen: Hogrefe Verlag für Angewandte Psychologie.

Kluger, A. N. & DeNisi, A. (1996). The effects of feedback interventions on performance. A historical review, a metaanalysis, and a preliminary feedback intervention theory. *Psychological Bulletin, 119,* 254-284.

Köhler, F. (1995). Vorbereitungs- und Informationsphase. In K. Hofmann, F. Köhler & V. Steinhoff (Hrsg.), *Vorgesetztenbeurteilung in der Praxis. Konzepte, Analysen, Erfahrungen* (S. 63-66). Weinheim: Beltz Psychologie VerlagsUnion.

Kohnke, O. & Bungard, W. (2002). (Hrsg.). *Zielvereinbarungen erfolgreich umsetzen* Wiesbaden: Gabler.

Kohnke, O. & Bungard, W. (2005). (Hrsg.). *Change Management im Rahmen von SAP-Projekten: Überflüssiges Beiwerk oder Überlebensfrage?* Wiesbaden: Gabler.

Kolb, M. & Bergmann, G. (Hrsg.). (1997). *Qualitätsmanagement im Personalbereich. Konzepte für Personalwirtschaft, Personalführung und Personalentwicklung.* Landsberg: moderne Industrie.

Königswieser, R. & Exner, A. (1998). *Systemische Intervention. Architekturen und Designs für Berater und Veränderungsmanager.* Stuttgart: Klett-Cotta.

Koopmann, G. & Franzmeyer, F. (2003). Weltwirtschaft und internationale Arbeitsteilung. *Informationen zur politischen Bildung, 280,* 12-26.

Korsgaard, M. A. & Diddams, M. (1996). The effects of process feedback and task complexity on personal goals, information searching and performance improvement. *Journal of Applied Social Psychology, 26*(21), 1889-1911.

Kraut, A. I. (1996a). *Organizational surveys. Tools for assessment and change.* San Francisco: Jossey-Bass Publishers.

Kraut, A. I. (1996b). Planning and Conducting the Survey: Keeping Strategic Purpose in Mind. In A. I. Kraut (Ed.), *Organizational surveys: Tools for assessment and change* (pp. 149-176). San Francisco, CA: Jossey-Bass Publishers.

Krebs, D. (1991). *Was ist sozial erwünscht? Der Grad sozialer Erwünschtheit von Einstellungsitems* (Arbeitsbericht 18). Mannheim: ZUMA.

Krings, K & Ruhnau, J. (1995). Vorgehensweise zur Einführung von Gruppenarbeit in kleinen und mittelständischen Unternehmen. In R. Grap & V. Gebbert (Hrsg.), *Gruppenarbeit in der Praxis* (S. 1-30). Herzogenrath: GOM.

Kühlmann, T. M. & Franke, J. (1989). Organisationsdiagnose. In E. Roth (Hrsg.), *Enzyklopädie der Psychologie: Organisationspsychologie* (Band DIII3, S. 481-504). Göttingen: Hogrefe Verlag für Angewandte Psychologie.

Ladwig, D. H. & Domsch, M. E. (2003). Vorgesetztenbeurteilung. In L. von Rosenstiel, E. Regnet & M. W. Domsch (Hrsg.), *Führung von Mitarbeitern* (5. Aufl., S. 501-512). Stuttgart: Schäffer-Poeschel.

Landy, F. F., Barnes-Farrell, J. & Cleveland, J. (1980). Perceived fairness and accuracy of performance evaluation: A follow-up. *Journal of Applied Psychology, 65* (3), 355-356.

Lang, A. (2002). *Beobachtungsbogen des Führungskräftenachwuchsförderkreisverfahrens.* München: Unveröffentlichtes Manuskript.

Larsen, R. & Ketelaar, T. (1991). Personality and susceptibility to positive and negative emotional states. *Journal of Personality and Social Psychology, 74,* 752-758.

Larson, J. R. (1984). The performance feedback process: A preliminary model. *Organizational Behavior and Human Performance, 33,* 42-76.

Larson, J. R. (1986). Supervisors` performance feedback to subordinates: The impact of subordinate performance valence and outcame dependence. *Organizational Behavior and Human Performance, 37,* 391-408.

Latham, G. P. & Wexley, K. N. (1977). Behavioral observation scales for performance appraisal purposes. *Personnel Psychology, 30,* 255-268.

Latham, G. P. & Yukl, G. A. (1975). A review of research on the application of goal setting in organizations. *Academy of Management Journal, 18,* 824-845.

Latham, G. P., Fay, C. H. & Saari, L. M. (1979). The development of behavioral observation scales for appraising the performance of foremen. *Personnel Psychology, 32,* 299-311.

Lay, R. (1991). *Führen durch das Wort.* Frankfurt: Ullstein.

Lehmann, M. (1999). *Zielsetzung und Maßnahmenableitung im Rahmen einer Vorgesetztenbeurteilung.* Unveröffentlichte Diplomarbeit, Universität Mannheim.

Lehmenkühler, A., Roscher, H. & Theis, W. (1976). Feedback: Anmerkungen zu Funktionen und Form. In M. Sader, W. Schaeuble & W. Theis (Hrsg.), *Verbesserungen von Interaktion durch Gruppendynamik* (S. 85-128). Münster: Aschendorf.

Leonhardt, W. (1991). Das Mitarbeitergespräch als Alternative zu formalisierten Beurteilungssystemen. In H. Schuler (Hrsg.), *Beurteilung und Förderung beruflicher Leistung* (S. 91-107). Stuttgart: Verlag für Angewandte Psychologie.

Lepsinger, R. & Lucia, A. D. (1997). *The art and science of 360° feedback.* San Francisco: Pfeiffer.

Leslie, J. B. & Fleenor, J. W. (1998). *Feedback to managers. A review and comparison of multirater instruments for management development* (3rd Ed.). Greensboro, NC: Center for Creative Leadership.

Letzing, M., Montel, C.,Wottawa, H. (2001). Die Kombination von Test- und Lernphasen bei der Personalauswahl für Call Center. *Personalführung, 6,* 110-117.

Leupold, M. (1983). *Beeinflussung der Führungssituation durch Mitarbeiterbeurteilung - Eine empirische Studie über ein neues Instrument der Personalführung.* Unveröffentlichte Dissertation, Ludwig-Maximilians-Universität München.

Levin, I. & Stokes, J. (1989). Dispositional approach to job satisfaction. Role of negative affectivity. *Journal of Applied Psychology, 74,* 752-758.

Levy, P. E. & Steelman, L. A. (1997). Performance appraisal for team-based organization: A prototypical multiple rater system. In M. M. Beyerlein, D. A. Johnson & S. T. Beyerlein (Eds.), *Andvances in interdisciplinary studies of work teams: Team implementation issues* (pp. 141-165). Greenwich: CT: JAI.

Liebel, H. & Oechsler, W. A. (1987). *Personalbeurteilung.* Bamberg: Bayerische Verlagsanstalt.

Liebig, C., Müller, K. & Bungard, W. (2004). Chancen und Tücken bei Online-Mitarbeiterbefragungen. *Wirtschaftspsychologie Aktuell, 7* (2), 26-30.

Lienert, G. (1989). *Testaufbau und Testanalyse.* München: Psychologie Verlags Union.

Lincoln, J. R. (1989). Employee work attitudes and management practice in the U. S. and Japan. Evidence from a large comparative survey. *California Management Review, 32,* 89-106.

Little, T. D. (1997). Mean and covariance structures (MACS) analyses of cross-cultural data. Practical and theoretical issues. *Multivariate Behavioral Research, 32* (1), 53-76.

Locke, E. A. (2001). Motivation by goal setting. In R. T. Golembiewski (Ed.), *Handbook of organizational behavior* (2nd Ed., pp. 43-56). New York, Basel: Dekker.

Locke, E. A. & Latham, G. P. (1990). *A theory of goal setting and task performance.* Englewood Cliffs: Prentice-Hall.

Lombardo, M. M. & Eichinger, R. W. (2000). High potentials as high learners. *Human Resource Management, 39* (4), 321-329.

Lombardo, M. M. & McCauley, C. D. (1996). *Benchmarks*® (deutsche Übersetzung und Bearbeitung von R. Horn & G. Heyde). Frankfurt/M. : Swets Test Services.

London, M. (1995). Giving feedback: Source-centered antecedents and consequences of constructive and destructive feedback. *Human Resource Management, 5* (3), 159-188.

London, M. (1997). *Job feedback. Giving, seeking, and using feedback for performance improvement.* Mahwah, NJ: Erlbaum.

London, M. (2001). The great debate. Should multisource feedback be used for administration or development only? In D. W. Bracken, C. W. Timmreck & A. H. Church (Eds.), *The handbook of multisource feedback* (pp. 368-385). San Francisco: Jossey-Bass.

London, M. & Smither, J. W. (1995). Can multi-source feedback change perceptions of goal accomplishment, self-evaluations, and performance-related outcomes? Theory-based applications and directions for research. *Personnel Psychology, 48,* 803-839.

London, M. & Smither, J. W. (2001). Feedback orientation, feedback culture, and the longitudinal performance management process. *Human Resource Management Review, 12,* 81-101.

Longenecker, C. O. & Gioia, D. A. (1992). The executive appraisal paradox. *The Executive, 6* (2), 18-28.

Lück, H. E. (1997). Die Zufriedenheit deutscher Mitarbeiter in europäischer Perspektive. In W. Bungard & I. Jöns (Hrsg.), *Mitarbeiterbefragung* (S. 399-407). Weinheim: Beltz Psychologie-VerlagsUnion.

Lücke, W. & Herl, A. (1996). Das Mitarbeiter-Feedback. Ein Weg zur Weiterentwicklung der Führungs- und Arbeitskultur. *Personalführung, 29*(4), 322-326.

Luhmann, N. (1984). *Soziale Systeme. Grundriß einer allgemeinen Theorie.* Frankfurt am Main: Suhrkamp.

Lykken, D. & Tellegen, A. (1996). Happiness is a stochastic phenomenon. *Psychological Science, 7,* 186-189.

Mabe, P. A. & West, S. G. (1982). Validity of self-evaluation of ability. A review and meta-analysis. *Journal of Applied Psychology, 67,* 280-296.

Macey, W. H. (1996). Dealing with the Data: Collection, Processing, and Analysis. In A. I. Kraut (Ed.), *Organizational surveys: Tools for assessment and change* (pp. 204-232). San Francisco, CA: Jossey-Bass Publishers.

Madzar, S. (1995). Feedback seeking behavior: A review of the literature and implications for HRD practitioners. *Human Resource Development Quarterly, 6*(4), 337-349.

Marcus, B. & Schuler, H. (2001). *Leistungsbeurteilung.* In H. Schuler (Hrsg.), *Lehrbuch der Personalpsychologie.* (S. 397-431). Göttingen: Hogrefe Verlag für Angewandte Psychologie.

Martin, C. & Weber, A. (1994). Was wissen die Mitarbeiter? Anregungen für die Durchführung von Mitarbeiterbefragungen. *Personal, 5,* 244-247.

Maslow, A. H. (1954). *Motivation and personality.* New York: Harper and Row.

Matsumo, D. & Juang, L. (2004). *Culture and psychology.* Belmont, CA: Thomson/Wadsworth.

Maturana, H. R. & Varela, F. J. (1991). *Der Baum der Erkenntnis – die biologischen Wurzeln des menschlichen Erkennens* (3. Aufl.). München; Bern: Goldmann.

Mayring, P. (2003). *Qualitative Inhaltsanalyse* (8. Aufl.). Weinheim: Beltz Psychologie Verlags-Union.

McCall, M. W., Lombardo, M. M. & Morrison, A. M. (1988). *The lessons of experience. How successful executives develop on the job.* Lexington: Lexington.

McCann, R. & Margerison, C. (1989). Managing high-performing teams. *Training and Development Journal, 11*, 53-60.

McConnell, J. H. (2003). *How to Design, Implement, and Interpret an Employee Survey*. New York: Amacom.

McGuire, W. J. (1969). The nature of attitudes and attitude change. In G. Lindzey & E. Aronson (Eds.), *The handbook of social psychology* (pp. 136-314). Mass. : Addison Wesley.

Mead, A. D. & Drasgow, F. (1993). Equivalence of computerized and paper-and-pencil cognitive ability tests. A meta-analysis. *Psychological Bulletin, 114* (3), 449-458.

Meyer, J. & Shack, J. (1989). The structural convergence of mood and personality. Evidence for old and new directions. *Journal of Personality and Social Psychology, 57*, 691-706.

Miller, G. A., Galanter, E. & Pribram, K. H. (1960). *Plans an the Structure of behavior*. New York: Holt, Rinehart & Winston.

Mittag, W. & Hager, W. (2000). Ein Rahmenkonzept zur Evaluation psychologischer Interventionsmaßnahmen. In W. Hager, J. -L. Patry & H. Brenzing (Hrsg.), *Evaluation psychologischer Interventionsmaßnahmen. Standards und Kriterien* (S. 102-128). Bern: Huber.

Moreno, J. L. (1956). *Sociometry and the science of man*. New York: Beacon House.

Morgan, D. L. (Ed.). (1993). *Successful focus groups: Advancing the state of the art*. Newbury Park, CA: Sage.

Moser, H. (1978). *Aktionsforschung als kritische Theorie der Sozialwissenschaften* (2. Aufl.). München: Kösel.

Mount, M. K. & Scullen, S. E. (2001). Multisource feedback ratings. What do they really measure? In M. London (Ed.), *How people evaluate others in organizations* (pp. 155-176). Mahwah: Erlbaum.

Mount, M. K., Judge, T. A., Scullen, S. E., Sytsma, M. R. & Hezlett, S. A. (1998). Trait, Rater and Level Effects in 360-Degree Performance Ratings. *Personnel Psychology, 51,* 557-576.

MT-GbR (2000). *SRT – Survey Research Tool*. MT-GbR, Hannover.

MT-GbR (2000). *SRT-Handbuch*. MT-GbR, Hannover.

Muck, P. M. & Schuler, H. (2004). Beurteilungsgespräch, Zielsetzung und Feedback. In H. Schuler (Hrsg.), *Beurteilung und Förderung beruflicher Leistung* (2. Aufl., S. 255-289). Göttingen: Hogrefe Verlag für Angewandte Psychologie.

Muck, P. M., Schuler, H., Becker, K. & Diemand, A. (2004). Entwicklung eines multimodalen Systems zur Beurteilung von Gruppenleistungen. In H. Schuler (Hrsg.), *Beurteilung und Förderung beruflicher Leistung* (2. Aufl., S. 159-185). Göttingen: Hogrefe Verlag für Angewandte Psychologie.

Müller, K., Liebig, C. & Hattrup, K. (under review). Online and offline employee opinion survey. Taking measurement into account.

Mummendey, H. D. (1981). Methoden und Probleme der Kontrolle sozialer Erwünschtheit (Social Desirability). *Zeitschrift für Differentielle und Disgnostische Psychologie, 2*, 199-218.

Mummendey, H. D. (1995). *Psychologie der Selbstdarstellung* (2. Aufl.). Göttingen: Hogrefe Verlag für Angewandte Psychologie.

Mummendey, H. D. (1998). Impression Management. In P. Heinrich & J. Schulz zur Wiesch (Hrsg.), *Wörterbuch zur Mikropolitik* (S. 106-108). Opladen: Leske + Budrich.

Myers, I. B. & Briggs, C. K. (1962). *The Myers-Briggs Type Indicator*. Princeton, NJ: Educational Testing Service.

Nachreiner, F. (1978). *Die Messung des Führungsverhaltens. Zur Validität von Fragebogen zur Beschreibung des Vorgesetztenverhaltens*. Bern: Huber.

Nagel, R., Oswald, M. & Wimmer, R. (1999). *Das Mitarbeitergespräch als Führungsinstrument. Ein Handbuch der OSB für Praktiker*. Stuttgart: Klett-Cotta.

Nerdinger, F. W. (2001). *Formen der Beurteilung in Unternehmen. Anforderungen, Verfahren, Anwendungen*. Weinheim: Beltz Psychologie VerlagsUnion.

Nerdinger, F. W. (2003). Formen der Beurteilung. In L. von Rosenstiel, E. Regnet & M. E. Domsch (Hrsg.), *Führung von Mitarbeitern* (5. Aufl., S. 229-242). Stuttgart: Schäffer-Poeschel.

Neuberger, O. (1975). Erfahrungen mit der „Skala zur Messung der Arbeitszufriedenheit (SAZ)". *Psychologie und Praxis, 19*, 63-72.

Neuberger, O. (1992). *Miteinander arbeiten – miteinander reden! Vom Gespräch in unserer Arbeitswelt* (14. Aufl.). München: Bayerisches Staatsministerium für Arbeit, Familie und Sozialordnung.

Neuberger, O. (1996a). *Miteinander arbeiten – miteinander reden!* München: Bayerisches Staatsministerium für Arbeit und Sozialordnung.

Neuberger, O. (1996b). Die wundersame Verwandlung der Belegschaft in Unternehmerschaft mittels der Kundschaft. *Augsburger Beiträge zur Organisationspsychologie und Personalwesen, 18*.

Neuberger, O. (1997). Mitarbeiterbefragungen als symbolische Politik. In W. Bungard & I. Jöns (Hrsg.), *Mitarbeiterbefragung. Ein Instrument des Innovations- und Qualitätsmanagements* (S. 423-434). Weinheim: Beltz Psychologie VerlagsUnion.

Neuberger, O. (1998). *Das Mitarbeitergespräch. Praktische Grundlagen für erfolgreiche Führungsarbeit* (4. Aufl.). Leonberg: Rosenberger Fachverlag.

Neuberger, O. (2000). *Das 360°-Feedback. Alle fragen? Alles sehen? Alles sagen?* Mering: Hampp.

Nickel, K.-G. & Radermacher, F. J. (Hrsg.). (1997). *Arbeitswelt und Globalisierung.* Ulm: Universitätsverlag Ulm GmbH.

Nickel, T. M. & Krems, J. F. (1998). Führungsverhalten und Mitarbeiterkreativität: Eine empirische Untersuchung zum betrieblichen Vorschlagswesen. *Zeitschrift für Arbeits- und Organisationspsychologie, 42*, 1, 27-32.

Nunnally, J. C. (1978). *Psychometric theory* (2nd Ed.). New York: McGraw-Hill.

Oberhoff, B. (1978). *Akzeptanz von interpersonellem Feedback. Eine empirische Untersuchung zu verschiedenen Feedback-Formen.* Unveröff. Dissertation, Westfälischen Wilhelms-Universität Münster.

Ohmae, K. (1982). *The mind of the strategist.* New York: McGraw Hill.

Oishi, S. & Diener, E. (2001). Re-examining the general positivity model of subjective well-being. The discrepancy between specific and global domain satisfaction. *Journal of Personality, 69*, 641-66.

Ostroff, C., Atwater, L. E. & Feinberg, B. J. (2004). Understanding self-other agreement. A look at rater and ratee characteristics, context and outcomes. *Personnel Psychology, 57,* 333-375.

Palich, L. E. & Gomez-Mejia, L. R. (1999). A theory of global strategy and firm efficiencies. Considering the effects of cultural diversity. *Journal of Management, 25* (4), 587-606.

Papenfuß, K. & Pfeuffer, E. (1993). Mitarbeitergespräch. In H. Strutz (Hrsg.), *Handbuch Personalmarketing* (S. 647-662). Wiesbaden: Gabler.

Patry, J.-L. & Perrez, M. (2000). Theorie-Praxis-Probleme und die Evaluation von Interventionsprogrammen. In W. Hager, J. -L. Patry & H. Brenzing (Hrsg.), *Evaluation psychologischer Interventionsmaßnahmen. Standards und Kriterien* (S. 19-40). Bern: Huber.

Paulhus, D. L. (1984). Two-component models of socially desirable responding. *Journal of Personality and Social Psychology, 46*, 598-609.

Paulhus, D. L. (1991). Measurement and control of response bias. In J. P. Robinson, P. R. Shaver & L. S. Wrightsman (Eds.), *Measurement of Personality and Social Psychological Attitudes* (pp. 17-59). San Diego: Academic Press.

Pechtl, W. (1995). *Zwischen Organismus und Organisation. Wegweiser und Modelle für Berater und Führungskräfte.* Linz: Veritas.

Pettit, F. A. (2002). A comparison of world-wide web and paper-and-pencil personality questionnaires. *Behavior Research Methods, Instruments, & Computers, 34* (1), 50-54.

Pfaller, P. (1993). Feedback im 360°-Radius. *Management & Seminar, 20*(10), 16.

Phelps, R. & Mok, M. (1999). Managing the risk of intranet implementation. An empirical study of user satisfaction. *Journal of Information Technology, 14*, 39-52.

Pichler, M. (2000). Auf der Suche nach Persönlichkeit. *Wirtschaft & Weiterbildung, 5*, 40-45.

Pinkwart, A. (2000). Erfolgsfaktoren der Verwaltungsreform – öffentliche Unternehmen zwischen Markt und Politik. In H. Büscher, B. Hewel & J. Volz (Hrsg.), *Öffentliche Verwaltung – modern und zukunftsfähig* (S. 8-20). Frankfurt: Fachhochschulverlag.

Pittner, P. M. (1997). Mitarbeiterbefragungen – Vertane Chancen? Eine Synopse von Befragungen im Lufthansa-Konzern. In W. Bungard & I. Jöns (Hrsg.), *Mitarbeiterbefragung* (S. 284-293). Weinheim: Beltz Psychologie VerlagsUnion

Porter, M. E. (1989). *Wettbewerbsvorteile – Spitzenleistungen erreichen und behaupten.* Frankfurt a. M.: Campus.

Potosky, D. & Bobko, P. (1997). Computer versus paper-and-pencil administration mode and response distortion in noncognitive selection tests. *Journal of Applied Psychology, 82*, 293-299.

Pritchard, R. D., Jones, S. D., Roth, P. L., Stübing, K. K. & Ekeberg, S. E. (1988). Effects of group feedback, goal setting and incentives on organizational productivity. *Journal of Applied Psychology, 73*(2), 337-358.

Rauen, C. (2002). *Handbuch Coaching.* Göttingen: Hogrefe Verlag für Angewandte Psychologie.

Rauen, C. (2004a). *Coaching-Report. Forschung und Wissenschaft.* Verfügbar unter: www. coaching-report.de/forschung_wissenschaft (23. 5. 04).

Rauen, C. (2004b). *Coaching-Report. Qualitätskriterien.* Verfügbar unter: www.coaching-report. de/qualitätskriterien/index.htm (23. 5. 04).

Rauen, C. (2004c). *Coaching-Report. Coaching-Varianten. Einzel-Coaching.* Verfügbar unter: www.coaching-report.de/coaching-varianten/einzel-coaching.htm (23. 5. 04).

Rauen, C. (2004d). *Coaching-Report. Coaching-Varianten. Vorgesetzten-Coaching.* Verfügbar unter: www.coaching-report.de/coaching-varianten/vorgesetzten-coaching.htm (23. 5. 04).

Rauen, C. (2004e). *Coaching-Report. Coach. Fachliche Qualifikation des Coaches.* Verfügbar unter: www.coaching-report.de/coach/fachliche_qualifikation_des_coachs.htm (23. 5. 04).

Rauen, C. (2004f). *Coaching-Report. Coach. Persönliche Kompetenz des Coaches.* Verfügbar unter: www. coaching-report. de/coach/persoenliche_kompetenz_des_coachs. htm (23. 5. 04).

Rauen, C. (2004g). *Coaching-Report. Anlässe für Coaching.* Verfügbar unter: www.coaching-report.de/anlaesse_fuer_coaching/index.htm (23. 5. 04).

Rauen, C. (2004i). *Coaching-Report. Definition Coaching.* Verfügbar unter: www.coaching-report.de/definition_coaching/index.htm (23. 5. 04).

Reinecke, P. (1983). *Vorgesetztenbeurteilung. Ein Instrument partizipativer Führung und Organisationsentwicklung.* Köln: Heymann.

Reinmuth, S. I. (2004). *Der Einfluss kultureller Werte auf die Höhe der Arbeitszufriedenheit in multinationalen Unternehmen.* Unveröffentlichte Diplomarbeit, Lehrstuhl Psychologie I, Universität Mannheim.

Reips, U.-D. (2000). The web experiment method. Advantages, disadvantages, and solutions. In M. H. Birnbaum (Ed.), *Psychological Experiments on the Internet* (pp. 89-117). San Diego: Academic Press.

Reips, U.-D. & Franek, L. (2004). Mitarbeiterbefragungen per Internet oder Papier? Der Einfluss von Anonymität, Freiwilligkeit und Alter auf das Antwortverhalten. *Wirtschaftspsychologie* (1), 67-83.

Reise, S. P., Widaman, K. F. & Pugh, R. H. (1993). Confirmatory factor analysis and item response theory. Two approaches for exploring measurement invariance. *Psychological Bulletin, 114*, 552-566.

Reiß, M. (1995). Implementierung. In H. Corsten & M. Reiß (Hrsg.), *Handbuch Unternehmensführung. Konzepte, Instrumente, Schnittstellen.* Wiesbaden: Gabler.

Remdisch, S. & Utsch, A. (2004). Evaluation als Beitrag zur Entwicklung von Qualität. Evaluationsverfahren und ihre Methoden im Kontext der Personal- und Organisationsentwicklung. *Zeitschrift für Personalführung, 3*, 18-23.

Richman, W. L., Kiesler, S., Weisband, S. & Drasgow, F. (1999). A meta-analytic study of social desirability distortion in computer-administered questionnaires, traditional questionnaires, and interviews. *Journal of Applied Psychology, 84* (5), 754-775.

Ridder, H. & Bruns, H. (2000). Zur Rolle von Führungskräften bei der Konzeption und Durchführung von Mitarbeiterbefragungen. *Zeitschrift für Personalforschung, 1*, 28 – 51.

Rieder, M.-C. (2004). *360-Grad-Feedback. Akzeptanzprobleme und Ergebnisverarbeitung in deutschen Unternehmen – eine empirische Analyse.* Unveröff. Diplomarbeit, Konstanz: Universität.

Riordan, M. C. & Vandenberg, R. J. (1994). A central question in cross-cultural reasearch. Do employees of different cultures interpret work-related measures in an equivalent manner? *Journal of Management, 20* (3), 643-671.

Rogelberg, S. G., Church, A. H.; Waclawski, J., Stanton, J. M. (2002). Organizational survey research. In S. G. Rogelberg, (Eds.), *Handbook of research methods in industrial and organizational psychology.* (pp.141-160). Malden, MA, US: Blackwell Publishers.

Rogelberg, S. G., Conway, J. M., Sederburg, M. E., Spitzmuller, C., Aziz, S.; Knight, W.E. (2003). Profiling Active and Passive Nonrespondents to an Organizational Survey. *Journal of Applied Psychology.* 88 (6). 1104-1114.

Rogelberg, S. G., Luong, A., Sederburg, M. E., & Cristol, D. S. (2000). Employee Attitude Surveys: Examining the Attitudes of Noncompliant Employees. *Journal of Applied Psychology*, 85 (2), 284-293.

Rogers, C. R. (1951). *Client-centered therapy.* Boston: Houghton Mifflin.

Rosenfeld, P., Booth-Kewley, S., Edwards, J. E. & Thomas, M. D. (1996). Responses on computer surveys. Impression management, social desirability, and the Big Brother syndrome. *Computers in Human Behavior, 12*, 263-274.

Rosenfeld, P., Doherty, L. M. & Carroll, L. (1987). Microcomputer-based organizational survey assessment. Applications to training. *Journal of Business and Psychology, 2*, 182-193.

Rosenfeld, P., Doherty, L. M., Vicino, S. M., Kantor, J. & Greaves, J. (1989). Attitude assessment in organizations – testing three microcomputer-based survey systems. *Journal of General Psychology, 116* (2), 145-154.

Rosenfeld, P., Giacalone, R. A., Knouse, S. B., Doherty, L. M., Vicino, S. M., Kantor, J. & Greaves, J. (1991). Impression management, candor, and microcomputer-based organizational surveys – an individual-differences approach. *Computers in Human Behavior, 7* (1-2), 23-32.

Rothstein, H. R. (1990). Interrater reliability of job performance ratings. Growth to asymptote level with increasing opportunity to observe. *Journal of Applied Psychology, 75* (3), 322-327.

Rotter, J. B. (1966). Generalized expectancies for internal versus external control of reinforcement. *Psychology Monographs, 80*, 1-26.

Rubin, I. & Beckhard, R. (1984). Factors influencing the effectiveness of health teams. In D. A. Kolb, I. Rubin & J. M. McIntire (Eds.), *Organizational Psychology. Readings in human behavior in organisations* (4th Ed., pp. 199-209). London: Prentice Hall.

Rubin, I. M. & Campbell, T. J. (1998). *The ABCs of effective feedback. A guide for caring professionals.* San Francisco: Jossey-Bass.

Ryan, A. M., Chan, D., Ployhart, R. E. & Slade, L. A. (1999). Employee attitude surveys in a multinational organization. Considering language and culture in assessing measurement equivalence. *Personnel Psychology, 52*, 37-58.

Ryan, A. M., Horvath, M., Ployhart, R. E., Schmitt, N. & Slade, L. A. (2000). Hypothesizing differential item functioning in global employee opinion surveys. *Personnel Psychology, 53* (3), 531-562.

Ryschka, J. (2000). *Peer-Feedback in Arbeitsgruppen.* Dissertation, Johannes Gutenberg-Universität Mainz.

Sackett, P. R., Zedeck, S. & Fogli, L. (1988). Relations between measures of typical and maximum job performance. *Journal of Applied Psychology, 73,* 482-486.

Sader M. (1991). *Psychologie der Gruppe* (3. Aufl.). Weinheim: Juventa.

Sarges, W. (1993). Eine neue Assessment-Center-Konzeption. Das Lernfähigkeits-AC. In A. Gebert & U. Winterfeld (Hrsg.), *Arbeits-, Betriebs- und Organisationspsychologie vor Ort. Bericht über die 34. Fachtagung der Sektion Arbeits-, Betriebs- und Organisationspsychologie im BDP in Bad Lauterberg 1992* (S. 29-37). Bonn: Deutscher Psychologen Verlag.

Sarges, W. (2000). Diagnose von Managementpotential für eine sich immer schneller und unvorhersehbarer ändernde Wirtschaftswelt. In L. v. Rosenstiel & T. Lang-von Wins (Hrsg.), *Perspektiven der Potentialbeurteilung* (S. 107-128). Göttingen: Hogrefe Verlag für Angewandte Psychologie.

Sarges, W. (2001). Lernpotential-Assessment Center. In W. Sarges (Hrsg.), *Weiterentwicklungen der Assessment Center-Methode* (2. Aufl.; S. 97-108). Göttingen: Hogrefe Verlag für Angewandte Psychologie.

Sarges, W. & Wottawa, H. (Hrsg.). (2005). *Handbuch wirtschaftspsychologischer Testverfahren – Bd. I. Personalpsychologische Instrumente* (2. Aufl.). Lengerich: Pabst.

Sassenberg, K. & Kreutz, S. (2002). Online research and anonymity. In B. Batinic, U. -D. Reips & M. Bosnjak (Eds.), *Online Social Sciences* (pp. 213-227). Göttingen: Hogrefe Verlag für Angewandte Psychologie.

Sattelberger, (1996). Unternehmerisches Personalmangement als Revitalisierungs- und Wettbewerbsfaktor bei tiefgreifenden Veränderungsprozessen. In M. Perlitz, A. Offinger, M. Reinhard & K. Schug (Hrsg.), *Reengineering zwischen Anspruch und Wirklichkeit* (S. 61-88). Wiesbaden: Gabler.

Sauer, W., Scherer, S., Scherm, M., Kaufel, S. & Pfeifer, M. (2004). Führungsbegleitung in militärischen Organisationen. Konzept und erste Effekte in der Praxis. *Personalführung, 37* (11), 44-51.

Sbandi, P. (1981). Feedback im Sensitivity Training. In P. Kutter (Hrsg.), *Gruppendynamik der Gegenwart.* Darmstadt: Wissenschaftliche Buchgesellschaft.

Scheffer, M. (2004). Pesonalmaßnahmen in der Firmenkrise. *Personalmagazin, 7,* 64-67.

Schein, E. H. (1987). *Process Consultation: Volume 2.* Reading, MA: Addison-Wesley.

Scheinpflug, R. (1995). Rückmeldung der Ergebnisse an die Beurteiler. In K. Hofmann, F. Köhler & V. Steinhoff (Hrsg.), *Vorgesetztenbeurteilung in der Praxis. Konzepte, Analysen, Erfahrungen* (S. 67-73). Weinheim: Beltz Psychologie VerlagsUnion.

Scherm, M. & Sarges, W. (2002). *360°-Feedback. Praxis der Personalpsychologie.* Göttingen: Hogrefe Verlag für Angewandte Psychologie.

Scherm, M. (2003). *!Response*-360°-Feedback. In L. v. Rosenstiel & J. Erpenbeck (Hrsg.), *Handbuch Kompetenzmessung* (S. 309-322). Stuttgart: Schäffer-Poeschel.

Scherm, M. (2004). 360°-Beurteilung. In H. Schuler (Hrsg.), *Beurteilung und Förderung beruflicher Leistung* (2. Aufl., S. 61-81). Göttingen: Hogrefe Verlag für Angewandte Psychologie.

Scherm, M. (Hrsg.). (in Druck). *360-Grad-Beurteilungen. Diagnose und Entwicklung von Führungskompetenzen.* Göttingen: Hogrefe Verlag für Angewandte Psychologie.

Schettgen, P. (1992). Über den Hinter-Sinn der Mitarbeiterbeurteilung: Eine Kritik aus unternehmenskultureller Perspektive. In R. Selbach & K.-K. Pullig (Hrsg.), *Handbuch Mitarbeiterbeurteilung* (S.107-141). Wiesbaden: Gabler.

Schiemann, W. A. (1991). Using employee surveys to increase organizational effectiveness. In J. W. Jones, B. D. Steffy, D. W. Bray (Eds.), *Applying psychology in business: The handbook for manager and human ressource professionals* (pp. 623-639). Lexington, MA: Lexington Books.

Schmid, B. & Hipp, J. (1999). Individuation und Persönlichkeit als Erzählung. *Zeitschrift für systemische Therapie, 1.*

Schmid, B. (2000). Der systemische Ansatz in Training und Beratung. *Trainer-Kontakt-Brief,* 5.

Schmidt, T. (2003). *Coaching. Eine empirische Studie zu Erfolgsfaktoren bei Einzel-Coaching.* Diplomarbeit an der Technischen Universität Berlin.

Schmitz, M. (2002). Qualitative Führungsstilanalyse (QFA). In U. P. Kanning & H. Holling (Hrsg.), *Handbuch personaldiagnostischer Instrumente* (S. 417-431). Göttingen: Hogrefe Verlag für Angewandte Psychologie.

Schneider, B., Ashworth, S. D., Higgs, A. C. & Carr, L. (1996). Design, validity, and use of strategically focused employee attitude surveys. *Personnel Psychology, 49,* 695-705.

Schneider H. & Knebel, H. (1995). *Team und Teambeurteilung: Neue Trends in der Arbeitsorganisation.* Köln: Bachem.

Scholl, W., Pelz, J. & Rade, J. (1996). *Computervermittelte Kommunikation in der Wissenschaft.* Münster: Waxmann.

Scholz, Chr. & Scholz, M. (1995). Mitarbeiterbefragungen: Mehr als nur einfach Meinungsumfragen. *Personalführung, 9,* 728-740.

Schrader, E., Gottschall, A. & Runge Th. E. (1984). Der Trainer in der Erwachsenenbildung. Rollen, Aufgaben und Verhalten. *Handbuch der Weiterbildung für die Praxis in Wirtschaft und Verwaltung* (Bd. 5). München: Hanser.

Schreyögg, A. (1995). *Coaching. Eine Einführung für Praxis und Ausbildung.* Frankfurt: Campus.

Schuler, H. (Hrsg.). (1991). *Beurteilung und Förderung beruflicher Leistung.* Stuttgart: VAP.

Schuler, H. (Hrsg.). (2004a). *Lehrbuch der Organisationspsychologie* (3. Aufl.). Bern: Hans Huber.

Schuler, H. (2004b). Leistungsbeurteilung – Gegenstand, Funktionen und Formen. In H. Schuler (Hrsg.), *Beurteilung und Förderung beruflicher Leistung* (2. Aufl., S. 1-23). Göttingen: Hogrefe Verlag für Angewandte Psychologie.

Schuler, H. (2004c). Der Prozess der Urteilsbildung und die Qualität der Beurteilungen. In H. Schuler (Hrsg.), *Beurteilung und Förderung beruflicher Leistung* (2. Aufl., S. 33-60). Göttingen: Hogrefe Verlag für Angewandte Psychologie.

Schuler, H. (2004d). Drei Ebenen der Leistungsbeurteilung. Day-to-day-Feedback, Regelbeurteilung und Potenzialanalyse. In H. Schuler (Hrsg.), *Beurteilung und Förderung beruflicher Leistung* (2. Aufl., S. 25-31). Göttingen: Hogrefe Verlag für Angewandte Psychologie.

Schuler, H., Funke, U., Moser, K. & Donat, M. (1995). *Personalauswahl in Forschung und Entwicklung. Eignung und Leistung von Wissenschaftlern und Ingenieuren.* Göttingen: Hogrefe Verlag für Angewandte Psychologie.

Schuler, H. & Marcus, B. (2004). Leistungsbeurteilung. In H. Schuler (Hrsg.), *Enzyklopädie der Psychologie. Organisationspsychologie 1 – Grundlagen und Personalpsychologie* (S. 947-1006). Göttingen: Hogrefe Verlag für Angewandte Psychologie.

Schuler, H., Muck, P. M., Hell, B., Höft, S., Becker, K. & Diemand, A. (2004). Entwicklung eines multimodalen Systems zur Beurteilung von Individualleistungen. In H. Schuler (Hrsg.), *Beurteilung und Förderung beruflicher Leistung* (2. Aufl., S. 133-158). Göttingen: Hogrefe Verlag für Angewandte Psychologie.

Schultze-Willebrand, I. (2003). *Die prozessbegleitende Evaluation als Unterstützungsinstrument von Veränderungsprojekten bei der ZF Friedrichshafen AG.* Unveröffentlichte Diplomarbeit, Universität Mannheim.

Schulz von Thun, F. (1977). Psychologische Vorgänge in der zwischenmenschlichen Kommunikation. In B. Fittkau, H. -M. Müller-Wolf & F. Schulz von Thun (Hrsg.), *Kommunizieren lernen (und umlernen)* (S. 9-100). Braunschweig: Westermann.

Schulz von Thun, F. (1993). *Miteinander reden 1. Störungen und Klärungen.* Reinbek bei Hamburg: Rowohlt.

Schulz von Thun, F. (2001). *Miteinander Reden 1. Störungen und Klärungen*. Reinbek bei Hamburg: Rowohlt.

Schulz von Thun, F., Ruppel, J. & Stratmann, R. (2003). *Miteinander Reden. Kommunikationspsychologie für Führungskräfte*. Rowohlt: Reinbek bei Hamburg.

Schuman, H., & Presser, S. (1996). *Questions and answers in attitude surveys. Experiments on question form, wording and context* (2nd Ed.). New York: Academic Press.

Schwäbisch, L. & Siems, M. (1974). *Anleitung zum sozialen Lernen für Paare, Gruppen und Erzieher: Kommunikaitons- und Verhaltenstraining*. Reinbek: Rowohlt.

Schwetje, T. (1999). *Kundenzufriedenheit und Arbeitszufriedenheit bei Dienstleistungen. Operationalisierung und Erklärung der Beziehungen am Beispiel des Handels*. Wiesbaden: Gabler.

Scullen, S. E., Mount, M. K. & Goff, M. (2000). Understanding the latent structure of job performance ratings. *Journal of Applied Psychology*, 85 (6), 956-970.

Secord, P. F. & Backman, C. W. (1964). *Social psychology*. New York: McGraw Hill.

Sedikides, C. & Strube, M. J. (1997). Self-Evaluation: To thine own self be good, to thine own be sure, to thine own self be true, and to thine own self be better. In M. P. Zanna (Ed.), Advances in experimental social psychology (Vol. 29, pp. 209-269). New York, N. Y. : Academic Press.

Shavelson, R. J. & Webb, N. M. (1991). *Generalizability theory. A primer (Measurement Methods for the Social Science)*. London: Sage.

Short, J. A., Williams, E. & Christie, B. (1976). *The Social Psychology of Telecommunication*. Chichester: Wiley.

Simonetti, S. H. & Weitz, J. (1972). Job satisfaction. Some cross-cultural effects. *Personnel Psychology, 25*, 107-118.

Şimşek, G. (2004). *Sozial erwünschtes Antwortverhalten bei der Messung von Arbeitszufriedenheit. Format oder Prozedur – was macht den Unterschied?* Unveröffentlichte Diplomarbeit, Universität Mannheim.

Sisson, E. D. (1948). Forced choice. The new army rating. *Personnel Psychology, 1*, 365-381.

Skinner, B. F. (1938). *The behavior of organisms*. New York: Appleton-Century-Crofts.

Slocum, J. W. (1971). A comparative study of the satisfaction of American and Mexican operatives. *Academy of Management Journal, 14*, 89-97.

Slocum, J. W. & Topichak, P. M. (1972). Do cultural differences affect job satisfaction? *Journal of Applied Psychology, 56* (2), 177-178.

Slocum, J. W., Topichak, P. M. & Kuhn, D. G. (1971). A cross-cultural study of need satisfaction and need importance of operative employees. *Personnel Psychology, 24*, 435-446.

Smith, P. C. & Kendall, L. M. (1963). Retranslation of expectations. An approach to the construction of unambiguous anchors for rating scales. *Journal of Applied Psychology, 47*, 149-155.

Smith, P. C., Kendall, L. M. & Hulin, C. L. (1969). *The measurement of satisfaction in work and retirement. A strategy for the study of attitudes*. Chicago: Rand McNally & Company.

Smith, R. E. & Sarason, I. G. (1975). Social anxiety and evaluation of negative interpersonal feedback. *Journal of Consulting and Clinical Psychology, 43*, 429-450.

Smither, J. W., London, M., Flautt, R., Vargas, Y. & Kucine, I. (2003). Can working with an executive coach improve multisource feedback ratings over time? A quasi-experimental field study. *Personnel Psychology, 56*, 23-44.

Smither, J. W., London, M., Vasilopoulos, N., Reilly, R. R., Millsap, R. E. & Salvemini, N. (1995). An examination of the effects of an upward feedback program over time. *Personnel Psychology, 48*, 1-34.

Sommerhoff, B. (1999). *Leistung messen – Mitarbeiter fördern – Personal entwickeln*. Landsberg: moderne industrie.

Sonnentag, S. (2000). Excellent Performance. The Role of Communication and Cooperation Process. *Applied Psychology, 49* (3), 483-497.

Sonntag, K. (2002). Personalentwicklung und Training. Stand der psychologischen Forschung und Gestaltung. *Zeitschrift für Personalpsychologie, 2*, 59-79.

Sonntag, K. & Schaper, N. (1992). Berufliche Handlungskompetenz – Zielgröße von Personalentwicklungsmaßnahmen. In K. -H. Sonntag (Hrsg.), *Personalentwicklung in Organisationen* (S. 187-206). Göttingen: Hogrefe Verlag für Angewandte Psychologie.

Sousa-Poza, A. (2000). Well-being at work. A cross-national analysis of the levels and determinants of job satisfaction. *Journal of Socio-Economics, 29* (6), 517-538.

Spector, P. E. (1997). *Job satisfaction. Application, assessment, cause, and consequences.* Thousand Oaks, CA: Sage Publications.

Spector, P. E. & Wimalasiri, J. (1986). A cross-cultural comparison of job satisfaction dimensions in the United States and Singapore. *International Review of Applied Psychology, 35*, 147-158.

Spies, R. (2004). Coaching ist keine Führungsaufgabe. *Zeitschrift für Personalführung, 1*, 26-31.

Spini, D. (2003). Measurement equivalence of 10 value types from the Schwartz value survey across 21 countries. *Journal of Cross-Cultural Psychology, 34*, 3-23.

Sprenger, R. K. (1995). Die blinden Flecken der Vorgesetztenbeurteilung. In K. Hofmann, F. Köhler & V. Steinhoff (Hrsg.), *Vorgesetztenbeurteilung in der Praxis. Konzepte, Analysen, Erfahrungen* (S. 217-223). Weinheim: Beltz Psychologie VerlagsUnion.

Sprenger, R. K. (1997). Wie geht's? In W. Bungard & I. Jöns (Hrsg.), *Mitarbeiterbefragungen. Ein Instrument des Qualitäts- und Innovationsmanagements* (S. 435-440). Weinheim: Beltz Psychologie VerlagsUnion.

Sprenger, R. K. (in Druck). Umzingelt! In M. Scherm (Hrsg.), *360-Grad-Beurteilungen. Diagnose und Entwicklung von Führungskompetenzen.* Göttingen: Hogrefe Verlag für Angewandte Psychologie.

Stangel-Meseke, M. (2001). Das modifizierte Lernpotential-AC und seine Anwendung in der Praxis. In W. Sarges (Hrsg.), *Weiterentwicklungen der Assessment Center-Methode* (2. Aufl.; S. 109-123). Göttingen: Hogrefe Verlag für Angewandte Psychologie.

Stauss, B. & Seidel, W. (2003). *Beschwerdemanagement. Fehler vermeiden, Leistung verbessern, Kunden binden.* München: Hanser.

Staw, B. M., Bell, N. E. & Clausen, J. A. (1986). The dispositional approach to job attitudes. A life-time longitudinal test. *Administrative Science Quaterly, 31*, 56-77.

Steenkamp, J. -B. E. M. & Baumgartner, H. (1998). Assessing measurement invariance in cross-national consumer research. *Journal of Consumer Research, 25*, 78-90.

Steimer, S. (2004). Ergebnisse der Top 100 Studie 2004 – Feedback in Organisationen. *Mannheimer Beiträge zur Wirtschafts- und Organisationspsychologie, 19* (3).

Steinhoff, V. (1995). Vorgesetztenbeurteilung. Grundlagen – Philosophie – Anwendung. In K. Hofmann, F. Köhler & V. Steinhoff (Hrsg.), *Vorgesetztenbeurteilung in der Praxis. Konzepte, Analysen, Erfahrungen* (S. 7-14). Weinheim: Beltz Psychologie VerlagsUnion.

Sternberg, R. J. (1996). Styles of thinking. In P. B. Baltes & U. Staudinger (Eds.), *Interactive minds. Life-span perspectives on the social foundation of cognition* (pp. 347-365). New York: Cambridge University Press.

Still, P.-M. & Bochen, H. (1997). Die Mitarbeiterbefragung als Instrument des Kulturwandels im Bereich der Energieerzeugung der Siemens AG. In W. Bungard & I. Jöns (Hrsg.), *Mitarbeiterbefragung. Ein Instrument des Innovations- und Qualitätsmanagements* (S. 317-330). Weinheim: Beltz Psychologie VerlagsUnion.

Stöber, J. (1999). Die Soziale-Erwünschtheits-Skala-17 (SES-17). Entwicklung und erste Befunde zu Reliabilität und Validität. *Diagnostica, 45*, 173-177.

Stöber, J. (2001). The social desirability scale-17 (SDS-17). Convergent validity, discriminant validity, and relationship with age. *European Journal of Psychological Assessment, 17* (3), 222-232.

Stock, R. (2003). *Der Zusammenhang zwischen Mitarbeiter- und Kundenzufriedenheit. Direkte, indirekte und moderierende Effekte*. Wiesbaden: Deutscher Universitätsverlag.

Stocké, V. (2002). *Soziale Erwünschtheit bei der Erfassung von Einstellungen gegenüber Ausländern. Theoretische Prognosen und deren empirische Überprüfung* (Arbeitspapier 02-09). Sonderforschungsbereich 504, Universität Mannheim.

Streich, R. K. (1997). Veränderungsprozessmanagement. In M. Reiß, L. v. Rosenstiel & A. Lanz (Hrsg.), *Change Management. Programme, Projekte und Prozesse* (S. 237-253). Stuttgart: Schäffer-Poeschel.

Suh, E. M. & Oishi, S. (2002). Subjective well-being across cultures. In W. J. Lonner, D. L. Dinnel, S. A. Hayes & D. N. Sattler (Eds.), *Online Readings in Psychology and Culture*. Bellinham, Washington: Center for Cross-Cultural Research, Western Washington University. Verfügbar unter: http://www. wwu. edu/~culture (04. 11. 2004).

Synodinos, N. E. & Brennan, J. M. (1990). Evaluating microcomputer interactive survey software. *Journal of Business and Psychology, 4* (4), 483-493.

Tausch, R. & Tausch, A-M. (1990). *Gesprächs-Psychotherapie* (9. Aufl.). Göttingen: Hogrefe Verlag für Angewandte Psychologie.

Taylor, S., Fisher, C. & Ilgen, D. (1984). Individuals' reactions to performance feedback in organizations: A control theory perspective. In K. M. Rowland & G. R. Ferris (Eds.), *Research in personnel and human resources management* (Vol. 2, pp. 81-124). Greenwich, CT: JAI.

Taylor, M. S., Fisher, C. D. & Ilgen, D. R. (1990). Individuals' reactions to performance feedback in organizations: A control theory perspective. In G. R. Ferris & K. M. Rowland (Eds.), *Performance evaluation, goal setting, and feedback* (pp. 81-124). Greenwich, CT: JAI.

Theobald, A., Dreyer, M. & Starsetzki, T. (Hrsg.). (2001). *Online-Marktforschung. Theoretische Grundlagen und praktische Erfahrungen*. Wiesbaden: Gabler.

Töpfer, A. & Zander, E. (Hrsg.). (1985). *Mitarbeiter-Befragungen*. Frankfurt/Main, New York: Campus.

Tornow, W. W. (1993). Perceptions or reality. Is multi-perspective measurement a means or an end? *Human Resource Management, 32* (2, 3), 221-229.

Trost, A. (2001). *Die Messung und Analyse lateraler Kooperation bei Mitarbeiterbefragungen. Eine Anwendung der Generalisierbarkeitstheorie zur Überprüfung von Konzepten der sozialen Netzwerkanalyse*. Mering: Rainer Hampp.

Trost, A. & Bungard, W. (2004). Die Interraterreliabilität von Ergebnissen aus Mitarbeiterbefragungen. *Zeitschrift für Arbeits- und Organisationspsychologie, 48* (3). S. 122-131.

Trost, A., Jöns, I. & Bungard, W. (1999). *Mitarbeiterbefragung*. Augsburg: WEKA Fachverlag für technische Führungskräfte.

Tsui, A. S. & O`Reilly, C. A. (1989). Beyond simple demographic effects. The importance of relational demography in superior-subordinate dyads. *Academy of Management Journal, 32*, 402-423.

Turner, C. F. & Martin, E. (1984). *Surveying subjective Phenomena*. New York: Sage.

Tziner, A. (1986). *Performance appraisal. Impact of performance variables, purpose, format, and participation in review*. Vortrag zum 21. International Congress of Applied Psychology, Jerusalem.

Tzschoppe-Leckzik, M. (2000). „Management-Evaluation". Führungskräfteeinschätzung bei Nokia Telecommunications GmbH. In E. Regnet & L. M. Hofmann (Hrsg.), *Personalmanagement in Europa* (S. 240-255). Göttingen: Hogrefe Verlag für Angewandte Psychologie.

United Nations Conference on Trade and Development (2000). *Employment - UNCTAD Series on issues in international investment agreements*. New York, Geneva: United Nations.

United Nations Conference on Trade and Development (2003). *World Investment Report 2003*. New York: United Nations.

von Bismarck, W.-B. (1999). Die Rolle der Führungskräfte im Vorschlagswesen. *Mannheimer Beiträge zur Wirtschafts- und Organisationspsychologie, 2*, 46-55.

von Bismarck, W.-B. (2000). *Das Vorschlagswesen: Von der Mitarbeiteridee bis zur erfolgreichen Umsetzung.* Mering: Rainer Hampp.

von Glasersfeld, E. (1997). *Radikaler Konstruktivismus. Ideen, Ergebnisse, Probleme.* Frankfurt a. M. : Suhrkamp.

von Holtz, R. (1997). *Der Zusammenhang zwischen Mitarbeiterzufriedenheit und Kundenzufriedenheit.* FGM-Verlag: München.

von Rosenstiel, L. (1989). Innovation und Veränderungen in Organisationen. In E. Roth (Hrsg.), *Enzyklopädie der Psychologie, Organisationspsychologie* (S. 652-684). Göttingen: Hogrefe Verlag für Angewandte Psychologie.

von Rosenstiel, L. & Comelli, G. (2003). *Führung zwischen Stabilität und Wandel.* München: Verlag Vahlen.

von Rosenstiel, L. & Stengel, M. (1987). *Identifikationskrise? Zum Engagement in betrieblichen Führungspositionen.* Bern: Hans Huber.

von Rosenstiel, L. (2003). *Grundlagen der Organisationspsychologie* (5. Aufl.). Stuttgart: Schäffer-Poeschel.

von Rosenstiel, L., Falkenberg, T., Hehn, W., Henschel, E. & Warns, I. (1983). *Betriebsklima heute.* Ludwigshafen: Kiehl.

Van de Vijver, F. J. R. & Leung, K. (1997). *Methods and data analysis for cross-cultural research.* Thousand Oaks, CA: Sage Publications.

Van de Vijver, F. J. R. & Leung, K. (2000). Methodological issues in psychological research on culture. *Journal of Cross-Cultural Psychology, 31* (1), 33-51.

Van de Vijver, F. J. R. & Poortinga, Y. H. (1997). Towards an integrated analysis of bias in cross-cultural assessment. *European Journal of Psychological Assessment, 13* (1), 29-37.

Vandenberg, R. J. & Lance, C. E. (2000). A review and synthesis of the measurement invariance literature. Suggestions, practices, and recommendations for organizational research. *Organizational Research Methods, 3* (1), 4-69.

Verbeck, A. (1998). *TQM versus QM: wie Unternehmen sich richtig entscheiden.* Zürich: vdf. Hochschul.-Verl. an der ETH.

Viswesvaran, C. (2002). Assessment of individual job performance. A review of the past century and a look behind. In N. Anderson, D. S. Ones, H. K. Sinangil & C. Viswesvaran (Eds.), *Handbook of industrial, work and organizational psychology* (Vol. 1, pp. 110-126). London: Sage

Voigt, H. -W. (2000). Führungskräftebeurteilung. Führungsgespräche – Vorgehensweise und Erfahrungen bei der Siemens AG. In R. Busch (Hrsg.), *Mitarbeitergespräch – Führungskräftefeedback. Instrumente in der Praxis* (S. 153-158). München: Hampp.

Vorwerk, K. (1993). *Die Akzeptanz einer neuen Organisationsstruktur in Abhängigkeit von Implementierungsstrategie und Merkmalen der Arbeitssituation.* Frankfurt/ Main: Peter Lang.

Wagner, D. B. & Spencer, J. L. (1996). The Role of Surveys in Transforming Culture: Data, Knowledge, and Action. In A. I. Kraut (Ed.), *Organizational surveys: Tools for assessment and change* (pp. 310-329). San Francisco, CA: Jossey-Bass Publishers.

Wahren, H. -K. E. (1987). *Zwischenmenschliche Kommunikation und Interaktion in Unternehmen: Grundlagen, Probleme und Ansätze zur Lösung.* Berlin: de Gruyter.

Waldmann, W. H. (2003). 360^0-Beurteilung als Führungsaudit – eine Überprüfung der Konstruktvalidität mit der Generalisierbarkeitstheorie. Mering: Rainer Hampp Verlag.

Walker, A. G. & Smither, J. W. (1999). A five-year study of upward feedback. What managers do with their results matters. *Personnel Psychology, 52*, 393-423.

Walsh, I. & Weber, G. F. (Hrsg.). (1996). *Management Audit. Anforderungen und Profile im Zeitalter der schlanken Führung.* Göttingen: Hogrefe Verlag für Angewandte Psychologie.

Warburg, W. (1997). Modernes Personalmanagement als Chance für die Verwaltungsreform. In H. Reinermann & H. Uhland (Hrsg.), *Die Beurteilung vom Ritual zum Personalmanagement*. Baden-Baden: Nomos.

Watson, D. & Clark, L. A. (1992). On traits and temperament. General and specific factors of emotional experience and their relation to the five-factor model. *Journal of Personality, 60* (2), 441-476.

Watson, D. (2000). *Mood and temperament*. New York: Guilford.

Watzlawick, P. (1978). *Die Möglichkeit des* Andersseins. *Zur Technik der therapeutischen Kommunikation*. Bern: Hans Huber.

Watzlawick, P., Beavin, H. J. & Jackson, D. D. (1969). *Menschliche Kommunikation. Formen, Störungen, Paradoxien*. Bern: Verlag Hans Huber.

Watzlawick, P, Beavin, J. H. & Jackson, D. D. (2003). *Menschliche Kommunikation. Formen, Störungen, Paradoxien* (10. Aufl.). Bern: Hans Huber.

Weber, W. G. (1997). *Analyse von Gruppenarbeit. Kollektive Handlungsregulation in soziotechnischen Systemen*. Göttingen: Hans Huber.

Weider, P. (1995). Das 360° Feedback in einem europäischen Versicherungsunternehmen. In K. Hofmann, F. Köhler & V. Steinhoff (Hrsg.), *Vorgesetztenbeurteilung in der Praxis* (S. 159-166). Weinheim: Beltz Psychologie VerlagsUnion.

Weiner, B., Freize, I., Kukla, A., Reed, L., Rest, S. & Rosenbaum, R. M. (1971). *Perceiving the causes of success and failure*. Morristown, N. J. : General Learning Press.

Weinert, A. (1998). *Lehrbuch der Organisationspsychologie*. 4. Aufl.München: Psychologie Verlags Union.

Welfens, P. J. J. (2000). Globalization of the economy and international organizations. Developments, issues and policy options for reform. In R. Tilly & P. J. J. Welfens (Eds.), *Economic globalization, international organizations and crisis management* (pp. 1-67). Berlin, Heidelberg: Springer.

Werner, O. & Campbell, D. T. (1970). Translating, working through interpreters, and the problem of decentering. In R. Narroll & R. Cohen (Eds.), *A handbook of method in cultural anthropology* (pp. 398-420). New York: American Museum of Natural History Press.

West, M. A. (1994). *Effective Teamwork*. Exeter: BPC Wheatons Ltd.

West, M. A. (1996). Reflexivity and work group effectiveness. A conceptual integration. In M. A. West (Ed.), *Handbook of Work Group Psychology* (pp. 555-579). Chichester: Wiley.

Wheatley, Margaret J. (1992). *Leadership and the new science. Learning about organization from an orderly universe*. San Francisco: Berrett-Koehler Publishers.

Whitener, E. M. & Klein, H. J. (1995). Equivalence of computerized and traditional research methods. The roles of scanning, social environment, and social desirability. *Computers in Human Behavior, 11*, 65-75.

Wiedemann, J. v., Watzdorf, E. & Richter, P. (2000). *TeamPlus – Internetgestützte Teamdiganose*. Methodensammlung Band 15. TU Dresden: Institut für Arbeits-, Organisations- und Sozialpsychologie.

Wiener, N. (1948). *Cybernetics or control and communication in the animal and the machine*. Massachusetts Institute of Technology (MIT).

Wiener, N. (1950). *The human use of human beings: Cybernetics and Society*. Boston: MA: Houghton Mifflin.

Wiener, N. (1972). *Mensch und Menschmaschine* (4. Aufl.). Frankfurt a. M. : Fischer.

Wildenmann, B. (1996). *Erläuterungen und Instruktionen zu den Fragebögen Leadership Audit*. Karlsbad: Wildenmann Tools and Services.

Windel, A., Kronz, E., Adolph, L. & Zimolong, B. (1999). *Der Fragebogen zu arbeitsbezogenen Konflikten in Teams (FAKT). Entwicklung, statistische Kennwerte und Anwendungshinweise*. Universität Bochum, Arbeits- und Organisationspsychologie.

Winter, S. (2005). *Mitarbeiterzufriedenheit und Kundenzufriedenheit. Eine mehrebenenanalytische Untersuchung der Zusammenhänge zwischen auf Basis multidimensionaler Zufriedenheitsmessung.* Universität Mannheim: Dissertation.

Wohlers, A. J., Hall, M. J. & London, M. (1993). Subordinates rating managers. Organizational and biographic correlates of self/subordinate agreement. *Journal of Occupational and Organizational Psychology, 66,* 263-275.

Wottawa, H. & Thierau, H. (1998). *Lehrbuch Evaluation.* Bern: Hans Huber.

Wunder, K. (1999). *Teamentwicklung und Feedback. Über den Einsatz von SYMLOG und Video-Feedback in der Teamsupervision.* Zürich: Eigenverlag.

Yammarino, F. J. & Atwater, L. E. (2001). Understanding agreement in multisource feedback. In D. W. Bracken, C. W. Timmreck & A. H. Church (Eds.), *The handbook of multisource feedback* (pp. 204-220). San Francisco: Jossey-Bass.

Yeung, A. K., Ulrich, D. O., Nason, S. W. & von Glinow, M. A. (1999). *Lernfähigkeit in Organisationen.* Oxford: Oxford University Press.

Zander, E. & Knebel, H. (Hrsg.). (1993). *Praxis der Leistungsbeurteilung. Leistung - wieder gefragt* (3. Aufl.). Heidelberg : Sauer.

Zimbardo, Ph. & Gerrig, R. J. (2003). *Psychologie* (16. Aufl.). Heidelberg: Springer Verlag.

Die Autoren

Heinrich W. Ahlemeyer, Prof. Dr.
Jahrgang 1950, geschäftsführender Gesellschafter der sistema consulting gmbh in Münster/Westf., apl. Professor für Organisationssoziologie in Münster und Wien. Tätigkeitsschwerpunkte im Bereich Systemisches Management, Führung, Unternehmenskultur, Feedback-Tools.

Christiane Alberternst, Dr.
Jahrgang 1972, wissenschaftliche Mitarbeiterin/ selbständige Freiberuflerin; Managementcoach und Trainerin für Führungskräfte, Forschungsschwerpunkte Mitarbeitergespräche sowie Vertrauen zu Vorgesetzten.

Edward Bednarek, Dr.
Jahrgang 1952, Abteilungsleiter Technischer Einkauf bei der BMW AG. Tätigkeitsschwerpunkte: IT-Beratung, Software für die Ressorts Entwicklung, Personal und Produktion.

Daniela Birk, Dr.
Jahrgang 1974, Personalreferentin bei der BMW AG in München. Tätigkeitsschwerpunkte: Personalbetreuung und –entwicklung für Zentralbereiche der Produktion, standortübergreifende Personalarbeit, Unterstützung von Befragungsprojekten.

Manfred Bock
Jahrgang 1967, Referent Corporate HR Development bei der Knorr-Bremse AG München. Tätigkeitsschwerpunkte: Mangementetwicklung, standortübergreifende Qualifizierungsprogramme, Personalinstrumente.

Wolfgang Böhm, Prof. Dr.
Jahrgang 1939, Professor an der Universität Dortmund (Zentrum für Weiterbildung), Schwerpunkte: Arbeitsrecht, insbesondere Zeitarbeit, Betriebsverfassung und Mitbestimmung.

Elisabeth Böhnke, Dipl.-Psych., Magister of Public Health (MPH) postgrad.
Jahrgang 1958, Mitarbeiterin am Institut für Organisations- und Wirtschaftspsychologie der Ludwig-Maximilians-Universität München. Forschungsschwerpunkte: Wirtschaftspsychologie, Markt- und Werbepsychologie, Arbeits- und Organisationspsychologie, Epidemiologie und Biometrie, Gesundheitsmanagement, Arbeits- und Gesundheitsschutz, interne Kunden-Lieferanten-Beziehungen, Coaching, Mentoring u. a.

Martin Boelter, Dipl.-Ing.
Jahrgang 1961, Leiter Montage der Heidelberger Druckmaschinen AG. Schwerpunte: Montageleitung, Gestaltung von Produktionssystemen, Lebensphasenorientierte Arbeitsgestaltung, Gruppenarbeit sowie Prinzipien und Systeme zur leistungsmotivierenden Mitarbeiterführung.

Walter Bungard, Prof. Dr.
Jahrgang 1945, Ordentlicher Professor für Wirtschafts- und Organisationspsychologie an der Universität Mannheim. Schwerpunkte: Neue Arbeits- und Organisationsformen, Einführung neuer Technologien in der Arbeitswelt, Gruppenarbeitskonzepte, TQM-Strategien, Lean Management, Business Process Reengineering, Mitarbeiterbefragungen, Vorgesetztenbeurteilungen, Belastungen am Arbeitsplatz.

Wilhelm Dahms, Prof. Dr.
Jahrgang 1941, Berater, bis Dez. 2003 Mitarbeiter der Continental AG. Schwerpunkte: Interne Unternehmens- und Organisationsberatung. Leitung des Zentralen Projektmanagements.

Gerhard Comelli, Prof. Dipl.-Psych.
Jahrgang 1941, Professor für Organisationspsychologie (em.) an der Hochschule Niederrhein, Abteilung Mönchengladbach; Tätigkeits-/Arbeitsgebiete: Personal- und Organisationsentwicklung, Veränderungsmanagement, Teamentwicklung sowie Managementtraining in den Bereichen Führung, Kommunikation und Kooperation.

Christian Dries, Dr.
Jahrgang 1960, wissenschaftlicher Leiter im kölner institut für managementberatung. Tätigkeitsschwerpunkte: Managementberatung, Coaching, Personalauswahl und Training. Forschungsbereiche: Management- und Kompetenzdiagnostik sowie Feedbacksysteme.

Alena Erke, Dr.
Jahrgang 1971, wissenschaftliche Mitarbeiterin am Lehrstuhl für Wirtschafts- und Organisationspsychologie der Universität Mannheim. Schwerpunkte: Gruppenarbeit, Zielvereinbarungen sowie Mitarbeiterbefragungen.

Christian Freudling, Dipl.-Psych.
Jahrgang 1961, interner Berater der ZF Friedrichshafen AG, Schwerpunkte: Umsetzungsberatung und -begleitung in Veränderungsprozessen, Projektmanagement-Beratung, Personalentwicklungskonzepte für Veränderungsprozesse sowie Führungskräfteentwicklung und -training.

Holger Grimm, M.A.
Jahrgang 1966, wissenschaftlicher Mitarbeiter bei der sistema consulting Gesellschaft für Organisationsentwicklung & Managementberatung mbH. Schwerpunkte: Empirische Sozialforschung; Planung, Durchführung und Umsetzung von Befragungsprojekten.

Alexander Hagmeister, Diplom-Betriebswirt (FH)
Jahrgang 1972, Business Consultant bei der SAP AG im Bereich Corporate Change Management. Tätigkeitsschwerpunkte: Online Marketing, Marketing ROI, Relationship Marketing, Direct Marketing, Kundenbindungsinstrumente, Advertising, Public Relations, Online Events, virtual communities, Sales Consulting, Venture Capital, Change Management und employee surveys.

Ingela Jöns, PD Dr.
Jahrgang 1959, Hochschuldozentin für Arbeits- und Organisationspsychologie an der Universität Mannheim. Forschungsschwerpunkte: Kultur- und Führungswandel durch Survey Feedback (Mitarbeiterbefragungen, Vorgesetztenbeurteilungen), Lebensphasenorientierte Arbeitsgestaltung, Gruppenarbeitskonzepte und Teamentwicklung sowie Kulturwandel bei Fusionen und Akquisitionen.

Stefanie Jonas-Klemm, Dipl.-Psych.
Jahrgang 1974, wissenschaftliche Mitarbeiterin am Lehrstuhl für Wirtschafts- und Organisationspsychologie der Universität Mannheim. Koordinatorin der studienbegleitenden Qualifizierung „Professionalisierung in Organisations- und Personalentwicklung" (POP). Forschungsschwerpunkte: Feedbacksysteme im Krankenhaus.

Sven Kaufel, Dipl.-Päd.
Jahrgang 1977, Mitarbeiter im Kooperationsprojekt „Führungsbegleitung in militärischen Organisationen" des Zentrums für Innere Führung der Bundeswehr (Koblenz) und der Helmut-Schmidt-Universität (Hamburg); Lehrbeauftragter im Bereich Quantitative Methoden am Fachbereich Pädagogik an der Helmut-Schmidt-Universität/Universität der Bundeswehr Hamburg. Forschungsschwerpunkte: Evaluation von Coaching- und Trainingsmaßnahmen sowie Selbstregulation in Führungssituationen.

Simone Kauffeld, Dr.
Jahrgang 1968, wissenschaftliche Mitarbeiterin am Institut für Arbeitswissenschaft der Universität Kassel sowie Forschungsgruppenleiterin der Arbeitsgemeinschaft betriebliche Weiterbildungsforschung. Schwerpunkte: Kompetenzdiagnose und -entwicklung, Lernen im Arbeitsprozess, Lerntransfer, Problemlösen in Gruppen, Teamdiagnose und -entwicklung, Industrielle Gruppenarbeit, Flexibilisierungsstrategien, Unternehmensgründung und -entwicklung, Innovationsklima, Führung und Berater-Klienten-Interaktionen.

Yvonne Klingner, Dr.
Jahrgang 1975, wissenschaftliche Mitarbeiterin am Lehrstuhl für Psychologie der Universität Hohenheim bei Prof. Dr. Heinz Schuler, Forschungsschwerpunkte: Organisations- und Personalpsychologie, insbesondere Berufseignungsdiagnostik, Leistungsforschung und Evaluation.

Barbara Koop, Dr.
Jahrgang 1973, Personalberaterin bei Ray & Berndtson. Forschungsschwerpunkte: Mitarbeiterbefragung, Commitment, Mitarbeiterzufriedenheit, Kundenzufriedenheit und Kundenbindung.

Heike Maria Kunstmann, Dr.
Jahrgang 1966, Leiterin Corporate Human Resources Europe and Development, Knorr-Bremse AG, München (bis März 2005). Tätigkeitsschwerpunkte in der Personalleitung für die europäischen Standorte des Konzerns sowie für Personalentwicklung und Entsendungen weltweit. Projektleitung "Corporate Excellence". Engagement in verschiedenen Institutionen zum Thema Bildung. (Ab April 2005: Hauptgeschäftsführung Gesamtmetall, Gesamtverband der Arbeitgeberverbände der Metall- und Elektroindustrie e. V., Berlin).

Christian Liebig, Dipl.-Psych.
Jahrgang 1971, wissenschaftlicher Mitarbeiter am Lehrstuhl für Wirtschafts- und Organisationspsychologie der Universität Mannheim. Forschungsschwerpunkte: Evaluation organisationaler Veränderungsprozesse, Survey Feedback, Wissensmanagement, Virtuelle Teams.

Klaus Moser, Prof. Dr.
Jahrgang 1962, Universitätsprofessor am Lehrstuhl für Wirtschafts- und Sozialpsychologie der Universität Erlangen-Nürnberg. Forschungsschwerpunkte: Personalentwicklung, -auswahl und -beurteilung, Personalmarketing, Erwerbslosigkeit.

Karsten Müller, Dipl.-Psych.
Jahrgang 1972, wissenschaftlicher Mitarbeiter am Lehrstuhl für Wirtschafts- und Organisationspsychologie der Universität Mannheim. Forschungsschwerpunkte: Interkultureller Vergleich von Arbeitseinstellungen, Arbeitszufriedenheit und Commitment, Methoden der Arbeits- und Organisationspsychologie, Kulturvergleiche, organisationale Einstellungen, Organisationsdiagnose, Evaluationsforschung und Online-Forschung.

Friedemann W. Nerdinger, Prof. Dr.
Jahrgang 1950, Professor an der Universität Rostock. Forschungsschwerpunkte: Psychologie der Dienstleistung, Arbeitsmotivation und -zufriedenheit, Mitarbeiterbeurteilung sowie Werbepsychologie.

Cathrin Niethammer, Dipl-Psych.
Jahrgang 1977, wissenschaftliche Mitarbeiterin am Lehrstuhl für Wirtschafts- und Organisationspsychologie der Universität Mannheim. Forschungsschwerpunkte: Customer Knowledge Management, Feedbacksysteme im Krankenhaus.

Nicole Njå, Dr.
Jahrgang 1967, Manager Business Consulting. Tätigkeitsschwerpunkte: Change Management, Mitarbeiterbefragungen und Coaching.

Sabine Racky, Dipl.-Psych.
Jahrgang 1972, wissenschaftliche Mitarbeiterin am Lehrstuhl für Wirtschafts- und Organisationspsychologie der Universität Mannheim. Schwerpunkte: Gruppenarbeit, Lebensphasenorientierte Arbeitsgestaltung, Mitarbeiterbefragungen sowie Personalentwicklung.

Sandra Reinmuth, Cand. psych.
Jahrgang 1979, Projektmitarbeitern und Diplomandin am Lehrstuhl für Wirtschafts-
und Organisationspsychologie der Universität Mannheim. Forschungsschwerpunkte:
Kulturelle Einflüsse auf Arbeitseinstellungen, Methoden der Arbeits- und Organisationspsychologie, Service-Learning als Konzept in der Pädagogik und Arbeitswelt.

Klaus Rudiferia, Mag.
Jahrgang 1960, Personalleiter der Innsbrucker Kommunalbetriebe AG; verantwortlich für die gesamte Personalarbeit im Unternehmen beginnend von der Strategie-
entwicklung bis hin zur Personalverrechnung und -verwaltung; zudem auch zuständig für die Beratung und Betreuung verschiedener Tochterunternehmen in sozial-
und arbeitsrechtlichen Fragen; Schwerpunkte: Unternehmenskultur, -veränderungen,
Mitarbeitervorsorge, Personalauswahl im Veränderungsprozess etc.

Werner Sarges, Prof. Dr.
Jahrgang 1941, Universitäts-Professor an der Universität der Bundeswehr Hamburg
sowie Leiter des Instituts für Management-Diagnostik (Prof. Sarges & Partner,
Barnitz bei Hamburg). Tätigkeitsschwerpunkte: Hochschullehrer und Forscher für
Quantitative Methoden in den Sozialwissenschaften sowie für Management-
Diagnostik und beratender Psychologe zu Fragen der Eignung, Passung und Förde-
rung von qualifiziertem Personal in der Wirtschaftspraxis.

Martin Scherm, Dr.
Jahrgang 1961, zur Zeit Vertretung der Professur für Quantitative Methoden im
Fachbereich Pädagogik der Helmut-Schmidt-Universität/ Universität der Bundes-
wehr Hamburg. Tätigkeitsschwerpunkte: Forschung und Lehre in den Bereichen
Quantitative Methoden (v. a. Statistik), Sozialpsychologie sowie Arbeits- und
Organisationspsychologie. Forschungsschwerpunkte: Management-Diagnostik,
Multiperspektivische Kompetenz-Feedbacks („360-Grad-Feedback") und Führungs-
persönlichkeit, Evaluation von Coachings und Management Development-Program-
men.

Heinz Schuler, Prof. Dr.
Jahrgang 1945, Universitätsprofessor. Inhaber des Lehrstuhls für Psychologie der
Universität Hohenheim, wissenschaftlicher Leiter der S & F Personalpsychologie
Managementberatung in Stuttgart, Gründungsherausgeber der Zeitschrift für Perso-
nalpsychologie. Forschungsschwerpunkte: Organisations- und Personalpsychologie,
insbesondere Berufseignungsdiagnostik und Leistungsforschung.

Irina Schultze-Willebrand, Dipl.-Psych.
Jahrgang 1978, Beraterin des Wiesbadener Instituts für systemische Psychologie und
Organisationsberatung wispo AG. Tätigkeitsschwerpunkte: Organisationsentwick-
lung und Beratung von Veränderungsprozessen, Entwicklung von diagnostischen
Verfahren.

Thomas Staufenbiel, Prof. Dr.
Jahrgang 1958, Professor für Evaluation und Forschungsmethodik, Lehreinheit Psychologie des Fachbereichs Humanwissenschaften der Universität Osnabrück. Forschungsschwerpunkte: Personalauswahl (u. a. Diagnose sozialer Intelligenz), Personalentwicklung (u. a. 360°-Feedback), berufliche Leistung (u. a. Organizational Citizenship Behavior), Evaluation (u. a. von Interventionen in Organisationen und von universitärer Lehre) und Skalierung (u. a. Saaty Skalierung).

Susanne Steimer, Dipl.-Kffr.
Jahrgang 1967, selbstständige wirtschaftspsychologische Beraterin. Tätigkeitsschwerpunkte: Feedback-Prozesse, Mitarbeiter- und Kundenbefragungen, Führungs-Feedback und Organisations- und Personalentwicklung, außerdem Weiterbildung in systemischer Beratung und Transaktionsanalyse.

Friedemann Stracke, Dipl.-Kfm.
Jahrgang 1958, Leiter Recruitment Otto GmbH & Co KG. Tätigkeitsschwerpunkte: Personalauswahl, Personalmarketing, Explorative Gesprächsführung, Potenzialdiagnostik und Talentmanagement.

Armin Trost, Prof. Dr.
Jahrgang 1966, Professor für Personalmanagement und Betriebsstatistik an der FH Würzburg. Arbeitsschwerpunkte: Mitarbeiterbefragung, Talent Management.

Wolf-Bertram von Bismarck, Dr.
Jahrgang 1966, Seniorberater bei Hewitt Associates GmbH in Wiesbaden. Beratungsschwerpunkte: Arbeitgeberattraktivität, Mitarbeiterbefragungen, Unternehmenskultur, HR-Strategien und Unternehmens-/ Führungswerte sowie Human Capital Measurement.

Lutz von Rosenstiel, Prof. Dr. Dr.
Jahrgang 1938, Lehrstuhlinhaber am Institut für Organisations- und Wirtschaftspsychologie der Ludwig-Maximilians-Universität München. Tätigkeits- und Forschungsschwerpunkte: Wirtschaftspsychologie, Markt- und Werbepsychologie, Arbeits- und Organisationspsychologie, Führung, Wertewandel, Innovation, Changemanagement, Motivation, Selektion und Sozialisation von Führungsnachwuchskräften, Kompetenzentwicklung, Existenzgründung, Evaluation von Universitätsprozessen u. a.

Wolfgang H. Waldmann, Dr.
Jahrgang 1952, Personalleiter, ehrenamtlicher Arbeitsrichter, Unternehmensberatung. Schwerpunkte: Personalmanagement, Personalauswahl, Beurteilungs- und Gehaltssysteme, Umstrukturierung, Outplacement, Personal-/ Organisationsentwicklung, 360-Grad-Feedback, Zeitwertkonten, Betriebliche Altersversorgung (Deferred Compensation).

Stefanie Winter, Dr.

Jahrgang 1972, selbstständige wirtschaftspsychologische Beraterin; Lehrbeauftragte an der Universität Mannheim, der Fachhochschule für Technik und Gestaltung in Mannheim, der Fachhochschule für Sozial- und Gesundheitswesen in Ludwigshafen und der Berufsakademie Mosbach; seit 2002 Leitung des Markt- und Organisationsforschungsinstituts IQB in Mannheim; Forschungsschwerpunkte: Mitarbeiterzufriedenheit, Kundenzufriedenheit, Mitarbeiter- und Kundenbefragungen, quantitative und qualitative Methoden.

Jeanette Zempel, Dr.

Wissenschaftliche Assistentin am Lehrstuhl für Wirtschafts- und Sozialpsychologie der Universität Erlangen-Nürnberg. Arbeits- und Forschungsschwerpunkte: Evaluation von Personalentwicklungsmaßnahmen, Trainingstransfer, Personalmarketing, Arbeitslosigkeit, und Handlungsstrategien.